水土保持治理工程实施成效评价关键技术与应用

珠江水利委员会珠江水利科学研究院
珠江水利委员会珠江流域水土保持监测中心站
黄俊　金平伟　著

中国水利水电出版社
www.waterpub.com.cn
·北京·

内 容 提 要

本书主要内容包括：我国水土流失及水土保持治理工程概况；遥感技术，介绍了遥感基础知识、遥感技术进展、常用卫星遥感数据及参数；无人机航摄技术；治理工程实施成效评价理论，介绍了治理工程实施成效评价指导思想及目标、治理工程实施成效评价理论基础、治理工程实施成效评价内涵、成效评价与综合效益评价；实施成效评价指标及计算方法，介绍了实施成效评价指标、评价指标计算方法、水土流失定位监测方法；水土保持治理工程成效评价案例分析；水土保持治理工程实施成效评价。

本书适合从事水土保持领域的管理、研究、技术人员参考。

图书在版编目（CIP）数据

水土保持治理工程实施成效评价关键技术与应用 / 黄俊，金平伟著. -- 北京 : 中国水利水电出版社，2022.12
ISBN 978-7-5226-1197-6

Ⅰ. ①水… Ⅱ. ①黄… ②金… Ⅲ. ①水土保持－综合治理－研究－中国 Ⅳ. ①S157.2

中国国家版本馆CIP数据核字(2023)第000749号

书　　名	**水土保持治理工程实施成效评价关键技术与应用** SHUITU BAOCHI ZHILI GONGCHENG SHISHI CHENGXIAO PINGJIA GUANJIAN JISHU YU YINGYONG
作　　者	黄　俊　金平伟　著
出版发行	中国水利水电出版社 （北京市海淀区玉渊潭南路1号D座　100038） 网址：www.waterpub.com.cn E-mail：sales@mwr.gov.cn 电话：（010）68545888（营销中心）
经　　售	北京科水图书销售有限公司 电话：（010）68545874、63202643 全国各地新华书店和相关出版物销售网点
排　　版	中国水利水电出版社微机排版中心
印　　刷	北京印匠彩色印刷有限公司
规　　格	184mm×260mm　16开本　27.75印张　675千字
版　　次	2022年12月第1版　2022年12月第1次印刷
印　　数	0001—1000册
定　　价	**168.00**元

前言

QianYan

水土资源是一切生物繁衍生息的根基，是人类社会可持续发展的基本条件。党的十八大将生态文明建设纳入与经济建设、政治建设、文化建设、社会建设并列的“五位一体”总体布局。水土保持是生态文明建设的重要内容，水土资源的有序开发、高效利用、合理保护是关乎我国经济发展、社会进步、生态文明建设的重大战略。我国各地积极推进水土流失综合治理，黄土高原、东北黑土区、南方红壤区以及西南岩溶区等典型地区的水土流失治理成效显著，为保护和改善生态环境、推进生态文明建设和社会经济可持续发展提供了更为坚实的支撑和保障。本书作者长期从事水土资源管理、利用及保护相关工作，在水土保持工程实施成效评价方面开展了大量的基础研究和应用实践，在总结提炼多年科研成果基础上编著本书。本书受到水利部科技推广项目“生产建设项目水土保持多源信息一体化监管技术（SF-202207）”、广东省水利厅水利科技创新项目“CSLE方程B因子多时空尺度研究及其在广东省水土流失动态监测中的应用（2020-25）”等科研生产任务资助，在此对项目资助单位表示由衷感谢。

本书共有7个章节。第1章系统介绍了我国水土流失现状及水土保持治理工程进展及成效，分析总结了治理工程实施成效评价技术方法和存在问题。第2章介绍了遥感基础知识、近年来发展现状、国内外主要卫星遥感数据等。第3章介绍了无人机定义、分类与构成，总结了无人航测作业技术细节与影像预处理流程，分析目前无人机航摄存在问题与未来发展方向。第4章明确了治理工程实施成效评价指导思想，总结了实施成效评价理论及内涵。第5章介绍了坡面径流场、小流域卡口站等典型水土保持定位监测技术。第6章总结了水土保持治理工程实施成效的现有研究成果，详细阐述了实施成效评价指标及方法。第7章对水土保持工程信息化监督管理和实施成效评价进行了案例分析。

本书由黄俊、金平伟担任主编。全书由黄俊、金平伟统稿，袁钰娜、黄俊校核。本书前言、第1章、第7章由金平伟编写，第4章、第5章、第6章由黄俊编写，第2章、第3章及附件由姜学兵、李乐、寇馨月、刘斌、林丽萍共同编写。

在本书撰写过程中，除编者团队已有研究成果积累与提炼，还引用了大量生产实践、参考文献及相关研究成果，在此向科研生产一线的水土保持工作者、文献作者及项目单位致以诚挚谢意！

限于作者知识水平、思考深度和实践经验，书中难免存在一定的不足与疏漏之处，恳请广大学者、同仁给予批评指正。

作　者

2022年10月

目录

MuLu

第1章 绪 论

1.1 水土流失概况

水土流失（Soil and Water Loss）是指“土壤侵蚀造成陆地表面水土资源和土地生产力的破坏和损失”。土壤侵蚀（Soil Erosion）是指“土壤在内外营力（如水力、风力、重力、人为活动等）的作用下，被分散、剥离、搬运和沉积的过程”。水土流失危害表现在：土壤耕作层被侵蚀破坏，土地肥力衰竭及生产力下降；淤塞河湖库塘，降低水利工程效益，甚至引发水旱灾害等。

水土流失关系到国家生态安全、防洪安全、粮食安全和水资源安全。加强水土保持相关工作，对保障国民经济持续稳定高质量发展，对保护人类赖以生存的水土资源及环境条件具有极其深远的历史和现实意义。《2020年中国水土保持公报》数据表明，全国共有水土流失面积269.27万km^2，与2017年相比，水土流失面积减少了25.64万km^2，减幅8.69%，如图1-1所示。其中水力侵蚀面积112.00万km^2，占水土流失面积的41.59%；风力侵蚀面积157.27万km^2，占水土流失面积的58.41%。总体来讲，我国水土流失问题依然不可忽视，水土保持与生态环境建设仍需持续推进。

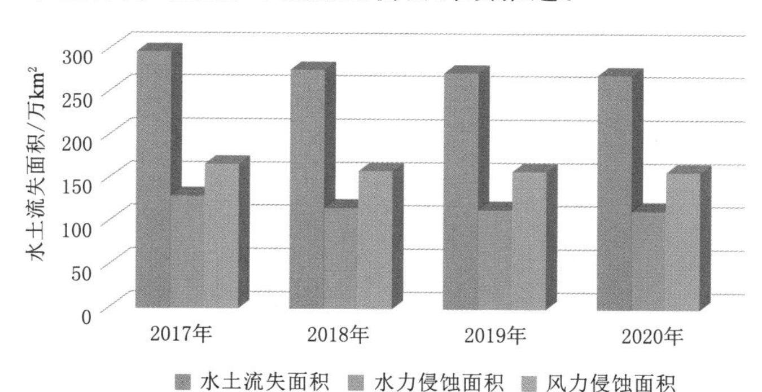

图1-1 我国2017—2020年水土流失面积

1.1.1 水土流失成因及危害

1.1.1.1 水土流失成因

引起水土流失或土壤侵蚀的主要原因可分为自然因素和人为因素。自然因素包括：①气候，如降水量及年内分布、降雨强度及降雨侵蚀力、风速与气温日照、相对湿度等；②地形，如坡度、坡长、海拔起伏、相对高差、沟壑密度等；③土壤地质与质地，土壤地质主要指岩石的风化性、坚硬性、透水性对于沟蚀的发生和发展以及崩塌、滑坡、山洪、泥石流等侵蚀作用有密切的关系；土壤质地指土壤物理化学特性，与土壤渗透性、可蚀

性、抗冲性关系密切；④植被因素，具有直接降低雨滴打击破坏地表土壤的作用，其减少土壤侵蚀功效十分显著。此外，植被根系及其根际微生物对土壤物理化学结构改良具有积极作用，可增强土壤入渗率、提升水源涵养量。总体而言，我国地形地貌复杂多样，山地面积约占国土总面积的 2/3，且大部分地区属于季风气候，年内降雨分布不均，雨季降雨量常达年降雨量的 60%～80%，这给水土流失提供了强有力源动力和有利的地形地貌条件。

人类生产建设、农林开发等活动是人为水土流失的重要诱因。不合理的森林砍伐、无序的坡地开荒、过度的草场放牧、随意的矿渣堆弃等明显加剧了水土流失强度、扩大了水土流失面积。不合理的人类生产建设活动导致地表扰动、土壤破坏、植被损毁，甚至导致区域生态环境失衡，生态系统自我调节能力显著降低，发生极端降雨情况下，极易发生水土流失甚至严重地质灾害。我国人口众多，人均可利用土地资源十分有限，特别是土地资源十分贫瘠的西南岩溶区，开垦陡坡耕地引起严重水土流失，形成越开越贫、越贫越垦的恶性循环。近年来，陡坡开荒及不合理的耕种措施引起的水土流失问题依然存在，相关研究表明 28.5°顺坡耕作可使土壤侵蚀模数增加 27 倍之多，二者存在极显著正相关关系。某面积为 51 km^2 的小流域，20 世纪 90 年代前无明显水土流失及环境问题。为发展山区特色经济，90 年代初无序开垦山地种植“桃形李”，导致该流域土壤侵蚀模数迅速增加，高达 8000～15000t/(km^2 · a)，造成严重的水土流失和生态环境问题。

此外，随着社会经济高速发展，开发建设项目用地比例日趋增加，因此而引起的水土流失问题日益引起社会公众关注。生产建设活动剧烈，所引起的人为水土流失强度高、规模大、点多面广。《2020 年中国水土保持公报》数据显示，2010 年以来全国范围批复水土保持方案数量呈逐年递增趋势，平均每年约批复 37500 个水土保持方案，年水土流失防治责任面积约 1.69 万 km^2，见图 1－2。据广东省 2018 年调查数据，因生产建设等活动造成的人为水土流失面积高达 1800 km^2。

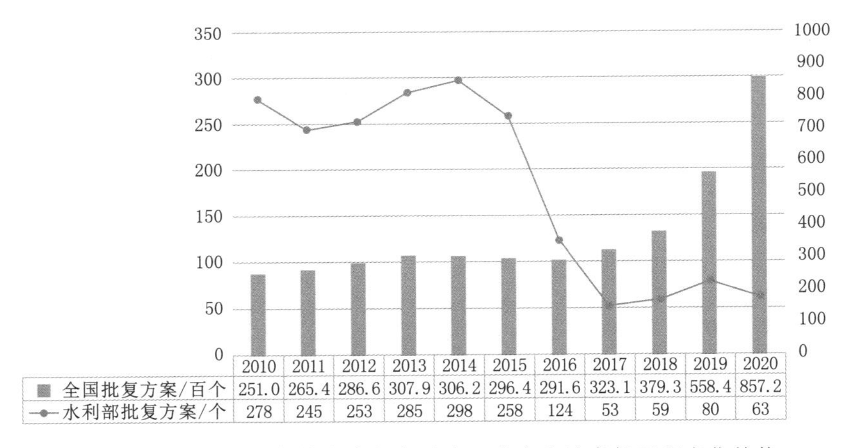

	2010	2011	2012	2013	2014	2015	2016	2017	2018	2019	2020
■ 全国批复方案/百个	251.0	265.4	286.6	307.9	306.2	296.4	291.6	323.1	379.3	558.4	857.2
—●— 水利部批复方案/个	278	245	253	285	298	258	124	53	59	80	63

图 1－2　全国水土保持方案批复及水土流失防治责任面积变化趋势

水力侵蚀、风力侵蚀和冻融侵蚀是我国水土流失的主要类型。水力侵蚀是在降雨及地表径流作用下，土壤组成物质被破坏、剥蚀、搬运和沉积的过程。水力侵蚀分布最为广泛，是我国水土流失的主要类型。风力侵蚀是在气流冲击作用下土粒、沙粒脱离地表，被

搬运和堆积的过程。风对地表所产生的剪切力和冲击力引起细小的土粒与较大的团粒或土块分离，甚至从岩石表面剥离碎屑，使岩石表面出现擦痕和蜂窝，土粒或沙粒被风挟带形成风沙流。气流的含沙量随风力的大小而改变，风力越大，气流含沙量越高，风力侵蚀强度越大。土（沙）粒脱离地表、被气流搬运和沉积的3个过程是相互影响、穿插进行的。我国风力侵蚀主要分布在新疆、甘肃河西走廊、青海柴达木盆地、宁夏、陕西北部、内蒙古、东北东部等地区。冻融侵蚀是由于土壤及其母质孔隙中或岩石裂缝中的水分在冻结时体积膨胀，使裂隙随之加大、增多导致整块土体或岩石发生碎裂，消融后其抗蚀稳定性大为降低，在重力、水流等外营力作用下岩土顺坡向下方产生位移的现象。冻融侵蚀主要分布于青海、西藏、内蒙古、新疆、甘肃、四川、黑龙江等7个省（自治区）。冻融侵蚀评价范围与多年冻土分布范围基本一致，与冰缘地貌范围基本等同。多年冻土区和冰缘地貌的下缘基本与年均气温－2℃线重合，全国冻融侵蚀区下缘的年平均气温统计值为－2.2℃。

1.1.1.2 水土流失危害

（1）破坏土壤资源、降低土地生产力。土壤是人类赖以生存的物质基础，是工农业生产的最基本资源。水土流失导致土层变薄、耕作层质量变差、土壤物理化学结构劣化，最终导致土壤腐殖质层和淋溶层逐渐变薄甚至消失，耕地质量显著下降。据不完全统计，我国每年约有数十亿吨沃土付之东流，伴随流失的N、P、K养分也有上亿吨。相关数据表明：长江流域现有坡耕地面积约0.11亿hm^2，荒山、荒坡和疏幼林地面积约0.36亿hm^2，其中陡坡和荒地土壤侵蚀模数达10000t/(km^2·a)；黄土高原地区25°以上坡耕地年侵蚀模数也高达8200t/(km^2·a)以上。土壤侵蚀与水土流失等环境问题对有限的土壤资源和土地生产力产生严重威胁。

（2）制约粮食生产增长。粮食生产能力主要由耕地数量和耕地质量两个因素决定。水土流失不仅减少耕地数量，而且降低耕地质量，从而影响粮食安全。同时，严重的水土流失可使水利设施失效、抗御自然灾害能力减弱，进而增加粮食生产成本、影响区域粮食安全。苏凤环等研究发现水土流失对长江流域玉米产量及成本有明显影响，强度侵蚀度区土层厚度为12.2 mm，仅为轻度侵蚀区土层厚度的40%；与轻度侵蚀区相比，强度和中度侵蚀区玉米单产分别减少22.3%和14.3%，且生产成本分别增加了56%和20%。

（3）湖库河塘淤塞，加剧自然灾害。水土流失会引起水库、河道淤积，降低其蓄水、行洪和综合利用功能。相关数据显示，1950—1999年，黄河下游河道淤积泥沙92亿t，河床普遍抬高2～4m；辽河干流下游部分河床已高于地面1～2 m，成为地上悬河；全国8万多座水库年均淤积16.2亿m^3。此外，水土流失破坏了地面植被和土壤结构，使土壤层的蓄水能力减弱、区域布局小气候变差，导致干旱灾害频繁发生。据气象部门统计，四川省1801—1975年，平均每5年出现2次旱灾。而近50年来，各年均有不同程度的旱灾发生。20世纪50年代3年一大旱，60年代两年一大旱，70年代发生8次大旱。干旱及洪涝等自然灾害增多、危害程度加剧是水土流失及生态环境恶化的直观反映。

（4）危害城市安全发展。水土流失造成了大量携带化肥、农药等污染物的土体随径流进入水体，水体面源污染严重、水质恶化加剧，进而影响城市水质与供水安全。同时，水土流失会造成城市雨水管网的淤堵、下泄功能下降，致使排水不畅、形成城市内涝。我国大中城市近年来频繁出现的“城市看海”现象，与水土流失导致的城市雨水管网淤堵有着密不可分的关系。此外，由于城市的单位面积国内生产总值（GDP）远高于农村等其他边远地区，水土流失引起的安全性问题往往会造成巨大的经济损失。

1.1.2　水土流失现状及问题

1.1.2.1　水土流失现状

与第一次全国水利普查（2011 年）相比，2020 年全国水土流失面积减少了 25.65 万 km^2，减幅约 8.70%。按侵蚀强度分，2020 年轻度、中度、强烈、极强烈、剧烈侵蚀面积分别为 170.51 万 km^2、46.30 万 km^2、20.39 万 km^2、15.34 万 km^2、16.73 万 km^2，分别占全国水土流失总面积的 63.33%、17.19%、7.57%、5.70%、6.21%，如图 1-3 所示。

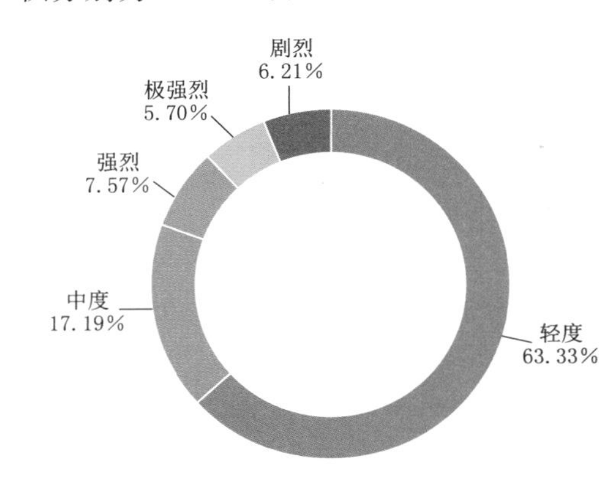

图 1-3　我国 2020 年各侵蚀强度等级水土流失面积占比

从全国水土保持一级分区来看，2020 年，我国各水土保持一级分区水土流失问题依然严峻，水土流失面积占各分区土地总面积比例均超过 10%，如图 1-4 所示。其中，东北黑土区水土流失面积 21.6 万 km^2，占其土地总面积的 19.86%；北方风沙区水土流失面积 134.06 万 km^2，占其土地总面积的 55.79%；北方土石山区水土流失面积 16.25 万 km^2，占其土地总面积的 20.15%；西北黄土高原区水土流失面积 20.84 万 km^2，占其土地总面积的 36.25%；南方红壤区水土流失面积 13.25 万 km^2，占其土地总面积的 10.75%；西南紫色土区水土流失面积 13.88 万 km^2，占其土地总面积的 27.23%；西南岩溶区水土流失面积 18.20 万 km^2，占其土地总面积的 25.71%；青藏高原区水土流失面积 31.19 万 km^2，占其土地总面积的 13.90%。

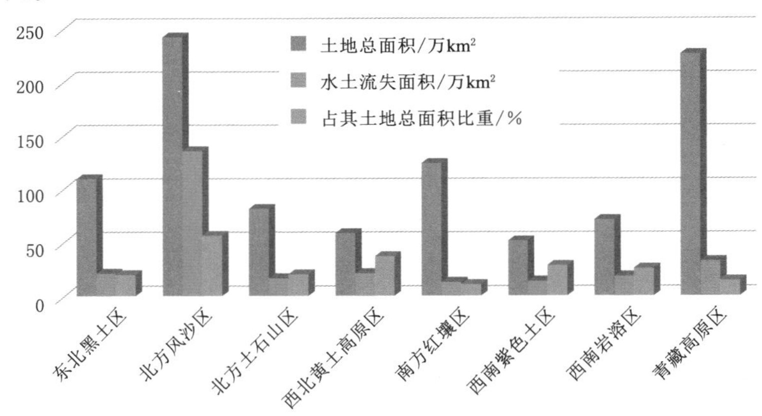

图 1-4　我国 2020 年一级水土保持分区水土流失面积及占比

从全国各重点关注区来看，2020 年，青藏高原水土流失面积 60.85 万 km^2，占土地总面积的 21.21%；长江经济带水土流失面积 38.90 万 km^2，占土地总面积的 18.88%；京津冀水土流失面积 4.32 万 km^2，占土地总面积的 20.06%；三峡库区水土流失面积 1.88 万 km^2，占土地总面积的 32.57%；丹江口库区及上游水土流失面积 2.77 万 km^2，占土地总面积的 20.98%；西南石漠化地区水土流失面积 24.52 万 km^2，占土地总面积的 23.20%；三江源国家公园水土流失面积 2.64 万 km^2，占土地总面积的 21.47%。总体而言，我国各重点关注区域水土流失面积比重依然较大，占各重点关注区土地总面积比例最小值也接近 20%，如图 1-5 所示。

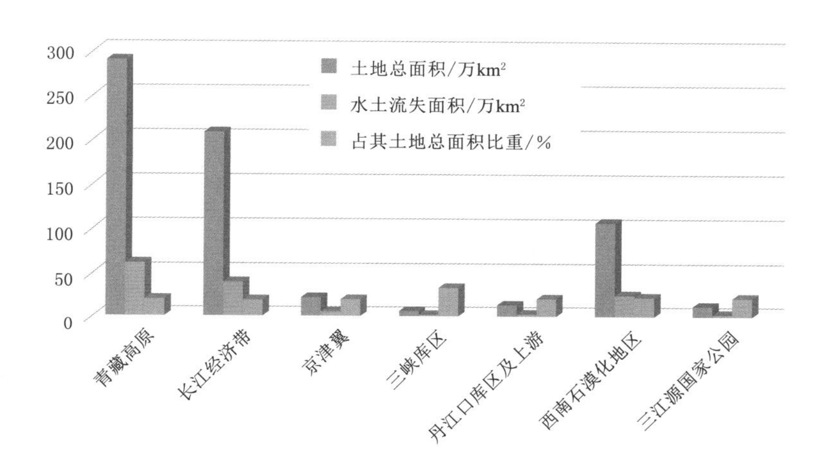

图 1-5 我国 2020 年重点关注区域水土流失面积及占比

2020 年，全国 23 个国家级水土流失重点预防区水土流失面积 111.29 万 km^2，与 2019 年相比，水土流失面积减少 0.43 万 km^2，减幅 0.38 %，占涉及县域土地总面积 326.84 万 km^2 的 34.05%。

如图 1-6 所示，2020 年，长江流域水土流失面积 33.70 万 km^2，占其土地总面积的 18.81%；黄河流域水土流失面积 26.27 万 km^2，占其土地总面积的 33.05%；淮河流域（不含山东半岛）水土流失面积 2.05 万 km^2，占其土地总面积的 7.60%；海河流域水土流失面积 6.68 万 km^2，占其土地总面积的 20.79%；珠江流域水土流失面积 7.99 万 km^2，占其土地总面积的 18.11%；松辽流域水土流失面积 26.81 万 km^2，占其土地总面积的 21.56%；太湖流域水土流失面积 768km^2，占其土地总面积的 2.07%；西南诸河流域水土流失面积 12.37 万 km^2，占其土地总面积的 14.49%。

1.1.2.2 我国水土流失态势

目前，我国仍有超过 25%的国土面积为水土流失面积，呈现水土流失面积大、土壤侵蚀强度等级高、空间分布广等特征，导致水土流失治理难度大。特别是中西部地区基础设施建设强度大，资源开发需求高，水土资源保护压力依然巨大，导致黄土高原、东北黑土区、长江经济带、石漠化等区域水土流失问题依然十分突出。

当前我国水土流失态势表现为五个方面：一是水土流失面积持续减少。根据 1985 年、

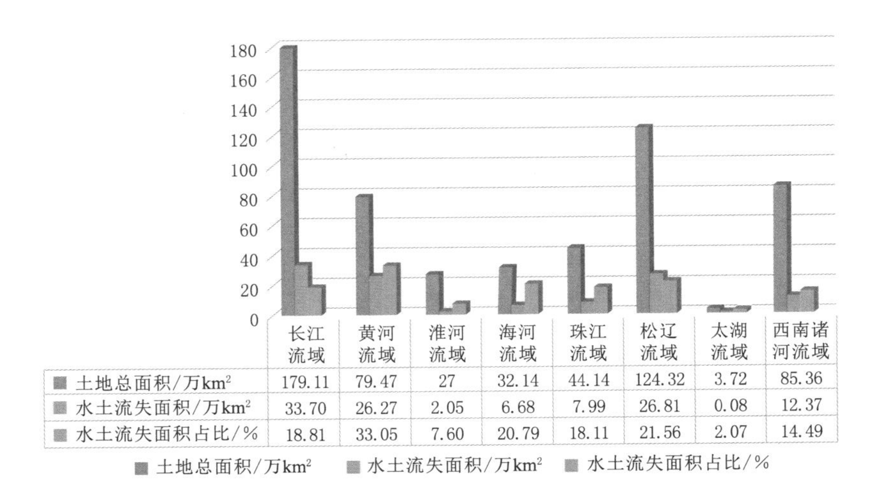

	长江流域	黄河流域	淮河流域	海河流域	珠江流域	松辽流域	太湖流域	西南诸河流域
土地总面积/万km^2	179.11	79.47	27	32.14	44.14	124.32	3.72	85.36
水土流失面积/万km^2	33.70	26.27	2.05	6.68	7.99	26.81	0.08	12.37
水土流失面积占比/%	18.81	33.05	7.60	20.79	18.11	21.56	2.07	14.49

图 1-6 我国 2020 年大江大河流域水土流失面积及占比

1999 年、2011 年、2018 年 4 次调查（监测）结果，全国水土流失总面积年均减幅分别为 0.22%、1.42%、1.03%，同时水土流失强度也呈下降趋势，尤其是水蚀强度下降明显。二是水土流失以中轻度为主，强度总体下降。三是水力侵蚀减幅大，风力侵蚀减幅相对小。四是东部地区减幅大，西部地区减少绝对量大。近年来，在我国水土流失总面积和侵蚀强度双下降，特别是水蚀面积和强度明显下降的情况下，西北地区水土流失及其引起的环境问题仍然比较严重。五是我国水土流失分布的总体格局没有改变，但不同区域水土流失变化趋势不同，西部地区仍然是我国水土流失最严重的地区，但其他各区域的水土流失面积和强度均有下降趋势。2018 年数据显示，西部地区水土流失面积占全国水土流失总面积的 83.7%。

从生态文明建设的战略高度，把水土流失作为我国重要的生态问题加以对待，从政策、体制、机制等方面加强水土流失治理，强化监管手段，补齐治理短板，提升治理成效，形成防治合力，提高生态服务能力，提供更多生态产品，构造科学高效的监测支撑体系，更好地服务于国家水土保持和生态文明建设工作。

1.2 水土保持治理工程

1.2.1 水土保持与水土流失治理

水土保持是指“防治水土流失，保护、改良与合理利用山区、丘陵区和风沙区水土资源，维护和提高土地生产力，以利于充分发挥水土资源的经济效益和社会效益，建立良好生态环境的综合性科学技术。”治理水土流失就是在已经造成水土流失的区域，采取并合理配置生物措施、工程措施和耕作措施等，因害设防、综合整治，使水土资源得到有效保护和高效利用。“防”和“治”应以介入时段来界定。“防”是“事前介入”，防止新的水土流失产生，控制土壤侵蚀强度；“治”是“事后介入”，遏止现有水土流失的继续发展，减轻现有水土流失。

水土保持研究工作主要包括以下几个方面：

（1）各类型土壤侵蚀的形式、分布及危害，水土资源损失的形式与发展过程，不同侵蚀类型区的自然特点和土壤侵蚀特征。

（2）水土流失规律和水土保持措施配置，研究在不同的气候、地形、地质、土壤、植被等自然因素综合作用下，水土流失发生发展规律，土壤侵蚀关键影响因素及土壤侵蚀模型构建。研究自然因素、人类活动因素在水土流失和水土保持中的作用，为编制水土保持规划和设计综合防治措施提供理论参考。

（3）水土流失与水土资源调查和评价方法，合理对水土流失治理工程进行空间布局。

（4）水土保持实施成效评价研究，包括实施成效评价指标体系建立、实施成效评价指标算法研究、实施成效评价模型构建等。

水土流失治理是指按照水土流失规律、经济社会发展和生态安全的需要，在统一规划的基础上，合理调整土地利用结构，有效配置预防和控制水土流失的工程措施、植物措施和耕作措施等，形成完整的水土流失防治体系，实现对流域或区域水土资源及其他自然资源的有效保护和高效利用。

1.2.2 水土保持治理工程总体情况

我国是世界上水土流失最为严重的国家之一，在长期的生产实践中积累了丰富经验。经过近半个世纪的不懈努力，我国以小流域综合治理为代表的水土流失治理取得了巨大成效。我国水土保持重点治理工程始于1983年，以小流域为单元的水土流失综合治理工程，为后续水土流失综合治理奠定良好开端。国家水保工程以治理水土流失、改善农业生产条件和生态环境为目标，人工治理与生态修复相结合，促进农村产业结构调整和区域经济社会可持续发展。国家水土保持重点建设工程是在水土流失严重的贫困地区和革命老区等，以小流域为核心单元开展水土流失综合治理，实现水土资源的可持续利用和生态环境的可持续维护，促进经济社会可持续发展。坡耕地水土流失综合治理工程是以坡改梯为主对坡耕地进行综合整治，辅以建设小型水利水保工程，旨在提高耕地保水保土效益和土地生产力，重点在改善农村农业生产基础条件。农业综合开发水土保持项目是以坡改梯、人工林（经果林、水保林）等为主，辅以生产道路、灌溉渠系等工程，结合农业发展、产业结构调整，发展农村经济，提升农民收入，改善农村生态环境，促进农业结构调整与高质量发展。

1.2.3 水土流失治理成效

党的十八大以来，我国水土保持重点治理工程进入了新发展阶段，根据国务院批复的《全国水土保持规划（2015—2030年）》，全国各地积极推进国家水土保持重点工程治理，中央投资规模和项目实施区域进一步扩大，黄土高原和东北黑土区等典型水土流失治理成效显著。以奖代补等民间资本参与水土流失治理积极性很高，云南、贵州等省一批以奖代补民间资本参与水土流失治理取得显著成效，为保护改善生态环境、推进生态文明建设和社会经济可持续发展提供了坚实的支撑和保障。

根据国务院批复的《全国水土保持规划（2015—2030年）》和全国水土保持“十二五”“十三五”专项规划，我国水土保持重点工程建设继续以长江上中游、黄河中上游、东北黑土区、西南岩溶区等水土流失严重的贫困地区、革命老区和重要水源地为重点，实施小流域综合治理和崩岗治理、坡耕地水土流失综合治理工程等项目，累计安排中央资金270多亿元（见图1-7），是“十一五”期间的近3倍，实施水土流失治理面积6.34万km^2，改造坡耕地近500万亩。国家重点治理项目县达到700多个，贫困地区、革命老区惠及范围不断扩大。在重要水源区和城镇周边地区，积极推进生态清洁小流域建设，为防治面源污染、改善人居环境、保护水资源发挥了重要作用。水土流失治理区生态环境和农业生产条件明显改善，林草覆盖率增加10%～30%，每年减少土壤侵蚀量近4亿t，增产果品约40亿kg，推动发展了定西土豆、延安苹果、鄂尔多斯沙棘等特色产业，涌现了江西赣州、山西吕梁、陕西榆林等一批具有示范带动作用的治理典型，形成了一套既符合自然规律，又适应我国不同地区经济社会发展水平的水土流失综合治理的技术体系。

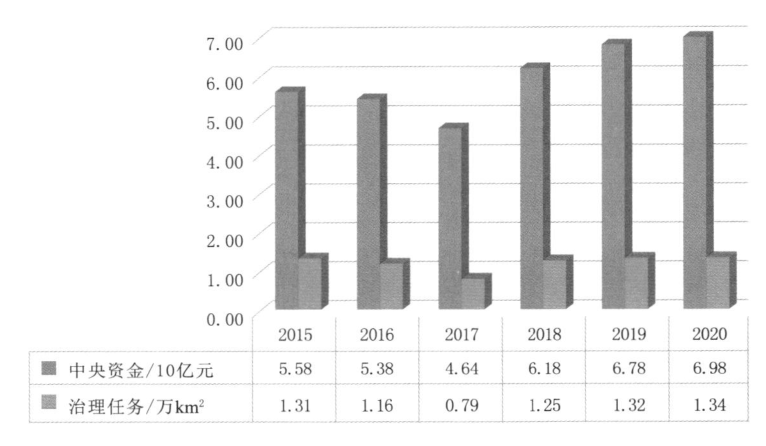

图1-7　我国2015—2020年国家水土保持中重点工程中央投资和治理任务

民间资本参与水土流失治理伴随我国改革开放进程，经历了20世纪80年代初的户包小流域、90年代开始的“四荒”拍卖以及新世纪各方广泛参与三个阶段。2012年，根据国务院《关于鼓励和引导民间投资健康发展的若干意见》，水利部出台了《鼓励和引导民间资本参与水土保持工程建设实施细则》，明确了在技术、资金、金融政策等方面对民间资本一视同仁的支持措施，一些地方政府结合实际陆续出台了优惠政策，有效调动了民间资本参与水土流失治理的积极性，民间资本参与水土流失治理呈现出强劲发展势头。《水利部财政部关于开展水土保持工程建设以奖代补试点工作的指导意见》明确指出，2018年起在山西、福建、江西、广西、重庆、贵州、云南、陕西、宁夏9个省（自治区、直辖市）开展试点工作，资金来源主要是中央财政水利发展资金和地方财政用于国家水土保持重点工程建设资金，奖补对象为资源出资投劳参与水土流失治理的农户、村组集体以及农民专业合作组织、家庭农场、专业大户、农业企业等建设主体。数据表明，2012—2016年累积吸引民间资本投入水土流失治理资金约260亿元。我国2010—2017年国家水土保持工程治理面积如图1-8所示。

国家水土保持重点工程项目实施是民生工程，助力乡村振兴和美丽乡村建设，从其含义来说，重点向贫困革命地区倾斜，大量资金安排在贫困地区，帮助当地群众脱贫致富，群众利益、区域经济发展相结合，是实现乡村振兴和美丽乡村的重要法宝。

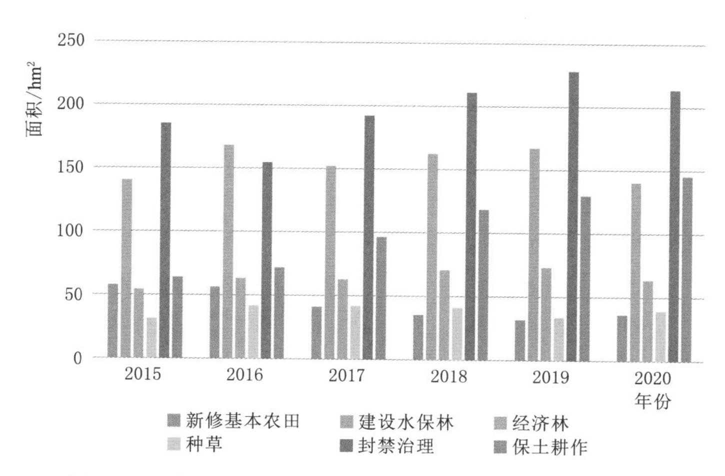

图 1-8 我国 2010—2017 年国家水土保持工程治理面积

1.2.4 生态清洁小流域综合治理

小流域是径流汇集的初级系统和水土流失发生的基本单元，治理好小流域，就是从源头上控制水土流失、保护区域生态环境最直接、最见效的方式。生态清洁小流域建设是传统小流域综合治理的新发展，是水土流失防治理念上的一次飞跃，是指把水土流失防治、水资源保护、面源污染防控、农村垃圾及污水处理等有机结合，使流域内水质改善、生态良好、环境优美。生态清洁小流域是指以流域为单元，统一规划，综合治理，遵循自然规律和生态法则，基本实现流域内资源的合理利用和优化配置、人与自然和谐相处、经济社会可持续发展及生态系统健康良性循环。生态清洁小流域作为小流域综合治理的新发展，是小流域综合治理在内涵上的深化与提升。以流域内的水、土地、生物等资源的承载力为基础，以调整人为活动为重点，抓住"生态"和"清洁"两个核心要素，建立政府主导、公众参与的互动机制，强调以统一规划、因地制宜、分步实施、稳步推进为原则，建成社会、经济与生态环境共同组成的三维复合系统，涉及系统论、生态经济学、景观生态学、可持续发展理论、水土保持学理论以及生态系统控制论等。

生态清洁小流域建设应以生态性、系统性、可持续性、循环利用、以人为本、精细化管理和科技创新为原则。

（1）生态性原则。生态良好是生态清洁小流域最核心理念和最突出特征。生态良好包括自然条件改善和当地群众生产和生活方式转变。生态清洁小流域建设必须采取近自然治理，促进自然地貌形成、保持水系连通、改善生物栖息地等，最大限度地保护生态环境。治理过程中尽量选择当地天然材料；农事活动中尽量不用或少用人工合成化肥、农药。生产生活中尽可能少地产生废弃物或尽可能把废弃物通过循环利用消耗掉。

（2）系统性原则。把流域内山水田林路村作为一个相互依存、相互影响的整体，设计全方位的、整体的综合措施体系。对各项措施实施的条件、效果及各类措施之间的相互关系进行系统分析，力求取得各项措施互为条件、协同推进的综合效果。对乡村道路建设、污水治理等，尽量做到统一设计、分部门实施，或者通过项目整合统一实施。

（3）可持续性原则。生态清洁小流域建设一定要把握好可持续性原则，既考虑解决当前的水土流失问题，改善人居环境、农业生产条件等，又考虑长远能促使生态系统良性健康循环。

(4) 循环利用。要细化垃圾分类，培养人民群众循环利用资源的良好习惯，提高资源综合利用效率。我国传统的“桑基鱼塘”模式就是循环利用的典范。

(5) 以人为本。生态问题与人类关系密切，人类活动是生态清洁小流域建设中需要考虑的重要因素。应充分调查流域内人类活动对生态系统、水土流失、面源污染等的影响，制定相应的防治对策。此外，应在了解当地群众生产生活方式基础上，充分考虑社情民意，制订出符合当地实际的建设方案，吸引流域内群众积极参与。

(6) 精细化管理。根据流域内人民群众的日常生产生活方式，针对可能出现的水土流失、面源污染问题，以及有损生态环境的所有活动，提出相应的防治对策，形成本流域的防治特色，如严格监测流域内肥料、农药施用量和排出量，有效防治流域内面源污染，保护水质等。

(7) 强化科技创新。科技引领未来，创新驱动发展。通过科学研究和技术创新，加强绿色防治、湿地建设、垃圾废弃物处置等方面的科学研究和成果转化，提高生态清洁小流域建设的科技水平。

在规划上，以水源保护为中心，以小流域为单元，将其作为一个“社会－经济－环境”的复合生态系统，“山水田林路村”统一规划，“拦蓄灌排节”综合治理，改善当地生态环境和基础设施条件。在实施上，建立政府主导、农民参与的互动机制，按照“统一规划、分步实施、稳步推进”的原则和构建“生态修复、生态治理、生态保护”三道水土保持防线的思路进行建设。在效果上，流域内自然资源得到合理开发与利用，对自然的改造和扰动限制在生态系统能承受、吸收、降解和恢复的范围内。区域经济持续、稳定、协调发展，生态系统良性循环。

毕小刚等提出生态清洁型小流域建设目标：水土流失综合治理程度达到 85%以上，林草保存面积占宜林宜草面积的 70%以上，25°以上的坡耕地全部退耕还林还草，小流域内平均土壤侵蚀量控制在土壤容许流失量以下。全面实行封禁，人为水土流失得到有效控制，建设项目有完备的水土保持方案并得到实施。小流域内旅游点、厂矿企业、机关学校、养殖场、集中村落生产和生活污水达标排放，治理率达到 80%以上，污水回用率达到 90%以上。固体废弃物集中堆放，定期清理和处理。小流域出口水质达到地表水Ⅲ类水质标准以上。流域内发展与水源保护相适应的种植业，农业生产 90%以上采取水土保持耕作措施，农田和果园平均化肥纯量施用强度低于 100kg/hm^2，农药使用强度低于 3kg/hm^2，不使用剧毒和高残留农药，农产品农药残留不超标；秸秆综合利用率 90%以上；农用薄膜回收率 90%以上。小流域总体实现景观优美、自然和谐、卫生清洁、人居舒适。

2006 年，水利部在全国启动了生态清洁小流域建设试点工程。《生态清洁小流域建设技术导则》（SL 534—2013）、《生态清洁小流域技术规范》（DB11/T 548—2008）、《广东省水土保持生态治理设计指南（试行）》等一批行业及地方标准规范的颁布极大促进了生态清洁小流域建设，也取得了长足进展。截至 2014 年年底，全国实施的生态清洁小流域已超 800 余条，建设进程仍在加速发展中，力度也在不断加大，从中央到地方，对生态清

洁小流域的重视程度仍在不断加强。生态清洁小流域治理是促进区域生态良性循环的助推剂，是提升农村宜居环境的基石，是实现乡村振兴与美丽乡村建设的重要抓手。因此，开展并实施好生态清洁小流域建设意义重大。

1.3 治理成效评价现状

水土保持效益是水土保持治理工程的重要组成部分，是反映治理工程效果的直接体现，也是水土保持技术方案及政策可行性评价的基本原则和依据。水土保持效益评价相关研究与水土保持治理工程的密切相关，我国水土保持治理工程主要以小流域为基本单元开展。因此，治理工程效益（实施成效）评价研究与小流域综合治理同步发展的。尽管全国范围水土保持工作已经取得了明显成效，但涉及水土保持效益评价研究仍存在一些问题，目前对水土保持效益评价多结合某一特定治理工程开展，采用定量、定性相结合的综合评价方法，具有一定的局限性。

国家标准《水土保持综合治理效益计算方法》（GB/T 15774—2008）的颁布极大地推动了水土保持效益评价工作，也为水土保持治理工程开展提供了重要依据。该标准将调水保土效益单独作为一个一级指标列出，也突显调水保土效益在治理工程效益评价中的重要地位。该标准包括调水保土效益、经济效益、社会效益和生态效益 4 个一级指标及 15 个二级指标，能够对目前各类小流域水土保持综合治理工程开展较为详尽的效益评价工作。其中的保土效益又细分为 8 类，主要采用典型推算法和具体量计算法进行保土效益计算，对野外典型观测设施设备依赖程度较高，且由点到面的推算也存在一些精度问题。有学者研究指出该标准中社会效益不必要单独列出，其相关指标概念较为模糊，且存在量化困难的问题；该标准中调水保土效益也隶属于广义生态效益范畴，存在效益重复计算的问题。该标准尽管考虑了不同类型水土保持治理工程效益评价计算，但无法获得一个效益综合值，提供决策能力不足，且不利于计算结果的分析评价。近年来随着“3S”技术广泛应用，水土保持工程治理效益评价需求逐步从“静态”发展到“动态”。如何提升完善水土保持工程现有效益评价方法与技术，能够获得水土保持工程多时空纬度治理效益评价结果就显得十分必要了。

水土保持综合效益主要包括生态、经济及社会三方面效益，其中生态效益是以调水保土，特别是保持土壤为主要目的，是水土保持治理工程根本目的，也是另外两方面效益存在的基础。因此，保持土壤效益（简称“保土效益”）评价指标及计算方法的确定是水土保持治理工程效益评价研究的一个重要内容。保土效益的实质是一个数量概念（可以实际土壤侵蚀变化量，亦可量化为货币价值），可以是绝对量（土壤侵蚀量）也可以是相对量（土壤侵蚀变化量）。保土效益评价指标与结果应当能够从不同时间、空间纬度上反映治理工程土壤侵蚀量变化情况，应能够对治理工程的开展、管理、后评估等提供指导与参考。国家标准中“调水保土效益”计算的重要组成部分，该标准将保土效益分为减少面蚀、减少沟蚀以及水库、谷坊等拦沙量等 8 类，其计算方法基于野外径流小区、小流域等观测数据，采用典型推算法和具体量计算法获得治理工程保土效益，存在一些缺点：①需要修建卡口站、径流小区等野外观测设备，投入成本相对较大；②该方法多在治理工程实施期间开展，难以快速地对治理工程远期生态效益做出准确评价，提供决策支持能力相对较弱；③该方法基于点尺度数据获得工程的总体效益，难以准确获得大区域水土保持治理工程保土效益评价结果；④该方法难以避免观测点极端天气对大范围治理区整体生态效益评价结果的不利影响；⑤该方法还不能够准确反映不同土壤侵蚀背景下治理工程的保土效益。因此，如何不完全依赖特定水土保持工程或野外典型设施设备等而能够直接计算水土保持工程治理效益，且能够计算不同时间、空间尺度水土保持工程治理效益的方法是目前治理工程实施成效评价计算研究中的重要科学问题。

参　考　文　献

[1] 孙鸿烈. 我国水土流失问题与防治对策 [J]. 中国水利，2011 (6)：16.

[2] [砥砺奋进 水保惠民] 国家水土保持重点治理成效显著 [EB/OL]. [2017-09-27].

[3] 刘震. 我国水土保持小流域综合治理的回顾与展望 [J]. 中国水利，2005 (22)：17-18.

[4] 蒲朝勇，高媛. 生态清洁小流域建设现状与展望 [J]. 中国水土保持，2015 (6)：7-10.

[5] 亢庆，黄俊，金平伟. 水土保持治理工程保土效益评价指标及方法探讨 [J]. 中国水土保持科学，2018，16 (3)：121-124.

[6] 李智广，曹炜，刘秉正，等. 我国水土流失状况与发展趋势研究 [J]. 中国水土保持科学，2008 (1)：57-62.

[7] 王晶，冯伟，杨伟超，等. 黄土高原区和南方红壤区小流域综合治理成本研究 [J]. 中国水土保持，2018 (10)：4-7.

[8] 王海燕，丛佩娟，袁普金，等. 国家水土保持重点工程效益综合评价模型研究 [J]. 水土保持通报，2021，41 (6)：119-126.

[9] 杨云芬，冯伟，赵永军，等. 国家水土保持重点建设工程实施效果分析 [J]. 水土保持研究，2018，25 (3)：51-56.

[10] 王琦，杨勤科. 区域水土保持效益评价指标体系及评价方法研究. 水土保持研究，2010，17 (2)：32-36，40.

[11] 智研咨询. 2020 年全国水土流失面积及水土流失综合治理情况分析 [EB/OL]. [2022-03-13].

[12] 毕小刚，杨进怀，李永贵，等. 北京市建设生态清洁型小流域的思路与实践 [J]. 中国水土保持，2005 (1)：22-24，55.

[13] 陈渠昌，张如生. 水土保持综合效益定量分析方法及指标体系研究 [J]. 中国水利水电科学研究院学报，2007，5 (2)：95-104.

[14] 王海燕，朱毕生，刘孝盈，等. 瑞典生态保护理念对我国生态清洁小流域建设的启示 [J]. 中国水土保持，2018 (11)：3-5.

[15] 景可，焦菊英. 水土保持效益评价中的问题讨论 [J]. 水土保持通报，2010，30 (4)：175-179.

[16] 李险峰，郭昭滨. 论城市水土流失和生态城市建设 [J]. 防护林科技，2018 (6)：62，70.

[17] 李建华，袁利，于兴修，等. 生态清洁小流域建设现状与研究展望 [J]. 中国水土保持，2012 (6)：11-13.

[18] 李超，周宁. 黑龙江省国家水土保持重点治理工程建设成效与经验总结 [J]. 水利科学与寒区工程，2019，2 (6)：137-139.

[19] 李蕾蕾，刘黎明，谢花林. 退耕还林还草工程的土壤保持效益及其生态经济价值评估——以固原市原州区为例 [J]. 水土保持学报，2004，18 (1)：161-163.

[20] 李建华，袁利，于兴修，等. 生态清洁小流域建设现状与研究展望 [J]. 中国水土保持，

2012 (6)：11 - 13.

[21] 刘立权，宋国献，韩冰，等．辽宁省实施国家农业综合开发水土保持项目的成效及经验 [J]．中国水土保持，2015 (1)：25 - 27.

[22] 马春霞．甘肃省坡耕地水土流失综合治理工程建设的成效与做法 [J]．农业科技与信息，2019 (17)：37 - 38，42.

[23] 秦天枝．我国水土流失的原因、危害及对策 [J]．生态经济，2009 (10)：163 - 169.

[24] 申洪源．我国水土流失现状及生态环境建设研究 [J]．哈尔滨师范大学自然科学学报，2001 (2)：104 - 108.

[25] 宋文龙，杨昆，路京选，等．水利遥感技术及应用学科研究进展与展望 [J]．中国防汛抗旱，2022，32 (1)：34 - 40.

[26] 苏凤环，王玉宽．长江上游及西南诸河水土流失的危害 [J]．中国水土保持，2009 (1)：42 - 43.

[27] 田卫堂，胡维银，李军，等．我国水土流失现状和防治对策分析 [J]．水土保持研究，2008 (4)：204 - 209.

[28] 王振华，李青云，黄茁，等．生态清洁小流域建设研究现状及展望 [J]．人民长江，2011，42 (S2)：115 - 118.

[29] 吴佩林，鲁奇．我国水土流失发生的原因、危害和防治途径 [J]．山东师大学报（自然科学版），2004 (3)：55 - 58.

[30] 杨进怀，吴敬东，祁生林，等．北京市生态清洁小流域建设技术措施研究 [J]．中国水土保持科学，2007 (4)：18 - 21.

[31] 叶延琼，张信宝，冯明义，等．水土保持效益分析与社会进步 [J]．水土保持学报，2003，17 (2)：71 - 73，113.

[32] 鱼海霞，张佰林，李永明，等．国家农业综合开发水土保持项目综合效益监测 [J]．农业科技与信息，2021 (13)：5 - 8.

[33] 张娅兰．全国坡耕地水土流失综合治理工程会宁县老庄项目区 2017 年工程的成效与经验 [J]．农业科技与信息，2019 (1)：33 - 34，38.

[34] 张楠，韦旻，裴承敏．广西国家水土保持重点工程实施成效与经验 [J]．中国水土保持，2020 (12)：14 - 16.

第2章 遥 感 技 术

遥感技术对区域信息感知、数据采集有不可比拟的优势，为区域流域水土保持工程实施成效评价提供了重要基础数据。利用遥感数据可快速开展取诸如土地利用提取、植被覆盖度反演、水土流失强度分析、水土保持措施勾绘等地理信息数据要素挖掘工作。

2.1 遥感基础知识

2.1.1 遥感概念及特点

2.1.1.1 遥感的概念

“遥远的感知”即为遥感（Remote Sensing），是20世纪60年代发展起来的对地观测综合性技术。其广义概念泛指一切无接触的远距离探测，包括对电磁场、力场、机械波（声波、地震波）等的探测；狭义概念是应用探测仪器，不与探测目标相接触，从远处把目标的电磁波特性记录下来，揭示物体特征性质及其变化的综合性探测技术。实际工作中，重力、磁力、声波、地震波等的探测被划分为物理探测的范畴，只有电磁波探测属于遥感的范畴。

2.1.1.2 遥感的特点

遥感作为一门对地观测综合性技术，它的出现和发展是人们认识和探索自然界的客观需要，具有探测范围广、响应速度快、数据表征能力强等显著特点。

遥感探测能在较短的时间内，从空中乃至宇宙空间对大范围地区进行观测，并从中获取有价值的数据信息。这些数据拓展了人们的视觉空间，为宏观掌握地面事物现状创造了极为有利的条件，同时也为宏观研究自然现象和规律提供了宝贵的第一手资料。这种先进的技术手段与传统方法相比是不可替代的，尤其在高效、客观、准确方面，具有得天独厚的优势。

遥感探测能周期性、重复地对同一地区进行观测，这有助于人们通过所获取的数据信息，发现并动态跟踪地球上许多事物的动态变化。研究自然界的变化规律，诸如监视天气状况、自然灾害、环境污染、甚至军事目标等方面，遥感技术就显得格外重要。

遥感探测所获取的是同一时段、覆盖大范围地区的数据信息，综合展现了地球上许多自然与人文现象，宏观反映了地球上各种事物的形态与分布，真实表征了地质、地貌、土壤、植被、水文、人工建（构）筑物等地物特征，全面地揭示了地理事物之间的空间关联性。

2.1.2 遥感系统与分类

2.1.2.1 遥感系统

遥感系统包括被测目标的信息特征、信息获取、信息传输与记录、信息处理和信息应用等。

(1) 目标信息特征（电磁波特性）：任何目标物都具有发射、反射和吸收电磁波的性质，这是遥感技术的信息源。目标物与电磁波的相互作用，构成了目标物的电磁波特性，是遥感技术探测的依据。

(2) 信息获取：接收、记录目标物电磁波特性的仪器，称为传感器或遥感器。如扫描仪、雷达、摄影机、摄像机、辐射计等。装载传感器的平台称之为遥感平台，主要由遥感车、手提平台、地面观测台等地面平台，飞机、气球、其他航空器等空中平台，火箭、人造卫星、宇宙飞船、空间实验室、航天飞机等空间平台。

(3) 信息传输与记录：传感器接收到目标地物的电磁波信息，记录在数字磁介质等存储媒介。数字磁介质上记录信息通过卫星上的微波天线传输给地面卫星接收站。

(4) 信息处理：地面站接收到遥感卫星发送来的数字信息，进行一系列的处理，如信息恢复、辐射校正、卫星姿态校正、投影变换等，再转换为用户可使用的通用数据格式，或转换成模拟信号，才能被用户使用。地面站或用户还可根据用户需要进行精校正处理和专题信息处理、分类等。

(5) 信息应用：遥感获取信息的目的是应用，这项工作由各领域专业人员按不同的应用目的进行。在应用过程中，也需要大量的信息处理和分析，如不同遥感信息的融合及遥感与非遥感信息的复合等。

2.1.2.2 遥感的分类

目前主流的遥感分类方法包括按遥感平台、按传感器探测波段、按工作方式以及按遥感应用领域等几种。

按遥感平台分为地面遥感、航空遥感、航天遥感、航宇遥感等。地面遥感是指传感器设置在地面平台上，对地面、地下或水下目标进行探测，如车载、船载、手提、固定或活动高架平台等。航空遥感是指传感器设置于航空器上，主要是飞机、气球等，是从空中对地面目标进行探测。航天遥感是指传感器设置于在轨运行的航天器上，如人造地球卫星、航天飞机、空间站、火箭等，从外层空间对地球目标物进行的遥感。航宇遥感是指传感器设置于星际飞船上，对地月系统外的目标的探测。

按传感器的探测波段分为紫外遥感、可见光遥感、红外遥感、微波遥感、多波段遥感等。紫外遥感是指探测波段在 0.05～0.38μm 之间，收集和记录目标物的紫外辐射能量。可见光遥感是指探测波段在 0.38～0.76μm 之间，收集和记录目标物反射的可见光辐射能量，所用传感器有摄影机、扫描仪、摄影仪等。红外遥感是指探测波段在 0.76～1000μm 之间，收集和记录目标物发射或反射的红外辐射能量。微波遥感是指探测波段在 1mm～1m 之间，收集和记录目标物发射或反射的微波能量，所用传感器有扫描仪、微波辐射计等。多波段遥感是指探测波段在可见光波段和红外波段范围内，将目标物的电磁辐射分割成若干窄波段，同步探测得到一个目标物不同波段的多幅影像。

按传感器工作方式分为主动遥感和被动遥感、成像遥感和非成像遥感。主动遥感又称有源遥感，指由探测器主动发射一定电磁波能量并接收目标后的后向散射信号。被动遥感又称无源遥感，是指传感器不向目标发射电磁波，仅被动接收目标物的自身发射和对自然辐射源的反射能量。成像遥感是指传感器接收的目标电磁辐射信号可转换成数字或模拟图像。非成像遥感是指传感器接收的目标电磁辐射信号不能形成图像。

按遥感的应用领域，可分为外层空间遥感、大气层遥感、陆地遥感、海洋遥感等。从具体应用领域可分为资源遥感、环境遥感、农业遥感、林业遥感、渔业遥感、地质遥感、气象遥感、水文遥感、水保遥感、城市遥感、工程遥感及灾害遥感、军事遥感等。

2.1.3　3S 技术

3S 技术是遥感技术（Remote Sensing，RS）、地理信息系统（Geography Information Systems，GIS）和全球定位系统（Global Positioning Systems，GPS）的统称。随着 3S 技术的不断发展，将 RS、GIS、GPS 三种独立技术中的有关部分有机集成起来，构成一个强大的技术体系，可实现对各种空间信息和环境信息的快速、机动、准确、可靠的收集、处理与更新。

RS 是指从高空或外层空间接收来自地球表层各类地物的电磁波信息，并通过对这些信息进行扫描、摄影、传输和处理，从而对地表各类地物和现象进行远距离控测和识别的现代综合技术。不直接接触有关目标物，在飞机、飞船、卫星等遥感平台上，使用光学或电子光学仪器即传感器接收地面物体反射或发射的电磁波信号，传送到地面，经过信息处理、判读分析和野外实地验证，最终服务于资源勘探、动态监测和规划决策。遥感技术即整个接收、记录、传输、处理和分析判读遥感信息的全过程，包括遥感手段和遥感应用。遥感技术可用于植被资源调查、气象观测预报、作物产量估测、病虫害预测、环境质量监测、交通线路网络与旅游景点分布等方面。例如，在大比例尺的遥感图像上，可以直接统计烟囱的数量、直径、分布以及机动车辆的数量、类型，找出其与燃煤、烧油量的关系，求出相关系数，并结合城市实测资料以及城市气象、风向频率、风速变化等因数，估算城市大气状况。同样，遥感图像能反映水体的色调、灰阶、形态、纹理等特征的差别，根据这些影像显示，一般可以识别水体的污染源、污染范围、面积和浓度。另外，利用热红外遥感图像能够对城市的热岛效应进行有效的调查。

GIS 就是一个专门管理地理信息的计算机软件系统，它不但能分门别类、分级分层地管理各种地理信息，而且还能将它们进行各种组合、分析、再组合、再分析等，还能查询、检索、修改、输出、更新等。地理信息系统还有一个特殊的“可视化”功能，就是通过计算机屏幕把所有的信息逼真地再现到地图上，成为信息可视化工具，清晰直观地表现出信息的规律和分析结果，同时还能在屏幕上动态地监测“信息”变化。地理信息系统具有数据输入、预处理功能、数据编辑功能、数据存储与管理功能、数据查询与检索功能、数据分析功能、数据显示与结果输出功能、数据更新功能等。地理信息系统一般由计算机、地理信息系统软件、空间数据库、分析应用模型图形用户界面及系统人员组成。地理信息系统技术现已在资源调查、数据库建设与管理、土地利用及其适宜性评价、区域规划、生态规划、作物估产、灾害监测与预报、精确农业等方面得到广泛应用。

GPS是美国从20世纪70年代开始研制，于1994年全面建成，具有海、陆、空全方位实时三维导航与定位能力的新一代卫星导航与定位系统。GPS由空间星座、地面控制和用户设备等三部分构成。GPS测量技术能够快速、高效、准确地提供点、线、面要素的精确三维坐标以及其他相关信息，具有全天候、高精度、自动化、高效益等显著特点，广泛应用于军事、民用交通（船舶、飞机、汽车等）导航、大地测量、摄影测量、野外考察探险、土地利用调查、精确农业以及日常生活（人员跟踪、休闲娱乐）等不同领域。

北斗卫星导航系统（BeiDou Navigation Satellite System，BNSS）是中国自行研制的全球卫星导航系统，也是继GPS、GLONASS之后的第三个成熟的卫星导航系统。北斗卫星导航系统（以下简称北斗系统）是中国着眼于国家安全和经济社会发展需要，自主建设运行的全球卫星导航系统，是为全球用户提供全天候、全天时、高精度的定位、导航和授时服务的国家重要时空基础设施。北斗系统提供服务以来，已在交通运输、农林渔业、水文监测、气象测报、通信授时、电力调度、救灾减灾、公共安全等领域得到广泛应用，服务国家重要基础设施，产生了显著的经济效益和社会效益。基于北斗系统的导航服务已被电子商务、移动智能终端制造、位置服务等厂商采用，广泛进入中国大众消费、共享经济和民生领域，应用的新模式、新业态、新经济不断涌现，深刻改变着人们的生产生活方式。中国将持续推进北斗应用与产业化发展，服务国家现代化建设和百姓日常生活，为全球科技、经济和社会发展做出贡献。北斗系统秉承“中国的北斗、世界的北斗、一流的北斗”发展理念，愿与世界各国共享北斗系统建设发展成果，促进全球卫星导航事业蓬勃发展，为服务全球、造福人类贡献中国智慧和力量。北斗系统为经济社会发展提供重要时空信息保障，是中国实施改革开放40余年来取得的重要成就之一，是新中国成立70年来重大科技成就之一，是中国贡献给世界的全球公共服务产品。北斗系统积极推动国际交流与合作，实现与世界其他卫星导航系统的兼容与互操作，为全球用户提供更高性能、更加可靠和更加丰富的服务。20世纪后期，中国开始探索适合国情的卫星导航系统发展道路，逐步形成了三步走发展战略：2000年年底，建成北斗一号系统，向中国提供服务；2012年年底，建成北斗二号系统，向亚太地区提供服务；2020年，建成北斗三号系统，向全球提供服务。2035年前还将建设完善更加泛在、更加融合、更加智能的综合时空体系。北斗系统由空间段、地面段和用户段三部分组成。空间段由若干地球静止轨道卫星、倾斜地球同步轨道卫星和中圆地球轨道卫星等组成。地面段包括主控站、时间同步/注入站和监测站等若干地面站，以及星间链路运行管理设施。用户段包括北斗兼容其他卫星导航系统的芯片、模块、天线等基础产品，以及终端产品、应用系统与应用服务等。

2.2 遥感技术进展

2.2.1 遥感技术兴起

遥感学科的技术积累和酝酿经历了几百年的历史，从最早的无记录地面遥感阶段到有记录地面遥感阶段、空中摄影遥感阶段，再到目前航天遥感阶段。遥感学科自1961年正式成立后，作为一门独立的新兴学科，获得了飞速发展和广泛应用。

1608—1838 年，无记录的地面遥感阶段。1608 年汉斯·李波尔赛制造了世界上第一架望远镜，1609 年伽利略制作了放大 3 倍的科学望远镜，为观测远距离目标开辟了先河，但望远镜观测并不能把观测到的事物用图像方式记录下来。

1839—1857 年，有记录的地面遥感阶段。对探测目标的记录与成像始于摄影技术发明，当其与望远镜相结合，远距离摄影随之诞生。1839 年，达盖尔发表了他与尼普斯拍摄的照片，第一次成功地把拍摄到的事物形象地展现记录在胶片上。1849 年，法国人艾米·劳赛达特制定了摄影测量计划，成为有目的记录地面遥感发展阶段的重要标志。

1858—1956 年，空中摄影遥感阶段。1858 年，Gaspard Felix Tournachon 用气球拍摄了法国巴黎的“鸟瞰”照片；1860 年，James Wallace Black 和 Sam King 乘气球升至空中，成功拍摄了美国波士顿的“鸟瞰”照片；1903 年，Julius Nebronner 设计了一种捆绑在飞鸽身上的微型摄相机；同年，莱特兄弟发明了飞机，真正促进了航空遥感向实用化迈进。在第一次世界大战期间，航空摄影成为军事侦察的重要手段；在第二次世界大战期间，微波雷达的出现以及红外技术的发展，使遥感探测的手段得到了拓展，成为军事作战指挥重要的情报来源，对军事决策起到了重要作用。

1957 年至今，航天遥感阶段。1957 年 10 月，苏联第一颗人造地球卫星成功发射，标志着人类进入航天遥感新纪元。1960 年，美国发射了 TIROS - 1 和 NOAA - 1 太阳同步气象卫星，真正实现了从航天器上对地球进行长期观测。此后，航空遥感不断发展，不同高度、不同用途的卫星构成了对地球和宇宙空间的多角度、全周期观测。遥感传感器探测波段范围不断延伸、空间分辨率不断提高，遥感影像反映的信息越来越全面和细致，探测技术越来越多样化，如雷达、多光谱、激光等技术日趋成熟。

2.2.2　遥感技术发展

战争促进了科学技术发展，遥感也不例外。第一次世界大战促使遥感从地面走向空中，萌发了红外技术探测；第二次世界大战使遥感走得更高和更远，促进了雷达技术发展。冷战期间，超级大国的激烈竞争，特别是空间技术的发展，为遥感技术的突进提供了重要的条件。气象探测、地形测绘、军事侦察、导弹预警成为遥感发展的主要动力。随着冷战的结束，遥感开始向民用转化，各式遥感卫星纷纷登场。这时遥感的主要任务是资源探测、环境监测、灾害评估等。1972 年美国发射了第一颗具有业务性质的“地球资源技术卫星”(后更名为“陆地卫星”)，开启了常态化遥感对地观测的先河，随后许多国家开始效仿和跟进，卫星遥感领域开始呈现蓬勃发展的态势。

目前，全球已发射的卫星和其他空间飞行器中以对地球观测为主要任务的就占了 1/3，它们组成了在不同地球轨道上、不断对地球进行观测的卫星系统。各国在民用遥感卫星发展方面既有竞争也有合作，许多国家都根据自身的技术、需求和目标，研制和发射了本国的卫星。同时为了解决一些需要大家共同应对的问题，如全球气候变化及其所产生的影响，环境恶化所导致的灾害等，国家之间开展广泛的合作。在此基础上逐渐形成完整、全面、系统的卫星遥感对地观测能力，组成全球性的地球观测系统。

随着遥感技术的发展，获取地球环境信息的手段越来越多，获取的信息也越来越丰富。为了充分利用这些信息，建立全面收集、整理、检索和管理这些信息的空间数据库和

管理系统，当前遥感前沿科学研究包括：遥感信息自动分析机理，研制定量分析模型及实用地学模型，进行多种信息源的信息融合与综合分析等。如今的遥感已不单纯是一门信息获取和分析的技术手段，它与地理信息系统、全球定位系统、各种地面观测技术和信息分析技术等结合起来，正在形成一门崭新的地球信息科学，为促进人类决策、管理和发展而贡献重要力量。当前遥感技术发展的特点主要表现为以下几个方面。

（1）传感器的更新迭代。随着遥感应用的广泛和深入，对遥感图像和数据的质量提出了更高的要求，其空间分辨率、光谱分辨率及时相分辨率的指标均有大幅提升。2001 年卫星遥感的空间分辨率已经从 Ikonos Ⅱ 的 1m，进一步提高到 Quickbird（快鸟）的 0.62m，高光谱分辨率已达到 5～6nm，时间分辨率的提高主要依赖于小卫星技术的发展，通过合理分布的小卫星星座和传感器的大角度倾斜可以以 1～3 天的周期获得感兴趣地区的遥感影像。

星载主动式（微波）遥感的发展日益引起人们的关注，如成像雷达和激光雷达等的发展使探测手段更趋多样化。合成孔径雷达具有全天候和高空间分辨率等优点。1995 年 11 月 4 日加拿大发射的 Radarsat（雷达卫星）就具有多模式的工作能力，能够改变空间分辨率、入射角、成像宽度和侧视方向等工作参数。1995 年美国航天飞机两次飞行试验了多波段、多极化合成孔径雷达。获取多种信息，适应遥感不同应用需要是传感器研制又一方向和进展。一颗卫星装备多种遥感器，既有高空间、光谱分辨率、窄成像带的遥感器，适合于小范围详细研究，又有中低空间、光谱分辨率、宽成像带的遥感器，适合宏观快速监测，二者综合起来，服务不同的业务需求。不断提高传感器的功能和性能指标，开拓新的工作波段，研制新型传感器，提高获取信息的精度和质量，将是今后遥感发展的一个长期任务和方向。

（2）遥感信息提取定量化和智能化。遥感技术的目的是获得有关地物目标的几何与物理特性，所以需要有全定量化遥感方法进行反演。但随着对成像机理、地物波谱反射特征、大气模型、气溶胶等研究的深入和数据积累，以及多角度、多传感器、高光谱及雷达卫星遥感技术的成熟，相信在今后一段时间内，全定量化遥感方法将逐步走向实用，遥感基础理论和应用研究将走上一个新台阶。从遥感数据中自动提取地物目标，解决它的属性和语义是摄影测量与遥感的重要任务之一。地物目标的自动识别技术主要集中在影像融合技术上，基于统计和基于结构的目标识别与分类，处理的对象包括高分辨率影像和高光谱影像。随着遥感数据量的增大，数据融合和信息融合技术的成熟，定量化遥感处理方法的发展，对遥感数据的处理方式会越来越自动化和智能化。

近年来，人工智能与深度学习等相关技术的快速发展和广泛应用。特别是卷积神经网络技术在遥感影像分类识别中得到诸多应用，并取得较好效果。传统遥感图像分类常因图像平移、比例缩放、倾斜或者其他形式的变形而引起误差，卷积神经网络模型能有效解决上述问题。曹林林等对比分析了传统机器学习、支持向量机与深度学习、卷积神经网络在卫星遥感影像图像分类中的应用精度，卷积神经网络模型分类精度均值为 98.21%，明显高于支持向量机的 89.29%，且前者 Kappa 系统也高出 12.96%。裴亮等基于全卷积神经网络的预训练网络，采用反卷积算法对特征图进行上采样，并优化改进网络结构，采用 Adam 优化器算法和 sigmoid 分类器，基于资源三号影像数据对模型进行训练，模型云检测精度远优于传统方法，准确率高达90.11%。陈洋等提出了一种自适应池化模型，能更为有效挖掘影像特征信息，实现了资源三号卫星多光谱影像和全色影像的云检测，总体精度达98%以上。王协等提出一种基于多尺度学习与深度卷积神经网络的多尺度神经网络模型，使用残差网络（Resnet）模型，利用膨胀卷积算法实现特征图像多尺度学习，设计了一种端到端的分类网络。该模型在浙江省0.5m分辨率的光学航空遥感图像土地利用分类中精度达91.97%，远高于传统的全卷积神经网络模型和支持向量机等面向对象的分类算法。曲景影等基于LeNet-5的网络结构基础上，提出了一种基于卷积神经网络模型的官学遥感图像目标识别方法，Quick Bird遥感图像（0.6m）目标识别率超过90%，远高于支持向量机等传统方法。许夙晖等研究了小样本数据遥感图像场景分类精度低的问题，利用非下采样Contourlet变换方法对遥感图像多尺度分解，然后对分解后的高频和低频子带分别用深度卷积神经网络训练得到不同尺度图像特征，采用多核支持向量机综合多尺度特征实现遥感图像场景分类，取得了较为理想的分类效果。张伟等以国产高分1号16m空间分辨率多光谱遥感影像为试验数据，采用AlexNet预训练卷积神经网络模型提取图像特征，以支持向量机为分类器，完成了地表覆盖分类，确定FC6全连接层提取特征最优，最佳特征提取窗口为9×9像素。葛芸等对比分析了基于大规模数据集ImageNet上预训练得到的4种不同卷积神经网络模型用于遥感图像检索的效果，其中CNN-M预训练网络模型检索效果最好。范荣双等采用主成分编号非监督预训练网络模型提取遥感影像特征，基于自适应池化模型减少影像特征信息丢失，通过下采样轮廓波变换获取影像文理特征，最后使用softmax分类器分类，实现了高分遥感影像建筑物的高效提取，总体分类精度超过93%。

（3）遥感应用不断深化。在遥感应用深度和广度不断扩展情况下，微波遥感应用领域的开拓，遥感应用成套技术的发展，以及地球系统的全球综合研究等成为当前遥感发展的又一方向。从单一信息源（或单一传感器）的信息（或数据）分析向多种信息源的信息（包括非遥感信息）复合及综合分析应用发展。从静态分析研究向多时相的动态研究以及预测预报方向发展。从定性判读、制图向定量数据挖掘发展；从对地球局部地区及其各组成部分的专题研究向地球系统的全球综合研究方向发展。

（4）地理信息系统的发展与支持。由遥感技术获取的丰富地理信息依赖地理信息系统加以科学管理、高效分析、深入应用，遥感的应用较为依赖地理信息系统提供多种信息源（包括非遥感信息）进行信息融合和综合分析，以提高遥感识别分类精度，遥感图像定量分析同样需要地理信息系统提供应用模型，以及其他智能信息分析工具的支持等。因此，在社会日益对遥感应用提出更高要求的现实情况下，需要充分利用遥感及非遥感手段获得的丰富地理信息，从而促成和推动地理信息系统的发展以及遥感与地理信息系统的有机结合。

2.3　国内外常用遥感卫星

2.3.1　系列陆地卫星

2.3.1.1　Landsat系列

美国陆地卫星（Landsat）系列卫星由美国航空航天局（NASA）和美国地质调查

局（USGS）共同管理。自 1972 年起，Landsat 系列卫星陆续发射，是美国用于探测地球资源与环境的系列地球观测卫星系统，曾称作地球资源技术卫星（ERTS）。陆地卫星的主要任务是调查地下矿藏、海洋资源和地下水资源，监视和协助管理农、林、畜牧业和水利资源的合理使用，预报农作物的收成，研究自然植物的生长和地貌，考察和预报各种严重的自然灾害（如地震）和环境污染，拍摄各种目标的图像，以及绘制各种专题图（如地质图、地貌图、水文图）等。目前，Landsat1～Landsat5 均已达到设计年限，退役停用，Landsat6 发射失败，Landsat7～Landsat9 尚在运行，该系列卫星具体参数见表 2－1。

表 2－1　　Landsat 系列卫星参数

Landsat 卫星	发射时间（年－月－日）	停用时间（年－月－日）	传感器	空间分辨率/m	倾角/(°)	轨道高度/km	周期/d
1	1972－07－23	1978－01－06	MSS/RBV	80	99.2	900	18
2	1975－01－22	1983－07－27	MSS/RBV	40/80	99.2	900	18
3	1978－03－05	1983－09－07	MSS/RBV	40/80	98.2	900	18
4	1982－07－16	1993－12－14	MSS/TM	30/120	98.2	705	16
5	1984－03－01	2013－01－05	MSS/TM	30/120	98.2	705	16
7	1999－04－15	正常运行	ETM＋	15/30/60	98.2	705	16
8	2013－02－11	正常运行	OLI/TIRS	15/30/100	98.2	705	16
9	2021－09－27	正常运行	OLI/TIRS2	15/30/100	98.2	705	16

2.3.1.2 SPOT 系列

SPOT（Systeme Probatoired′Observation dela Tarre）卫星是由法国空间研究中心（Centre National d′Etudes Spatiales）研制的一种地球观测卫星系统。SPOT 卫星 1～7 号从 1986 年发射以来，已经接收、存档超过 700 万幅全球卫星数据，提供了准确、丰富、可靠、动态的地理信息源，满足了农业、林业、土地利用、水利、国防、环境、地质勘探等多个应用领域不断变化的需要。SPOT 是一个太阳同步卫星，平均航高 832km。轨道与赤道倾斜角 98.77°，绕地球一圈周期约 101.4min，一天可转 14.2 圈，每 26 天通过同一地区，SPOT 卫星一天内所绕行轨道，在赤道相邻两轨道最大距离 108.6km，全球共有 369 个轨道。目前 SPOT－6 和 SPOT－7 两颗卫星还在正常运行，SPOT－3 号卫星于 1997 年 11 月 14 日由于事故停止运行，其余均已停止服务。该系列卫星具体参数见表 2－2。

表 2－2　　SPOT 系列卫星参数

参　数	SPOT－1	SPOT－2	SPOT－3	SPOT－4	SPOT－5	SPOT－6	SPOT－7
发射时间（年－月－日）	1986－02－22	1990－01－22	1993－09	1998－03－24	2002－05－04	2012－09－09	2014－06－30
停用时间/(年－月)	2002－05	2009－07	1997－11	2013－01	2015	正常运行	正常运行
传感器	HRV	HRV	HRV	HRVIR	HRG/HRS	NAOMI	NAOMI
空间分辨率/m	10/20	10/20	10/20	10/20	2.5/10	1.5/6	1.5/6
重复周期/d	26	26	26	26	26	26	26
倾斜角/(°)	98.7	98.7	98.7	98.7	98.7	98.2	98.2
幅宽/km	60	60	60	60	60	60	60
卫星高度/km	822	822	822	822	832	695	694

2.3.1.3 中巴地球资源卫星

资源卫星（ZY－1），又称“中巴地球资源卫星”。于 1988 年由中国和巴西两国政府联合议定书批准，共同出资、联合研制，代号为 CBERS。共由 3 颗卫星组成，分别是资源 01、02、02B、02C。该系列卫星采用国际上先进的公用平台设计思想，卫星设计起点高，技术难度大，是中国卫星研制史星上元器件最多、系统最为复杂的一颗卫星。1999 年 10 月 14 日，中巴地球资源卫星 01 星（ZY－01/CBERS－01）成功发射，在轨运行 3 年 10 个月。02 星（ZY－1－02/CBERS－02）于 2003 年 10 月 21 日发射升空，目前仍在轨运行。2004 年，中巴两国正式签署补充合作协议，启动资源 02B 星（ZY－1－02B）研制工作。2007 年 9 月 19 日，卫星在中国太原卫星发射中心发射，并成功入轨，2007 年 9 月 22 日首次获取了对地观测图像，2007 年 10 月 29 日，国防科工委与国土资源部签署协议，国土资源部成为资源 02B 星的主用户。2011 年 12 月 22 日成功发射升空了 ZY－1－02C 卫星，轨道高度为 780.099km，2014 年 12 月 7 日资源一号卫星 04 星（ZY－1－04/CBERS－04）在山西太原卫星发射中心成功发射。中巴地球资源卫星参数见表 2－3。

表 2－3　　中巴地球资源卫星参数

参　数	ZY－1－01	ZY－1－02	ZY－1－02B	ZY－1－02C	ZY－1－04
发射时间（年－月－日）	1999－10－14	2003－10－21	2007－09－19	2011－12－22	2014－12－07
服务状态	停用	停用	停用	正常运行	正常运行
传感器	CCD/WFI/IRMSS	CCD/WFI/IRMSS	CCD/HR	HR/P/MS	PAN/MUX/IRS/WFI
空间分辨率/m	20	20	20/2.36	2.36/5/10	5/20/40/73
重复周期/d	26	26	26	55	26
倾斜角/(°)	98.5	98.5	98.5	98.5	98.5
幅宽/km	113	113	27/113	54/60	60/120
卫星高度/km	778	778	778	780.1	778

2.3.2 高空间分辨率陆地卫星

国外高分辨率卫星起步早，体系庞大，观测能力强，目前常用的包括 WorldView 系列、GeoEye 系列、Quickbird 卫星、Ikonos 卫星、Planet 系列卫星等。

Ikonos 卫星于 1999 年 9 月 24 日发射成功，是世界上第一颗提供高分辨率卫星影像的商业遥感卫星。Ikonos 卫星的成功发射不仅实现了提供高清晰度且分辨率达 1m 的卫星影像，而且开拓了一个新的更快捷经济获得最新基础地理信息的途径，更是创立了崭新的商业化卫星影像的标准。Ikonos 是可采集 1m 分辨率全色和 4m 分辨率多光谱影像的商业卫星，同时全色和多光谱影像可融合成 1m 分辨率的彩色影像。时至今日 Ikonos 已采集超过 2.5 亿 km^2 涉及每个大洲的影像，许多影像被广泛用于国防军队航海等领域。Ikonos 轨道高度 681km，重访周期为 3 天，并且可从卫星直接向全球 12 地面站地传输数据。

QuickBird 卫星于 2001 年 10 月由美国 DigitalGlobe 公司发射，是目前世界上能提供亚米级分辨率的商业卫星之一，具有极高的地理定位精度，海量星上存储，单景影像比其

他的商业高分辨率卫星高出2～10倍。QuickBird卫星系统每年能采集7500万km^2的卫星影像数据，存档数据每天以海量速度递增。在中国境内每天至少有2～3个过境轨道，有存档数据约700万km^2。

GeoEye-1于2008年9月在美国范登堡空军基地发射，分辨率为0.5m，是目前最高分辨率商业卫星之一。GeoEye-1卫星具有分辨率高、测图能力强、重访周期短等特点，在实现大面积成图、细微地物解译判读等方面优势突出。GeoEye-1全色影像分辨率0.41m，多光谱影像分辨率1.65m，其高定位精度，有控和无控精度为业内领先。GeoEye-1无控定位精度高达5m，加入一个控制点精度可优于0.5m，并能够提供立体像对数据，可满足1∶5000～1∶10000地形图测绘及更新。GeoEye-1成像方式灵活，可大规模获取，重访周期短，3天（最短1天）内可重访地球任一点进行观测。

WorldView系列卫星是Digitalglobe公司的下一代商业成像卫星系统，它由3颗卫星组成，其中WorldView-1已于2007年发射，WorldView-2也在2009年10月发射升空。WorldView-3卫星于2014年8月13日发射。WorldView-1卫星于2007年9月18日发射，该卫星成为全球分辨率最高、响应速度最敏捷的商业成像卫星。卫星位于高度496km、倾角98°、周期93.4min的太阳同步轨道上，平均的重访周期1.7天，星载大容量全色成像系统每天能够拍摄多达55万km^2的0.5m分辨率的影像。卫星还将具备现代化的地理定位精度能力和极佳的响应能力，能够快速瞄准拍摄目标和有效同轨立体成像。采集能力约是快鸟卫星的4倍。WorldView-2卫星于2009年10月6日发射升空，运行在770km高的太阳同步轨道上，能够提供0.5m全色图像和1.8m分辨率的多光谱图像。星载多光谱遥感器不仅包括4个业内标准谱段（红、绿、蓝、近红外），还将包括4个额外（海岸、黄、红边和近红外2）波段。多样性的谱段可为用户提供进行精确变化检测和信息挖掘能力，由于WorldView卫星对指令的响应速度更快，因此图像周转时间（从下达成像指令到接收到图像所需的时间）仅为几个小时。WorldView-3于2014年8月13号发射并正式运行，卫星提供31cm全色分辨率、1.24m多光谱分辨率和3.7m红外短波分辨率。WorldView-3的平均回访时间不到1天，每天能够采集多达680000km^2范围的数据，相对其他亚米级商业卫星有着更广的光谱范围，使其特征提取、变化监测、植物分析等领域有着卓越的表现。

哨兵-2A卫星（Sentinel-2A）是“全球环境与安全监测”计划的第二颗卫星，于2015年6月23日发射。哨兵-2A携带一枚多光谱成像仪，可覆盖13个光谱波段，幅宽达290km，10m空间分辨率，重访周期10天。包括从可见光和近红外到短波红外波段信息，具有不同的空间分辨率。在光学数据中，哨兵-2A是唯一一个在红边范围含有三个波段的数据，这对监测植被健康信息非常有效。6月29日，在轨运行4天的哨兵-2A卫星，传回了第一景数据，幅宽290km，卫星第一次扫描范围从瑞典开始，经过中欧和地中海，到阿尔及利亚结束。哨兵-2A所携带的光学传感器与哨兵-1A相结合，可以获取大范围、高重访周期的数据。该卫星可提供有关农业、林业种植方面的监测信息，对预测粮食产量、保证粮食安全等具有重要意义。此外，它还可用于观测地球土地覆盖变化及森林，监测湖水和近海水域污染情况，以及通过对洪水、火山喷发、山体滑坡等自然灾害进行成像为灾害测绘和人道主义救援提供帮助。

2.3.3　高光谱类卫星

光谱分辨率是指卫星传感器接收目标辐射信号时所能分辨的最小波长间隔，波段划分得越细，光谱分辨率就越高，遥感影像区分不同地物能力越强，所以高光谱卫星的光谱分辨率比较高。一般来说，传感器波段数越多波段宽度越窄，地面物体的信息越容易区分和识别，信息针对性就越强。高光谱类卫星的主要特点是采用高分辨率成像光谱仪，波段数可十几、数百甚至上千个波段，光谱分辨率为 5～10nm，地面分辨率为 30～1000m，可用于大气、海洋和陆地探测。

高光谱遥感技术在早期阶段主要为提高光谱分辨率，以适应高精度、定量化遥感探测需要。随着高分辨率探测器技术的进步，高光谱遥感技术在提高光谱分辨率的同时，开始向着高空间分辨率方向发展。目前，国际上已经存在多种高光谱遥感观测卫星系统，探测波段范围覆盖了从可见光到热红外，光谱分辨率达到纳米级，波段数增至数百个，大大增强了遥感信息获取能力，可以精确对地表固体和液体化学组分进行定量分析，见表 2-4。为了更精确快速进行遥感观测，获得具有可靠性高、时效性强的遥感数据，高光谱遥感技术高空间分辨率、高光谱分辨率、高时间分辨率的“三高”新特征已经越来越明显，以适应未来长期天气预报、精准农业监测、定量化土地与海洋资源调查、实时战场环境分析等新应用领域。

表 2-4　　世界当前主要高光谱类卫星参数

卫　星	载　荷	发射年份	可用波段数量	波长范围/nm
Terra&Aqua	MODIS	1999/2002	36	400～1440
MightSat-Ⅱ	FTHSI	2000	256	475～1050
EO-1	Hyperion	2000	242	350～2600
PROBA	CHIRS	2001	63	405～1050
ENVISAT-1	MERIS	2002	576	390～1040
MRO	CRISM	2005	544	383～3960
HySI	HySI	2008	64	400～950
GOSAT	FTS	2009	4	785～1430
TacSat-3	ARTEMIS	2009	>400	400～2500
ISS	HICO	2009	128	350～1080
OCO-2	HRMX	2014	1016	758～2080
Cartosat2E	HRMX	2017	4	400～1300
EnMAP	HIS	2020	244	420～2450
ALOS-3	HISUI	2020	185	400—2500
SHALOM	HRMX	2021	250	400～2500
HyspIRI	HyspIRI	2023	212	389～2500

近年来，高光谱成像遥感仪器的结构更加趋于合理与简单，多元信息一体化获取功能大为增强，逐步向大视场、高通量、小型静态、高分辨率的方向发展。

2.3.4　合成孔径雷达类卫星

合成孔径雷达（Synthetic Aperture Radar，SAR）是一种主动式对地观测系统，可安

装在飞机、卫星、宇宙飞船等飞行平台上，实现全天时、全天候对地观测，且具有一定地表穿透能力。近年来，SAR在遥感领域获得越来越多应用，其基本工作原理为：①雷达自带照射源，在黑夜同样能出色地工作；②一般雷达所使用电磁波几乎可以无损穿透水汽云层；③物质的光学散射能量与其雷达电磁散射能量不同，雷达与传统光学传感器具有良好的互补性，有时甚至比光学传感器有更强的地表特征区分能力。因此，合成孔径雷达类卫星在灾害监测、环境监测、海洋监测、资源勘查、农作物估产、测绘和军事等方面的应用上具有独特优势，可发挥其他遥感手段难以发挥的作用。当前主流SAR系统搭载卫星见表2-5。

表2-5　　当前主流SAR系统搭载卫星

系　统	发射时间/年	波段	极化	图像宽度/km	分辨率/m	重复周期/d	国家/机构
ENVISAT-ASAR	2002	C	VV	100/400	20	35	欧空局
ALOS-PALSAR	2006	L	Full	40/350	7/14/100	46	日本
TerraSAR-X/Tandem-X	2007/2010	X	Full	5/10/30/100	1/3/16	11	德国
Cosmo-skymed-1、2、3、4	2007	X	Full	10/30/200	1/3/15	1～16	意大利
RADASAT-1	2007	C	Full	10/500	3/100	1～24	加拿大
ALOS-PALSA-2	2014	L	Full	25/35/60/70/350	1/3/6/10/100	14	日本
哨兵-1A Sentinel-1A	2014	C	Full	20/80/100/250/400	5/20/40	12	欧空局

2.3.5 我国遥感卫星现状

近年来，我国卫星遥感技术发展迅速，影像获取能力显著增强、影像数据类型日趋丰富，分辨率从米级到亚米级、光谱从全色到多光谱到等。目前已发射在轨运行的包括高分系列遥感卫星、风云系列遥感卫星、环境系列遥感卫星、资源系列遥感卫星、海洋系列遥感卫星和小卫星系列遥感卫星等。

高分系列遥感卫星是“国家高分辨率对地观测系统重大专项”的重要组成部分，对积极支撑服务军民融合发展、“一带一路”建设、精准扶贫等国家重大战略具有重要支撑作用。高分系列遥感卫星从2013年“高分一号”已经发展到2020年“高分十三号”，目前开放可利用数据主要为“高分一号”到“高分七号”。“高分一号”主要应用于环境监测、水资源与林业资源调查、农作物监测与估产等领域，其搭载的全色相机最高为2m分辨率，实现了总高分辨率与大宽幅相机的对地观测能力。“高分二号”主要应用于土地利用动态监测、矿产资源调查、城乡规划监测评价等领域，实现了我国民用遥感卫星的亚米级分辨率，其搭载的全色相机分辨率最大为0.8m。“高分三号”是高分系列遥感卫星中唯一民用微波遥感成像卫星，也是我国首颗1m分辨率C频段多极化合成孔径雷达成像卫星，主要应用于土壤水分监测、地质灾害预测预警、流域水系特征分析等领域。“高分四号”主要应用于森林火灾监测、洪涝灾害等方面，是我国首颗地球静止轨道高分辨率对地观测光学遥感卫星，其搭载的多光谱相机分辨率为50m。“高分五号”是国际上首次实现对大气和陆地进行综合观测的全谱段高光谱卫星，其搭载的多光谱相机分辨率为20m，主要应用于雾霾、大气颗粒物等大气环境监测及气候变化研究。“高分六号”是我国首颗精准农业观测的具有高度机动灵活性的高分辨率光学卫星，其搭载的全色相机达到了2m，主要应用于农业资源监测、林业资源调查、防灾减灾救灾等行业。“高分七号”是我国首颗民用亚米级高分辨率光学传输型立体测绘卫星，可实现我国民用1∶1万比例尺卫星立体测图，其搭载的全色立体相机达到了0.8m，主要应用于国土测绘、城乡建设、统计调查等方面。

风云系列遥感卫星包括两类四个系列，主要有风云一号、风云二号、风云三号和风云四号8颗极轨气象卫星和9颗静止气象卫星。“风云一号”系列是我国第一代极地轨道气象卫星，已经成功发射4颗（FY-1A～D），搭载了空间环境监测器和1km分辨率的多光谱可见光红外扫描辐射仪，主要用于气候预测、自然灾害和全球环境监测等。“风云二号”系列是我国第一代地球静止轨道气象卫星，已经成功发射8颗（FY-2A～H），搭载了可见光为1250m的扫描辐射计和空间环境监测器，主要进行天气图传真广播，监测太阳活动和卫星所处轨道的空间环境。“风云三号”系列是我国第二代极地轨道气象卫星，已经成功发射4颗卫星（FY-3A～D），搭载了17000m的红外分光计、62000m的微波温度计、16000m的微波湿度计、250m的中分辨率光谱成像仪等十余台有效载荷，主要用于监测大范围自然灾害，为军事气象和航空、航海等专业气象服务。“风云四号”系列是我国第二代地球静止轨道气象卫星，已经成功发射1颗卫星（FY-4A），搭载了500m分辨率的可见近红外多通道扫描成像辐射计和0.8～1cm分辨率的光谱相机，主要应用于天气预报、灾害预警等领域。

环境系列遥感卫星是我国专门用于环境和灾害监测的对地观测卫星系统，主要由2颗光学卫星（HJ-1A卫星和HJ-1B卫星）和1颗雷达卫星（HJ-1C卫星）组成的，拥有光学、红外、超光谱多种探测手段，具有大范围、全天候、全天时、动态的环境和灾害监测能力。其中HJ-1A和HT-1B卫星搭载了空间分辨率为30m的CCD相机，搭载了空间分辨率分别为100m的高光谱成像仪和300m的红外多光谱相机。HJ-1C卫星是中国首颗S波段合成孔径雷达卫星，空间分辨率为5m。

资源系列遥感卫星是专门用于探测和研究地球资源的卫星。我国已陆续发射了“资源一号（ZY1）”“资源二号（ZY2）”和“资源三号（ZY3）”系列卫星。“资源一号”系列卫星包括中巴合作的CBERS和国内研发的ZY1。CBERS包括CBERS-01、CBERS-02、CBERS-02B、CBERS-02C和CBERS-04，其中CBERS-02B搭载了2.36m全色、10m多光谱相机，CBERS-02C搭载了5 m多光谱、10m的PMS多光谱相机，CBERS-04搭载了5m全色、10m、20m、40m多光谱相机；ZY1包括ZY1-02D，ZY1-02D是我国首颗民用高分辨率高光谱业务卫星，搭载了2.5m全色、10m多光谱、30m高光谱相机，它们广泛被应用于农业、海洋、环保、城市规划及灾害监测等领域。ZY2是新一代传输型遥感卫星，主要用于城市规划、农作物估产和空间科学试验等领域，影像分辨率为3m，包含01、02和03星。ZY3主要用于基础地形图的测制和更新以及困难地区测图和城市测图等领域，包括01星和02星。01星是中国第一颗自主的民用高分辨率立体测绘卫星，搭载了3.5m的立体相机和6m的多光谱相机；02星搭载了2.5m的立体相机和5.8m的多光谱相机。

海洋系列遥感卫星是专门用于海洋遥感的地球观测卫星系列之一，装备海流、海浪、

海面温度、湿度、风向、风速等自动观测仪器，实现了从单一型号到多种型谱、从试验应用向业务服务的转变，向系列化、业务化的方向快速迈进。它包括含有 A、B、C 3 颗试验卫星的海洋水色环境系列卫星海洋一号（HY-1）、含有 A 和 B 两颗试验卫星的海洋动力环境系列卫星海洋二号（HY-2）和含有首颗试验卫星的海洋监视监测系列卫星海洋三号（HY-3）。其中两颗海洋水色环境卫星 HY-1B 和 HY-1C、两颗海洋动力环境卫星 HY-2A 和 HY-2B 在轨运行。HY-1B 是中国第一颗海洋卫星（HY-1A 卫星）的后续星，搭载了 1100m 分辨率的海洋水色扫描仪和 250m 分辨率的多光谱成像仪，主要应用于赤潮监测、海温预报和海岸带监测等领域。HY-1C 是中国民用空间基础设施“十二五”任务中四颗海洋业务卫星的首发星，搭载 1100m 分辨率的海洋水色扫描仪、50m 分辨率的海岸带多光谱成像仪和 550m 分辨率的紫外成像仪，主要应用于全球大洋水色水温环境业务化监测、中国近海海域与海岛、海洋防灾减灾等行业；HY-2A、HY-2B 分别是我国第一代静止气象卫星（风云二号）的第一颗试验卫星和第二颗试验卫星，其中 HY-2A 搭载 2000m 分辨率的雷达高度计和 50000m 分辨率的微波辐射计，HY-2B 搭载了 25000m 分辨率的扫描微波散射计和校正微波辐射计，它们主要应用于台风和海洋天气监测、暴雨预报等方面；HY-3 是综合卫星，搭载 1m 分辨率的多极化、多模式合成孔径雷达，主要用以全天候全天时探测海上目标、重要海洋灾害、全球变化等方面。

我国小卫星系列遥感卫星主要有“天绘一号”系列、“北京”系列、“吉林一号”系列、“珠海一号”系列等。“天绘一号”（TH-1）系列主要服务国民经济建设，是我国第一颗传输型立体测绘卫星，包含 01 星、02 星、03 星，搭载了高分辨率、三线阵和多光谱 3 种相机，其分辨率分别为 2m、5m、和 10m。“北京”系列包括“北京一号（BJ-1）”“北京二号（DMC3）”小卫星，其中“北京一号”是我国第一个由企业实施和运行的对地观测卫星，搭载了分辨率为 4m 的全色相机和分辨率为 32m 的多光谱相机，主要实现对热点地区的重点观测。“北京二号”是由 3 颗 1m 全色、4m 多光谱的光学遥感卫星组成的民用商业遥感卫星星座，主要提供覆盖全球、空间和时间分辨率俱佳的遥感卫星数据和空间信息产品。“吉林一号”（JL-1）系列主要应用于国土资源监测、智慧城市建设、防灾减灾等领域，是中国第一颗商用遥感卫星，在轨 14 颗遥感卫星，包括 8 颗高分辨率视频卫星、2 颗高分辨率光学卫星，2 颗光谱卫星和 1 颗技术验证卫星。其中光学 A 星搭载了 0.72m 分辨率全色和 2.88m 分辨率多光谱相机。“吉林一号”视频 01、02 星可以获取分辨率为 3840×2160 像素的高清彩色视频影像，搭载了 1.13m 分辨率的彩色视频相机。灵巧验证星搭载了 4.7m 分辨率的全色相机，能够对多重成像技术和国产高敏度 CMOS 芯片进行验证。“吉林一号”视频 03 星主要服务于森林资源调查、森林火灾预警与防控、野生动物保护等林业发展，搭载了 0.92m 分辨率的彩色动态视频相机。“吉林一号”主要为政府部门、行业用户等提供遥感数据和产品服务视频，其中 04、05、06 星搭载了空间分辨率达到 0.92 m 的动态彩色视频相机。“吉林一号”主要服务于测绘、环保、农业等多个行业发展，视频 07 星搭载了空间分辨率为 0.92m 的动态彩色视频相机。“吉林一号”视频 08 星搭载了空间分辨率为 0.92m 的动态彩色视频相机，主要服务于林业重点工作。“珠海一号”是我国首家由民营上市公司建设并运营的卫星星座，包括视频卫星、高光谱卫星、雷达卫星、高分光学卫星和红外卫星等 34 颗卫星。“珠海一号”OVS-1 视频卫星

2 颗，空间分辨率为 1.98m，离地高度 530km，质量 50kg，成像范围 8.1km×6.1km，视频可最长拍摄 90s，运行轨道 43°；OVS-2 视频卫星 1 颗，空间分辨率为 0.9m，离地高度 500km，质量 90kg，成像方式可分视频和图像，视频成像范围 4.5km×2.7km，视频可最长拍摄 120s，图像成像范围 22.5km×2500km，运行轨道 98°。OHS 高光谱卫星 4 颗，空间分辨率为 10m，离地高度 500km，质量 67 kg，成像范围 150km×2500km，谱段数 32 个，光谱分辨率 2.5nm，波谱范围 400～1000nm，运行轨道 98°。

可持续发展科学卫星 1 号（SDGSAT-1）由中国科学院部署的“地球大数据科学工程”A 类先导科技专项支持，于 2021 年 11 月 5 日上午 10 点 19 分在我国太原卫星发射中心由长征六号运载火箭成功发射。SDGSAT-1 有三大科学目标：一是通过探测人类活动与地球表层环境交互影响的地物参量，实现综合探测数据向可持续发展目标应用信息的转化，研究表征人类活动与自然环境相关指标间的关联和耦合；二是充分利用可持续发展卫星 1 号对地表进行宏观、动态、大范围、多载荷昼夜协同探测的优势，研究城市化水平、人居格局、能源消耗、近海生态等以人类活动为主引起的环境变化和演变规律，服务可持续发展目标相关领域的研究；三是探索夜间灯光或月光等微光条件下地表环境要素探测的新方法与新途径。SDGSAT-1 卫星为太阳同步轨道设计，搭载了高分辨率宽幅热红外、微光及多谱段成像仪三种载荷，设计有“热红外+多谱段”“热红外+微光”以及单载荷观测等普查观测模式，可实现全天时、多载荷协同观测。同时，拥有月球定标、黑体变温定标、LED 灯定标、一字飞行定标等星上和场地定标模式，保证了精确定量探测的需求。SDGSAT-1 卫星的微光载荷是国际首个高分辨率夜光遥感载荷，可以精确识别城市次干路及小区灯光分布特性，另通过彩图提升灯光及地物识别能力，探测城市夜间颗粒物浓度。SDGSAT-1 卫星的热红外载荷为 30m 分辨率，具备目前全国最高空间分辨率，300km 量级的幅宽提供全球范围地表的高精度长波红外数据，可实现对城市发育和空间格局的精细刻画。此外，SDGSAT-1 卫星的多光谱载荷分辨率为 10m，适合海岸带、近海环境探测。

参　考　文　献

[1] JIANG Y H，ZHANG G，TANG X M，et al. Detection and correction of relative attitude errors for ZY1-02C [J]. IEEE Transactions on Geoscience and Remote Sensing，2017，52 (12)：7674-7683.

[2] JIANG Y H，WANG J Y，ZHANG L，et al. Geo-metric processing and accuracy verification of Zhuhai-1 hyper-spectral satellites [J]. Remote Sensing，2019，11 (9)：996.

[3] LI G P and CAO C X. Development of environmental monitoring satellite systems in China [J]. Science China Earth Sciences，2010，53 (1)：1-7.

[4] LI X X，MA T Z，XIE W L，et al. FY-3D and FY-3C onboard observations for differential code biases estimation [J]. GPS Solutions，2019，23 (2)：57

[5] TANG X M，XIE J F，LIU R，et al. Overview of the GF-7 laser altimeter system mission [J]. Earth and Space Science，2020，7 (1)：777.

[6] 白照广. 高分一号卫星的技术特点 [J]. 中国航天，2013 (8)：5-9.

[7] 北斗卫星导航系统介绍 [EB/OL]. (2017-03-16).

[8] 曹林林，李海涛，韩颜顺，等. 卷积神经网络在高分遥感影像分类中的应用［J］. 测绘科学，2016，41（9）：170-175.

[9] 陈洋，范荣双，王竞雪，等. 基于深度学习的资源三号卫星遥感影像云检测方法［J］. 光学学报，2018，38（1）：362-367.

[10] 范荣双，陈洋，徐启恒，等. 基于深度学习的高分辨率遥感影像建筑物提取方法［J］. 测绘学报，2019，48（1）：34-41.

[11] 葛芸，江顺亮，叶发茂，等. 基于 ImageNet 预训练卷积神经网络的遥感图像检索［J］. 武汉大学学报（信息科学版），2018，43（1）：67-73.

[12] 何宇华，史良树，张荣慧，等. 中巴资源卫星数据（CBERS-02）在土地调查中的应用［J］. 中国土地科学，2007，21（2）：51-57.

[13] 胡杰，张莹，谢仕义. 国产遥感影像分类技术应用研究进展综述［J］. 计算机工程与应用，2021，57（3）：1-13.

[14] 胡秀清，卢乃锰，邱红. FY-1C/1D 全球海上气溶胶业务反演算法研究［J］. 海洋学报，2006，28（2）：56-65.

[15] 蒋兴伟，林明森，邹亚荣. 我国海洋卫星发展与应用［J］. 卫星应用，2016（6）：17-23.

[16] 可持续发展科学卫星 1 号［EB/OL］.

[17] 李贝贝，韩冰，田甜，等. 吉林一号视频卫星应用现状与未来发展［J］. 卫星应用，2018（3）：23-27.

[18] 李德仁. 我国第一颗民用三线阵立体测图卫星——资源三号测绘卫星［J］. 测绘学报，2012，41（3）：317-322.

[19] 李岩，陶志刚，李松明，等. “天绘一号”卫星在轨性能评估［J］. 遥感学报，2012，16（S1）：40-47.

[20] 李宗仁，张焜，李得林，等. 资源一号 02C 卫星 PMS 数据特性分析［J］. 地理空间信息，2017，15（1）：29-31，39.

[21] 练敏隆，石志城，王跃，等. “高分四号”卫星凝视相机设计与验证［J］. 航天返回与遥感，2016，37（4）：32-39.

[22] 廖小罕. 中国对地观测 20 年科技进步和发展［J］. 遥感学报，2021，25（1）：367-375.

[23] 林明森，何贤强，贾永君，等. 中国海洋卫星遥感技术进展［J］. 海洋学报，2019，41（10）：99-112.

[24] 刘建军，张俊，李罂，等. 基于 GF-7 卫星的 1∶10000 制图要素信息提取技术框架建设［J］. 地理信息世界，2018，25（6）：58-61，67.

[25] 刘杰，张庆君. 高分三号卫星及应用概况［J］. 卫星应用，2018（6）：12-16.

[26] 刘晋阳，辛存林，武红敢，等. GF-6 卫星 WFV 数据在林地类型监测中的应用潜力［J］. 航天返回与遥感，2019，40（2）：107-116.

[27] 卢乃锰，谷松岩. 气象卫星发展回顾与展望. 遥感学报［J］，2016，20（5）：832-841.

[28] 陆春玲，王瑞，尹欢. “高分一号”卫星遥感成像特性［J］. 航天返回与遥感，2014，35（4）：67-73.

[29] 潘腾. 高分二号卫星的技术特点［J］. 中国航天，2015，（1）：3-9.

[30] 裴亮，刘阳，谭海，等. 基于改进的全卷积神经网络的资源三号遥感影像云检测［J］. 激光与光电子学进展，2019，56（5）：226-233.

[31] 曲景影，孙显，高鑫. 基于 CNN 模型的高分辨率遥感图像目标识别［J］. 国外电子测量技术，2016，35（8）：45-50.

[32] 冉琼，迟耀斌，王智勇，等. 北京 1 号小卫星图像噪声评估［J］. 遥感学报，2009，13（3）：554-558.

[33] 施建成，郭华东，董晓龙，等. 中国空间地球科学发展现状及未来策略［J］. 空间科学学报，2021，41（1）：95-117.

[34] 孙伟伟，杨刚，陈超，等. 中国地球观测遥感卫星发展现状及文献分析 [J]. 遥感学报，2020，24 (5)：479 - 510.

[35] 孙允珠，蒋光伟，李云端，等. “高分五号”卫星概况及应用前景展望 [J]. 航天返回与遥感，2018，39 (3)：1 - 13.

[36] 唐新明，胡芬. 卫星测绘发展现状与趋势 [J]. 航天返回与遥感，2018，39 (4)：26 - 35.

[37] 唐尧，王立娟，马国超，等. 利用国产遥感卫星进行金沙江高位滑坡灾害灾情应急监测 [J]. 遥感学报，2019，23 (2)：252 - 261.

[38] 童旭东. 扎实推进高分专项实施，助力“一带一路”建设 [J]. 卫星应用，2018 (8)：13 - 18.

[39] 童旭东. 中国高分辨率对地观测系统重大专项建设进展 [J]. 遥感学报，2016，20 (5)：775 - 780.

[40] 王桥，吴传庆，厉青. 环境一号卫星及其在环境监测中的应用 [J]. 遥感学报，2010，14 (1)：104 - 121.

[41] 王桥. 中国环境遥感监测技术进展及若干前沿问题 [J]. 遥感学报，2021，25 (1)：25 - 36.

[42] 王蓉，李胜利，邓伟. 天绘一号卫星及其应用 [J]. 卫星应用，2014 (6)：21 - 23.

[43] 王协，章孝灿，苏程. 基于多尺度学习与深度卷积神经网络的遥感图像土地利用分类 [J]. 浙江大学学报 (理学版)，2020，47 (6)：715 - 723.

[44] 徐冠华，田国良，王超，等. 遥感信息科学的进展和展望 [J]. 地理学报，1996，5 (5)：385 - 397.

[45] 许健民，杨军，张志清，等. 我国气象卫星的发展与应用 [J]. 气象，2010，36 (7)：94 - 100.

[46] 许夙晖，慕晓冬，赵鹏，等. 利用多尺度特征与深度网络对遥感影像进行场景分类 [J]. 测绘学报，2016，45 (7)：834 - 840.

[47] 杨军，咸迪，唐世浩. 风云系列气象卫星最新进展及应用 [J]. 卫星应用，2018 (11)：8 - 14.

[48] 杨忠东，谷松岩，邱红，等. 中巴地球资源一号卫星红外多光谱扫描仪交叉定标方法研究 [J]. 红外与毫米波学报，2003，22 (4)：281 - 285.

[49] 张庆君，赵良波. 我国海洋卫星发展综述 [J]. 卫星应用，2018 (5)：28 - 31.

[50] 张庆君. 高分三号卫星总体设计与关键技术 [J]. 测绘学报，2017，46 (3)：269 - 277.

[51] 张润宁，姜秀鹏. 环境一号 C 卫星系统总体设计及其在轨验证 [J]. 雷达学报，2014，3 (3)：249 - 255.

[52] 张伟，郑柯，唐娉，等. 深度卷积神经网络特征提取用于地表覆盖分类初探 [J]. 中国图像图形学报，2017，22 (8)：1144 - 1153.

[53] 张志清，陆风，方翔，等. FY - 4 卫星应用和发展 [J]. 上海航天，2017，34 (4)：8 - 19.

[54] 周俊宇，赵艳明. 卷积神经网络在图像分类和目标检测应用综述 [J]. 计算机工程与应用，2017，53 (13)：34 - 41.

[55] 周雨霁，田庆久，张雪红. CBERS - 02B 卫星 CCD 数据质量评价与植被分类应用潜力 [J]. 遥感信息，2008 (6)：47 - 52.

第3章 无人机航摄技术

3.1 无人机定义、分类及遥感

3.1.1 无人机定义及分类

无人航测技术与应用系统的航空测绘信息主要依靠卫星或载人飞机来获取，但信息采集成本偏高，且受更新速度、天气条件、需求变化等方面的限制较大。比较而言，无人机航测技术成本低廉、操作简单、成像清晰、响应速度快，弥补了传统航空测绘技术的不足，近年来在各行业领域得到广泛应用。

(1) 无人机定义。无人驾驶飞机称为“无人机”(Unmanned Aerial Vehicle，UAV)，是利用无线电遥控设备和自备程序控制装置操纵的不载人飞行器，含动力装置和导航模块，实现在一定范围内依靠无线电遥控设备或者计算机程序控制自主飞行。

无人机作为一种新型遥感平台，不仅能够完成有人驾驶飞机执行的任务，还适用于有人飞机不宜执行的任务，如危险区域的地质灾害调查等，广泛应用于水利工程管护、油气管道与电力线路巡检、应急管理救援、生态环境监测、土地利用调查、城市行政管理等领域。

无人机研制始于20世纪初，经过近百年的丰富、完善与发展，已形成了一个系统的无人机大家族。其种类繁多，从动力、用途、控制方式、航程和飞行器重量等方面可分为多种类型。按照系统组成和飞行特点，无人机可分为固定翼无人机、无人驾驶直升机两大类。

无人驾驶直升机的技术优势是能够定点起飞、降落，对起降场地的条件要求低，能通过无线电遥控或机载计算机实现程控。但无人驾驶直升机的结构相对比较复杂，操控难度相对较大，主要应用于突发事件调查，如山体滑坡勘查、火灾环境监测等特殊领域。

(2) 无人机分类。近年来，国内外无人机相关技术飞速发展，无人机系统种类繁多、用途广泛、特点鲜明，在尺寸、质量、航程、航时、飞行高度、飞行速度、性能以及任务等多方面都有较大差异。

无人机实际上是无人驾驶飞行器的统称，可按飞行平台构型、用途、尺度、活动半径、任务高度等进行分类。按飞行平台构型分类无人机可分为固定翼无人机、旋翼无人机、无人飞艇、伞翼无人机、扑翼无人机等。从技术角度可分为无人固定翼飞机、无人垂直起降飞机、无人飞艇、无人直升机、无人多旋翼飞行器、无人伞翼机等。

固定翼无人机遥控飞行和程控飞行均相对容易实现，抗风能力比较强，类型较多，能同时搭载多种遥感传感器。固定翼无人机的起飞方式有滑行、弹射、车载、火箭助推和飞机投放等，降落方式有滑行、伞降和撞网等。固定翼无人机对起降低场地要求较高，需要比较空旷的场地，常用于矿山资源监测、林业和草场监测、海洋环境监测、污染源及扩散态势监测、土地利用监测以及水利、电力等领域。

按用途分，无人机可分为军用无人机和民用无人机。军用无人机可分为侦察无人机、诱饵无人机、电子对抗无人机、通信中继无人机、无人战斗机和靶机等。民用无人机可分为巡查或监视无人机、农用无人机、气象无人机、勘探无人机以及测绘无人机等。

按尺度分，无人机可分为微型无人机、轻型无人机、小型无人机以及大型无人机。微型无人机的空机质量不超过7kg。轻型无人机的空机质量大于7kg，但不超过116kg，且全马力平飞中校正空速小于100km/h，升限小于3000m。小型无人机的空机质量不超过5700kg。大型无人机的空机质量大于5700kg。

按活动半径分，无人机可分为超近程无人机、近程无人机、短程无人机、中程无人机和远程无人机。超近程无人机活动半径在15km以内，近程无人机活动半径在15～50km之间，短程无人机活动半径在50～200km之间，中程无人机活动半径在200～800km之间，远程无人机活动半径大于800km。

按任务高度分，无人机可以分为超低空无人机、低空无人机、中空无人机、高空无人机和超高空无人机。超低空无人机任务高度一般在0～100m，低空无人机任务高度一般在100～1000m，中空无人机任务高度一般在1000～7000m，高空无人机任务高度一般在7000～18000m，超高空无人机任务高度一般大于18000m。

无人机与载人飞机相比，它具有体积小、造价低、使用方便等优点。2013年11月，中国民用航空局（CA）下发了《民用无人驾驶航空器系统驾驶员管理暂行规定》，由中国AOPA协会负责民用无人机的相关管理。中国内地无人机操作按照机型大小、飞行空域可分为11种情况，其中仅有116kg以上的无人机和4600m^3以上的飞艇在融合空域飞行，由民航局管理，其余情况，包括日渐流行的微型航拍飞行器在内的其他飞行器，均由行业协会管理或由操作手自行负责。

（3）无人机遥感技术发展。早期无人机作为靶机主要应用于军事领域，后来发展为作战、侦察及民用等遥感飞行平台。20世纪80年代以来，随着计算机通信技术发展以及各种重量轻、体积小、精度高的数字化新型传感器不断面世，无人机性能随之不断提高，应用范围领域不断拓展。各种用途、各种性能指标的无人机已达数百种之多，续航时间从数小时延长到数十小时甚至更长，任务载荷从几千克到几百千克，这为长航时、大区域遥感监测提供了技术设备保障，也为搭载多种传感器和执行多类型任务创造了平台保障。我国制造的数字航空测量相机拥有8000万像素，能够同时拍摄彩色红外型、全色型的高精度航片。中国测绘科学研究院使用多台哈苏相机组合照相有效地提高了遥感飞行效率。另外，激光三维扫描仪、红外扫描仪等小型高精度遥感器为无人机遥感的应用提供了更为广阔的发展空间。

无人机遥感航拍是集成了遥感、遥控、遥测与计算机计算的新型综合性应用技术。以低速无人驾驶飞机作为空中遥感平台，用彩色、黑白、红外等摄像技术获取影像数据，利用计算机对图像进行加工处理，可快速对业务目标信息进行更新、修正和升级，为政府和相关部门的行政管理、土地地质环境治理、农林业生产、科学研究等提供及时的技术支撑

和数据保证。

(4) 无人机发展前景。新一代的无人机能从多种平台上发射和回收，例如从地面车辆、舰船、航空器、亚轨道飞行器和卫星进行发射和回收。近年来，高级窃听装置、穿透雷达、化学分析微型分光计等先进设备应用到无人机上，使得无人机应用领域更为广阔。军用方面，高空长航时及隐身需求日益突出。早期的无人机滞空时间短，飞行高度低，侦察监视面积小，不能连续获取信息，甚至会造成情报“盲区”，不适应现代战争需要，而长航时无人机研制应用得到快速发展。此外，为了对付日益增强的地面防空火力的威胁，许多先进的隐形技术被应用到无人机的研制上。一是采用复合材料、雷达吸波材料和低噪声发动机。如美军“蒂尔”Ⅱ无人机除了主梁外，几乎全部采用了石墨合成材料，并且对发动机出气口和卫星通信天线作了特殊设计，飞行高度在300m以上时人耳听不见；在900m以上时肉眼看不见。二是采用低红外光反射技术，在机身表面涂上能够吸收红外光特制涂层并在发动机燃料中注入防红外辐射的化学制剂。三是减小机身表面缝隙，减少雷达反射面。四是采用充电表面涂层，具有变色的特性。从地面向上看，无人机具有与天空一样的颜色；从空中往下看，无人机呈现与大地一样的颜色。

3.1.2 无人机遥感

3.1.2.1 无人机遥感概念

无人机遥感（Unmanned Aerial Vehicle Remote Sensing）是利用无人驾驶飞行器技术、传感器技术、遥测遥控技术、通信技术、卫星导航定位技术及遥感应用技术等，实现自动化、智能化、专业化快速获取国土资源、自然环境、自然灾害等地理空间遥感信息。

无人机遥感系统（Unmanned Aerial Vehicle Remote Sensing System）是一种以无人飞行器为平台，以各种成像与非成像传感器作为主要载荷，飞行高度一般在几千米以内（军用可达10km以上），能够获取遥感影像、视频以及光谱信息等多源数据的无人机航空遥感与摄影测量系统。目前，成熟完备的民用无人机遥感系统主要由飞行平台系统、轻小型多功能对地观测传感系统、数据传输链路、综合保障系统与装置等组成。

无人机可实现高分辨率影像的采集，在弥补卫星遥感经常因云层遮挡获取不到影像缺点的同时，解决了传统卫星遥感重访周期过长，应急需求响应不足等问题。无人机遥感是目前获取厘米级及以上超高分辨率、小时级即时观测地球数据及环境信息的重要技术手段，是人工智能时代新空间信息产业革命的关键技术。利用无人机设备可快速获取地表信息、超高分辨力数字影像和高精度定位数据，生成数字高程模型（Digital Elevation Model，DEM）、数字正射影像图（Digital Orthophoto Map，DOM）、数字三维地表模型（Digital Surface Model，DSM）、数字三维景观模型（Digital Landscape Model，DLM）等可视化数据。

3.1.2.2 无人机遥感系统

无人机遥感系统以无人飞行器为平台，机载数码相机、数码摄录机等数字遥感设备进行拍摄和记录，通过遥感数据处理技术进行影像的分析处理，以实现对地面信息的实时调查与监测。一个完整的无人机遥感系统包括空中飞行、数据获取模块和地面监控模块。

空中飞行与数据获取模块用于控制无人机系统按照既定航线平稳飞行，并将飞行状态与数据传输地面。主要包括无人机飞行系统、遥感器系统、姿态控制系统以及数据传输系统。地面监控模块则是发送飞行状态调整和数据获取命令、接收数据并实时监控，主要包括数据接收与状态监控、地面控制。无人机遥感平台包括无人固定翼飞机平台、无人直升机平台、无人飞艇平台以及其他类型平台。无人机系统组成如图3－1所示。

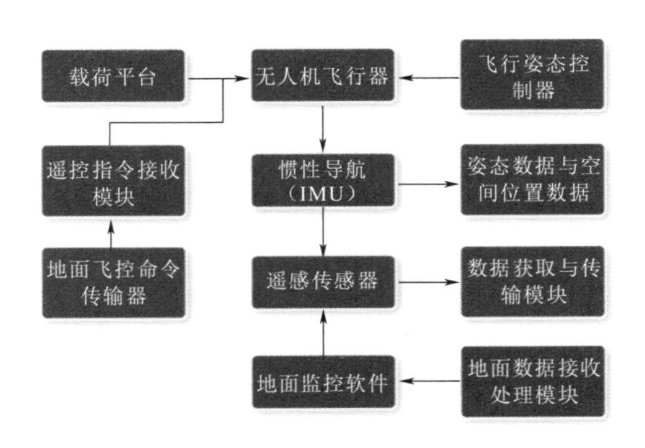

图3－1　无人机系统组成

根据不同遥感作业需要，系统能够搭载的遥感设备包括面阵CCD数码相机、光学胶片相机、成像光谱仪、磁测仪、CCD摄录机等。

目前无人机遥感监测系统多选用高分辨率面阵CCD数码相机作。CCD数码相机获取的遥感影像可以直接输入计算机进行处理，无人机回收后可现场查看影像质量，大大提高工作效率，符合无人机遥感监测系统实时、快速的技术需求。同时，CCD数码相机体积小、重量轻，在感光度、色彩深度、存储量等方面具有较强的技术优势。

机载稳定平台主要用于遥感设备稳定和偏流角修正，以确保获得高质量遥感影像。稳定平台设计了三轴和单轴两种：三轴稳定平台可以使传感器保持水平稳定并修正偏流角，由平台、电机、陀螺仪、水平传感器、舵机、控制电路等组成；单轴稳定平台只修正偏流角，由平台、电机和控制电路组成。两种稳定平台可以根据不同精度的遥感监测任务选用。任务设备控制计算机能根据无人机的位置、地速、高度、航向、姿态角以及设定的航摄比例尺和重叠度等，自动计算并控制相机曝光间隔和稳定平台的偏流角修正，具有程控和遥控两种控制方式。

（1）无人驾驶飞行平台。气动布局合理、性能稳定的无人驾驶飞行平台是基本保障。无人机主要采用玻璃钢和碳纤维复合材料，重量轻、强度大。机身为车厢形式，有较大容积，便于设备安装及使用维护，无人机任务载荷和任务设备仓的尺寸根据遥感设备及其控制系统重量和尺寸设定。无人机安装性能稳定的航空发动机和螺旋桨作为动力装置。无人机起降可以采用正常的滑行方式，也可采用车载起飞、伞降回收等方式，以适应不同地区和不同遥感任务的使用。

（2）飞行控制系统。飞行控制系统用于无人机飞行控制与任务设备管理，包括传感器、执行机构和飞行控制计算机三个部分。由姿态陀螺、气压高度表、磁航向传感器、GPS导航定位装置、飞控计算机、执行机构、电源管理系统等组成，可实现对飞机姿态、高度、速度、航向、航线的精确控制，具有遥控、程控和自主飞行三种飞行模态，如图3－2所示。

（3）无线电遥测遥控系统。无线电遥测系统用于传送无人机和遥感设备的状态参数，可实现飞机姿态、高度、速度、航向、方位、距离及机上电源测量和实时显示，具备数据

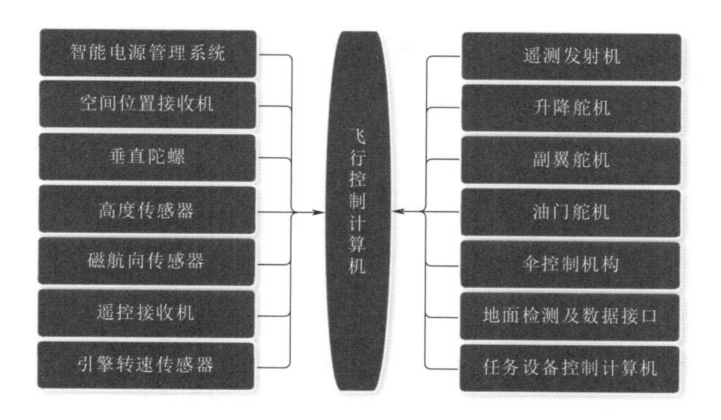

图 3-2 飞行控制系统组成

和图形两种显示功能，供地面人员掌握无人机和遥感设备的运行信息，并存贮所有传送信息，以便随时调用复查。无线电遥控系统是用于传输地面操纵人员的指令，引导无人机按地面人员命令飞行。为了使无线电遥测系统和遥控系统设备轻便易携、架设方便，地面站的设备平台设计成一体化，主要由指令编码器、调制器、发射机、接收机、天线、微型计算机、显示器、电源等组成，如图 3-3 所示。

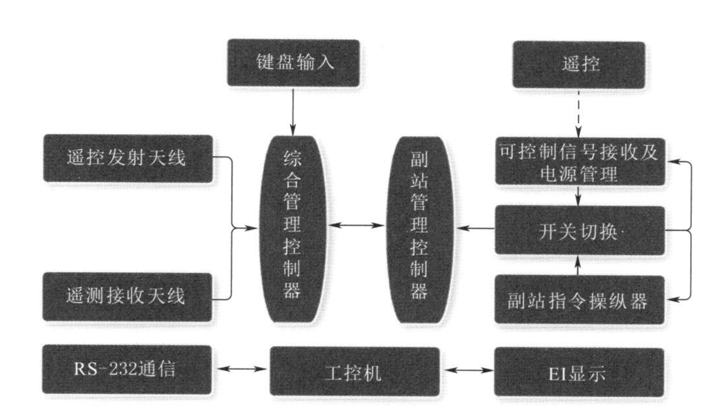

图 3-3 遥测遥控地面站组成

（4）遥感数据处理系统。为保证无人机遥感监测系统具有对地实时调查监测能力，在目前现有的遥感数据处理软件的基础上，还根据无人机机载遥感设备的技术特点，研发了专用的数据处理系统，以实现无人机遥感监测数据的快速处理，满足各种遥感监测任务的需要。遥感图像处理采用的电子计算机主要是 16 位和 32 位小型机和超级小型机，也有采用中型机或高档微处理机的。使用的外围设备主要是磁盘机、磁带机、打印机、字符终端等。图像输入输出装置除通用的磁盘外，还包括电视摄像机、光机扫描鼓等。电视摄像机把遥感胶片资料经过电视摄像变换成电信号，再经过模数转换送入电子计算机。图像输入光机扫描鼓的工作原理类似于传真发片机，但几何精度和分辨力可达 12.5μm，远高于传真机。20 世纪 80 年代中期出现光敏二极管阵列摄像机，分辨力达 2048×2048 像元，但成本远低于光机扫描鼓。

3.1.3　无人机航摄特点

无人机航测是利用搭载在无人机平台上的任务设备来快速获取目标地物信息。无人机航测是传统航空摄影测量手段的有力补充，具有机动灵活、高效快速、精细准确、作业成本低、适用范围广、生产周期短等特点，在小区域和飞行困难地区快速获取高分辨率遥感影像方面具有独特优势。

无人机航测可广泛应用于国家重大工程建设、灾害应急与处理、国土监察、资源开发、新农村和小城镇建设等领域，尤其在基础测绘、土地资源调查监测、土地利用动态监测、智慧城市建设和应急救灾测绘数据获取等方面具有广阔前景。无人机无须载重驾驶员，减轻了机体重量，飞行更为安全轻便。在应急事件的处理中，无人机适用于大范围监测，日监测能力最高可达 2000km^2，监测效率大幅度提升。与卫星影像分辨率相比，无人机的影像分辨率更高，一般能达到 0.1～0.5m。

随着无人机与数码摄像技术的融合发展，基于无人机平台的数字航测技术已突显出其独特的优势，无人机与航空摄影测量相结合使得“无人机数字遥感”成为航空遥感领域的一个崭新发展方向。无人机航测具有以下优势：

（1）快速航测反应能力。无人机航测通常为低空飞行，空域申请便利，受气候影响小；对起降场地的要求低，可通过一段较为平整的路面实现起降，在获取航拍影像时不用考虑飞行员安全因素，对获取数据时的空域及气象条件要求较低，能够完成人工无法达到地区的监测。无人机升空准备一般在 30 分钟以内即可完成，操作简单，运输便利。车载系统可迅速到达作业区附近设站，根据任务要求，每天最高可获取数百平方公里的航测数据。

（2）突出的性价比和时效性。成本较高和时效性低是卫星遥感和传统航测普遍存在的客观问题。无人机航测工作组可随时出发、随时拍摄，相比卫星和传统航测，可做到在短时间内快速完成，及时提供用户所需信息，且价格具有较大优势。

（3）监控区域受限小。我国面积辽阔，地形和气候复杂，一些区域常年受积雪、云层等因素影响，导致卫星遥感数据采集受到一定限制。传统的大飞机航测，如航高大于 5000m，就不可避免地存在云层影响，影像成图质量。无人机航测能够很好地解决这些问题，且成像质量和精度都远高于大飞机航测或卫星遥感。

3.2　无人机航测技术

3.2.1　外业无人机航测工作流程

外业无人机航摄工作流程主要包括准备工作、无人机航拍、航飞数据检查、控制点、外业控制点测量、内业处理等方面，如图 3－4 所示。

3.2.1.1　准备工作

接受无人机航测任务后，应全面了解测区自然地理概况，收集已有资料并进行分析。

收集测区自然地理概况数据，熟悉测区飞行空域状况。现场踏勘，了解测区地理位

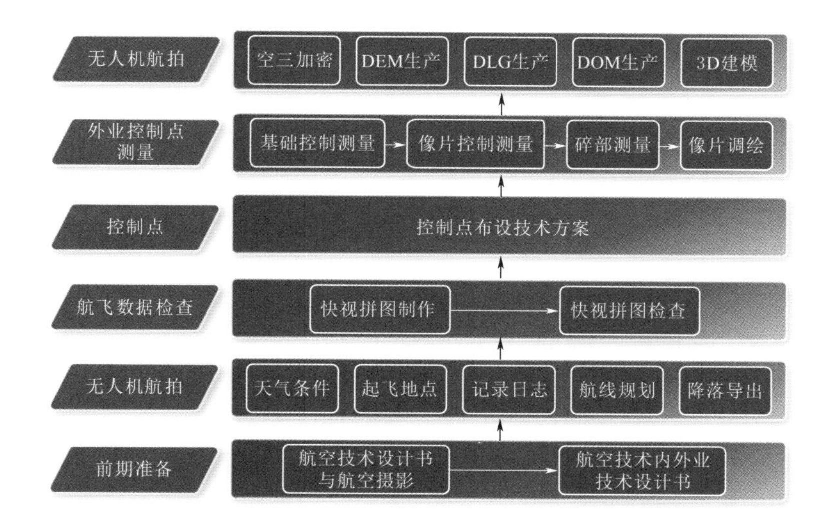

图 3-4 外业无人机航测工作流程图

置、人文环境、气候情况，以及测区内的主要地物、地物覆盖情况、地质地貌特点、交通情况等。此外，还要了解该测区飞行空域状况，地形海拔高低起伏情况，建筑物高度和密集度，以及高压线塔、通信信号塔等信号影响源的分布状况，附近是否有军事设施、民用机场，是否在机场空域、民航航路上。

收集测区相应测绘数据，包括已有地形图数据、航摄影像，已有控制点成果（平面及高程控制点）等。另外，由于现有像控点测量多采用全球定位导航系统，所以还要了解该测区是否有 CORS（连续运行参考站），该系统是否覆盖本测区，网络 RTK 信号是否稳定，精度是否可靠。国家等级平面控制点可用作控制测量的检测点、解算 RTK 转换参数等。现势性较好的地形图和航摄影像等可作为航线设计、估算测区困难类别、生产调度等工作底图，也可以作为测量成果的重要检核数据。

确定要使用的坐标系、中央子午线、投影面高程、高程系统、基本等高距、图幅分幅规格及图号编排、数据格式等，并了解是否有规范之外的特殊要求。查阅现行相关技术文件，如 CJJ/T 8—2011《城市测量规范》、CJJ/T 73—2019《卫星定位城市测量技术标准》、GB/T 20257.1—2017《国家基本比例尺地图图式　第 1 部分：1∶500　1∶1000　1∶2000 地形图图式》、GB/T 14912—2017《1∶500　1∶1000　1∶2000 外业数字测图规程》、GB/T 7930—2008《1∶500　1∶1000　1∶2000 地形图航空摄影测量内业规范》、GB/T 23236—2019《数字航空摄影测量空中三角测量规范》、GB/T 7931—2008《1∶500　1∶1000　1∶2000 地形图航空摄影测量外业规范》、CHIZ 3005—2010《低空数字航空摄影规范》、CH 1016—2008《测绘作业人员安全规范》、GB/T 18316—2008《数字测绘成果质量检查与验收》等国家标准及行业规范。

制订人员及设备配备计划。根据测量要求和测区实地踏勘工作，在充分了解该测区特点、线路特征以及实施难度基础上，制订航飞像控投入、内业投入、外业调绘投入等计划。根据测量任务要求制订需要投入的仪器设备计划。

有关资料收集完备后，编写航摄技术设计书，根据航测任务挑选合适的摄影仪器，按照相关技术参数要求，选择合适的摄影比例尺对整个测区进行航空摄影，获取合格的航空摄影像片。根据现场踏勘及技术沟通情况，并依据目标任务工作内容，编写内、外业技术设计，确定整体施工方案，及时安排外业队外出测区作业，提交内业工序作业成果。应该优先完成外业设计，内业设计在内业开工之前完成即可。

3.2.1.2　无人机航拍

无人机测绘航拍小组配备 2～3 人为宜，航拍任务结束后对数据进行检查，合格后即可进行后续的数据处理工作。

无人机航测，气象条件的好坏是前提。出发前要掌握当日天气情况，并观察云层厚度、光照和空气能见度。确定天气状况、云层分布情况适合航拍后，带上无人机、电脑等相关设备赶赴航拍起飞点。起飞点通常事先进行考察，要求现场比较平坦，无电线、高层建筑等，并提前确定好航拍架次及顺序。到达现场后，测定风速。必须低于所配备测绘无人机可抗风速，温度适宜。记录当天风速、天气、起降坐标等信息，留备日后数据参考和分析总结。

航线规划：①确定拍照区域能否飞行作业，明确任务区域，有无飞行限制（如机场禁飞区、军事基地等）；②确定作业区域高差以及地貌类型，通过对区域高差以及地貌判断，确定安全飞行作业高度以及重叠度设置；③确定基准面海拔，基准面海拔为拍摄面的海拔，若测区地势平坦则输入被作业面海拔即可，若为山区等起伏地形则需根据实际情况确定平均海拔；④确定地面分辨率，选择合适分辨率进行飞行作业（地面分辨率指影像上单个像素对应的地面实际距离），见表 3－1；⑤确认航线周边安全，要注意外扩部分周边建筑物、山体等高度；⑥检查航线角度，建议顺逆风飞行，但需要根据实际情况自行判断。

表 3－1　　比例尺与地面分辨率对应关系

比例尺	1∶100	1∶1000	1∶2000
地面分辨率	≤4m	≤8m	≤16cm

飞行监测内容包括航高、航速、飞行轨迹，监测发动机转速和空速、地速，监测照片拍摄数量。

无人机按设定路线飞行航拍完毕后，降落在指定地点，确保降落位置周边无湖泊水域、高大建筑物、高低压线塔等。无人机遥控操作手预先到指定地点待命，在降落现场突发大风、人员走动等情况时及时调整降落地点。降落后，对照片数据及飞机整体进行检查评估，及时导出航测原始数据。

3.2.1.3　航飞数据检查

利用快拼图制作软件自动计算，完成快视拼图制作。观察每张航片是否有阴影、云层，纹理复杂单调与否。如有云层，要查明是否有需要补飞航片。检查每条航线之间的航向重叠度，宜为 60%～65%，最小不应小于 53%。旁向重叠宜为 30%，最小不应小于

15%。航线间不得有相对漏洞和绝对漏洞。旋偏角不宜大于 2°，个别最大不宜超过 4°，在同一航线上达到或接近最大旋偏角的像片不得连续超过 3 片。航线弯曲度不应大于 3%。一条航线最大和最小航高之差不得超过 30%，分区实际航高与预定航高之差不应大于航高的 5%。

3.2.1.4 控制点

像控点的精度和数量直接影响航测数据后处理精度，所以像控点的布设和选择应当尽量规范、严格、精确。通常情况下，不同翼型无人机，像控点布设数量也有所区别。以四旋翼无人机大疆精灵 4RTK 为例，1∶1000 比例尺成果要求 0.3km^2 布设 5 个像控点较为合适。像控点布设也可采用区域网法，航向间隔 4 条基线。控制点的选择一般遵循以下几点要求：选取互相通视视野比较开阔的点；选土质比较坚实的土地作为控制点；选取不容易被毁的点；整个区域分布控制点分布均匀；整个区域边缘不能缺点。

布设像控点之前，首先要查看航测区域的地质地貌条件，准备好油性喷漆、标靶板（木板或者做的硬纸板）。像控点应选在影像清晰的地物点上，当目标与位置不能兼顾时，以目标为主。确定航拍空域后，利用影像图、电子地图来确定像控点的大概位置和数量。控制点尽量选取在平坦、水平地方，不要选有高差的斜坡上。控制点的位置要与内业人员核对，尽量利用已有的地面标识来做像控点，比如斑马线、人行道等在航拍照片上清晰可见的地方。

3.2.1.5 外业控制点测量

航测外业主要包括基础控制测量、像片控制测量、像片调绘、碎部测量或野外补充测量。外业成果是整个航测工程的基础资料，外业成果的可靠与否直接影响整个工程质量，必须严格按照技术设计作业。

一般情况下，测区高等级控制点数量有限，分布也不是很均匀，难以满足航测成图要求，这就要求适当加密一些基础控制点，在此基础上再进行像片控制测量和碎部测量。目前基础控制测量主要采用 GPS 快速静态定位方法或光电测距导线测量。测量完后一定要认真检查原始观测记录手簿，一定要确保测量成果精度合乎规范要求。

像控点包括平高点、平面点、高程点三种。要建立立体模型，必须以像控点为基础，因此像片控制测量是内业采集的重要依据。目前采用的测量方法主要有 GPS 快速静态定位法、RTK 实时动态定位测量、光电测距导线等。检查员应认真检查像控点的选择质量、整体质量、记录质量、文字说明是否清楚、各项限差是否超限等。

为了保证工期，在调绘之前也可进行碎部测量，主要是对隐蔽地物、遮挡地物、新增地物及部分高程注记点的测量。一般情况下，碎部测量和调绘是同时进行的，有时候也和控制测量同时进行。

在中小比例尺航测成图中一般使用像片调绘的方法。航片虽然内容丰富，但毕竟不同于地图，因为在航片上有很多地形图上不必要信息，如汽车行人等，也不能全部反映出地形图所需要的一切地物，如水井、路碑、各种检修井等，也有一些摄影后因人类生产活动和自然力量所引起的变化，同时在像片上也没有任何注记和说明。所以，为了获取编制地形图必要资料，就必须进行像片调绘。所谓像片调绘，就是在航摄像片上，根据构像的规律和特点，识别出地面上相应物体的性质和数量，把像片上所有必要的地物和没有在像片上显示出来的重要的隐蔽地物和地貌元素，在野外调查补测绘出，并且适当地加以综合取舍，用正确的图例符号表示出来，再把这些内容编制在地形图上。检查员对调绘像片要进行 100%的检查，并做好检查记录。主要检查地图要素综合取舍是否合理，主要地物地貌及主要名称注记有无遗漏，符号运用是否合理，像片整饰是否清晰等。

3.2.1.6　内业处理

随着内业处理软件的不断升级发展，无人机航摄内业处理已不断趋近于自动化和智能化。一般内业数据处理流程如图 3-5 所示。

航测内业工作主要包括空中三角测量、内业数据采集、内业编辑、数据入库转换、影像图制作等工作。

（1）空三加密。把测区需要的所有影像输入计算机，依据外业控制成果进行空三加密。空三加密也称空中三角测量，就是在已有外业控制点的基础上，为满足内业测图的需要而进行的室内增测平面和高程控制点的工作。其任务就是为纠正和测图提供定向点或注记点，提供作业时所需要的立体模型。

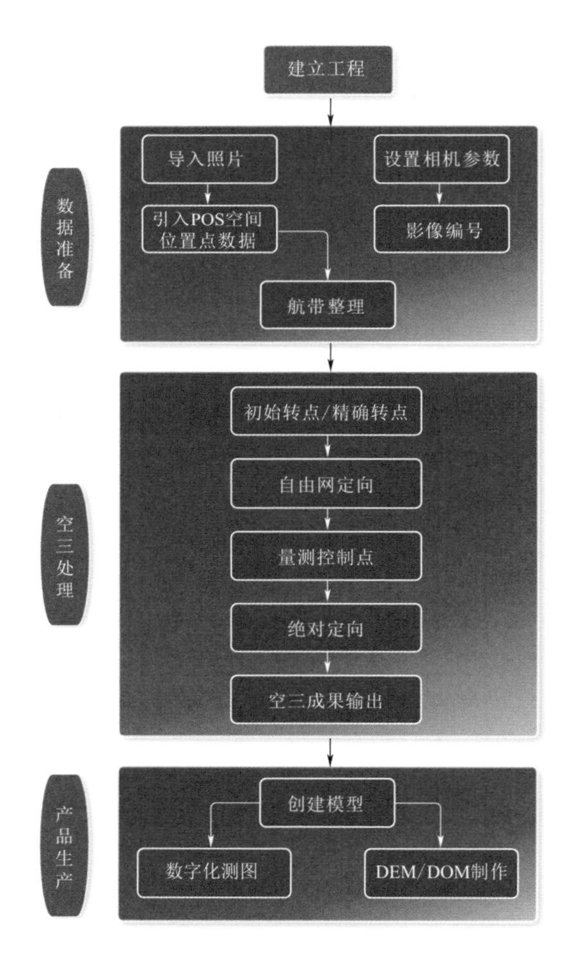

图 3-5　数据处理流程图

（2）内业数据采集。空三加密结束后，采集人员可在网上调出立体模型进行全要素采集，生成数字化原图。立体测图主要有两种办法：一种是全野外像片调绘后测图的方法；另一种是根据模型全要素采集后，利用采集原图在外业对照、补测、补调的方法。采集数据时一定要认真判读，测标要切准，地物不能测变形，否则不但给外业工作带来很多麻烦，也会直接影响最终数据的精度。检查员要重点检查采集有无遗漏、综合取舍情况及切准精度，并填写检查记录。①先调绘后测图。作业员在采集时，要认真参照调回片上的所有内容，在立体模型下仔细辨认、采集。原则上是外业定性（附带定位），内业定位。如果外业确实有误时，经检查员和外业调绘人员确认后，内业可根据模型影像进行改正，并在调回片背面加以说明，填写日期。测绘地物地貌元素时要做到无错漏、不变形、不移位。②先采集后调绘。按照模型先进行全要素采集，后面再利用采集原图在野外调绘。这个方法对采集作业员要求较高，应该具备一定的外业工作经验，这样才有把握判准地物、地

貌元素，按图式要求直接测绘在图上，对无把握判准的地物地貌元素，只能采集外轮廓由外业处理。对模型不清的地物无法定位时，在相应位置上标记，由外业补调。对于隐蔽地物及无影像的地物要有外业现场补调。

(3) 内业编辑。内业编辑就是把外业调绘的所有内容按照图式规范准确地表示在地形图数据上，具体就是按照外业调绘图上所标注的尺寸修改采集原图，把图上所调绘的各种名称注记按规定的字体、大小、排列标注在数据图上，并严格按照设计规定的图层、颜色、线型、线粗表示，以满足用户的数据入库要求。另外还有控制点的整饰和注记，图廓的各种注记等。检查员要对编辑数据图全面检查，填写检查记录。

(4) 数字高程模型（Digital Elevation Model，DEM）可由两种方式获取：一种是直接利用 DLG 成果提取；另一种是利用加密成果，经过软件匹配，初步生成数字高程模型后，经人工编辑后获得。数字正射影像图（Digital Orthophoto Map，DOM）是利用数字高程模型对以数字方式获取的航空像片（或航天像片），经数字微分纠正，数字镶嵌等，再根据图幅范围剪切成的影像数据。

(5) 质检检查。一般是采用抽查方式检查成品图质量。发现有不符合图式规范及技术设计要求的产品时，应及时提出处理意见，让相关人员进行改正。当问题较多或者性质严重时，将产品直接退回作业单位（人员）要求返工或返修，处理完毕后再进行检查，直至合格。检查过程中除了填写检查记录外，还要编写最终产品的检查报告。

(6) 最终成果提交。产品合格后可按技术要求对最终产品进行数据转换入库，转换完毕后刻录数据光盘等，提交用户进行检查验收，根据用户在验收中提出的问题及处理意见对数据进行修改，完毕后再提交最终合格产品。

3.2.2 外业无人机航摄控制点布设

(1) 控制点选择条件。实际作业时，应根据飞行计划、飞行高度，并结合现场情况确定像片控制点的数量及分布。像片控制点的目标影像应清晰，易于判断和测量，如选在交角良好的细小线状地物交点、明显地物拐角点、原始影像中不大于 33 像素的点状地物中心，同时应是高程起伏较小、常年相对固定且易于准确定位和测量的地方。需要注意的是弧形地物及阴影等不应选作点位目标。高程控制点位目标应选在高程起伏较小的地方，以线状地物交点和平山头为宜，狭沟、尖锐山顶和高程起伏较大的斜坡等均不宜选作点位目标。所选点位距像片边缘不应小于 150 像素。当测区内不易寻找标志明显的特征点时，可使用油漆或其他材料在地面绘制人工标记作为像片控制点。

(2) 区域网布点。区域网布点应根据成图比例尺、地面分辨率、测区地形特点、摄区实际划分、图幅分布等情况全面考虑。区域网的图形宜呈方形，区域网大小和像控点之间跨度应能够满足空中三角测量精度要求。对于两条或两条以上的平行航线采用区域网布点时，具体要求如下：航向相邻平面控制点间隔基线数用下式估算，公式中所涉及的参数由所采用的相机、地面分辨力等指标确定。

$$M=0.28KM_q/N+2N+46$$

式中：M 为连接点（空三加密点）的平面中误差，mm；M_q 为视差量测的单位权中误差；K 为像片放大的成图倍数；N 为一般 L 向相邻平面控制点的间隔基线数。

航向相邻高程控制点间隔基线数按不同比例尺分影像短边平行航向和垂直航向两种摄影方式进行计算。控制成果仅为数字正射影像图生产使用时，高程控制点间隔基线数可适当放宽。制作数字线划图、数字高程模型和数字正射影像图成果时，高程控制点宜按航线逐条布设且航线两端应布点。大面积沙漠、戈壁、沼泽、森林等特殊地区的平面和高程中误差均可按相应要求放宽50%，布点要求应适当放宽。

(3) 辅助航摄区域网布点。平面控制点采用角点布设法，即在区域网凸角转折处和凹角转折处布设平面点。区域网的航线数和基线数应相对区域网布点方案适当放宽，也可根据需要加布高程控制点。区域网中应至少布设一个平面检查点。区域网内不应包括像片重叠不符合要求的航线和像对。规则区域网可在角点处布设控制点，不规则区域网应在凸角处增补平高点，凹角处增补高程点。但当凹、凸角之间距离超过2条基线时，凹角处也应布平高点。根据像控选点条件和区域网布点原则完成布点后，接下来可以进行像控点测量。

(4) 像控点测量。一般情况下，测区已有高等级的控制点数量有限，分布也不均匀，难以满足航测成图要求，这就要求适当加密一些基础控制点，先进行基础控制点测量，再进行像片控制点测量。外业确定后，可标注文字注记，不必再绘制符号表示，但文字注记应标注清楚，做到与地物一一对应。调绘时间、作业员姓名、检查员姓名应记录清晰。

3.2.3　低空无人机数据处理

(1) 空中三角测量。空中三角测量可采用INPHO软件的MATCH-AT模块进行，在像片上量测外业控制点后，通过光束法平差后，输出加密成果，加密成果需满足立体测图要求。空中三角测量成果平差后、成果输出前不同区域网间应进行公共点接边，公共点平面、高程较差不大于规定时，取中数后作为最后使用值，超过限差时，应认真检查原因。

(2) 数字正射影像图（DOM）制作。正射纠正用数字高程模型获取，在JX4全数字摄影测量工作站上，导入空三加密成果，建立立体模型，然后在立体模型下编辑数字高程模型，得到用于纠正正射影像的数字高程模型数据。单片正射影像获取，包括利用DP-Grid系统获取单片正射影像和全数字摄影测量立体采编系统获取单片正射影像。正射影像镶嵌与图幅裁切，选择图幅范围内需要镶嵌的所有单片正射影像，利用INPHO软件对其完成自动镶嵌、人工进行拼接线编辑、图幅裁切和正射影像输出，最后生成影像文件。正射影像修饰，本着自然美观的原则，应对影像进行适当调整，使影像清晰，色彩柔和，反差适中，幅与幅之间无明显色差。

(3) 数字高程模型（DEM）制作与质量检查。利用倾斜摄影三维建模成果数据，结合带有高程信息的特征矢量进行数字高程模型生产，包括特征矢量的提取、构建数字高程模型、数字高程模型编辑、数字高程模型数据转换等步骤。利用像控点和加密点作为检查点计算数字高程模型格网点内插高程中误差，对数字高程模型进行精度评价，格网精度需满足数字高程模型精度要求。检查数字高程模型格网点高程取位是否正确，接边处格网点高程是否一致。检查数字高程模型数据起止点坐标的正确性，检查高程值有效范围是否正

确，检查数字高程模型是否存在粗差，如发现上述等问题，需返回上一步修改。

(4) 倾斜摄影数据处理。倾斜摄影技术通过从一个垂直、四个倾斜共五个不同的视角同步采集影像，获取到建筑物顶面及侧视的高分辨率纹理信息。它不仅能够真实地反映地物情况，还可通过先进的定位、融合、建模等技术，生成真实的三维模型。倾斜影像预处理需要把航飞解算后的POS数据按照固定表格整理，整理后可以加载到自动建模软件中。在新建工程中以分区为基本单位，把分区范围内各个航高航飞解算后的POS数据整理后直接加载到自动建模软件。提交编辑好的建模数据，软件自动执行各分区范围内不同航高影像的联合空三、密集匹配、点云提取、构建3DTin、纹理映射等几个步骤。执行空三解算时，首先检查影像完整性，确保影像无丢失。产品在点云、模型构建以及纹理映射分别完成时，可以预览相应产品。数据在模型构建和纹理映射分别完成时，预览检查，去除悬浮面片体块、破损水面、凹凸不平的路面等。

3.2.4 无人机航摄产品精度

(1) 像控点成果。像片控制点是直接为摄影测量的控制点加密或测图需要而在实地布设并进行测定的控制点。航空摄影测量根据航空摄影资料、后续工序工艺流程及成图精度要求来确定像片控制点的分布、数量、联测精度。像片控制点（像片平高控制点、像片高程控制点）的刺点误差不得大于像片上0.1mm。像片平高控制点对于附近大地点或基础控制点的平面位置中误差不得超过实地正负1m。像片高程控制点对于附近水准点或基础控制点的高程中误差要求平地不超过±10cm，丘陵地不超过±25cm，山地不超过±50cm。数据存储多采用TXT格式。

(2) 三维模型产品。实景三维模型平面精度根据出图比例尺一般分为五个等级，精度要求介于0.3～3.5m，林区、阴影覆盖隐蔽区等困难地区的平面误差可放宽0.5倍。模型高程精度根据出图比例尺同样分为五个等级，精度要求介于0.5～5m，林区、阴影覆盖隐蔽区等困难地区的平面误差可放宽0.5倍。

(3) 数字正射影像图（DOM）成果。数字正射影像图是对航空（或航天）相片进行数字微分纠正和镶嵌，按一定图幅范围裁剪生成的数字正射影像集，同时具有地图几何精度和影像特征的图像，数据存储一般按GeoTIFF等格式存储。不同比例尺下数字正射影像图的精度要求也不尽相同。误差大小和相对航高成反比，获取一定分辨率的影像，相对航高取决于航摄像机焦距，相机焦距越长相对航高越大，比例误差和投影误差越小。生产项目如果只是获取正射影像成果，则优选长焦相机进行航空摄影。数字正射影像图生产项目航摄时应加大航向重叠度，并适当增加旁向重叠度，如航向重叠度75%～85%、旁向重叠度35%～45%为较优选择。对于大比例尺（1∶2000、1∶1000、1∶500）数字正射影像生产，技术上无论如何改进，比例误差和投影误差依然存在，这时候生产工艺应改为航摄时使用正射大重叠度（航向85%、旁向60%）“十字”构架布设航线，或利用多拼倾斜相机摄影来生产数字真正射影像，最大程度消除两类误差，提高影像底图的平面精度。

(4) 数字高程模型（DEM）成果。数字高程模型是通过有限的地形高程数据实现对地面地形的数字化模拟，是采用一组有序数值阵列形式表示地面高程的一种实体地面模型，是数字地形模型（DTM）的一个分支，其他各种地形特征值均可由此派生。分辨率是数字高程模型刻画地形精确程度的一个重要指标，同时也是决定其使用范围的主要影响因素。分辨率是指数字高程模型最小的单元格的长度。因为数字高程模型是离散的数据，所以 X 与 Y 坐标（横纵坐标值）其实都是一个一个的小方格，每个小方格上标识出其高程，这个小方格的长度就是数字高程模型的分辨率。分辨率数值越小，分辨率就越高，刻画的地形程度就越精确，同时数据量也呈几何级数增长。所以数字高程模型的制作和分辨率选取要依据业务需要，在精确度和数据量之间做平衡抉择。

（5）全景成果。在获取到无人机的全景图后，可使用 PTGUI、Autopano Pro、Hugin、Panorama Studio 等软件进行全景场景制作。为了让采集到的影像尽可能接近现实，更符合人眼观赏需求，需要对拍摄的图片进行预处理操作，包括对图片亮度、饱和度、对比度等参数的调整。

3.2.5　产品质量控制

严格控制天气标准是获取高质量影像的必备条件，彩色航空摄影应选择能见度大于5km 的碧空天，在云高满足作业要求情况下选择合适的曝光量，以获取成像清晰、色彩饱满的航测像片。

飞行作业过程中，飞行控制人员要实时监控无人机地面站仪表，及时根据飞机受气流影响变化状况进行调整。及时采取相应措施，有效地使像片旋偏角、倾斜角控制在规范要求范围之内。根据飞行作业区域的纬度范围，按照规范要求，结合航空摄影太阳高度角，选择最佳作业时间开展作业。在每次飞行结束后，及时对航向重叠和旁向重叠等进行逐一检查，作出详细质检记录，凡不符合要求的产品，必须及时进行补摄或重摄。设计时旁向覆盖超出摄区边界大于30%像幅，航向覆盖超出两条基线，有效控制摄区边界范围，保证实际飞行的摄区覆盖，以满足规范要求。

通过拼接原始索引影像，检查航向、旁向重叠，在测区及时决定是否进行补摄。航空摄影过程中出现的绝对漏洞、相对漏洞及其他严重缺陷必须及时补摄。漏洞补摄必须按原设计航迹进行。补摄航线的两端需多出两根基线。对于不影响内业加密选点和模型连接的相对漏洞及局部缺陷（如云影、斑痕等），可只在漏洞处补摄。

3.2.6　无人机作业注意事项

（1）遇风时机头迎风。遇到强风时，要迅速调整无人机方向，将机头位置迎向风，尽量抵消风力的影响，避免无人机侧翻、引发飞行事故。当风力超过安全作业标准时，更稳妥的做法是将机头迎向风保持稳定的同时，迅速降低无人机高度，确保人员设备安全。

（2）注意其他人员和动物。室外飞行应注意远离人群等，避免因不确定因素炸机时发生误伤。同时，远离空中鸟群，避免鸟击事故发生。

（3）视距内飞行。尽量保证无人机在视线内飞行作业。航拍类无人机大多为广角镜头，仅依靠屏幕很难准确了解无人机空间位置，看起来与障碍物距离很远，但实际上已经非常接近。对于专业级无人机，其本身造价较高，而且特殊作业任务要求搭载任务设备重量大，一旦发生坠落将造成不可挽回的人员伤害或财产损失。

(4) 注意图传和控制距离。虽然许多航拍无人机标称图传及控制距离远达数公里，受干扰影响遥控（测）信号强度及传输距离均发生不同程度降低。一旦无人机飞至大型建筑物或山体背后，可能发生信号中断、丢失。因此，一定要在每次飞行前设置好返航高度，避免自动返航时撞到障碍物而发生飞行事故。

(5) 注意电池电量。野外作业时要时刻关注电池电量，虽然有低电量自动返航，但是其触发条件往往是电池仅有极少电量，给飞手应急处理的电量空间十分有限，极易发生飞行事故。

(6) 注重保养与维护。无人机需定期检查维护电池以及清理机身内灰尘，避免因电池故障或线路短路等导致飞行事故。

3.3 无人机影像处理

3.3.1 常用影像处理软件

随着计算机智能技术、传感器技术、通信技术和信息技术的迅猛发展，数据处理系统自动化程度越来越高，高性能无人机影像处理软件也越来越多，国内外多家科研院所和企业开展了相关的研究工作，并推出了相应的产品，常见的有俄罗斯 AGISOFT 公司的 Photoscan 软件和 Racurs 公司的 photomod 软件、瑞士 Pix4D 公司的 Pix4Dmapper 软件、深圳珠科创新技术有限公司的 Altizure 软件、美国 ContextCapture 是 Bentley 旗下的 ContextCapture 软件、德国 INPHO 公司推出的 INPHO 软件、武汉大学遥感信息工程学院研发的 DPGrid 软件、中国测绘科学研究院研发的 PixelGrid 软件、武汉大学测绘遥感信息工程国家重点实验室研发的 GodWork 软件。

(1) Photoscan。Photoscan 软件是俄罗斯 AGISOFT 公司出品的一款将二维像片自动生成三维模型的三维建模软件。该软件不仅用于三维建模，也可用于全景像片拼接。Photoscan 软件支持各类影像的自动空三处理，具有影像掩模添加、畸变去除等功能，可处理非常规航线数据，能够高效、快速地处理海量数据，支持多种格式的模型输出，操作简单，易掌握。Photoscan 软件支持多核、多线程 CPU 运算，支持 GPU 加速运算，支持数据分块拆分处理。但是 Photoscan 软件不能对正射影像进行编辑修改；在点云环境下无法进行测量；生成的模型比较粗糙，后期需要使用 3dsMax、Maya 等软件进行精加工；选择高密度生成密集点云时建模速度慢；选择较低密度时建模的精度不够高。在使用上，Photoscan 软件的操作流程很简单，即使非专业人员也能很快上手。

(2) Pix4Dmapper。Pix4Dmapper 软件是瑞士 Pix4D 公司出品的全自动快速无人机数据处理软件，是当前市面上少有的集全自动、快速、专业精度为一体的无人机数据和航空影像处理软件，是一款完全基于无人机影像的测绘软件，特点是操作简单、无需专业知识、无需人工干预、测量精度高，可将无人机、移动照相等设备拍摄像片快速生成带有地理坐标的二维地图和三维模型。Pix4Dmapper 软件不需要获取惯性测量单元（IMU）参数，只需要获取影像的 GPS 位置信息，即可实现一键操作，自动生成正射校正影像并自动镶嵌匀色。影像拼接成果能够直接与 GIS 和 RS 软件对接应用。Pix4Dmapper 软件具备同时处理1000张影像的能力，多个不同照相设备拍摄的影像，也可以合并成一个工程同时进行处理。Pix4Dmapper软件无需人为干预即可获得专业级精度，自带丰富的相机库，可自动获取拍摄设备参数，整个影像处理过程完全自动化，节省工作时间提高效率。Pix4Dmapper软件可输出数字正射影像、数字高程模型和三维模型数据等多种格式，适用于多行业领域多目标任务需求。此外，Pix4Dmapper软件可自动生成产品精度报告，快速评估结果质量，展示影像处理进度等。

（3）Altizure软件。Altizure软件是深圳珠科创新技术有限公司推出的一站式航测三维建模应用软件。该软件具备航线自主规划、影像采集和三维模型查看等功能。Altizure软件分为了Altizure.com和Altizure App。Altizure.com是深圳珠科创新技术有限公司开发并运营的一个航拍三维建模的全球性社区。世界各地的无人机爱好者和行业专业用户在这里创建、重建拍摄的场景，并且分享和使用他们的三维场景。Altizure App是一个控制无人机自动飞行拍摄相片的手机应用App，拍摄路径和角度专为航拍三维而设，航拍三维零门槛。Altizure软件对硬件要求较低，操作时无须专业知识，在很大程度上节省了人力，提供从无人机航拍设计到生成三维模型，以及后续模型应用的全套工作服务。但Altizure软件存在建模精细度不足，建模数据较大或下载模型时需要付费，而且将数据上传到网络时保密性不高，对测绘工程等需要保密的领域不适用等缺点。

（4）ContextCapture软件。ContextCapture软件包括Master（主控台）、Setting（设置）、Engine（引擎）、Viewer（浏览）等部分。Master模块具有创建任务、管理任务、监视任务进度等功能。Setting模块是一个中间媒介，用于帮助Engine指向任务路径。Engine模块负责对所有数据进行处理，生成三维模型。Viewer模块可以预览生成的三维模型。通过Master建立任务导入数据，进行空三处理，形成不同任务，然后使用Engine进行优化计算，形成三维模型。ContextCapture作为一款使用广泛的三维建模软件，具有以下优点：模型真实，信息全面，数据量小。ContextCapture软件对算法进行了优化，减少了模型数据量，且具有多任务并行处理功能，运算效率高。无论是导入或导出数据，ContextCapture软件都支持多种数据格式。

（5）INPHO软件。该软件由德国INPHO公司推出，是欧洲著名的航空摄影测量与遥感处理软件，可系统处理航测遥感、激光、雷达等数据。INPHO软件由几个模块组成，包括MATCH－AT、MATCH－TDSM、OrthoMaster、OrthoVista、DTMaster、SCOP＋＋、UASMaster等。其中MATCH－AT是专业空三加密模块，处理自动、高效、便捷，自动匹配有效连接点的功能非常强大，在水域、沙漠、森林等纹理比较差的区域也可以很好地进行匹配。MATCH－TDSM模块能全自动地提取数字地形模型（Digital Terrain Model，DTM）和数字地表模型（Digital Terrain Model，DSM），可以基于立体像对自动、高效地匹配密集点云，获得高精度数字地形模型和数字三维地表模型；OrthoMaster模块可以高效地进行正射纠正处理，对单景或多景甚至数万景航片、卫片进行正射纠正，处理过程完全自动、高效；OrthoVista是卓越的镶嵌匀色模块，对任意来源的正射纠正影像进行自动镶嵌、匀光匀色、分幅输出的专业影像处理，处理极其便捷、自动，处理效果十分卓越。DTMaster、SCOP＋＋可以进行GEO－MODELLING地理建模。UASMaster是专门针对无人机影像处理的模块，针对无人机影像数据进行了算法改

进，能一次处理2000张无人机影像，匹配效果好。但INPHO软件对操作人员的专业性要求较高。

（6）DPGrid软件。该软件由武汉大学遥感信息工程学院研发的航空摄影测量、无人机航测的综合应用平台，是将计算机网络技术、并行处理技术、高性能计算技术与数字摄影测量处理技术相结合的新一代摄影测量处理平台。针对不同传感器类型，DPGrid系统分为航空摄影测量分系统（框幅式影像）、低空摄影测量分系统（框幅式影像）、正射影像快速更新分系统（基于航空影像和卫星影像）和机载三线阵ADS分系统。DPGrid软件由Preproc、PrjMgr、Prod、QChk、Service、SmartAT、Tools等几个模块组成。其中Preproc模块是内定和预处理模块，PrjMgr是引入影像模块，Prod是数字高程模型生成编辑、数字正射影像图生成编辑和云编辑模块，QChk是数字高程模型、数字正射影像图质量检查模块，Service是网络控制服务程序模块，SmartAT是交互式编辑、航带偏移点、匹配模块，Tools工具是网络控制模块，SpViewer是观察立体模块。该软件数字三维地表模型、数字高程模型、数字正射影像图一键式自动化完成，具有良好的互操作性，具备数字高程模型与数字正射影像图同步编辑功能，可根据用户需求开展功能定制，能够与现有立体测图设备及软件结合紧密。

（7）PixelGrid软件。该软件由中国测绘科学研究院研发，是集航空摄影测量、无人机航测、卫星影像遥感及卫星雷达遥感等数据后处理于一体的综合应用系统，被誉为国产“像素工厂”。PixelGrid以其先进的摄影测量算法、集群分布式并行处理技术、强大的自动化业务化处理能力、高效可靠的作业调度管理方法、友好灵活的用户界面和操作方式，全面实现了对卫星影像数据、航空影像数据以及低空无人机影像数据的快速自动处理。PixelGrid系统共分为三大数据处理模块，包括PixelGrid-SAT（高分辨率卫星影像数据处理模块）、PixelGrid-AEO（航空影像数据处理模块）以及PixelGrid-UAV（无人机数据处理模块）。PixelGrid-SAT模块可以处理目前主流的光学卫星影像，如IKONOS、GeoEye-I/II、WordView-I、QuickBird、IRS-P5、SPOT-5、ALOS/PRISM和国产高分系列、天绘一号等卫星影像，从区域网平差到1：10000、1：25000、1：50000比例尺的数字线划图、数字高程模型、数字三维地表模型、数字正射影像图等测绘产品的生产任务。PixelGrid-AEO模块主要用于航空影像（包括数字航空影像、传统的航空影像）的摄影测量处理，从区城网平差或通过导入第三方软件系统的区城网平差结果，到完成高精度数字高程模型、数字三维地表模型、数字正射影像图、等高线数据的自动或半自动生成。PixelGrid-UAV模块是针对无人机影像重叠度不够规则、像幅较小、像片数量多、倾角过大且倾斜方向没有规律、航摄区域地形起伏大、高程变化显著等特点，支持非量测相机的畸变差改正，能够应急反应快速生成影像图及高效完成无人机遥感影像，从空中三角测量到各种国家标准比例尺的数字线划图、数字高程模型、数字三维地表模型、数字正射影像图等测绘产品的生产任务。该软件具备多核多线程影像处理能力，可对批量影像进行畸变纠正、格式转换、旋转翻转、灰度增强等操作。其基于SIFT算法的快速匹配技术，较以往的影像匹配能力有较大的提升，且更新版本重写了平差算法，较传统的PATB平差有改进。

（8）GodWork软件。武汉大学测绘遥感信息工程国家重点实验室郭丙轩教授针对无人飞机像幅小、姿态不稳定、重叠度大、非专业相机等特点，提出并研制成功无人机摄影测量数据自动处理系统。GodWork 软件的空三模块为 GodWork - AT，空三计算采用特征匹配，对国内无人机数据具有很强的适应性，适用于大偏角影像、大高差地区，且具有空三和数字高程模型生成一体化特点，其所有点参与光束法平差，空三结果直接生成数字高程模型。针对无人机影像处理效率高，从空三到正射影像生成平均每片仅需数秒，较传统空三增加了上百倍观测值，系统具备更强的粗差检测能力。处理自动化程度高，支持多核 CPU 与多线程 CPU，支持 CUDA 并行计算。GodWork 软件正射处理模块为 GodWork - EOS，其主要功能是实现数字正射影像图、数字高程模型、数字三维地表模型同步编辑，以 GodWork 软件的空三成果为输入数据，计算和编辑出数字三维地表模型、数字正射影像图、数字高程模型三个成果，专注于生产高精度的数字三维地表模型，有自动滤波功能，能基本过滤人造地物以及小型植被与树木。此外，GodWork 软件还有飞行质检模块，用于外业第一时间航片质量检查，可以帮助避免因返工而造成的时间损耗与效率降低，保证航摄飞行质量任务的顺利完成。

（9）photomod 软件。photomod 软件由俄罗斯 Racurs 公司研发，是集航空摄影测量、无人机航测、倾斜摄影测量、近景摄影测量、卫星影像遥感及卫星雷达遥感等数据后处理于一体的综合应用系统。photomod 软件是国际上最早基于 PC 机的成熟商业摄影测量软件（1993 年），也是全球率先支持分布式并行运算的高效全数字摄影测量及影像、雷达处理软件，同时是目前唯一一款支持 GPGPU（通用计算图形处理器）技术的航摄、卫星影像后处理软件。该软件具备先进的算法和严谨的运算模型，功能完备；灵活的模块化配置；操作便捷、处理自动、运算稳定、生产高效、结果精确。

3.3.2　无人机影像预处理案例

3.3.2.1　数据准备

1. 无人机系统选择

无人机系统一般根据具体任务规模、性质、精度要求、工作周期等因素选择。本书以大疆精灵 4RTK 无人机航测系统为例，如图 3 - 6 所示。精灵 4RTK 是一款小型多旋翼高精度航测无人机，面向低空摄影测量应用，免像控技术带来测绘级精度结果，具备厘米级导航定位系统和高性能成像系统，便携易用，全面提升航测效率与精度。

图 3 - 6　大疆精灵 4RTK 无人机系统

大疆精灵 4RTK 集成全新 RTK 模块，拥有强大的抗磁干扰能力与精准定位能力，提供实时厘米级定位数据，显著提升图像元数据的绝对精度。为配合大疆精灵 4RTK 定位模块，搭载 TimeSync 系统，实现飞控、相机与 RTK 的时钟系统微秒级同步，相机成像时刻毫秒级误差。对相机镜头光心位置和 RTK 天线中心点位置进行补偿，减少位置信息与相机时间误差，为影像提供更精确的位置信息。

大疆精灵 4RTK 支持 PPK（Post - Processed Kinematics）后处理。飞行器持续记录卫星原始观测值、相机曝光文件等数据，在作业完成后，可直接通过 DJI 云 PPK 服务解算出高精度位置信息。定位系统支持连接 D - RTK2 高精度 GNSS 移动站，可通过 4G 无线网卡或 WiFi 热点与 NTRIP（Networked Transport of RTCM via Internet Protocol）连接。

大疆精灵 4RTK 搭载 1 英寸 2000 万像素 CMOS 传感器捕捉高清影像。机械快门支持高速飞行拍摄，消除果冻效应，有效避免建图精度降低。同时，借助高解析度影像，精灵 4RTK 在 100m 飞行高度中的地面采样距离可达 2.74cm。

大疆精灵 4RTK 带屏遥控器内置全新 GSRTKApp，实现了智能控制精灵 4RTK 采集数据。GSRTKApp 提供航点飞行、航带飞行、摄影测量 2D、摄影测量 3D、仿地飞行、大区分割等多种航线规划模式，同时支持 KML/KMZ 文件导入，适用于不同的航测应用场景。SDK 遥控器可直接连接 Android 或 iOS 移动设备，运行 DJIPilot、GSPro 地面站专业版等应用程序。可针对业务特点，通过 DJIMobileSDK 开发第三方应用程序，打造定制化解决方案，让精灵 4RTK 与作业场景紧密结合。

2. 航线规划

创建目标飞行区域 KML 文件，在 MicroSD 卡的根目录创建一个名为“DJI”的文件夹，在“DJI”文件夹下创建一个“KML”文件夹（KML 不区分大小写），将 KML 或 KMZ 文件放置在“KML”文件夹下，如图 3 - 7 所示。

> 此电脑 > U 盘 (G:) > DJI > KML

名称	修改日期	类型	大小
DTX南木江_LayerToKML.kmz	2022/3/8 15:51	KMZ 文件	2 KB

图 3 - 7　KML 文件路径示意图

插入 SD 卡，会自动弹窗操作，或者选择点击左下角 SD 卡图标，选择目标飞行区域 KML 文件，点击“导入”完成文件导入，KML 或 KMZ 文件成功导入会有提示，如图 3 - 8 所示。

点击右侧任务栏查看 KML 格式作业任务，当 KML 文件包含多个任务时，会自动跳至第一个任务，点击“编辑”进入编辑界面（不支持航点数大于 99 的多边形）。

精灵 4RTK 提供了摄影测量 2D、摄影测量 3D（井字飞行）、摄影测量 3D（五向飞行）、大区分割等 4 种无人机航测方式（见图 3 - 9），其中摄影测量 2D 可用于正射影像拍摄，摄影测量 3D（井字飞行、五向飞行）可用于三维重建。航点飞行规划是飞行器按照规划的航点完成飞行动作，航带飞行规划可用于河流、管道、公路等带状区域的正射影

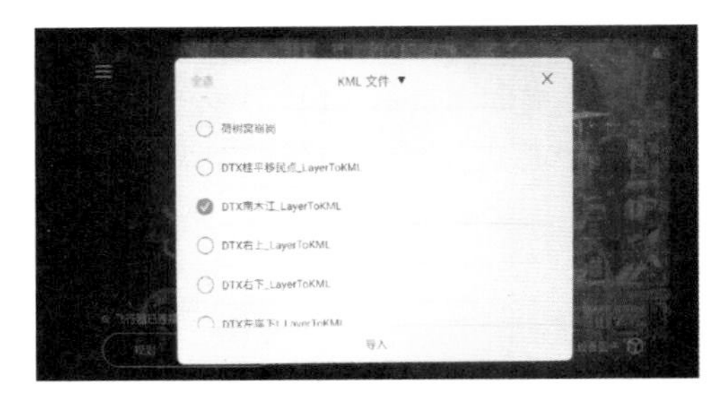

图 3－8　KML 文件导入示意图

图 3－9　精灵 4RTK 提供的测量方式

像拍摄。仿地飞行通过导入地形数据，可完成对地面等高飞行。根据作业需求，选择测量方式，本书选择精灵 4RTK 提供的摄影测量 2D 方式进行演示说明。

作业参数设置包括飞行高度、飞行速度、拍摄模式、完成动作、高程优化、相机设置、重叠率设置，如图 3－10 所示。

（1）飞行高度：执行作业时飞行器的飞行高度，与成像分辨率成反比。设置飞行高度 500m 情况下，分辨率约 13.70cm/像素，设置飞行高度 100m 情况下，分辨率可达 2.74cm/像素。

（2）飞行速度：执行作业时飞行器的水平飞行速度，与飞行高度成反比。设置飞行高度 500m 情况下，最大飞行速度约 13.0m/s。

（3）拍摄模式：执行作业时可选择定时拍摄或定距拍摄两种拍摄模式。一般情况下，选择定时拍摄。

（4）完成动作：完成作业后飞行器的动作，可选择返航、悬停、降落，返回到第一个航点等。一般情况下，选择返航。

（5）高程优化：开启后，飞机会在航线飞行完毕后飞向测区中心采集一组倾斜（45°）照片，优化高程精度。

（6）相机设置：包含照片比例、白平衡、测光模式、云台角度、快门优先及畸变修

图 3-10 飞行参数设置示意图

正。照片比例可选择 3∶2 和 4∶3 两种；白平衡根据测区下垫面、天气情况可选择晴天、阴天、水面、农田四种模式；测光模式可选择平均测光、中央测光两种模式；若开启畸变修正，由于经过处理，所拍摄的图片质量可能低于未开启畸变修正时的图片质量。建议需要使用原片进行后处理时，关闭此选项。

（7）重叠率设置：包含旁向重叠率、纵向重叠率及边距。其中，纵向重叠率表示飞行器在同一段直线航线上飞行时所拍摄图片的重叠率，旁向重叠率表示飞行器在相邻航线上飞行时所拍摄图片的重叠率。为提高后期影像拼接质量，旁向重叠率推荐设置 70%、纵向重叠率推荐设置 80%。设置完成后，保存作业名称。

3.3.2.2　数据处理

本书以俄罗斯 AGISOFT 公司开发的 Photoscan 软件为例，介绍无人机航摄数据处理主要流程。软件安装文件如图 3-11 所示。

图 3-11　AgisoftPhotoScanProfessional 安装文件

（1）添加照片：开始→Agisoft→AgisoftPhoto-ScanProfessional→工作流程→添加照片→照片储存路径→全选→打开，如图 3-12 所示。

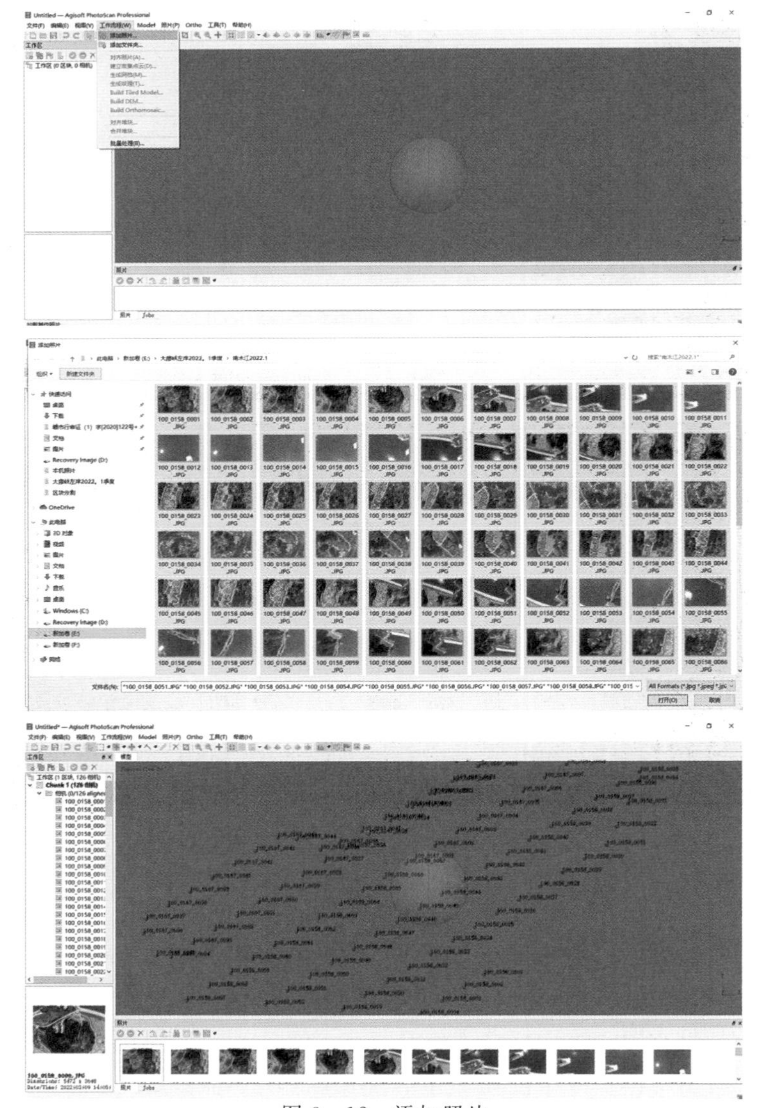

图 3-12　添加照片

(2) 对齐照片：照片加载到 AgisoftPhotoScan 后，需要空间对齐。在这个运算阶段，AgisoftPhotoScan 会估计每个多相机系统的相机位置和方向，并生成一个由连接点组成的稀疏点云，估计传感器相对偏移和每个传感器内部方向（校准）参数。在完成添加照片工作流程基础之上，按如下步骤操作：工作流程→批量处理→添加作业→作业类型→对其照片→适用于→所有堆块→参数设置。在对齐照片对话框中选择所需的对齐选项。图 3-13 中显示的设置是根据特定的数据集参数设置的示例值，设置可因项目而异。

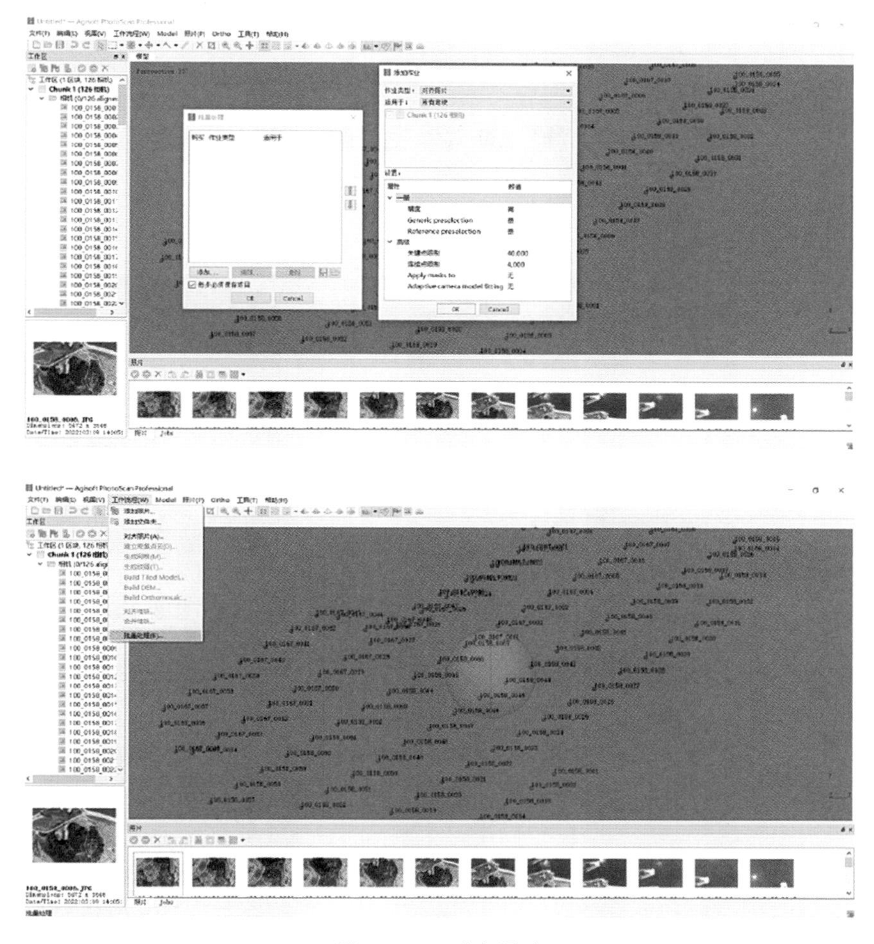

图 3-13 对齐照片

(3) 优化对齐方式：为提高对齐准确性，批量处理→添加作业→作业类型→优化对齐方式→适用于→所有堆块→参数设置，如图 3-14 所示。根据实践经验，需优化属性包括拟合 f、拟合 cxcy、拟合 k1、拟合 k2、拟合 k3、Fitp1、Fitp2 等。

(4) 生成密集点云：对生成的点云进行过滤深度、重用深度贴图、Calculatepointcolors 等参数重建，重建质量选取“中”度能满足大多数情况下的作业需求，生成精度更高的密集点云，且能显著缩短工作时间，如图 3-15 所示。

(5) 生成网格：根据上一个步骤构建的密集点云，PhotoScan 生成 3D 多边形网格来代表物体表面，如图 3-16 所示。

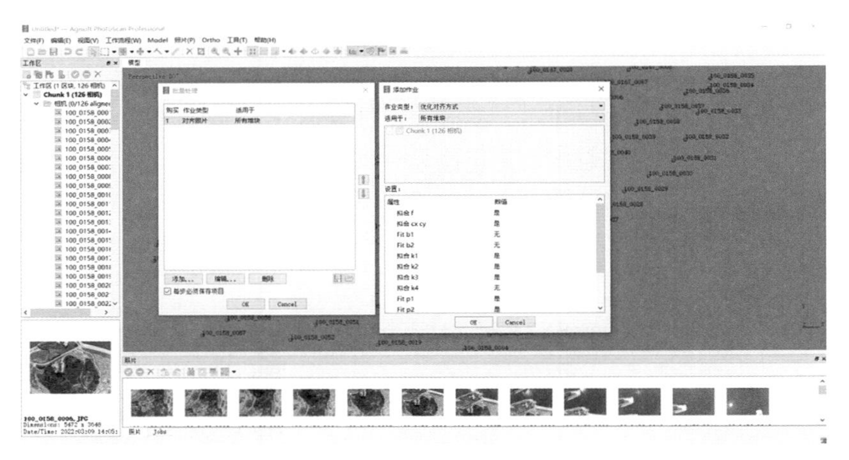

图 3 - 14　优化对齐方式

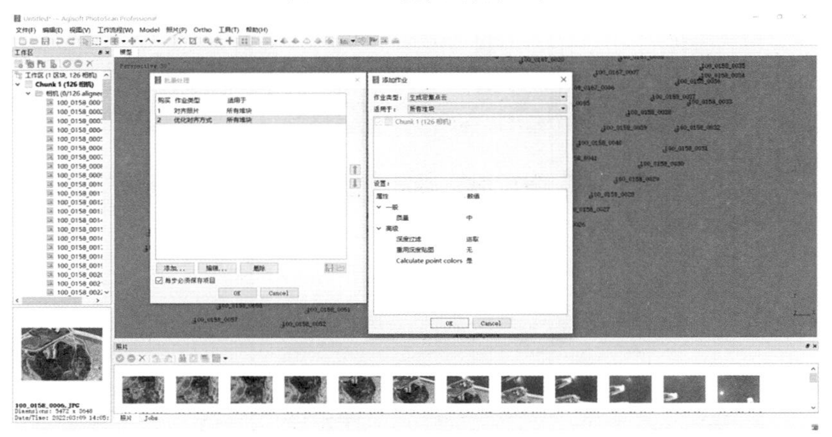

图 3 - 15　生成密集点云

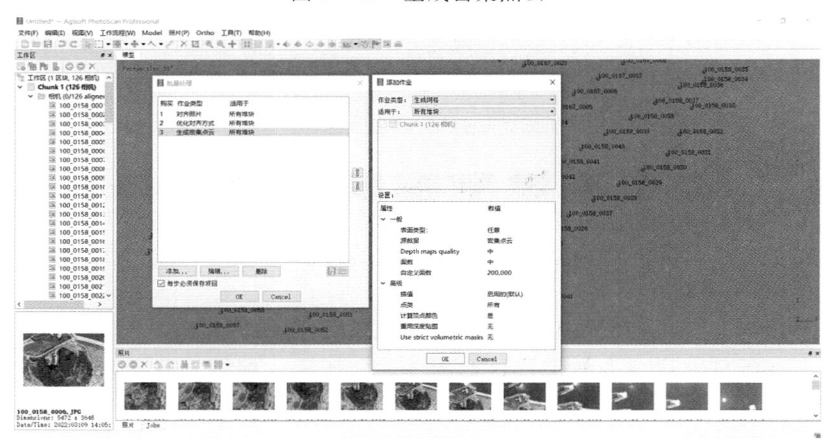

图 3 - 16　生成网格

（6）网格平滑：网格创建后，可能需要简单的编辑修改。例如网格删除、移除其他物体、填补网格孔洞、光滑等，可以在 PhotoScan 中进行，如图 3 - 17 所示。如需更多复杂的编辑，需要导入其他 3D 编辑工具，如 C4D、3Dmax、ZBrush、Blender 等进行编辑。

PhotoScan 支持导出网格，在其他软件中编辑之后再导入回来。

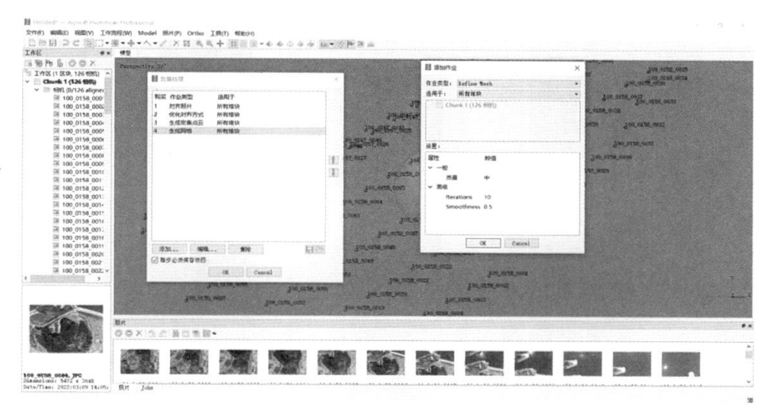

图 3－17 网格平滑

（7）生成纹理：批量处理→添加作业→作业类型→生成纹理→适用于→所有堆块→参数设置，如图 3－18 所示。

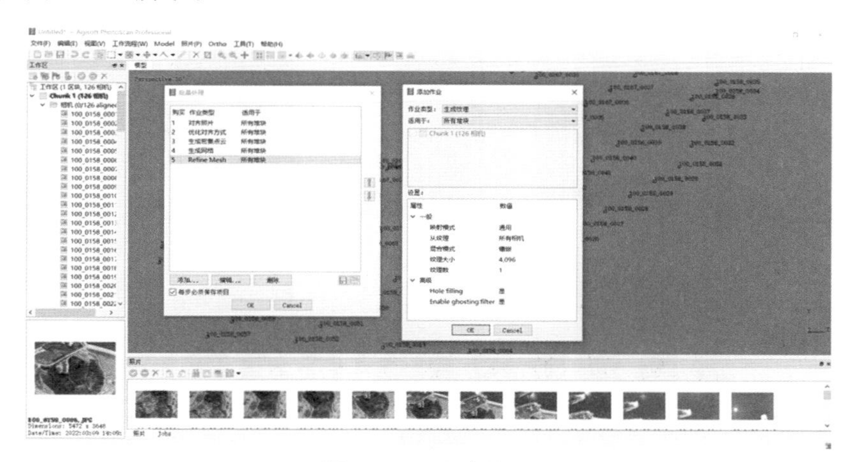

图 3－18 生成纹理

（8）构建模型：批量处理→添加作业→作业类型→构建平面模型→适用于→所有堆块→参数设置，如图 3－19 所示。

（9）构建数字高程模型：批量处理→添加作业→作业类型→构建数字高程模型→适用于→所有堆块→参数设置，如图 3－20 所示。设置过程中，要注意投影坐标选择，多数情况下选择 WGS84 坐标系，建议使用提供的默认分辨率值，从而在特定数据集中实现数字高程模型的最佳分辨率。

（10）构建正射镶嵌：批量处理→添加作业→作业类型→BuildOrthomosaic→适用于→所有堆块→参数设置，如图 3－21 所示。设置过程中，要注意投影坐标选择，多数情况下选择 WGS84 坐标系。分辨率的测量单位对应于选定的坐标系。如果需要将 m/pix 值转换为度/pix，使用 Meters 按钮，反之亦然。建议使用提供的默认像素大小值，从而为 Orthomosaic 实现最佳分辨率。

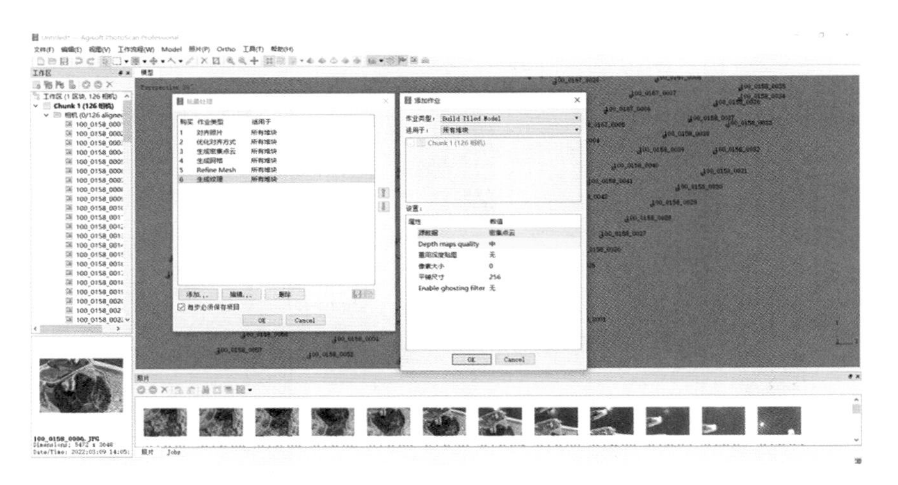

图 3 - 19　构建模型

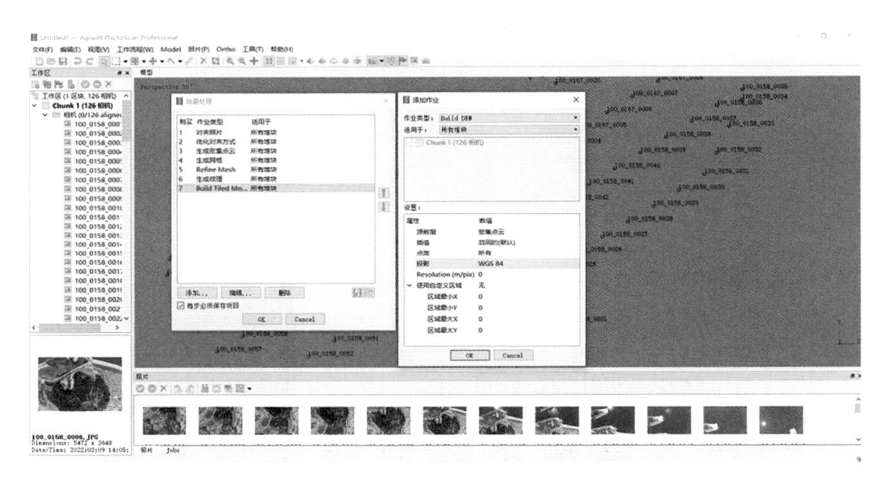

图 3 - 20　构建数字高程模型

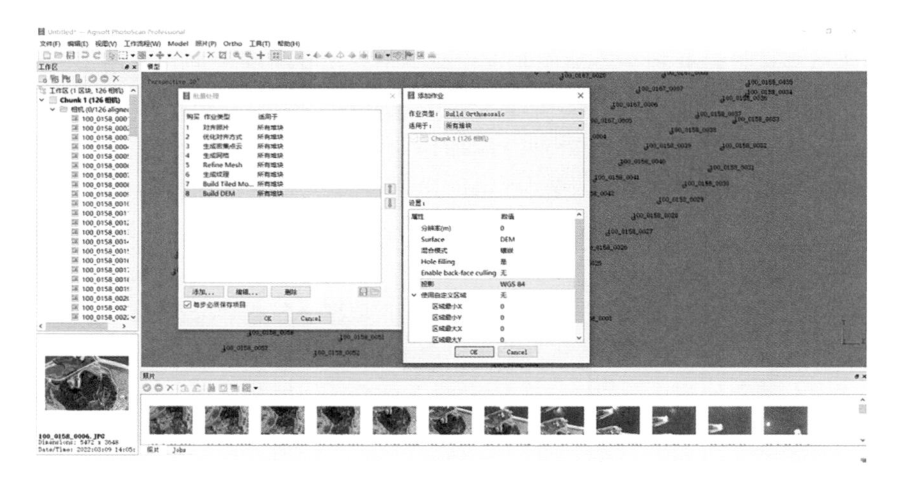

图 3 - 21　构建正射镶嵌

（11）开始作业：完成上述所有操作步骤后，可开始数据处理作业，如图 3 - 22 所示。

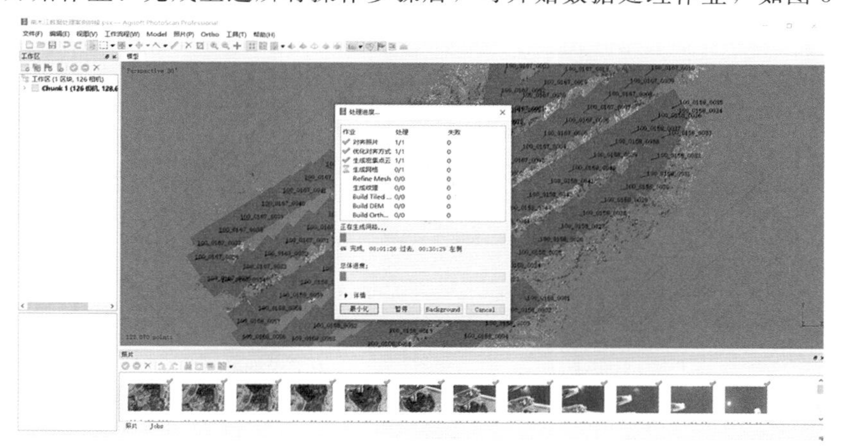

图 3 - 22　数据处理作业

3.3.2.3　导出成果数据

无人机航测照片使用 Photoscan 软件处理完成后（见图 3 - 23），可根据下一步作业需

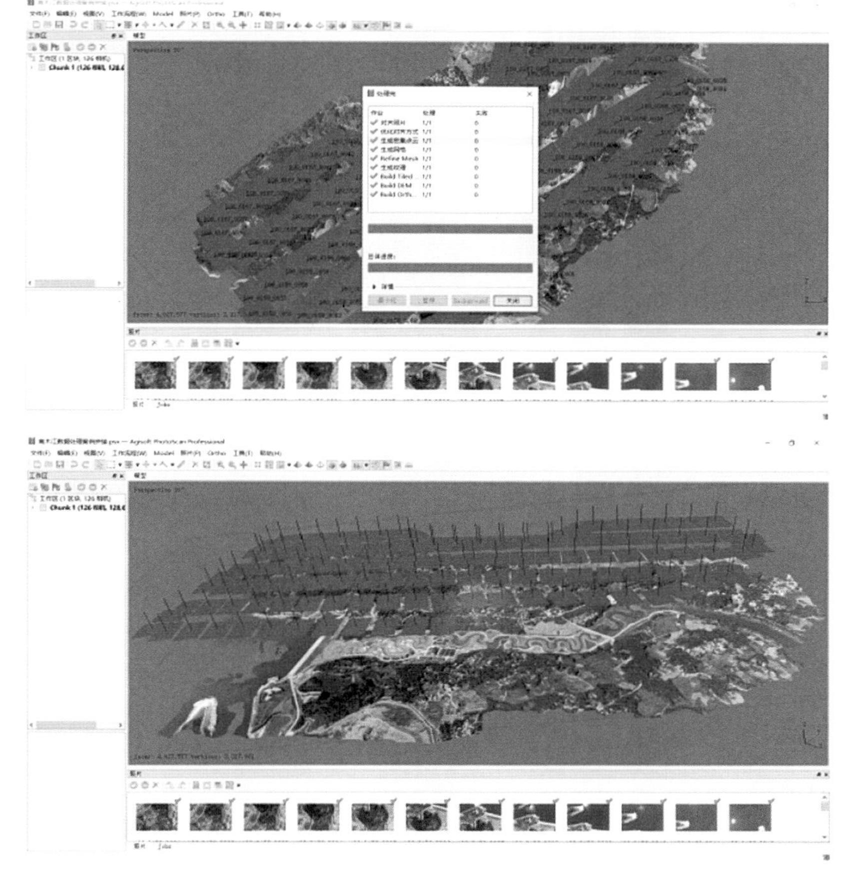

图 3 - 23　数据处理完状态效果

要导出数据成果（见图 3-24），如点云数据、3D 模型数据、平面模型数据（TiledModel）、正射镶嵌数据（Orthomosaic）（见图 3-25）、数字高程模型（见图 3-26）、数据处理报告、纹理数据等。

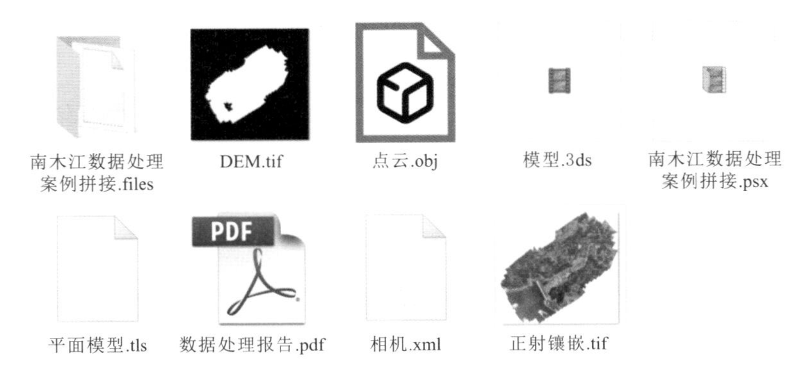

图 3-24　数据处理成果

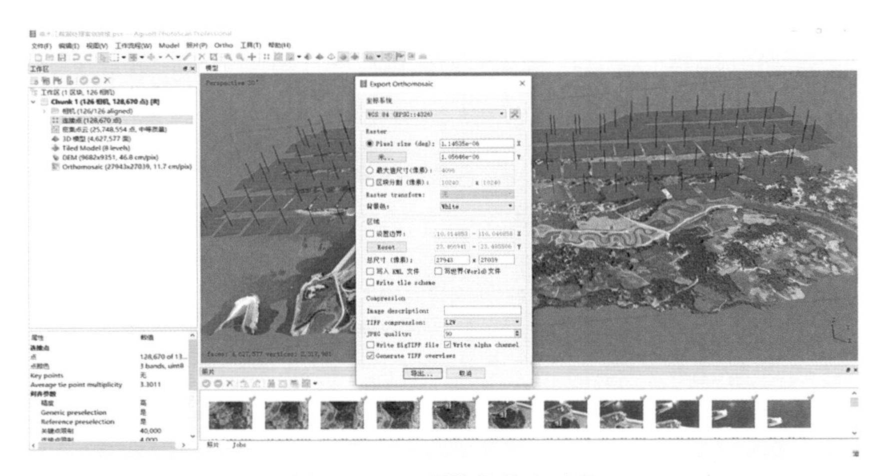

图 3-25　正射镶嵌导出示意

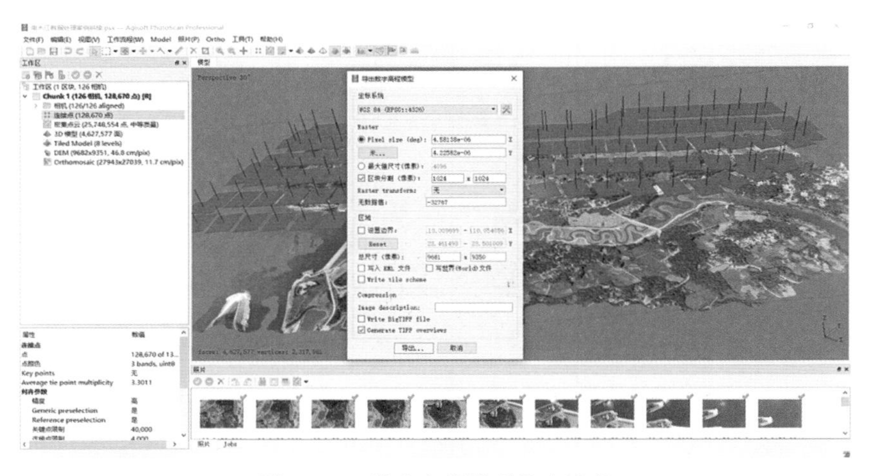

图 3-26　数字高程模型导出示意

3.3.2.4 精度检查

（1）相机参数。相机参数主要包括相机模型、分辨率、焦距、像素大小等。本书中具体参数设置如下：相机模型为 FC6310R（8.8mm），分辨率为 5472×3648，Focal Length 为 8.8mm，Poxel Size 为 2.41×2.41μm，Number of images 为 126，Camera stations 为 126，F1ying altitude 为 485m，Tie points 为 128/670，Ground resolution 为 11.7cm/pix，Projections 为 407/234，Coverage area 为 5.65km²，Reprojection error 为 0.805pix。

相机位置和图像重叠情况如图 3-27 所示。

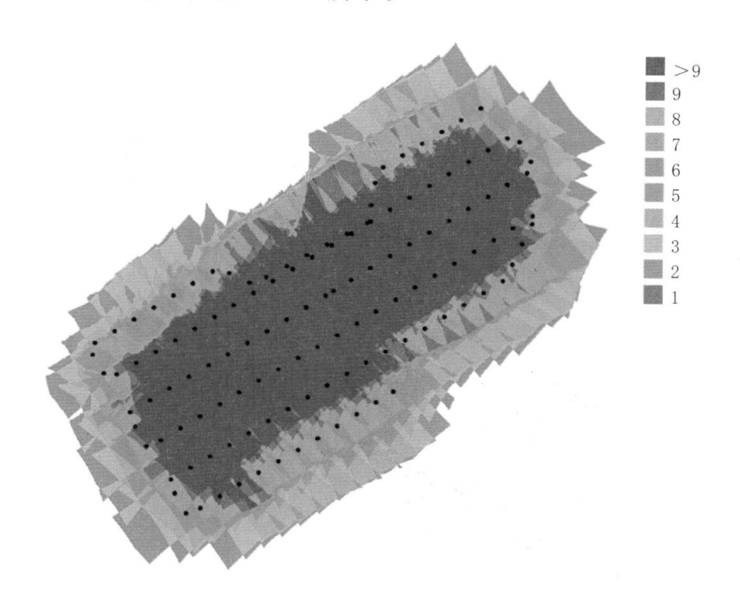

图 3-27 相机位置和图像重叠

（2）相机标定如图 3-28 所示。

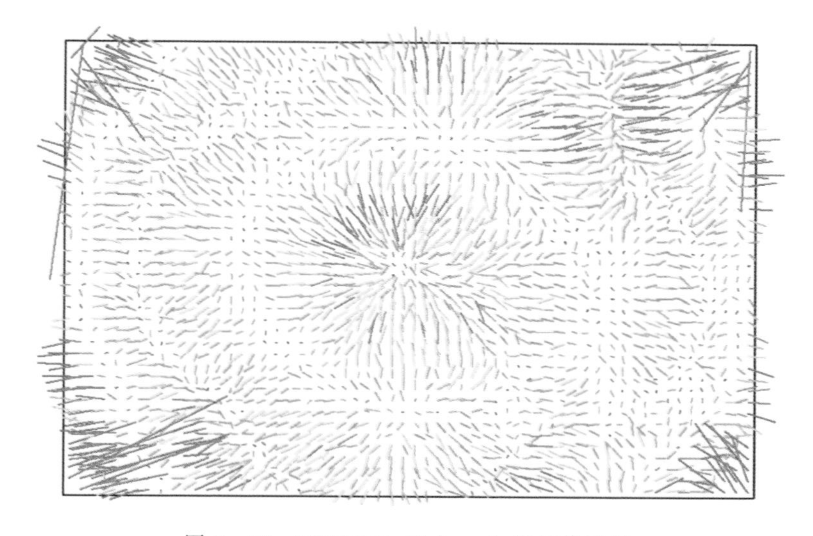

图 3-28 FC6310R（8.8mm）的图像残差

表 3-2　　校准系数和相关矩阵

分项	数值	Error	F	Cx	Cy	K1	K2	K3	P1	P2
F	3624.54	2.5	1.00	0.51	0.04	−0.99	0.99	−0.99	−0.57	−0.06
Cx	25.7097	0.059		1.00	0.07	−0.49	0.50	−0.50	−0.86	−0.09
Cy	3.80246	0.043			1.00	−0.03	0.04	−0.04	−0.09	−0.89
K1	−0.271174	0.00038				1.00	−1.00	0.99	0.59	0.06
K2	0.112723	0.00032					1.00	−1.00	−0.58	−0.06
K3	−0.0293283	0.00012						1.00	0.57	0.07
P1	−0.000219977	2.5e−06							1.00	0.10
P2	−8.81198e−05	2e−06								1.00

（3）相机位置如图3-29所示。

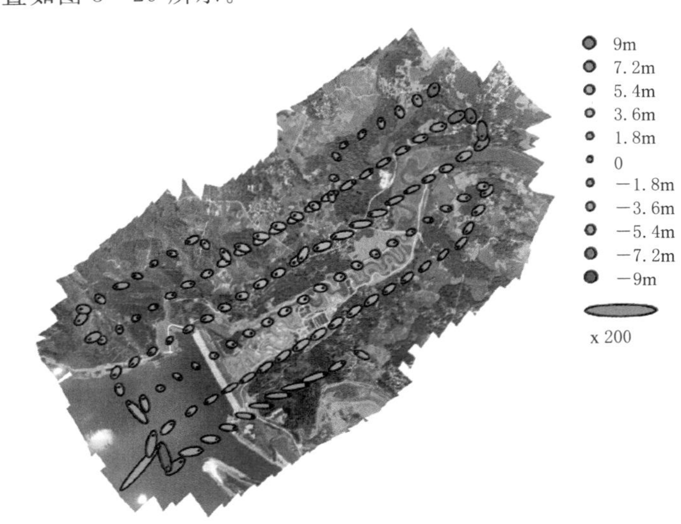

图3-29　相机位置和错误估计

表 3-3　　平均相机位置误差　　X-经度，Y-纬度，Z-海拔

X_{error}/m	Y_{error}/m	Z_{error}/m	XY_{erro}/m	$Total_{error}$/m
0.252315	0.188526	3.6165	0.314968	3.63019

（4）数字高程模型。数字高程模型数据点密度为4.57点/m²，数字高程模型数据分辨率为46.8cm/pix，如图3-30所示。

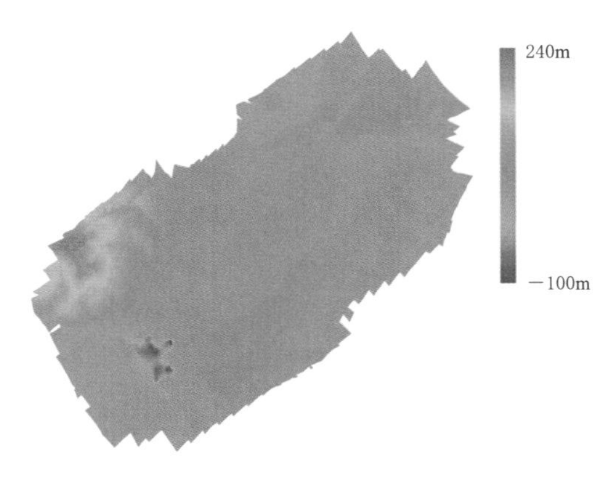

图3-30　重建数字高度模型

3.3.2.5　数据成果展示

水土保持治理工程实施成效评价常用的无人机航测数据为数字高程模型、正射镶嵌数据（见图3-31和图3-32）、平面模型数据（见图3-33）。正射镶嵌图整体良好，地物边缘拉花现象基本没有，细节还原良好。

图 3-31 正射镶嵌图全局效果

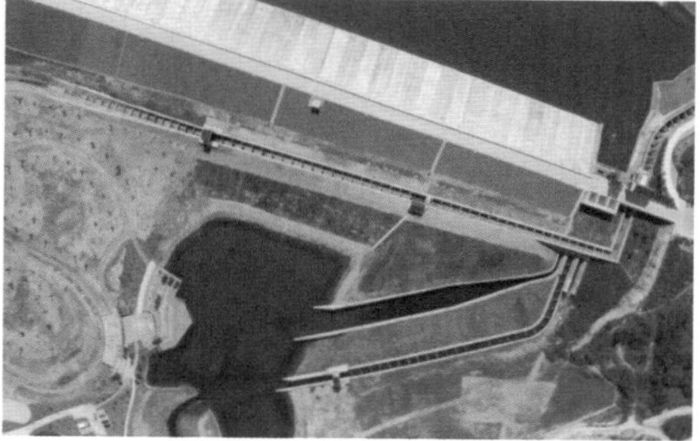

图 3-32 正射镶嵌图局部效果

图 3-33 平面模型效果

3.4　无人机航测技术应用

由于航天平台接收的电磁波必须要通过大气层，必定受到云层和地面天气的影响，所以通过缩短重访周期来提高时间分辨力是很难达到目的的。无人机在云层下方，受云层影响小，在多云天气甚至阴天也能执行航摄飞行任务。

3.4.1　在国土测绘中的应用

传统的测绘方式不能满足现代社会经济发展需求，而无人机航测技术具有很多优势，如机动能力强、续航能力长和灵活性较高等。一般情况下，无人机航测工作都是在低空完成的，在这种航测工作中，外界因素的影响程度相对较低。利用无人机进行航测，能够更加具体地对测量中各项问题进行实时检测，以弥补传统测绘技术存在的不足，还能够对各种资料和数据进行及时获取。无人机运行速度较快，续航能力也较强，使用无人机进行航测，不仅能够节约测量工作成本，还能够有效提升工作效率。无人机航测技术不但能够对地形测量进行全面详细检测，对于一些较为危险的地区，也能够进行监测和数据采集。无人机航测技术对于促进测绘技术发展起到了积极推动作用。

3.4.1.1　地形图测绘

目前，地形图测绘大多采用倾斜摄影技术，这是国际测绘遥感领域近年发展起来的一项新技术，通过在同一飞行平台上搭载多台传感器同时从垂直、倾斜等不同角度采集影像获取地面物体更为完整准确信息。相比传统地面测量而言，倾斜摄影技术采用非接触测量方式，测绘面积越大，工作效率越高，数据产品多元化、直观化，可生成数字正射影像图、数字高程模型、数字三维地表模型及三维模型，实现了地理数据生产全过程的自动化。

3.4.1.2　土地调查

土地调查是一项重大国情国力调查，是查实查清土地资源的重要手段。土地调查内容包括土地利用现状及变化情况（地类、位置、面积、分布等）、土地权属及变化情况（土地所有权和使用权等）、土地条件（自然条件、社会经济条件等）。土地调查工作多采用卫星遥感影像和普通航空遥感影像数据，以及人工实地检查相结合的方式，这些技术手段在实际工作中发挥了巨大作用，但在高效、快捷、准确性等方面存在一定不足。人工实地检查工作效率低，需要大量人力和物力，且大量地方难以覆盖到位。卫星影像时相难以保证，现势性不够，并且分辨力相对较低，影响判别准确性。有人驾驶飞机航空摄影方法受空域管制和气候等因素制约，较难保障对时间要求紧迫的调查任务，而且成本较高。无人机摄影测量具有自动化、智能化、精确化优势，通过视频或连续成像形成时间和空间重叠度高的序列影像，可快速、准确地获取数字高程模型、数字线划图、数字正射影像图以及真三维场景等数据，是土地调查工作的“神助手”。

利用无人机航测技术生产土地调查工作底图具有实地调查不可比拟的优势。一是清晰直观，外业调查人员能更加准确地判别地类及边界；二是在底图上标注权属，大大节省了草图绘制时间，提高外业调查工作效率。利用无人机航测技术生产土地调查工

作底图，为核算外业界址点测量和权属调查工作量提供了重要依据，获取的农村地区影像也能作为基础资料保存，可将其作为新农村建设、村镇规划、应急测绘保障工作等重要基础图件。

随着无人机航测技术的发展，集成RTK或高精度POS系统的无人机可在无需或仅需极少量实测地面控制点的情况下快速制作正射影像工作底图，这将进一步提高土地调查的工作效率。利用无人机航测技术生产土地调查工作底图可很好地解决无资料地区农村集体土地所有权确权登记发证等。

3.4.2 在水文监测中的应用

水文信息是水文决策的基础，是正确分析判断水文形势、科学制定水文方案的依据。无人机遥感高机动性、高分辨力等特点，使其在水文监测中的应用有着得天独厚的优势，在洪涝灾害、干旱缺水、水环境污染等相关领域，无人机遥感都能发挥其巨大的作用。

目前水资源调查巡查、水资源用地信息管理等，多采用人工方式开展调查，勘查人员携带相机从高处对河流拍照，以乘船方式对水资源面积进行调查方法无法快速精确地执行勘测测量。可结合无人机作业优势，利用无人机携带正摄像机对所需监测对象进行航拍，制作水体上方正射遥感影像，生成水资源巡查成图，提高水资源调查作业效率，快速、准确地为水资源面积量测、水资源地理信息、水资源巡查成图提供便利。

无人机快速从空中俯视蓄滞洪区的地形、地貌、水库、堤防险工险段，遇到险情时，可克服交通复杂等不利因素，快速抵达受灾区域，并实时传递现场信息，监视险情发展，实时把受灾影像通过5G分发系统传输到指挥中心，为防汛决策提供准确的信息。无人机搭载雷达测速仪，可以实时获取河流表面任意点流速，通过在地面站输入河流断面数据计算出任一断面河道水流量，为抢险救灾提供第一手水文数据。无人机特别适用于突发事件应急管理，大大降低了防汛抗旱救灾工作人员承担危险工作的风险概率，提高了工作效率。利用无人机可快速对重要的水资源设备进行监测，定点实时监控、巡视，特别是水库边缘区环境比较恶劣地段，可以方便地完成监测任务。当遇到水资源设施出现故障停止作业的情况时，利用无人机能快速做出应急反应，对水资源设备进行实时监控，通过地面站发现可视故障问题。通过无人机空中悬停实时监控，掌握大坝进水区和出水区的实时动态信息，地面工作站根据实时航拍监控数据可以清晰地分析大坝在工作中的实时动态，能够快速准确地为水利设施设备进行实时监控，解决人工作业时效性不足的问题。

3.4.3 在农业中的应用

农作物生长是一个易受外界因素（病虫害、旱涝灾、倒伏情况等）影响的过程，这些影响农作物产量的外界因素从根本上来说是不可避免的，最关键且有效的办法莫过于“早发现”，越早发现问题，就能越早解决问题，损失也就越小。但人力巡查难度大，效率低，作业周期长，响应速度差，巡查结果准确度低，人力成本高。针对农业发展所存在的这些问题，采用以无人机为平台，多种传感器为核心，作物生长状况评价系统为框架的无人机航测遥感解决方案，可以相对较低的成本解决问题。

无人机飞行速度快，续航时间长，作业半径大，对自然干扰因素的抗性较好，在大面积的农业监测中有着很强的优越性。无人机作为平台，本身无法对作物进行监测，核心还是要靠传感器，应针对不同的监测任务类型，选择性能上有不同特性传感器。由于所监测地区面积较大，农作物可能产生的问题类型较多，单一传感器对农作物产生的多种类型问题的发现能力有限，无人机的续航及载重能力也有限，一次只能搭载一种传感器，所以对于作业的实施多以“大面积概况监测，小范围精确核实”的方式展开。

在大面积概况监测中，无人机搭载可见光波段高空间分辨力传感器相机以大航高对所监测地区进行地毯式航线扫描，并对扫描获取的像片及飞行数据进行分析处理，搭配相应的图像提取算法，从而将像片中异常区域提取出来。针对这些异常区域，采用作物生长状况评价系统进行分析，判断出异常区域作物可能遇到的问题，并对后续小范围精确核实提供情报参考。利用无人机搭载多光谱相机得到的各种植被信息，可以使农民更有效地管理作物、土壤，并进行施肥和灌溉。这种通过无人机提取土壤和作物数据方式，可以有效地节省成本，提升农药使用的精准水平。

在小范围精确核实中，使用无人机搭载高光谱成像仪对异常区域进行成像，高光谱成像仪所拍摄航片具有较高的光谱分辨力，能反映农作物内部物质成分及结构上的变化，从而判断出病虫害类型及严重程度。对于作物倒伏等涉及空间上发生明显变化的情况，采用多旋翼无人机搭载 LiDAR，即激光雷达，飞临异常区域上空，在不同的位置悬停，对异常区域进行多角度扫描。LiDAR 扫描后得到的数据是上亿个具有三维空间意义的小点，即激光点云，通过对激光点云的分析处理，以及基于激光点云的数字三维地表模型的建立，即可得到异常区域内农作物倒伏面积、倒伏程度等情况。

3.4.4　在林业中的应用

从植被生长及受自然因素影响特性来说，森林和农作物所遭受不利因素基本相同。作为一种植被，森林对旱涝灾害的抗性更好，且不会产生倒伏情况，但会遭受病虫害。无人机操作简单，可以方便地根据需要设计飞行区域、飞行航线、飞行高度；可多台、多架次进行航拍作业，长时间监控林区；搭载专业级相机、高清图传，以及热成像仪，可完成图像、视频、热成像采集，完成各项林业任务。

森林作为一种生物多样性复杂、有机物高度密集的区域，有一个难以消除的巨大风险——森林火灾。森林火灾危害极其巨大，影响极其广泛，极易造成巨大的人员和财产损失。大规模的森林火灾极难扑灭，必须投入大量人力、物力、财力，过程中还会对扑火人员的人身安全构成巨大威胁。提前发现热源隐患，在火势尚小时及时发现、及时扑灭，避免造成大规模火灾。卫星遥感的单次成像画幅面积较大，可以监测大面积的森林区域，但常规的遥感卫星在监测森林火灾有两个很大的问题。一个问题是我国南方地区森林火灾有相当一部分是因为气温过高而产生的自燃，这种情况下火灾发生前会有一个较小的热源，这样的热源投射到平面上时，往往面积很小，且热辐射量很低，遥感卫星上热红外传感器的辐射分辨力和空间分辨力较低，很可能无法识别热源；另一个问题是除部分地球同步轨道遥感卫星外，绝大部分遥感卫星会有卫星周期，这就导致卫星对同一个地区的两次成像之间有一定的时间间隔，并且这个时间间隔往往以天为单位，这在时间敏感度较高的林火监测中是不被允许的。使用无人机航测遥感进行林火监测，则不会遇到类似问题。

固定翼无人机飞行速度快，续航时间长，作业半径大，对自然干扰因素的抗性较好，特别适用于大面积森林消防监测，可在固定翼无人机上安装一个辐射分辨力和空间分辨力都比较高的热红外传感器，用于热源隐患及明火的及时发现。

3.4.5 在环境监测中的应用

目前，我国仍处于工业化和城镇化高速发展时期，随之而来的环境问题也日益凸显。对于日益严重环境问题的监测和治理已刻不容缓。无人机航测系统具有视域广、数据及时且连续等特点，可迅速查明环境现状，为环保部门提出科学合理的环境保护措施提供有力的数据支撑。

（1）环境影响评价。环境保护管理建设项目所在区域的现势地形图是环评阶段环评单位编制的环境影响评价支撑性文件之一。无人机航测系统能够为环评单位在短时间内提供时效性强、精度高的图件作为底图使用，并且可有效减少在偏远、危险区域现场踏勘的工作量，提高环境影响评价工作效率和技术水平，为环保部门提供精确可靠的审批依据。同时，使用无人机航测系统可节省大量外业人工成本。

（2）环境监测。无人机水质监测作业效率高，覆盖面积广，可节省大量人工成本。数据分辨力高，细节丰富，可实现水质状况实时监测。进行大气污染专项监测时，可利用无人机搭载移动大气自动监测平台对目标区域的大气动态监测。对于自动监测平台不能够监测的污染因子，也可通过无人机搭载采样器的方式，采集大气样品后送回实验室进行定量分析。

（3）生态保护。利用无人机遥感进行生态环境保护监测，具有覆盖范围广、数据分辨力高等优势。通过逐年影像的分析比对或植被覆盖度计算分析，可以清楚了解该区域内植物生态环境动态演变情况；也可利用高分辨率正射影像，提取保护区植被覆盖指数，并生成指数地图，实时掌握保护区不同类型植被分布情况和生长状况。

（4）环境监察。当前，我国工业企业污染物排放情况复杂、变化频繁，环境监察工作任务繁重，环境监察人员力量也显不足，监管模式相对单一。使用无人机进行环境监察时，可利用无人机搭载图传设备，进行实时监测。也可通过高清数字图传设备，实时传递获取的影像信息。从宏观上观测污染源分布、排放状况及项目建设情况，为环境监察提供决策依据。此外，还可通过无人机监测平台对排污口污染状况进行监测，实时快速跟踪突发环境污染事件，捕捉违法污染源并及时取证，为环境监察执法工作提供及时、高效的技术服务。

3.4.6 在道路勘察中的应用

（1）道路地形图测绘。公路、铁路等勘察地形复杂，工作难度大，误差概率高，这些因素使道路勘察工作成为道路建设中的难点。利用无人机系统可获取高分辨率正射影像和大比例尺地形图，为道路规划和选线工作提供依据。利用无人机航测技术进行道路地形图测绘，可节省大量外业人工成本，提高工作效率，获取的数据现势性强，分辨率更高。

（2）场景三维重建。道路和线路大多狭长，沿线地形复杂多变，对道路沿线地形、地貌等进行三维重建，可形象、逼真、直观地掌握道路路堤、围栏、隧道、高架桥等的空间形态和现状，实现道路智能化管理。利用无人机搭载专业倾斜相机，可快速获取三维场景各个角度的纹理信息，覆盖范围广，获取数据分辨率高，三维重建效率高。

（3）道路安全巡线。随着社会经济快速发展，道路里程快速增长，使得道路管理工作任务量越来越大，对道路监测管理要求也越来越高。传统人工巡线方式已难以满足快速增长的道路里程巡查与管理，利用无人机系统能够获取实时道路情况，为道路巡线与管理工作提供有力保障。利用固定翼无人机进行道路安全巡线的优势包括作业效率更高，覆盖面积更广，可节省大量人工成本，数据分辨率高，路面细节丰富。利用多旋翼无人机进行道路安全巡线的优势更为突出，其拍摄角度更加灵活，距离拍摄目标近，拍摄到的目标细节更丰富，工作效率更高。

3.4.7　在电力行业中的应用

针对电力巡线空间跨度大、巡检区域地形复杂、灾后巡检风险大等难题，无人机航测遥感技术有着明显的技术及效率优势。

（1）电力线路巡查。电力线路及设备由于长期暴露在大自然之中，不仅承受正常机械载荷和电力负荷，而且还经受雷击、强风和鸟害等外力侵害。多种因素会使线路上各元件老化、疲劳、氧化和腐蚀，如不及时发现和消除，就可能会发展成为各种故障，对电力系统的安全和稳定构成威胁。

电力设备巡检是能够有效保证电力设备安全的一项基础工作，但人工巡检效率低。当地区遭遇地震、台风、洪水灾害后，对供电线路实施紧急检测抢修时，巡检员要冒着生命危险获取线路受灾情况，风险大、难度高。无人机航测遥感作为空间数据获取的重要手段，具有续航时间相对长、影像实时存储传输、成本低、分辨率高、机动灵活等优点，特别适合于电力线路（设备）应急巡检侦察和高危地区勘测。

采用固定翼无人机进行灾后巡线时，无人机以相对于电力线路的固定高度、固定速度、固定角度和固定航向飞掠作业区，并在飞行中以预先设置好航拍技术参数进行航片拍摄。作业完成之后，将无人机拍摄航片和飞行数据分别导出，根据两者时间上的对应关系即可在时间轴上绘制出每一张航片所对应的飞行数据。再根据航片内容与实地电力线路上的空间对应关系，即可得出整个作业区内整条电力线路的影像及概况，为后续抢修提供情报支持。多旋翼无人机飞行速度慢，续航时间短，悬停能力强，飞行灵活。在电力设备受损情况不严重，受损特征不明显，检测时间敏感度不高，需要从多空间位置、多角度对线路进行观察特点的常态化巡线中，可采用多旋翼无人机巡检方式。

（2）电力勘测设计与选线。无人机航测已广泛应用于电力勘测设计行业，并取得显著进展。传统电力选线手段已不能满足电力行业的快速发展要求。利用无人机航空摄影测量能够高效完成电力勘测设计与选线。若以传统载人航飞的工程测量方法进行线路选择设计规划，其成本高、效率低，同时不能对整体的智能电网建设提供详尽且丰富的基础数据，但无人机航测可以很好地满足此类电力选线工程。通过无人机航测获取影像可得到真实的三维场景图，可从不同视角观看线路周围的地物地貌信息，使设计人员在室内即可高效完成线路优化选择工作。

（3）电力系统智能化管理。无人机搭载专业倾斜模块，可以根据航线设计自动飞行，获取多角度影像，根据倾斜影像进行三维场景重建，为电力系统智能化管理提供技术

支撑。

3.4.8 在矿山监测中的应用

无人机航测已广泛应用于矿产资源勘探、矿山监测领域。矿产资源是经济建设的重要保证和能量源泉，实时客观地掌握有关矿产资源开采状况等基础数据，以便科学高效地管理矿产资源的开发和利用。矿产资源环境遥感动态监测是将不同时相的矿区环境数据进行对比，从空间和数量上分析其动态变化特征及未来发展趋势。矿产资源环境遥感动态监测是基于同一区域不同年份的图像间存在着光谱特征差异的原理，识别矿山土地覆盖和生态环境的状态或变化过程，从而获得矿区开采状况和引发的生态环境问题等。

一般情况下，矿山所在地区地形复杂、自然状况多变，传统的矿山监测方式测量难度大、周期长，无法满足现今矿山动态变化监测对地理数据不断更新的要求。在对矿山进行监测的过程中，经常会出现一些突发情况，这主要是因为矿山监测工作十分繁杂，矿山测绘工程较为浩大。在矿山监测中应用无人机航测技术，不仅可以缩短工程周期，还可以节约大量的成本投入，同时获得科学可靠的数据信息，而且安全性也比较高。矿山应急监测一般采用传统的载人机航测，但传统载人机航测常受到诸多方面的限制（气象、起降场地等）。而无人机航测技术的应急性能比较好，在响应矿山应急监测方面具有突出优势。此外，无人机航测可快速获取测区高精度的数字正射影像、数字高程模型、矿区三维模型，数据时效性非常强，对于后续矿山开采方案的确定具有重要意义。

3.4.9 在应急救灾中的应用

相关数据表明，我国每年因自然灾害、事故灾害和社会安全事件等突发公共事件造成的人员伤亡逾百万，经济损失高达数千亿元。在应急服务保障中，需要及时迅速获取突发事件及灾害信息，制订针对性应急救灾方案是开展应急救灾工作的关键。灾害发生过程中，往往会伴随较为恶劣的天气情况，此时要想利用普通卫星遥感或是航飞，都无法获取较高分辨率影像。无人机低空航摄技术具有灵活机动、高效快速、精细准确、安全可靠、省钱节约等优势，可以在第一时间获取高清影像，为灾害的防治提供及时、准确的数据。

无人机在应急救灾中的主要作用体现在以下几个方面：一是快速获取。无人机的突出贡献是能够第一时间快速反应，机动性强，无须起降机场，即便环境恶劣的地方也可以到达，可以快速获取高分辨力灾情调查数据。二是快速传输。使用无人机进行实时航拍可将实时监控的高清图像通过高清数字图传系统快速实时回传到应急指挥中心，使相关部门掌握现场第一手资料。三是快速处理。无人机快速获取的高分辨率影像通过后处理软件高效完成影像处理后，输出地理信息成果，为应急指挥部门进行快速评估提供有效的数据支撑。无人机遥感技术主要应用在以下应急救灾领域。

（1）洪涝灾害应急。发生洪涝灾害后，无人机可快速抵达洪涝受灾区域，搭载航拍设备进行作业，空中俯视洪区地形、地貌、水库、堤防险工险段等，实时传递现场信息。通过航拍实时监测可以清晰分析汛情的发展变化，把握汛情现状和发展趋势，并根据航拍成图划分水域警戒线，为救援人员提供宝贵的搜救信息，也可持续监视险情发展，为防汛决策提供准确的信息。通过固定翼无人机搭载航拍相机对洪涝灾害进行数据采集，利用后处理空三软件进行影像拼接成图，为灾区提供宝贵的第一手资料，帮助相关部门真实、全面地了解整体受灾情况，并做好相应的抗洪预案。

（2）地质灾害应急。对于山体滑坡和泥石流等重大地质灾害，无人机航空遥感系统可及时获取现场数据，帮助相关部门分析灾害严重程度及其空间分布，分配紧急救援物资，快速准确地获取泥石流背景要素信息，而且能够监测其动态变化，为准确预报泥石流动态变化提供基础数据。

（3）地震灾害应急。地震具有突发性和强破坏性等特点，地震灾害救援过程中情报时效性非常关键。但是由于震后通信、交通中断，而且往往余震不断，采用常规手段无法快速了解灾情信息。地震发生后，无人机可快速获取灾区高分辨力航空影像数据，为震害调查、损失快速评估提供科学依据。且可以确定极震区位置、灾区范围、建筑物和构筑物破坏概况以及急需抢修的工程设施等，以便为震后速报灾情、快速评估地震损失、救灾减灾提供决策。

（4）公共安全应急。无人机可以在很短的时间内完成对大片区域的监控巡逻，还可以装载红外摄像头进行夜航，这样既减少了人员伤亡，也提升了巡查力度。无人机基本可在任何环境下快速起飞，对需要监控的危险地区进行细致、往复的低空拍摄，对逃犯采取的各种逃跑方式进行跟踪监视，特别是对躲藏在隐蔽性极强的丛林里的犯罪嫌疑人进行扫描式飞行搜索。

（5）铁路防灾应急。随着铁路不断提速，大风、雨雪、泥石流、地震等自然灾害以及铁路路段异常落物等因素对铁路运营的安全构成了巨大威胁。利用无人机系统执行铁路防灾安全监测任务，可将铁路路基、路面状况实时回传至地面监测中心，工作效率高、使用方便，可以很好为监测中心进行铁路应急处理提供支撑。

（6）环境灾害应急。无人机遥感系统在环境灾害应急中，能够克服交通不便、情况危险等不利因素，快速赶到污染事故所在区域，立体查看事故现场、污染物排放情况和周围环境敏感点分布情况，使环保部门对环境应急突发事件的情况了解得更加全面，对事件的反应更加迅速，相关人员之间的协调更加充分，决策更加科学。利用无人机搭载图传设备进行实时监测，通过高清数字图传设备实时传递获取的影像信息，地面监测中心对接收到的数据进行处理与分析，实时监控事故进展，可为环境保护决策提供准确信息。

3.5　无人机航测技术瓶颈

3.5.1　无人机航测平台短板

（1）飞行平稳性有待提升。当无人机飞行至一定高度时，高空风力影响作用大，会导致无人机飞行不稳定，获取影像不清晰。这一方面是由于无人机飞行姿态受气流影响，拍摄时相机倾角过大，对模型高程面造成扭曲，导致高程误差超限；另一方面是由于民用相机镜头和机身部分在无人机飞行过程中受振动以及气温变化等影响，相机内方位元素发生改变，进而影响航测精度。

（2）传感器性能仍有提升空间。由于技术限制和要求，普通无人机目前无法搭载精度

较高的传感器，因此大比例尺测绘需求的高精度航测数据无法得到满足。目前在航测领域，激光测距传感器开始得到越来越广泛的应用，相较常规测量手段，无人机激光测量技术可以实现更高的测量精度和测量效率，对测区的适应能力更强，目前已经应用到带状地形测量、灾害调查和环境监测等多个领域。

(3) 过于依赖通信系统。由于无人机控制程序对全球导航卫星系统和通信系统的依赖程度很高，一方面导致在执行航测任务中，受地形因素影响较大。例如在山区，一是地形复杂，无人机起降困难，即便是起飞了，爬升也很难，而且转场麻烦，经常绕路。二是信号阻挡严重，无人机飞到一定高度之后，面临丢失信号，无人机“飞丢”的风险随时存在。此外，山区像控点不好布设，山区地势落差大，即使勉强采集到图像，其精度也比较低。另一方面也存在安全隐忧，黑客可以通过编码程序来干扰无人机的正常飞行。

(4) 航测精度因素影响复杂。影响无人机航测精度的因素包括图像质量、相机校验情况、像控点布设是否科学、飞行姿态是否稳定、续航时间长短、单架次航测面积大小、航测技术参数的设定等。多因素影像下的无人机航测精度提升仍是今后一个时期内的无人机航测重要研究方向和内容。

(5) 专业人才较为缺乏。无人机航测从业人员变动大，航测工作有外业与内业之分，外业工作主要是实地考察与测量、收集航摄数据；内业则分为数据采集与数据编辑。从队伍组成来看，还是以劳动密集型为主，劳动强度大，薪酬偏低，高素质全面型人才相对较少。

随着我国大力发展通用航空事业政策信号不断释放，航测无人机适用的低空空域管理改革蓄势待发，通用航空事业的发展前景令人期待。我国通用航空法律法规现状相对落后于现实需求，如在适航许可方面，中国民航现有的航空器适航审定多针对大型载人飞行器。此外，实际中“黑飞”“借证”“卖证”等不规范操作仍有发生，不利于行业的健康发展。

3.5.2　无人机航测技术短板

由于测绘无人机自身不足及作业区域的环境复杂性，导致现阶段无人机航测技术仍存在以下问题。

(1) 获取数据幅宽较小。近些年来随着无人机技术日益成熟，基于无人机平台的新型遥感技术异军突起，受到广大科研生产人员关注，将成像光谱仪与航测无人机高度集成，获取地物成像的高光谱影像成为新的研究热点。但受制于无人机航拍飞行高度以及相机本身参数的影响，单张无人机影像所覆盖的区域面积并不大，其像幅数据幅宽较小，需要对多张影像进行拼接，才能有效覆盖航测区域。

(2) 数据量巨大。由于航测无人机机载高光谱影像图幅较小，需要为每幅影像单独添加控制点，其添加数据工作量巨大，耗时长。航测无人机有限的机身体积，决定了其无法搭载高负荷运算处理器，从而导致其无法在飞行过程中进行数据分析及处理。当前，航测无人机有限的数据传输带宽，只能保证优先传输控制命令数据，导致航拍数据处理不及时。

(3) 重叠度不规则且倾角过大。航测无人机在工作时受风力等多方面因素影响，无人机本身重量较轻，其平稳程度不高，导致获取的影像不可避免地存在畸变大、重叠度不规则且倾角过大等问题，这些问题是现有数字摄影测量工作面临的系统性问题。一般通过算法来进行辅助解决处理，对于算法解决不了的，只能从生产方案的角度进行数据剔除。

（4）导航定位与姿态测量系统不够精确。随着各种新技术的不断应用，对于航测无人机导航定位精度的要求越来越高。航测无人机导航定位工作主要由组合定位定向导航系统来完成，组合导航系统实时输出位置和姿态信息，为航测无人机提供方向基准和位置信息。当 GPS 信号良好时，GPS 输出的导航定位信息作为外部测量值输入。当 GPS 失效时，则只能寄托于姿态测量系统进行姿态解算，同时也带来了位置信息不够精确的问题，而导致航测收集数据也不够精确。

3.6　无人机航测发展方向

3.6.1　测绘无人机发展方向

（1）测绘无人机将发展为基础测绘和地理信息科学建设的生力军。搭载高性能任务设备的航测无人机可以快速获取地面高分辨力数字影像，为地理信息科学基础测绘建设提供高质量的原始数据，这些数据可广泛应用于测绘数据生产、水土保持监测监管、数据城市规划和智慧城市建设等新兴领域。

（2）测绘无人机将成为应急救灾中灾情信息以及资源调配的重要手段。因其具有飞行高度适中、对操作人员危害小、部署快捷方便、成本低廉等特点，使其可方便迅捷地赶赴受灾现场，进行空中支援，及时准确地获取受灾信息，并可对灾情信息进行精准评估。

（3）测绘无人机将深刻改变未来信息化社会的发展进程。正在向实用化、智能化、多功能化方向发展，而且最新一代民用航测无人机也将与通信、高性能计算机、新型材料等新技术协调配合，融入现代生活的方方面面，在不断提高作业效率、作业半径的同时，将深刻改进未来信息社会的进程以及人类信息化生活的面貌。

3.6.2　无人飞行器发展方向

（1）无人机动力源逐渐由油动向电动发展。早期无人机航测更多考虑续航要求，同时电池能源开发也不够完善，因此多采用油动方式。油动的优点是续航时间相对较长，但是缺点更为明显。如安全性上隐患较大、成本较高、不利于环保、机体油箱使无人机有效荷载降低。近些年来无人机更多采用电动方式，虽然在续航时间上有所减少，但是电池可重复使用，已成为无人机航测平台主流发展方向。

（2）无人机构型向混合翼机型发展。从构型上看，主流无人机分为固定翼和多旋翼两种，其中固定翼无人机相对而言飞行速度快、高度高、时间较长，而多旋翼的优点是可以垂直起降，同时空中可以悬停，以对重点区域进行重点关注。近几年，兼具固定翼和多旋翼两种机型优点的混合翼机型有所发展，即能够垂直起降的固定翼无人机。

（3）差分类型由实时差分向事后差分发展。目前无人机主流产品可以分为实时差分和事后差分两种，主流航测无人机以事后差分为主，代表产品有纵横系列、大疆系列等。实时差分则相对较少，其代表产品是 Topcon 的天狼星。相对而言，事后差分应用更多的主要原因是实时差分对于测区要求较高，当测区环境复杂导致和基准站信号失联时，实时差分数据可靠性大幅下滑，而事后差分这方面缺陷较小。

（4）遥测传感器类型越来越多。目前航测无人机的搭载平台发展方向主要有主流航测相机和 LiDAR 两种模式，此外还有红外热像仪等。其中主流航测相机比较成熟，随着技术的发展和成本的下降，搭载 LiDAR 的应用也越来越多，满足了无人机航测多专业、多部门、多领域业务需求。

参考文献

[1] 姬玉华，夏冬君．遥感测量［M］．哈尔滨：哈尔滨工业大学出版社，2004.

[2] 梅安新，彭望碌，秦其明，等．遥感导论［M］．北京：高等教育出版社，2010.

[3] 蔡志洲，林伟．民用无人机及其行业应用［M］．北京：高等教育出版社，2017.

[4] 曹丛峰．基于滤光片阵列分光的无人机载多光谱相机系统研究［D］．北京：中国科学院遥感与数字地球研究所，2017.

[5] 程琼讳，宋延华，王伟．多旋翼无人机磁罗盘校准方法［J］．计算机测量与控制，2019，27（5）：242-245，250.

[6] 范琪，顾斌，谢星，等．基于 ARM 的起撒控制器设计电脑知识与技术［J］．2016，12（11）：201-202.

[7] 蒋红阳．基于 STM32 的多旋翼无人机飞行控制器的多余度系统研究［D］．长春：吉林大学，2018.

[8] 李传荣，等．无人机遥感载荷综合验证系统技术［M］．北京：科学出版社，2014.

[9] 李鹏．基于 MSP430 单片机的电池监测仪设计与实现［J］．电子世界，2016（4）：185-186.

[10] 宋莎莎，安伟，王岩飞，等．机载小型合成孔径雷达溢油遥感监测技术［J］．船海工程，2018，47（2）：56-58，61.

[11] 万刚．无人机测绘技术及应用［M］．北京：测绘出版社，2015.

[12] 王红力．PBN 导航系统性能分析与研究［D］．广汉：中国民用航空飞行学院，2011.

[13] 张王菲，姬永杰．GIS 原理与应用［M］．北京：中国林业出版社，2018.

[14] 吴亮．基于多传感器的航空遥感飞行管理系统开发［D］．北京：北京建筑大学，2013.

[15] 肖光华．旋翼无人机手动飞行控制器设计需求与约束分析［J］．电子技术与软件工程，2019（11）：122-123.

[16] 肖婉．多路电池监测仪的设计与实现［D］．成都：电子科技大学，2015.

[17] 宗平．基于 GNSS 的机载多源数据融合算法研究［D］．沈阳：沈阳航空航天大学，2016.

[18] 黄杏无，马劲松．地理信息系统概论［M］．3 版．北京：高等教育出版社．2008.

[19] 汤国安，杨昕，等．ArcGIS 地理信息系统空间分析实验教程［M］．2 版．北京：科学出版社，2012.

[20] 李德仁，等．摄影测量与遥感概论［M］．2 版．北京：测绘出版社，2001.

[21] 徐绍俭，张华海，杨志强，等．GPS 测量原理及应用［M］．3 版．武汉：武汉大学出版社，2017.

[22] 李征航，黄劲松．GPS 测量与数据处理［M］．3 版．武汉：武汉大学出版社，2016.

[23] 边少锋，纪兵，等．卫星导航系统概论［M］．2 版．北京：电子工业出版社，2005.

[24] 潘正风，程效军，成枢，等．数字测图原理与方法［M］．2 版．武汉：武汉大学出版社，2009.

[25] 付建红．数字测图与 GNSS 测量实习教程［M］．武汉：武汉大学出版社，2015.

[26] 魏二虎，刘学习，王凌轩，等．BDS/GPS 组合精密单点定位及其模糊度固定技术与方法研究

[D]. 武汉：武汉大学，2018.
[27] 朱爽，杨国华，刘辛中，等. 川滇地区近期地壳变形动态特征研究 [J]. 武汉大学学报（信息科学版），2017，42（12）：1765-1772.
[28] 匡翠林，张晋升，卢辰龙，等. GPS单双频混合方法在地表形变监测中的应用 [J]. 武汉大学学报（信息科学版），2016，41（5）：692-697.
[29] 赫林，李建成，祷永海. 联合GRACE/GOCE重力场模型和GPS/水准数据确定我国85高程基准重力位 [J]. 测绘学报，2017，46（7）：815-823.
[30] 朱显国. 无人机航测技术的发展与应用探讨 [J]. 智能城市，2018，4（13）：29-30.
[31] 王少文. 无人机航测技术的应用与实践分析 [J]. 城市建设理论研究（电子版），2018（18）：103.
[32] 董竞遥. 无人机航测技术的发展与应用探讨 [J]. 山东工业技术，2018（12）：15.
[33] 郑之涛. 低空无人机航测在大比例尺地形测绘中的应用 [J]. 工程建设与设计，2018（16）：268-269.
[34] 韩文军，雷远华，周学文. 无人机航测技术及其在电网工程建设中的应用探讨 [J]. 电力勘测设计，2010（3）：62-67.
[35] 官建军，李建明，苟胜国，等. 无人机遥感测绘技术与应用 [M]. 西安：西北工业大学出版社，2018.
[36] 韩健，任俊儒. 试论矿山测绘中无人机航测的应用 [J]. 世界有色金属，2018（8）：27-28.
[37] 王国忠，李林聪. 应用无人机航测的土地确权底图制作技术研究回 [J]. 科技资讯，2018，16（18）：48-49.
[38] 王玉立. 浅述无人机航测在公路地形测量中的应用 [J]. 工程建设与设计，2018（18）：267-268.
[39] 姬晓东. 影响无人机航测精度的因素与建议 [J]. 计算机产品与流通，2018（2）：135.
[40] 刘刚，许宏健，马海涛，等. 无人机航测系统在应急服务保障中的应用与前景 [J]. 测绘与空间地理信息，2011，34（4）：177-179.
[41] 柏飞. 影响无人机航测高程精度分析 [J]. 测绘技术装备，2014，16（3）：92-93.
[42] 王巍，王彬，花春亮，等. 无人机航测在电力勘测中的应用探讨 [J]. 测绘通报，2017（SI）：111-113.
[43] 贾智乐，豆喜朋，贾路. 无人机多光谱数据反演叶面积指数方法研究 [J]. 地理空间信息，2022，20（2）：64-66，129.
[44] 范媛，范宏，吴建国，等. 无人机影像识别白喉乌头的相对高程阈值法适用性分析 [J]. 测绘通报，2022（2）：131-135.
[45] 谢尧庆，邓继忠，叶家杭，等. 基于5G的无人机图传及在植保无人机的应用展望 [J]. 中国农机化学报，2022，43（1）：135-141.
[46] 刘琳，郑兴明，姜涛，等. 无人机遥感植被覆盖度提取方法研究综述 [J]. 东北师大学报（自然科学版），2021，53（4）：151-160.
[47] 樊鸿叶，李姚姚，卢宪菊，等. 基于无人机多光谱遥感的春玉米叶面积指数和地上部生物量估算模型比较研究 [J]. 中国农业科技导报，2021，23（9）：112-120.
[48] 周涛，胡振琪，韩佳政，等. 基于无人机可见光影像的绿色植被提取 [J]. 中国环境科学，2021，41（5）：2380-2390.
[49] 易翔，张立福，吕新，等. 基于无人机高光谱融合连续投影算法估算棉花地上部生物量 [J]. 棉花学报，2021，33（3）：224-234.
[50] 张智韬，周永财，杨帅，等. 剔除土壤背景的冬小麦根域土壤含水率遥感反演方法 [J]. 农业机械学报，2021，52（4）：197-207.

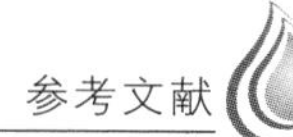

[51] 刘丽，王涛，陈阳. 基于无人机影像的植被覆盖度估算研究 [J]. 科技风，2021 (10)：9-10.
[52] 王帅，郭治兴，梁雪映，等. 基于无人机多光谱遥感数据的烟草植被指数估产模型研究 [J]. 山西农业科学，2021，49 (2)：195-203.
[53] 李小文，刘素红. 遥感原理与应用 [M]. 北京：科学出版社，2008.
[54] 张剑清，等. 摄影测量学 [M]. 2 版. 武汉：武汉大学出版社，2017.

第4章 治理工程实施成效评价理论

4.1 实施成效评价指导思想

宏观层面上，以习近平生态文明思想为指导，完整、准确、全面贯彻新发展理念，坚持生态优先、绿色发展，以推动新阶段水利高质量发展为主线，以水土保持管理需求为牵引，增强水土保持治理工程全过程管理能力，提升水土保持治理工程信息化管理水平，注重水土保持治理工程建设及运行期实施成效评估，充分发挥水土保持治理工程资金使用效果和预期生态效益。微观层面上，以增强区域水土保持功能、减少区域水土流失量、提升区域水土保持效益、增强区域生态系统质量和稳定性为指导，实现管理规范、科技引领、生态良好、人民受益的发展目标。最终实现生态效益、社会效益、经济效益同步发展、协同提高，为乡村振兴和美丽乡村建设提供有力支撑。

4.2 相关文件及规范要求

《中华人民共和国水土保持法》第三十条指出："国家加强水土流失重点预防区和重点治理区的坡耕地改梯田、淤地坝等水土保持重点工程建设，加大生态修复力度。县级以上人民政府水行政主管部门应当加强对水土保持重点工程的建设管理，建立和完善运行管护制度。"《全国水土保持规划（2015—2030年）》要求"推进国家重点治理工程的'图斑'化精细管理……"。《水利部关于加强水土保持监测工作的通知》（水保〔2017〕36号）要求："积极推进水土保持监管重点监测，组织开展水土保持重点工程治理成效监测"。《全国水土保持信息化工作2017—2018年实施计划》（办水保〔2017〕39号）要求："国家水土保持重点工程全面纳入'图斑精细化'管理，全面提高水土保持监测评价效力……"和"2018年外业抽查工作全部利用无人机和移动终端，同时利用高分辨率卫星影像对2014—2015年实施的国家水土保持重点工程实施效果进行评价，2017年、2018年各省份每年至少选择2～3个项目区开展实施效果评价工作"。《水利部关于贯彻落实〈全国水土保持规划（2015—2030年）〉的意见》（水保〔2016〕37号）指出："充分利用高分辨率卫星影像和多区域、多门类、多层次的监测手段，逐步实现国家水土保持重点工程图斑化精细管理"。《国家水土保持监管规划（2018—2020年）》要求："加强对各省（自治区、直辖市）的国家水土保持重点工程事中监督检查和事后考核评估，进一步优化国家水土保持重点工程管理方式，提升监管水平。"2019年9月《水利部办公厅关于推进水土保持监管信息化应用工作的通知》（办水保〔2019〕198号）明确要求："采用无人机、移动终端等技术手段，省级水行政主管部门每年随机抽取10%的在建项目，以及本级负责竣工验收、市县完成竣工验收各30%的项目，对实施措施逐个图斑进行现场复核，重点核实是否按

照项目实施方案与下达投资计划实施，以及项目完成的工程量及质量。”《2021年水土保持工作要点》要求“加快水土保持重点工程执行进度，开展重点工程年度督查工作，切实加强项目前期、组织实施和工程验收等全过程管理”。

4.3　实施成效评价理论基础

为治理水土流失或有效遏制因水土流失引起的环境问题，实施水土保持治理工程。其实施成效评价是直观反映治理效果的重要体现，因此治理工程实施成效评价是以水土流失及土壤侵蚀相关理论为基础的综合性评价。

4.3.1　土壤侵蚀学

土壤侵蚀是引起土地生态系统退化的重要驱动因素之一。水蚀方面，需要根据水力侵蚀发生过程的水文学及动力学特征与临界条件、坡地降雨径流与输沙过程及其机制、坡沟系统水沙汇集与输移过程等理论，分析水土流失现状与发展趋势，布设坡面及沟道水土保持综合措施。风力侵蚀方面，需要根据风和风沙流动力学特征、沙粒与沙丘的运动过程与机制等理论布置防风固沙综合措施。重力侵蚀与混合侵蚀（如泥石流等）方面，需要根据重力侵蚀与泥石流发生的力学机制与临界条件，泥沙灾害活动范围、山地灾害与生态及环境藕合作用机制等理论，绘制灾害危险区图，并根据危险等级采取相应的防治措施。此外，还需要根据农地耕作侵蚀发生过程与机制做好农田水土保持工作。

评价治理工程实施成效常用的“水保法”是基于土壤侵蚀学原理，通过对治理区域水土保持观测资料的系统分析，根据水土保持措施数量和确定的减水减沙指标定额，分项计算、逐项相加，并考虑人类活动新增水土流失量，综合计算水土保持措施减水减沙量。如何准确核实单项水土保持措施保存面积、合理确定水土保持措施减水减沙指标定额是“水保法”计算之关键。

4.3.2　生态水文学

生态水文学是研究生态格局和生态变化过程的科学，根据水循环与水量平衡原理、生态水文过程的物理学机制等研究产流与汇流、产沙与输沙等变化特征，以揭示不同尺度土壤-植被-大气系统的物质能量转化过程。治理工程实施成效评价正是基于生态水文学原理，评价治理前后产流产沙变化情况，通过对比水土保持工程开展前后流域（项目区）主要水文要素变化特征，准确反映水土保持工程治理实施成效。

在太阳辐射和地球引力的作用下，水以不同的形态在水圈各组成部分之间不断运动，构成全球的大循环。大自然中，湖泊或海洋中的水通过蒸发、植物蒸腾等方式在大气中形成水汽，水汽在风力、太阳辐射等外力作用下运动，一部分继续保留在大气中，一部分以降雨、降雪等方式到达地面，形成地表水、土壤水和地下水等，并通过运动再次汇集形成湖泊或海洋。

对于长时间序列而言，地球上水的总蒸发量和总降水量相同，简单理解就是在某一时段内，某地区的收入水量与支出水量之差是该区域该时段始末蓄水变化量。水循环与水量平衡原理是治理工程实施成效评价的重要原理之一，根据水循环与水量平衡原理定量计算

治理工程实施前后的产流量变化，可以有效直观评价治理实施效果。水量平衡的一般方程式为

$$QE=Q-q \tag{4-1}$$

式中：Q 为时段内收入的水量；q 为时段内支出的水量；QE 为某一区域内某时段始末的蓄水变量。

评价治理工程实施成效常用“水文法”。“水文法”是建立区域内在基准期的、降雨产流产沙经验模型，将治理期的降雨资料代入基准期所建模型中，求得治理期产流产沙量，再与治理期实测值相比，即得流域水土保持等综合治理减水减沙量。同时，根据基准期与治理期实测对比值，结合已经求出的水土保持等综合治理的减水减沙量，可以间接求出降雨变化对流域减水减沙的定量影响作用。如何合理确定基准期、筛选降雨主导因子、构建结构简单、精度较高和便于应用的流域降雨产流产沙经验模型，是“水文法”研究的重要内容。

水文法通过分析径流、泥沙及降水数据的相关关系，确定水土保持减流减沙量，研究方法包括“降水—径流—泥沙”回归曲线法、“径流—泥沙”双累积曲线法、对比流域法等。水保法为一种“定额面积”法，即通过定位试验获得某一水土保持措施的减沙定额，再乘以措施面积，得到单项水土保持措施的减沙量，并相加得到流域总的减沙量。水文法与水保法可以相互检验，更加准确地确定水土保持工程治理成效。

4.3.3　生态经济学

生态经济学由生态经济系统、生态经济平衡和生态经济效益这三部分组成。以生态经济系统作为载体，追求两者之间的平衡是系统发展动力，最终实现生态经济效益的提高。生态经济平衡是由生态平衡和经济平衡共同作用的复合平衡。但是这两者在相互发展的过程中也存在矛盾，因为在一定时期内，资源总量是一定的，所以存在两个系统为各自利益竞争有限资源。在有限的资源下，通过技术手段调节，构建一个良性循环可持续发展的生态经济系统，追求生态经济效益的最大化是生态经济系统的必然要求。根据生态经济学中的综合效益原理，以实现效益最大化为目的，通过人类有意识的干预措施，将生态和经济效益在林木和环境之间进行合理分配。水土保持工程的重要目的之一就是促进区域或流域生态效益与经济效益、社会效益同步发展、协同提高。

4.3.4　系统科学

为了实现流域生态经济系统的协调发展与良性循环，在水土保持工作中需要应用系统科学的思维，对流域生态经济系统进行分析，在流域生态经济系统调控过程中，还需要应用系统科学理论方法，采用系统最经济调控技术与生态经济系统最经济监测技术，提高流域生态经济系统稳定性。

系统科学理论揭示了复杂系统的发展规律，研究如何建设、管理和控制复杂系统的综合性科学，是研究生态系统的整体性，系统的总体效益往往大于各部分之和。但整体的效果不是各部分效果的简单累加，而是各要素相互作用时产生的整体功能，这一整体功能大于各部分单独的功能。系统科学理论是在尊重客观规律的作用下，运用合理的经济手段调控系统间的各种资源，促进系统间物质流、能量流、信息流和价值的流动以及汇聚，通过系统的自我调控能力，促使系统发展走向良性循环过程，最终实现生态和社会经济系统的

和谐有序、高效运作的状态。水土保持工程涉及工程空间位置选点、水土保持措施合理配置等方面，是系统科学原理运用的典型案例。

4.4 实施成效评价内涵

水土保持治理工程实施成效可通过水土保持效益来体现，水土保持效益不仅是治理工程的重要组成部分，也是水土保持技术方案及政策可行性评价的基本原则和依据。

水土保持影响面广，具有多种效益，一般可以归纳为调水保土效益、生态效益、经济效益和社会效益。调水保土效益是水土保持治理工程的直接体现，在水土保持重点工程效益评价中具有重要地位。生态效益是水土保持目的，也是水土保持综合效益评价基础。经济效益是最活跃、最积极的因素，是水土保持可持续发展的关键。社会效益是水土保持效益的归宿，经济效益和生态效益最终表现为社会效益。

调水保土效益是基础效益，是指采取了水土保持等治理措施后区域减少水土流失的防治效益，是最直接的水土保持工程实施成效。生态效益是指水土保持措施保护和改善生态环境的效应，使生态系统趋于平衡，自然环境向有利于人类生产生活和资源环境可持续利用的方向发展。经济效益是指随着生态环境改善，土地利用率和生产力提高，增加的可以通过市场交换、用货币形式衡量的效益。社会效益是指水土保持措施对社会产生的有益作用。因此，从广义上讲，水土保持生态和经济效益也都属于社会效益；从狭义上讲，社会效益主要是指水土保持措施保护自然资源、减轻自然灾害、改善水土流失区居民生产生活条件的作用与机能。

2008 年发布的国家标准《水土保持综合治理效益计算方法》（GB/T 15774—2018）明确指出水土保持综合治理效益包括调水保土效益、经济效益、社会效益和生态效益四类，共 15 项计算内容，50 项具体的计算指标，见表 4-1。

表 4-1　GB/T 15774—2018 水土保持综合效益计算方法分类表

效益分类	计算内容	计算项目
调水保土效益（基础效益）	保水（一）增加土壤入渗	1. 改变微地形增加土壤入渗 2. 增加地表植被增加土壤入渗 3. 改良土壤性质增加土壤入渗
	保水（二）拦蓄地表径流	1. 坡面小型蓄水工程拦蓄地表径流 2. 四旁小型蓄水工程拦蓄地表径流 3. 沟底谷坊坝库工程拦蓄地表径流
	保土（一）减少土壤侵蚀（面蚀）	1. 改变微地形减轻面蚀 2. 增加地表植被减轻面蚀 3. 改良土壤性质减轻面蚀
	保土（二）减少土壤侵蚀（沟蚀）	1. 制止沟头前进减轻沟蚀 2. 制止沟底下切减轻沟蚀 3. 制止沟岸扩张减轻沟蚀
	保土（三）拦蓄沟坡泥沙	1. 坡面小型蓄水工程拦蓄泥沙 2. 四旁小型蓄水工程拦蓄泥沙 3. 沟底谷坊坝库工程拦蓄泥沙

续表

效益分类	计算内容	计算项目
经济效益	直接经济效益	1. 增产粮食、果品、饲草、枝条、木材 2. 上述增产各类产品相应增加的经济收入 3. 增加的收入超过投入的资金（产投比） 4. 投入的资金可以定期收回（回收年限）
	间接经济效益	1. 各类产品就地加工转化增值 2. 基本农田比坡耕地节约土地和劳工 3. 人工种草养畜比天然牧场节约土地
社会效益	减轻自然灾害	1. 保护土地资源不遭受沟蚀破坏与石化、沙化 2. 减轻下游洪涝灾害 3. 减轻下游泥沙危害 4. 减轻风蚀与风沙危害 5. 减轻干旱对农业生产的威胁 6. 减轻滑坡、泥石流的危害
	促进社会进步	1. 改善农业基础设施，提高土地生产率 2. 剩余劳力有用武之地，提高劳动生产率 3. 调整土地利用结构，合理利用土地 4. 调整农村生产结构，适应市场经济 5. 提高环境容量，缓解人地矛盾 6. 促进良性循环，制止恶性循环 7. 促进脱贫致富奔小康
生态效益	水圈生态效益	1. 减少洪水流量 2. 增加常水流量
	土圈生态效益	1. 改善土壤物理化学性质 2. 提高土壤肥力
	气候圈生态效益	1. 改善贴地表层的温度与湿度 2. 改善贴地表层的风速
	生物圈生态效益	1. 提高林草植被覆盖率 2. 促进野生动物繁殖

4.5　实施成效评价效益研究进展

水土保持效益评价包括单项效益评价与综合效益评价。单项效益评价是综合效益评价的前提与基础，综合效益评价是单项效益评价的进一步发展，即用统一的指标去衡量水土保持对流域内外方方面面的影响作用。因此，水土保持效益评价模型分为两类：第一类为单项效益评价模型，也可称为物理模型或监测模型，即采用定位观测、遥感影像、调查统计、物理模拟等方法，获得水土保持各单项效益的具体数量；第二类为综合效益评价模型，即通过直接或间接的方法，将量纲不同的各项单项效益用一个共同的指标表示出来。水土保持是一项实践性很强的活动，进行水土保持是为了解决实践中存在的某些问题，因此必须对水土保持是否达到预期的效果进行检验，以判定问题是否得到解决，以及解决的程度如何，这就是水土保持单项效益评价。因此，水土保持单项效益评价具有很强的针对

性、具体性。

4.5.1 水土保持单项效益评价

4.5.1.1 国外研究进展

西方国家及苏联于19世纪末、20世纪初就对水土保持及水土保持效益评价开展相关科学研究。西方国家特别是北美与澳大利亚开展水土保持的最初动机是为了解决大规模垦荒、建立商品化大农场过程中出现的土地退化与农业产量及效益下降等问题。因此，早期的水土保持效益评价研究主要集中在土壤侵蚀控制与土地利用规划方面，其主要目的是评估水土保持措施在保持土壤肥力与提高农业产量等方面的作用以及合理配置水土保持措施。20世纪中叶以来，由于水污染问题日渐突出，水土保持效益评价研究重点逐渐转向点源与面源污染控制。苏联的水土保持效益评价研究与欧美国家相似，主要着眼于水土保持措施在保持土壤肥力与维持农业产量等方面的作用。日本及奥地利等欧洲阿尔卑斯山地国家的水土保持效益评价还关注其在控制洪水与山地灾害方面作用。在引进与吸收欧美国家相关研究成果基础上，东南亚、南亚、非洲、拉美等发展中国家也根据本国国情开展了水土保持效益评价研究工作。

“小区实验法”是根据天然降雨或人工模拟降雨实验资料，研究不同土壤侵蚀条件与水土保持措施对坡面产流产沙数量与过程的影响。最早的径流小区实验由德国土壤学家沃伦（Ewald Wollny）于1877—1895年完成。20世纪上半叶，美国土壤学家米勒（M. F. Miller）、津格（A. W. Zingg）和史密斯（D. D. Smith）开始进行系统的小区实验，分析不同水土保持措施的保水保土效果。直到目前，大量类似的小区实验仍持续开展，以积累更为丰富的观测资料，更科学地确定土壤侵蚀预测方程中水土保持措施因子取值，以及不同水土保持措施的水土保持效果。相关研究工作也由北美大陆，逐渐扩展到世界各地，得到了许多适用于不同地区的土壤侵蚀方程及其水土保持措施因子基础数据。

为了评估水土保持措施效益和合理配置水土保持措施，欧美国家比较重视土壤流失和非点源污染的预测预报模型的研究。20世纪50年代，美国土壤学家在大量的小区观测资料的基础上建立了著名的通用土壤流失方程（USLE），并在世界范围内得到广泛应用。随后，土壤侵蚀预测模型研究迅速发展。目前，土壤侵蚀模型已经由传统统计模型发展到具有一定物理意义的过程模型，由坡面模型发展到流域模型，由集总式模型发展到分布式模型，由只能预测年侵蚀量发展到可以预测场次降雨侵蚀量以及模拟土壤侵蚀连续过程。除传统的USLE模型，美国国家土壤侵蚀实验室、泥沙实验室还相继提出了RUSLE、WEPP、AGNPS等土壤侵蚀和非点源污染模型。与此同时，欧洲相关学者也研发提出EUROSEM、LISM等模型。

水土保持效益研究逐渐由小区发展到田块，由小流域发展到大尺度流域。从宏观方面利用长期水文观测数据对大尺度流域水土保持减沙效益数据进行研究，如美国地质调查局（USGS）与美国陆军工程兵团（USACE）、美国农业部自然资源保护局（USDA-NRCS）合作研究了密歇根湖莫米河（Maumee River）悬移质流失与土壤侵蚀、水土保持耕作措施的内在关系，发现流域悬移质输移量减少是水土保持耕作措施作用的结果。另对田纳西河、密苏里河以及科罗拉多河的长期水文观测表明，20世纪30年代起各流域开展大规模的水土保持工程后，土壤侵蚀量减少了 38%～55%，水土保持效益与实施成效十分显著。

4.5.1.2　国内研究进展

20 世纪以来，我国学者采用现代科学技术理论与方法对土壤侵蚀过程模拟与水土保持效益开展了系统研究，并取得了系列丰硕成果。水利、农业、林业等不同领域的科技工作者对土壤侵蚀、水土流失及水土保持效益开展了大量研究，同时生态学与地理学等学科专家也参与了其中，使水土保持逐渐成为一个多学科交叉渗透、理论原理与技术体系日臻完善的综合性学科。

4.5.1.2.1　*减水减沙效益*

20 世纪 80 年代以来，许多研究者对多个流域、特别是黄河流域水沙变化开展了大量研究工作。研究方法包括“水文法”和“水保法”。“水文法”通过分析径流、泥沙及降水数据间相关关系，确定水土保持工程减沙量，具体研究方法包括“降水—径流—泥沙回归曲线法”“径流—泥沙双累积曲线法”“对比流域法”等。“水保法”是一种“定额—面积法”，即通过定位试验获得某一水土保持措施的减沙定额，再乘以措施面积，得到单项水土保持措施减沙量，各水土保持措施减沙量相加得到流域总减沙量，即水土保持效益。“水文法”与“水保法”可以相互检验，更加准确地确定水土保持对河流输沙量的影响。此外，学者对不同水土保持措施的减沙效益进行了广泛的研究，如通过天然降雨观测与人工降雨试验相结合的办法，对森林植被、水平梯田、淤地坝等的减水减沙效益进行了系统研究。

长期的水文观测数据显示：除东北黑龙江流域与西南诸河流域外，我国主要江河的输沙量呈现出下降的趋势，水土保持工程减沙效益显著。但水土保持的减水效益具有地域分异特性，在干旱、半干旱以及部分半湿润地区或较小尺度的流域内水土保持具有明显的减水效益，而在湿润地区或较大尺度内的流域减水效益并不显著。

水土保持减水减沙效益具有区域不整合性，主要是指在径流小区或小流域实验中水土保持减水减沙效果明显，径流量与土壤侵蚀量随水土保持治理程度的提高而显著下降，减水减沙效益甚至可以达到 90%，但随着流域面积增加，这种关系逐渐弱化，流域研究结果可能和小区试验大相径庭。水土保持减水效益区域不整合性的主要原因为开展水土保持后土壤物理性质改善、渗透性增强，大量降水进入土壤形成壤中流和地下径流，地表径流明显减少。但径流小区和小流域往往是不完整流域，难以精确测量壤中流和地下径流，得到的数据只能反映地表径流的变化情况，因此对水土保持减水量可能有所高估。对于大流域而言，其出口断面既汇集地表径流也汇集地下径流，地下径流绝对或相对增加补偿了地表径流的减少量，减水量不如小流域那样明显。水土保持减水效益的流域不整合性也是由于小区试验难以准确地反映下垫面条件与环境间的协调和反馈机制。随着流域面积增加，水土保持减沙效益也存在着逐渐弱化的情况，但没有水土保持减水效益的区域不整合性显著，这主要因为河流对流域侵蚀量减少的反馈与补偿，由于河水含沙量降低，其对河床的冲刷能力增强，河床下切，床沙质重新起动，部分补偿了流域土壤侵蚀的减少量，因此河流输沙量的减少幅度往往要小于流域土壤侵蚀量的减少幅度。减轻土壤侵蚀、防治水土流失是水土保持措施的基础效益，其计算、研究方法主要有小区实验法、小流域对比法及长

序列水文数据分析法。

（1）小区实验法。20世纪40年代，黄河水利委员会在陕西西安市郊荆峪沟、甘肃天水水土保持实验站内建立了径流小区。刘善建等根据天水水保站的观测资料，分析了水土流失与坡度、降雨强度、径流量等关系，提出了估算农地年侵蚀量的经验公式，这是国内对土壤侵蚀规律与水土保持措施保水保土效益最早的定量化研究。80年代以来，随着水土保持事业的进一步发展，大专院校、科研院所及各级水利水保部门，在全国各地不同的水土流失类型区建立了大量的径流小区，积累了更加丰富的减水减沙数据资料。根据这些数据资料，采用"水保法"可反推一个流域的减水减沙效益。到目前为止，国内对此最系统、最全面的研究是在20世纪80—90年代，在国家自然科学基金、水利部黄河水沙变化研究基金、黄河中游水保科研基金等三大基金支持下对黄河流域进行的系统研究。

（2）小流域对比法。小流域对比法最早用于森林水文学与森林生态学研究，借以分析砍伐森林对流域水文过程与生态环境的影响。早在20世纪40—50年代，黄河水利委员会天水、绥德、西峰等水保站对吕二沟、韭园沟、南小河沟治理之初，为了验证水土保持减水减沙效益，开展了治理沟与未治理沟之间的对比研究。20世纪50年代中国科学院黄河中游水土保持综合考察推动了小流域治理研究的第一个高潮，出现了晋西离石刘家沟、陕北子洲岔巴沟等典型案例，同时也在黄土高原地区全面开展了流域对比实验。在国家科技攻关项目"黄土高原综合治理"与"中低产田开发"等项目支撑下，在黄土高原山西、陕西、甘肃、宁夏、内蒙古等省（自治区）选择了11个小流域作为试点，推动了小流域水土保持综合治理，使小流域对比实验在黄土高原地区进入又一高潮，并逐渐在全国范围内开展。但是，由于尺度转换的问题，由小区或小流域对比实验所得到的数据推算大尺度流域或区域上的水土保持减水减沙效益往往存在着一定的偏差。因此，水土保持尺度效应与尺度转换也是当前研究的热点问题。

（3）长序列水文数据分析法。长序列水文数据分析法是根据流域控制断面的长期水文、泥沙观测资料，分析其变化趋势，判断其对水土保持工程的响应，借以确定水土保持的减水减沙效益。但是由于泥沙输移比的变化，水文数据分析法得到的结果与流域内土壤侵蚀真实情况可能存在一定的误差。20世纪80年代起，我国许多学者开始利用水文观测资料分析水土保持对不同流域水沙变化的影响，研究重点集中在水土流失严重、国家重点治理的黄河中游、长江上中游干支流、海河支流永定河上游、辽河支流柳河等区域。采用的研究方法主要有"降雨—径流—泥沙"相关分析、"径流—泥沙"双累积曲线、滑动平均法、趋势回归检验和Spearman秩次相关检验等。

4.5.1.2.2 经济社会效益

学者对水土保持在农业中的增产效益进行了大量的研究，涉及的水土保持措施有梯田、保土耕作、节水灌溉、土壤改良等，以及这些措施的集成与综合，形成了水土保持生态农业模式，推动了我国旱地农业单产水平的提高。相关研究表明：水平梯田、水平条田（水平捻地）、坡式梯田、垄作区田（沟垄耕作法）、丰产沟（蓄水聚肥改土耕作法）等措施都可以有效推迟产流、增加降雨入渗、减少水土流失、增加农田水分、提高粮食产量。据黄河上中游治理局的调查，黄河流域梯田单产约为旱坡地的2.2倍，坝地单产约为旱坡地的3.5倍。

发展水土保持型生态农业、提高旱地农业水土资源利用效率是解决水土流失区粮食安全、促进区域社会经济发展、群众脱贫致富的重要措施。为了根治黄河水患，国家对黄土高原地区的水土保持非常重视，但是在水土流失治理中存在着投入大、效益低、措施难保存等问题，到 20 世纪 80 年代初，水土流失区人民群众的生活仍然非常困难，粮食不足，温饱问题尚未得到根本解决。"七五"时期，通过国家科技攻关项目课题"黄土高原综合治理试验示范研究"，在山西、陕西、甘肃、宁夏、内蒙古等省（自治区）建立了 11 个小流域试验示范区。这些试区针对黄土高原地区长期存在的水土流失、干旱、生态环境恶化等问题，以基本农田建设、提高粮食单产为先导，以发展支柱产业为突破口，建立水土保持旱地生态农业模式，通过强化降雨就地入渗、科学施肥等途径，实现水土资源合理利用。经过连续 20 年攻关治理，上述试区面貌发生了极大的改观，林草覆盖度达 50%左右，土壤侵蚀减少了 75%～90%，在防治水土流失的同时，粮食产量实现了跨越式增长。20 世纪 90 年代以来，黄土高原地区虽然陷入长期的干旱，但各试区粮食单产仍保持继续增加态势，水土保持已经成为保证黄土高原地区粮食安全的重要途径。

虽然基于不同层面对水土保持效益曾引发过对水土保持治理工程目的、作用的论争，但人们最终的共识还是水土保持具有多方面的综合作用。在总结广大群众开展水土保持经验的基础上，结合我国特有的土壤侵蚀环境与水土流失状况，我国于 20 世纪 80 年代提出了"以小流域为单元，进行水土保持综合治理"，并成为一段时期以来我国水土保持工作的指导方针。

4.5.2　水土保持综合效益评价方法

水土保持效益涉及生态及社会、经济诸多方面效益，不同效益量纲并不相同。因此，水土保持综合效益评价并不是将单项效益评价结果的直接相加，而是要根据一定的理论与方法，将水土保持对上述各方面的影响转化为一个统一的指标。目前，水土保持综合效益主要有两类不同的评价方法：第一类是根据系统理论与系统工程方法建立水土保持综合效益评价指标体系，这是一类属于传统的、较为常用的水土保持综合效益评价方法；第二类为非系统工程方法，即用一个具体的指标描述水土保持对诸多方面的影响，其中又以经济效益指标较为常见，当然也可以基于一些其他的具体指标。目前水土保持综合效益评价方法尚不是十分成熟和统一。除了采取列清单的方式逐项表示外，需要从水土保持对方方面面的影响中选择出评价指标并归一化，确定各评价指标的评分值和权重，最后通过一定的数学方法将水土保持对各方面的影响转化为一个最终的评价值。

4.5.2.1　基于系统论的综合效益评价

反映水土保持实施成效的指标很多，水土保持效益评价不可能面面俱到、包含全部内容。因此，根据系统理论把水土保持与生态环境的互馈关系看作一个系统，水土保持对生态环境各方面的影响则作为系统的要素，从中选取评价指标并建立水土保持综合效益评价指标体系，在对各个指标进行评价的基础上，对整个系统进行总评价，其基本公式为

$$I=\sum_{i=1}^{n}E_i\omega_i$$

式中：I 为水土保持对环境影响的评价值；E_i 为水土保持对环境 i 项影响的评价值；ω_i

为第 i 项影响的权重因子。

如果要素很多，系统比较复杂，可以采用系统工程的方法建立分层次的评价体系，即将系统分解为不同的子系统，最后通过具体的指标，由下至上计算水土保持对各级子系统的影响，最后得到对整个系统全面地评价，公式具体如下：

$$I=\sum_{i=1}^{m}\omega_i\sum_{j=1}^{n}\omega_{ij}E_{ij}$$

式中：I 为水土保持对环境影响的评价值；E_{ij} 为水土保持对环境 i 类第 j 项影响的评价值；ω_i、ω_{ij} 为系统与子系统的权重因子。

4.5.2.1.1 评价指标体系研究

20 世纪 90 年代以来，我国农、林、水等不同专业领域学者，基于水土保持的生态、社会、经济效益提出了一系列的评价指标体系，见表 4-2。但由于研究对象不同、研究目标差异，所建立的评价指标体系结构也各不相同。

表 4-2　20 世纪 90 年代前期水土保持效益评价指标体系相关研究成果

水土保持效益	孟德顺等	杨文治等	常茂德等	“八五”科技攻关	孟庆枚
拦蓄效益			蓄水效益、拦泥效益		
生态效益	治理度、林草覆盖率、亩施肥量、土壤侵蚀模数	治理面积率、林草地面积率、农田施肥量、土壤侵蚀减少率	治理程度、林草覆盖度、土地利用率	治理程度、林草覆盖率、种植业能量产投比、土壤侵蚀模数、地表径流模数、生态经济结构势	治理程度、林草覆盖率、种植业能量产投比、土壤侵蚀模数、地表径流模数
经济效益	粮食面积产生潜力实现率、人均生产粮食、人均纯收入、人均多种经营收入、人均消费水平	粮食面积生产潜力实现率、人均粮食产量、人均纯收入、多种经营开发水平、收入递增率	人均产粮、人均收入、土地生产率、劳动生产率、投资回收年限、治理产投比、单位面积治理投资、单位面积治理投工	经济内部回收率、土地生产率、劳动生产率、资金生产率	经济内部回收率、土地生产率、劳动生产率、资金生产率
社会效益	农业生产增长率、农产品商品率、劳动力利用率、劳动生产率	农业劳动年生产力、农产品商品率、劳动力利用率、生活设施增长率	总收入增长率、劳动力利用率	人均基本农田、系统商品率、环境人口容量、粮食满足程度	
综合功能	能量产投比、资金产投比、系统抗逆力、投资回收期、扩大再生产投资额	单位农耕地能量产投比、农用资金产投比、系统抗逆力、投资回收期			
生态经济复合效果					生态经济结构势、环境人口容量、人均基本农田、粮食满足程度

以水土保持生态、经济、社会三大效益为基础，上述几种评价体系都包括 3～4 方面的评价内容。常茂德等将蓄水效益、拦泥效益从生态效益中独立出来，单独作为一项拦蓄效益评价。在三大效益的基础上，孟德顺等、杨文治等评价了水土保持体系的综合功能。孟庆枚将这项内容定义为生态经济复合效果，但指标选取与孟德顺、杨文治等不同。

由于各位学者建立评价体系的出发点和目的不同，不同评价体系与评价指标选取有较大差异，但是不同的指标体系都包含共性的评价指标，如治理程度、林草覆盖率、土壤侵蚀模数、能量产投比、人均收入、劳动生产率、资金产投比、投资回收期等。这 8 个指标占到孟德顺评价体系指标总数的 44.44%，杨文治评价体系指标总数的 47.06%，常茂德评价体系指标总数的 53.33%，孟庆枚评价体系和“八五”科技攻关项目评价体系指标总数的 57.14%。这些指标反映了我国学者对水土保持综合效益的共性认识。近年来，水土保持效益评价指标体系向更加综合和更加全面的方向发展，研究的重点也逐渐由黄土高原地区向东北黑土漫岗丘陵区、长江中上游红土与紫色土丘陵区、西南喀斯特石山区等地扩展。

李中魁以宁夏西吉县黄家二岔小流域为例提出了考虑经济、生态、社会三大效益包括 9 个具体指标的评价体系，见表 4－3。

表 4－3　　水土保持综合效益评价指标体系 Ⅰ

效益分类	指标名称
经济效益	粮食单产、人均纯收入、劳动生产率
生态效益	径流系数、侵蚀模数、水土流失面积治理率
社会效益	劳动力利用率、恩格尔系数、文盲率

李智广、李锐等采用加权综合指数法、加乘综合指数法和关联度分析法对黄土高原王茂沟、川掌沟、堡子沟、老虎沟和六道沟 5 条小流域进行了效益评价，比较了三种方法的适应性及其局限性，指出三种方法的评价结论基本一致，加乘法比加权法有较高的灵敏度，提出了包括 14 个指标的评价体系，见表 4－4。

王道坦等在评价福建省长汀县朱溪小流域综合治理效益时，针对花岗岩强度水土流失区的主要障碍因子是土壤肥力低下这一情况，在选择评价指标时强调与土壤肥力相关的指标，所确定的 22 个指标中有 11 个指标与之相关。董仁才等提出了小流域综合治理评价指标体系应以可持续发展为目标，从复合生态系统管理角度，考虑当前我国水土保持工作新特点，构建了由生态系统功能、蓄水保土效益、环境保护程度、社会进步程度、经济发展能力和管理调控机制 6 个方面组成的评价指标体系框架，较好地体现了小流域治理多部门

表 4－4　　水土保持综合效益评价指标体系 Ⅱ（李智广和李锐，1998）

效益分类	指标名称
经济效益	经济内部回收率、土地生产率、劳动生产率、资金生产率
生态效益	生态经济结构势、种植业能量产投比、治理程度、林草覆盖率、侵蚀模数、地表径流模数
社会效益	环境人口容量、粮食满足程度、人均基本农田、系统商品率

参与、服务民生、多渠道资金投入等时代特点。康玲玲等对前人提出的评价指标体系进行了归纳整理与评价，并在此基础上提出了包括 9 个指标的小流域综合治理开发与生态经济系统建设效益评价指标体系（见表 4-5）。该评价体系对以往研究成果进行了梳理归纳，突出了效益评价重点，而且指标都便于观测和计算，可较好地定量表达，避免了人为因素的干扰，并通过层次分析法确定评价指标的权重，根据权重转换形成相应的评分标准，可反映小流域综合治理开发过程中改善生态环境、经济发展对当地生态经济系统建设的复合效果，为小流域生态经济系统建设、调整生产布局、强化环境管理和合理开发利用土地提供了依据。

表 4-5　　水土保持综合效益评价指标体系Ⅲ

效益分类	指标名称	指标含义
生态效益	治理程度	治理面积占小流域水土流失面积的比例
	土壤侵蚀模数	单位土地面积上每年流失的土壤数量
	地表径流模数	某时段内（一般为1年）单位土地面积上的径流量
经济效益	经济内部回收率	净现值为零时的折现率
	土地生产率	一定时期内小流域土地总产出与总土地面积之比
	劳动生产率	一定时期内（一般为1年）小流域总产出与投入，小流域内物化劳动量和活化劳动量之比
生态经济复合效益	生态经济结构势	经济系统结构合理性定量化指标，表明系统在能量流动、物质循环、资金流动和信息传递过程中，合理的生态经济结构所表现出的生态经济特征
	人均基本农田	每人占有的梯田、坝地与水地等基本农田面积之和
	粮食满足程度	人均占有粮食的满足程度

王军强等对陕西黄土高原 11 条典型小流域进行详细调查研究，在前人研究的基础上，利用德尔菲法建立了由治理度、林草覆盖率、土壤侵蚀模数、人均纯收入、劳动生产率、资金产投比、人均粮食、粮食单产、农产品商品率 9 个指标组成的小流域综合治理效益评价指标体系。戴全厚等将生态系统健康评价理论引入到水土保持效益评价中来，综合大量信息建立了包括社会经济和生态环境在内的指标体系，对生态环境系统健康状况进行诊断，以寻求自然、人为压力与生态系统健康变化之间的联系，探求生态系统健康衰退的原因，并针对主要障碍因素和优势提出了小流域健康发展的具体对策与建议。水土保持生态健康评价指标体系见表 4-6。

表 4-6　　水土保持生态健康评价指标体系

生态健康诊断指标体系		黄土丘陵沟壑区中尺度生态经济系统健康诊断指标体系	黑牛河小流域（吉林）生态经济系统健康诊断指标体系
资源支持系统	资源指数		土地利用率、农用地比率、人均耕地、12°以下耕地比重
	协调指数		人均水资源量、耕地水资源量、水田及水浇地比例、梯田比例

续表

生态健康诊断指标体系		黄土丘陵沟壑区中尺度生态经济系统健康诊断指标体系	黑牛河小流域（吉林）生态经济系统健康诊断指标体系
生态环境支持系统	生态指数	人均基本农田、林草覆盖率、年均降水量	植被覆盖率、有机肥使用率、土地垦殖率、径流系数
	协调指数	治理度、土壤有机质含量、土壤渗透性	水土流失治理度、蓄水量、拦泥量、土壤侵蚀模数
经济支持系统	集约指数	劳动力集约度、人均牲畜存栏、人均退耕还林（草）面积	劳动力集约度、资金集约度、化肥集约度、复种指数
	效率指数	人均纯收入、工副业贡献率、农业产投比	GDP 年均增长率、土地生产率、第二三产业贡献率、人均纯收入
社会人文影响系统	人口指数	人口密度、九年义务教育普及率、文盲半文盲人口比重	人口密度、人口自然增长率、九年义务教育普及率
	发展指数	人均粮食占有量、恩格尔系数	掌握 1～2 门技术人员比重、恩格尔系数、基尼系数、科技贡献率

陈渠昌等根据水土保持的基础效益与经济、生态、社会三大效益内在联系，在众多研究成果的基础上，通过对评价指标体系层次结构的调整和具体指标的补充，建立了包涵 24 个指标的区域水土保持综合效益评价体系，并以内蒙古武川县为研究对象进行具体的案例分析。相关评价指标见表 4－7。

表 4－7　　水土保持综合效益评价指标体系Ⅳ

效益分类		指标名称
基础效益		流失面积、土壤侵蚀强度
经济效益		产投比、人均 GDP、经济成分多元化指标
生态效益	水圈指标	最大洪峰流量、水体环境质量
	土圈指标	土壤环境质量、土壤孔隙度
	气圈指标	小气候指标、大气环境质量
	生物圈指标	地面林草被覆程度、生态系统完好度、植被生物量
社会效益	社会进步	人口环境容量、义务教育普及率
	经济发展	土地利用率指标、土地利用结构、科技成果利用率、劳动力利用率、劳动生产率、机动道路密度
	脱贫指标	脱贫率、恩格尔系数

姚文波等基于对陇东黄土高原部分地区的问卷调查和相关文献资料分析，针对之前水土保持工作没有充分重视综合治理实施者的经济利益从而导致群众参与治理的积极性不高，进而影响了综合治理效果这一情况，提出水土流失综合治理的评价应将经济效益放在首位。利用综合治理的经济利益调动实施者的参与热情和积极性，把引导群众致富与其客观上所具有的生态效益和社会效益紧密结合，以达到综合治理的目的。赵建民等研究统计了 13 个评价体系共包含 67 个具体指标，合并意义相同或稍有差异的评价指标，并省略某些不具有代表性的指标。其中治理程度属于最常用指标，土壤侵蚀模数、林草覆盖率、人

均收入3个指标属于常用指标，劳动生产率、资金产投比、能量产投比、劳动力利用率、土地利用率、人均基本农田、投资回收期、人均生产粮食、径流模数9个指标属于较常用指标，以上13个指标属于常用或较常用的水土保持效益评价指标（见表4-8），反映了多数学者对水土保持效益的共同认识。

表4-8　　水土保持效益评价常用指标

评价指标		含义
生态效益	治理程度	水土保持措施面积占评价区域内水土流失面积的比例
	土壤侵蚀模数	单位面积、单位时间内的土壤侵蚀量
	林草覆盖率	达到一定标准的林草面积占评价区域总面积的比例
	能量产投比	水土保持新增的农林牧产品中蕴含的能量与水土流失治理投入的能量之间的比例
	径流模数	单位土地面积上单位时间内的径流量
社会效益	土地利用率	已利用的土地占评价区域总面积的比例
	劳动力利用率	一年中已利用劳动力总工时与可利用劳动力总工时的比例
	人均基本农田	评价区域内人均拥有的水田、水浇地以及梯田、条田、坝地等旱作基本农田面积
	人均产粮	区域内平均每人每年生产的粮食
经济效益	劳动生产率	评价区域内每一个劳动力一年内创造的价值
	人均收入	扣除生产支出，评价区域内每一居民一年内平均获得的现金与实物收入
	资金产投比	由水土保持带来的经济收入与投入的水土流失治理资金之间的比例
	投资回收期	收回水土保持投资所需要的时间

4.5.2.1.2　评价指标权重

在小流域综合治理效益评价过程中，评价指标权重是否合理，直接影响评价结果的可靠性。随着线性代数、模糊数学、集合论和计算机的应用，人们确定权重的方法正在从定性和主观判断向定量和客观判断的方向逐步发展。目前常用的方法有专家评估法（特尔菲法）、等效益替代法、指标值法、因子分析法、相对系数法、模糊逆方程法、统计均值法、二项系数法、两两比较法、环比评分法和层次分析法等。这些方法中接受较多且应用最广的是层次分析法，它是美国运筹学家T. L. Satty于20世纪70年代中期提出的一种实用的决策方法，可以对非定量事物做定量分析，对人们的主观判断作客观描述。也有不少研究采用两种方法相结合来确定权重，如王道坦等利用层次分析法与专家评估法相结合确定权重。时光新等认为层次分析法能够充分考虑专家的意见，同时，它又受到专家的知识和经验的影响。为消除这种人为影响，提出根据评价指标特征值之间的变异程度，利用信息论中熵的概念确定评价指标权重。后通过进一步研究发现利用该法取得的指标权重分配存在均衡化的缺陷，尝试利用表征评价指标特征值之间差异性的另外一个参数，即变异系数来确定评价指标权重。姚文波等在确定指标权重时充分关注水土保持各项措施的实施者——农民的认可程度，专家与农民看法的权重值应均为50%，由此得到的权重值可真实反映目前水土保持综合治理的实际情况。

4.5.2.1.3　效益评价方法

用于综合评价的方法很多，但由于各种方法出发点不同，解决问题的思路不同，适用对象不同，又各有优缺点，以致人们遇到综合评价问题时不知该选择哪一种方法，也不知评价结果是否可靠。水土保持效益评价的方法主要有灰色系统法、模糊评价法、层次分析法、多层次模糊综合评价法等，也有研究采用两种或两种以上评价方法相结合的方法进行评价。如魏强等就采用层次分析与灰色系统理论相结合对安家沟流域水土流失治理综合效益进行分析评价。陈渠昌等将系统工程评价方法中的评分法、关联矩阵法和层次分析法等有机地联系在一起，构建综合评价函数，对系统或区域的水土保持综合治理效益进行综合评价。

流域综合治理效益的评价方法从评价性质看，可分为定性评价和定量评价两类。定性评价是以评价人员的主观判断为基础的一种评价方法，是以评分或指数为评价尺度而进行的评价。定量评价是一种通过数值形式的指标体系，以计算结果为基础的一种评价方法。在实际评价过程中往往将二者结合起来进行综合评价。

（1）比较分析方法。比较分析方法是进行效益评价最主要的方法之一。在具体比较时，一般要根据评价的目的要求，选取一些具有代表性的指标进行比较，来评价不同治理方案及治理成效的高低。根据比较的内容可以单项比较和综合比较，单项比较是从治理效益的一个方面或一个指标来比较，例如评价比较生态效益或只评价比较生态效益中的土壤侵蚀效益。综合比较是多方面的，既包括经济效益，又包括生态效益和社会效益。从比较分析的方法来说，又可分为绝对比较分析方法和相对比较分析方法。绝对比较分析方法，是根据对事物本身的要求评价其达到的水平，包括达到水平评价、较原状增长水平评价和接近潜在状态水平评价。相对比较分析方法，是将若干项待评事物的评价数量结果进行相互比较，最后对各待评事物的综合评价结果排出优劣次序。比较分析方法目前应用较多，可分为以下几个类型：

1）加权综合指数法。该方法假设各评价指标相互独立，它们分别对流域治理效益起作用，同时各个指标对治理效益的贡献并不完全相同，存在着相对重要性的量度。该方法可以形象地理解为，反映治理效益各个侧面的评价指标是不同的多维矢量，各指标权重是各指标单位值在效益方向上的投影值，治理效益大小是评价指标的矢量和。该方法简单易行，便于计算，而且反映了指标之间的重要程度。

2）灰色关联分析法。灰色系统一般地定义为既有确知信息，又含有未知的或非确知信息的系统，它是介于信息完全知道的白色系统和一无所知的黑色系统之间的中介系统，它是由邓聚龙教授于 1982 年提出并加以发展的。根据系统科学观点，小流域综合治理过程实际上就是含有确知、未知和非确知信息关系结构的灰色系统，这样应用灰色系统的理论和方法对水土保持效益进行系统分析和评价是合理可行的。张霞等采用熵值法确定模型指标权重，利用灰色系统理论，构建了灰色关联度的 TOPSIS 评价模型，并根据陕西省秦岭生态功能区近 10 年水土流失与治理资料实例验证了该法的有效性，定量评价并揭示了该区水土保持治理效益动态变化情况。灰色关联分析法的优点是根据区域单个流域多年或多个流域的治理状态，构造流域治理评价的最优准则，即最优指标值构成的参考数据列，这种最优准则对单个流域历年来治理发展态势进行评价最为合适，对于多个流域治理效益的评价该方法的基本假设就显得苛刻。因为多个流域的自然、社会、经济等环境基础必然存在一定差异，所以不同区域或流域的可比性就不能得到保证。

(2) 投入产出分析方法。投入产出分析法是一种现代化的科学管理方法，它利用数学方法和电子计算机来研究各种经济活动的投入与产出之间的数量关系。投入产出分析法是由美国经济学家于20世纪30年代提出来的，在利用投入产出法研究经济活动之间的联系时，通常以一个表格把各部门生产过程中投入和产出的使用数据反映出来，这个表格就是投入产出表。因此，在流域综合治理中可按照不同的治理方案，即不同的治理措施编制出不同方案的投入产出平衡表。

用投入产出分析法研究经济活动的相互联系时，通常需要建立经济数学模型，也就是利用数学形式来表示各部门的投入与产出间数量依赖关系。因此，各种投入产出模型可与最优规划方法相结合，建立流域治理的投入产出优化模型。投入产出模型按照分析时期的不同，可分为静态投入产出模型和动态投入产出模型两大类。静态模型研究某一个特定时期各种经济活动的投入与产出之间的关系。动态模型。研究若干时期中各个部门的投入与产出之间的关系。投入产出模型按照计量单位分类，可分为价值型、实物型、劳动型、能量型四大类。

(3) 层次分析法。层次分析法首先需将问题层次化、条理化，以构造出一个层次模型。层次模型一般分为最高层（目标层）、中间层、最低层（指标层），通过确定各层指标的权重，最后计算出各效益指数及总指数。第一步，将要评价的要素划分为不同的层次，如目标层（T）、准则层（B），指标层（I）。除目标层以外的层次均可有若干个评价指标，使其形成纵向网络结构。第二步，然后构造判断矩阵，确定各指标的归一化权重。第三步，根据基础资料和实地调查的数据，将各个指标的实际值标准化，并与权重因子建立模糊数学关系。第四步，对评价过程进行收缩，由指标层（I）到准则层（B），再由准则层（B）收缩至目标层（T），则整个评价过程基本结束。

(4) 模糊评价方法。模拟评价方法可分为数学模拟及实验室或野外模拟两种。数学模拟是把不同方案涉及的自然、技术和经济等方面的各种数据，按其内在联系及总体规划的要求，建立各种数学模型。用计算机算出各种治理方案的经济效益与生态效益，如相关分析法、线性规划模型和灰色模型预测等均属于这一范筹。实验室或野外模拟方法主要适用于小流域生态效益的评价，它是按小流域所在地区的生态环境特点，设置试验小区、标准地等，调查观测某些措施的生态效益，或者在生态环境相类似的地区进行科学试验。

4.5.2.2　基于经济学的综合效益评价

水土保持综合效益经济评价是采用各种直接或间接的方法对水土保持的生态和社会、经济影响进行货币化估值，可以直观地反映出水土保持对国民经济和社会发展的作用，提高国家、地方政府、公众对水土保持重要性认识。

David Pimentel等研究表明，按1992年价格水平估算美国土壤侵蚀带来的土地退化损失约为270亿美元/a，环境损失约为170亿美元/a，并进一步估算土壤侵蚀给全球带来的直接或间接损失约为2000亿美元/a，从而论证了水土保持及其治理工作的必要性与可行性。20世纪80年代起美国农业部就开始了对水土保持环境效益评价，估算了水土保持14项环境效益的价值，涉及工农业、城市供水与居民生活用水等多个方面。结果显示，美国东北部与墨西哥湾西北部沿岸地区控制水蚀的边际效益最大，达到9美元/(t·a)以上。发展中国家对土壤侵蚀成本估算最为详尽的研究当属印度尼西亚，研究者分别计算了土壤侵蚀在当地造成的损失，以及对灌溉系统的淤塞、港口疏浚、水库沉积等方面造成的经济损失。

尽管投入很大人力物力，我国水土流失问题依然严峻，水土流失治理效果不够理想，水土流失区经济仍然落后，理论界与各级水土保持部门逐渐开始关注水土保持投入产出问题，工作重点逐渐由改变环境、建设基本农田、控制泥沙输出转向充分开发水土流失区水土及生物资源等以增加经济收入，开始了有目的地、用具体的经济指标衡量的水土保持综合效益评价探索研究。

经济学角度而言，水土保持效益可以分为两部分：一部分是农林牧业产品增加的效益；另一部分是生态环境改善的效益。前一类效益可以直接通过商品市场价格计算其价值，而生态环境改善的效益绝大部分属于外部效益，没有具体受益人，不能通过市场价格评估其价值。因此，经济学家必须从正面或反面寻求与生态系统某种服务功能效果相同的、可以计算出市场价格的事物，以其成本或效益作为生态系统服务功能的价值。生态系统服务功能常见的评价方法有费用支出法、市场价值法、影子价值法、恢复和防护费用法、影子工程法、人力资源法、支付意愿法等。水土保持的经济效益评价目前还没有一套成熟的方案与标准，不同研究间选择的指标不同，评价方法各异，且缺乏科学理论的支持。

4.5.2.3　基于生态学的综合效益评价

除对水土保持综合效益进行经济评价外，还有一些研究者根据能流、能值、生态足迹等方法，探讨了用其他特定指标表述水土保持对生态环境及社会、经济多方面的影响，拓宽了对水土保持综合效益评价的研究思路。依据能流原理，贾海燕等研究了陕西安塞纸坊沟流域生态系统的能流特征，陈一兵、林超文等研究了旱坡地“作物—植物篱”系统的能流特征。承载力是随着可持续发展理论逐渐成熟而出现的概念，反映了生态系统满足人类社会需求的能力。生态足迹法是承载力分析的一个简便易行的方法，利用生态足迹分析可以评价人类活动对生态环境的影响，可用于水土保持综合效益评价。

4.5.2.4　其他相关研究成果

水土保持综合效益评价指标体系的优点是可以把水土保持的经济、社会、生态效益，特别是其他方法难以定量化评价的社会效益归纳到统一的指标体系中，最终反映水土保持的综合效果，并为进一步改进水土保持工作提供指导意见。然而最终结果只是一个抽象数值，无真实而具体的物理意义。目前该评价指标体系和量化方法尚不统一，受评价者主观因素影响较大，不同评价体系之间不具有可比性。因此，除建立水土保持综合评价指标体系外，有学者也尝试将水土保持对生态环境、经济社会各方面的影响转化为某一具体的具有实际意义的指标，而形成两套评价体系：一是水土保持效益经济评价体系；另一是用某一具体的实物指标来反映水土保持的综合效益评价体系。

综上所述，评价指标体系是进行科学评价的基础，评价方法是对单个指标的抽象、整合和简明反映。指标体系是根据研究核心和评价目标选取的，评价方法必须反映治理过程和人类需求。由于任何一种定量分析方法必然存在一定局限性。因此，在水土保持治理效

益评价中，不宜用单一方法进行分析计量，应采用多种方法比较，从单项到综合，从静态到动态，从定性到定量做出综合性客观评价。

参 考 文 献

[1] Bates C G, Henry J. Forest and stream flow experiment at Wagon Wheel Gap, Colorado [J]. Mon. Weather Rev. Suppl. 1928, 30: 1-79.

[2] Baver D, Ewald Wollny. A Pioneer in Soil and Water Conservation Research [A]. The 3th Proceedings of Soil Science Society of America [C]. 1939: 330-33.

[3] Benson V W, Robinson D, Farrand T, et al. Evaluating Economic and Environmental Benefits of Soil and Water Conservation Measures Applied in Missouri [R]. Columbia, MO, US: the Food and Agricultural Policy Research Institute at the University of Missouri-Columbia, 2008 Agust.

[4] De Roo A P J, Jetten V G. Calibrating and validating the LISEM model for two data sets from the Netherlands and South Africa [J]. Catena, 1999, 37 (3-4): 477-493.

[5] Donna N M, Kevin D M, Steven D. Status and Trends in Suspended—Sediment Discharges, Soil Erosion and Conservation Tillage in the Maumee River Basin-Ohio, Michigan, and Indiana [R]. Water-Resources Investigations Report 00-4091. Washington D.C., US: U.S. Department of the Interior, U.S. Geological Survey, 2000.

[6] Hansen L, Ribaudo M. Economic Measures of Soil Conservation Benefits-Regional Values for Policy Assessment (ERS Technical Bulletin No. 1922). Washington D.C., US: U.S. Department of Agriculture, 2008.

[7] Miller M F. Waste through soil erosion [J]. J. Am. Soc. Agron., 1926, 18: 153-160.

[8] National Resources Conservation Service. Buffer strips: common sense conservation [R]. Washington DC, US: U.S. Department of Agriculture, 1998.

[9] Pearce D W, Warford J J. 世界无末日：经济学·环境与可持续发展 [M]. 北京：中国财政经济出版社，1996.

[10] Pimentel D, Harvey C, Resosudarmo P, et al. Environmental and economic costs of soil erosion and conservation benefits [J]. Sience, 1995, 267 (24): 1117-1122.

[11] Renard K G. Predicting soil erosion by water: a guide to conservation planning with revised universal soil loss equation (RUSLE), Agriculture Handbook No. 537 [R]. U.S. Department of Agriculture, 1997.

[12] Schulze, R. E. "Modeling hydrological response to land use and climate change: A South African perspective." [J]. Report 27 (1998): 30.

[13] Smith D D. Interpretation of soil conservation data for field use [J]. Agricultural Engineering, 1941, (21): 173-175.

[14] Zingg A W. Degree and length of land slope asit affects soil loss in runoff [J]. Agricultural Engineering, 1940 (21): 59-64.

[15] 常茂德，赵诚信．黄土高原地区不同类型区水土保持综合治理模式研究与评价 [M]．西安：陕西科学技术出版社．1995.

[16] 陈渠昌，张如生．水土保持综合效益定量分析方法及指标体系研究 [J]．中国水利水电科学研究院学报，2007，5 (2)：95-104.

[17] 陈衍泰，陈国宏，李美娟．综合评价方法分类及研究进展 [J]．管理科学学报，2004，7 (2)：69-79.

[18] 陈一兵，林超文，黄晶晶，等．旱坡地“作物-植物篱”系统能流特征研究［J］．水土保持研究，2007，14（2）：171－175，178．

[19] 陈彰岑，于德广，雷元静．黄河中游多沙粗沙区快速治理模式的实践与理论［M］．郑州：黄河水利出版社，1999．

[20] 戴全厚，刘国彬，刘普灵，等．黄土丘陵区中尺度生态经济系统健康诊断方法探索［J］．中国农业科学，2005，38（5）：990－998．

[21] 戴全厚，刘国彬，王跃邦，等．黑牛河小流域生态经济系统健康诊断方法探索［J］．中国水土保持科学，2004，4（1）：27－34．

[22] 董仁才，余丽军．小流域综合治理效益评价的新思路［J］．中国水土保持，2008（11）：22－24．

[23] 杜英．黄土丘陵区退耕还林生态系统耦合效应研究［D］．西安：西北农林科技大学，2008．

[24] 贾海燕．黄土丘陵沟壑区安塞纸坊沟流域生态系统能流特征分析［D］．西安：西北农林科技大学，2001．

[25] 金腊华，邓家泉，吴小明．环境评价方法与实践［M］．北京：化学工业出版社，2005．

[26] 金平伟．蔡川水土保持示范区综合治理效益及可持续发展评价［D］．西安：西北农林科技大学，2007．

[27] 康玲玲，王云璋，王霞．小流域水土保持综合治理效益指标体系及其应用［J］．土壤与环境，2002，11（3）：274－278．

[28] 亢庆，黄俊，金平伟．水土保持治理工程保土效益评价指标及方法探讨［J］．中国水土保持科学，2018，16（3）：121－124．

[29] 朗奎建，李长胜．林业生态工程 10 种生态效益计量理论和方法［J］．东北林业大学学报，2000，28（1）：1－7．

[30] 李智广，李锐，杨勤科，等．小流域治理综合效益评价指标体系研究［J］．水土保持通报，1998，（S1）：71－75．

[31] 李智广，李锐．小流域治理综合效益评价方法刍议［J］．水土保持通报，1998，18（5）：19－23．

[32] 李中魁．黄土高原小流域治理效益评价与系统评估研究——以宁夏西吉县黄家二岔为例［J］．生态学报，1998，18（3）：241－247．

[33] 刘建善．天水水土保持测验的初步分析［J］．科学通报，1953，（12）：59－65．

[34] 刘孝盈，汪岗，吴斌，等．美国大流域长时间序列水土保持减沙效果分析［J］．中国水土保持科学，2006，4（4）：67－71．

[35] 孟庆枚．黄土高原水土保持［M］．郑州：黄河水利出版社，1996．

[36] 聂碧娟，林敬兰，赵会贞．水土保持综合治理效益评价研究进展［J］．亚热带水土保持，2009，21（3）：39－41．

[37] 潘希，罗伟，段兴武，等．水土保持效益评价方法研究进展［J］．中国水土保持科学，2020，18（1）：140－150．

[38] 冉大川，张栋，焦鹏，等．西柳沟流域近期水沙变化归因分析［J］．干旱区资源与环境，2016，30（5）：143－149．

[39] 冉大川，左仲国，上官周平．黄河中游多沙粗沙区淤地坝拦减粗泥沙分析［J］．水利学报，2006，37（4）：443－450．

[40] 时光新，王其昌，刘建强．变异系数法在小流域治理效益评价中的应用［J］．水土保持通报，2000，20（6）：47．

[41] 唐克丽．中国水土保持［M］．北京：科学出版社，2008．

[42] 王道坦，黄炎和，王洪翠，等．花岗岩强度水土流失区的治理效益综合评价［J］．福建热作科技，2006，31（4）：4－7．

[43] 王宏，秦百顺，马勇，等．渭河流域水土保持措施减水减沙作用分析［J］．人民黄河，2001（2）：

18－20.
［44］ 王军强，陈存根，李同升．陕西黄土高原小流域治理效益评价与模式选择［J］．水土保持通报，2003，23（6）：61－64.
［45］ 王佑民．黄土高原沟壑区综合治理及其效益研究［M］．北京：中国林业出版社，1990.
［46］ 韦杰，贺秀斌，汪涌，等．基于DPSIR概念框架的区域水土保持效益评价新思路［J］．中国水土保持科学，2007，5（4）：66－69.
［47］ 魏强，柴春山．半干旱黄土丘陵沟壑区小流域水土流失治理综合效益评价指标体系与方法［J］．水土保持研究，2007，14（1）：87－89.
［48］ 魏义长，康玲玲，王云璋，等．水土保持措施对土壤物理性状的影响——以黄土高原水土保持世界银行贷款项目区为例［J］．水土保持学报，2003，17（5）：114－116.
［49］ 许全喜，陈松生，熊明，等．嘉陵江流域水沙变化特性及原因分析［J］．泥沙研究，2008（2）：1－8.
［50］ 杨胜天，等．生态水文模型与应用［M］．北京：科学出版社，2012.
［51］ 杨文治，余存祖．黄土高原区域治理与评价［M］．北京：科学出版社，1992.
［52］ 姚文波，刘文兆，赵安成，等．水土保持效益评价指标研究［J］．中国水土保持科学，2009，7（1）：112－117.
［53］ 张霞，郑郁，王亚萍．基于灰色关联度的TOPSIS模型在秦岭生态功能区水土保持治理效益评价中的应用［J］．水土保持研究，2013，20（6）：188－191.
［54］ 赵建民，李靖，黄良，等．三峡工程对长江流域生态承载力影响的初步分析［J］．水力发电学报，2008，27（5）：130－134.
［55］ 赵建民，李靖，黄良，等．水土保持对黄河流域生态承载力的影响［J］．中国水土保持科学，2006，4（6）：1－4.
［56］ 赵建民．基于生态系统服务理论的水土保持综合效益评价研究［D］．西安：西北农林科技大学，2010.
［57］ 赵世伟，刘娜娜，苏静，等．黄土高原水土保持对侵蚀土壤发育的效应［J］．中国水土保持科学，2006，4（6）：5－12.
［58］ 朱海娟．宁夏荒漠化治理综合效益评价研究［D］．西安：西北农林科技大学，2015.

第5章　实施成效评价定位监测技术

水土保持定位监测技术是水土保持研究的基础工作，可为土壤侵蚀模型构建、水土流失规律探索、水土保持工程实施成效评价提供重要基础数据。通过坡面水土流失调查及观测，可以掌握典型地块的水土流失过程和规律特征，为小流域水土流失监测提供精确的建模与验证数据。小流域水土流失监测是在坡面水土流失的基础上，观测闭合水文或地形单元（小流域）的水土流失特征、空间分布、水土保持措施及效益，为评价小流域水土流失状况与水土流失防治效益提供支撑。

5.1　坡面水土流失定位监测

5.1.1　基本概念

坡面通常是指坡度大于零度的自然山坡或人工堆积边坡，不是封闭的水文单元。坡面水土流失监测是指以自然坡面或人工堆积边坡为单元，以水土流失过程及其环境因子为对象进行周期性和连续不断观测，目的是获得水土流失的变化过程和规律，并据此进行水土流失预报和估算，为水土保持措施配置、水土流失治理成效评价提供数据支撑。坡面水土流失监测是随着人类对水土资源的保护、利用和改造实践而发展起来的一种局部地理空间尺度水土流失监测方法。

5.1.2　监测内容与指标

坡面水土流失监测的基本内容与指标主要包括水土流失影响因素、水土流失状况、水土流失危害、水土保持措施与效益等几个方面。

5.1.2.1　水土流失影响因素

坡面水土流失的影响因素十分复杂，可划分为自然因素和人为因素两大类型。其中，自然因素主要包括地形地貌、地质岩性、气候、水文、植被、土壤及地面组成物质方面；人为因素包括人类耕作和生产建设活动，主要是农业耕作和生产活动以及对坡面自然环境改变而引发或加剧水土流失。坡面水土流失监测指标包括以下几个方面：

（1）地质地貌监测指标包括地质岩性、地貌类型、海拔、坡度、坡长、岩石裸露率等。

（2）气象要素监测指标包括气候类型、平均气温、降水量、蒸发量等。

（3）水文监测指标包括径流模数、输沙模数、地下水埋深等。

（4）土壤监测指标包括土壤类型、土层厚度、土壤质地与组成、土壤有机质含量、土壤养分（N、P、K）含量、pH值、入渗率、土壤含水量、土壤密度、土壤团粒含量、土壤CO_2含量等。

（5）植被监测指标包括植被类型、植被种类及组成、郁闭度、覆盖度等。

（6）水土保持措施监测指标包括措施类型、质量、数量、空间分布等。

水土流失过程及其影响因素十分庞杂，坡面水土流失自然因素监测要抓住主导因子及其变化特征，以阐明影响水土流失的机理和机制，一些因子的量变并非与坡面水土流失呈绝对正相关，需要注意对其临界状态的监测；人为因素监测要求先区分水土保持（积极作用）和加剧水土流失（消极影响），再对其作用特性重点监测。

5.1.2.2 水土流失状况

坡面水土流失状况包括侵蚀方式、数量特征及动态变化等方面。坡面土壤侵蚀方式有雨滴溅蚀、薄层水流冲刷、细沟及浅沟侵蚀、切沟侵蚀，以及因地下岩溶管道而导致的地下水土漏失。监测要阐明侵蚀方式及组合，重点说明坡面不同部位的岩土组成状况及侵蚀部位、特征和发展趋势。坡面水土流失数量特征主要是地表或地下径流量与泥沙量，和依此推算出的侵蚀强度和侵蚀模数，及其在不同坡面特征下的差异规律等。坡面水土流失动态变化是指坡面侵蚀过程的时空变化特征，它既与侵蚀动力有关，也与坡面特征有关，在一个相对较长时期内还受人为活动制约，是重点监测对象。

5.1.2.3 水土流失危害

坡面水土流失危害表现在多个方面，监测重点是径流泥沙危害、土地石漠化、土壤质量恶化及减产危害、岩溶地下管道堵塞、水源污染与生态安全危害等方面。径流泥沙危害包括洪涝灾害、泥沙淤积等；土地石漠化危害包括水土流失导致坡面土壤减少、岩石裸露，呈现土地资源石漠化等；土壤质量恶化包括土层厚度减薄、土壤面积减少、渗透持水等性质变化、肥力降低、作物长势减弱及产出减少和经济收入降低等；岩溶地下管道堵塞是指土壤流入地下，导致表层岩溶带、岩溶裂隙和地下河管网堵塞和淤积，水流排泄不畅，雨季易引发涝灾；水源污染与生态安全危害包括固体颗粒悬浮物、重金属含量、水体富营养化及生物多样性减少、环境组成单一、生态环境脆弱化等。

5.1.2.4 水土保持措施及其效益

坡面水土保持措施包括工程措施、林草措施和耕作措施三大类型。工程措施包括梯田、梯平地、土壤改良、坡面集流蓄水工程等。林草措施主要有造林种草，包括水保林、经果林等。耕作措施主要有耕作等保土耕作、合理轮作等。各类水土保持措施的主要监测指标包括措施类型、数量、质量、分布以及保存完好情况等。坡面水土保持效益包括蓄水保土效益、增产增收效益、生态社会效益等方面。蓄水保土效益是水土保持措施的直接效益，通过监测实施水土保持措施后，坡面减少水土流失量、保护耕地面积等。增产增收又称经济效益，通过开展农民增产增收调查计算和折现得到。生态社会效益也可以分为生态环境改善效益和促进社会和谐发展效益，又称间接效益，如坡面生物多样性恢复、生物群落正向演化、农民经济收入增长情况。

5.1.3 监测方法

水土保持监测始于坡面水蚀监测。随着科学技术的发展，坡面水土流失监测方法从20世纪初相对简单的坡面径流小区观测法，发展到更快捷精确的元素示踪监测法、三维激光扫描监测等新技术。总体来看，坡面水土流失监测基本方法有典型调查、坡面实验和新技术应用等。

5.1.3.1 典型调查监测方法

典型调查是坡面水土流失监测传统的常用方法，多用于土地利用、坡面特征、侵蚀类型和相关因子特征等方面，目的是取得与坡面侵蚀有关的宏观因素和微观因子。包括全面详查和抽样调查两种方法。

（1）全面详查是对坡面水土流失影响因素或水土保持状况做全面详细调查，为水土流失综合评价和定量分析提供基础数据。一般需要做调查设计，确定调查项目内容、方法、路线、时限，以及调查资料汇总、检验等。

（2）抽样调查包括典型（样地）调查和按数理统计原理进行设计调查等。典型（样地）调查是对坡面典型地块的详细解剖，以求得对该地块侵蚀影响因子的深刻认识，如基岩裸露率调查、植被因子调查、地下漏失调查等。按数理统计原理进行设计的调查，包括随机抽样、分层抽样等方法，这些抽样方法都有严格规定和要求，也有抽样数量、调查精度与误差的理论计算公式，是水土流失调查从定性说明迈向定量分析的科学道路。

5.1.3.2 坡面实验监测法

坡面实验监测法是利用水土流失观测实验技术和设施，观测坡面水土流失过程和结果，从而定量评价和计算水土流失强度、危害和水土保持措施功能的方法。

（1）径流小区观测法一般用作坡面水土流失规律和防治措施单因子观测研究。要求观测场地相对集中，且保持原有自然状态，并有重复设置；观测需要有导流、分流、集流和测量设施设备，结合现场观察取得测验结果。

（2）人工模拟降雨观测法是利用降雨装置在野外坡面或室内实验大厅，通过人工模拟降雨，观测不同特征坡面的产流产沙过程和规律，从而在较短的时期内观测研究坡面侵蚀理论和水土保持措施设计的方法。该方法除了下垫面特征应具有代表性之外，最重要的是需要有人工降水装置，并要求降雨模拟天然降雨的雨滴、落地速度、分布，以及降雨过程的强度变化要与天然降雨十分相近或相似。

（3）专项试验观测是指与坡面水蚀有关的专一试验观测方法，主要有雨滴特性测验、土壤崩解和土壤抗冲性、抗蚀性测验，以及土壤和地面物质组成的理化性质等分析试验。这些试验都要求有特定的设备，在一定的条件下进行试验或分析测定，以便相互比较。

5.1.3.3 新技术应用监测法

随着科学技术的进步，水土流失监测方法也在发展，坡面水土流失监测中的三维激光扫描技术和同位素示踪技术的应用就是其中的典型。

三维激光扫描技术是使用高激光和像机捕获坐标和图像信息的高精度立体扫描技术，可以通过对自然坡面或人工堆积坡面进行多期扫描，利用扫描的点云建立数字高程模型以及模型断面的三维投影信息来分析计算坡面土壤的侵蚀特征，从而求得坡面水土流失量。

同位素示踪技术是以自然环境中或人工施效的放射性核素为标志，通过仪器检测其浓度变化，分析计算与其密切相关联的泥沙侵蚀、输移与堆积，从而实现定量监测水土流失及过程的空间变化新方法。目前，应用最多的有137Cs示踪法和稀土元素RET示踪法。

（1）137Cs 示踪法是基于 20 世纪 50—70 年代的大气核试验，当 137Cs 核尘埃落地后被土壤颗粒吸附，并随土壤颗粒运移，借用 γ 能谱仪测定土壤中 137Cs 的浓度并与背景值比较，可求得土壤流失量。此外，在实验研究中还采用 7Be、210Pb、226Ra 的单核素或多核素示踪技术研究侵蚀过程。

（2）RET 示踪法是 20 世纪 80 年代人们选择性地利用镧系元素中的 La、Ce、Nd、Sm、Eu、Yb 等作示踪元素，施放于坡面不同部位，被土粒吸附并随土壤迁移，经采集土样用中子活化分析方法求得元素浓度，推算出土壤流失量的方法。除上述方法外，还有用理论公式或经验公式计算坡面水土流失的方法。

5.1.4 径流小区及其布设技术要求

5.1.4.1 径流小区布设原则

径流小区的布设应充分考虑区域特征，并兼具代表性和典型性，具体要求如下：

（1）选址典型性和代表性原则。不同区域的侵蚀动力和下垫面特征不同，坡面侵蚀有较大差异。径流小区布设区域的地貌类型、土壤类型、植被类型、土地利用类型等应为监测点所代表区域的最典型地段，能够代表所监测区域的水土流失情况，以便充分反映该区的水土流失特征。

（2）最大限度近似自然原则。径流小区设置要求尽量保持原坡面自然状况，不能添加过多人为干扰，如大面积开挖、客土平整等。过多的人为干扰会破坏原有下垫面自然特征，尤其土壤结构、理化性质等，致使土壤可蚀性完全变化，监测也将毫无意义。当小区坡面开展了人工修建后，应留有足够长的恢复期，小区与所在区域自然状况基本一致后再行观测。

（3）措施布设与区域相一致原则。小区植物措施、工程措施、农耕措施布设应与所在区域实际相关措施保持一致，如植物措施应选择乡土树种，农耕措施应选择当地常见农作物，且耕作方式、时间与当地田间管理相同。

（4）重复性与对比性原则。同样坡度、措施等环境条件及同样管理条件的小区应重复布设，以便进行重复试验，减少随机误差。

5.1.4.2 径流小区的组成

径流小区主要由边埂、小区、分集流设施、保护带与排水渠等组成，如图 5-1 所示。近年来信息化、自动化监测设备也得到广泛应用，大幅提升了水土保持监测水平。

（1）边埂。在一定土地面积周边设置的隔离埂即为边埂，一般由水泥板、金属板等材料制作，地面以上高度一般为 20～30cm，埋深为 20cm 以上。

（2）小区是指由边埂围起来的矩形块地，通常顺坡面方向垂直投影长度为 20m，沿水平向宽 5m，是形成径流产生侵蚀的区域，即观测区。

（3）分流集流设施包括集流槽、集流池（桶）与分流池（桶）等。

1）集流槽是指设置在小区底端，用以收集小区坡面径流泥沙的槽状设施。集流槽长与小区宽保持一致，槽宽 10～15cm，槽的纵剖面上口水平，下底两侧向中部倾斜，坡的最低处设有孔口，坡面径流泥沙将汇集至此，经导流管排至分流池（桶）。

2）集流池（桶）与分流池（桶）是收集坡面径流泥沙的设施，坡面产流、产沙量将通过对集流、分流池内蓄积的泥水测定得出。在集流设施容量远超出设计容量时，需加设分流设施，分流设施一般设有 5、7、9 个标准水平排列的分流孔，孔径大小一致，分布间隔相等，其中的一孔连接集流设施，其他分流孔的出流排出，不收集。集流设施中收集的径流泥沙则约为坡面出流扣除分流池内蓄积量的 1/5、1/7、1/9，能够减少测量的绝对量，通过倍数计算径流泥沙量。集流分流设施在砌筑或安装时，应保持形状规整、底面水平、内表面光滑，底部都应设排水阀，设施上面应加设防护罩。在每次降水取样、量测结束后，及时排出蓄积的径流泥沙。

(4) 保护带与排水渠。保护带是设置在小区边埂外一定宽度的带状土地，一般宽度为 1～2m，要求这一带状地的处理与邻近的小区保持一致，一方面防止小区受到干扰和破坏，另一方面测定土壤水分、土壤容重等涉及破坏性取样项目可在保护带取样，避免对小区土层造成扰动。排水渠设置在小区保护带以外，满足小区上部来水排导要求，防止小区受外来泥沙影响。

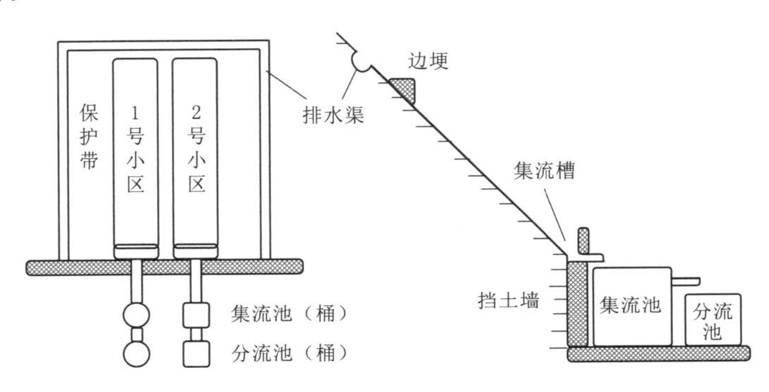

图 5-1　径流小区布设示意图

5.1.5　数据整编与处理

为更好地供水土保持管理者、水土保持规划和决策者、水土保持科学研究人员以及相关领域管理和研究人员使用，将每年或多年的坡面径流场水土流失监测结果以规范、易懂和便于应用的一系列表格形式编辑成册，保证数据质量和整编资料完成性。坡面水土流失观测数据整编包含资料说明和监测数据整编，具体为径流小区基本情况表（农地、林地、灌草地）、逐日降水量表、降水过程摘录表、径流小区田间管理统计表、径流小区逐次径流泥沙统计表、径流小区逐年径流泥沙统计表、径流小区土壤含水量和植被盖度统计表等。

填表说明和整编要求如下。

(1) 径流小区基本情况表（农地、林地、灌草地）。径流小区基本情况表包含林地、农地、灌草地三种表格。填写指标包括小区号、坡长、坡度、坡向、坡宽等基本信息，土壤类型，水土保持措施，林龄、平均树高等林地指标，耕种方法、施肥纯量等农地指标，灌草种类、盖度等灌草地指标，见表 5-1～表 5-3。

(2) 逐日降水量表。逐日降水量表的观测指标主要是每日的降水量，并汇总各月、全年的降水量，记录最大日降水量及最大降水侵蚀力，见表 5-4。

表 5-1　径流小区基本情况表示例（林地）

＿＿＿＿＿＿径流小区基本情况（林地）

小区编号	坡度/(°)	坡长/m	坡宽/m	面积/m^2	坡向/(°)	坡位	土壤类型	土层厚度/cm	水保措施	树种	造林方法	株×行距/cm	林龄/a	平均树高/m	平均胸径/cm	平均树冠直径/m	郁闭度	林下植被类型	林下植被主要种类	盖度/%	林下植被平均高度/cm

表 5-2　径流小区基本情况表示例（农地）

＿＿＿＿＿＿径流小区基本情况（农地）

小区编号	坡度/(°)	坡长/m	坡宽/m	面积/m^2	坡向/(°)	坡位	土壤类型	土层厚度/cm	水保措施	整地方法	作物	播种方法	施肥纯量/(kg/hm^2)	垄距/cm	株×行距/cm	密度/(株/hm^2)	播种日期	中耕时间	收割日期	产量/(kg/hm^2)		测流设备
																				粮食	秸秆	

表 5-3　径流小区基本情况表示例（灌草地）

＿＿＿＿＿＿径流小区基本情况（灌草地）

小区编号	坡度/(°)	坡长/m	坡宽/m	面积/m^2	坡向/(°)	坡位	土壤类型	土层厚度/cm	灌草种类	播种日期	播种方法	收割时间	生物量/(kg/hm^2)	牧草产量/(kg/hm^2)	盖度/%	平均高度/cm

表 5－4　　逐日降水量表示例

________逐日降水量

日	1月	2月	3月	4月	5月	6月	7月	8月	9月	10月	11月	12月	日
1													1
2													2
3													3
4													4
5													5
6													6
7													7
8													8
9													9
10													10
11													11
12													12
13													13
14													14
15													15
16													16
17													17
18													18
19													19
20													20
21													21
22													22
23													23
24													24
25													25
26													26
27													27
28													28
29													29
30													30
31													31
降水量													降水量
降水日数													降水日数
最大日量													最大日数
年统计	降水量		日数		最大日降水量			日期		最大月降水量		月份	
	最大次雨量		历时		最大 I_{30}			日期		最大降雨侵蚀力		日期	
	初雪日期				终雪日期								
备注	降水量：mm；历时：min；I_{30}：mm/h；最大降雨侵蚀力：(MJ·mm)/(hm^2·h)。												

(3) 降水过程摘录表。降水过程摘录表摘录的是次水量大于等于 12mm、次降水量小于 12mm 但产流、15min 内水量超过 6mm 的短历时或小雨量大雨强等降水。观测指标主要为降水起止时间、历时、雨量、平均雨强、最大 30min 雨强及降水侵蚀力等，见表 5-5。

表 5-5　　降水过程摘录表示例

________降水过程摘录

降水次序	月	日	时	分	累积雨量/mm	累积历时/min	时段降雨			I_{30}/(mm/h)	降雨侵蚀力/[(MJ·mm)/(hm²·h)]
							雨量/mm	历时/min	雨强/(mm/h)		

(4) 径流小区田间管理表，见表 5-6。田间管理主要指翻地、播种、中耕、喷洒农药、收获等农事活动，同时包括对径流小区实施的各项维护工作。田间管理能够改变土壤状况和地表覆盖度，而影响小区产流产沙。

表 5-6　　径流小区田间管理表示例

________径流小区田间管理

小区编号	日期	田间操作	工具	土壤耕作深度/cm	备注	小区编号	日期	田间操作	工具	土壤耕作深度/cm	备注

(5) 径流小区逐次径流泥沙表。径流小区逐次径流泥沙表主要观测了次降雨产流产沙的过程，包括降雨起止时间、历时、雨量、雨强、侵蚀力、径流深、土壤流失量、雨前后土壤含水量等指标，见表 5-7。

表 5-7　　径流小区逐次径流泥沙表示例

________径流小区逐次径流泥沙

小区编号	降雨起			降雨止		历时/min	雨量/mm	平均雨强/(mm/h)	I_{30}/(mm/h)	降雨侵蚀力/[(MJ·mm)/(hm²·h)]	径流深/mm	径流系数	含沙量/(g/L)	土壤流失量/(t/hm²)	雨前土壤含水量/%	雨后土壤含水量/%	盖度/%	平均高度/m	备注
	月	日	时:分	日	时:分														

(6) 径流小区逐年径流泥沙表。径流小区逐年径流泥沙表汇总了各径流小区全年总雨量、总侵蚀力、总径流深、土壤流失量等观测数据，见表 5-8。

表5-8　　径流小区逐年径流泥沙表示例

__________径流小区逐年径流泥沙

小区编号	坡度/(°)	坡长/m	坡宽/m	土地利用	水土保持措施	降水量/mm	降雨侵蚀力/[(MJ·mm)/(hm²·h)]	径流深/mm	径流系数	土壤流失量/(t/hm²)	备注

(7) 径流小区土壤含水量和植被盖度表。径流小区土壤含水量和植被盖度表主要观测的是0～20cm土层厚度的土壤含水量、植被盖度、植被平均高度等指标，见表5-9。

表5-9　　径流小区土壤含水量和植被盖度表示例

__________径流小区土壤含水量和植被盖度

小区编号	测次	年	月	日	土壤深度/cm	土壤含水量/%	两测次间降水/mm	植被盖度/%	植被平均高度/m	备注	小区编号	测次	年	月	日	土壤深度/cm	土壤含水量/%	两测次间降水/mm	植被盖度/%	植被平均高度/m	备注

5.2　小流域水土流失定位监测

5.2.1　基本概念

流域是一个封闭的水文地形单元，小流域的面积一般为10～30km²。水土流失综合治理以小流域为单元进行规划与实施。小流域水土流失监测是指以小流域为单元，以水土流失过程、水土保持活动及其环境因子变化为对象进行周期性和连续性观测，目的是获得水土流失变化规律，并据此进行水土流失预报和估算。小流域水土流失监测是在综合考虑小流域自然条件和治理活动特征的基础上，针对水土流失过程、治理过程和产出，以及各影响环节的指标类型、特征及其变化规律，而发展起来的一种中小地理空间尺度的水土流失监测方法。

5.2.2　监测内容与指标

小流域水土流失监测的基本内容与指标主要包括水土流失影响因素、水土流失状况、水土流失危害、水土保持措施与效益等方面。

5.2.2.1　水土流失影响因素

小流域水土流失影响因素十分复杂，可划分为自然因素和人为因素两大类型。其中，

自然因素主要包括地质地貌、气象、水文、植被、土壤及地面组成物质方面；人为因素主要是指人类耕作和生产活动对引发和加剧小流域水土流失的影响指标。坡面水土流失影响因素监测是小流域水土流失监测和评价的基础。小流域水土流失监测指标包括以下几个方面：

（1）地质地貌监测指标包括：地质岩性、地貌类型、海拔、坡度、坡长、岩石裸露率等。

（2）气象要素监测指标包括：气候类型、平均气温、降水量、蒸发量等。

（3）水文监测指标包括：河流径流量、输沙量、径流模数、输沙模数、地下水埋深等。

（4）土壤监测指标包括：土壤类型、土层厚度、土壤质地与组成、土壤有机质含量、土壤养分（N、P、K）含量、pH 值、入渗率、土壤含水量、土壤密度、土壤团粒含量、土壤 CO_2 含量等。

（5）植被监测指标包括：植被类型、植被种类组成、郁闭度、覆盖度等。

（6）水土保持措施监测指标包括：措施类型、质量、数量、空间分布等。

（7）社会经济状况监测指标包括：土地面积、人口、人口密度、人口增长率、农村总人口、农村常住人口、农业劳动力、外出打工劳动力、基本农田面积、人均耕地面积、国民生产总值、农民人均产值、农业产值、粮食总产量、土地资源利用状况、水资源利用状况、能源结构状况、农村产业结构等。

5.2.2.2 水土流失状况

小流域水土流失状况包括流失类型、数量特征及动态变化等方面。小流域水土流失类型包括水力侵蚀、风力侵蚀、重力侵蚀、冻融侵蚀等，根据水土流失的方式可划分为地表流失与地下漏失两种方式。小流域水土流失数量特征主要包括水土流失面积、土壤侵蚀强度、侵蚀性降雨量、侵蚀性降雨强度、产流量、土壤侵蚀量、地表流失量、地下漏失量、泥沙输移比、悬移质含量、土壤抗蚀性、径流模数、输沙量、泥沙颗粒组成、输沙模数等。小流域水土流失动态变化包括小流域水土流失的过程、时间变化规律、空间变化规律等。

5.2.2.3 水土流失危害

小流域水土流失危害存在于多个方面，监测重点是小流域径流泥沙危害、土地石漠化、土壤质量恶化及减产、岩溶地下管道堵塞、水源污染与生态安全危害、对小流域及周边地区经济和社会发展的影响等方面。径流泥沙危害包括洪涝灾害、泥沙淤积等；土地石漠化危害包括水土流失导致岩石裸露，土地资源石漠化等；土壤质量恶化包括土层厚度减薄、土壤面积减少、渗透持水等性质变化、肥力降低、作物长势减弱及产出减少和经济收入降低等；岩溶地下管道堵塞是指土壤流入地下，导致表层岩溶带、岩溶裂隙和地下河管网堵塞和淤积，水流排泄不畅，雨季易引发涝灾；水源污染与生态安全危害包括固体颗粒悬浮物、重金属含量、水体富营养化及生物多样性减少、环境组成单一、生态环境脆弱化等。对小流域及周边地区经济和社会发展的影响包括耕地面积减少、粮食产量降低、人均收入减少、贫困人口增加等。

5.2.2.4　水土保持措施与效益

小流域水土保持措施包括工程措施、林草措施和耕作措施三大类型。工程措施主要有各类梯田、梯平地、土壤改良、坡面集流蓄水工程等；林草措施主要有造林种草以增加植被覆盖，包括水保林、经果林等；耕作措施主要有深耕、水平耕作等保土耕作，以及合理轮作等。各类水土保持措施主要监测指标包括措施类型、数量、质量、分布，以及水土流失治理度、达标治理面积、措施保存状况及完好情况等。小流域水土保持效益是指实施的各类防治工程效果，控制水土流失、改善生态环境的作用正面等，包括蓄水保土效益、增产增收效益、生态社会效益等方面。蓄水保土效益是水土保持措施的直接效益，通过监测实施水土保持措施后坡面减少水土流失量、保护耕地面积可以得出；增产增收又称经济效益，通过开展农民增产增收调查计算和折现对比可以说明；生态社会效益也可以分为生态环境改善效益和促进社会和谐发展效益，又称间接效益，如生物多样性恢复、生物群落正向演化，以及区域国民经济收入、产业组成、恩格尔系数、人均产值等，都反映了社会经济发展状况。

5.2.3　监测方法

小流域水土流失监测方法可以归纳为以下四个方法。

5.2.3.1　调查监测与试验监测法

采用全面详查、抽样调查、径流小区观测和专项试验观测等方法，通过获取小流域不同地类、不同微地貌单元的水土流失状况来推算整个小流域的水土流失状况。

5.2.3.2　小流域控制站观测法

通过在小流域出口设置小流域控制站，观测小流域降雨量、径流量和泥沙量，建立降雨、径流和输沙之间的关系，来推算小流域的水土流失量、土壤侵蚀模数等指标。小流域控制站观测法只能获得小流域总体水土流失状况，不能获得小流域水土流失空间分布数据，因而常与坡面观测方法、遥感监测方法配合。

5.2.3.3　遥感监测法

小流域水土保持遥感监测法，是指利用高分辨率遥感影像（通常适用于空间分辨率优于2m的卫星遥感影像或无人机航拍影像），采用定性与定量遥感分析方法进行小流域水土流失影响因素、水土流失状况、水土保持措施等指标的时空监测。

小流域水土流失的遥感监测法包括面向对象的遥感监测、人机交互式判别法、基于即定标准的综合判别评价、基于模型（CSLE、RUSLE等）的定量评价和抽样调查等。

5.2.3.4　新技术应用监测法

小流域水土流失监测新技术主要有流域侵蚀元素迁移法和元素示踪法，其以自然环境中或人工施效的放射性核素为标志，通过仪器检测其浓度变化，分析计算与其密切相关联的泥沙侵蚀、输移与堆积，从而实现定量监测小流域水土流失及过程的时间和空间变化的新方法。

5.2.4　数据整编与处理

为更好地供水土保持管理者、水土保持规划和决策者、水土保持科学研究人员以及相

关领域管理和研究人员使用，将每年和多年的小流域水土流失监测结果以规范、易懂和便于应用的一系列表格形式编辑成册，保证数据质量和整编资料完成性。小流域水土流失观测数据整编包含资料说明和监测数据整编，具体为小流域基本信息表、逐日降水量表、降水过程摘录表、逐日平均流量表、逐日平均含沙量表（悬移质）、逐日产沙模数表（悬移质）、径流泥沙过程表（悬移质）、次洪水径流泥沙表（悬移质）、年径流泥沙统计表（悬移质）等 9 张表格。

（1）小流域基本信息表。记录小流域的气候特征、流域特征、坡度分级、土壤与土壤侵蚀状况、土地利用、社会经济状况等信息，见表 5 - 10。

表 5 - 10　　小流域基本信息表示例

地理位置__________省__________县（县、区）__________乡__________村

地理坐标：东经__________北纬

(1)自然情况								
气候特征	年平均温度/℃	年最高温度/℃	年最低温度/℃	≥10℃积温/℃	无霜期/d	年均降雨量/mm	年蒸发量/mm	
流域特征	平均海拔/m	最高海拔/m	最低海拔/m	流域面积/km^2	流域长度/km	沟壑密度/(km/km^2)	流域形状系数	主沟道纵比降/%
坡度分级	坡名	平坡	缓坡	中等坡	斜坡	陡坡	急坡	急陡坡
	坡度/(°)	<3	3～5	5～8	8～15	15～25	25～35	>35
土壤与土壤侵蚀状况	主要土壤类型				平均土层厚度/cm	流域平均输沙模数/[$t/(km^2 \cdot a)$]	土壤侵蚀模数/[$t/(km^2 \cdot a)$]	流域综合治理度/%
(2)土地利用结构/hm^2								
	耕地	园地	林地	牧草地	其他农用地	荒地	其他	
(3)社会经济状况								
	流域内人口数/人	流域内劳动力人口/人	平均粮食单产/(kg/hm^2)	人均粮食/(kg/人)	农村生产总值/万元	人均基本农田/hm^2	人均纯收入/元	

（2）逐日降水量表。要求同坡面水土流失定位监测相同。

（3）降水过程摘录表。要求同坡面水土流失定位监测相同。

（4）逐日平均流量表。记录每日径流量、全年径流量、最大日流量、径流模数、径流深等数据，见表 5 - 11。

表 5－11　　**逐日平均流量表示例**

________逐日平均流量

日	1 月	2 月	3 月	4 月	5 月	6 月	7 月	8 月	9 月	10 月	11 月	12 月	日
1													1
2													2
3													3
4													4
5													5
6													6
7													7
8													8
9													9
10													10
11													11
12													12
13													13
14													14
15													15
16													16
17													17
18													18
19													19
20													20
21													21
22													22
23													23
24													24
25													25
26													26
27													27
28													28
29													29
30													30
31													31
平均													平均
最大													最大
最大日期													最大日期
最小													最小
最小日期													最小日期
年统计	最大流量		日期		最小流量		日期		平均流量				年统计
	径流量				径流模数				径流深				
备注	流量单位：m^3/s												

（5）逐日平均含沙量表。记录每日含沙量、全年含沙量、最大日含沙量、平均含沙量等统计值，见表 5-12。

表 5-12　　逐日平均含沙量表示例

______逐日平均含沙量（悬移质）

日	1月	2月	3月	4月	5月	6月	7月	8月	9月	10月	11月	12月	日
1													1
2													2
3													3
4													4
5													5
6													6
7													7
8													8
9													9
10													10
11													11
12													12
13													13
14													14
15													15
16													16
17													17
18													18
19													19
20													20
21													21
22													22
23													23
24													24
25													25
26													26
27													27
28													28
29													29
30													30
31													31
平均													平均
最大													最大
最大日期													最大日期
最小													最小
最小日期													最小日期
年统计	最大含沙量		日期		最小含沙量		日期		平均含沙量				年统计
备注	含沙量：g/L												

（6）逐日产沙模数表。记录与产沙模数相关的统计数据，见表 5－13。

表 5－13　　逐日产沙模数表示例

______逐日产沙模数（悬移质）

日	1月	2月	3月	4月	5月	6月	7月	8月	9月	10月	11月	12月	日
1													1
2													2
3													3
4													4
5													5
6													6
7													7
8													8
9													9
10													10
11													11
12													12
13													13
14													14
15													15
16													16
17													17
18													18
19													19
20													20
21													21
22													22
23													23
24													24
25													25
26													26
27													27
28													28
29													29
30													30
31													31
平均													平均
最大													最大
最大日期													最大日期
年统计	最大产沙模数		日期		最小产沙模数		日期		平均				年统计
备注	产沙模数：t/hm^2												

（7）径流泥沙过程表。记录每次产流过程中的水位、流量、含沙量、时段、累积径流深、累积产沙量等，产流次序连续且均有对应降雨次序，与降雨摘录表相关联，见表 5－14。

（8）逐次洪水径流泥沙表。摘录全年每次产流产沙的时间起止、降雨相关数据、产流相关数据、产沙相关数据等，与径流泥沙过程表（悬移质）的径流次序一一对应，见表 5－15。

表 5-14　径流泥沙过程表示例

________径流泥沙过程（悬移质）

降水次序	径流次序	月	日	时	分	水位/cm	流量/(m^3/s)	含沙量/(g/L)	时段/min	累积径流深/mm	累积产沙/(t/hm^2)	降水次序	径流次序	月	日	时	分	水位/cm	流量/(m^3/s)	含沙量/(g/L)	时段/min	累积径流深/mm	累积产沙/(t/hm^2)

表 5-15　逐次洪水径流泥沙表示例

________逐次洪水径流泥沙（悬移质）

径流次序	降雨起				降雨止				历时/min	雨量/mm	平均雨强/(mm/h)	I_{30}/(mm/h)	降雨侵蚀力/[(MJ·mm)/(hm^2·h)]	产流起				产流止				产流历时/min	洪峰流量/(m^3/s)	径流深/mm	径流系数	含沙量/(g/L)	产沙模数/(t/hm^2)	备注
	月	日	时	分	月	日	时	分						月	日	时	分	月	日	时	分							

（9）年径流泥沙表。记录一个小流域全年总降水量、径流深和产沙模数等数据，每个流域每年只记录1条数据，见表5-16。

表5-16　　年径流泥沙表示例

＿＿＿＿＿＿＿控制站年径流泥沙（悬移质）

全国水土保持区划一级分区	小流域名称	流域面积 /km^2	降雨量 /mm	降雨侵蚀力 /[(MJ·mm)/(hm^2·h)]	径流深 /mm	径流系数	产沙模数 /(t/hm^2)	备注

5.3　观测数据整编与应用分析

本书以“福建省长汀县游坊小流域综合观测站2020年观测数据”为例说明坡面水土流失定位监测和小流域水土流失定位监测技术是如何应用的，成果是如何整编的。

5.3.1　径流小区基本情况

径流观测场位于长汀县水土保持科教园内，低山丘陵地貌，土壤类型为红壤，基岩为花岗岩，属于中亚热带季风性湿润气候，距游坊卡口站约4km。径流观测场内布设各种措施类型（标准对照小区、草地、农地、果园、各种乔灌草混交林地等）坡面径流小区（5m×20m，15°）12个，监测内容主要为生态效益监测，包括蓄水保土效果、土壤理化性质、林草生长量及生物多样性、小气候等。

径流小区年度观测数据表明：1号裸地对照小区径流深最大达487.5mm，土壤侵蚀量为50.272t/hm^2；2号小区（裸地＋松土）径流深为185.3mm，土壤侵蚀量为67.909t/hm^2。未经治理的山坡地土壤板结，易产生水土流失；定期松土扰动会增加水分入渗，但也增加了土壤侵蚀量。3号百喜草小区径流深为88.1mm，土壤侵蚀量为5.739t/hm^2，均大于乔灌草混交措施的其他小区，说明采用单一的种草措施虽能有效地固土减少土壤侵蚀量，但在增加水分入渗、拦截坡面径流效果不够显著。4号农地小区径流深为98.5mm，土壤侵蚀量为4.494t/hm^2，产流较大及土壤侵蚀较严重时段均发生在农作物种植前及采收后，说明坡耕地种植农作物虽能减少径流泥沙，但治理效果远低于果园及乔灌草混交造林等水保措施。9号马尾松小区径流深为71.8mm，土壤侵蚀量为2.737t/hm^2，均远大于乔灌草混交措施的其他小区，说明马尾松纯林虽然郁闭度达到0.7，但地表覆盖度平均仅为8%，拦截坡面径流和减少土壤侵蚀量效果不理想，产生了林下水土流失。

径流小区2020年度部分监测数据整编成果见附件4。

5.3.2　小流域卡口站基本情况

游坊小流域位于福建省长汀县河田镇游坊村，属珠江流域韩江（福建省境内为汀江）水系一级支流，流域面积6.26km^2，河道长3.8km。流域内的地貌以低山丘陵为主，属于中亚热带季风性湿润气候，多年平均气温18.3℃，历史上的极端最高气温39.5℃，极端最低气温－8℃，多年平均降雨量为1697.0mm，降雨年内分配为双峰型，降雨量集中，

降雨强度大，3—8月的降雨总量占全年的75.4%，风向季节性变化显著，每年夏季盛行偏南风，冬季盛行西北风。流域总面积6.26km²，其中农田面积1.21km²，有林地面积3.77km²，园地面积0.59km²，河流面积0.05km²，道路面积0.06km²，农村居民点面积0.33km²，工矿用地面积0.08km²，其他用地（崩岗）面积0.18km²。流域内集中了面蚀、沟蚀等不同水土流失类型及程度，具有丘陵红壤侵蚀区的典型特征。流域内现有人口1760人，其中劳力1241人，人均农田0.07hm²，主要经济活动以农业和外出务工为主。1999开始对流域实施综合生态修复，到目前为止共营造乔灌混交水保林167.1hm²，种经济林果61.0hm²，果茶园坡耕地改造59.3hm²，低效马尾松林抚育施肥66.6hm²，封山育林育草570.5hm²，累计治理面积924.5hm²，植被覆盖度已达82%。治理崩岗75条，修建谷坊45座，截排水沟1000余m，沉沙蓄水池20口，取得了较好的生态和社会效益，初步形成了系统有效的小流域水土保持防护体系。

在游屋圳的出口断面布设有沟道水文控制站点对降雨、水位、流量及含沙量、侵蚀量、输沙率、输沙模数等进行监测。根据不同措施年度布设20m×20m固定样地，至今已设立固定样地16个，用于水土流失治理效益典型监测。

2020年降水天数为134天，降水量1282.8mm。全年卡口站最高水位125cm，发生在9月23日；年最低水位7cm，发生在3月9日，水位变幅118cm。卡口站为山区性小流域，洪水暴涨暴落，雨峰后汇流历时约45～60min。流量测验使用LJ20A型旋浆流速仪进行测流，必要时兼用人工或天然浮标测流。全年最高流量为2.51m³/s，发生在9月23日；最低流量为0.021m³/s，发生在3月9日。全年产沙在基本水尺断面施测，采用固定线积深法。产沙单位水样为1000cm³，非汛期若无降水量按0沙处理，最高水位时含沙量为1.36g/L，含沙量最大为9月23日，水位125cm，流量为2.51m³/s，含沙量为1.36g/L。2020年全年产沙模数为0.799t/hm²。2020年游坊小流域全年降雨量为1282.8mm，径流深为480.8mm，径流系数为0.37。

小流域卡口站2020年度部分监测数据整编成果见附件5。

5.3.3 监测数据深度分析

5.3.3.1 次降雨入渗量

由于自然降雨事件雨强相对于模拟降雨试验偏小，且次降雨历时相对较短，次降雨过程中植被截留、土壤蒸发及填凹水量也相对较小。经估算次降雨事件植被截留、土壤蒸发及填凹水量均不超过次降雨量的4%。因此，忽略次降雨事件中植被截留、土壤蒸发与填凹水量。那么坡面次降雨入渗量为

$$I_{nf}=R_{ain}-R_{un} \tag{5-1}$$

式中：I_{nf}为次降雨入渗量，mm；R_{ain}为次降雨量，mm；R_{un}为次降雨径流深，mm。

各处理次降雨入渗量变化范围为6.2～90.0mm，其中，处理2（桉树人工林地，覆盖度80%，坡度30°）和处理1（自然撂荒地，覆盖度为25%，坡度30°）入渗量平均值分别为最大和最小。不同试验处理入渗量存在极显著差异（$P<0.01$）。处理2入渗量显著大于处理1、3（马尾松人工林地，覆盖度50%，坡度30°）、7（桃树人工林地，覆盖度40%，坡度25°）和8（柚树人工林地，覆盖度50%，坡度25°）（$P<0.05$），处理1和7

均显著低于处理 2、5 和 6（$P<0.05$）。次降雨平均入渗量与地表植被盖度间存在显著的正相关关系（$P<0.05$，$r=0.9481$），人工林及灌草地次降雨入渗量均高于自然撂荒地。各处理次降雨入渗量及地表植被覆盖度统计分析如图 5-2 所示。

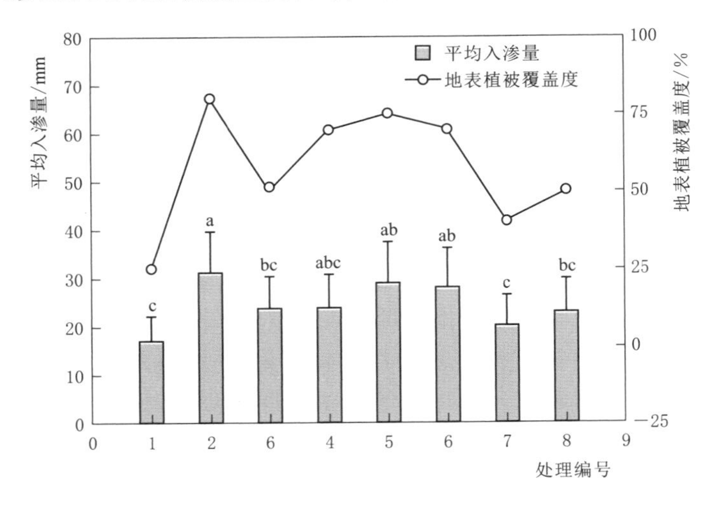

图 5-2　各处理次降雨入渗量及地表植被覆盖度统计分析

注：图中相同字母表示处理间无显著差异（$P<0.05$），采用最小显著差数法。

入渗量随降雨强度增加，呈先增加后降低变化规律，如图 5-3 所示。水分入渗主要依靠土壤中非毛管孔隙和部分毛管孔隙，当雨强增大后，坡面水深增加，静水压力变大，导致入渗率增大，入渗水量增加；此外，雨滴打击作用使部分静止毛管水变成流动下渗水，使土壤入渗量得到一定程度提升。当降雨强度增加到一定值时，雨滴打击动能过大，从而破坏表层土壤结构或形成土壤结皮，导致土壤入渗率急剧降低，入渗水量呈下降趋势。

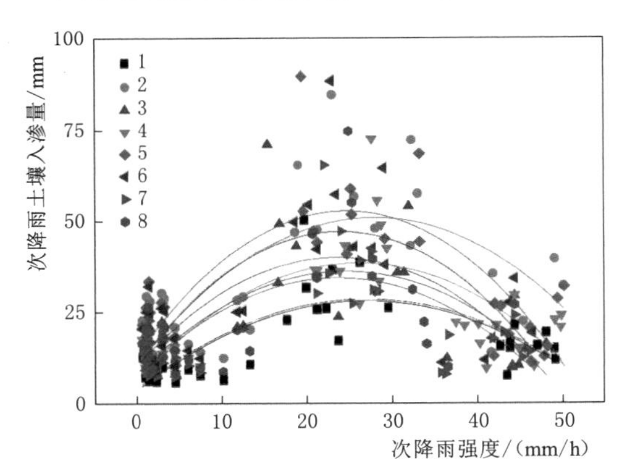

图 5-3　各处理次降雨入渗量与降雨强度散点图

各处理次降雨入渗量（I_{nf}）与降雨强度（R_{ain}）间关系，可采用形如 $I_{nf}=aR_{ain}^2+bR_{ain}+c$ 的方程定量描述，各处理方程拟合结果见表 5-17。由方程确定系数可以看出，各处理 I_{nf} 变异中有 40%～60%是由 R_{ain} 引起的，表明 R_{ain} 是影响土壤入渗的关键因素。对拟合方程求一阶导数，可以得到 I_{nf} 最大时对应的临界降雨强度。临界降雨强度与地表植被盖度间存在显著相关关系，相关系数为 0.9603（$P<0.05$）。人工林地及灌草地临界降雨强度在 20.0～27.8mm/h 之间波动，均高于自然撂荒地处理。自然撂荒地表植被盖度相对较低，一旦降雨强度增加，雨滴打击地表使表土结构遭到破坏，土壤渗透性能大幅降低，因而该处理的临界雨强相对较低。

表 5-17　　各处理次降雨入渗量与降雨强度拟合方程

试验处理	拟合方程参数			确定系数	估计误差	显著水平
	a （$\times10^{-2}$）	b	c			
1	−3.4	1.18	4.30	0.578	7.12	$P<0.01$
2	−5.1	2.85	11.8	0.537	13.3	
3	−5.3	2.19	11.2	0.521	10.6	
4	−4.7	2.43	7.27	0.559	10.3	
5	−6.5	3.21	14.0	0.600	12.1	
6	−6.4	3.06	11.1	0.518	13.0	
7	−4.7	1.89	8.50	0.512	9.59	
8	−4.6	2.01	9.01	0.432	11.9	

土壤平均入渗与各影响因子关系如图 5-4 所示。土壤平均入渗率随坡度增加呈先增加后降低变化趋势，可采用二次抛物线函数定量描述二者间动态变化关系，拟合方程达显著水平（$P=0.03$），见表 5-17。对拟合方程求一阶导数可得到土壤平均入渗率最大值（26.8mm/h）对应的临界坡度值 Scritical=16.8°。当 S 较小时，S 增加导致坡面水深减小，雨滴打击作用力增强促使土壤（非）毛管孔隙中部分静止水流变成入渗流动水而增加了土壤入渗率；此外坡度增加后水流流速变大，其侵蚀携输沙能力增强，水流将表层土壤部分堵塞（非）毛管空隙的土颗粒侵蚀搬运，增加了（非）毛管空隙连通性及水分入渗概率。随坡度的持续增加，水深大幅降低，静水压力急剧下降导致有压入渗重力势分项变小，土壤渗透性能降低；而且坡面水流沿坡面方向重力势分量急剧增加，导致水流流速大幅增加，更多降雨转化为径流使土壤入渗水量及入渗率相对降低。总体而言，坡度通过对小区承雨量、坡面水深、雨滴对地表打击作用力及角度、单位投影面积水流流道距离等对土壤入渗产生影响作用，需要进一步从物理过程出发探明这一作用机制。

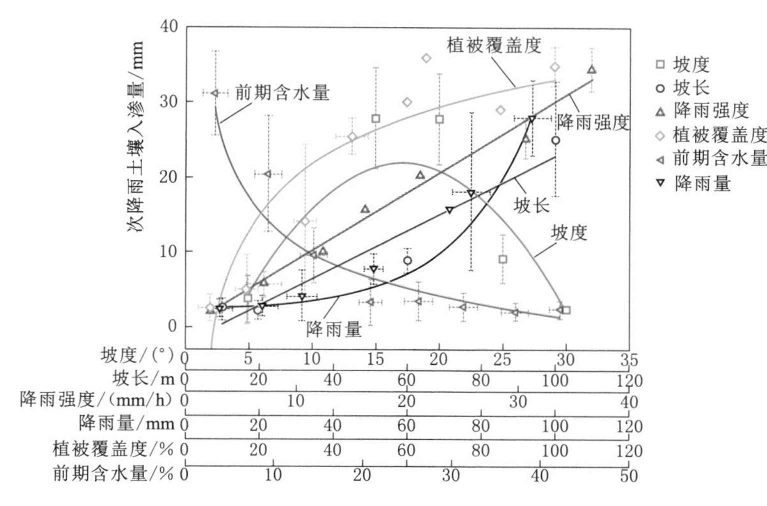

图 5-4　土壤平均入渗率与各影响因子散点图

土壤平均入渗率随坡长和次降雨强度均增加呈逐渐递增变化趋势，宜采用一次线性函数对二者关系进行描述，拟合方程均达到显著水平（$P<0.05$）、决定系数均超过 90%。对于次降雨而言，坡长对土壤入渗并无直接影响作用，但其他条件不变情况下坡长增加土壤水分入渗概率增多，导致坡面径流量降低，最终表现为土壤入渗率随坡长呈增加趋势。水分入渗主要依靠土壤中非毛管孔隙和部分毛管孔隙，当雨强增大后坡面水深增加，有压入渗重力势分项变大导致入渗率增加；此外雨滴打击作用使部分静止毛管水变成流动下渗水，也导致土壤入渗量得到一定提升。但也有研究基于更大雨强范围（30～120mm/h）的模拟降雨试验发现，入渗率随降雨强度呈先增后减的变化规律。这是因为雨强增加到一定值，雨滴打击动能过大而破坏表层土壤结构或形成结皮，导致入渗率急剧降低。

土壤平均入渗率 i_m 随次降雨量增加呈逐渐递增变化趋势，当降雨量较小（<50mm）时 i_m 递增速率相对较小（0.14mm/h），而后递增速率逐渐增大（0.57mm/h）。因此，二者关系宜采用指数函数进行拟合，拟合方程达极显著水平（$P=0.00$）。对于一般情况自然坡面次降雨事件而言，土壤水分均未达到饱和状态，所以次降雨量越大坡面入渗水量也越大，土壤平均入渗率亦越大。

植被覆盖明显削减了雨滴打击地表作用力，保护了表层土壤物理结构，使土壤入渗率在一段时间内仍保持较高渗透性。覆盖度较低时，这种作用就更为显著，随覆盖度增加其作用逐渐减弱。前期土壤含水量越大土壤基质势越大，土壤吸力越小水分在土壤中运移速率越低，因此入渗率随含水量的增加呈逐渐降低趋势。分析表明 i_m 随 V_c 和 A_{sm} 分别呈递增和递减型双曲函数，拟合方程均达到极显著水平（$P=0.01$）、决定系数均超过 73%（表 5-18）。但 i_m 并未随 V_c 及 A_{sm} 持续增加而逐渐增加和降低，存在变化的极值。基于二者拟合方程，对 V_c 和 A_{sm} 取极限分别得到 i_m 极大值和极小值分别为 $\lim_{V_c\to\infty} i_m=36.9$mm/h 和 $\lim_{A_{sm}\to\infty} i_m=5.8$mm/h。

表 5-18　土壤平均入渗率拟合方程

影响因子	拟合方程	决定系数	显著水平	均方根误差
坡度 S	$i_m=-0.158S^2+5.312S-17.9$	0.8944	0.03	3.703
坡长 L	$i_m=0.2526L-2.1913$	0.9255	0.04	2.552
降雨强度 R_i	$i_m=0.914R_i-0.2907$	0.9838	0.00	1.336
次降雨量 R_a	$i_m=1.7893e^{0.0296R_a}$	0.9981	0.00	0.585
植被覆盖度 V_c	$i_m=V_c/(0.2223V_c-0.7461)-8.12$	0.9123	0.01	3.653
前期土壤含水量 A_{sw}	$i_m=A_{sw}/(0.1719A_{sw}-0.4769)$	0.7312	0.01	5.281

5.3.3.2　次降雨径流侵蚀量

为对比分析各处理侵蚀产沙能力，分别计算了各处理次降雨坡面土壤侵蚀率，该指标反映了降雨过程中单位时间、单位面积上的土壤侵蚀量，其计算公式如下：

$$ER=SL/T \tag{5-2}$$

式中：ER 为侵蚀率，t/(hm^2·h)；SL 为土壤流失量，t/hm^2；T 为次降雨产流历

时，h。

各处理次降雨径流深和土壤流失量统计结果见表5-19。各处理间径流深及土壤流失量均无显著性差异（$P>0.05$），但自然撂荒地处理径流深及土壤流失量较其他处理均偏大。受试验条件限制，并未得出径流深及土壤流失量与坡度间规律性关系。但总体而言，坡度越大，径流深及土壤流失量均越大。径流深及土壤流失量与地表植被盖度间存在显著负相关关系（$P<0.05$），相关系数分别为－0.9536和－0.9263；地表植被盖度越大，次降雨入渗量越大，径流量（深）越小，其侵蚀产沙及输沙量也越小，土壤流失量亦越小。

表5-19　各处理次降雨平均径流深及土壤流失量

试验处理	坡度/(°)	地表植被盖度/%	样本量	径流深/mm	土壤流失量/(t/hm^2)
1	30	25	35	9.73±12.0	0.87±1.4
2		80	35	6.88±8.94	0.48±0.8
3		50	35	8.88±11.3	0.78±1.3
4		70	35	8.28±10.7	0.72±1.2
5	25	75	35	7.22±9.43	0.55±1.0
6		70	35	7.78±10.0	0.58±0.9
7		40	35	9.45±12.4	0.83±1.4
8		50	35	8.58±11.1	0.75±1.3

次降雨径流深及土壤流失量随次降雨量呈线性递增变化规律，可采用形如$Y=aX+b$的线性函数定量描述二者变化关系，各处理拟合方程均达到显著或极显著水平（$P<0.05$），且方程确定系数R^2均大于0.9；这表明在径流深及土壤流失量变异中，有90%以上是由次降雨量引起的，说明次降雨量是影响坡面径流深及土壤流失量的关键因素。但也有研究表明，幂函数和二次抛物线也能较为准确地描述次降雨量与径流量及土壤流失量间的动态变化关系，这可能与次降雨特征有密切关系。

各试验处理次降雨径流系数、降雨侵蚀力与径流中泥沙浓度、土壤侵蚀率及土壤流失量间散点图如图5-5所示。土壤侵蚀率、泥沙浓度与径流系数、泥沙浓度、土壤流失量与降雨侵蚀力间均存在正相关变化关系。径流系数越大，降雨后径流量越大，其侵蚀及携沙输沙能力均越大，因而导致土壤侵蚀率及泥沙浓度均越大。降雨侵蚀力越大，雨滴打击，导致土壤颗粒分散形成泥沙，一方面提升了径流中泥沙浓度，一方面增加了土壤侵蚀量。

土壤侵蚀率ER与径流系数RC间存在显著正相关幂函数关系（$ER=aRC^b$，$P<0.05$），各处理ER变异中，有47%～67%是由RC引起的。RC越大，单位降雨产流量越大，水流侵蚀及携沙输沙能力均越大；且随着RC增加，水流这种侵蚀携输沙能力迅速变大，由于ER与RC间非线性关系，因而可以采用正相关幂函数描述ER随RC的动态变化关系。泥沙浓度SC与径流系数RC、降雨侵蚀力RE间，存在均显著的正相关对数函数关系［$SC=a+b\ln(RC/RE+c)$，$P<0.05$］。若仅考虑单个因素的影响作用，可以

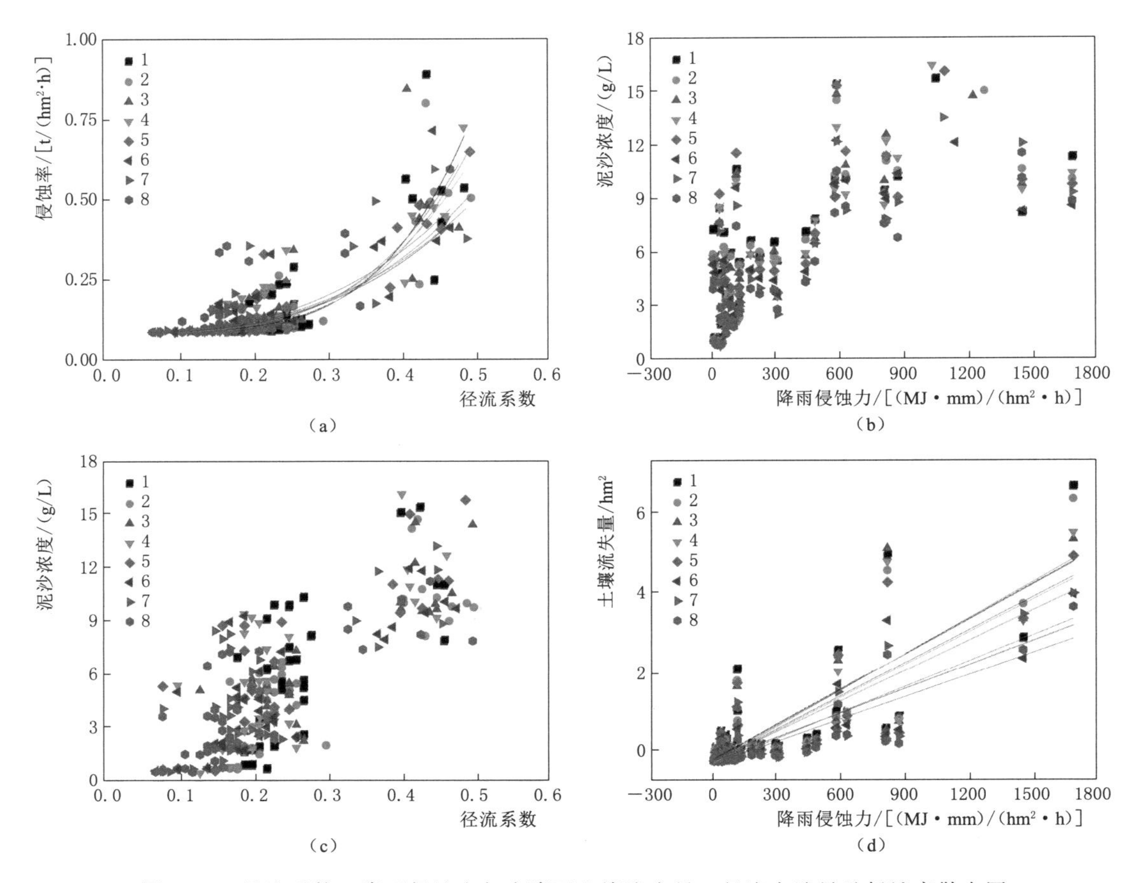

图 5-5　径流系数、降雨侵蚀力与次降雨土壤流失量、径流含沙量及侵蚀率散点图

看出各处理 SL 变异中，有 46%～78%是由 RC 引起的，有 41%～51%是由 RE 引起的。径流中 SC 变化，主要受径流侵蚀产沙能力的影响，降雨初期 RC 及 RE 增加，均导致表层土壤颗粒持续被剥离，而增加了 SC；但随着降雨持续进行，坡面流道趋于稳定，可侵蚀泥沙颗粒量逐渐减少，考虑到降雨初期 SC 迅速增加，而后逐渐放缓，趋于稳定的这一非线性变化关系，因而可以采用对数函数定量描述 SC 随 RC 及 RE 变化趋势。土壤流失量 SL 与降雨侵蚀力 RE 间存在显著的正相关线性关系（$SL=aRE+b$，$P<0.05$），各处理 SL 变异中，有 64%～72%是由 RE 引起的。SL 是降雨过程中的一个累计量，RE 越大，水流剥离表土颗粒而产生的侵蚀量越大，SL 随 RE 表现为线性递增的变化规律。

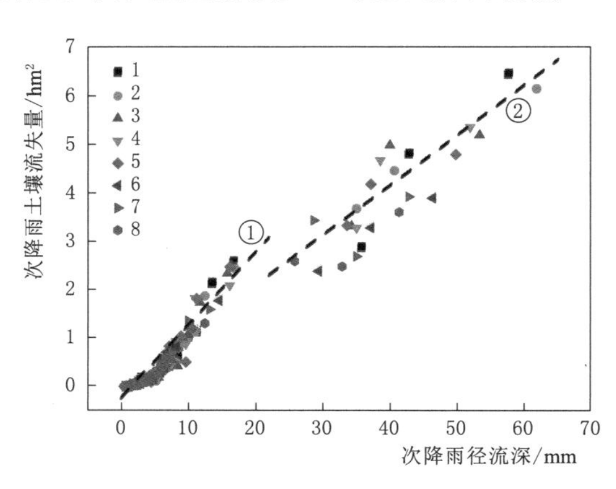

图 5-6　次降雨土壤流失量与径流深散点图

各处理次降雨土壤流失量 SL 与径流深 R_{un} 散点图如图 5-6 所示，可以看出随

径流深变化，土壤流失量呈线性递增变化规律，可采用形如 $SL=aR_{un}+b$ 的方程，定量描述二者关系。各处理拟合方程均达到极显著水平（$P<0.01$），且方程确定系数 R^2 均超过 95%，表明采用线性函数描述 SL 与 R_{un} 间动态变化关系是合理可行的。幂函数也能较为准确地反映降雨径流量与产沙量间动态变化关系，这与降雨特征、研究尺度和下垫面条件等均有密切关系。此外，当次降雨径流深小于 20mm 时，SL 随 R_{un} 增加速率较快，当 $R_{un}>20$mm 时，SL 增加速率放缓。这可能因为 R_{un} 达到 20mm 左右时，坡面易侵蚀剥离土壤颗粒已经被分散，并随水流脱离坡面表层土壤，而此后尽管水流侵蚀及携沙输沙能力均相对增加，但坡面流道及床面均趋于稳定，土壤流失量增加放缓。以 $R_{un}\approx20$mm 为界，将 8 个处理分为两组进行线性拟合：拟合方程分别为 $SL=0.1397R_{un}-0.3608$（$R^2=0.8832$，$P<0.05$，$R_{un}<20$mm）和 $SL=0.1087R_{un}-0.3883$（$R^2=0.7826$，<0.05，$R_{un}>20$mm）。

参 考 文 献

[1] Cerdà A，Morera A G，Bodí M B. Soil and water losses from new citrus orchards growing on sloped soils in the western mediterranean basin [J]. Earth Surface Processes and Landforms，2009，34（13）：1822-1830.

[2] De Giesen N V，Stomph T J，Ajayi A E. Scale effects in hortonian surface runoff on agricultural slopes in west africa：Field data and models [J]. Agriculture Ecosystems & Environment，2011，142：95-101.

[3] Parsons A J，Brazier R E，Wainwright J，et al. Scale relationships in hillslope runoff and erosion [J]. Earth Surface Processes and Landforms，2006，31（11）：1384-1393.

[4] Poesen J W，Torri D，Bunte K. Effects of rock fragments on soil erosion by water at different spatial scales：A review [J]. Catena，1994，23（1-2）：141-166.

[5] Raya A M，Zuazo V，Martínez J. Soil erosion and runoff response to plant-cover strips on semiarid slopes（SE Spain）[J]. Land Degradation & Development，2006，17（1）：1-11.

[6] Smets T，Poesen J，Bochet E. Impact of plot length on the effectiveness of different soil-surface covers in reducing runoff and soil loss by water [J]. Progress in Physical Geography，2008，32（6）：654-677.

[7] Wei W，Chen L，Fu B，et al. The effect of land uses and rainfall regimes on runoff and soil erosion in the semiarid loess hilly area，china [J]. Journal of Hydrology，2007，335（3-4）：247-258.

[8] Zheng M G，Cai Q G，Cheng Q J. Modelling the runoff-sediment yield relationship using a proportional function in hilly areas of the loess plateau，north china [J]. Geomorphology，2008，93（3）：288-301.

[9] Zheng M G，Cai Q G，Cheng Q J. Sediment yield modeling for single storm events based on heavy-discharge stage characterized by stable sediment concentration [J]. Intemanonal Journal of Sediment Research，2007，22（3）：208-217.

[10] 安晨，方海燕，王奋忠. 密云水库上游坡面产流产沙特征及降雨响应——以石匣小流域为例 [J]. 中国水土保持科学，2020，18（5）：43-51.

[11] 丛月，张洪江，程金花，等. 华北土石山区草本植被覆盖度对降雨溅蚀的影响 [J]. 水土保持学报，2013，27（5）：59-62，67.

[12] 冯绍杰，穆兴民，高鹏，等. 泾河水沙变化特征及其影响因素分析 [J]. 干旱区资源与环境，

2022，36（10）：151－157.

[13] 耿晓东，郑粉莉，张会茹．红壤坡面降雨入渗及产流产沙特征试验研究［J］．水土保持学报，2009.

[14] 韩永刚，王维明，杨玉盛．闽北不同土地利用方式径流量动态变化特征［J］．水土保持研究，2006，13（5）：262－266.

[15] 胡世雄，靳长兴．坡面土壤侵蚀临界坡度问题的理论与实验研究［J］．地理学报，1999，54（4）：61－70.

[16] 黄俊，亢庆，金平伟，等．南方红壤区坡面次降雨产流产沙特征［J］．中国水土保持科学，2016，14（2）：23－30.

[17] 黄俊，吴普特，赵西宁．坡面生物调控措施对土壤水分入渗的影响［J］．农业工程学报，2010，26（10）：29－37.

[18] 黄俊，赵西宁，吴普特．基于通径分析和灰色关联理论的坡面产流产沙影响因子分析［J］．四川大学学报（工程科学版），2012，44（5）：64－70.

[19] 江淼华，黄荣珍，谢锦升，等．闽北不同土地利用方式水土流失与降雨量的关系研究［J］．闽江学院学报，2011，32（5）：125－129.

[20] 寇馨月，姜学兵，黄俊，等．红壤区小流域次降雨产流产沙因素分析及模型构建［J］．水土保持通报，2017，37（6）：34－42.

[21] 李晓乐，成晨，张永娥，等．黄土高原典型流域输沙量变化及减沙贡献率分析［J］．泥沙研究，2021，46（3）：28－35.

[22] 林强．长汀县水土保持效益评价研究［J］．中国水土保持，2020（5）：53－55.

[23] 刘汗，雷廷武，赵军．土壤初始含水率和降雨强度对黏黄土入渗性能的影响［J］．中国水土保持科学，2009，7（2）：1－6.

[24] 刘青泉，陈力，李家春．坡度对坡面土壤侵蚀的影响分析［J］．应用数学和力学，2001，22（5）：449－457.

[25] 鲁克新，李占斌，张霞，等．室内模拟降雨条件下径流侵蚀产沙试验研究［J］．水土保持学报，2011，25（2）：6－9，14.

[26] 莫建飞，陈燕丽，莫伟华．岩溶生态系统水土流失敏感性关键指标和评估模型比较［J］．水土保持研究，2021，28（2）：256－266.

[27] 蒲朝勇．关于推动新阶段水土保持高质量发展的思考［J］．中国水土保持，2022（2）：1－6.

[28] 沈紫燕，王辉，平李娜，等．前期土壤含水量对黏性红壤产流产沙及溶质运移的影响［J］．水土保持学报，2014，28（1）：58－62.

[29] 孙从建，林若静，郑振婧，等．基于水土流失经验模型（RUSLE 模型）的黄河中游典型小流域水土流失特征分析［J］．西南农业学报，2022，35（1）：200－208.

[30] 王辉，平李娜，沈紫燕，等．雨滴动能对红壤地表溶质迁移特性影响试验［J］．农业机械学报，2014，45（12）：165－170，223.

[31] 王全九，穆天亮，王辉．坡度对黄土坡面径流溶质迁移特征的影响［J］．干旱地区农业研究，2009，27（4）：176－179.

[32] 吴发启，赵西宁，佘雕．坡耕地土壤水分入渗影响因素分析［J］．水土保持通报，2003，23（1）：16－18，78.

[33] 徐舟，姜学兵，寇馨月，等．岩溶区与红壤区不同地类产流产沙特征分析［J］．人民珠江，2018，39（11）：22－27.

[34] 杨青松，倪世民，王军光，等．粗颗粒土壤坡面侵蚀泥沙颗粒特征［J］．水土保持学报，2022，36（4）：30－36.

[35] 于国强，李占斌，李鹏，等．不同植被类型的坡面径流侵蚀产沙试验研究［J］．水科学进展，

2010，21（5）：593-599.

[36] 袁东海，王兆骞，陈欣，等．不同农作措施红壤坡耕地水土流失特征的研究［J］．水土保持学报，2001，15（4）：66-69.

[37] 张向炎，史学正，于东升，等．前期土壤含水量对红壤坡面产流产沙特性的影响［J］．水科学进展，2010，21（1）：23-29.

第6章　实施成效评价指标及计算方法

6.1　实施成效评价指标

水土保持工程实施成效评价指标包括潜在土壤侵蚀变化量（Potential Soil Erosion Change，PSEC）和治理达标率（Governance Compliance Rate，GCR）。潜在土壤侵蚀变化量可直接反映治理工程开展前后项目区潜在土壤侵蚀变化情况，用以定量表征项目区治理工程开展前后土壤侵蚀减少或增加状况，该指标为相对值。治理达标率为项目区各治理措施图斑治理达标情况，反映治理工程开展后是否所有措施图斑均达到了预期治理效果。

6.1.1　潜在土壤侵蚀变化量

对于某治理工程编号为 i 的措施图斑而言，基于中国土壤流失方程（CSLE），其治理工程实施前、后潜在土壤侵蚀量 $SE_{治理前i}$、$SE_{治理后i}$ 分别为

$$SE_{治理前i}=R_{治理前i}\times K_{治理前i}\times L_{治理前i}\times S_{治理前i}\times B_{治理前i}\times E_{治理前i}\times T_{治理前i}$$

$$SE_{治理后i}=R_{治理后i}\times K_{治理后i}\times L_{治理后i}\times S_{治理后i}\times B_{治理后i}\times E_{治理后i}\times T_{治理后i}$$

则该措施图斑潜在土壤侵蚀变化量为

$$PSEC_i=1-SE_{治理后i}/SE_{治理前i}$$

假设项目区有 n 个评价措施图斑，那么项目治理工程实施后潜在土壤侵蚀变化量可由如下公式计算：

$$PSEC=(PSEC_1\times S_1+PSEC_2\times S_2+\cdots+PSEC_i\times S_i+\cdots+PSEC_n\times S_n)/(S_1+S_2+\cdots+S_i+\cdots+S_n)$$

其中 $PSEC_i$ 为第 i 个评价措施图斑的潜在土壤侵蚀变化量值；S_i 为第 i 个评价措施图斑的面积。显然，若 $PSEC\leqslant 0$，则表示治理前后土壤侵蚀量未发生变化或增加；若 $PSEC>0$，则表示治理后土壤侵蚀量降低。

6.1.2　治理达标率

假设各措施图斑潜在土壤侵蚀变化量 $PSEC_i$ 不小于60%为治理达标（治理达标值应根据项目所在区域、治理工程项目类型等现有技术规范确定），统计得到治理达标措施图斑个数为 m，则该项目措施图斑治理达标率由如下公式计算：

$$CR=m/n\times 100\%$$

式中：n 为项目区评价措施图斑总个数。

6.2　实施成效评价工作流程

水土保持工程实施成效评价工作流程如下（见图6-1）：

(1) 信息采集：包括治理工程开展前、后两期同一季节遥感影像或低空无人机正射影像（DOM，分辨率优于 2m）、数字高程模型（DEM，分辨率优于 10m）、降雨数据（实施成效评价期前后 3 年）、项目区土壤资料及其他数据资料。

(2) 土地利用分类：使用面向对象的自动分类软件对两期遥感影像进行土地利用方式分类，土地利用方式划分应充分考虑项目区水土保持措施的类型，以便后续图斑尺度的 $PSEC$ 值计算。

(3) 土壤侵蚀因子计算：计算治理工程开展前后各措施图斑 R、K、L、S、B、E、T 各因子值，并生成专题图。

(4) 潜在土壤侵蚀量计算：以评价措施图斑为计算单元，分别计算治理工程实施前、后潜在土壤侵蚀量 $SE_{治理前}$、$SE_{治理后}$，进而计算各措施图斑 $PSEC$ 值。

(5) 治理达标率计算：根据评价措施图斑治理达标率目标值，统计治理措施图斑达标个数 m，计算评价措施图斑治理达标率 CR 值。

(6) 土壤侵蚀变化量计算：基于各措施图斑面积，对各评价措施图斑 $PSEC$ 值按照面积加权的方法计算得到项目区 $PSEC$ 值。

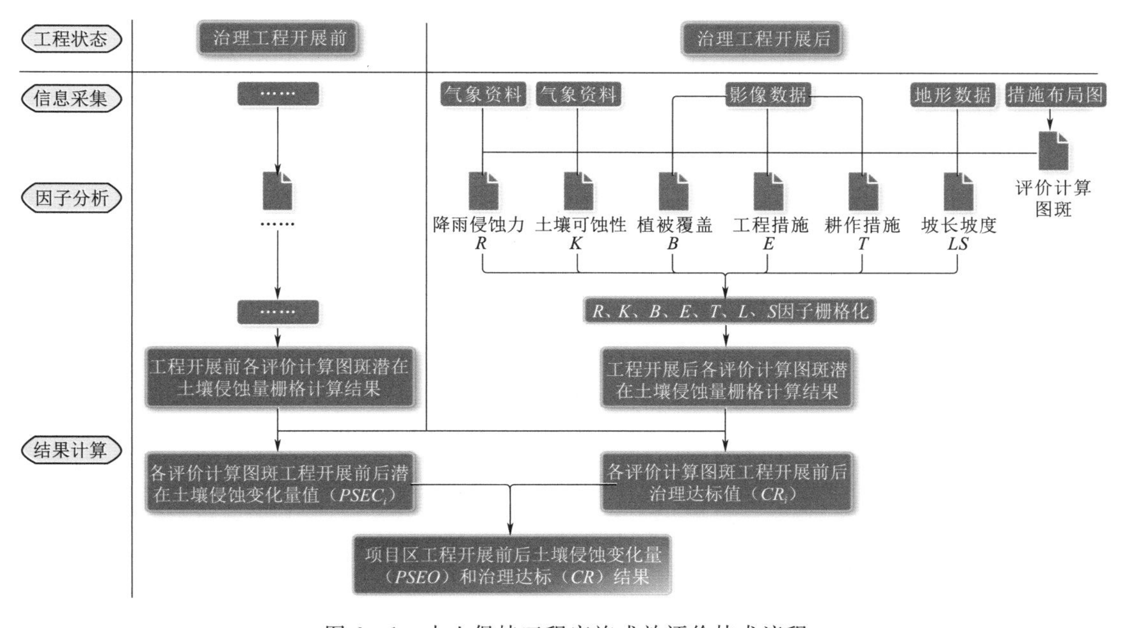

图 6-1　水土保持工程实施成效评价技术流程

6.3 成效评价措施图斑提取

水土保持措施图斑是成效评价基本单元，要满足在空间上连续、土地利用类型一致、林草覆盖度/郁闭度相同（差异一般不超过 10%）、水土保持措施类型相同。水土保持措施图斑生成本质是遥感影像地物信息识别与提取，或者称为遥感影像分割。常用遥感影像分割方法包括面向对象的遥感影像信息提取方法、基于传统人机交互目视判别的遥感影像信息提取方法、基于自动 K－mean 聚类分析的遥感影像信息提取方法、基于图像处理阈值分割的遥感影像信息提取方法。

图 6－2　大疆御 Mavic 2 型无人机

本书案例试验数据为某国家水土保持重点治理工程坡改梯项目，无人机影像拍摄时间为 2018 年 6 月中下旬，影像拍摄高度 120m，影像分辨率为 0.05m。上述影像拍摄当天气象状况良好，大气因素影响作用很小，所获取影像可准确反映地物实际情况。本研究对影响各波段中心波长位置和范围并无严格要求，因此对获无人机影像未开展严格辐射定标校正。所使用无人机为深圳市大疆创新科技有限公司生产的御 Mavic 2 型无人机拍摄（见图 6－2），相机型号为哈苏 L1D－20c，最大照片尺寸为 5472×3648，采用了 1/2.3 英寸 CMOS，有效像素 1200 万，支持 2 倍光学变焦（等效焦距为 24～48mm）与 2 倍电子变焦（48～96mm）。由于影像空间分辨率很高，整个区域数据量巨大，为便于说明问题，本文选取了影像中包含地物相对丰富且具有代表性的区域开展研究，影像包含 3175 行×3175 列。

6.3.1　面向对象的水土保持评价措施图斑提取

面向对象的分类方法是遥感影像分析与地物识别的重要手段，该方法需要将遥感影像分割为一系列彼此相邻的同质区域（简称为图像对象），然后将这些图像对象识别为不同类别地物。需要注意的是该方法基本处理单元为图像对象，而不是原遥感影像像元。因此其分类依据不仅包括光谱信息，还涵盖了图像对象大小及形状、图像对象的空间关系，如空间拓扑关系、对象等级属性等。

影像分割方法大体上可以分为基于阈值、基于边界和基于区域等三大类。基于阈值的方法过于依赖于阈值的选择，对于复杂、数据量较大的遥感数据，其效果相对较差；基于边界的分割方法往往难以得到闭合且连通的边界，需要后期再处理，且容易产生边界错分的现象；基于区域的方法应用广泛，具有原理简单、无须预知类别数目等优点，特别是分形网络演化算法（Fractal Net Evolution Approach，FNEA），FNEA 是一种区域生长的算法，以种子像元为中心，根据影像数据的光谱、形状、纹理等多种特征加权值，不断与种子周边相同或近似性质像元合并，直到满足生长条件。FNEA 算法的理论基础可表示为

$$F = w_1 h_{color} + (1 - w_1) h_{shape}$$

式中：F 为尺度参数，是判断一个对象是否继续生长的关键，F 过小会造成分割后的对象破碎、时耗过长，属于“过分”现象。F 过大，则会造成对象内混合了多种地物类型的像元，属于“欠分”或“混分”现象；h_{color} 为光谱因子，由各波段的光谱值乘以相应的权重累加得到。w_1 为光谱因子的权重，取值为 0～1。h_{shape} 为形状因子，具体表达式为

$$h_{shape} = w_2 h_{com} + (1 - w_2) h_{smooth}$$

式中：h_{com} 为紧实度系数，用于优化分割对象的紧凑程度，取值介于 0～1。h_{smooth} 为光滑

度因子，用于优化分割对象边界的光滑程度，抑制边缘的过度破碎，取值介于 0～1。w_2 为紧致度的权重。

eCongtion Developer 是基于目标信息的智能化影像分析软件，由德国 Definiens Imaging 公司开发。该软件采用决策专家系统支持的模糊分类算法，所采用的面向对象信息提取方法充分利用了对象信息（如色调、形状、纹理、层次等）和类间信息（如与邻近对象、子对象、父对象的相关特征等），其核心算法为分形网络演化算法。本书以 eCongtion Developer 8.0 完成面向对象的无人机遥感影像水土保持评价措施图斑提取，分析不同分割尺度、形状参数和紧实度系数对分割结果的影响，确定基于高分辨率无人机遥感影像的最优分割参数。

图 6-3 为采用不同分割尺度下得到的实验区无人机遥感影像分割效果，其中分割尺度采用了 50、100、150、200、250、300、350、400、450、500 共计 10 个等级，形状因子和紧实度系数统一为 0.3。实验结果表明，当分割尺度 F 为 50～300 时，图像纹理过于被关注，导致分割图斑过于细小而缺乏实际作用，发生了“过分”的现象，仅有颜色、纹理十分相同的才被分割归并为统一类别（如农业大棚——图中黑色部分）。当分割尺度 F 大于 300 时，不同水土保持措施基本能够较好的分割，得到的矢量数据具有较强的实际作用，统一类别被较好地识别分割出来，未出现“欠分”“混分”等现象。因此实际工作中

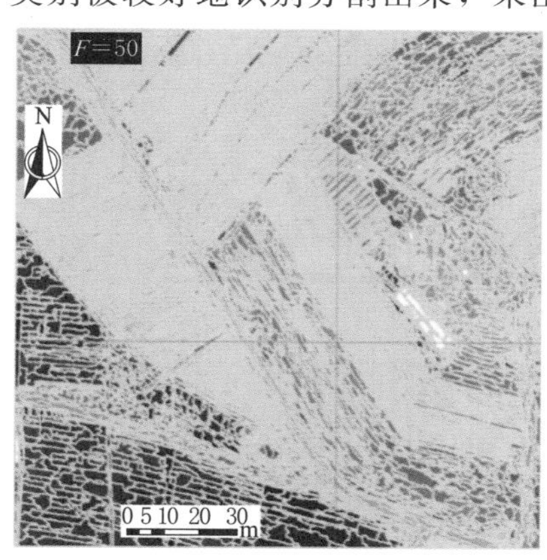

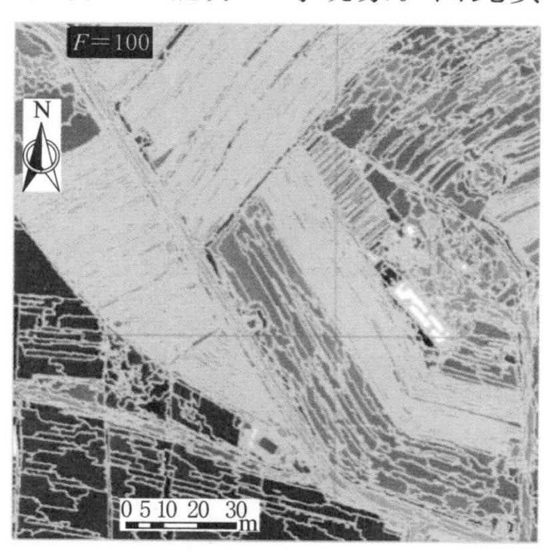

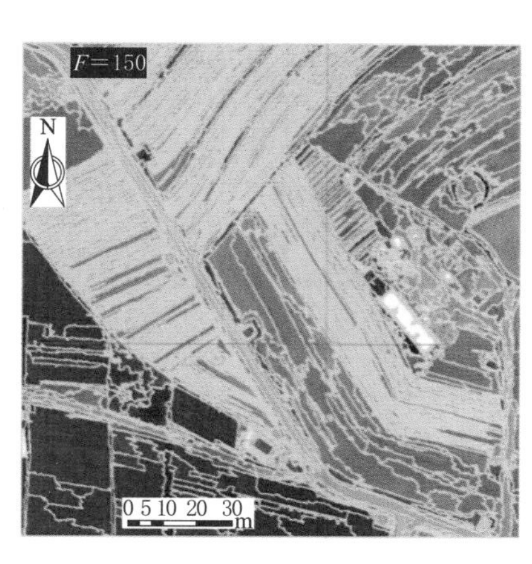

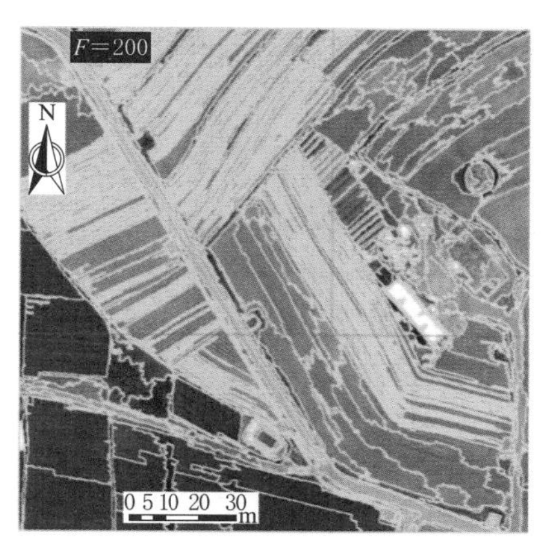

图 6-3（一） 多分割尺度无人机遥感影像分割效果（分割尺度=50～500）

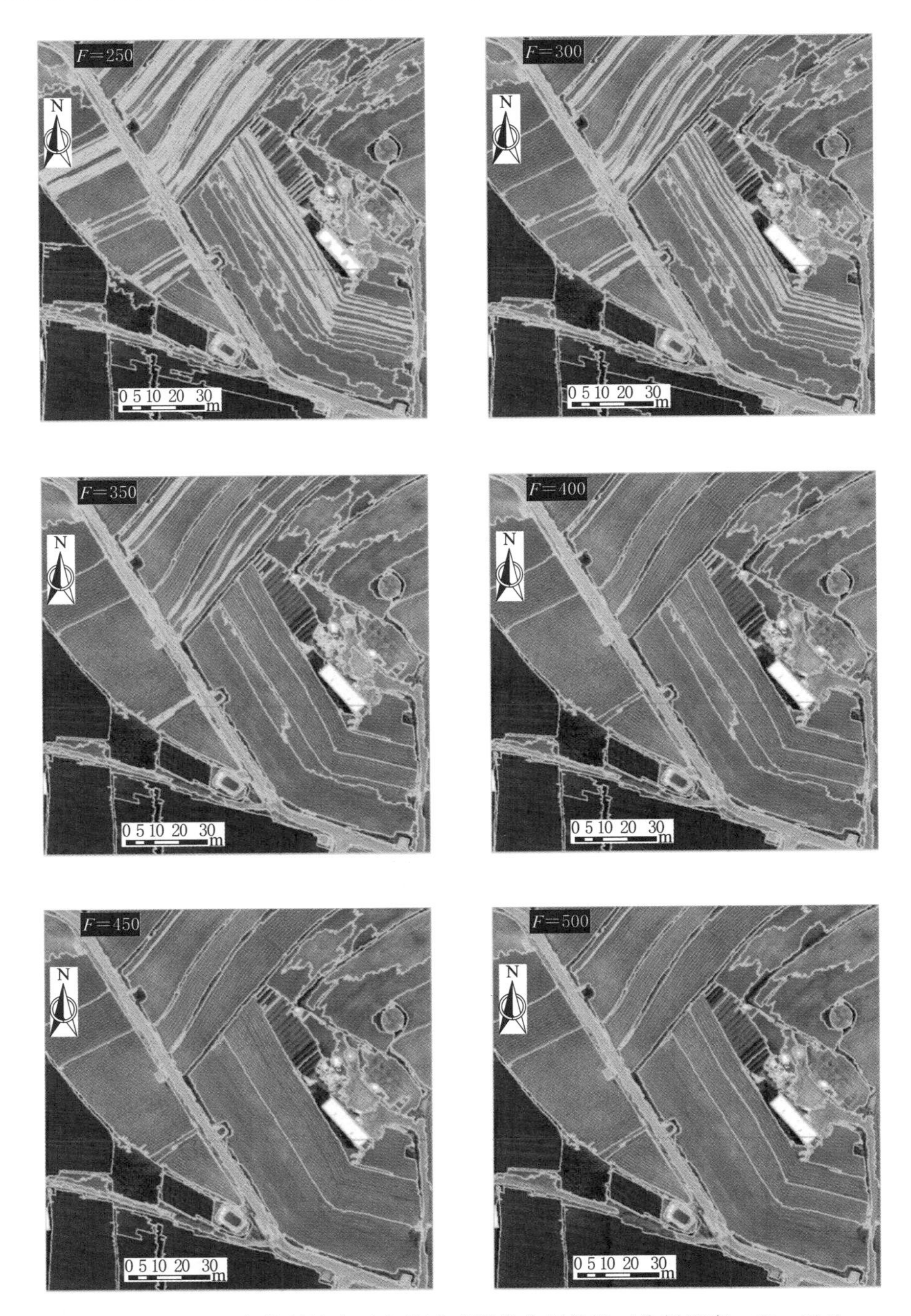

图 6-3（二）　多分割尺度无人机遥感影像分割效果（分割尺度=50～500）

分割尺度不应低于 300，但这也与影像数据的颜色、纹理等有较大关系，需要通过多次测试得到最优分割尺度。

图 6-4 是分割尺度为 300、紧实度系数为 0.3 情况下不同形状因子得到的实验区无人机遥感影像分割效果，其中形状因子采用了 0.1、0.3、0.4、0.5、0.7、0.9 共计 6 个等

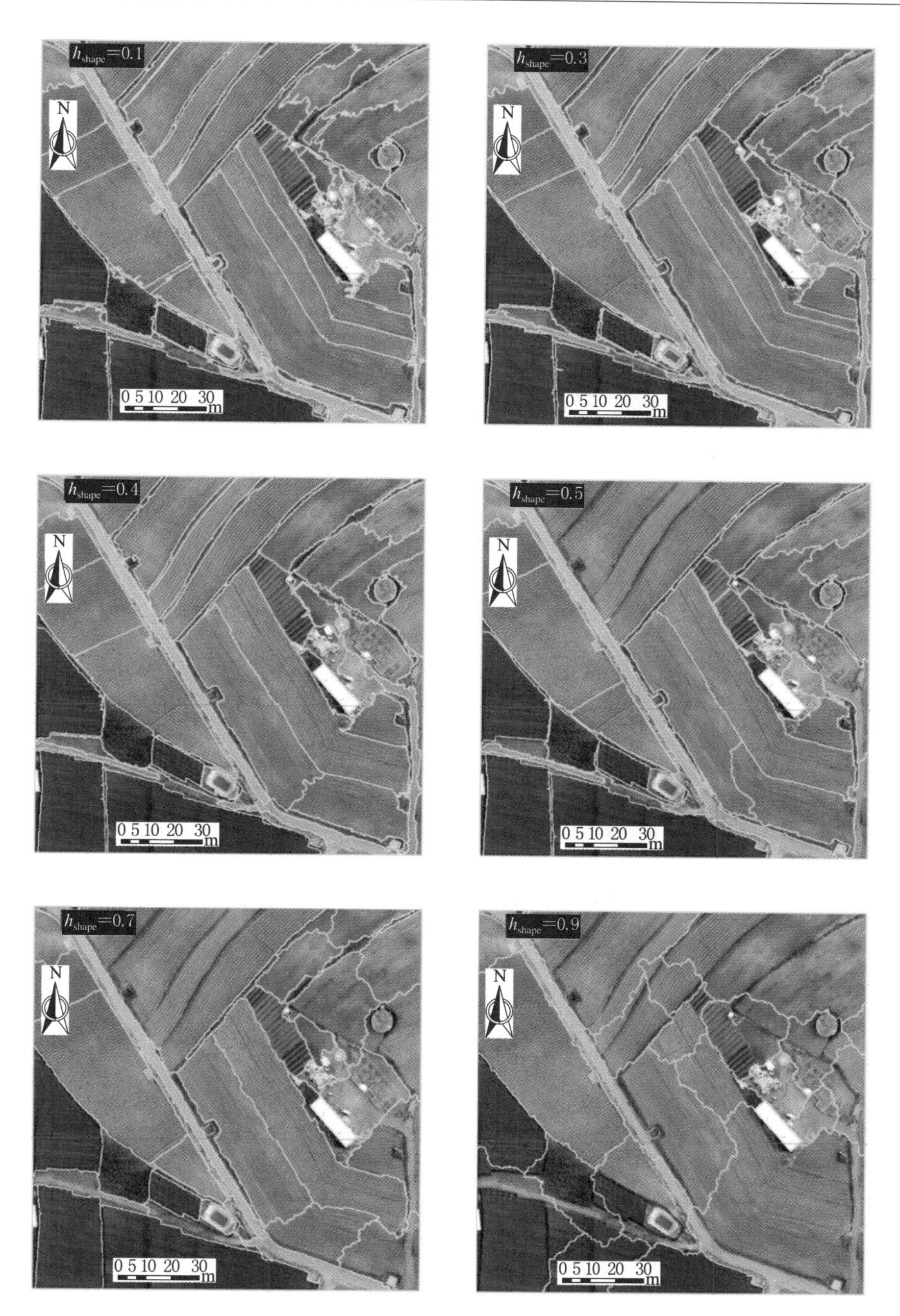

图6-4　多形状因子无人机遥感影像分割效果（形状因子为0.1～0.9）

级。可以看出，形状因子过大（>0.5）导致相同水土保持措施被强行切分，得到过于细小的水土保持措施图斑；而形状因子过小（=0.1）时，得到的水土保持措施图斑矢量文件边界锯齿形状明显、矢量节点过多。形状因子过大、过小得到的分割结果均相对较差，本例中形状因子为0.3可得到较好的分割结果。

图 6-5 是分割尺度为 300、形状因子为 0.3 情况下不同紧实度系数得到的实验区无人机遥感影像分割效果，其中紧实度系数采用了 0.1、0.3、0.5、0.7 共计 4 个等级。可以看出，当分割尺度较优、形状因子合适的情况下，紧实度系数对分割结果的影响作用相对较小。但紧实度系数过大（0.7）时，也出现了相同水土保持措施被强行切分的现象，分割过程的容错率相对较低。总体而言，本例中紧实度系数 0.3 分割效果最好、精度最高，过小和过大的紧实度系数得到的水土保持措施图斑矢量文件边界齿形状明显、矢量节点过多。

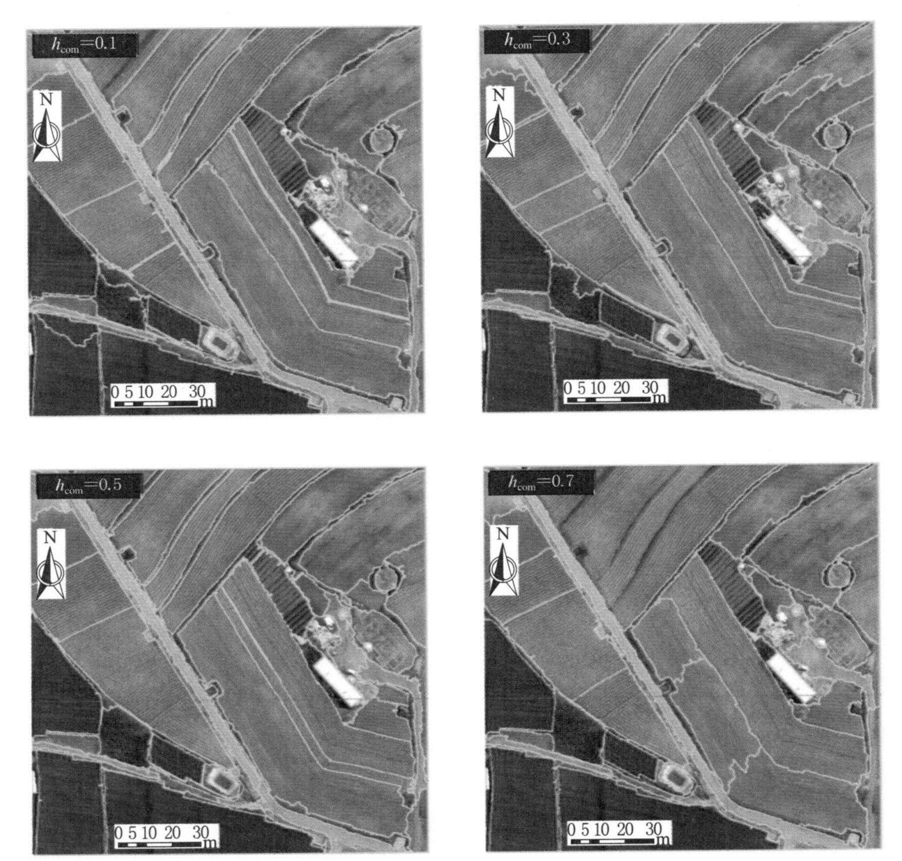

图 6-5　多紧实度系数无人机遥感影像分割效果（紧实度系数为 0.1～0.7）

6.3.2　基于人机交互目视判别的水土保持评价措施图斑提取

人机交互判别法是采用卫星遥感影像，结合地形地貌、植被、水土保持措施、空间分布等地信专题信息，基于先验知识在计算机上进行人机交互式遥感解译和实地验证相结合进行水土流失遥感调查的技术方法。该方法一般需要根据卫星遥感影像和实地调查情况建立不同侵蚀状况、不同水土保持措施的遥感解译标志，根据解译标志，采用人机交互解译的方法，得到研究区域的水土保持措施图斑，如图 6-6 所示。但对于目前主流厘米级无人机遥感影像，地物信息可以直接从无人机影像中获取，无须单独建立解译标志库，但对于难以确定的地物，仍需要实地调查数据支撑。

遥感影像解译标志是人机交互解译判别依据，其建立的正确性和精确性是关系到调查结果的精度，是遥感解译的关键环节之一。解译标志的建立，既要考虑到充分利用遥感信息，能真实客观区分各水土保持措施图斑，同时又要考虑遥感影像的波谱特征和几何特征。解译标志建立首先是通过室内综合分析图像特征和有关资料，建立初步的标志，然后经野外重点地区验证确定，作为下一步解译的依据。室内详细解译是在遥感影像预处理、建立解译标志的基础上进行的。任务是对遥感影像水土保持措施图斑范围、边界进行判别，并将水土保持措施图斑边界、类型数字化。

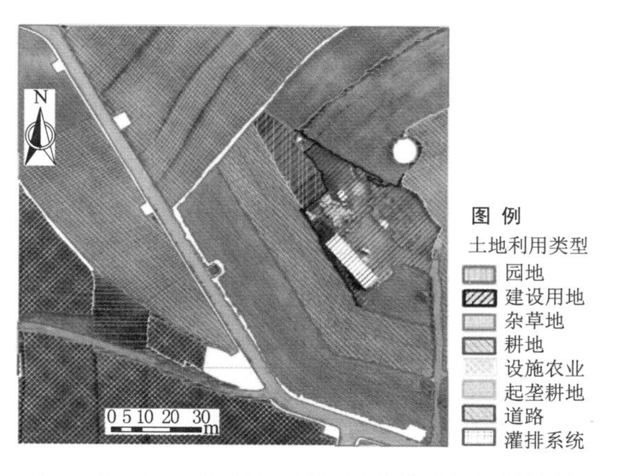

图 6-6　人机交互目视判别无人机影像解译效果

6.3.3 基于 K-mean 聚类分析的水土保持评价措施图斑提取

聚类分析是一种非监督学习算法，该算法可以在没有给定分类标签的情况下，根据数据自身的距离或相似度将它们划分为若干组，对数据进行自动分类；分类后的数据表现为组内距离最小化，而组间距离最大化。聚类分析包括 K-mean 聚类算法、K-中心点聚类算法和系统聚类算法。K-mean 聚类算法也称快速聚类法，在最小化误差函数的基础上将数据划分为预定的类数 K，该算法原理简单并便于处理大量数据；K-中心点聚类算法对异常值敏感，且 K-中心点聚类算法不采用簇中对象的平均值作为簇中心，而选用簇中离平均值最近的对象作为簇中心；系统聚类也称多层次聚类，分类的单位由高到低呈树形结构，且所处的位置越低，其包含的对象就越少，但这些对象间的共同特征越多。该聚类方法只适合在小数据量时使用，数据量大时速度会非常慢。

对于给定的 D 维欧几里得空间的一组数据 x_N，目标任务为将该组数据聚为 K 个簇，其中不同簇的点之间距离较远，相同簇的点之间距离较近。K-mean 聚类算法就是要寻找 K 个聚类中心 u_k，将所有数据分配到距离最近的聚类中心，满足每个数据点与其响应聚类中心距离平方和最小。设二值变量 $r_{nk} \in [0 \quad 1]$ 来表示数据点 x_N 对于聚类 k 的归属，其中 $n=1,2,3,\cdots,N$，$k=1,2,3,\cdots,K$。如果数据点 x_n 属于第 k 聚类，则 $r_{nk}=1$，反之为 0。据此，定义损失函数：

$$J = \sum_{n=1}^{N} \sum_{k=1}^{K} r_{nk} \| x_n - u_k \|^2$$

目的是找到使损失函数 J 最小的所有数据的归属值 r_{nk} 和 u_k，具体计算步骤如下：

第一步：随机初始化 u_k 值，计算损失函数最小的数据点归属值 r_{nk}。可以看出，对于给定的 x_n 和 u_k，损失函数为 r_{nk} 的线性函数，且由于 x_n 互相独立，所以对于每一个数据点 n，均存在如下关系式：

$$r_{nk} = \begin{cases} 1 & , \quad k = arg\min_j \| x_n - u_j \|^2 \\ 0 & \quad 其他 \end{cases}$$

第二步：基于计算得到的 r_{nk}，再求使损失函数最小的聚类中心 u_k，对于给定的 r_{nk}，

令损失按函数对 u_k 的倒数等于零，得到：

$$\sum_{n=1}^{N} r_{nk}(x_n - u_k) = 0$$

进而得到：

$$u_k = \frac{\sum_n r_{nk} x_n}{\sum_n r_{nk}}$$

对于 k 个聚类而言，$r_{nk}=1$ 的个数就是属于该聚类数据点的个数。因此，u_k 等于属于该聚类的数据点均值。重复这两个步骤直到收敛，即完成 K - mean 聚类分析。

虽然 K - mean 聚类分析算法明确，但聚类簇数 K 并无选取原则，通常依经验确定；另外该算法的每一次迭代都要遍历所有样本，计算每个样本到所有聚类中心的距离，因此算法的时间成本和资源消耗均相对较大；且该算法适用于分布为凸形的数据集，不适合聚类非凸形状的类簇。

基于 Python 和机器学习库函数实现了对无人机遥感影像非监督自动分类（程序代码详见附件 1）。图 6 - 7 为利用 K - mean 聚类算法得到的实验区无人机遥感影像分割效果。总体而言，不同水土保持措施分割效果相对较为理想，多级聚类下能较为清晰地将不同类对象分割、相同类对象区分，具有较强的应用效果。K - mean 聚类算法对于光谱纹理特

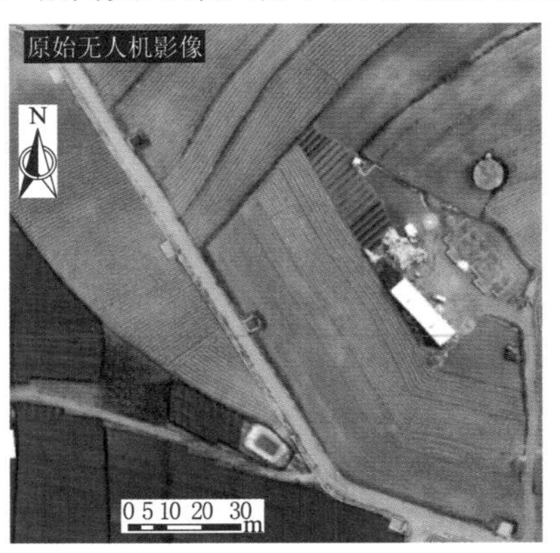

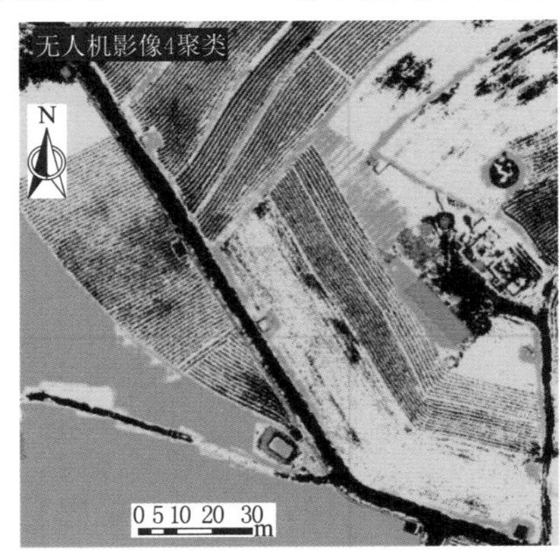

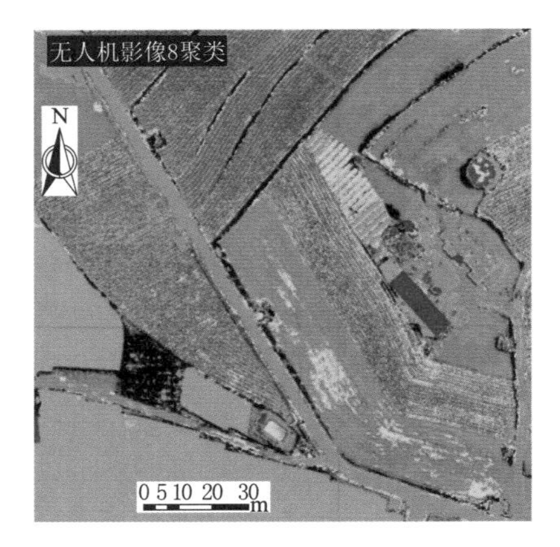

图 6 - 7　无人机遥感影像 K - mean 聚类分割效果

征相对均一的情况处理结果良好，且未出现“过分”“欠分”等现象。但对于相邻像元光谱纹理特征十分复杂的条纹相间区域则分割效果相对较差，像元包容及合并能力相对不足，过于依赖像元的光谱纹理参数而导致将耕地区域分割破碎。此外，K - mean 聚类算法基于栅格数据，得到的也是多分类的栅格数据，尚未矢量化，后续具体应用中还需要对其结果进行矢量化处理。

6.3.4 基于图像阈值分割的水土保持评价措施图斑提取

图像阈值分割是一种广泛应用的分割技术，利用图像中要提取的目标区域与其背景在灰度特性上的差异，把图像看作具有不同灰度级的两类区域（目标区域和背景区域）的组合，选取一个比较合理的阈值，以确定图像中每个像素点应该属于目标区域还是背景区域，从而产生相应的二值图像。阈值分割法的特点是：适用于目标与背景灰度有较强对比度情况，重要的是背景或物体的灰度比较单一，而且总可以得到封闭且连通区域的边界。图像阈值确定方法一般有人工选择法、直方图计数法、大律法（OTSU）和迭代法。人工选择法需要通过人工识别判断图像分割阈值范围，通过反复尝试比较，缩小阈值范围，最终确定图像分割阈值。该方法操作简单，但效率很低，一般需要利用 ENVI 等地理信息处理软件开展相关工作。直方图技术法适用于“双峰”灰度直方图，一般双峰之间波谷值即为图像分割阈值；对于“单峰”灰度直方图也难以确定其图像分割阈值。大律法是借助最小二乘法原理在直方图技术上推导而来，具有简单、速度快等特点。迭代法通过预先假定的阈值，按照一定算法不断改变当前阈值，直到满足设定条件而得到图像分割阈值。本书以图像阈值分割方法中的大律法和迭代法为例，展示阈值分割在水土保持评价措施图斑提取中的应用。

6.3.4.1 大律法（OTSU）阈值计算

OTSU 算法是日本学者于 1979 年提出的一种图像二值化算法，通过多次运算也可以实现图像多值化分割。OTSU 算法假定图像中存在一个阈值 T，分别判断图像中各像素点与 T 值大小关系，可以将图像中所有像素点分为前景像素和背景像素两类，且当只要选择到最佳分割阈值 T 时，背景像素和前景像素差别最大，该算法利用最大类间方差来衡量这一差别。由于该算法采用了最大类间方差的思想，因此本算法也被称为 OTSU 最大类间方差法。OTSU 算法对图像噪声较为敏感，对于单目标分割能够得到较好的效果。

假设一张尺寸为 $M \times N$ 的灰度图，其最优分割阈值 OTSU 算法步骤如下：

选定一个分割阈值，统计属于前景像素点数在全部像素点数中的占比 w_0 及其平均灰度 u_0，同理统计属于背景部分的 w_1 和 u_1。

计算图像全部像素的平均灰度 u 和类间方差 g，具体公式如下：

$$u = w_0 \times u_0 + w_1 \times u_1$$

$$g = w_0 \times (u_0 - u)^2 + w_1 \times (u_1 - u)^2 = w_0 \times w_1 \times (u_0 - u_1)^2$$

遍历全部分割阈值 T，重复上述步骤，使得类间方差 g 最大的阈值 T 即为该灰度图目标分割阈值。

6.3.4.2　迭代法阈值计算

图像分割阈值迭代法基于无限逼近思想，具体步骤如下：

计算得到灰度图像最大灰度值和最小灰度值，分别即为 z_{max} 和 z_{min}，令初始阈值 $T_0=(z_{max}+z_{min})/2$；

根据阈值 T_0 将图像分割为前景和背景两部分，分别计算出两者平均灰度值分别为 z_{0_1} 和 z_{1_1}；更新阈值 $T_1=(z_{0\_1}+z_{1\_1})/2$；

根据阈值 T_1 将图像分割为前景和背景两部分，分别计算出两者平均灰度值分别为 z_{0_2} 和 z_{1_2}；更新阈值 $T_2=(z_{0\_2}+z_{1\_2})/2$；

经过 n 次迭代后，若 $T_n=T_{n-1}$ 或二者误差在允许范围内，则停止迭代，图像分割阈值 $T=T_n$。

6.3.5　上述各方法对比分析

以 eCongtion Developer 为代表的面向对象自动分类方法、人机交互目视判别的分类方法、基于自动 K - mean 聚类分析的分类方法以及基于图像阈值分割的对象分类方法均能实现对水土保持评价措施图斑的提取，可为水土保持成效评价提供基础数据，各方法对比分析见表 6 - 1。

表 6 - 1　　遥感数据对象信息分类方法对比分析

方　法	对　比　分　析
面向对象自动分类	可实现对象自动分类；可得到分类后矢量数据；已有成熟商业软件工具，软件价格昂贵
人机交互目视判别	可得到分类后矢量数据；基于 ArcGIS 等地理信息平台；工作效率低、人工成本高
自动 K - mean 聚类分析	可实现对象自动分类；不能到分类后矢量数据；无商业软件工具，需要编程或二次开发实现
基于图像阈值分割	可实现对象自动分类，但多分类效果相对较差，适用于分割类别较少的应用场景；不能到分类后矢量数据；无商业软件工具，需要编程或二次开发实现

6.4　降雨侵蚀力因子

降雨是导致土壤侵蚀的主要源动力，USLE 和 CSLE 中降雨侵蚀力因子 R 反映了降雨气候因素对土壤侵蚀的潜在作用，是影响土壤侵蚀计算结果的重要因子之一。RUSLE 对次降雨定义为：降雨间歇时间在 6h 以上或连续 6h 降雨量不足 1.2mm，视为二次降雨时间，后者看成一次降雨时间。此外，USLE 和 RUSLE 根据雨量大小拟定了侵蚀性降雨标准，一次降雨量大于 12.7mm 或该次降雨的 15min 雨量大于 6.4mm，即认定为侵蚀性降雨。USLE 和 CSLE 将降雨侵蚀力因子定为由降雨引起土壤侵蚀的潜在能力。我国相关学者多用月或者年降水资料估算降雨侵蚀力，编制区域降雨侵蚀力图件，分析降雨侵蚀力季节分布，用于指导生产实践。

章文波等基于全国 564 个测站 1971—1998 年逐日降雨数据，分析全国降雨侵蚀力空间变化特征，发现降雨侵蚀力空间分布与降雨量较为近似，但又取决于降雨量和降雨强度两个因素；一般降雨侵蚀力较小地区，其年内分配也非常集中。

次降雨总动能 E 与 30min 最大雨强 I_{30} 的乘积 EI_{30} 作为衡量次降雨侵蚀量大小的指标得到广泛应用，但次降雨过程数据较为基础、不易获取，给该方法的推广应用带来了不小困难。月降雨量或年降雨量数据较为常见、容易获取，也是估算降雨侵蚀力较为常见的一种降雨侵蚀力简易计算方法，但月降雨量数据相对粗略，计算结果精度受到一定限制。W. Richardson 等利用日降雨量特征信息，构建幂函数结构形式的日降雨侵蚀力计算模型，但模型参数区域差异和季节特征较为明显，难以直接应用。根据降水资料类型的不同，选择适宜、简便和代表性计算公式开展降雨侵蚀力估算，是获取土壤侵蚀量估算的前提。当有年多年平均降雨数据，可采用如下公式计算多年平均降雨侵蚀力：

$$R = \alpha P^{\beta}$$

式中：P 为多年平均降雨量，mm；R 为多年平均降雨侵蚀力，(MJ · mm · hm^2)/(h · a)；α、β 为模型参数。

月平均降雨侵蚀力可采用月平均降雨量估算，其简便算法公式如下：

$$R = \alpha F^{\beta}$$

其中

$$F = \frac{\sum_{i=1}^{12} P_i^2}{P}$$

式中：P 为多年平均降雨量，mm；P_i 为第 i 个月的平均降雨量，mm；R 为多年平均降雨侵蚀力，(MJ · mm · hm^2)/(h · a)；α、β 为模型参数；F 为修正的 Fournier 指数，与年平均雨量 P 的季节分布有关，用以反映年降雨量在各月分配状况年降雨侵蚀力影响，其取值范围在 $P/12 \sim P$ 之间，mm。

逐年降雨侵蚀力估算可采用逐年降雨量估算，具体公式如下：

$$R_j = \alpha P_j^{\beta}$$

式中：P_j 为第 j 年降雨量，mm；R 为多年平均降雨侵蚀力，(MJ · mm · hm^2)/(h · a)；α、β 为模型参数。

逐月降雨侵蚀力采用如下公式计算：

$$R = \alpha F_F{}^{\beta}$$

其中

$$F_F = \frac{\sum_{i=1}^{N} \left[\frac{\sum_{j=1}^{12} P_{i,j}^2}{\sum_{j=1}^{12} P_{i,j}} \right]}{N}$$

式中：$P_{i,j}$ 为第 i 年 j 月的降雨量，mm；N 为年数；R 为多年平均降雨侵蚀力，(MJ · mm · hm^2)/(h · a)；α、β 为模型参数。

使用日雨量估算降雨侵蚀力可采用如下公式计算：

$$R_i = \alpha \sum_{j=1}^{k} D_j^{\beta}$$

式中：R_i 表示第 i 个半月时段降雨侵蚀力，(MJ · mm · hm^2)/(h · a)；α、β 为模型参数；k 表示该半月时段内天数；D_j 为半月时段内第 j 天日雨量，当日雨量小于 12mm 时，记为 0，与侵蚀性降雨标准对应；参数 α、β 可采用如下公式计算：

$$\beta = 0.8363 + \frac{18.144}{P_{d12}} + 24.455/P_{y12}$$

$$\alpha = 21.586\beta^{-7.1891}$$

式中：P_{d12} 为日雨量大于 12mm 的日平均雨量；P_{y12} 为日雨量大于 12mm 的年平均雨量。

根据上述公式计算逐年各半月降雨侵蚀力数据，汇总统计得到多年平均降雨侵蚀力，可采用 Kriging 等空间插值方法，将各站点数据进行插值得到空间连续分布的降雨侵蚀力。

6.5　土壤可蚀性因子

一般认为土壤可蚀性是土壤对侵蚀的敏感程度，指土壤受到外界营力作用被分散和搬运的难易程度。国内外学者就土壤与侵蚀间相互作用关系，基于土壤被动反应及主动抵抗侵蚀两方面提出诸多概念。土壤的可分离性和可搬运性是国外土壤可蚀性研究普遍接受的观点；而国内多采用土壤抗冲抗蚀性概念。抗冲性指土壤抵抗水流等外营力的机械破坏和推移搬运能力，抗蚀性指土壤抵抗水体对土颗粒分散和悬浮的作用。由于抗冲抗蚀性不能在复杂的土壤侵蚀动力学过程中被独立观测而使其应用范围受到一定限制。

目前，被普遍接受和广泛使用的土壤可蚀性概念是美国土壤流失方程（USLE）中定义的土壤可蚀性因子 K。土壤流失方程从土壤侵蚀预报的角度定义 K 为单位面积上单位降雨侵蚀力所产生的土壤侵蚀量。这里的 K 值具有明确的物理意义、适用性较强，成为诸多土壤侵蚀定量预报评价模型的基本参数。土壤可蚀性受多个因子的交互影响，并不是一个物理或化学等可直接测定度量的指标。因此，土壤可蚀性测定或估算只能在一定控制条件下，通过测定反映土壤流失量或土壤性质的一些参数来（间接）计算土壤可蚀性。目前土壤可蚀性计算方法主要有实测法和模型法。

6.5.1　实测法

基于天然或人工模拟降雨试验，通过实测一定下垫面条件坡面土壤侵蚀量及其他相关参数，基于土壤流失方程定量计算土壤可蚀性。美国通用土壤流失方程（USLE）定义土壤可蚀性为：单位降雨侵蚀力在标准径流小区（长 22.13m，宽 1.83m，坡度 9%的连续休闲地）上引起的土壤流失量。基于 ULSE 方程，采用野外径流小区实测数据即可反推得到土壤可蚀性因子 K。

$$K = AR^{-1}L^{-1}S^{-1}C^{-1}P^{-1}$$

式中：A 为土壤侵蚀模数，$t/(hm^2 \cdot a)$；R 为降雨侵蚀力，$(MJ \cdot mm \cdot h)/(hm^2 \cdot a)$；$K$ 为土壤可蚀性因子，$(t \cdot hm^2 \cdot h \cdot MJ)/(hm^2 \cdot mm)$；$L$ 为坡长因子；S 为坡度因子；C 为田间（植被）覆盖与管理因子；P 为水土保持措施因子。同样，也可以基于中国土壤流失方程 CSLE 依据实测数据计算土壤可蚀性参数。

6.5.2　诺莫公式法

基于 55 种土壤理化指标与 K 值对应关系，借助 USLE 建立计算 K 值的诺莫方

程（亦称诺莫图），可以用来较为精确地估算粉粒和极细砂含量之和小于70%土壤的可蚀性。诺莫公式法适用于“粉砂+极细砂”含量低于70%的土壤，其计算公式如下：

$$100K=2.1\times10^{-4}(12-OM)M^{1.14}+3.25(S-2)+2.5(P-3)$$

式中：M=(粉砂+极细砂含量0.002～0.1mm)×砂粒含量(0.1～2mm),%；OM为土壤有机质含量,%；S为土壤结构等级系数，赋值方法见表6-2；P为土壤渗透等级系数，赋值方法见表6-3。

表6-2　　诺莫公式S赋值表

粒径大小/mm	0～1	1～2	2～10	>10
土壤结构	极细颗粒状	细颗粒状	中或粗颗粒状	块状、片状
S	1	2	3	4

表6-3　　诺莫公式P赋值表

渗透速度/(mm/h)	极慢	慢	中等慢	中等快	快	极快
	0～1.25	1.25～5.0	5.0～20.5	20.5～62.5	62.5～125.0	>125.0
P	6	5	4	3	2	1

6.5.3　几何粒径公式法

Shirazi等提出在土壤理化性质数据有限情况下（诸如无极细砂含量或有机质含量数据等），可只考虑土壤几何平均粒径开展土壤可蚀性计算，具体计算公式如下：

$$K=7.594\times\left\{0.034+0.0405\exp\left[-\frac{1}{2}\left(\frac{\lg D_g+1.659}{0.7101}\right)^2\right]\right\}$$

$$D_g=\exp\left(\frac{\sum f_i\ln m_i}{100}\right)$$

式中：f_i表示土壤中第i个粒径级组成百分比,%；m_i为小于第i个粒径级的算术平均值，mm；D_g为土壤可蚀几何平均粒径，mm。

6.5.4　Torri公式法

在几何粒径公式法的基础上，Torri等提出了一种基于土壤黏粒含量和几何粒径的土壤可蚀性计算公式，具体计算公式如下：

$$K=0.0293(0.65-D_g+0.25D_g^2)\exp[-0.0021(OM/CLA)$$
$$-0.00037(OM-CLA)^2-4.02+1.72C^2]$$

$$D_g=\sum f_i\lg\sqrt{d_id_{i-1}}$$

式中：CLA为土壤黏粒（<0.002mm）含量；d_i、d_{i-1}分别为土壤机械组成中第i级土壤颗粒上限值和下限值，mm；当$i=1$时，$d_0=0.00005$mm；f_i为第i级粒径等级土壤颗粒含量。

6.5.5　EPIC公式法

土壤侵蚀和生产力影响的估算模型（Erosion Productivity Impact Calculator，EPIC）又称为环境政策综合气候模型（Sharpley and Williams，1990），它是美国研制的定量评价“气候—土壤—作物—管理”综合连续系统动力学模型。EPIC 模型作为一种多作物通用型生产系统模拟模型，得到了学者们的广泛试验验证和大量研究应用，成为具有影响的土壤可蚀性因子估算模型之一。该模型中土壤可蚀性因子 K 计算公式为

$$K=\{0.2+0.3\exp[-0.0256SAN(1-SAN/100)]\}\times\left(\frac{SIL}{SIL+CLA}\right)^{0.3}$$
$$\times\left(1-\frac{0.25C}{C+\exp(3.72-2.95C)}\right)$$
$$\times\left(1-\frac{0.70SN_1}{SN_1+\exp(22.90SN_1-5.51)}\right)$$

式中：SAN、SIL、CLA 分别为土壤砂粒（0.05～2.0 mm）、粉粒（0.002～0.05 mm）和黏粒（<0.002mm）含量，%；C 为土壤有机碳含量，%；$SN_1=1-SAN/100$，%；使用该公式计算得到 K 值的单位为（t·hm^2·h·MJ）/（hm^2·mm）。

6.5.6 小结

国外关于土壤可蚀性研究始于 20 世纪 20 年代，陆续提出了反映土壤可蚀性的指标，例如土壤侵蚀率等，认为土壤可蚀性受土地利用方式、降雨特征、植被覆盖等多种因素影响，仅依靠土壤某些物理化学形状指标难以较好地表征土壤可蚀性。我国学者从 20 世纪 50 年代起相继开展土壤可蚀性研究，并取得了诸多成果。

张琪等研究了吉林省辉南县人为扰动下林地可蚀性变化，诺莫公式计算结果表明退耕还林年限与土壤可蚀性 K 值间呈极显著负相关关系，且暗棕壤土壤可蚀性 K 值较白浆土大。蒋涛基于宁化县水保科教园人工径流小区实测数据，研究了“坡改梯”“山边沟＋鱼鳞坑”“穴状＋顺坡”“清耕”四种水土保持措施土壤可蚀性 K 值；不同水土保持措施土壤可蚀性 K 值变化范围为 0.4035～0.4462，差异不显著。胡克志等采用 EPIC 模型计算了丹江源区鹦鹉沟小流域土壤可蚀性，分析了项目区土壤可蚀性空间变异特征和不同植被类型对土壤可蚀性 K 值的影响；研究区土壤可蚀性 K 值变化范围为 0.027～0.062，均值为 0.047，变异系数为 12.8%，属中等变异；表层土壤抗蚀性最小，随着土层深度的增加 K 值逐渐变大，抗侵蚀能力最强，6 种不同植被类型土壤表层 0～10cm 土层 K 值的大小排序为栎树林>花生地>草地>玉米地>松林>茶园；K 值从南至北、自东向西逐渐减小，条带状分布明显，反映了流域北部森林覆盖区土壤抗侵蚀能力较强，东南部及中东部耕作种植、居住生活区和未受关注的山体土壤抗侵蚀能力较弱。张天宇等采集了东北地区坡耕地 70 个土种土样，利用土壤理化性质分析和诺莫图获取了各土种土壤可蚀性 K 值，平均值为 0.031±0.012，变化范围为 0.070～0.011；K 值在精度或纬度方向上无明显变化规律；不同土种间 K 值差异明显，极值比达到 6.4。翟伟峰和许林书采用通用土壤流失方程和诺莫公式法实测和估算了东北典型黑土区土壤可蚀性 K 值，结果表明实测值均大于估算值，K 值复算模型不能直接应用与东北典型黑土区，利用实测值和估算值建立了诺莫估算值计算结果的修正公式。李旭等借助 EPIC 模型计算了吉林省汪清林业局所辖林场 10 块近天然林样地土壤可蚀性 K 值，研究区内 K 值平均为 0.0607，0～20cm 土层土壤可蚀性 K 值较 20～60cm 土层大。程李等研究发现 Sharply 等提出的土壤可蚀性计算公式较适用于贵州山区坡耕地土壤可蚀性 K 值计算，该方法计算结果稳定、变异系数小；

坡耕地 K 值随年份增加呈持续下降趋势。郑海金等基于江西省水土保持生态科技园15个标准径流小区连续5年定位观测数据，研究发现诺莫公式和EPIC模型法均可适用于红壤区土壤可蚀性 K 值计算，与实测值间相对误差均值为4.79%；K 值与地表覆盖和土地利用密切相关。朱明勇等采用EPIC公式法计算了丹江口水库库区五龙池小流域土壤可蚀性 K 值，平均为0.0302，与我国其他有黄棕壤可蚀性 K 值研究成果一致；流域内 K 值空间变异性较小，变异系数为14.7%；流域内86.56%面积的 K 值变幅为0.0264～0.0330。王秋霞等研究了花岗岩崩岗区土壤可蚀性，对比分析了诺莫方程及其修正方程、EPIC模型、Shirazi公式法和Torri模型法的计算结果，发现诺莫方程可适用于南方花岗岩风化土壤可蚀性 K 值计算，其计算结果与实测数据较为一致。岑奕等基于全国第二次土壤普查数据，采用EPIC模型估算了华中地区主要土壤可蚀性因子 K 值，变化范围为0.09～0.39；从空间变化而言，河南省东西部区域 K 值相对较高，湖南省南部、湖北及河南交界中东部地区 K 值相对较低；从土壤类型而言，褐土 K 值最大为0.34，粗骨土 K 值最小为0.19。郝姗姗等以陕西省彭阳县为例，采用修正通用土壤流失方程（RULSE），计算了研究区11个小流域土壤可蚀性 K 值，基于BP神经网络模型开展了影响黄土丘陵区土壤可蚀性因子敏感性分析，结果表明坡长坡度因子是影响土壤侵蚀的最关键因子。王宇等以吉林省水蚀区为研究区域，测定了不同土壤类型区内耕作土壤的基本性状特征，采用诺莫公式计算了土壤可蚀性 K 值。分析结果表明：耕作土壤的 K 值与土壤有机质含量、砂粒含量呈极显著负相关，与"粉砂粒"和"粉砂粒＋极细砂粒"含量呈极显著正相关，不同土壤类型间的 K 值分布特征为黑土＞黑钙土＞白浆土＞暗棕壤。张琪等通过对吉林省中东部耕地土壤可蚀性研究发现，不同土壤种类 K 值排序为黑土＞黑钙土＞白浆土＞暗棕壤，从全国水土保持三级区划看，K 值分布特征为东北漫川漫岗土壤保持区＞长白山山地丘陵水质维护保土区＞长白山山地水源涵养减灾区。管飞等研究发现肥东县土壤可蚀性 K 均值为0.02797，水稻土、黄褐土、黄棕壤 K 值分别为0.0279、0.0281和0.0263；不同土壤质地 K 值平均值中粉壤土最大，沙壤土最小，且土壤质地 K 值均呈弱变异性；肥东县土壤可蚀性以中等可蚀性、高可蚀性为主；肥东县土壤可蚀性 K 值空间分布呈现由北向南先降低、后增高、再降低的趋势，由东向西逐渐增高的趋势，存在极大的土壤侵蚀风险。区晓琳等研究了闽西南崩岗土壤理化性质及可蚀性变化特征，发现从集水坡面到崩壁、崩积体至沟口，3个部位的土壤砂粒质量分数、pH值和土壤密度呈升高趋势，粉粒、砂粒的质量分数和含水量呈下降趋势崩岗系统内的黏粒质量分数、pH值和有机质质量分数与土壤可蚀性关系密切，可以作为表征崩岗土壤可蚀性的有效指标。刘斌涛等收集了青藏高原1255个典型土壤剖面资料，采用模型计算和面积加权分析方法确定了每一个土壤亚类的土壤可蚀性 K 值，结合青藏高原1∶100万土壤类型图，分析了青藏高原土壤可蚀性 K 值的空间格局特征。结果表明，青藏高原土壤可蚀性 K 值平均为0.2308，低可蚀性、较低可蚀性、中等可蚀性、较高可蚀性和高可蚀性土壤面积分别占该区面积的5.60%、18.23%、24.35%、44.02%和7.80%。以中等可蚀性和较高可蚀性为主，二者分布面积之和达 $1.77\times10^6km^2$，占青藏高原总面积的68.37%；较高可蚀性、高可蚀性土壤主要分布在青藏高原中西部的羌塘高原、柴达木盆地和横断山区的低海拔河谷中。青藏高原土壤可蚀性 K 值具有明显的垂直分异特征，在横断山区最为显著，土壤可蚀性随海拔高度升高而降低。吴昌广等采用几何粒径公式法，利用重庆市和湖北省第二次土壤普查资料，计算了三峡库区土壤可蚀性 K 值，其变幅为 0.0072～0.0192，其中 0.0150～0.0190 间中高可蚀性和高可蚀性土壤面积占库区总面积的 74.49%，库区内存在较大的土壤侵蚀风险。张鹏宇等采用不同方法计算了陕西省 9 个地区耕地土壤可蚀性 K 值，结果发现 RUSLE 的极细砂粒转换公式在陕西黄土丘陵沟壑区平均低约 14.53%，在陕南地区平均高约 32.91%，使用修正公式后平均误差分别为 7.81%和 13.14%；对比分析 K 估算值与实测值，子洲县实测 K 值为 0.00269，Dg - OM 模拟计算均值为 0.0297；水蚀预报模型 WEPP（Water Erosion Prediction Project）中的细沟间可蚀性（K_i）和细沟可蚀性（K_r），与 USLE 的 K 值相关系数分别为 0.7386 和 0.6074。刘泉等调查和测试了紫色土丘陵区 3 个典型小流域内林地、园地和旱耕地的表层土壤（0～20cm）的理化性质，并利用 EPIC 公式计算了土壤可蚀性 K 值，发现样地表层土壤（0～20 cm）可蚀性 K 值大小排序为 SP4（园地桃树，28°，阳坡）＞SP7（园地茶树，18°，阳坡）＞SP5（梯田油茶，12°，阴天＝坡）＞SP2（园地核桃枇杷，23°，阳坡）＞SP6（耕地小麦，10°，阳坡）＞SP3（园地柑橘桑树，22°，阳坡）＞SP1（林地侧柏，30°，阳坡）；除全磷与 K 值相关性较小外，K 值与其他影响因子达到了显著或极显著相关水平；K 值与各影响因子之间的相关程度排序为有机碳＞砂粒＞粉粒＝黏粒＞全氮＞全磷。提高有机碳含量，降低化肥的使用量，促进土壤团聚体形成，增加团聚度，是增加紫色土抗蚀性能的重要途径。邓良基等应用美国通用土壤流失方程（USLE）和土壤侵蚀预报模型（WEPP）中的土壤可蚀性 K 值，对四川各类自然土壤和旱耕地土壤可蚀性特征进行了研究，结果发现土壤可蚀性 K 值与土壤理化性质直接相关，自然土壤和旱耕地土壤可蚀性 K 值在 0.268～0.344，紫色土 K 值较大，是易遭受侵蚀的土壤。李肖等以淮北土石山区赣榆区为研究区，通过径流小区法和 Cs137 核素示踪技术修订 EPIC 模型，并利用克里金插值技术获取赣榆区土壤可蚀性因子 K 值的空间分布图。结果表明 EPIC 模型不能直接应用于淮北土石山区 K 值的估算，估算值在耕地上波动较大；修订 EPIC 模型估算 K 值与实测 K 值的相对偏差为 5.4%，精度较高，适用于淮北土石山区 K 值的估算；赣榆区 K 值主要分布在 0.032～0.041。研究区棕壤类、潮土类、砂姜黑土类、盐土类 K 均值分别为 0.034、0.037、0.037、0.039。张高玲等在湖南省湘东大围山和湘西小溪国家级自然保护区，选取现有四种典型土地利用方式为研究对象，利用 Torri 模型计算了土壤可蚀性 K 值，发现湘东地区天然林及其开垦 7 年后不同土地利用方式土壤可蚀性 K 值表现为：杉木林＞天然林＞果园（坡改梯）＞坡改梯耕地；湘西地区天然林及其开垦 10 年以上不同土地利用方式的土壤可蚀性 K 值表现为：坡改梯耕地＞果园＞杉木林＞天然林。土地利用方式发生变化后，土壤可蚀性因微地形的改变以及种植作物的年限不同会发生不同程度的变化，采取水土保持措施对土壤状况有一定改善。史东梅等采用 5 种土壤可蚀性 K 值估算方法对紫色丘陵区土壤可蚀性进行比较研究，以筛选出符合该地区紫色土成土和侵蚀特点的土壤可蚀性估算方法，结果表明：对相同土壤母质和土地利用类型而言，5 种土壤可蚀性估算方法的 K 值依次为：$K_{EPIC}>K_{修正诺谟}>K_{诺谟}>K_{Shirazi}>K_{Torri}$，5 种估算方法 K 值差异显著，其根本原因在于选择了不同的土壤理化性质指标作为 K 值估算基础。紫花苜蓿地土壤可蚀性 K 值最小；对相同土壤母质和土壤类型而言，不同土地利用

类型对土壤可蚀性估算方法的稳定性反应不同，其敏感性大小为：紫花苜蓿地＞小麦地＞桑林地，对于存在经常性翻耕活动的各种坡耕地种植模式而言，各种估算方法的稳定性差别不大；紫色丘陵区诺谟法和EPIC法估算的K值与标准值最为接近，且对土壤理化性质变化具有一定敏感性，因此在该地区进行土壤侵蚀敏感性评价和土壤流失量预测时，可采用诺谟法和EPIC法进行K值估算。荆莎莎等研究发现沂蒙山区土壤可蚀性K值变化范围为0.1057～0.3776，属中等变异，以中低可蚀性土壤分布最广；在分布最广的粗骨土土类中，石灰岩钙质粗骨土K值最大，为中高可蚀性土壤，存在较大的侵蚀危险性；蒙阴县西北部区域为低可蚀性土壤，中部和东南部为中可蚀性及以上土壤；沂水县土壤主要为中低可蚀性，而南部、西北及东北部存在中高及高可蚀性土壤；同一土类而不同土地利用呈现异质性特征，不同土地利用K值大小依次为园地＞耕地＞林地＞草地，随着海拔高度增大，土壤可蚀性K值呈逐渐减小趋势。李子君等研究发现沂河流域土壤可蚀性K均值为0.0995，变化范围为0.0311～0.1933，以较低可蚀性和中等可蚀性土壤分布最广，上游河谷和下游平原地区土壤可蚀性明显高于沂山、蒙山等高海拔地区；不同土壤类型的可蚀性K值存在差异，粗骨土、石质土、山地草甸土和棕壤的可蚀性值较低，红黏土、水稻土、砂姜黑土、新积土和潮土的可蚀性值较高，易受到侵蚀；土地利用方式对K值有明显的影响作用，不同土地利用方式的可蚀性K值大小依次为耕地＞未利用地＞草地＞林地；随着海拔高度的上升，土壤可蚀性呈现逐渐降低的趋势；不同坡度区间的K值也存在差异，土壤可蚀性随坡度增加整体上呈现减小趋势。仲嘉亮和郭朝霞采用EPIC模型法研究了新疆土壤可蚀性K值及分布特征，结果表明：新疆各类型土壤表层平均K值为0.238～0.441，主要分布在“可侵蚀”至“较易侵蚀”范围；其中K值最大的土类为石质土和风沙土，均属于岩成土土纲；K值最小的土类为棕钙土；不同的土地利用方式，土壤可蚀性特征也不同，耕地土壤K值最大。汪邦稳研究发现皖西、皖南不同土壤可蚀性实测值差异较大，其值范围为0.013～0.043，黄棕壤最小，红壤最大，红壤可蚀性值是黄棕壤的3.3倍；同一种土壤不同方法估算的土壤可蚀性值差异较大，在没有实测资料验证的情况下，难以选择适宜的土壤可蚀性估算方法。辜世贤等以藏东矮西沟流域为研究对象，发现西藏高原东部土壤K值的最优估算模型为通用流失方程K因子模型，不同土壤的K值大小顺序为灰褐土＞高山草甸土＞棕壤＞暗棕壤，流域K值的平均值为0.005，在全国范围内较小。我国水土保持一级分区水蚀区土壤可蚀性研究成果见表6-4。

表6-4　我国水土保持一级分区水蚀区土壤可蚀性研究成果

一级分区	$K/[(t\cdot hm^2\cdot h)/(MJ\cdot mm\cdot hm^2)]$			年份	方法	地点
	均值	标准差	变化范围			
北方风沙区	0.3145	0.0491	0.238～0.441	2014	EPIC	新疆
北方土石山区	0.0356	0.0094	0.025～0.045	2004	实测法	河北省
北方土石山区	0.2521	0.0806	0.106～0.378	2017	EPIC	蒙阴县、沂水县
北方土石山区	0.0355	0.0069	0.026～0.046	2019	实测法	连云港赣榆区

续表

一级分区	$K/[(t \cdot hm^2 \cdot h)/(MJ \cdot mm \cdot hm^2)]$			年份	方法	地点
	均值	标准差	变化范围			
北方土石山区	0.0995	0.0267	0.031～0.193	2019	EPIC	沂河流域
东北黑土区	0.0321	0.0011	0.030～0.033	2008	诺莫公式法	齐齐哈尔市
东北黑土区	0.0403	0.0127	0.014～0.071	2011	实测法	克山、拜泉、甘南县
东北黑土区	0.0607	0.0017	0.057～0.064	2014	EPIC	延边朝鲜族自治州
东北黑土区	0.0439	0.013	0.012～0.067	2017	诺莫公式法	吉林水蚀区耕地
东北黑土区	0.0754	0.0254	0.023～0.116	2020	诺莫公式法	通化市辉南县
东北黑土区	0.0287	0.0164	0.012～0.061	2020	诺莫公式法	东北坡耕地
东北黑土区	0.0399	0.0098	0.029～0.061	2021	诺莫公式法	吉林中东部耕地
南方红壤区	0.0303	0.0032	0.026～0.045	2005	—	衡阳盆地
南方红壤区	0.0523	0.0023	0.046～0.055	2010	诺莫公式法、EPIC	九江市
南方红壤区	0.0353	0.0044	0.026～0.044	2011	EPIC	华中地区
南方红壤区	0.0495	0.0054	0.040～0.063	2016	EPIC	长汀县
南方红壤区	0.0355	0.0077	0.027～0.040	2016	诺莫公式法	武汉市
南方红壤区	0.025	0.0131	0.013～0.043	2019	实测法	皖西、皖南
南方红壤区	0.0547	0.0013	0.053～0.058	2019	EPIC	宁化县
南方红壤区	0.0275	0.0008	0.026～0.028	2020	几何粒径公式法	肥东县
南方红壤区	0.002	0.0002	0.001～0.002	2021	Torri 公式法	浏阳市大围山
青藏高原区	0.0532	0.0129	0.033～0.065	2004	EPIC	西藏
青藏高原区	0.0386	0.0347	0.006～0.144	2011	EPIC	矮西沟流域
青藏高原区	0.0301	0.0024	0.026～0.034	2014	EPIC	青藏高原
青藏高原区	0.1832	0.025	0.152～0.246	2019	EPIC	西藏朗县
西北黄土高原区	0.0392	0.014	0.019～0.054	2009	实测法	鄂尔多斯
西北黄土高原区	0.0489	0.0107	0.037～0.063	2016	实测法、EPIC	陕西 9 个市县区
西北黄土高原区	0.046	0.0025	0.043～0.051	2019	实测法	彭阳县
西南岩溶区	0.0494	0.0029	0.023～0.116	2013	EPIC	罗甸县
西南紫色土区	0.0404	0.0036	0.038～0.046	2003	实测法	四川
西南紫色土区	0.0121	0.0097	0.003～0.032	2010	实测法	重庆北碚区
西南紫色土区	0.0302	0.0044	0.015～0.037	2010	EPIC	五龙池小流域
西南紫色土区	0.0456	0.003	0.041～0.053	2012	EPIC、诺莫公式法	重庆北碚区
西南紫色土区	0.0498	0.0038	0.041～0.054	2012	EPIC	资阳市
西南紫色土区	0.047	0.006	0.027～0.062	2016	EPIC	丹江口
西南紫色土区、南方红壤区	0.0147	0.0047	0.006～0.020	2010	几何粒径公式法	三峡库区
西南紫色土区、南方红壤区	0.0541	—	0.050～0.061	2021	EPIC	三峡库区消落带

6.6 植被因子计算

6.6.1 无人机影像可见光植被指数

目前遥感领域现有植被指数众多，如归一化植被指数，*NDVI*（Normalized difference vegetation index）、比值植被指数，*RVI*（Ratio vegetation index）、增强型植被指数，*EVI*（Enhanced vegetation index）、土壤调节植被指数，*SAVI*（Soil adjustment vegetation index）、修正的土壤调节植被指数，*MSAVI*（Modified soil adjustment vegetation index）、转换型植被指数，*TVI*（Transformed Vegetation Index）、修正的转换型植被指数，*CTVI*（Corrected Transformed Vegetation Index,）、垂直植被指数，*PVI*（Perpendicular Vegetation Index）、差异植被指数，*DVI*（Difference Vegetation Index）、权重差异植被指数，*WDVI*（Weighted Difference Vegetation Index）、绿色植被指数，*GVI*（Green Vegetation Index）等，但上述植被指数均使用到近红外波段。而目前绝大多数无人机遥感影像仅包含红、绿、蓝 3 个可见光波段。

近年来可见光 3 波段无人机遥感影像快速发展，在诸多领域得到广泛应用，但可见光波段无人机遥感影像植被指数计算方法尚未成熟，其公式构型与使用近红外波段的植被指数构建基本一致，主要包括比值型、归一化型、差值型三类。现有常用可见光波段植被指数计算公式见表 6-5。

表 6-5　常见可见光波段植被指数计算公式

类型	植被指数	计算公式
比值型	红绿比指数，*RGRI*(Red green ratio index)	R/G
	绿蓝比指数，*GBRI*(Green blue ratio index)	B/G
	植被指数，*VEG*(Vegetation index)	$gr^{-a}b^{a-1}(a=0.667)$
归一化型	可见光波段差异植被指数，*VDVI* (Visible band difference Vegetation Index)	$(2G-R-B)/(2G+R+B)$
	归一化绿红差异指数，*NGRDI* (Normalized green-red difference index)	$(G-R)/(G+R)$
	归一化绿蓝差异指数，*NGBDI* (Normalized green blue difference index)	$(G-B)/(G+B)$
	超绿红蓝差分指数，*EGRBDI* (Excess green-red-blue difference index)	$(4G2-R\times B)/(4G2+R\times B)$
	归一化色调亮度植被指数，*NHLVI* (Normalized hue and lightness Vegetation Index)	$(H-L)/(H+L)$
	改进型绿红植被指数，*MGRVI* (Modified green red Vegetation Index)	$(G^2-R^2)/(G^2+R^2)$
	红绿蓝植被指数，*RGBVI* (Red green blue vegetation index)	$(G^2-R\times B)/(G^2+R\times B)$

续表

类型	植 被 指 数	计 算 公 式
差值型	超红植被指数，ExR（Excess red）	$1.4r-g$
	超绿植被指数，ExG（Excess green）	$2g-r-b$
	超蓝植被指数，ExB（Excess blue）	$1.4b-g$
	超绿超红差分指数，$ExGR$（Excess green minus excess red）	$g-2.4r-b$
	植被颜色指数，$CIVE$（Crop information Vegetation Index）	$0.441r-0.881g+0.385b+18.78745$
	改进型土壤调整植被指数，$V-MSAVI$（Visible-band MSAV）	$\{(2G+1)-[(2G+1)^2-8(2G-R-B)]^{0.5}\}/2$

注 R、G、B 分别代表红光、绿光、蓝光通道的 DN 值，r、g、b 分别为红光、绿光、蓝光通道标准化值。

6.6.1.1 植被信息分割阈值确定方法

合理的分割阈值是利用植被指数提取植被信息的关键。一般阈值较高部分代表植被信息，低阈值部分为非植被区域，基于栅格数据运算实现对植被和非植被信息的分割和提取。双峰直方图法和最大熵值法是确定植被阈值的常用方法。

1. 双峰直方图法

双峰直方图法由 Prewitt 等提出，是一种典型的全局阈值图像分割方法。如果灰度级直方图具有较为典型的双峰特征，选取双峰之间谷底对应的灰度级作为阈值。需要注意的是相同的直方图可以对应若干个不同图像，直方图只能表明图像各灰度级上像素数量，并不能确定这些像素位置。一般而言，双峰直方图法并不适合直方图中双峰峰值差异较大或双峰间的谷比较宽广而平坦以及单峰直方图的情况。灰度图像分割双峰直方图法如图 6－8 所示。

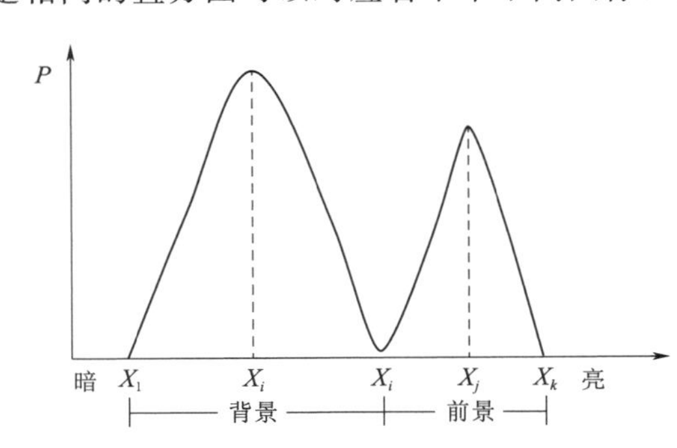

图 6－8 灰度图像分割双峰直方图法示意图

2. 最大熵值法

德国物理学家鲁道夫·克劳修斯于 1850 年首次提出熵的概念，用以表示任何一种能量或变量在某一空间分布的均匀程度，能量分布越均匀熵值越大，反之亦然；熵值越大系统越混乱，熵值越小系统越确定。对于某一随机变量 X 而言，它的信息熵可以表示为

$$H(X)=-\sum_{i=1}^{n}p(x_i)\log p(x_i)$$

式中：$p(x_i)$ 表示随机时间 X 为 x_i 的概率。

最大熵值法就是利用图像信息熵为准则对图像进行分割。在 $(0,k-1]$ 范围内通过确定某一阈值 q，把图像分割为 c_0 和 c_1 两个区域，分别对其概率密度函数进行估计得到如下关系式：

$$c_0:\left\{\left(\frac{p(0)}{p_0(q)}\right),\left(\frac{p(1)}{p_0(q)}\right),\left(\frac{p(2)}{p_0(q)}\right),\cdots,\left(\frac{p(q)}{p_0(q)}\right),0\cdots0\right\}$$

$$c_1:\left\{0,0\cdots0,\left(\frac{p(q+1)}{p_1(q)}\right),\left(\frac{p(q+2)}{p_1(q)}\right),\left(\frac{p(q+3)}{p_1(q)}\right),\cdots,\left(\frac{p(k-1)}{p_1(q)}\right),0\cdots0\right\}$$

$$p_0(q)=\sum_{i=1}^{q}p(i)=p(q)$$

$$p_1(q)=\sum_{i=q+1}^{k-1}p(i)=1-p(q)$$

$p_0(q)$ 和 $p_1(q)$ 分别表示阈值 q 对图像分割后的背景和前景像素的累积概率，满足 $p_0(q)+p_1(q)=1$。背景和前景对应的熵值可以表示为

$$H_0(q)=-\sum_{i=0}^{q}\frac{p(i)}{p_0(q)}\log\left(\frac{p(i)}{p_0(q)}\right)$$

$$H_1(q)=-\sum_{i=q-1}^{k-1}\frac{p(i)}{p_1(q)}\log\left(\frac{p(i)}{p_1(q)}\right)$$

那么，在阈值为 q 的情况下，图像熵总值可表示为

$$H(q)=H_0(q)+H_1(q)$$

计算所有分割阈值下图像总熵值并找到最大熵值，该最大熵值即为图像分割的最优阈值。图像像素值中大于该阈值的作为目标像素，小于该阈值的作为背景像素。

6.6.1.2 红绿红蓝归一化组合指数

可见光波段植被指数计算的核心是突出反映植被的绿光信息，压缩反映非植被的红光和蓝光信息。已有研究表明仅使用红绿或红蓝波段构建植被指数难以准确识别可见光遥感影像的植被和非植被信息。参考现有可见光波段植被指数构型和优缺点，为进一步增强绿光信息及其识别范围，本书提出基于红绿红蓝归一化组合植被指数，包含二者“和值组合指数 *RGBGDSI*（Red-green blue-green difference sum index）”和“差值组合指数 *RGBGDDI*（Red-green blue-green difference different index）”二种，具体计算公式如下：

$$RGBGDSI=(G-R)/(G+R)+(G-B)/(G+B)$$

$$RGBGDDI=(G-R)/(G+R)-(G-B)/(G+B)$$

6.6.1.3 不同可见光植被指数计算结果分析

1. 实验数据

本书使用的无人机影像包括测试影像和验证影像，如图 6－9 所示。其中测试影像为 2019 年 6 月上旬拍摄的贵州省关岭县蚂蟥田小流域影像数据，影像拍摄高度 400m，影像分辨率为 0.11m。验证影像为云南省陆良县大栗树小流域，拍摄时间为 2018 年 6 月中下旬，影像拍摄高度 120m，影像分辨率为 0.05m。上述影像拍摄当天气象状况良好，大气因素影响作用很小，所获取影像可准确反映地物实际情况。本研究对影响各波段中心波长位置和范围并无严格要求，因此对所获无人机影像未开展严格辐射定标校正。

上述无人机影像均使用深圳市大疆创新科技有限公司生产的御 Mavic 2 型无人机拍摄，相机型号为哈苏 L1D－20c，最大照片尺寸为 5472×3648，等效焦距 28mm。由于影像空间分辨率很高，整个区域数据量巨大，为便于说明问题，选取影像中包含地物相对丰

富且具有代表性的区域开展研究，其中测试影像选择区域包含 1575 行×1575 列，验证影像选择区域包含 3239 行×3239 列。

(a) 测试影像

(b) 验证影像

图 6-9 研究区无人机正射影像

2. 计算结果

使用 Python 3.76 软件包®根据表 6-5 中 18 个可见光波段植被指数计算公式分别计算测试影像可见光波段植被指数（程序代码见附件 2），结果如图 6-10 所示。*CIVE*、

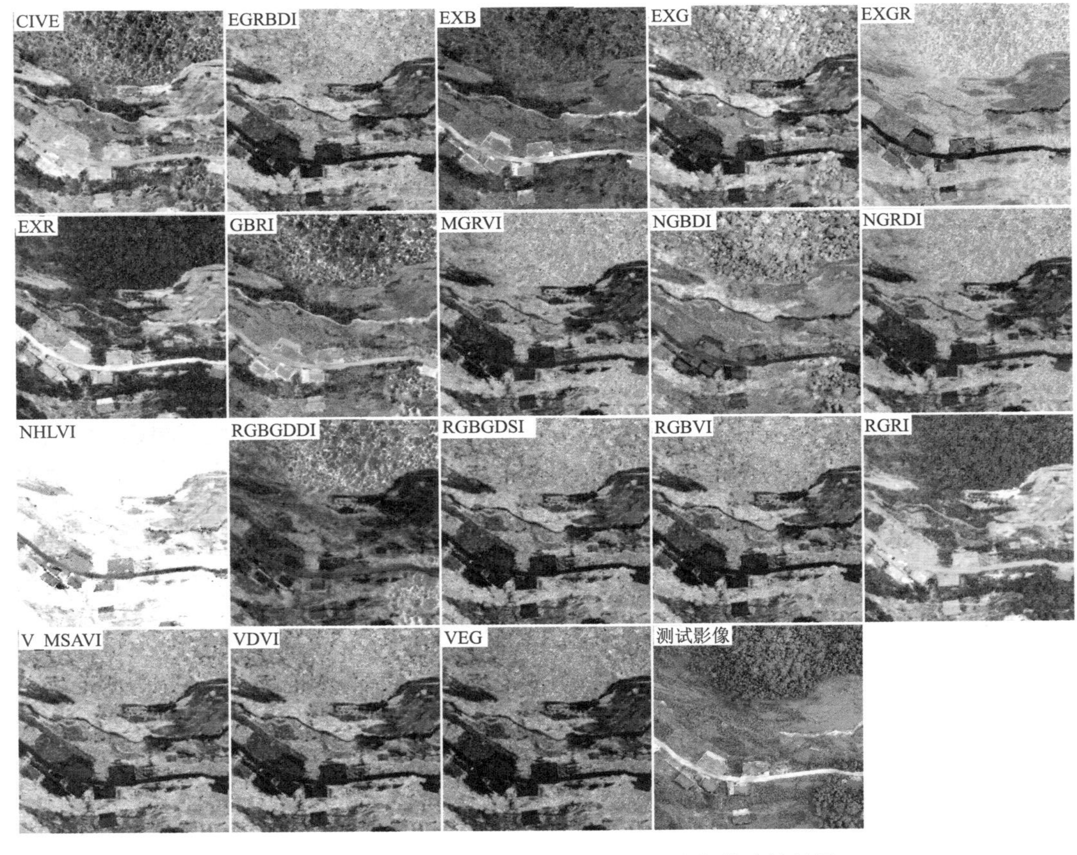

图 6-10 测试影像 18 种可见光波段植被指数计算结果

EXB、*EXR*、*GBRI*、*RGRI* 这 5 种指数暗色区表示植被信息、亮色区表示非植被信息，而其余植被指数与此相反。18 个可见光波段植被指数总体比度均十分明显，实现了植被与非植被信息区分的目的。其中 *RGRI*、*RGBGDSI*、*NHLVI*、*NGRDI*、*VDVI*、*EXR* 这 6 种植被指数植被信息识别结果十分理想，连续植被区域识别均匀，受连续植被区域阴影影响作用很小；*VEG*、*RGBVI*、*MGRVI*、*EXG*、*EXGR*、*EXB*、*EGRBDI*、*V_MSAVI*、*CIVE* 9 种植被指数植被信息识别结果较为理想，但受到连续植被区域阴影影像作用，导致植被指数图像呈非连续明显颗粒状分布；而 *RGBGDDI*、*NGBDI*、*GBRI* 3 种植被指数植被信息识别结果精准度一般，存在部分植被信息识别错误，同样有植被指数图像呈非连续明显颗粒状分布的问题。

图 6-11 为 18 个可见光波段植被指数 5 类典型地物（林草地、有农作物耕地、无农作物耕地、道路和建筑物）ROI 区域平均值柱状图。*EXR*、*GBRI*、*NHLVI*、*RGBGDDI* 这 4 种可见光波段植被指数存在植被和非植被信息间不同程度重叠交叉现象，因此在植被信息识别中，引起植被与非植被区域出现识别不足或过度识别等问题。特别是 *EXR* 和 *NHLVI* 植被指数在识别有、无作物耕地地物时表现很差，两种地物 ROI 区域 DN 平均值基本相同；而 *GBRI* 和 *RGBGDDI* 植被指数在有、无作物耕地地物 ROI 区域 DN 平均值也十分接近，表现相对较差。*CIVE*、*EGRBDI*、*EXB*、*EXG*、*EXGR*、*MGRVI*、*NGBDI*、*NGRDI*、*RGBGDSI*、*RGBVI*、*RGRI*、*V_MSAVI*、*VDVI*、*VEG* 14 种可见光波段植被指数植被和非植被信息间无重叠交叉区域，植被信息识别效果良好。因此，优先选择上述 14 种可见光波段植被指数用于开展无人机遥感影像植被信息的识别与提取工作。

3. 植被信息提取与精度评价

图 6-12 为测试影像 18 个可见光波段植被指数统计直方图。多数可见光波段植被指数统计直方图具有较为明显的双峰特征。*MGRVI*、*NGRDI*、*RGRI*、*VEG* 4 种植被指数统计直方图显示出明显的双峰特征，表示上述植被指数具有很强的识别植被和非植被信息能力。*EGRBDI*、*EXGR*、*EXR*、*RGBGDDI*、*RBGBDSI*、*RGBVI*、*VDVI*、*V_MSAVI* 8 种植被指数统计直方图双峰特征不明显，且双峰间距较近，个别植被指数统计直方图还存在刺峰现象。*CIVE*、*EXB*、*EXG*、*GBRI*、*NGBDI*、*NHLVI* 6 种植被指数统计直方图为明显的单峰特征。

使用 Python 3.76 软件包® 基于机器学习标准库 sklearn. cluster. KMeans® 完成对测试影像地物的非监督分类，同时采用人工目视检查分类结果，最终生成测试影像植被信息提取参考值（见图 6-13）。综合利用双峰直方图法和最大熵值法确定 18 个可将光波段植被指数植被和非植被分割阈值，最终获得植被信息提取结果图（即二值化处理栅格图，如图 6-13 所示）。18 个植被指数植被信息二值化结果较为理想，基本能较为准确提取植被信息。具体不足表现为：*CIVE*、*EXG*、*VEG* 植被指数在稀疏林地、有农作物耕地等植被信息相对较弱的情况下表现较差，难以准确提取植被信息；*EGRBDI*、*EXGR*、*EXR*、*MGRVI*、*NGRDI*、*NHLVI*、*RGBGDSI*、*RGBVI*、*RGRI*、*VDVI* 植被指数在有农作物耕地植被信息提取方面存在同样的问题。*EXB*、*GBRI*、*NGBDI* 植被指数受林地阴影影像作用较大；*RGBGDDI*、*V_MSAVI* 植被指数难以准确提取有农作物耕地植被信息，

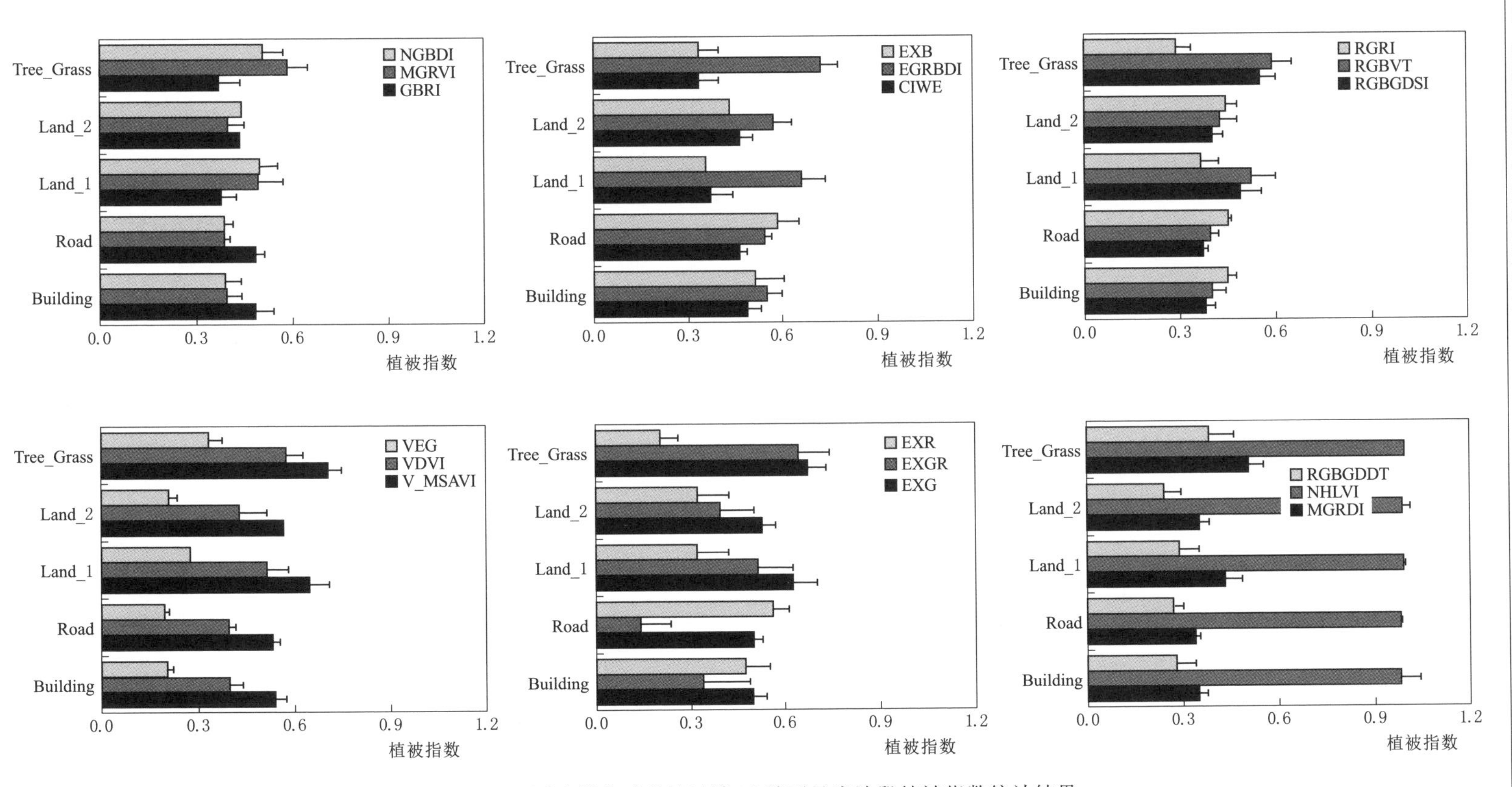

图6-11 测试影像感兴趣区域18种可见光波段植被指数统计结果

注：Tree_Grass表示林草地，Land_1表示有农作物耕地，Land_2表示无农作物耕地。

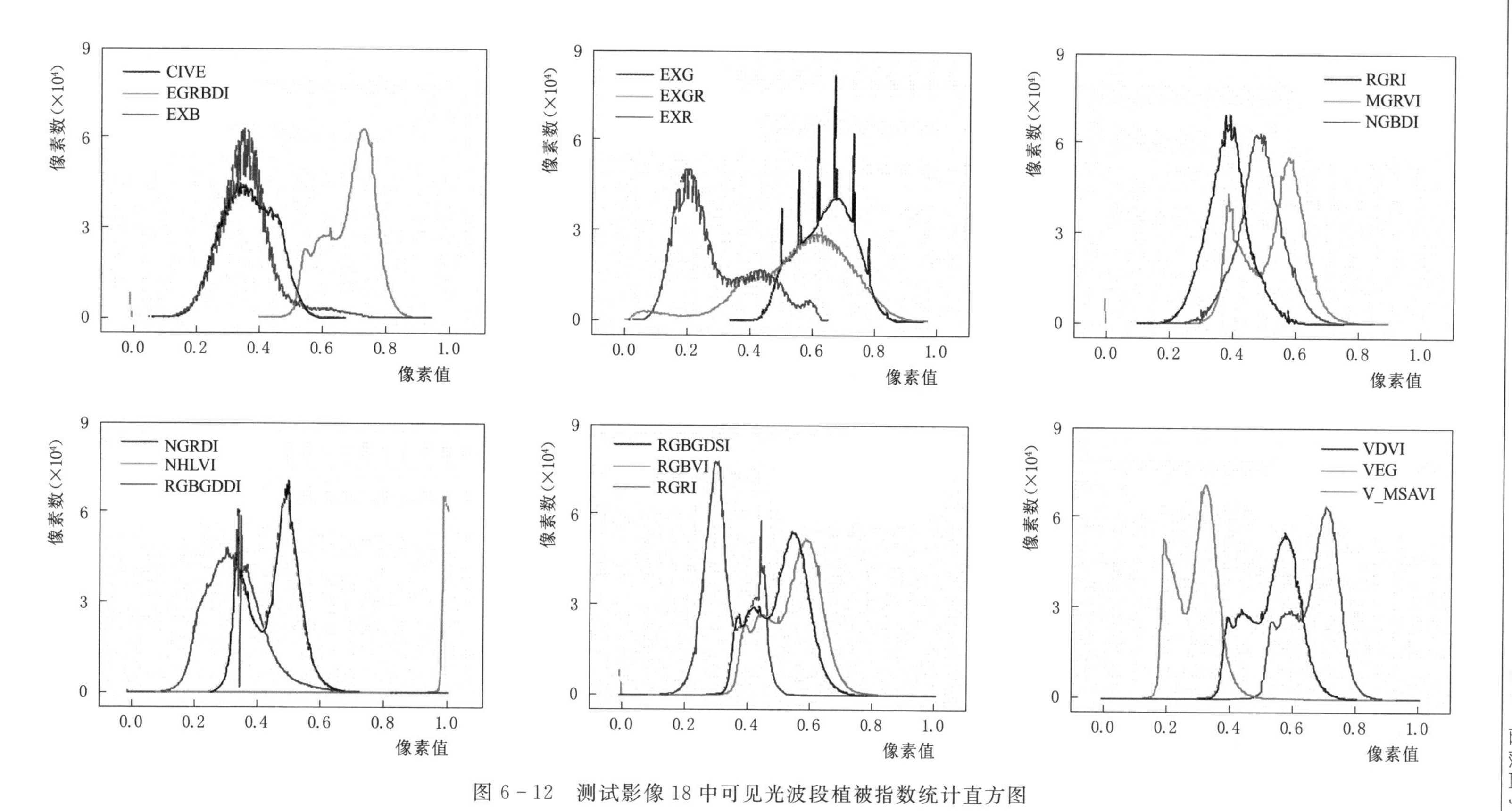

图 6-12 测试影像 18 中可见光波段植被指数统计直方图

且受林地阴影影像作用较大。

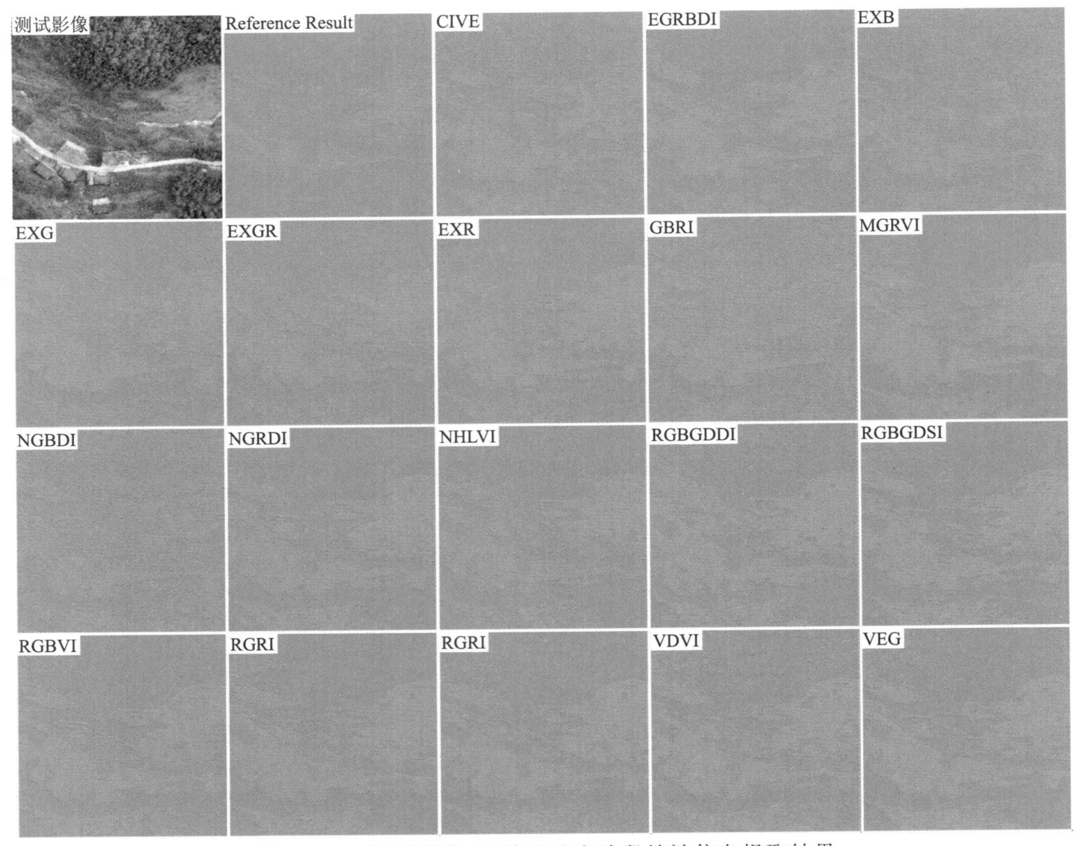

图6-13 测试影像18种可见光波段植被信息提取结果

基于测试影像植被信息提取参考值（Reference Result），分别计算18个植被指数植被信息提取精度，结果见表6-6。18个植被指数植被信息正确率（*PPV*）为87.36%～94.76%，植被和非植被信息整体正确率（*ACC*）为74.00%～96.64%，Kappa系数为0.5122～0.9854，18个植被指数植被信息识别提取一致性均值中等以上。

（1）*NGRDI*、*RGBGDSI* 和 *RGRI* 植被指数 *PPV*、*ACC* 和 Kappa 系数均超过90%；*VDVI*、*MGRVI* 和 *VEG* 植被指数 *PPV* 和 *ACC* 均超过90%，Kappa系数均超过80%；上述6个植被指数植被信息识别提取结果与"Reference Result"几乎完全一致。

（2）*EGRBDI*、*EXGR*、*RGBVI*、*V_MSAVI*、*EXR*、*CIVE*、*EXB* 和 *EXG* 植被指数 *PPV* 和 *ACC* 变化范围分别为90.07%～91.24%和79.35%～91.43%，Kappa系数变化范围为0.6136～0.7947，这8个植被指数植被信息识别提取结果与"Reference Result"高度一致。

（3）*RGBGDDI*、*NHLVI*、*NGBDI*、*GBRI* 植被指数植被信息识别提取准确率相对较低，Kappa系数变化范围为0.5122～0.5470，*PPV* 和 *ACC* 变化范围分别为87.36%～90.04%和74.00%～79.18%。本书提出的 *RGBGDSI* 植被指数在植被信息识别、提取中表现优异，精度及Kappa系数都很高。

表 6-6　测试影像 18 种可见光波段植被指数植被信息识别提取精度评价

植被指数	阈值	植被信息正确率/%	整体信息正确率/%	Kappa 系数	一致性等级
CIVE	0.3538	90.30	85.88	0.6600	高度
EGRBDI	0.6959	91.24	91.43	0.7947	高度
EXB	0.3452	90.20	85.78	0.6589	高度
EXGR	0.5845	91.12	89.25	0.7868	高度
EXG	0.6562	90.15	80.76	0.6136	高度
EXR	0.2668	90.07	79.35	0.7015	高度
GBRI	0.3722	87.36	74.00	0.5122	中等
MGRVI	0.5382	91.48	94.58	0.8524	几乎完全
NGBDI	0.5000	90.04	79.18	0.5422	中等
NGRDI	0.4660	94.76	96.64	0.9854	几乎完全
NHLVI	0.9954	88.52	78.16	0.5444	中等
RGBGDDI	0.3377	88.08	76.25	0.5470	中等
RGBGDSI	0.5200	91.44	93.31	0.9576	几乎完全
RGBVI	0.5560	90.90	86.90	0.7864	高度
RGRI	0.3309	94.65	94.89	0.9086	几乎完全
VDVI	0.5459	91.31	93.15	0.8584	几乎完全
VEG	0.3047	91.25	92.23	0.8479	几乎完全
V_MSAVI	0.6759	90.43	86.28	0.7645	高度

综上分析，在基于无人机 3 波段可见光影像进行植被信息识别提取时，应优先从 *CIVE*、*EGRBDI*、*EXB*、*EXGR*、*EXG*、*EXR*、*MGRVI*、*NGRDI*、*RGBGDSI*、*RGBVI*、*RGRI*、*VDVI*、*VEG*、*V_MSAVI* 14 种植被指数中选取。

4. 优选的植被指数验证

使用验证影像对上述 14 个优选的可见光波段植被指数计算精度、适用性进行验证。验证影像包含道路、设施农业大棚、林草地、建筑物、一般耕地和更为复杂的起垄覆膜耕地，验证影像地物种类丰富，具有代表性和典型性。图 6-14 为验证影像上述优选的 14 种可见光波段植被指数植被信息识别提取结果。总体而言，上述 14 个可见光波段植被指数均能很好地识别和提取验证影像植被信息，在植被覆盖度相对较高区域植被信息识别提取结果均十分理想。但植被覆盖度极低区域植被信息难以准确识别，存在识别丢失、识别不足、过度识别等问题。如起垄覆膜耕地（经计算该区域植被覆盖度为 3%～5%），该区域植被信息本身相对较弱，加之薄膜覆盖进一步减弱了植被信息，导致该区域植被指数与其他地物存在交叉重叠，如 *EXR*、*MGRVI*、*EXGR* 在该区域植被信息存在识别丢失的问题，*RGRI*、*NGRDI*、*V_MSAVI*、*VEG*、*EGRBDI*、*VDVI*、*RGBVI*、*EXB* 在该区域植被信息存在识别不足的问题，而 *CIVE* 和 *EXG* 在该区域植被信息存在过度识别的问题。此外，*MGRVI* 和 *EXB* 在设施农业大棚区域存在极小范围的错误识别问题。本书提出的可见光波段植被指数 *RGBGDSI* 表现效果很好，能够准确识别植被与非植被信息，起垄覆膜耕地区域植被信息识别不足问题相对较小，且不存在错误识别的问题，具有较好的适用性和稳定性。

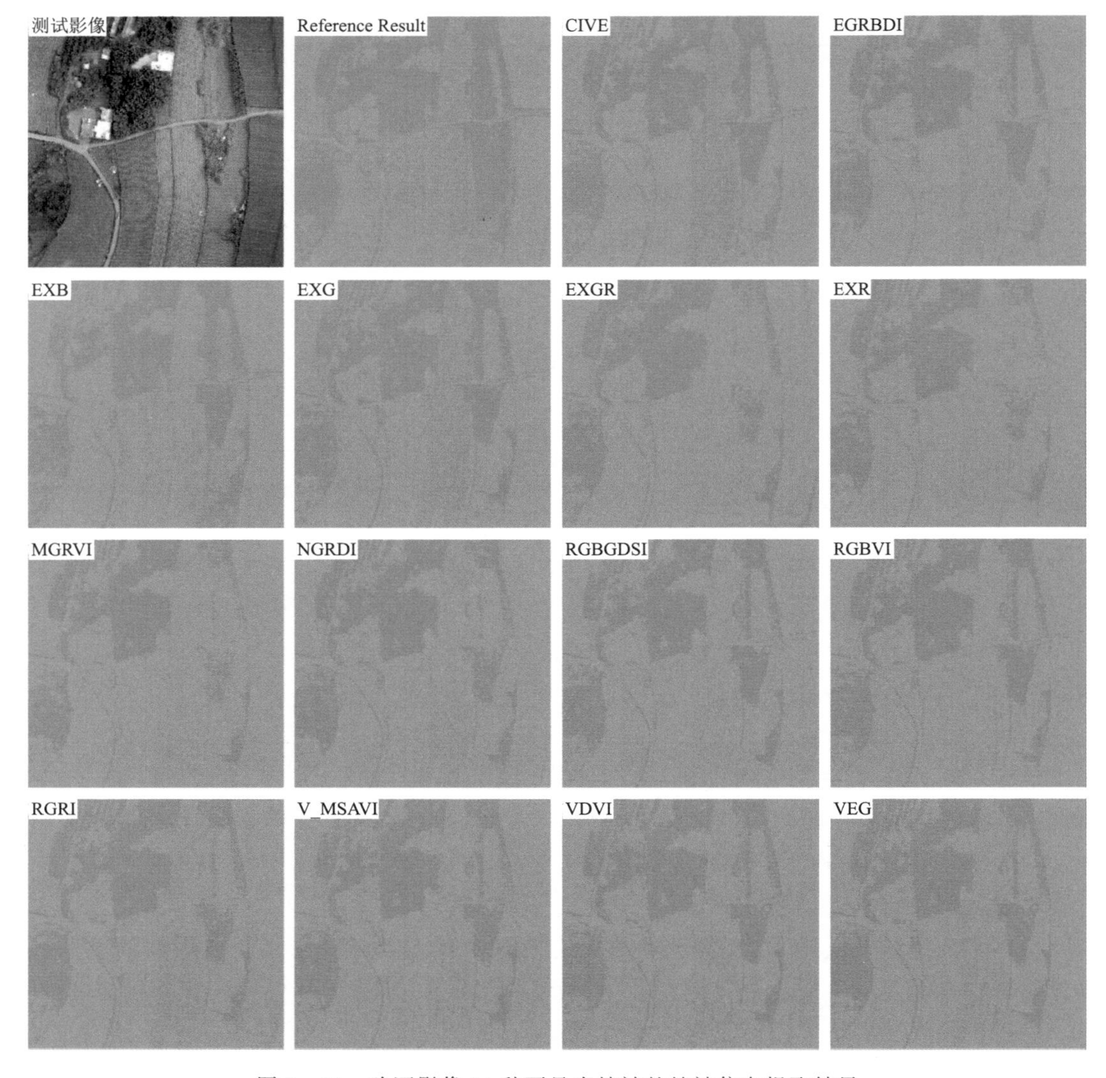

图 6-14　验证影像 14 种可见光植被的植被信息提取结果

基于验证影像植被信息提取参考值（获取方法与测试影像相同），对 *RGBGDSI* 和其他 13 个可见光植被指数植被信息识别提取精度进行定量评价，结果见表 6-7。*RGBGDSI* 和 *RGRI* 植被指数表现最好，植被信息识别提取结果和参考值几乎完全一致，Kappa 系数均高于 0.80，且 *PPV* 和 *ACC* 分别高于 95%和 85%；而其余 12 个植被指数也表现较为理想，植被信息识别提取结果和参考值高度一致，Kappa 系数变化范围为 0.7024～0.7893，*PPV* 和 *ACC* 变化范围分别为 88.48%～99.57%和 81.90%～87.20%。

6.6.1.4　讨论

基于可见光波段无人机遥感影像植被信息提取的关键在于增强绿光信息、削减红光、蓝光信息。本书通过红绿蓝三波段归一化结果组合的方式实现上述目标，并构建可见光波段无人机遥感影像植被指数计算公式；其中植被指数——*RGBGDSI* 表现优异，测试影像

表 6-7 验证影像 14 种可见光波段植被指数植被信息提取精度评价

植被指数	阈值	植被信息正确率/%	整体信息正确率/%	Kappa 系数	一致性等级
CIVE	0.4544	88.48	84.34	0.7802	高度
EGRBDI	0.6571	97.93	87.20	0.7825	高度
EXB	0.3489	89.99	83.54	0.7307	高度
EXGR	0.6480	95.59	83.88	0.7027	高度
EXG	0.5532	90.54	85.81	0.7582	高度
EXR	0.3119	99.35	83.22	0.7169	高度
MGRVI	0.5726	99.32	81.90	0.7024	高度
NGRDI	0.3637	97.67	84.90	0.7893	高度
RGBGDSI	0.3509	99.32	85.46	0.8073	几乎完全
RGBVI	0.4817	98.94	85.13	0.7587	高度
RGRI	0.3473	95.84	85.78	0.8069	几乎完全
VDVI	0.3728	98.97	86.13	0.7705	高度
VEG	0.0499	98.05	86.69	0.7855	高度
V_MSAVI	0.6007	99.57	84.54	0.7864	高度

和验证影像植被信息识别提取结果和参考值几乎完全一致，Kappa 系数均超过 0.8。*RGBGDSI* 公式结构与可见光波段差异植被指数 *VDVI*、归一化绿红差异指数 *NGRDI*、归一化绿蓝差异指数 *NGBDI*、超绿红蓝差分指数 *EGRBDI*、归一化色调亮度植被指数 *NHLVI*、改进型绿红植被指数 *MGRVI*、红绿蓝植被指数 *RGBVI* 等公式结构形式基本一致，都是通过三个可见光波段数学组合运算实现增强植被信息，完成植被指数的计算提取。尽管可见光植被指数计算公式结构形式基本相同，但计算精度与准确性却相差较大。其中 *VDVI*、*NGRDI*、*EGRBDI*、*MGRVI* 和 *RGBVI* 计算精度与准确性均相对较好，测试影像和验证影像计算结果 Kappa 变化范围分别为 0.7864～0.9854（平均值为 0.8555±0.0796）和 0.7024～0.7893（平均值为 0.7607±0.0346），上述 5 个植被指数计算精度基本与 *RGBGDSI* 相当。

由于可见光波段无人机遥感影像成像过程受到太阳照明几何、土壤湿度颜色及亮度等多种因素影响，因此不同批次无人机遥感影像肯定存在差异，所以每批次无人机遥感影像植被指数计算均需要确定该批次无人机影像对应植被指数计算公式的植被信息分割阈值，这是最终获取植被信息的关键参数。

需要注意的是尽管目前现有可见光波段无人机遥感影像植被指数计算公式基本可以实现可见光波段无人机影像植被信息提取，但由于三波段可见光信息存在局限性仍有诸多问题目前仍未有解决，在本书的测试影像、验证影像中均有不同程度表现。

（1）现有可见光植被指数难以准确获取植被覆盖度过低区域的植被信息，此类区域计算结果存在严重的植被信息丢失问题。

（2）与低植被覆盖度区域相同，稀疏灌草地植被指数也难以准确提取，但又表现出不同的特征；稀疏灌草地植被指数计算结果栅格图呈现明显的非连续粗颗粒状。

（3）因植被高低不同而产生的阴影对植被信息提取负面影响较大，这些区域一般难以被准确识别，通常被错误分类为非植被信息。当其他条件不变的情况下，随着植被覆盖度的降低，在 750～1000nm 波段范围内植被信息反射率曲线逐渐向裸土反射率曲线靠近，最终低覆盖度下植被非植被信息的难以区分。植被覆盖度的增加一定程度上导致蓝光、红光反射率呈减小趋势，绿光反射率呈增大趋势。

低空无人机遥感是卫星遥感的重要补充，在中多频次、小尺度、高分辨率遥感影像获取中具有无可比拟的优势。鉴于目前基于普通光学载荷的植被指数计算公式存在的特定问题，应加强对普通光学载荷获取影像植被指数研究，进一步推动无人机植被遥感的应用。

6.6.2　植被覆盖因子获取

区域土壤侵蚀状况直接对人类健康和经济社会发展产生重要影响，定期开展水土流失动态监测可为水土流失状况评价、水土保持治理工程空间布局等提供重要支撑。土壤侵蚀模型是开展水土流失动态监测的重要技术手段。迄今为止，美国通用土壤流失方程（USLE）及其改进模型（RUSLE）仍在土壤侵蚀领域广泛应用；该模型综合土壤侵蚀多个影响因子及其相互作用关系，同时各因子具有一定物理意义且因子获取方法及模型计算过程较为简单。刘宝元等利用黄土高原丘陵沟壑区径流小区实测资料构建了中国土壤流失方程（CSLE），该模型依据我国土壤侵蚀与水土保持工作特点，充分考虑了生物措施、工程措施和耕作措施对土壤侵蚀及水土流失过程的影响作用，与 USLE 相比更能反映我国土壤侵蚀的实际情况。

2018 年水利部印发《区域水土流失动态监测技术规定（试行）》，我国水土流失动态监测预报工作从定量与定性相结合的“三因子”综合判别法发展到以定量为主的“CSLE 模型法”。CSLE 模型广泛应用对我国水土流失动态监测应用工作和土壤侵蚀基础研究具有十分显著的促进作用，但也存在诸如模型计算精度偏低、模型因子区域适用性较差、地形及土壤等基础数据现势性不足等亟须解决的问题。作为影响土壤侵蚀最重要因素之一：植被覆盖因子 B，可直接反映植被覆盖变化状况或植被措施调控土壤侵蚀的能力，也是 CSLE 模型中的关键因子。植被覆盖因子指一定条件下有植被覆盖或实施田间管理的土地土壤流失总量与同等条件下实施清耕休闲地的土壤流失总量的比值。B 值与土地利用方式关系密切，合理的土地利用方式可显著降低 B 值而减少土壤侵蚀量。张雪花等基于人工模拟降雨试验确定了东北黑土农业区不同土地利用植被因子的取值范围，发现该值普遍小于 USLE 方程推荐的最优值。蔡崇法等根据野外实测资料构建了三峡库区植被因子与植被覆盖度间经验模型，为三峡库区土壤侵蚀预报提供了基础支撑。我国地域辽阔，各区域气候、地形地貌、土地利用方式、植被类型与分布各不相同，造成 CSLE 模型中现有 B 因子计算方法区域适用性和可操作性亟须提高。现有 B 因子相关研究成果主要涉及西北黄土高原区和东北黑土区，关于南方红壤区和西南岩溶区等研究成果较为鲜见。此外，由于植被生长期划分、降雨侵蚀力空间分布等差异而导致植被覆盖因子研究结果地区间差异性较大。

南方红壤区水土流失呈零星斑点状分布、林下水土流失严重、崩岗侵蚀剧烈。近十年南方红壤区侵蚀面积总体呈逐渐递减趋势，其中江西、湖北等 6 省侵蚀呈下降趋势，广东、广西等 4 省（自治区）呈增加趋势。小流域综合治理（如农业生态工程、“大封禁、小治理”等）、坡地水土保持工程（等高植物篱等）、林下水土流失治理（林下补种草灌、针阔混交等）、侵蚀劣地和崩岗治理等是南方红壤区常见的水土流失防治模式。张展羽等

基于红壤坡地实测资料发现，较狗牙根、阔叶雀稗草等全园覆盖措施相比，百喜草全园覆盖措施蓄水保土效果最为显著。李新平等研究认为百喜草植物篱是坡地水土流失防治的有效措施，且对土壤理化性质改善具有积极作用。徐明岗等研究发现尽管种植牧草可显著拦蓄径流、减少泥沙，但红壤丘陵区梯田果园应以浅根系豆科牧草为主，且不适当的牧草种植模式对果树产量有负面影响。谢颂华等基于野外标准径流小区3种不同耕作方式5年连续观测数据研究发现，横坡间作水土保持防治效果最优，减流减沙率在75%～80%；顺坡间作减流减沙率为60%～65%。汪邦稳等采用人工模拟降雨的方法，研究了不同类型降雨下土地利用/覆被对水土流失过程的影响；结果表明相同降雨条件下径流调控排序为果园＞旱平地＞油茶＞弃土场＞水保林＞坡耕地＞水田＞裸地，泥沙调控排序为果园＞油茶＞旱平地＞水田＞裸地＞水保林＞坡耕地＞弃土场。总体而言，植被与工程措施的有机结合是目前红壤坡地水土保持防治切实有效途径。

6.6.2.1 植被覆盖因子计算方法

本书 B 值计算方法基于降雨试验实测数据，借助CSLE方程反推获取，具体如下：

设某一清耕休闲地（裸地）一次人工模拟降雨土壤流失量为

$$A_c=R_cK_cL_cS_cB_cE_cT_c$$

同一区域某一植被覆盖度为 VC 的灌草地坡面一次人工模拟降雨土壤流失量为

$$A_s=R_sK_sL_sS_sB_sE_sT_s$$

以上两个方程中 A、R、K、L、S 因子可通过实测计算获取，E、T 因子可根据实际情况取值获取；清耕休闲地（裸地）植被覆盖因子 $B_c=1$。

那么，植被覆盖度为 VC 的灌草地坡面植被覆盖因子 B_s 可由如下方程计算获取：

$$B_s=A_s/A_c\cdot(R_cK_cS_cL_cB_cE_cT_c)/(R_sK_sS_sL_sE_sT_s)$$

上述方程中：A 为土壤侵蚀模数，t/(hm^2·a)；R 为降雨侵蚀力因子，(MJ·mm)/(hm^2·h·a)；K 为土壤可蚀性因子，(t·hm^2·h)/(hm^2·MJ·mm)；L 为坡长因子（无量纲）；S 为坡度因子（无量纲）；B 为植被覆盖与生物措施因子（无量纲）；E 为工程措施因子（无量纲）；T 为耕作措施因子（无量纲）。

其中，各场次降雨侵蚀计算采用章文波等提出 PI_{10} 指标，即为次降雨量 P 和最大10min降雨强度 I_{10} 的乘积。土壤可蚀性采用基于土壤侵蚀和生产力影响的估算模型（Erosion Productivity Impact Calculator，EPIC）计算获得。坡长、坡度因子计算公式如下：

$$L=(Len/22.13)^{1/(1+t)}$$

$$S=21.9\sin G-0.96(G\geqslant 0.9)$$

$$t=(\sin G/0.0896)/(3\sin G^{0.8}+0.56)$$

式中：G 为小区坡度值（本研究中人工模拟降雨试验小区坡度在10°～15°之间，自然降雨试验小区坡度为20°和30°）；Len 为小区实际坡长值，m。

此外，本研究中所有径流小区均无水土保持耕作和工程措施，因此 $E=T=1$。

6.6.2.2 次降雨土壤侵蚀模数

图6-15为次降雨土壤侵蚀模数 $ISEM$（individual rainfall event soil erosion modulus）与土壤侵蚀各影响因子散点图。植被覆盖度 VC 在［0，1］变化区间内，起始阶段 $ISEM$ 随 VC

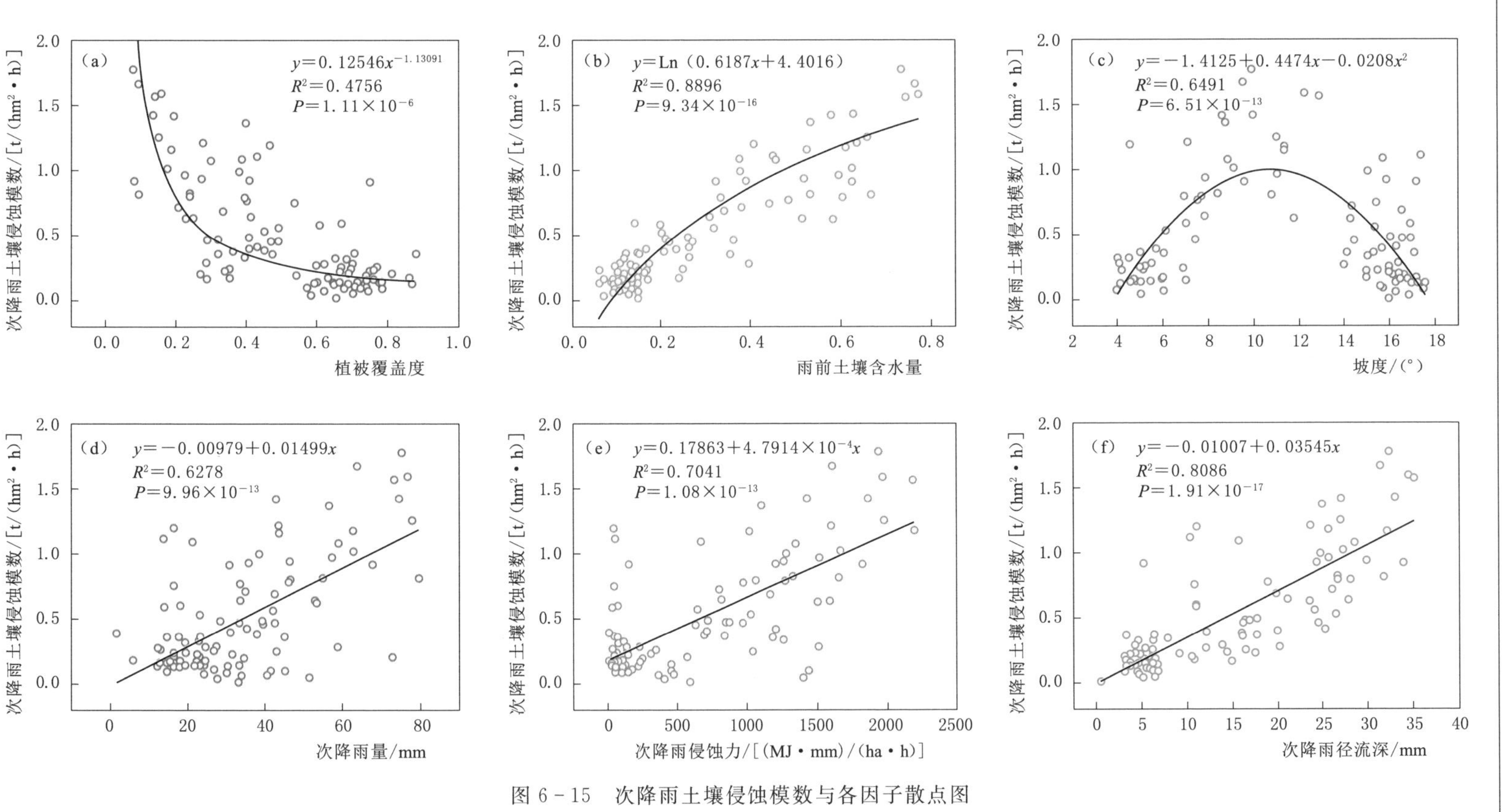

图6-15 次降雨土壤侵蚀模数与各因子散点图

增加而急剧降低，而后降低速率逐渐放缓趋于平稳，二者间皮尔逊相关系数 $r=-0.7476$（$P<0.01$）。*ISEM* 与雨前表层土壤含水量 *SSWC* 呈正相关对数变化关系，二者间 $r=0.7404$（$P<0.01$）。*ISEM* 随地表坡度 *S* 呈先增加后减小的变化趋势，二者间 $r=0.8057$（$P<0.01$），其中临界坡度值约为 10.75°。当 $S\leqslant 6°$或 $S\geqslant 15°$时，*ISEM* 相对较小均不超过 0.5t/(hm^2 · h)。*ISEM* 与次降雨量、次降雨侵蚀力和次降雨径流深间呈现显著正相关线性关系（$P<0.01$），*ISEM* 与上述三个因子间 *r* 值分别为 0.7923、0.8391 和 0.8992。

6.6.2.3 植被覆盖因子计算模型构建

基于各场次人工模拟降雨试验或天然降雨试验观测数据，计算各场次降雨植被覆盖因子 *B* 值，进而获得不同植被覆盖度 *VC* 和因子 *B* 之间定量关系，如图 6-16 所示。随 *VC* 增加 *B* 呈先迅速降低、后逐渐放缓的变化过程。为构建 *B* 因子计算模型、定量分析 *B* 与 *VC* 间动态变化关系，本文分别采用线性函数、指数函数、对数函数、幂函数，以及一阶、二阶和三阶指数衰减模型等七种函数关系对 *B* 和 *VC* 进行了回归拟合。

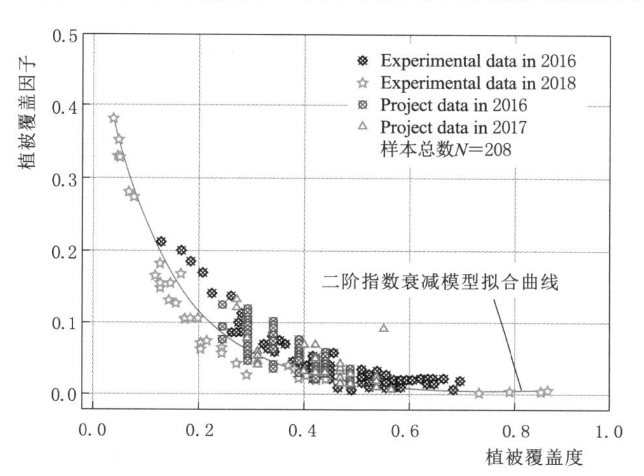

图 6-16 植被覆盖因子与植被覆盖度散点图

表 6-8 为上述 7 种模型拟合结果，各拟合方程均达到统计学显著水平（$P<0.01$）。其中“模型Ⅵ”决定系数最大为 0.9465；“模型Ⅵ”和“模型Ⅶ”纳什系数最大且均为 0.8764、均方根误差最小且均为 0.0205、平均绝对误差最小且均为 0.0158；“模型Ⅱ”平均绝对百分误差最小为 33.1%。总体而言，“模型Ⅵ”和“模型Ⅶ”为 *B* 和 *VC* 回归拟合的最优模型。“模型Ⅶ”包含更多的参数给数据计算带来不便，因此，建议选择“模型Ⅵ”作为定量刻画 *B* 与 *VC* 间定量关系的数学模型。

表 6-8　植被覆盖因子与植被覆盖度不同拟合方程

模型序号	$B=f(VC)$		拟合方程	R^2	*NS*	*RMSE*	*MAPE* /%	*MAE*
Ⅰ	线性函数		$B_{Linear}=-0.3266VC+0.1935$	0.6229	0.3946	0.0379	108.2	0.0251
Ⅱ	指数函数		$B_{Exp}=0.3642e^{-5.308VC}$	0.8125	0.7704	0.0243	33.1	0.0175
Ⅲ	对数函数		$B_{Log}=-0.116LNVC-0.0544$	0.8571	0.8336	0.0233	64.0	0.0186
Ⅳ	幂函数		$B_{Pow}=0.0096VC^{-1.503}$	0.7107	0.5623	0.0895	43.1	0.0304
Ⅴ	指数衰减模型	一阶	$B_{Fir}=0.0425+0.7827e^{-13.97VC}$	0.8552	0.7552	0.0316	88.8	0.0243
Ⅵ		二阶	$B_{Sec}=-0.0076+0.3157e^{-4.35VC}+0.6906e^{-39.87VC}$	0.9465	0.8764	0.0205	36.9	0.0158
Ⅶ		三阶	$B_{Thi}=-0.0076+0.1557e^{-4.35VC}+0.1600e^{-4.35VC}+0.691e^{-39.87VC}$	0.9459	0.8764	0.0205	36.9	0.0158

注　R^2 为拟合方程决定系数；*NS* 为纳什统计系数；*RMSE* 为均方根误差；*MAPE* 为平均绝对百分误差；*MAE* 为平均绝对误差。

对于特定区域而言，在土壤侵蚀其他影响因素不变的情况下，当 VC 从 0 增加到 1，B 值也从 1 减少到 0，而该区域土壤侵蚀量也从理论最大值降低到理论最小值，这是植被措施调控土壤侵蚀作用的具体体现。这一变化过程中客观存在某一特定点 VC 值（为临界植被覆盖度，设为 $VC_{\_p}$），当 $VC > VC_{\_p}$，B 值衰减速率逐渐放缓并趋于稳定某一值，植被措施调控土壤侵蚀的作用也达到最大化；此时，在其他影响因素恒定情况下，VC 增加基本不会引起土壤侵蚀量改变。

由于 B 和 VC 间指数变化关系，无法直接计算 $dB/dVC = df(VC)/dVC = 0$ 对应的 $VC_{\_p}$。构造 B 和 VC 自然对数间回归关系，得到回归方程为 $B = -0.26709\log VC - 0.05436(R^2 = 0.8565, P < 0.01)$。

令 $dB/dVC = d(-0.26709\log VC - 0.05436)/dVC = 0$，计算得到 $VC_{\_p} = 62.59\%$。再将 $VC = 62.59\%$代入 B 因子二阶指数衰减模型一次导数方程可以得到：

$$\frac{dB_{sec}}{dVC} = \frac{d(-0.0076 + 0.3157e^{-4.35VC} + 0.6906e^{-39.87VC})}{dVC} = -0.9\%$$

这表明当 $VC > 62.59\%$时，ΔVC 引起 B 因子变化量 ΔB 的绝对值小于 9‰。在 $VC \in [0.6259\ \ 1.000]$ 范围内，$9‰ \leqslant B \leqslant 13.1‰$，且均值为 $0.59\% \pm 0.43\%$，可认为在 $VC \in [0.6259\ \ 1.000]$ 范围内 B 因子并未跟随 VC 持续增加而显著降低，即植被措施调控土壤侵蚀能力并未显著增加。因此，为减少计算工作量可简化认为当 $VC > 62.59\%$时，$B \approx 0$。这样 B 因子计算模型可以简化为

$$B = \begin{cases} -0.0076 + 0.6157e^{-4.35VC} + 0.6906e^{-39.87VC} & VC \leqslant 0.6259 \\ 0 & VC > 0.6259 \end{cases}$$

6.6.2.4　植被覆盖因子计算模型验证

为充分评价 B 因子计算模型的精度和适用性，本书从点、面两个尺度开展了对 B 因子计算模型验证。点尺度采用乌陂河综合观测站 2019 年度 33 场次自然降雨试验观测数据对模型进行验证；面尺度是以五华县为例，使用模型计算得到的 B 因子（记为 B_f）与广东省五华县 2018 年和 2019 年“区域水土流失动态监测成果” B 因子[1]（记为 B_p）进行对比统计分析。其中 B_p 计算使用前三年的 24 个半月 MODIS 数据，具体计算方法见《区域水土流失动态监测技术规定（试行）》。为保证计算结果的可比性，本节同样使用前三年 24 个半月 MODIS 数据计算植被覆盖度值，然后基于模型计算 B_f 值。

图 6-17 所示为 B 因子计算模型在点尺度验证的结果。可以看出，使用 B 因子计算模型计算得到各次降雨土壤流失量模拟值与实际观测值基本吻合，二者间线性拟合方程达到了极显著水平（$P < 0.01$）；模拟值和观测值相对误差全部分布在±40%以内，其中相对误差绝对值小于 20%的模拟值占总数的 54.55%，小于 30%的占 90%；33 组观测数据模拟值与观测值均方根误差为 0.0123，相对误差绝对值的平均值为 18.56%。总体而言，B 因子计算模型在点尺度的计算精度和适用性较为良好，其中计算误差较大的几组样本主要是其次降雨量和次降雨侵蚀力偏小所致。

---

[1] 数据来源于 2018 年和 2019 年珠江流域《全国水土流失动态监测项目》成果。

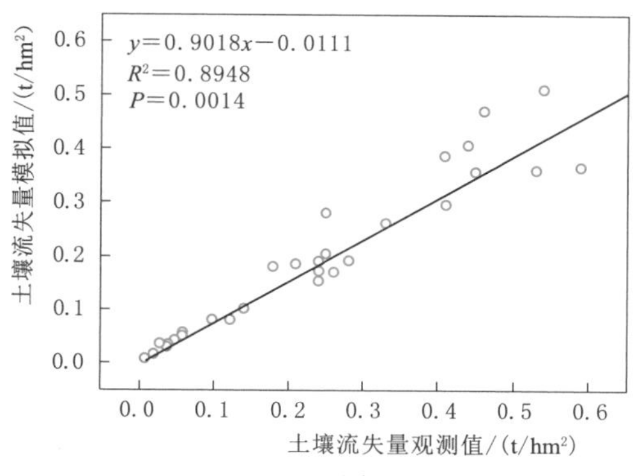

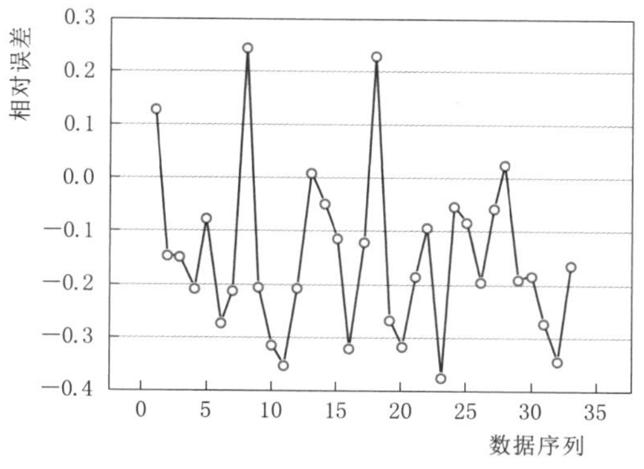

图 6-17 植被覆盖因子计算模型点尺度验证结果

图 6-18 为五华县 2018 年和 2019 年 B_f 与 B_p 相对误差绝对值栅格图。总体而言 B_f 与 B_p 十分接近，2018 年和 2019 年相对误差绝对值小于 10%的分别超过 80%和 70%。这表明 B 因子计算模型实际可行的，其计算精度也较为理想，可使用植被覆盖度作为单一变量计算植被覆盖因子值。需要注意的是 2018 年和 2019 年 B_f 与 B_p 相对误差绝对值超过 50%的也分别占到样本总量的 17%和 29%左右，这些误差较大的像元主要位于植被和非植被分界地带，而本研究仅将植被区域纳入计算，加上植被措施的空间尺度效应等综合导致位于这些边界地带的像元计算结果误差偏大。

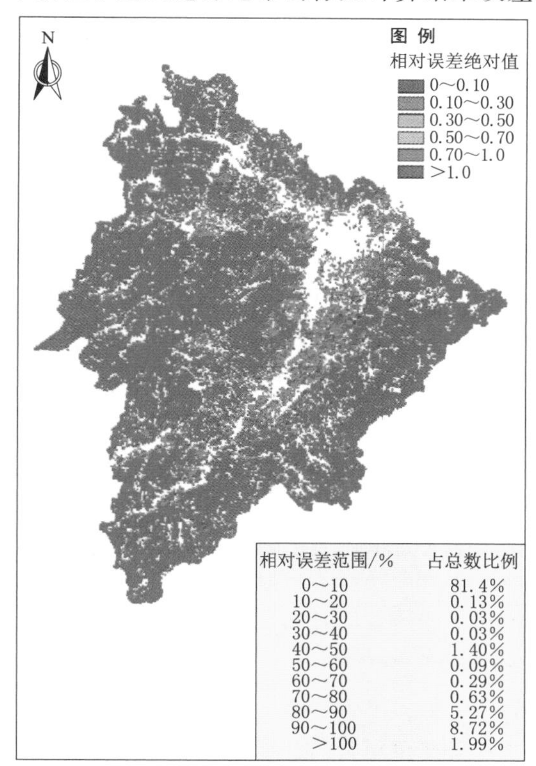

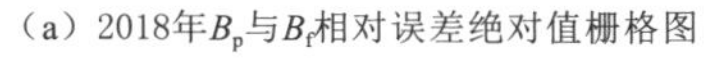
(a) 2018年B_p与B_f相对误差绝对值栅格图

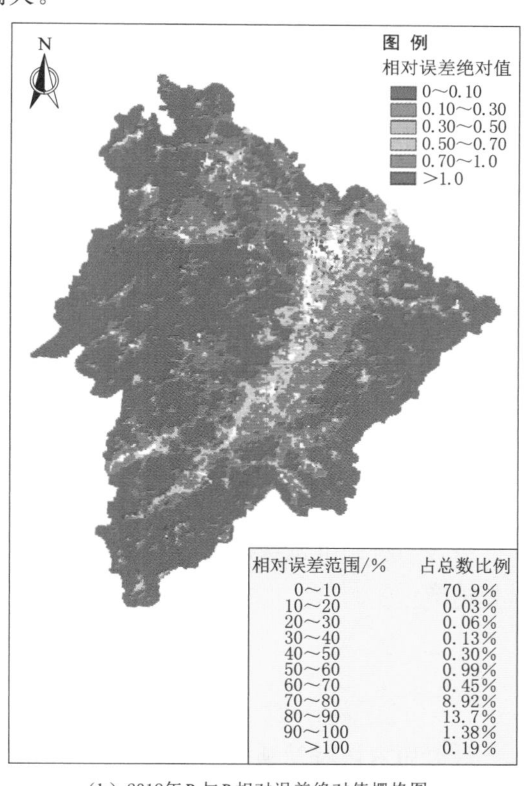

(b) 2019年B_p与B_f相对误差绝对值栅格图

图 6-18 植被覆盖因子相对误差绝对值栅格图

6.6.2.5　讨论

植被覆盖因子 B 可直接反映植被覆盖变化状况或植被措施调控土壤侵蚀的能力，也是 CSLE 模型关键因子。目前关于红壤区 B 因子系统性研究成果较为鲜见，一定程度上制约了南方红壤区年度水土流失动态监测工作。基于径流小区观测数据，采用土壤流失方程反推获取 B 值是获取植被覆盖因子的基础研究方法，但由于植被措施的水土保持效应具有典型的时间和空间效应，导致研究结果的推广适用性受到一定限制。现有研究成果表明不同区域 B 值差异较大，应加强典型区域 B 值的系统性研究。本研究基于点尺度降雨试验和中国土壤流失方程获取不同植被覆盖度下植被覆盖因子 B 值，采用回归分析法构建了 B 值与植被覆盖度 VC 间二阶指数衰减模型。植被措施的水土保持效应具有典型的时间和空间效应，本书从点尺度和面尺度两个层次验证了该模型计算精度和适用性。尽管本研究中点面两个尺度对所构建模型的验证结果总体较为理想，但人工模拟降雨试验结果与结论是否能真实反映自然降雨内在规律，以及 B 值计算模型“由点到面”推广应用尺度效应仍需要不同空间尺度下更为丰富的观测数据继续开展深入研究。

6.7　坡　度　因　子

坡度因子 S 表示在其他因子相同的情况下，某坡度的坡面上，土壤流失量与标准径流小区典型坡面土壤流失量的比值。坡度因子 S 是侵蚀动力的加速因子，并与坡长因子 L 一起反映了地形地貌特征对土壤侵蚀的影响。

目前，国内外对有关坡度因子的研究较多，常用方法就是建立坡度因子与坡度间的幂函数。Mccool 等基于坡面径流量关与坡度无关的前提假设，建立了坡度因子 S 与坡度 θ 间定量函数关系：

$$S=\begin{cases}10.8\sin\theta+0.03 & \theta<9\% \\ 16.8\sin\theta-0.50 & \theta\geqslant 9\%\end{cases}$$

对于坡长小于 15ft 的短坡而言，坡度因子计算公式应调整为

$$S=3.0\sin\theta^{0.8}+0.56$$

Nearing 提出的关于坡度因子的连续模型，该公式完全适用于 RUSLE 中坡度小于 25°时 S 因子的计算，同时也适用于陡坡地的 S 因子计算。

$$S=\frac{17}{1+e^{2.3-6.1\sin\theta}}-1.5$$

另外一类是幂函数以外的算法。如 Liu 等基于黄土高原陡坡地研究成果建立的坡度因子与坡度正弦间的一次函数算法：

$$S=\begin{cases}10.8\sin\theta+0.03 & \theta<5^\circ \\ 16.8\sin\theta-0.50 & 5^\circ\leqslant\theta<10^\circ \\ 21.91\sin\theta-0.96 & \theta\geqslant 10^\circ\end{cases}$$

一般而言，坡度越大土壤侵蚀强度越大，二者间存在复杂的非线性变化关系。赵晓光等基于黄土高原研究发现，土壤侵蚀强度临界坡度为 21.4°～45°，其中黄绵土约为 28°。此外，当坡长达到临界坡长后会发生沟蚀等，导致准确模拟某一区域坡度因子与土壤侵蚀

强度间关系较为困难。因此，部分学者在现有土壤侵蚀模型因子计算的基础上，将坡长、坡度限定了一定范围内开展土壤侵蚀研究。

卜兆宏等根据栅格数据像元中心水流方向的规律，提出了像元坡度的算法，公式如下：

$$\theta_i = \max_{i=1\sim9} \tan^{-1}\left(\frac{h_i - h_j}{D}\right)$$

式中：θ_i 为像元 i 坡度，(°)；h_i 为该像元高程；h_j 为其相邻 8 个像元高程；D 为相邻的两个像元的中心距离，当 $j=2$、4、6、8 时（即为北、西、南、东方向），$D=d$（栅格数据像元边长）；当 $j=1$、3、5、7 时（即为东北、西北、西南、东南方向），$D=1.414d$。

此外，卜兆宏等基于遂宁、岳池、江津市水土保持试验站 14 个 5 种 5°～25°相同耕作措施径流小区和安溪县水土保持试验站 5 个 5 种 10°～26°裸地径流小区观测资料，构建了均质土壤和含砂粒非均质土壤坡度因子计算公式：

$$S_{均质土壤} = 0.6315 \times 1.09935\theta，或 S_{均质土壤} = 0.6211 \times 203.1567\sin\theta$$

$$S_{非均质土壤} = 0.8341 \times 1.03590\theta，或 S_{非均质土壤} = 0.8252 \times 8.5319\sin\theta$$

式中：θ 为地表坡度，(°)。

6.8 坡长因子

6.8.1 研究进展

坡长是反映区域地形、地貌条件的重要指标，与产流和侵蚀过程间关系复杂。相关研究表明，随坡长增加，坡面径流深逐渐变大，土壤侵蚀状况逐渐加剧；因此单位面积土壤流失量随坡长增加而逐渐增加。Zachar 研究指出随坡长增加，坡面侵蚀加剧，径流挟沙量增多，当挟沙量达到一定数量时，径流的侵蚀强度到达峰值，此后其侵蚀能力随坡长增加而减弱。也有学者研究发现随坡长增加，径流量及其挟沙量同步增加，二者相互抵消，故不同坡长的侵蚀强度并无明显差异。Zingg 建立的单位面积土壤侵蚀量 M 与坡长 l 间的指数关系模型（$M=al^m$，a 和 m 为经验参数，其中 m 为坡长指数）被普遍认同，该模型奠定了后续坡长因子计算方法的基础，并在后续坡长因子计算中得到广泛应用。

我国坡长与侵蚀关系的研究始于 20 世纪 50 年代末期，主要集中在黄土高原地区。原西北黄河工程局根据对径流小区观测资料的分析认为，随坡长增加，侵蚀有时增加，有时减少，其变化主要由降雨状况决定。陈永宗等根据子洲县的径流小区观测数据，建立了不同坡长条件下，侵蚀总量与径流总量的线性关系式。结果显示，坡长越长，曲线斜率和相关系数越高；因此，坡长与侵蚀和径流间存在正相关关系。罗来兴根据雨后细沟的调查资料最早提出：随坡长增加，侵蚀呈强弱交替变化，分别在分水线以下 25～35m 和 45～55m 的坡长范围内先后出现 2 次侵蚀强度高峰。这使不同坡段的侵蚀强度变化开始得到重视。张信宝等采用 137Cs 示踪法对不同坡段的土壤侵蚀强度研究后发现，在 0～50m 的坡长范围内侵蚀速率随坡长增加而增加，50～65m 时，侵蚀速率随坡长的增加变化不大，超过 65m 以后，侵蚀速率开始随坡长的增加略有减少。曹银真研究认为，坡面侵蚀最为剧烈的区域首先出现在分水岭以下 25～35m 处，其次出现在分水岭以下 45～55m 处。在这2个剧烈侵蚀区域间约20m的范围内，侵蚀相对微弱。以上研究均表明，在一定的坡长范围内，侵蚀量随坡长的增长而增长，当达到一定坡长时，产生质变，发生质变的坡长即侵蚀与坡长关系中的临界坡长。临界坡长的提出是坡长与侵蚀关系研究中的重要成果，对有效控制不同坡段水土流失具有重要指导意义。

现有研究有关L因子计算多以影像像元为单元展开计算，这显然与实际有些出入。也有研究仅基于数字高程图结合D8最大坡降算法计算L因子，但并未结合措施图斑，不便于后续计算不同措施下土壤侵蚀量。

6.8.2　计算方法

坡长因子的算法，实质上是获得或者构建坡面土壤侵蚀量A与坡长L之间的数学模型，即$A=f(L)$；需要注意的是坡长因子将不同坡长转换为标准实验小区坡长的倍数，并以标准小区为参照反映不同坡长所对应的侵蚀强度。早期坡长研究主要集中在坡长指数确定研究上。Zingg首次提出土壤侵蚀量与坡长指数模型时，将坡长指数确定为0.6。Musgrave通过研究进一步将坡长指数确定为0.35。随后，Wischmeier和Smith研究发现坡长指数与坡度变化关系密切，确定了坡长指数m与坡度θ间分段函数模型，即为：$m=0.6(\theta>5°)$、$m=0.3(\theta<0.2°)$；不同坡度条件下m平均值建议为0.5；上述成果细化了土壤侵蚀量与坡长间函数关系，为最终建立坡长因子算法提供了重要基础。Wischmeier和Smith通过研究再次对坡长指数取值进行了调整，当坡度小于0.5°时，坡长指数取0.2；坡度介于0.5°～1.5°之间时，取0.3；坡度介于1.5°～2.5°之间时，取0.4；坡度大于2.5°时，取0.5。本次坡长指数调整结果被用于通用土壤流失方程USLE模型坡长因子的计算。

$$L=(l/22.13)^m$$

式中：22.13为标准小区实际坡长值，m；l为坡面实际坡长值，m；θ为标准小区坡度，当$\theta\leqslant0.5°$时，$m=0.2$；当$0.5°<\theta\leqslant1.5°$时，$m=0.3$；当$1.5°<\theta\leqslant2.5°$时，$m=0.4$；当$\theta>2.5°$时，$m=0.5$。

Foster和Meyer基于细沟侵蚀和细沟间侵蚀关系研究，提出了坡长指数m与二者间定量关系，$m=\beta/(\beta+1)$，其中β为细沟和细沟间侵蚀量比值。K. McCool等进一步研究坡度以及细沟和细沟间侵蚀量比值对坡长指数的影响作用，提出了β更为精细的计算方法：

当细沟侵蚀量等于细沟间侵蚀量，$\beta=(\sin\theta/0.0896)/[3.0\times(\sin\theta)^{0.8}+0.56]$

当细沟侵蚀量大于细沟间侵蚀量，$\beta=2\times(\sin\theta/0.0896)/[3.0\times(\sin\theta)^{0.8}+0.56]$

当细沟侵蚀量小于细沟间侵蚀量，$\beta=0.5\times(\sin\theta/0.0896)/[3.0\times(\sin\theta)^{0.8}+0.56]$

上述研究成果均综合考虑了坡度、侵蚀类型对坡长与侵蚀定量关系的影响，不同程度上考虑了多个因素在影响土壤侵蚀过程中的耦合机制，也被用于USLE和RUSLE模型中坡长因子计算中。

土壤流失量随坡面沿程变化也是影响坡长因子和土壤侵蚀量的重要因素，R Foster和H Wischmeier将一个单位宽度非直型坡面划分为若干个特征接近的小段，提出分段坡长因子的计算方法，称不规则坡型坡长因子计算方法：

$$L_i=\frac{\lambda_i^{m+1}-\lambda_{i-1}^{m+1}}{22.13^m(\lambda_i-\lambda_{i-1})}$$

式中：L_i 为第 i 段坡面坡长因子；λ_i 为从坡顶到第 i 段坡底端的坡长。

不规则坡长因子算法的提出是坡长因子计算方法的重要改进，该算法综合考虑了坡度、坡型和土壤侵蚀类型对坡长因子和土壤侵蚀量定量关系的综合影响作用。在 USLE 和 RUSLE 坡长因子研究成果基础上，中国学者多以坡长 20 m、坡宽 5 m 和坡度为 10°标准径流小区开展坡长因子研究工作。受到不同研究地区土壤类型、降雨特性和植被条件差异，且观测小区条件也难以统一，导致不同研究成果坡长因子差异较大，这也说明了坡长因子研究具有典型的区域异质性，需要有针对性开展不同区域坡长因子研究工作。总体而言，我国现有成果中坡长指数介于 0.14～0.46 之间，随着小区坡度的增加逐渐增大，这与 USLE 和 RUSLE 中坡长指数随坡度增大而增加的规律是一致的。横向对比结果显示，我国不同地区坡长指数普遍小于相同条件下 USLE 和 RUSLE 所采用数值。

江忠善等系统梳理了我国有关坡长因子研究成果，提出了全国统一的坡长指数计算公式，当 $\theta\leqslant5°$时，$m=0.15$；当 $5°<\theta\leqslant12°$时，$m=0.2$；当 $12°<\theta\leqslant22°$时，$m=0.35$；当 $22°<\theta\leqslant35°$时，$m=0.45$。同时还建立了坡长指数和坡度间计算公式，为 $m=0.029\theta^{0.69}$。

6.8.3 因子提取

近年来，随着地理信息系统（Geographic Information System，GIS）相关技术的快速发展和广泛应用，基于地理信息系统的区域土壤侵蚀计算成为水土资源科学规划、合理利用的重要研究内容和支撑依据。GIS 与土壤侵蚀模型的有机结合，能够实现快速、准确获取和处理海量遥感数据，在扩展模型应用的时间、空间尺度的同时，又有效提升了土壤侵蚀计算效率和时空展示能力。需要注意的是，以 GIS 软件为计算工具时，实际上是以像元单位等高线长的汇流面积代替坡长的算法，已经不再是针对物理意义的坡长，而是表达了随汇流面积递增，坡面径流量增加、径流输沙能力变大的复杂关系。

依托 GIS 技术开展区域尺度土壤侵蚀计算时，需要将整个区域划分为多个规则的栅格单元，每个栅格单元对应于通用土壤流失方程的标准径流小区，以单个栅格单元为研究对象分别计算其土壤侵蚀量，然后经统计汇总得到研究区土壤侵蚀数据；除选择合适的各因子计算方法外，针对空间位置各异的栅格实现相应算法、提取因子结果成为基于 GIS 平台应用通用土壤流失方程的关键技术之一。秦伟等总结了目前主流的基于 DEM 数据提取坡长因子的五种方法，分析了不同方法的优劣处，为坡长因子提取提供了参考：

(1) 以 DEM 栅格边长、对角线长、边长与坡度余弦比，即 DEM 栅格所代表的实际坡面长度等表示坡长，并采用规则坡面的坡长因子算法计算。这类方法的主要问题在于忽略了坡面上单元格间的汇流过程，将 DEM 栅格作为封闭的理想径流小区，即水文孤岛；与实际相比，严重减小坡长因子，从而低估土壤侵蚀强度。

(2) 以分水线到 DEM 栅格的实际汇流路径长度或以 DEM 栅格到分水岭的垂直距离为坡长，再根据规则坡面的坡长因子算法计算。这类方法虽然在一定程度上考虑到了上坡汇流对侵蚀的影响，但计算的实际是以 DEM 栅格的边长为宽、以既定坡长为长的范围内所有栅格的平均土壤侵蚀模数，而并非待求栅格本身的侵蚀模数。坡面上方汇流使坡面下部的径流量和流速增大，从而导致坡面径流侵蚀能力加剧；因此，坡面下部的侵蚀强度通常大于坡面上部，而这类方法无法反映侵蚀强度在不同坡位的差异，从而低估坡面土壤侵蚀。

（3）根据坡长与海拔的关系确定坡长、在一个区域采用一个平均坡长或以地形的起伏大小来代替反映地形因素对土壤侵蚀的影响。虽然坡长与海拔间确实存在一定的相关关系，且平均坡长或地形起伏等指标也能在一定程度上反映对应区域的地形特征；但是，以这些指标代替坡长，并按常规坡长算法用于计算侵蚀强度，不符合通用土壤流失方程中有关坡长的基本定义，且难以反映坡长的空间差异对侵蚀空间分布带来的影响。因此，所获得的评估结果往往存在较大的不确定性。

（4）以分水线到栅格的实际汇流路径长度为坡长，并采用不规则坡面每一坡段的坡长因子算法确定坡长因子。这种方法在一定程度上考虑了上坡汇流对侵蚀的作用，且量化了同一坡面上不同坡段的侵蚀差异，避免了以一条汇流路径上的平均侵蚀强度代替单元格侵蚀强度的问题；但是，在 GIS 平台上将实际坡面划分为均匀单元格，实际上是将三维地形简化成二维地形。在二维空间中，单元格的土壤侵蚀强度并非依赖于分水岭到该单元格的距离，而主要由该栅格上坡单位等高线宽度的汇流面积决定。因此，应以上坡单位等高线宽度的汇流面积代替坡长来计算坡长因子。

（5）采用 Desmet 和 Govers 提出的算法，根据上坡单位等高线宽度的汇流面积计算单元格的坡长因子或以上坡汇流单元总数与单元格边长的乘积为近似值。这类方法综合考虑了上坡汇流对侵蚀的影响以及不同坡段的侵蚀差异，并且由于一般 GIS 软件都能简便地计算单元格的上坡汇流面积，因此同时具有较高的准确性和较好的适用性。然而，GIS 软件提取的上坡汇流面积仅按 DEM 确定的汇流方向简单累积而成，是不考虑汇流路径上不同土壤特性与地表覆盖影响的理论汇流面积，无法真实反映上坡地表覆盖，尤其是植被水文效应造成的汇流量变化。虽然在通用土壤流失方程中，植被覆盖和经营管理因子（C）反映了地表覆盖的对土壤侵蚀的影响；但是，由于基于单元格评估土壤侵蚀时，各因子仅能反映单元格内的土壤侵蚀影响因素，上坡土地利用对产流的作用无法由 C 因子得到体现，因此，这类方法仍具有改进的需要。

6.8.4　小结

我国地域辽阔，水土流失类型区差异较大，尽管目前已经开展了大量关于坡长因子的研究，但仍有部分地区尚未见报道，给年度区域水土流失动态监测带来一定困难；且目前研究成果关于坡度、土壤侵蚀类型和地表覆盖对坡长因子的影响研究相对较少，多数研究集中在坡长指数；植被水文效应及其与微地形等因素耦合关系对坡长因子的研究目前尚未有系统考虑，此外高精度 DEM 也是保障坡长因子计算精度的重要数据支撑。我国部分地区坡长因子研究成果见表 6－9。

表 6－9　　我国部分地区坡长因子研究成果

研究地区	观测地点	土壤类型	因子算法	小区概况
东北	黑龙江宾县、克山	黑土	$L=(\lambda/20)^{0.18}$	农地：坡度 7°，坡长 20～300m
东北	辽宁西丰	黑土	$L=(\lambda/20)^{0.50}$	农地：坡度 10°，坡长 10～40m
西北	甘肃天水	黑褐土	$L=1.02(\lambda/20)^{0.20}$	农地：坡度 10°，坡长 10～40m

续表

研究地区	观测地点	土壤类型	因子算法	小区概况
西北	甘肃天水，陕西绥德、子洲	黄绵土	$L=(\lambda/20)^{0.28}$	农地：坡度9.5°～22°，坡长10～40m
西北	陕西安塞	黄绵土	$L=(\lambda/20)^{0.40}$	裸地：坡度30°，坡长10～40m
西北	内蒙古皇甫川	黄绵土	$L=(\lambda/20)^{0.30}$	坡长指数为引用值
西北	陕西淳化	黄绵土	$L=(\lambda/20)^{0.14}$	农地：坡度6°，坡长20～60m
西北	陕西子洲	黄绵土	$L=(\lambda/20)^{0.44}$	农地：坡度20°，坡长20～60m
西北	陕西绥德	黄绵土	$L=(\lambda/20)^{0.46}$	农地：坡度21.4°，坡长10～40m；坡度20.2°，坡长60m
华东	福建安溪	红壤	$L=(\lambda/20)^{0.35}$	裸地：坡度10°～26°，坡长17～26m
西南	云南昭通、东川	黄壤	$L=(\lambda/20)^{0.24}$	裸地：坡度15°，坡长5～35m
西南	重庆江津	紫色土	$L=h(1-\cos\theta)/63.8\sin\theta$	农地：坡度15°～25°，坡长200～500m

6.9 水土保持措施及耕作措施因子

6.9.1 水土保持工程措施因子

水土保持工程措施基于改变小地形对坡面产汇流形成有利影响作用，降低坡面水流流速和夹沙携沙能力，减小或预防坡面水土流失量，改善农业生产条件。我国水土保持工程措施种类繁多，包括梯田、水平阶（沟）、竹节沟、鱼鳞坑、树盘、坡面小型蓄排工程、谷坊、淤地坝等。工程措施因子 E 是指在相同情况下，有工程措施土壤侵蚀量与无工程措施的土壤侵蚀量比值。

6.9.1.1 西北黄土高原区 E 值

谢红霞基于陕北延河流域研究得出流域 E 因子计算公式为

$$E=(1-p_1\times S_t/S)\times(1-p_2\times S_d/S)$$

式中：S_t、S_d 为梯田面积和淤地坝控制面积；S 为研究区土地总面积；p_1、p_2 为梯田和淤地坝减沙系数。

晋西离石羊道沟小流域水平梯田 E 值为0.09、鱼鳞坑 E 值为0.25、坡式梯田 E 值为0.27，新泰市北师乡狼毛沟小流域水平梯田 E 值为0.331、水平条 E 值为0.033、坡式梯田 E 值为0.167，安塞县纸坊沟小流域鱼鳞坑 E 值为0.187、水平阶 E 值为0.256，延安市上砭沟小流域隔坡梯田 E 值为0.11。王翊人等基于黄土高原纸坊沟流域实测数据得出梯田 E 值约为0.946。郭晋伟研究得出黄土高原北洛河流域水平梯田 E 值约为0.084。

6.9.1.2 北方土石山区 E 值

符素华采用北京延庆上辛庄径流试验站的裸地鱼鳞坑、侧柏鱼鳞坑、裸地水平条、板栗水平条、板栗树盘和休闲地坡面径流试验小区2001—2006年58次降雨的径流泥沙资料，对比分析了官厅水库上游常用水土保持工程措施 E 值，结果表明树盘 E 值为0.05，

水平条 E 值为 0.04～0.09，鱼鳞坑 E 值为 0.03～0.08。和继军等基于小区观测资料研究得出密云水库水平梯田 E 因子为 0.3205，水平条 E 值为 0.2398。杨韶洋通过对沂蒙山国家级重点治理区 10 个市县区研究发现，该区域内土坎梯田 E 值变化为 0.084～0.336、石坎梯田 E 值变化为 0.121～0.484、坡式梯田 E 值变化为 0.414～1.000、水平条 E 值变化为 0.151～0.604、水平沟 E 值变化为 0.335～1.000、鱼鳞坑 E 值变化为 0.249～1.000。

6.9.1.3　东北黑土区 E 值

范建荣等通过分析野外坡面定位观测试验，东北黑土区水土保持工程措施保土效果最为显著，其中水平台田和水平坑的 E 值分别为 0.020 和 0.061。

6.9.1.4　南方红壤区 E 值

张杰等基于江西水土保持生态科技园柑橘园小区长期定位观测试验发现，工程＋植物措施减沙效益最好，约为 95.88%，其中“水平梯田＋梯壁植草”措施 E 值为 0.0412。秦伟基于赣北红壤坡地野外径流小区观测资料，采用 80%经验频率法确定了赣北红壤区侵蚀性降雨标准为降雨量 10.0mm、平均雨强 1.3mm/h、最大 30min 雨强 5.0mm/h，区内次降雨侵蚀力采用总动能和最大 30min 雨强乘积计算最佳。通过建立基于年降雨量的逐年侵蚀力简易算式，测算土壤可蚀性因子以及 6 种生物措施因子、5 种工程措施因子取值；其中“梯壁植草＋前埂后沟水平台田”E 值为 0.0041、“梯壁植草＋水平台田”E 值为 0.0108、“水平台田”E 值为 0.3295、“梯壁植草＋内斜式梯田”E 值为 0.0097、“梯壁植草＋外斜式梯田”E 值为 0.0294。汪邦稳等针对赣南各地区特有的水土保持工程措施：梯田、水平竹节沟、谷坊、淤地坝等，提出了区域水土保持工程措施 E 计算公式，具体为

$$E=1-(p_1\times S_t/S+p_2\times S_{glt}/S+p_3\times S_z/S)$$

式中：S 为研究区土地面积；S_t、S_{glt}、S_z 分别为梯田面积、谷坊和拦砂坝或塘坝控制面积、水平竹节沟控制面积；p_1、p_2、p_3 分别为上述三种类型供奉措施减沙系数。

吴思颖等利用福建省水土保持试验站提供的 2014—2016 年安溪县多组茶园坡面径流小区资料，根据工程措施因子的定义，求得安溪县的茶园梯田工程措施 E 值为 0.11。刘桂成研究了江西赣南地区梯田和水平阶措施，发现二者 E 值分别约为 0.084 和 0.151。

6.9.1.5　西南岩溶区和紫色土区 E 值

郭继成等基于贵州省毕节市、龙里县和遵义市水土保持监测站点坡面径流场多年监测数据，研究计算水平梯田 E 因子多年均值为 0.1244。董丽霞等对重庆市紫色土区水土保持工程措施进行了分析研究，发现等高梯田 E 值为 0.100、水平梯田 E 值为 0.032、石坎梯田 E 值为 0.031、梯田（坡改梯）E 值为 0.916、截水沟（坡面小型蓄排工程）E 值为 0.161、地埂（引水拉沙造地）E 值为 0.184。张必辉研究了三峡库区（湖北段）土壤侵蚀动态变化趋势，发现该区域土坎梯田和石坎梯田 E 值分别为 0.581 和 0.572。

6.9.1.6　小结

基于文献统计了我国不同分区主要水土保持工程措施因子 E 研究结果，如图 6-19 和表 6-10 所示。梯田措施是我国使用最为广泛的水土保持工程措施，在全国 6 个分区中均有发现，且该水土保持措施种类繁多，其 E 值在 0.0525～0.3480 间变化，鱼鳞坑水土

保持措施主要分布在西北黄土高原区、北方土石山区和东北黑土区，其 E 值变化范围为 0.0776～0.2623。

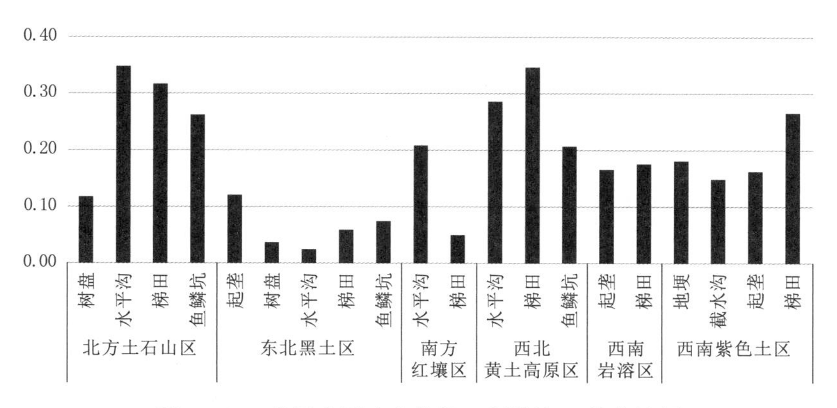

图 6-19 我国主要水土保持工程措施 E 值统计图

表 6-10 我国主要工程措施因子 E 值

区 域	工程措施	E 值	区 域	工程措施	E 值
西北黄土高原区	隔坡梯田	0.11	东北黑土区	水平坑	0.0279
	坡式梯田	0.27		水平台田	0.02
	水平沟	0.3176		水平台田	0.0756
	水平阶	0.256		鱼鳞坑	0.0776
	水平梯田	0.0661±0.0338		窄幅梯田	0.0882
	梯田	0.946	南方红壤区	反坡梯田	0.0107
	鱼鳞坑	0.2094±0.0353		水平沟	0.2706
北方土石山区	反坡梯田	0.6244		水平阶	0.151
	坡式梯田	0.4572±0.4104		水平梯田	0.0834
	石坎梯田	0.2823±0.1848		梯田+梯壁植草	0.019±0.0156
	树盘	0.1189±0.0974		梯田	0.097±0.0184
	水平沟	0.5847±0.1182	西南紫色土区	等高梯田	0.1
	水平阶	0.3523±0.2307		地埂	0.184
	水平梯田	0.241±0.1272		截水沟	0.1512±0.0139
	水平条	0.1126±0.1113		起垄	0.1634
	水平长条梯田	0.3551		石坎梯田	0.031
	梯田	0.3205		水平梯田	0.0222±0.0139
	土坎梯田	0.196		梯田	0.916
	鱼鳞坑	0.2623±0.2812	西南岩溶区	反坡梯田	0.2564
	窄幅梯田	0.0719		起垄	0.1666
东北黑土区	起垄	0.1213		水平梯田	0.0769
	树盘	0.0389		水平长条梯田	0.2013

6.9.2　耕作措施因子

耕作措施是通过农事耕作改变地表微地形、增加地表覆盖、提升土壤入渗性能等增强土壤抗蚀性，达到保持水土、防治土壤侵蚀的目的。耕作措施因子 T 是指保护性耕作方式下土壤流失量与传统耕作方式下单位面积土壤流失量比值，其取值范围为 $0 \leqslant T \leqslant 1$，$T$ 值越小表示该保护性耕作措施水土保持效益越好。

6.9.2.1　西北黄土高原区 *T* 值

"免耕""免耕秸秆覆盖""等高耕作"是黄土高原地区常见的保护性耕作措施。其中等高耕作通过截断坡面水流通道、降低水流流速，大幅减小水流夹沙携沙能力而显著减少坡面水土流失（径流产沙量分别减少约40%和65%），与免耕和免耕秸秆覆盖措施相比，其 T 值最小为 0.27 ± 0.22（样本数 $N=15$），免耕和免耕秸秆覆盖措施 T 值分别为 0.73 ± 0.17（样本数 $N=25$）和 0.69 ± 0.22（样本数 $N=72$）。赵龙山等基于人工降雨试验，研究了黄土高原地区人工掏挖（深5～8cm，间距20～25cm）和人工锄耕（深4～5cm）水土保持措施水土保持效应，结果表明二者 T 值分别为0.766和0.637。

6.9.2.2　北方土石山区 *T* 值

北方土石山区主要分布在松辽、海河、淮河等流域，以棕壤、褐土、栗钙土等为主，石多土少、石厚土薄，且地面土质松散，容易产生较为严重的水土流失危害。"免耕""垄作区田"和"等高耕作＋植物篱"是北方土石山区常见的保护性耕作措施。相关研究表明，植物篱能够减少地表径流30%～70%、降低土壤流失量50%～80%。等高耕作＋植物篱措施 T 值均值最小为 0.17 ± 0.09（样本数 $N=24$），其次为垄作区田 0.46 ± 0.24（样本数 $N=15$），免耕措施 T 值最大为 0.51 ± 0.25（样本数 $N=13$）。和继军等分析了北京密云水库上游石匣小流域观测资料，得出水平梯田 T 值为0.0794，水平条 T 值为0.0296，水平条＋地埂 T 值为0.0386。

6.9.2.3　东北黑土区 *T* 值

"免耕秸秆覆盖""等高耕作"和"垄作区田"是东北黑土区常见的三种保护性耕作措施。垄作区田通过缩短坡长、减缓坡度控制坡面水蚀，有效增加土壤蓄水量和减少产沙量，达到保土保水的目的。免耕秸秆覆盖可以提高土壤孔隙度而较为显著的改变土壤物理结构，一定程度提升了土壤抗蚀性。等高耕作通过打破地表径流连续通道、增加入渗等方式减少地表径流量和土壤侵蚀量。总体而言，东北黑土区垄作区田 T 值最小为 0.15 ± 0.12（样本数 $N=29$）、免耕秸秆覆盖 T 值为 0.20 ± 0.14（样本数 $N=11$）、等高耕作 T 值最大为 0.52 ± 0.25（样本数 $N=121$）。范建荣等基于300余场次径流小区自然降雨观测资料，研究发现东北黑土区顺坡耕作（大豆）T 均值为 0.624 ± 0.2657、地埂植物带 T 值为0.186、横坡耕作（大豆）T 值为 0.257 ± 0.3447。

6.9.2.4　南方红壤区 *T* 值

尽管南方红壤区植被条件较好，但由于其降雨量丰沛，水力侵蚀问题依然突出。相关研究表明，免耕是红壤区有效的水土保持耕作措施，通过增加地表覆盖、改善土壤

物理结构、调控地表径流而达到保持水土的目的。免耕秸秆覆盖耕作措施 T 值为 0.11±0.08（样本数 N=10），等高耕作 T 值为 0.54±0.32（样本数 N=38）。张杰等基于野外标准径流小区长期定位观测研究发现，柑橘园横坡间作 T 值为 0.2215。周怡雯等基于红壤区坡耕地小区天然降雨观测数据，分析发现顺坡耕作 T 值为 0.6651，顺坡耕作+植物篱 T 值为 0.1477，横坡耕作 T 值为 0.0109，秸秆覆盖（稻草）T 值为 0.0326。

6.9.2.5 西南紫色土区 *T* 值

紫色土抗蚀性、抗冲性均相对较差，导致该区域水土流失问题严重。该区域保护性耕作措施种类较多，常见的等高耕作 T 值为 0.48±0.27（样本数 N=126）、等高耕作+植物篱 T 值为 0.47±0.24（样本数 N=34）、免耕秸秆覆盖 T 值为 0.44±0.29（样本数 N=22）、聚土免耕 T 值为 0.32±0.15（样本数 N=29）。聚土免耕是紫色土区特有的保护性耕作方式，其典型的网格状结构可有效拦截地表径流、增加土壤入渗，且长期聚土免耕可改良土壤理化性质，提高土地生产力。林超文等研究发现，秸秆覆盖对减少水土流失和增加玉米产量的效果均优于地膜覆盖。秸秆覆盖能显著减少地表径流（73.9%～86.2%），但不同程度地增加了壤中流，使径流总量降低（32.5%～66.6%），并极显著降低土壤侵蚀总量达（96.4%～98.1%）。

6.9.2.6 西南岩溶区 *T* 值

该区域土壤母质以石灰岩为主，土壤厚度薄、植被条件相对较差，表层土壤流失或漏蚀后容易形成石漠化。“免耕”和“等高耕作”是岩溶区常见的保护性耕作措施，二者 T 值分别为 0.49±0.33（样本数 N=10）和 0.38±0.33（样本数 N=15）。朱青等基于贵州罗甸县水土保持试验站观测资料，分析发现沟间种植 T 值为 0.0609（沟宽 1m，深 0.5m，间距 6m），横坡耕作 T 值为 0.1723，植物篱水土保持效果最好，其 T 值为 0.0505（植物篱间距 6m）。郭继成等基于贵州省毕节市、龙里县和遵义市水土保持监测站点坡面径流场多年监测数据，研究计算马铃薯等高耕作小区 T 值为 0.0872，大于玉米等高耕作小区 T 值为 0.0069；等高耕作条件下马铃薯、玉米在不同生长时期的 T 值大小关系为苗期>发育期>残茬期>成熟期，马铃薯在发育期、成熟期、残茬期的 T 值为玉米在相应时期的 10 倍左右。

6.9.2.7 小结

我国幅员辽阔，土壤、植被及气候地带性差异较大，全国范围保护性耕作措施种类较多，我国水土保持耕作措施主要包括等高沟垄种植、垄作区田、免耕、掏钵种植和抗旱丰产沟，其中等高沟垄种植在全国 5 个水蚀类型区均有分布，其次是免耕，除西南土石山区外均有分布，其他几种类型主要分布在我国北方旱作农业区。但相同耕作措施在不同区域也不尽相同，因此在 T 因子使用中要注意区分地区差异。等高耕作、免耕秸秆覆盖是我国常见的保护性耕作措施，但不同区域这两种保护性耕作措施 T 因子值也差异较大，对于等高耕作而言，其 T 因子值不同区域表现为：西北黄土高原区<西南岩溶区<西南紫色土区<东北黑土区<南方红壤区；对于免耕秸秆覆盖而言，其 T 因子值不同区域表现为：南方红壤区<东北黑土区<西南紫色土区<西北黄土高原区。我国主要耕作措施因子

T 值见表 6-11。

表 6-11　　　　我国主要耕作措施因子 T 值

区　域	耕作措施	T 值
西北黄土高原区	等高耕作	0.27±0.22
	等高沟垄种植	0.35±0.20
	抗旱丰产沟	0.05
	垄作区田	0.19±0.10
	免耕	0.47±0.37
	免耕秸秆覆盖	0.69±0.22
	人工锄耕	0.64
	人工掏挖	0.63±0.19
北方土石山区	等高耕作+植物篱	0.17±0.09
	等高沟垄种植	0.55±0.19
	垄作区田	0.46±0.24
	免耕	0.38±0.19
东北黑土区	等高耕作	0.52±0.25
	等高沟垄种植	0.25±0.12
	地埂植物带	0.19
	横坡耕作	0.26±0.34
	抗旱丰产沟	0.41
	垄作区田	0.15±0.05
	免耕	0.40
	免耕秸秆覆盖	0.2±0.14
	顺坡耕作	0.62±0.27
南方红壤区	等高耕作	0.54±0.32
	等高沟垄种植	0.38±0.20
	横坡耕作	0.12±0.15
	秸秆覆盖	0.03
	免耕	0.18±0.01
	免耕秸秆覆盖	0.11±0.08
	顺坡耕作	0.67
	顺坡耕作+植物篱	0.15
西南紫色土区	等高耕作	0.48±0.27
	等高耕作+植物篱	0.47±0.24
	聚土免耕	0.32±0.15
	免耕秸秆覆盖	0.44±0.29
西南岩溶区	等高耕作	0.16±0.20
	沟间种植	0.06
	横坡耕作	0.17
	垄作区田	0.16
	免耕	0.49±0.33
	植物篱	0.05

6.10　治理成效评价软件开发

基于 Windows10 64bit，借助 Python3.6.9 和 ArcGISPro2.5 的 ArcPy 开源函数库完成了水土保持工程治理成效评价软件（程序代码详见附件 3）。在收集整理红壤区降雨侵蚀力多年统计分析表、土壤可蚀性统计分表、水土保持工程措施统计分析表、耕作措施统计分析表的基础上，该软件可实现土壤侵蚀影响因子——降雨侵蚀力、土壤可蚀性、植被覆盖因子、坡长因子、坡度因子、水土保持工程措施因子和耕作措施因子计算，实现水土保持工程全样本措施图斑潜在土壤侵蚀变化量和治理措施达标率自动计算，最终获取水土保持工程治理成效评价综合值。软件总体架构如图 6-20 所示。

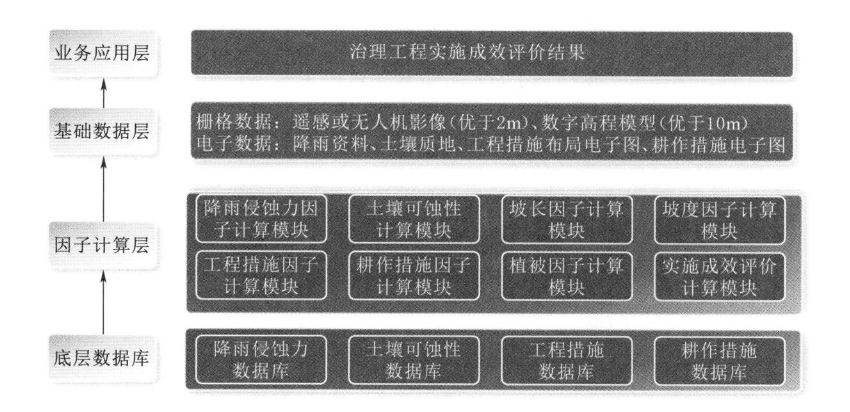

图 6-20 实施成效评价软件总体架构

参 考 文 献

[1] Bendig J, Yu K, Aasen H, et al. Combining UAV-based plant height from crop surface models, visible, and near infrared vegetation indices for biomass monitoring in barley [J]. International Journal of Applied Earth Observation and Geoinformation, 2015, 39: 79-87.

[2] Benz U C, Hofmann P, Willhauck G, et al. Multi-resolution, object-oriented fuzzy analysis of remote sensing data for GIS-ready information [J]. ISPRS Journal of Photogrammetry and Remote Sensing, 2004, 58 (3): 239-258.

[3] Birth G S, McVey G R. Measuring the Color of Growing Turf with a Reflectance Spectrophotometer [J]. Agronomy Journal, 1968, 60 (6): 640-643.

[4] Blaschke H, Lang S, Hay G J. Object-Based Image Analysis [J]. New York: Springer, Berlin, Heidelberg, 2008.

[5] Chen R, Yan D, Wen A, et al. The regional difference in engineering-control and tillage factors of Chinese Soil Loss Equation [J]. Journal of Mountain Science, 2021, 18 (3): 658-670.

[6] Clevers JGPW. The derivation of a simplified reflectance model for the estimation of leaf area index [J]. Remote Sensing of Environment, 1988, 25 (1): 53-69.

[7] Deering D W, Rouse J W, Haas R H, Schell J A. Measuring "Forage production" of grazing units from Landsat MSS data [J]. Proceedings of the 10th International Symposium on Remote Sensing of Environment, 1975: 1169-1178.

[8] Desmet P, Govers G. A GIS procedure for automatically calculating the USLE LS factor on topographically complex landscape units [J]. Journal of Soil and Water Conservation, 1996, 51: 427-433.

[9] Ellison W. Soil erosion studies-part 1 [J]. Agricultural Engineering, 1947, 28 (4): 145-146.

[10] Ferro V, Porto P, Yu B. A comparative study of rainfall erosivity estimation for southern Italy and southeastern Australia [J]. Hydrological Sciences Journal, 1999, 44 (1): 3-24.

[11] Foster G R, Meyer L D. Mathematical simulation of upland erosion by fundamental erosion mechanics. In: ARS-S-40 UARSR, editor. Present and Perspective Technology for Predicting Sediment Yields and Sources-Proceedings of Sediment-Yield Workshop [J]. Oxford, Mississippi: U-

nited States Department of Agriculture Sedimentation Laboratory, 1975: 190 - 206.

[12] Foster G R, Wischmeier W H. Evaluating Irregular Slopes for Soil Loss Prediction [J]. Transactions of the ASAE, 1974, 17 (2): 305 - 0309.

[13] Fu G, Chen S, McCool D K. Modeling the impacts of no-till practice on soil erosion and sediment yield with RUSLE, SEDD, and ArcView GIS [J]. Soil and Tillage Research, 2006, 85 (1 - 2): 38 - 49.

[14] Guijarro M, Pajares G, Riomoros I, et al. Automatic segmentation of relevant textures in agricultural images [J]. Computers and Electronics in Agriculture, 2011, 75 (1): 75 - 83.

[15] Hague T, Tillett N D, Wheeler H. Automated Crop and Weed Monitoring in Widely Spaced Cereals [J]. Precision Agriculture, 2006, 7 (1): 21 - 32.

[16] Huete A R. A soil - adjusted vegetation index (SAVI) [J]. Remote Sensing of Environment, 1988, 25 (3): 295 - 309.

[17] Jackson R D, Huete A R. Interpreting vegetation indices [J]. Preventive Veterinary Medicine, 1991, 11 (3): 185 - 200.

[18] Jain S K, Kumar S, Varghese J. Estimation of Soil Erosion for a Himalayan Watershed Using GIS Technique [J]. Water Resources Management, 2001, 15 (1): 41 - 54.

[19] Jensen J R. Remote Sensing of the Environment: An Earth Resource Perspective [J]. New Jersey: Prentice Hall, 2000.

[20] K. McCool D, R. Foster G, K, et al. Revised Slope Length Factor for the Universal Soil Loss Equation [J]. Transactions of the ASAE, 1989, 32 (5): 1571 - 1576.

[21] Kapur J N, Sahoo P, Wong AKC. A new method for gray-level picture thresholding using the entropy of the histogram [J]. Computer Vision, Graphics, and Image Processing, 1980, 29: 273 - 285.

[22] Kapur J N, Sahoo P K, Wong AKC. A new method for gray-level picture thresholding using the entropy of the histogram [J]. Computer Vision, Graphics, and Image Processing, 1985, 29 (3): 273 - 285.

[23] Kataoka T, Kaneko T, Okamoto H, Hata S. Crop growth estimation system using machine vision [J]. Proceedings 2003 IEEE/ASME International Conference on Advanced Intelligent Mechatronics (AIM 2003) 2003: 1079 - 1083, 1072.

[24] Kauth R J, Thomas G S. The Tasseled-Cap—A Graphic Description of the Spectral-Temporal Development of Agricultural Crops as Seen by Landsat [J]. Symposium on Machine Processing of Remotely Sensed Data. West Lafayette: Purdue University, 1976: 41 - 51.

[25] King C. The uniformitarian nature of hillslopes [J]. Transactions of the Edinburgh Geological Society, 1957, 17 (1): 81.

[26] Kinnell PIA. AGNPS - UM: applying the USLE - M within the agricultural non point source pollution model [J]. Environmental Modelling & Software, 2000, 15 (3): 331 - 341.

[27] Liu B Y, Nearing M A, Risse L M. Slope gradient effects on soil loss for steep slopes [J]. Transactions of the ASAE, 1994, 37 (6): 1835 - 1840.

[28] Lufafa A, Tenywa M M, Isabirye M, et al. Prediction of soil erosion in a Lake Victoria basin catchment using a GIS - based Universal Soil Loss model [J]. Agricultural Systems, 2003, 76 (3): 883 - 894.

[29] Mccool D K, Brown L C, Foster G R, et al. Revised Slope Steepness Factor for the Universal Soil Loss Equation [J]. Transactions of the ASAE - American Society of Agricultural Engineers (USA), 1987, 30 (5): 1387 - 1396.

[30] Meyer G E, Neto J C. Verification of color vegetation indices for automated crop imaging applications [J]. Computers and Electronics in Agriculture, 2008, 63 (2): 282-293.

[31] Morgan RPC. Soil Erosion and Conservation. Third Edition edn [M]. New York: Longman Group and J. Wiley & Sons, 1997.

[32] Musgrave G. The quantitative evaluation of factors in water erosion: a first approximation [J]. Journal of soil and water conservation, 1947, 2 (3): 133-138.

[33] Nearing M. A Single, Continuous Function for Slope Steepness Influence on Soil Loss [J]. Soil Science Society of America Journal, 1997, 61 (3): 917-919.

[34] Otsu N. A threshold selection method from gray level histograms [J]. IEEE Transactions on Systems, Man, and Cybernetics, 1979, 9 (1): 62-66.

[35] Perry C R, Lautenschlager L F. Functional equivalence of spectral vegetation indices [J]. Remote Sensing of Environment, 1984, 14 (1): 169-182.

[36] Pugh TAM, Jones C D, Huntingford C, Burton C, Arneth A, Brovkin V, Ciais P, Lomas M, Robertson E, Piao S L, Sitch S. A Large Committed Long-Term Sink of Carbon due to Vegetation Dynamics [J]. Earth's Future, 2018, 6 (10): 1413-1432.

[37] Qi J, Chehbouni A, Huete A R, Kerr Y H, Sorooshian S. A modified soil adjusted vegetation index [J]. Remote Sensing of Environment, 1994, 48 (2): 119-126.

[38] Renard K G, Foster G R, Weesies G A, et al. Predicting soil erosion by water: a guide to conservation planning with the revised universal soil loss equation (RUSLE) [R]. Agriculture Handbook. Renard K G, Foster G R, Weesies G A, et al. Washington.

[39] Renard K G, Freimund J R. Using monthly precipitation data to estimate the R-factor in the revised USLE [J]. Journal of Hydrology, 1994, 157 (1): 287-306.

[40] Richardson A J, Foster G R, Wright D. Estimation of Erosion Index from Daily Rainfall Amount [J]. Transactions of the ASAE, 1983, 26 (1): 153-0156.

[41] Richardson A J, Wiegand C L. Distinguishing Vegetation From Soil Background Information [J]. Photogrammetric Engineering and Remote Sensing, 1977, 43 (12): 1541-1552.

[42] Rouse JWJ, Haas R H, Deering D W, et al. Monitoring the Vernal Advancement and Retrogradation (Green Wave Effect) of Natural Vegetation [R]. NASA/GSFC Type Ⅲ Final Report. Greenbelt, MD.

[43] Sellaro R, Crepy M, Trupkin S A, et al. Cryptochrome as a Sensor of the Blue/Green Ratio of Natural Radiation in Arabidopsis [J]. Plant Physiology, 2010, 154 (1): 401.

[44] Sharpley A N, Williams J R. EPIC-erosion/productivity impact calculator: 1. Model documentation [J]. Washington (DC): USDA Agricultural Reaserch Service, 1990.

[45] Shirazi M A, Boersma L, Hart J W. A Unifying Quantitative Analysis of Soil Texture: Improvement of Precision and Extension of Scale [J]. Soil Science Society of America Journal, 1988, 52 (1): 181-190.

[46] Silleos N G, Alexandridis T K, Gitas I Z, Perakis K. Vegetation Indices: Advances Made in Biomass Estimation and Vegetation Monitoring in the Last 30 Years [J]. Geocarto International, 2006, 21 (4): 21-28.

[47] Smith D D, Wischmeier W H. Factors affecting sheet and rill erosion [J]. Eos, Transactions American Geophysical Union, 1957, 38 (6): 889-896.

[48] Torres-Sánchez J, Peña JM, de Castro AI, López-Granados F. Multi-temporal mapping of the vegetation fraction in early-season wheat fields using images from UAV [J]. Computers and Electronics in Agriculture, 2014, 103: 104-113.

[49] Torri D, Poesen J, Borselli L. Predictability and uncertainty of the soil erodibility factor using a global dataset [J]. CATENA, 1997, 31: 1-22.

[50] Tucker C J. Red and photographic infrared linear combinations for monitoring vegetation [J]. Remote Sensing of Environment, 1979, 8 (2): 127-150.

[51] Verrelst J, Schaepman M E, Koetz B, Kneubühler M. Angular sensitivity analysis of vegetation indices derived from CHRIS/PROBA data [J]. Remote Sensing of Environment, 2008, 112 (5): 2341-2353.

[52] Wischmeier W H. A Rainfall Erosion Index for a Universal Soil-Loss Equation [J]. Soil Science Society of America Journal, 1959, 23 (3): 246-249.

[53] Wischmeier W H, Johnson C B, Cross B V. A soil erodibility nomograph for farmland and construction sites [J]. Journal of Soil and Water Conservation, 1971, 26 (5): 189-193.

[54] Wischmeier W H, Smith D D. Predicting Rainfall-Erosion Losses from Cropland East of the Rocky-Mountains. Washington DC: Soil Conservation Service, USDA, 1965.

[55] Wischmeier W H, Smith D D. Predicting rainfall erosion losses: A guide to conservation planning [J]. Hyattsville, Maryland: USDA, Science and Education Administration, 1978.

[56] Yu B, Rosewell C. A Robust Estimate of the R-Factor for the Universal Soil Loss Equation [J]. Transactions of the ASABE, 1996, 39 (2): 559-561.

[57] Zachar D. Soil Erosion [J]. Amsterdam: Elservier ScientificPublishing Company, 1983.

[58] Zingg A W. Degree and length of land slope as it affects soil loss in run-off [J]. Agriculture Engineering, 1940, 21: 59-64.

[59] 卜兆宏，唐万龙，潘贤章. 土壤流失量遥感监测中GIS像元地形因子算法的研究 [J]. 土壤学报，1994，31 (3): 322-329.

[60] 蔡崇法，丁树文，史志华，等. 应用USLE模型与地理信息系统IDRISI预测小流域土壤侵蚀量的研究 [J]. 水土保持学报，2000，14 (2): 19-24.

[61] 蔡强国. 坡长在坡面侵蚀产沙过程中的作用 [J]. 泥沙研究，1989 (4): 84-91.

[62] 曹银真. 土壤侵蚀过程中的地貌临界 [J]. 中国水土保持，1987 (10): 22-26, 65.

[63] 岑奕，丁文峰，张平仓. 华中地区土壤可蚀性因子研究 [J]. 长江科学院院报，2011，28 (10): 65-68, 74.

[64] 陈永宗，景可，蔡强国. 黄土高原现代侵蚀与治理 [M]. 北京：科学出版社，1988.

[65] 程李，王小波，陈正刚，等. 贵州山区坡耕地土壤可蚀性研究 [J]. 安徽农业科学，2013，41 (19): 8247-8249, 8309.

[66] 邓良基，侯大斌，王昌全，等. 四川自然土壤和旱耕地土壤可蚀性特征研究 [J]. 中国水土保持，2003 (7): 23-25.

[67] 翟伟峰，许林书. 东北典型黑土区土壤可蚀性 K 值研究 [J]. 土壤通报，2011，42 (5): 1209-1213.

[68] 董丽霞，蒋光毅，张志兰，等. 重庆市中国土壤流失方程因子研究进展 [J]. 中国水土保持，2021 (2): 40-44, 69.

[69] 董林林，张海东，于东升，等. 引黄灌淤耕作对剖面土壤有机质组分构成的影响 [J]. 土壤学报，2017，54 (3): 613-623.

[70] 范建荣，王念忠，陈光，等. 东北地区水土保持措施因子研究 [J]. 中国水土保持科学，2011，9 (3): 75-78, 92.

[71] 冯强，赵文武. USLE/RUSLE中植被覆盖与管理因子研究进展 [J]. 生态学报，2014，34 (16): 4461-4472.

[72] 符素华，刘宝元，路炳军，等. 官厅水库上游水土保持措施的减水减沙效益 [J]. 中国水土保持

科学，2009，7（2）：18－23.

［73］ 符素华，刘宝元，周贵云，等．坡长坡度因子计算工具［J］．中国水土保持科学，2015，13（5）：105－110.

［74］ 辜世贤，王小丹，刘淑珍．西藏高原东部矮西沟流域土壤可蚀性研究［J］．水土保持研究，2011，18（1）：77－81.

［75］ 管飞，叶明亮，马友华．江淮丘陵区土壤可蚀性 K 值研究——以肥东县为例［J］．中国农学通报，2020，36（1）：105－111.

［76］ 郭继成，顾再柯，苑爽，等．西南喀斯特地区水土保持措施因子值计算与评价［J］．中国水土保持，2014（10）：50－53，71.

［77］ 郝姗姗，李梦华，马永强，等．黄土丘陵区土壤侵蚀因子敏感性分析［J］．中国水土保持科学，2019，17（2）：77－86.

［78］ 和继军，蔡强国，路炳军，等．密云水库上游石匣小流域水土流失综合治理措施研究［J］．自然资源学报，2008，23（3）：375－382.

［79］ 胡克志．丹江鹦鹉沟小流域土壤可蚀性空间分异特征研究［J］．中国水土保持，2016（7）：44－48.

［80］ 黄河水利委员会西北工程局．西北黄土区坡地固体径流和液体径流形成过程的初步研究［J］．黄河建设，1957（12）：16－29.

［81］ 黄凯旋，刘扬，董晓健，等．基于土地利用变化的三峡库区（湖北段）土壤侵蚀消长研究［J］．水土保持研究，2020，27（1）：1－6，20.

［82］ 黄明，张建军，茹豪，等．晋西黄土区不同植被覆盖小流域的产流输沙特性［J］．中国水土保持科学，2012，10（5）：16－23.

［83］ 江忠善，郑粉莉，武敏．中国坡面水蚀预报模型研究［J］．泥沙研究，2005（4）：1－6.

［84］ 蒋德麒．我国的水土保持耕作措施［J］．中国水土保持，1984（2）：4－8.

［85］ 蒋涛．不同水保措施对土壤可蚀性 K 值的影响［J］．唐山师范学院学报，2019，41（3）：147－150，156.

［86］ 晋蓓，刘学军，甄艳，等．ArcGIS 环境下 DEM 的坡长计算与误差分析［J］．地球信息科学学报，2010，12（5）：700－706.

［87］ 荆莎莎，张荣华，张庆红，等．沂蒙山区典型县土壤可蚀性 K 值空间变异研究［J］．土壤通报，2017，48（2）：278－284.

［88］ 井光花，于兴修，李振炜．土壤可蚀性研究进展综述［J］．中国水土保持，2011（10）：44－47，66.

［89］ 李凤，陈法扬．我国南方农作保土技术综述［J］．中国水土保持，1995（6）：33－36.

［90］ 李佩姗，史春景，郝永平．基于遗传算法最大熵值法的毫米波图像分割［J］．光电技术应用，2019，34（2）：46－49，54.

［91］ 李强，刘国彬，许明祥，等．黄土丘陵区撂荒地土壤抗冲性及相关理化性质［J］．农业工程学报，2013，29（10）：153－159.

［92］ 李锐，赵牡丹，杨勤科．中国土壤侵蚀地图集［M］．北京：中国地图出版社，2014.

［93］ 李肖，唐鹏，林杰，等．应用 Cs137 示踪法估算淮北土石山区土壤可蚀性因子 K 值［J］．东北林业大学学报，2019，47（6）：31－39.

［94］ 李新平，王兆骞，陈欣，等．红壤坡耕地人工模拟降雨条件下植物篱笆水土保持效应及机理研究［J］．水土保持学报，2002，16（2）：36－40.

［95］ 李旭，王海燕，杨晓娟，等．东北近天然林土壤可蚀性 K 值研究［J］．水土保持通报，2014，34（4）：5－10.

［96］ 李勇，徐晓琴，朱显谟．黄土高原植物根系提高土壤抗冲性机制初步研究［J］．中国科学（B辑），1992（3）：254－259.

[97]　李子君，王硕，林锦阔，等．沂河流域土壤可蚀性空间变异研究 [J]．土壤通报，2019，50 (1)：45-51.

[98]　梁华为．直接从双峰直方图确定二值化阈值 [J]．模式识别与人工智能，2002，15 (2)：253-256.

[99]　林超文，罗春燕，庞良玉，等．不同耕作和覆盖方式对紫色丘陵区坡耕地水土及养分流失的影响 [J]．生态学报，2010，30 (22)：6091-6101.

[100]　林悦欢，温小乐，简文彬，等．基于无人机影像的可见光波段植被信息识别 [J]．农业工程学报，2020，36 (3)：178-189.

[101]　刘宝元，刘瑛娜，张科利，等．中国水土保持措施分类 [J]．水土保持学报，2013，27 (2)：80-84.

[102]　刘斌涛，陶和平，史展，等．青藏高原土壤可蚀性K值的空间分布特征 [J]．水土保持通报，2014，34 (4)：11-16.

[103]　刘桂成，李相玺，万小星，等．江西省2018年度省级重点监测区水土流失动态监测中存在的问题与建议 [J]．中国水土保持，2019 (12)：29-32.

[104]　刘泉，李占斌，李鹏，等．四川盆地紫色土小流域土壤的可蚀性 [J]．绵阳师范学院学报，2012，31 (2)：106-109.

[105]　刘耀林，罗志军．基于GIS的小流域水土流失遥感定量监测研究 [J]．武汉大学学报（信息科学版），2006，31 (1)：35-38.

[106]　罗来兴．甘肃华亭粮食沟坡侵蚀量的野外观测及其初步分析结果 [J]．地理学资料，1958，1 (2)：111-118.

[107]　毛智慧，邓磊，贺英，等．利用色调_亮度彩色分量的可见光植被指数 [J]．中国图像图形学报，2017，22 (11)：1602-1610.

[108]　莫明浩，谢颂华，聂小飞，等．南方红壤区水土流失综合治理模式研究——以江西省为例 [J]．水土保持通报，2019，39 (4)：207-213.

[109]　秦伟，朱清科，张岩．基于GIS和RUSLE的黄土高原小流域土壤侵蚀评估 [J]．农业工程学报，2009，25 (8)：157-163.

[110]　秦伟，朱清科，张岩．通用土壤流失方程中的坡长因子研究进展 [J]．中国水土保持科学，2010，8 (2)：117-124.

[111]　秦伟，左长清，郑海金，等．赣北红壤坡地土壤流失方程关键因子的确定 [J]．农业工程学报，2013，29 (21)：115-125.

[112]　区晓琳，陈志彪，陈志强，等．闽西南崩岗土壤理化性质及可蚀性分异特征 [J]．中国水土保持科学，2016，14 (3)：84-92.

[113]　石海霞，梁音，朱绪超，等．南方红壤区水土流失治理成效的多尺度趋势分析 [J]．中国水土保持科学，2019，17 (3)：66-74.

[114]　史东梅，陈正发，蒋光毅，等．紫色丘陵区几种土壤可蚀性 K 值估算方法的比较 [J]．北京林业大学学报，2012，34 (1)：32-38.

[115]　史志华，蔡崇法，丁树文，等．基于GIS和RUSLE的小流域农地水土保持规划研究 [J]．农业工程学报，2002，18 (4)：172-175.

[116]　孙国祥，汪小旵，闫婷婷，等．基于机器视觉的植物群体生长参数反演方法 [J]．农业工程学报，2014，30 (20)：187-195.

[117]　万晔，段昌群，王玉朝，等．基于3S技术的小流域水土流失过程数值模拟与定量研究 [J]．水科学进展，2004，15 (5)：650-654.

[118]　汪邦稳．皖西皖南土壤可蚀性值及估算方法验证 [J]．人民长江，2019，50 (9)：60-64.

[119]　汪邦稳，方少文，杨勤科．赣南地区水土流失评价模型及其影响因子获取方法研究 [J]．中国

水土保持，2011（12）：16－19，67.

［120］汪邦稳，肖胜生，张光辉，等．南方红壤区不同利用土地产流产沙特征试验研究［J］．农业工程学报，2012，28（2）：239－243.

［121］汪恩良，徐雷，韩红卫，等．基于OTSU算法提取寒区河流流冰密度研究［J］．应用基础与工程科学学报，2021，29（6）：1429－1439.

［122］汪小钦，王苗苗，王绍强，等．基于可见光波段无人机遥感的植被信息提取［J］．农业工程学报，2015，31（5）：152－159.

［123］王爱娟．基于抽样调查法的水土流失普查技术问题解析［J］．中国水土保持，2018（1）：25－27.

［124］王略，屈创，赵国栋．基于中国土壤流失方程模型的区域土壤侵蚀定量评价［J］．水土保持通报，2018，38（1）：1222－1125，1130.

［125］王宁，朱颜明，徐崇刚．GIS用于流域径流污染物的量化研究［J］．东北师大学报（自然科学版），2002，34（2）：92－98.

［126］王秋霞，张勇，丁树文，等．花岗岩崩岗区土壤可蚀性因子估算及其空间变化特征［J］．中国水土保持科学，2016，14（4）：1－8.

［127］王万中，焦菊英，郝小品，等．中国降雨侵蚀力 R 值的计算与分布（Ⅰ）［J］．水土保持学报，1995（4）：5－18.

［128］王万忠．黄土地区降雨侵蚀力 R 指标的研究［J］．中国水土保持，1987（12）：36－40，67.

［129］王效科，欧阳志云，肖寒，等．中国水土流失敏感性分布规律及其区划研究［J］．生态学报，2001，21（1）：14－19.

［130］王翊人，赵牡丹，张倩，等．梯田作为地形因子和工程措施对土壤侵蚀定量评价影响的对比研究［J］．水土保持通报，2017，37（2）：148－152，157.

［131］王宇，崔佳慧，赵占军，等．吉林省水蚀区耕作土壤 K 值与土壤性状的相关性［J］．吉林农业大学学报，2017，39（4）：432－436.

［132］吴昌广，曾毅，周志翔，等．三峡库区土壤可蚀性 K 值研究［J］．中国水土保持科学，2010，8（3）：8－12.

［133］吴思颖，汪小钦，曾舒娇，等．基于CSLE的安溪县土壤侵蚀估算与分析［J］．中国水土保持科学，2019，17（4）：112－121.

［134］肖培青，郑粉莉．上方汇水汇沙对坡面侵蚀过程的影响［J］．水土保持学报，2003，17（3）：25－27，41.

［135］谢红霞，李锐，杨勤科，等．退耕还林（草）和降雨变化对延河流域土壤侵蚀的影响［J］．中国农业科学，2009，42（2）：569－576.

［136］谢颂华，曾建玲，杨洁，等．南方红壤坡地不同耕作措施的水土保持效应［J］．农业工程学报，2010，26（9）：81－86.

［137］徐明岗，文石林，高菊生．红壤丘陵区不同种草模式的水土保持效果与生态环境效应［J］．水土保持学报，2001，15（1）：77－80.

［138］徐爽，沈润平，杨晓月．利用不同植被指数估算植被覆盖度的比较研究［J］．国土资源遥感，2012，24（4）：95－100.

［139］杨韶洋，刘霞，姚孝友，等．沂蒙山区降雨侵蚀力空间分布推算方法［J］．中国水土保持科学，2015，13（2）：1－10.

［140］游松财，李文卿．GIS支持下的土壤侵蚀量估算——以江西省泰和县灌溪乡为例［J］．自然资源学报，1999，14（1）：63－69.

［141］游翔，陈锐银，廖睿智．2018年度四川省级监测区水土流失动态监测研究［J］．中国水土保持，2019（12）：23－25.

[142] 袁希平，雷廷武．水土保持措施及其减水减沙效益分析［J］．农业工程学报，2004，20（2）：296-300.

[143] 张高玲，谢红霞，盛浩，等．亚热带山区红壤可蚀性对土地利用变化的响应［J］．长江科学院院报，2021，39（2）：1-8.

[144] 张杰，陈晓安，汤崇军，等．典型水土保持措施对红壤坡地柑橘园水土保持效益的影响［J］．农业工程学报，2017，33（24）：165-173.

[145] 张鹏宇，王全九，周蓓蓓．陕西省耕地土壤可蚀性因子［J］．水土保持通报，2016，36（5）：100-106.

[146] 张琪，崔佳慧，李绒萱，等．吉林省中东部耕地土壤可蚀性因子的演变［J］．吉林农业大学学报，2021，43（1）：82-85.

[147] 张琪，王识然，崔佳慧，等．暗棕壤及白浆土林地土壤可蚀性因子的研究［J］．吉林农业大学学报，2020：1-8.

[148] 张天宇，尚晨晨，韩笑．东北地区坡耕地主要土种土壤可蚀性估算［J］．土壤通报，2020，51（3）：529-537.

[149] 张信宝，李少龙，王成华，等．Cs137法测算梁峁坡农耕地土壤侵蚀量的初探［J］．水土保持通报，1988，8（5）：18-22，29.

[150] 张雪花，侯文志，王宁．东北黑土区土壤侵蚀模型中植被因子 *C* 值的研究［J］．农业环境科学学报，2006，25（3）：797-801.

[151] 张岩，刘宪春，李智广，等．利用侵蚀模型普查黄土高原土壤侵蚀状况［J］．农业工程学报，2012，28（10）：165-171.

[152] 张展羽，张国华，左长清，等．红壤坡地不同覆盖措施的水土保持效益分析［J］．河海大学学报（自然科学版），2007，35（1）：1-4.

[153] 张照录，崔继红．基于栅格 GIS 土壤侵蚀地形因子的提取算法［J］．计算机工程，2006，32（5）：226-228.

[154] 章文波，付金生．不同类型雨量资料估算降雨侵蚀力［J］．资源科学，2003，25（1）：35-41.

[155] 章文波，谢云，刘宝元．降雨侵蚀力研究进展［J］．水土保持学报，2002，16（5）：43-46.

[156] 章文波，谢云，刘宝元．用雨量和雨强计算次降雨侵蚀力［J］．地理研究，2002，21（3）：384-390.

[157] 章文波，谢云，刘宝元．中国降雨侵蚀力空间变化特征［J］．山地学报，2003，21（1）：33-40.

[158] 赵龙山，宋向阳，梁心蓝，等．黄土坡耕地耕作方式不同时微地形分布特征及水土保持效应［J］．中国水土保持科学，2011，9（2）：64-70.

[159] 赵晓光，吴发启，刘秉正，等．再论土壤侵蚀的坡度界限［J］．水土保持研究，1999，6（2）：43-47.

[160] 郑海金，杨洁，喻荣岗，等．红壤坡地土壤可蚀性 *K* 值研究［J］．土壤通报，2010，41（2）：425-428.

[161] 郑子成，杨玉梅，李廷轩．不同退耕模式下土壤抗蚀性差异及其评价模型［J］．农业工程学报，2011，27（10）：199-205.

[162] 仲嘉亮，郭朝霞．新疆土壤可蚀性 *K* 值空间插值及其分布特征研究［J］．新疆环境保护，2014，36（3）：1-4，10.

[163] 周晓莹，贾立志，桑卫国．基于文献统计的CSLE模型中耕作措施因子的确定［J］．水土保持研究，2020，27（6）：116-121，130.

[164] 周怡雯，戴翠婷，刘窑军，等．耕作措施及雨强对南方红壤坡耕地侵蚀的影响［J］．水土保持学报，2019，33（2）：49-54.

[165] 周在明，杨燕明，陈本清．基于可见光波段无人机影像的入侵物种互花米草提取研究［J］．亚热带资源与环境学报，2017，12（2）：90－95.

[166] 朱蕾，黄敬峰，李军．GIS和RS支持下的土壤侵蚀模型应用研究［J］．浙江大学学报（农业与生命科学版），2005，31（4）：413－416.

[167] 朱明勇，谭淑端，顾胜，等．湖北丹江口水库库区小流域土壤可蚀性特征［J］．土壤通报，2010，41（2）：434－436.

[168] 朱青，王兆骞，尹迪信．贵州坡耕地水土保持措施效益研究［J］．自然资源学报，2008，23（2）：219－229.

第7章 案 例 分 析

本章以编者团队 2018—2019 年承担的国家及省级国土保持重点治理工程为例，从国家水土保持重点治理工程信息化监管工作需求出发，以案例分析的形式梳理了水土保持工程在建项目核查、竣工项目抽查和治理实施成效评价相关内容，可为水土保持工程实施成效评价及信息化监管提供参考。

7.1 竣工水土保持重点工程抽查

7.1.1 桥下河、游坊河、升平河等小流域水土流失综合治理项目

7.1.1.1 项目基本情况

本项目位于桥下河、游坊河、升平河、邱坑河、迳口河小流域，涉及长汀县南山镇、迳口镇、濯田镇、涂坊镇 4 个镇 18 个行政村。项目区土地总面积 222.40km^2，水土流失面积 31.26km^2，占土地总面积 14.06%。长汀县属闽西南上古生代覆盖层低山丘陵地貌，位于武夷山脉南麓，地势东、西、北高，中、南部低，区域内高丘低山间隔，海拔变幅在 240～800m 之间，丘陵分布广，占土地总面积的 72.1%，汀江两岸发育为河谷盆地。气候以亚热带季风气候为主，水资源丰富。区域内土壤主要是地带性红壤，土层较浅薄，易发生水土流失。项目区土地总面积 22239.97hm^2，人口 48885 人，劳力 29820 个，人口密度 220 人/km^2，人均土地 6.82 亩，耕地总面积 2745.24hm^2，人均耕地 0.84 亩，农业人均年产值 7352 元，农民年均纯收入 28460 元，粮食总产量 19310t，农业人均产粮 1973kg。项目区各小流域水土流失现状数据见表 7-1。

表 7-1 项目区各小流域水土流失现状数据

小流域名称	土地总面积/km^2	水土流失面积/km^2	水土流失面积占比/%	小流域名称	土地总面积/km^2	水土流失面积/km^2	水土流失面积占比/%
桥下河	53.43	4.24	7.93	邱坑河	48.42	6.73	13.91
游坊河	31.69	9.97	31.45	迳口河	38.54	6.16	15.99
升平河	50.32	4.16	8.27				

该项目水土流失治理面积 2900.00hm^2，主要建设内容包括水保林 210.00hm^2，种草 3.33hm^2，封禁治理 1820.00hm^2，追肥 833.33hm^2，坡改梯整修 15.00hm^2，蓄水池 8 口，机耕道 0.37km，安全生态水系 4.5km，治理崩岗 50 个。

7.1.1.2 项目抽查图斑确定

2019 年 11 月 20 日，使用大疆精灵 4Pro 无人机基于航线规划完成了项目区的无人机正射影像原始素材拍摄收集。无人机飞行高度 400m，飞行当天天气状况良好，区域内无云雾遮挡。本项目累积飞行 4 架次，收集无人机正射照片 180 张，累积飞行 70min，无人机正射影像面积为 790.70hm^2，影像分辨率为 0.16m。

根据抽查措施图斑选取标准及原则，共抽查水保林措施图斑 5 个，设计措施数量合计为 45.54hm^2，抽查比例为 21.69%；追肥措施图斑 6 个，设计措施面积为 53.20hm^2，抽查比例为 6.38%；种草措施图斑 1 个，设计措施面积为 3.33hm^2，抽查比例为 100.00%；坡改梯措施图斑 2 个，设计措施面积为 15.00hm^2，抽查比例为 100.00%；封禁治理措施图斑 1 个，设计措施面积为 31.00hm^2，抽查比例为 1.70%；总的面状措施抽查率为 45.95%。机耕道措施图斑 1 个，设计措施数量合计为 0.37km，抽查比例为 100.00%；生态水系措施图斑 1 个，设计措施数量合计为 0.82km，抽查比例为 18.22%，总的线状措施抽查比例为 59.11%。

7.1.1.3 各类型水土保持措施完成率

基于项目区外业无人机正射影像，对抽取的各类措施图斑进行人工解译，解译水保林措施图斑 6 个，完成措施数量合计为 45.54hm^2，措施完成率为 100.00%；追肥措施图斑 6 个，完成措施面积为 54.70hm^2，完成比例为 102.82%；种草措施图斑 1 个，完成措施面积为 3.34hm^2，完成比例为 100.30%；封禁治理措施图斑 1 个，完成措施面积为 30.99hm^2，完成比例为 99.97%；坡改梯措施图斑 3 个，完成措施面积为 14.98hm^2，完成比例为 99.87%，总的面状措施完成率为 101.23%。机耕道措施图斑 1 个，完成措施数量合计为 0.36km，完成比例为 97.30%；生态水系措施图斑 1 个，完成措施总量 0.81km，完成比例为 98.78%；总的线状措施完成率为 98.04%。蓄水池措施图斑 1 个，完成措施数量 9 个，完成比例为 112.50%。总体措施完成率为 101.48%。

7.1.2 丰田、悦洋、上畲等小流域水土流失综合治理工程项目

7.1.2.1 项目基本情况

本项目区位于丰田小流域、悦洋小流域、上畲小流域、金桥小流域，涉及武平县武东镇、中堡镇、城厢镇 3 个乡镇 21 个行政村。土地总面积 14810.4hm^2，水土流失面积 1388.96hm^2，占土地总面积的 9.38%。项目区地貌类型主要为丘陵地带，部分为低山及山间盆地，属亚热带季风气候，年均气温 19.4℃，年均降雨量 1650mm。土壤类型主要为红壤，植被类型为亚热带常绿阔叶林，林地多以人工次生林为主。项目区现有总人口 2.55 万人，其中，农村劳动力 0.85 万人，人口密度 172 人/km^2；土地总面积 14810.4hm^2，人均土地面积 0.58hm^2，耕地面积 1761.8hm^2，人均耕地面积 0.07hm^2，充足的农村劳动力有利于该项目的实施。项目区各小流域水土流失现状数据见表 7-2。

丰田、悦洋、上畲等小流域水土流失综合治理工程建设内容包括封禁治理 1179.5hm^2、水保林 22.8hm^2、沟（河）道整治 3.20km、宣传碑牌 1 个。

表7-2　　　　项目区各小流域水土流失现状数据

小流域名称	土地总面积/hm^2	水土流失面积/hm^2	水土流失面积占比/%	涉及镇村
丰田	3755.80	373.98	9.96	武东镇袁上村、袁下村、上畲村、丰田村、四维村、远明村、乌石村、安丰村
悦洋	2100.00	234.64	11.60	中堡镇小岭村、上济村
上畲	3935.04	497.76	13.65	武东镇陈埔村、黄埔村、川坊村、三峙村、炉坑村、袁田村
金桥	5019.52	273.58	5.45	城厢镇东云村、东岗村、园丁村、浇录村、城南村

7.1.2.2　项目抽查图斑确定

2019年11月20日，使用大疆精灵4Pro无人机基于航线规划完成了项目区的无人机正射影像原始素材拍摄收集。无人机飞行高度400m，飞行当天天气状况良好，区域内无云雾遮挡。本项目累积飞行4架次，收集无人机正射照片190张，累积飞行75min，无人机正射影像面积为587.29hm^2，影像分辨率为0.16m。

根据抽查措施图斑选取标准及原则，共抽查封禁治理图斑2个，设计措施面积为92.30hm^2，抽查比例为7.83%；面状措施抽查比例为7.83%。沟（河）道整治图斑1个，设计措施面积为2.68km，抽查比例为83.75%。线状措施抽查比例为83.75%。

7.1.2.3　各类型水土保持措施完成率

基于项目区无人机正射影像，对抽取的各类措施图斑进行人工解译，解译封禁治理措施图斑2个，总面积为91.43hm^2，措施完成率为99.09%；解译沟（河）道整治1个，总长度为2.64km，措施完成率平均值为98.51%。总体措施完成率为98.90%。

7.1.3　黄坑溪、双溪、新塘小流域水土流失综合治理工程项目

7.1.3.1　项目基本情况

本项目位于黄坑溪小流域、双溪小流域和新塘小流域，共涉及南阳镇、旧县镇、湖洋镇和临城镇4个乡镇24个行政村，流域总面积201.84km^2，总人口约4.23万人，其中劳动力3.67万人，人口平均密度210人/km^2，农民年均纯收入9726元。流域内地形、地貌均为中低山丘陵地貌，海拔190～1098m，气候类型属中亚热带海洋性季风气候，多年平均降雨量1680mm，多年平均气温19.0℃，植被类型属中亚热带常绿阔叶林带，森林植被平均覆盖率70%，土壤以山地红壤为主。水土流失以中轻度水土流失为主，水土流失总面积为2770.85hm^2，平均土壤侵蚀模数为2287t/(km^2·a)，属闽西南低山丘陵严重水土流失区。项目区轻度流失面积为1104.26hm^2，占水土流失面积的39.85%，中度流失1209.55hm^2，占水土流失面积的43.65%，强烈流失309.58hm^2，占水土流失面积的11.17%，极强烈流失103.33hm^2，占水土流失面积的3.73%，剧烈流失44.13hm^2，占水土流失面积的1.59%。项目区土地利用现状数据见表7-3。

表 7-3 项目区土地利用现状数据

土地类型	面积/hm²	占比/%	土地类型	面积/hm²	占比/%
耕地	2683.24	13.29	水域及水利设施用地	595.15	2.95
林地	14162.90	70.17	城镇村及工矿用地	1793.59	8.89
园地	257.26	1.27	其他用地	451.44	2.24
交通运输用地	240.89	1.19	合计	20184.47	100.00

黄坑溪、双溪、新塘小流域水土流失综合治理工程项目建设内容包括封禁治理 1707.92hm^2、水保林 9.60hm^2、沟（河）道整治 5.48km。

7.1.3.2 项目抽查图斑确定

2019 年 11 月 19 日，使用大疆精灵 4Pro 无人机基于航线规划完成了项目区的无人机正射影像原始素材拍摄收集。无人机飞行高度 400m，飞行当天天气状况良好，区域内无云雾遮挡。本项目累积飞行 3 架次，收集无人机正射照片 83 张，共飞行 50min，无人机正射影像面积为 337.61hm^2，影像分辨率为 0.05～0.08m。

根据抽查措施图斑选取标准及原则，共抽查沟（河）道整治措施图斑 1 个，设计措施数量合计为 4.22km，抽查比例为 77.01%；总的线状措施抽查率为 77.01%。水保林措施图斑 1 个，设计措施面积为 9.60hm^2，抽查比例为 100%；封禁管护措施图斑 3 个，设计措施面积为 66.92hm^2，抽查比例为 3.92%；总的面状措施抽查率为 51.96%。

7.1.3.3 各类型水土保持措施完成率

基于项目区外业无人机正射影像，对抽取的各类措施图斑进行人工解译，解译沟（河）道整治措施图斑 1 个，总长度为 4.21km，措施完成率为 99.76%；总的线状措施完成率为 99.76%。解译水保林措施图斑 1 个，总面积为 9.36hm^2，措施完成率为 97.50%；解译封禁治理措施图斑 3 个，总长度为 66.37hm^2，措施完成率平均值为 99.18%；总的面状措施完成率为 98.79%。总体措施完成率为 98.98%。

7.1.4 和春溪、中村溪、坑源溪等小流域水土流失综合治理工程

7.1.4.1 项目基本情况

本项目位于和春溪、中村溪、坑源溪等 9 条小流域，共涉及和平、灵地、溪南、新桥、双洋、拱桥、象湖、赤水 8 个乡镇 20 多个行政村。流域总面积 278.62km^2，总人口约 2.09 万人，其中农村人 2.02 万人，劳动力 1.72 万人，人口密度 83 人/km^2，农民年均纯收入 10001 元。流域内地形、地貌为中低山丘陵盆地地貌，气候类型属中亚热带海洋性季风气候，多年平均降雨量 1500～2200mm，多年平均气温 17.1～20.9℃，多年平均日照时数 1841h，植被类型属中亚热带常绿阔叶林带，平均森林植被覆盖率 71.45%，土壤以红壤为主。水土流失以轻中度水土流失为主，水土流失面积为 17.89km^2，流域内平均土壤侵蚀模数为 1994t/(km^2 · a)，属闽西南低山丘陵严重水土流失区。和春溪、中村溪和坑源溪等 9 条小流域水土流失总面积达 1789.45hm^2，占水土流域土地总面积的

6.42%，其中轻度流失面积为860.52hm²，占水土流失面积的48.09%，中度流失685.30hm²，占水土流失面积的38.30%，强烈流失192.34hm²，占水土流失面积的10.75%，极强烈流失44.50hm²，占水土流失面积的2.49%，剧烈流失6.79hm²，占水土流失面积的0.38%。项目区水土流失类型水力侵蚀为主兼有部分重力侵蚀，水力侵蚀主要表现为面状侵蚀和沟蚀，重力侵蚀主要表现为河岸崩塌。项目区土地利用现状数据见表7-4。

表7-4 项目区土地利用现状数据

土地类型	面积/km²	占比/%	土地类型	面积/km²	占比/%
耕地	14.74	5.29	水域及水利设施用地	3.18	1.14
林地	234.21	84.06	城镇村及工矿用地	4.51	1.62
园地	11.12	3.99	其他用地	4.12	1.48
草地	3.93	1.41	合计	278.62	100.00
交通运输用地	2.81	1.01			

和春溪、中村溪、坑源溪等小流域水土流失综合治理工程水土流失治理面积1713.83hm²，其中沟（河）道整治4.90km，生产道路1.51km，排灌沟渠1.51km；水土保持林41.88hm²；封禁治理1617.92hm²；蓄水池2口。

7.1.4.2 项目抽查措施图斑确定

2019年11月21日，使用大疆精灵4Pro无人机基于航线规划完成了项目区无人机正射影像原始素材拍摄收集。无人机飞行高度400m，飞行当天天气状况良好，区域内无云雾遮挡。本项目累积飞行5架次，收集无人机正射照片208张，累积飞行90min，无人机正射影像面积为691.02hm²，影像分辨率为0.16m。

根据抽查措施图斑选取标准及原则，共抽查蓄水池图斑数量为2个，抽查比例为100.00%；沟（河）道整治措施图斑1个，设计措施面积为4.90km，抽查比例为100.00%；水保林措施图斑1个，设计措施数量合计为30.53hm²，抽查比例为72.64%，土坎梯田措施图斑2个，设计措施数量合计为31.16hm²，抽查比例为57.17%；封禁治理措施图斑1个，设计措施数量合计为37.75hm²，抽查比例为2.33%；总的面状措施抽查率为44.05%。

7.1.4.3 各类型水土保持措施完成率

基于项目区外业无人机正射影像，解译蓄水池图斑2个，措施完成率为100.00%；解译沟（河）道整治措施图斑1个，总长度为4.79km，措施完成率为97.76%；水保林措施图斑1个，总数量合计为30.35hm²，措施完成率为99.41%，土坎梯田措施图斑2个，总数量合计为30.82hm²，措施完成率为98.62%；封禁治理措施图斑1个，总数量合计为36.99hm²，措施完成率为97.99%；总的面状措施完成率为98.66%。总体措施完成率为98.73%。

7.1.5 孔夫溪、秀山、龙丰溪小流域水土流失综合治理项目

7.1.5.1 项目基本情况

本项目位于孔夫溪、秀山和龙丰溪等3条小流域，共涉及培丰镇、坎市镇和龙丰镇的15个行政村，土地总面积146.76km^2，总人口5.07万人，劳动力2.99万人，人口密度346人/km^2，农民年均纯收入9419元。孔夫溪小流域涉及培丰镇的孔夫、长流、大排、洪源、文溪和文东等6个行政村，流域面积59.22km^2，总人口2.69万人，劳动力1.56万人，人口密度455人/km^2，农民年均纯收入8932元。秀山小流域涉及坎市镇的坎市、和兴、新罗、合溪和清溪等5个行政村，流域面积40.76km^2，总人口1.59万人，劳动力1.00万人，人口密度389人/km^2，农民年均纯收入10286元。龙丰溪小流域涉及抚市镇的溪联、中湖、基安和东安等4个行政村，流域面积46.78km^2，总人口0.79万人，劳动力0.43万人，人口密度169人km^2，农民年均纯收入9336元。

孔夫溪、秀山、龙丰溪小流域水土流失综合治理项目建设内容包括封禁治理措施图斑11个，设计措施总面积为1146.00hm^2；水保林图斑2个，设计措施总面积为57.00hm^2；安全生态水系措施图斑1个，设计措施总长度3.70km；水保生态园措施图斑1个，设计措施数量为1个。

7.1.5.2 项目抽查图斑确定

2019年11月17日，使用大疆精灵4Pro无人机基于航线规划完成了项目区的无人机正射影像原始素材拍摄收集。无人机飞行高度400m，飞行当天天气状况良好，区域内无云雾遮挡。本项目累积飞行9架次，收集无人机正射照片410张，累积飞行180min，无人机正射影像面积为3834.30hm^2，影像分辨率为0.09～0.15m。

根据抽查措施图斑选取标准及原则，共抽查封禁治理措施图斑11个、设计措施数量1146.00hm^2；水保林措施图斑2个、设计措施数量57.00hm^2；安全生态水系措施图斑1个、设计措施长度为3.70km。各类措施图斑抽查比例100.00%。

7.1.5.3 各类型水土保持措施完成率

基于项目区外业无人机正射影像，对抽取的各类措施图斑进行人工解译，解译封禁治理措施图斑11个，解译措施总面积为1128.78hm^2，措施完成率平均值为98.55%；解译水保林措施图斑2个，解译措施总面积为56.22hm^2，措施完成率平均值为98.61%；面状措施总体完成率为98.56%；解译安全生态水系措施图斑1个，解译措施长度为3.63km，措施完成率为98.11%。

7.1.6 圣禾坪、黄坊、曹溪等小流域水土流失综合治理项目

7.1.6.1 项目基本情况

本项目位于圣禾坪、黄坊、曹溪、旱坑小流域，涉及曹坊镇和泉上镇2个镇，宝丰村、三黄村、根竹村等14个行政村。圣禾坪、黄坊、曹溪等小流域水土流失综合治理项目建设内容包含封禁治理1683.44hm^2（共计30个设计措施图斑），沟（河）道治理5.94km。

7.1.6.2　项目抽查图斑确定

2019年11月22日，使用大疆精灵4Pro无人机基于航线规划完成了圣禾坪、黄坊、曹溪等小流域水土流失综合治理项目区外业无人机正射影像原始素材拍摄收集。无人机飞行高度400m，飞行当天天气状况良好，区域内无云雾遮挡。本项目累积飞行4架次，收集无人机正射照片260张，共飞行66min，无人机正射影像面积为348.80hm^2。影像分辨率为0.16m。

根据抽查措施图斑选取标准及原则，共抽查沟（河）道治理措施图斑1个，设计措施数量为5.94km，抽查比例为100.00%；总的线状措施抽查率100.00%。为封禁治理措施图斑2个，设计措施数量174.08hm^2，抽查比例为10.34%；总的面状措施抽查率为10.34%。

7.1.6.3　各类型水土保持措施完成率

基于项目区外业无人机正射影像，对抽取的各类措施图斑进行人工解译，解译生态水系措施图斑1个，总长度为5.90km，措施完成率为99.33%；总的线状措施完成率为99.33%。解译封禁治理措施图斑2个，总面积为173.17hm^2，措施完成率为99.61%，总的面状措施完成率99.61%。

7.1.7　芦田（二期）、双溪、里心（一期）小流域水土流失综合治理项目

7.1.7.1　项目基本情况

建宁县位于福建省西北部，全县总面积1742.3km^2，总人口14.7万人。建宁县是福建省母亲河闽江的发源地，是原中央苏区县、国家商品粮基地县、南方重点林区县、国家生态示范区建设试点县、省杂交水稻制种基地县、丘陵山地果园开发重点县和中国白莲之乡、黄花梨之乡、无患子之乡。建宁县为福建省三明市辖县，地处海峡西岸经济区，闽西北、武夷山麓中段。建宁县主要交通干线有207、309省道公路以及京福高速建泰高速连接线、向莆铁路建宁段，规划过境的铁路有浦建龙梅铁路。芦田小流域位于建宁县西部，东部与溪口交界，东西与伊家毗邻，西南与客坊衔接，西北与江西南丰、广昌相连。小流域距建宁县城23km，小流域涉及里心镇，土地总面积3768.76hm^2，总人口3952人，农业人口3870人，农村劳动力1858人，人口密度105人/km^2。双溪小流域位于建宁县中西部，东部与溪口镇交界，西部与黄埠乡相交，南部与伊家毗邻。小流域距建宁县城19km，小流域涉及里心镇，土地总面积3264.96hm^2，总人口3224人，农业人口3157人，农村劳动力1516人，人口密度99人/km^2。里心小流域位于建宁县中西部，小流域涉及里心镇和溪口镇，小流域土地总面积5357.07hm^2，总人口6132人，农业人口6001人，农村劳动力2700人，人口密度115人/km^2。

芦田（二期）、双溪、里心（一期）小流域水土流失综合治理工程建设内容包括封禁治理2258.72hm^2，土坎梯田41.28hm^2，生产道路5.64km，沟（河）道整治6.02km，坡面截流工程5.18km，蓄水池20口。

7.1.7.2　项目抽查图斑确定

2019年11月19日，使用大疆御2Pro无人机基于航线规划完成了项目区无人机正射

影像原始素材拍摄收集。无人机飞行高度400m，飞行当天天气状况良好，区域内无云雾遮挡。本项目累积飞行3架次，收集无人机正射照片240张，累积飞行69min，无人机正射影像面积为326.84hm²。

根据抽查措施图斑选取标准及原则，共抽查封禁治理措施图斑1个，设计措施数量为68.95hm²，抽查比例为3.05%；土坎梯田措施图斑2个，设计措施数量为6.31hm²，抽查比例为15.29%；总的面状措施抽查率为9.17%。生产道路措施图斑8个，设计措施数量合计为1.24km，抽查比例为21.91%；沟（河）道整治措施图斑1个，设计措施数量1.42km，抽查比例为23.59%；坡面截流工程措施图斑6个，设计措施数量0.50km，抽查比例为9.62%；总的线状措施抽查率为18.37%。抽查蓄水池措施图斑4口，抽查比例20%；总的点状措施抽查率为20%。

7.1.7.3　各类型水土保持措施完成率

基于项目区外业无人机正射影像，对抽取的各类措施图斑进行人工解译，解译面状措施（封禁治理）图斑1个，总面积为68.64hm²，措施完成率为99.55%；解译面状措施（土坎梯田）图斑2个，总面积为6.28hm²，措施完成率为99.54%；总的面状措施完成率为99.54%。解译线状措施（生产道路）图斑8个，总长度为1.22km，措施完成率为96.61%；解译线状措施（坡面截流工程）图斑6个，总长度为0.48hm²，措施完成率为98.81%；解译线状措施（沟（河）道整治）图斑1个，总长度为1.19km，措施完成率平均值为99.17%；总的线状措施完成率为97.66%。解译点状措施（蓄水池）图斑4个，措施完成率为100%；总的点状措施完成率为100%。该项目总体措施完成率为97.55%。

7.1.8　上青、新厝溪、梅林溪小流域水土流失综合治理工程项目

7.1.8.1　项目基本情况

本项目区包含5个小流域，新厝溪小流域位于泰宁县东北部，流域面积18.98km²；上青小流域位于泰宁县北部，流域面积17.30km²；梅林溪小流域位于泰宁县东北部，流域面积21.08km²；双溪小流域位于泰宁县东北部，流域面积24.08km²；鱼川溪小流域位于泰宁县西部，流域面积18.99km²。项目区年平均气温17.1℃，年均降雨量1725mm，年均日照1739h，无霜期286d。项目区涉及上青乡、朱口镇和大田乡的8个行政村，流域内总人口1.65万人，其中农业人口1.55万人，农村劳动力0.47万人，人口密度164人/km²，人均耕地0.12hm²/人。农村各业总产值10370万元，其中农业总产值7430万元，粮食总产量1.02万t，农业人均产粮642kg/人，农民人均纯收入7067元。项目区水土流失面积13.09km²，占总面积的13.04%，其中轻度流失5.26km²，占水土流失总面积的40.14%；中度流失6.30km²，占水土流失总面积的48.12%；强烈流失1.31km²，占水土流失总面积的10.04%；极强烈流失0.22km²，占水土流失总面积的1.71%。项目区属南方红壤丘陵侵蚀区，平均土壤侵蚀模数为1017t/(km²·a)。项目区土地利用现状数据见表7-5。

表7-5 项目区土地利用现状数据

土地类型	面积/km^2	占比/%	土地类型	面积/km^2	占比/%
耕地	10.47	10.43	水域及水利设施用地	3.79	3.77
林地	76.08	75.75	城镇村及工矿用地	2.71	2.70
园地	5.70	5.68	未利用地	0.81	0.81
草地	0.87	0.87	合计	100.43	100.00

上青、新厝溪、梅林溪小流域水土流失综合治理工程水土流失治理面积1200hm^2，其中封禁治理1257.20hm^2（含补植107hm^2），沟（河）道整治4.03km，宣传碑牌22个。

7.1.8.2 项目抽查图斑确定

2019年11月17日，使用大疆精灵4Pro无人机基于航线规划完成了项目区的无人机正射影像原始素材拍摄收集。无人机飞行高度400m，飞行当天天气状况良好，区域内无云雾遮挡。本项目累积飞行2架次，收集无人机正射照片117张，共飞行40min，无人机正射影像面积为184.10hm^2。影像分辨率为0.08m。

根据抽查措施图斑选取标准及原则，共抽查封禁措施图斑2个，设计措施数量合计为56.50hm^2，抽查比例为4.49%；沟（河）道整治1条，设计措施数量为1.69km，抽查比例为41.94%。

7.1.8.3 各类型水土保持措施完成率

基于项目区外业无人机正射影像，对抽取的各类措施图斑进行人工解译，解译封禁措施图斑2个，总面积为55.91hm^2，措施完成率98.51%；解译沟（河）道整治措施图斑1个，总长度为1.68km，措施完成率为99.41%；总体措施完成比例为98.81%。

7.1.9 瀚仙溪、小眉溪、坪埠溪水土流失综合治理项目

7.1.9.1 项目基本情况

本项目位于瀚仙溪小流域、小眉溪小流域和坪埠溪小流域等3个小流域，涉及瀚溪村、龙湖村等10个行政村，总面积115.66km^2。其中，瀚仙溪小流域面积34.69km^2，小眉溪小流域面积41.66km^2，坪埠溪小流域面积39.31km^2。瀚仙溪小流域涉及瀚溪村、龙湖村、连厝村等3个行政村，小流域总面积34.69km^2，总人口约0.41万人，其中劳动力0.27万人，人口密度118人/km^2，农民年均纯收入7769元。小眉溪小流域涉及小眉溪村、大焦村、肖家山村等3个行政村，小流域总面积41.66km^2，总人口约0.28万人，其中劳动力0.13万人，人口密度67人/km^2，农民年均纯收入6530元。坪埠溪小流域涉及石珩村、王陂村、上坊村、岩里村等4个行政村，小流域总面积39.31km^2，总人口约0.45万人，其中劳动力0.34万人，人口密度95人/km^2，农民年均纯收入7924元。项目区内地形、地貌为中低山丘陵盆地地貌，海拔240～910m，气候类型属亚热带海洋性季风气候，多年平均降雨量1787mm，多年平均气温18.3℃，多年平均相对湿度在81%，年日照时数1825h，植被类型属亚热带常绿阔叶林带，森林植被覆盖率68%，土壤以红壤为主。水土流失以轻中度水土流失为主，水土流失总面积为15.53km^2，流域内平均土壤

侵蚀模数为 2150t/(km^2·a)，属闽西北低山丘陵中轻度水土流失区。

瀚仙溪、小眉溪、坪埠溪水土流失综合治理项目建设内容包括封禁治理措施图斑 32 个，设计措施总面积为 1150.03hm^2；水保林图斑 5 个，设计措施总面积为 65.93hm^2。生产道路措施图斑 2 个，设计措施总长度为 1.50km；沟（河）道整治措施图斑 2 个，设计措施总长度为 4.20km；排灌沟渠措施图斑 7 个，设计措施总长度为 2.50km。

7.1.9.2 项目抽查图斑确定

2019 年 11 月 21 日，使用大疆御 2 无人机基于航线规划完成了项目区的无人机正射影像原始素材拍摄收集。无人机飞行高度 400m，飞行当天天气状况良好，区域内无云雾遮挡。本项目累积飞行 22 架次，收集无人机正射照片 1155 张，共飞行 506min，无人机正射影像面积为 2265.6hm^2。

根据抽查措施图斑选取标准及原则，共抽查：封禁治理设计措施图斑 32 个，设计措施总面积为 1150.03hm^2；水保林设计措施图斑 5 个，设计措施总面积为 65.93hm^2；生产道路设计措施图斑 2 个，设计措施总长度为 1.50km；沟（河）道整治设计措施图斑 2 个，设计措施总长度为 4.20km；排灌沟渠设计措施图斑 7 个，设计措施总长度为 2.50km。各类措施图斑抽查比例 100.00%。

7.1.9.3 各类型水土保持措施完成率

基于项目区外业无人机正射影像，对抽取的各类措施图斑进行人工解译，解译封禁治理措施图斑 32 个，解译措施总面积为 1135.57hm^2，措施完成率平均值为 98.74%；解译水保林措施图斑 5 个，解译措施总面积为 64.64hm^2，措施完成率平均值为 98.04；总的面状措施完成率为 98.99%；解译生产道路措施图斑 2 个，解译措施总长度为 1.40km，措施完成率平均值为 93.53%；解译沟（河）道整治措施图斑 2 个，解译措施总长度为 4.15km，措施完成率为 98.81%；解译排灌沟渠措施图斑 7 个，解译措施总长度为 2.45km，措施完成率平均值为 98.00%。总的线状措施完成率为 98.60%。总体措施完成率为 98.90%。

7.1.10 罗丰溪、大文溪、建丰溪等小流域水土流失综合治理项目

7.1.10.1 项目基本情况

本项目位于罗丰溪、大文溪、建丰溪、东埔溪小流域，符合福建省水利厅批复的《2017—2020 年福建省国家水土保持重点工程规划》要求。罗丰溪、大文溪、建丰溪、东埔溪小流域涉及太华镇、文江乡、建设镇 3 个乡镇，汤泉村、温厝村、东埔村等 17 个行政村。项目区土地总面积为 163.28km^2，水土流失面积 18.20km^2，占土地总面积的 11.15%。其中，罗丰溪小流域涉及太华镇的 4 个行政村，土地总面积 35.27km^2，水土流失面积 3.54km^2，占土地总面积的 10.04%；大文溪小流域涉及文江乡的 5 个行政村，土地总面积 41.22km^2，水土流失面 5.06km^2，占土地总面积的 12.27%；建丰溪小流域涉及建设镇的 4 个行政村，土地总面积 43.38km^2，水土流失面 6.43km^2，占土地总面积的 14.83%；东埔溪小流域涉及太华镇的 4 个行政村，土地总面积 43.41km^2，水土流失面 3.17km^2，占土地总面积的 7.30%。

罗丰溪、大文溪、建丰溪等小流域水土流失综合治理项目综合治理面积 1700.00hm^2，主要建设内容包括封禁 1700hm^2（含补植 77.21hm^2），沟（河）整治 6.46km。

7.1.10.2　项目抽查图斑确定

2019 年 11 月 14 日，使用大疆精灵 4Pro 无人机基于航线规划完成了项目区的无人机正射影像原始素材拍摄收集。无人机飞行高度 400m，飞行当天天气状况良好，区域内无云雾遮挡。本项目累积飞行 2 架次，收集无人机正射照片 91 张，累积飞行 40min，无人机正射影像面积为 366.58hm^2，影像分辨率为 0.11m。

根据抽查措施图斑选取标准及原则，共抽查封禁措施图斑 1 个，设计措施数量合计为 51.20hm^2，抽查比例为 3.01%；总的面状措施抽查率为 3.01%。沟（河）道整治 1 条，设计措施数量为 3.11km，抽查比例为 48.14%；总的线状措施抽查率为 48.14%。

7.1.10.3　各类型水土保持措施完成率

基于项目区外业无人机正射影像，对抽取的各类措施图斑进行人工解译，解译封禁措施图斑 1 个，总面积为 50.48hm^2，措施完成率 98.57%；总的面状措施完成率为 98.57%。解译沟（河）道整治措施图斑 1 个，总长度为 3.06km，措施完成率平均值为 98.39%；总的线状措施的完成率为 98.39%。总的措施完成率为 98.48%。

7.1.11　吉木溪、下蔡溪、连源溪等小流域水土流失综合治理项目

7.1.11.1　项目基本情况

本项目位于吉木溪、下蔡溪、连源溪、际后溪、华兰溪、赤墓溪和书京溪小流域，生态水系工程建设地点位于吉木溪小流域吉木溪上游的联合梯田河段和下蔡溪小流域的吉木溪下游河段。吉木溪发源于莲花山，流经联合、联东、联南，后于吉木村汇入尤溪；全流域集水面积 90.3km^2，河道全长 20km，河道平均比降 16.7；吉木溪联合梯田河段新建护岸工程起始断面控制流域面积 3.03km^2，河长 2.35km，坡降 191.5。项目区土地总面积 300.87km^2，主要涉及联合镇、西滨镇、梅仙镇及溪尾乡等 4 个乡镇，人口总数 42136 吉木溪小流域土地总面积 43.03km^2，涉及联合镇的 8 个行政村，人口总数 8235 人，耕地面积 8914 亩，粮食总产量 1605t。

吉木溪、下蔡溪、连源溪等小流域水土流失综合治理项目综合治理面积 171.005hm^2，主要建设内容包括封禁治理 1702.92hm^2，水保林 12.08hm^2；沟（河）道整治 7.11km，生产道路 1.69km；景观坝工程 2 座。

7.1.11.2　项目抽查图斑确定

2019 年 11 月 14 日，使用大疆精灵 4Pro 无人机基于航线规划完成了项目区的无人机正射影像原始素材拍摄收集。无人机飞行高度 400m，飞行当天天气状况良好，区域内无云雾遮挡。本项目累积飞行 3 架次，收集无人机正射照片 76 张，累积飞行 35min，无人机正射影像面积为 360.41hm^2，影像分辨率为 0.10m。

根据抽查措施图斑选取标准及原则，共抽查封禁治理措施图斑 1 个，设计措施数量合计为 56.84hm^2，抽查比例为 3.33%，水保林措施图斑 1 个，设计措施数量合计为

12.08hm²，抽查比例为100.00%，总的面状措施抽查比例为51.67%；沟（河）道整治1条，设计措施数量为3.12km，抽查比例为43.90%，生产道路措施图斑1条，设计措施数量为1.69km，抽查比例为100.00%，总的线状措施抽查比例为71.95%。

7.1.11.3　各类型水土保持措施完成率

基于项目区外业无人机正射影像，对抽取的各类措施图斑进行人工解译，解译封禁治理措施图斑1个，总面积为55.70hm²，措施完成率97.99%，解译水保林措施图斑1个，面积为11.85hm²；措施完成率为98.10%，总的面状措施完成率为98.05%；解译沟（河）道整治措施图斑1个，总长度为3.10km，措施完成率为99.36%；解译生产道路措施图斑1个，总长度为1.66km，措施完成率为98.22%，总的线状措施完成率为98.79%。总体措施完成率98.42%。

7.1.12　西溪、大安、坑口等小流域水土流失综合治理项目

7.1.12.1　项目基本情况

西溪、大安、坑口等小流域水土流失综合治理项目位于东经117°37′22″～118°19′44″、北纬27°27′31″～28°04′49″。东连浦城县，南接建阳市，西临光泽县，北与江西省铅山县毗邻，土地总面积2798km²，总人口23.04万人，辖3个镇、4个乡、3个街道、4个农茶场、115个行政村。1999年12月，被联合国教科文组织批准列入《世界遗产名录》，成为中国第4处、世界23处世界文化与自然“双遗产”地之一。2013年12月武夷山入选2013旅游竞争力百强县。西溪、大安、坑口等小流域水土流失综合治理项目包括西溪、大安、坑口、乌墩、小寺和大际6条小流域，辖崇安街道办、新丰街道办、洋庄乡和吴屯乡的16个行政村，土地总面积230.99km²，总人口9.06万人，劳动力4.46万人，人口密度400人/km²，农民年均纯收入8259元，水土流失面积18.78km²，占土地总面积8.13%，平均土壤侵蚀模数1800t/(km²·a)。

西溪、大安、坑口等小流域水土流失综合治理项目建设内容包括封禁治理治理1700.00hm²，水保林16.21hm²，生态步道0.70km，河道清障0.37km，护岸0.30km，水保生态园1个。

7.1.12.2　项目抽查图斑确定

2019年11月15日，项目组技术人员现场检查项目建设进展，使用国产高分2号遥感影像（分辨率为0.29m）作为本项目核查工作的数据源。

根据抽查措施图斑选取标准及原则，本次共抽查封禁治理措施图斑5个，设计措施数量为258.00hm²，抽查比例为15.18%；水保林措施图斑5个，设计措施数量为16.21hm²，抽查比例为100.00%，总的面状措施抽查率为57.59%；生态步道措施图斑1个，设计措施长度为0.70km，抽查比例为100.00%；河道清障措施图斑1个，设计措施长度为3.72km，抽查比例为100.00%；护岸措施图斑1个，设计措施长度为0.30km，抽查比例为100.00%；总的线状措施抽查比例为100.00%。水保生态园措施图斑1个，设计措施数量为1个，抽查比例为100.00%。

7.1.12.3　各类型水土保持措施完成率

基于国产高分2号遥感影像，对抽取的各类措施图斑进行人工解译，解译面状措施

封禁治理图斑 5 个，总面积为 253.80hm²，措施完成率为 98.37%；解译面状措施水保林图斑 5 个，总面积为 16.10hm²，措施完成率为 99.32%，总的面状措施完成率为 98.89%。解译线状措施生态步道图斑 1 个，总长度为 0.68km，措施完成率为 97.14%；解译线状措施河道清障图斑 1 个，总长度为 3.65km，措施完成率平均值为 98.12%；解译线状措施护岸图斑 1 个，总长度为 0.29km，措施完成率平均值为 96.67%，总的线状措施完成率为 97.31%。解译点状措施水保生态园图斑 1 个，措施完成率为 100.00%。

7.1.13　饶坪溪（二期）、西溪、中坊等小流域水土流失综合治理工程项目

7.1.13.1　项目基本情况

本项目位于饶坪溪、西溪、中坊、汉溪、崇瑞、君山等小流域，符合水利部印发的《国家水土保持重点工程 2017—2020 年实施方案》和福建省水利厅批复的《2017—2020 年福建省国家水土保持重点工程规划》建设要求。饶坪溪、西溪、中坊、汉溪、崇瑞、君山小流域涉及鸾凤乡、杭川镇、崇仁乡、寨里镇四个乡镇的 16 个行政村，土地总面积 217.19km²，水土流失面积 17.64km²，占土地总面积的 8.12%。项目区各小流域水土流失现状数据见表 7-6。

表 7-6　项目区各小流域水土流失现状数据

小流域名称	土地总面积/hm²	水土流失面积/hm²	水土流失面积占比/%	涉及镇村
饶坪溪	51.96	4.15	7.99	鸾凤乡的上屯村、油溪村、饶坪村以及崇仁乡的崇仁村
西溪	47.71	3.60	7.55	鸾凤乡的大陂村、高源村、武林村和杭川镇
中坊	38.19	2.20	5.76	鸾凤乡的中坊村、王家际农场
崇瑞	16.11	3.00	18.62	鸾凤乡的崇瑞村以及崇仁乡的崇仁村
君山	23.53	1.45	6.16	鸾凤乡的君山村、文昌村、十里铺村以及杭川镇的坪山村
汉溪	39.69	3.24	8.16	崇仁、共青、洋塘村

饶坪溪（二期）、西溪、中坊等小流域水土流失综合治理工程项目建设内容包括：封禁治理 1204.4hm²（含补植 7.2hm²），沟（河）道整治 4km，中小型坝 2 个，宣传碑牌 82 个。

7.1.13.2　项目抽查图斑确定

2019 年 11 月 13 日，使用大疆精灵 4Pro 无人机基于航线规划完成了项目区的无人机正射影像原始素材拍摄收集。无人机飞行高度 400m，飞行当天天气状况良好，区域内无云雾遮挡。本项目累积飞行 2 架次，收集无人机正射照片 91 张，累积飞行 40min，无人机正射影像面积为 515.11hm²，影像分辨率为 0.08m。

根据抽查措施图斑选取标准及原则，共抽查封禁治理措施图斑 1 个，设计措施数量合

计为 47.20hm^2，抽查比例为 3.92%；沟（河）道整治 1 条，设计措施数量为 4km，抽查比例为 100%；抽查中小型坝 2 个，抽查比例为 100%。

7.1.13.3 各类型水土保持措施完成率

基于 2019 年 11 月 13 日项目区无人机正射影像，对抽取的各类措施图斑进行人工解译，解译封禁治理措施图斑 1 个，总面积为 47.04hm^2，措施完成率 99.66%；解译沟（河）道整治措施图斑 1 个，总长度为 3.96km，措施完成率平均值为 99.00%。解译中小型坝 2 个，措施完成率为 100.00%。总体措施完成率为 99.67%。

7.1.14 官田溪、春枫溪、金湖溪小流域水土流失综合治理项目

7.1.14.1 项目基本情况

本项目位于官田溪、春枫溪、金湖溪等小流域，符合福建省水利厅批复的《2017—2020 年福建省国家水土保持重点工程规划》建设要求。官田溪、春枫溪、金湖溪小流域主要涉及浦城县管厝乡和忠信镇的高源、口窖、官田、溪南、水坪、上村、管厝、登俊、党溪、河源、流源、岩步、里林、雁塘、游枫、半源、渔沧、寺前、金凤、外洋、虎头山、溪源村等 22 个行政村。项目区总面积 189.43km^2，水土流失面积 12.18km^2，占土地总面积的 6.43%。项目区平均土壤侵蚀模数 1427t/(km^2·a)。工程区集中连片，能形成规模治理，可起到良好的示范作用。本项目在官田村建设安全生态水系，配套建设水土保持生态园等，为打造精品工程，将官田村打造成水保生态村，重点建设官田溪小流域，对金湖溪及春枫溪进行封禁治理。项目区各小流域水土流失现状数据见表 7-7。

表 7-7　项目区各小流域水土流失现状数据

小流域名称	土地总面积/hm^2	水土流失面积/hm^2	水土流失面积占比/%	涉及镇村
官田溪	65.24	3.54	5.42	高源、口窖、官田、溪南、水坪、上村、管厝、登俊、党溪、河源等 10 个行政村
春枫溪	42.01	2.42	5.76	流源、岩步、里林等 3 个行政村
金湖溪	82.18	6.22	7.57	雁塘、游枫、半源、渔沧、寺前、金凤、外洋、虎头山、溪源等 9 个行政村

官田溪、春枫溪、金湖溪小流域水土流失综合治理项目建设内容包括：封禁治理 1210hm^2，沟（河）道整治 4.54km。

7.1.14.2 项目抽查图斑确定

2019 年 11 月 10 日，使用大疆御 2Pro 无人机基于航线规划完成了项目区的无人机正射影像原始素材拍摄收集。无人机飞行高度 400m，飞行当天天气状况良好，区域内无云雾遮挡。本项目累积飞行 7 架次，收集无人机正射照片 349 张，共飞行 161min，无人机正射影像面积为 576.04hm^2。影像分辨率为 0.08m。

根据抽查措施图斑选取标准及原则，共抽查封禁治理措施图斑 1 个，设计措施数量合

计为 47.5hm^2，抽查比例为 3.93%；沟（河）道整治 1 条，设计措施数量为 4.54km，抽查比例为 100.00%。

7.1.14.3 各类型水土保持措施完成率

基于项目区外业无人机正射影像，对抽取的各类措施图斑进行人工解译，解译封禁治理措施图斑 1 个，总面积为 47.07hm^2，措施完成率 99.09%；解译沟（河）道整治措施图斑 1 个，总长度为 4.53km，措施完成率为 99.78%。总体措施完成率为 99.44%。

7.1.15 大红溪、穆阳溪、下园溪小流域水土流失综合治理项目

7.1.15.1 项目基本情况

本项目位于大红溪、穆阳溪、下园溪小流域，分别属铁山镇和镇前镇管辖。大红溪流域属于闽江流域建溪—松溪—七星溪—梅龙溪支流，属闽江的六级支流，发源于政和县铁山镇高林村古林自然村，流经古林、源头、大湾、屯后、源尾，于李屯洋对岸汇入梅龙溪。全流域面积 9.88km^2，河长 6.8km，河道平均坡降 20.8。穆阳溪是闽东赛江的右干流，发源于政和县镇前镇，流经政和、周宁、福安，在福安市赛岐镇与左干流交溪汇合进入赛江。项目区控制流域面积 16.83km^2，河长 6.68km，河道平均坡降 12.14%。项目区土地总面积 11883.56hm^2，主要涉及铁山镇的大红、高林、李屯洋、江上、向前等 5 个行政村和镇前镇的半园、际头、角坂、下园、宝岩、里洋、梨洋、梨溪等 8 个行政村，人口总数 10475 人，耕地面积 463.11hm^2，粮食总产量 10448t。项目区水土流失总面积 1341.36hm^2，占土地总面积 11.29%，平均土壤侵蚀模数为 1560t/(km^2 · a)。其中轻度流失面积 868.04hm^2，占水土流失面积的 64.71%；中度流失面积 374.58hm^2，占水土流失面积的 27.93%；强烈流失面积 98.74hm^2，占水土流失面积的 7.36%。项目区各小流域相关现状数据见表 7－8。

表 7－8 项目区各小流域相关现状数据

项 目	大 红 溪	穆 阳 溪	下 园 溪
土地总面积/hm^2	3947.78	4303.20	3632.58
涉及村镇	铁山镇大红、林、李屯洋、江上、向前等 5 个行政村	镇前镇半园、际头、角坂、下园等 4 个行政村	镇前镇的宝岩、里洋、梨洋、梨溪等 4 个行政村
人口总数	7532	6450	5863
耕地面积/hm^2	508.55	493.15	461.41
粮食产量/t	4577	3033	2838

大红溪、穆阳溪、下园溪小流域水土流失综合治理项目综合治理面积 1210.37hm^2，主要建设内容包括：封禁治理 1072.32hm^2，水保林补植 138.05hm^2；生态护岸 1.25km、河道清淤 2.37km、岸顶道路 0.75km、休闲道路 0.50km；拦河坝加固 1 座。

7.1.15.2 项目抽查图斑确定

2019 年 11 月 8 日，使用大疆精灵 4Pro 无人机基于航线规划完成了项目区无人机正射影像原始素材拍摄收集。无人机飞行高度 400m，飞行当天天气状况良好，区域内无云雾遮挡。本项目累积飞行 2 架次，收集无人机正射照片 91 张，累积飞行 40min，无人机

正射影像面积为 597.51hm²。

根据抽查措施图斑选取标准及原则，共抽查封禁治理措施图斑 2 个，设计措施数量合计为 98.29hm²，抽查比例为 9.17%；水保林措施图斑 2 个，设计措施数量合计 69.16hm²，抽查比例为 100.00%；总的面状措施抽查比例为 29.64%。河道清淤措施图斑 4 个，设计措施数量合计为 2.37km。抽查比例为 100.00%；护岸措施图斑 3 个，设计措施数量合计为 1.25km，抽查比例为 100.00%；岸顶道路措施图斑 1 个，设计措施数量为 0.75km，抽查比例为 100.00%；休闲道路措施图斑 1 个，设计措施数量为 0.50km，抽查比例为 100.00%；总的线状措施比例为 100.00%。抽查拦河坝 1 个，抽查比例为 100.00%。

7.1.15.3　各类型水土保持措施完成率

基于项目区外业无人机正射影像，对抽取的各类措施图斑进行人工解译，解译封禁治理措施图斑 2 个，总面积为 97.64hm²，措施完成率 99.32%；解译水保林措施图斑 2 个，总面积为 68.00hm²，措施完成率 98.32%；总的面状措施完成率为 98.84%。解译河道清淤措施图斑 4 个，总长度为 2.35km，措施完成率 99.57%；生态护岸为 3 个，总长度为 1.23km，措施完成率为 97.07%；岸顶道路措施图斑 1 个，总长度 0.73km，措施完成率为 98.67%；休闲道路措施图斑 1 个，总长度 0.50km。措施完成率 100.00%，总的线状措施完成率 98.68%。拦河坝措施图斑 1 个，措施完成率 100.00%。总体措施完成率为 98.82%。

7.1.16　陈彩、五村、振阳小流域水土流失综合治理项目

7.1.16.1　项目基本情况

本项目位于陈彩、五村、振阳小流域，符合省水利厅批复的《2017—2020 年福建省国家水土保持重点工程规划》建设要求。陈彩、五村、振阳小流域涉及九峰、长乐、小溪、坂仔四个乡镇的 15 个行政村，土地总面积 11649.63hm²，水土流失面积 2430.05hm²，占土地总面积的 20.86%。项目区各小流域水土流失现状数据见表 7-9。

表 7-9　　项目区各小流域水土流失现状数据

小流域名称	土地总面积/hm²	水土流失面积/hm²	水土流失面积占比/%	涉及镇村
陈彩	3532.68	881.98	24.97	九峰镇陈彩村、军溪村，长乐乡南庭村、葵山村
五村	4178.62	958.76	22.94	小溪镇五村村、溪洲村、南寨村，坂仔镇山边村
振阳	3938.33	589.31	14.96	九峰镇福山、东富、新山、下西、振阳、下北、上仓

陈彩、五村、振阳小流域水土流失综合治理项目综合治理区主要建设内容包括坡改梯 305.00hm²、封禁治理 1395.00hm²、生产道路 7.01km、沟（河）道整治 3.23km、蓄水池 38 个。

7.1.16.2　项目抽查图斑确定

2019 年 11 月 16 日，使用大疆精灵 4Pro 无人机基于航线规划完成了项目区的无人机正射影像原始素材拍摄收集。无人机飞行高度 400m，飞行当天天气状况良好，区域内无云雾遮挡。本项目累积飞行 9 架次，收集无人机正射照片 347 张，共飞行 180min，无人机正射影像面积为 1047.11hm^2，影像分辨率为 0.12m。

根据抽查措施图斑选取标准及原则，共抽查坡改梯措施图斑 6 个，设计措施数量合计为 155.00hm^2，抽查比例为 50.82%；封禁治理措施图斑 3 个，设计措施面积为 100.00hm^2，抽查比例 7.17%；总的面状措施抽查比例为 29.00%。抽查生产道路 11 条，设计长度为 1.77km，抽查比例为 25.25%；沟（河）道整治 1 条，设计措施数量为 1.13km，抽查比例为 35.09%；总的线状措施抽查比例为 30.17%。蓄水池措施图斑 20 个，抽查比例为 52.63%。

7.1.16.3　各类型水土保持措施完成率

基于项目区外业无人机正射影像，对抽取的各类措施图斑进行人工解译，解译坡改梯措施图斑 6 个，总面积为 151.58hm^2，措施完成率为 98.00%；解译封禁治理措施图斑 3 个，总面积为 98.09hm^2，措施完成率 98.06%；总的面状措施完成率为 98.06%。解译生产道路措施图斑 11 个，总长度为 1.74km，措施完成率为 98.69%；沟（河）道整治 1 个，总长度为 1.10km，措施完成率平均值为 97.35%；总的线状措施完成率 98.58%。解译点状措施图斑（蓄水池）20 个，措施完成率为 100%。总体措施完成率为 98.43%。

7.1.17　先锋、大地溪小流域水土流失综合治理项目

7.1.17.1　项目基本情况

先锋、大地溪小流域水土流失综合治理项目所在华安县属于南方红壤丘陵侵蚀区，是水利部印发的《国家水土保持重点工程 2017—2020 年实施方案》福建省国家水土保持重点工程 29 个项目县之一。先锋、大地溪小流域水土流失综合治理项目为《2017—2020 年福建省国家水土保持重点工程规划》中小流域编号为 6 号的先锋小流域和 7 号的大地溪小流域。两条小流域均属于闽西南低山丘陵严重水土流失区。项目区先锋、大地溪小流域涉及仙都镇先锋村、仙都村、中圳村、市后村、大地村 5 个行政村，土地总面积 4352.18hm^2，水土流失总面积 1518.23hm^2，占土地总面积的 34.88%。其中先锋小流域涉及仙都镇先锋村、仙都村 2 个行政村，土地总面积 1800.43hm^2，水土流失面积 403.06hm^2，占土地总面积的 22.39%；大地溪小流域涉及仙都镇仙都村、中圳村、市后村、大地村 4 个行政村，土地总面积 2551.75hm^2，水土流失面积 1115.17hm^2，占土地总面积的 43.70%。

先锋、大地溪小流域水土流失综合治理项目建设内容包括封禁治理 1123.99hm^2、土坎梯田 7.01hm^2、生产道路 0.43km、沟（河）道整治 5.54km、蓄水池 3 个。

7.1.17.2　项目抽查图斑确定

2019 年 11 月 15 日，使用大疆精灵 4Pro 无人机基于航线规划完成了华安县 2018 年度国家水土保持重点建设工程项目区的无人机正射影像原始素材拍摄收集。无人机飞行高

度 450m，飞行当天天气状况良好，区域内无云雾遮挡。本项目累积飞行 2 架次，收集无人机正射照片 125 张，累积飞行 30min，无人机正射影像面积为 232.93hm^2，影像分辨率为 0.16m。

根据抽查措施图斑选取标准及原则，共抽查封禁治理措施图斑 1 个，设计措施数量为 55.57hm^2，抽查比例为 4.94%；土坎梯田措施图斑 1 个，设计措施数量为 7.01hm^2，抽查比例为 100%；总的面状措施抽查率为 52.47%。生产道路措施图斑 2 个，设计措施数量合计为 0.43km，抽查比例为 100%；沟（河）道整治措施图斑 1 个，设计措施数量 1.80km，抽查比例为 32.49%；总的线状措施抽查率为 66.25%。蓄水池措施图斑 3 个，设计措施数量 3 个，抽查比例为 100%；点状措施抽查率为 100%。

7.1.17.3 各类型水土保持措施完成率

基于项目区外业无人机正射影像，对抽取的各类措施图斑进行人工解译，解译面状措施（封禁治理）图斑 1 个，总面积为 55.43hm^2，措施完成率为 99.75%；解译面状措施（土坎梯田）图斑 1 个，总面积为 7.00hm^2，措施完成率为 99.86%；总的面状措施完成率为 99.81%。解译线状措施（生产道路）图斑 2 个，总长度为 0.42km，措施完成率为 98.15%；解译线状措施［沟（河）道整治］图斑 1 个，总长度为 1.79km，措施完成率平均值为 99.44%；总的线状措施完成率为 98.58%。解译点状措施（蓄水池）图斑 3 个，措施完成率为 100.00%；总的点状措施完成率为 100.00%。抽查图斑总体完成率为 99.22%。

7.1.18 檀溪、岭苏溪、四都溪等小流域水土流失综合治理项目

7.1.18.1 项目基本情况

檀溪、岭苏溪、四都溪等小流域水土流失综合治理项目符合福建省水利厅批复的《2017—2020 年福建省国家水土保持重点工程规划》建设要求，涉及省新镇、康美镇、洪濑镇 3 个乡镇的 29 个行政村，土地总面积 142.63km^2，水土流失总面积为 20.22km^2，占土地总面积的 14.18%。项目区总人口 10.15 万人，其中农村劳动力 5.68 万人，人口密度 712 人/km^2，耕地面积 3.045km^2，人均土地面积 0.14hm^2，人均耕地面积 0.03hm^2。水土流失可导致广大流失区自然生态平衡失调，生态环境逆向演替，土壤肥力衰退；淤积河流、水库，破坏水利、公路等基础设施；自然灾害频发，农林牧业产量降低。因此，水土流失不仅制约当地经济可持续发展，而且威胁人民正常生产生活，对社会主义新农村的建设以及我省生态建设都将产生负面影响。根据 2015 年水土流失调查，项目区水土流失强度较高，土壤侵蚀模数在 2460t/(km^2 · a) 左右。土壤侵蚀类型以水力侵蚀为主，主要表现形式为面蚀。项目区各小流域基本信息情况见表 7-10。

表 7-10 项目区各小流域基本信息情况表

基本信息	省檀溪	岭苏溪	四都溪
土地总面积/km^2	39.48	62.9	40.21
水土流失面积/km^2	7.26	5.25	7.71

续表

基本信息	省檀溪	岭苏溪	四都溪
水土流失面积占比/%	18.39	8.34	19.17
总人口/万人	2.64	5.19	2.32
农村劳动力/万人	1.49	2.91	1.36
人口密度/人/km^2	669	824	577
耕地面积/km^2	6.86	21.27	7.42
人均土地面积/hm^2	0.15	0.12	0.17
人均耕地面积/hm^2	0.026	0.041	0.032
涉及镇村	新镇省身村、西埔村、油园村、檀林村、省东村、园内村好和美林街道坵洋村、西美村、李西村等	梅魁村、东旭村、集星村、梅元村、康美村、青山村、兰田村、福田村、赤岭村和园内村	洪濑镇大洋村、前瑶村、跃进村、都新村、三林村、葵星村、福林村、东林村和杨美村

檀溪、岭苏溪、四都溪等小流域水土流失综合治理项目建设内容包括封禁治理1648.68hm^2，补植53.73hm^2，安全生态水系4.07km。

7.1.18.2　项目抽查图斑确定

2019年11月8日，使用大疆精灵4Pro无人机基于航线规划完成了南安市2018年度省檀溪、岭苏溪、四都溪等小流域水土流失综合治理项目区的无人机正射影像原始素材拍摄收集。无人机飞行高度400m，飞行当天天气状况良好，区域内无云雾遮挡。本项目累积飞行架次，收集无人机正射照片500张，共飞行138min，无人机正射影像面积为870.28hm^2。影像分辨率为0.1m。

根据抽查措施图斑选取标准及原则，共抽查封禁治理措施图斑4个，设计措施数量合计为78.4hm^2，抽查比例为4.76%；补植措施图斑1个，设计措施数量为12.31hm^2，抽查比例为22.91%；总的面状措施抽查率13.84%。安全生态水系1条，设计措施数量为4.07km，抽查比例为100.00%。

7.1.18.3　各类型水土保持措施完成率

基于项目区外业无人机正射影像，对抽取的各类措施图斑进行人工解译，解译封禁治理措施图斑4个，总面积为77.75hm^2，措施完成率99.15%；解译补植措施图斑1个，总面积为12.29km，措施完成率99.84%；总的面状措施抽查率为99.29%。解译安全生态水系措施图斑2个，总长度为3.98km，措施完成率为97.96%；总的线状措施完成率为97.96%。总体措施完成率为98.91%。

7.1.19　下洋溪、一都溪、桂洋溪等小流域水土流失综合治理项目

7.1.19.1　项目基本情况

本项目位于下洋溪、一都溪、桂洋溪、玉斗溪、湖洋溪小流域，其生态水系工程建设地点位于下洋溪小流域，下洋溪为坑仔口溪西部支流，发源于德化县境内旧山村西北部的矿山岐（海拔1228.78m），流经旧山村、上姚村、下洋镇后，汇入坑仔口溪。水系工

程终点以上流域面积为27.06km²，主河道长度为9.56km，河道比降33.73‰。坑口溪及内宅溪均为下洋溪支流。下洋溪流域以残丘地貌为主，河道弯曲，河床较为宽阔，局部狭窄，在支流汇入处、河流转弯处的凸岸河漫滩地发育，形成河谷盆地。项目区为永春县下洋溪、一都溪、桂洋溪、玉斗溪、湖洋溪共5条小流域，主要涉及下洋镇、一都镇、桂洋镇、锦斗镇、玉斗镇、达埔镇、湖洋镇、介福乡、东关镇共9个乡镇的36个行政村，土地总面积258.29km²，水土流失面积30.09km²，占土地总面积的11.65%。本项目由永春县下洋镇人民政府负责组织实施，项目总投资863.64万元中，其中中央补助资金600万元，地方配套263.64万元。

下洋溪、一都溪、桂洋溪等小流域水土流失综合治理项目建设内容包括封禁治理1687.90hm²，水保林49.60hm²，沟（河）道整治5.73km，宣传碑牌26个。

7.1.19.2 项目抽查图斑确定

2019年11月12日，使用大疆精灵4Pro无人机基于航线规划完成了永春县2018年度国家水土保持重点建设工程项目区的无人机正射影像原始素材拍摄收集。无人机飞行高度480m，飞行当天天气状况良好，区域内无云雾遮挡。本项目累积飞行3架次，收集无人机正射照片240张，累积飞行60min，无人机正射影像面积为560.00hm²，影像分辨率为0.16m。

根据抽查措施图斑选取标准及原则，共抽查封禁治理措施图斑2个，设计措施数量为78.90hm²，抽查比例为4.67%；水保林措施图斑2个，设计措施数量为21.10hm²，抽查比例为42.54%；总的面状措施抽查比例为23.61%。沟（河）道整治措施图斑3个，设计措施数量5.73km，抽查比例为100.00%；宣传碑牌措施图斑1个，设计措施数量1个，抽查比例为3.85%。

7.1.19.3 各类型水土保持措施完成率

基于项目区外业无人机正射影像，对抽取的各类措施图斑进行人工解译，解译面状措施（封禁治理）图斑2个，总面积为78.55hm²，措施完成率为99.60%；解译面状措施（水保林）图斑2个，总面积为20.83hm²，措施完成率为98.50%，总的面状措施完成率为99.05%。解译线状措施［沟（河）道整治］图斑1个，总长度为5.70km，措施完成率为99.48%。解译点状措施（宣传碑牌）图斑1个，措施完成率为100.00%。总体措施完成率为99.28%。

7.1.20 永春县坡耕地水土流失综合治理试点工程

7.1.20.1 项目基本情况

永春县位于福建省中部偏南，泉州市西北部，戴云山脉东南麓，东接仙游县，西连漳平市，南和南安、安溪两县市接壤，北与大田、德化两县毗邻。全境呈带状，东西长84.7km，面积1447.50km²。永春县是革命老区县，也是一个水土流失严重、生态环境脆弱的内陆山区农业县。全县水土流失面积177.32km²，占土地总面积的12.25%。现有坡耕地大部分为茶果园，坡耕地流失面积占全县水土流失面积的28.56%，由于长期不合理的土地开发和耕作，使地表覆盖受到严重破坏，水土流失严重，造成坡耕地生产力低下，土地保土、蓄水能力下降，影响了当地农业经济发展和农民增收。2018 年永春县坡耕地水土流失综合治理试点工程区主要涉及湖洋镇的美莲村、溪西村、溪东村，达埔镇的新琼村，五里街镇的蒋溪村、埔头村，共计 3 个乡镇 6 个行政村。项目区湖洋镇、达埔镇、五里街镇位于永春县中部及西北部，工程区内地域相对邻近，总体上地形地貌、气候、土壤和植被等自然条件较为相似，但由于区内地形地貌较复杂，坡耕地地块分布点多面广，农业耕作方式和管理方式存在较大的差异。

永春县坡耕地水土流失综合治理试点工程建设内容包括：反坡梯田措施图斑 5 个，设计措施总面积为 108.59hm^2；水平梯田措施图斑 1 个，设计措施面积为 6.87hm^2；石坎梯田措施图斑 1 个，设计措施面积为 4.53hm^2；生产道路措施图斑 22 个，设计措施总长度为 6.96km；排灌沟渠措施图斑 12 个，设计措施总长度为 6.29km；蓄水池设计措施图斑 37 个。

7.1.20.2　项目抽查图斑确定

2019 年 11 月 12 日，使用大疆精灵 4Pro 无人机基于航线规划完成了永春县 2018 年坡耕地水土流失综合治理试点工程项目区的无人机正射影像原始素材拍摄收集。无人机飞行高度 400m，飞行当天天气状况良好，区域内无云雾遮挡。本项目累积飞行 6 架次，收集无人机正射照片 300 张，累积飞行 120min，无人机正射影像面积为 851.40hm^2，影像分辨率为 0.05～0.10m。

根据抽查措施图斑选取标准及原则，共抽查：反坡梯田措施图斑 5 个，设计措施总面积为 108.59hm^2；水平梯田措施图斑 1 个，设计措施面积为 6.87hm^2；石坎梯田措施图斑 1 个，设计措施面积为 4.53hm^2；生产道路措施图斑 22 个，设计措施总长度为 6.96km；排灌沟渠措施图斑 12 个，设计措施总长度为 6.29km；蓄水池设计措施图斑 37 个。上述各类措施图斑抽查比例 100.00%。

7.1.20.3　各类型水土保持措施完成率

基于项目区外业无人机正射影像，对抽取的各类措施图斑进行人工解译，解译反坡梯田措施图斑 5 个，解译措施总面积为 106.94hm^2，措施完成率平均值为 98.38%；解译水平梯田措施图斑 1 个，解译措施面积为 6.67hm^2，措施完成率为 100.00%；解译石坎梯田措施图斑 1 个，解译措施面积为 4.53hm^2，措施完成率为 100.00%；总的面状措施完成率为 98.84%；解译生产道路措施图斑 22 个，解译措施总长度为 6.91km，措施完成率平均值为 98.71%；解译排灌沟渠措施图斑 12 个，解译措施总长度为 6.25km，措施完成率平均值为 99.21%；总的线状措施完成率为 98.89%；解译蓄水池措施图斑 37 个，措施完成率平均值为 100.00%。

7.1.21　莲美、上宛、西源小流域水土流失综合治理项目

7.1.21.1　项目基本情况

本项目涉及安溪县的 4 号莲美小流域、12 号上宛小流域、2 号西源小流域，符合福建省水利厅批复的《福建省国家水土保持重点工程规划（2017—2020 年）》建设要求。莲美小流域、上宛小流域、西源小流域涉及官桥镇、西坪镇 2 个乡镇的 37 个行政村，土地

总面积 139.08km²，水土流失面积 27.87km²，占土地总面积的 20.04%。

莲美、上宛、西源小流域水土流失综合治理项目建设内容包括封禁治理 1742.86hm²（9 个图斑）、水保林 15.50hm²（1 个图斑）、坡面截流工程 0.11km（2 个图斑）、沟（河）道整治 5.35km（1 个图斑）、中小型崩岗 56 个（11 个图斑）、谷坊 5 个（3 个图斑）。

7.1.21.2　项目抽查图斑确定

2019 年 11 月 11 日，使用大疆精灵 4Pro 无人机基于航线规划完成了安溪县 2018 年度国家水土保持重点建设工程项目区的无人机正射影像原始素材拍摄收集。无人机飞行高度 450m，飞行当天天气状况良好，区域内无云雾遮挡。本项目累积飞行 4 架次，收集无人机正射照片 320 张，累积飞行 60min，无人机正射影像面积为 693.03hm²，影像分辨率为 0.16m。

根据抽查措施图斑选取标准及原则，共抽查封禁治理措施图斑 1 个，设计措施数量为 166.00hm²，抽查比例为 9.52%；水保林措施图斑 1 个，设计措施数量合计为 15.50hm²，抽查比例为 100%；总的面状措施抽查率为 54.76%。坡面截流工程措施图斑 2 个，设计措施数量合计为 0.11km，抽查比例为 100%；抽查沟（河）道整治措施数量 3.91km，抽查比例为 73.08%；总的线状措施完成率为 87.00%。抽查中小型崩岗措施图斑 12 个，抽查比例为 21.43%；总点的抽查率为 21.43%。

7.1.21.3　各类型水土保持措施完成率

基于项目区外业无人机正射影像，对抽取的各类措施图斑进行人工解译，解译面状措施（封禁治理）图斑 1 个，总面积为 165.20 hm²，措施完成率为 99.52%；解译面状措施（水保林）图斑 1 个，总面积为 15.385hm²，措施完成率为 99.23%；总的面状措施完成率为 99.37%。解译线状措施（坡面截流工程）图斑 2 个，总长度为 0.11km，措施完成率为 100.00%；解译线状措施［沟（河）道整治］图斑 1 个，总长度为 3.91km，措施完成率平均值为 100.00%；总的线状措施的完成率为 100.00%。解译点状措施（中小型崩岗）图斑 12 个，措施完成率为 100.00%；总的点状措施完成率为 100.00%。总的措施完成率为 99.67%。

7.1.22　德化县坡耕地水土流失综合治理试点工程

7.1.22.1　项目基本情况

德化县位于福建省中部，泉州市西北部。根据 2015 年水土流失遥感监测调查，全县水土流失面积 177.35km²，占全县土地总面积的 8.1%。全县现有坡耕地大部分为茶果园及油茶园，坡耕地流失面积占全县水土流失面积的 26.58%。由于长期不合理的土地开发和耕作，使地表覆盖受到严重破坏，水土流失严重，造成坡耕地生产力低下，土地保土、蓄水能力下降，影响了当地农业经济发展和农民增收。项目区涉及水口镇的湖坂村、祥光村、丘坂村，南埕镇的南埕村、连山村、西山村，共计 2 个乡镇 6 个行政村。项目区地质基岩主要为中生代火山岩和花岗岩，地貌类型复杂多样，地貌以中山为主，属中亚热带季风气候，年均气温 17～190℃，年均降雨量 1700～1760mm。土壤类型主要为红壤、黄壤，是易流失的土壤类型，属中亚热带暖性植物，林草覆盖率 77%～78%。项目区水土流失面积 897hm^2，占土地总面积的 9.31%，区域土壤侵蚀模数 1310t/(km^2·a)。项目区 2016 年总人口 10615 人，其中农业人口 9664 人，农村劳动力 6944 人，人口密度 100 人/km^2。农村各业生产总值 14629 万元，农业人均产值 15138 元，农民年均纯收入 13287 元。项目区土地利用现状数据见表 7-11。

表 7-11 项目区土地利用现状数据

土地类型	面积/亩	占比/%	土地类型	面积/亩	占比/%
耕地	9411	6.51	城镇村及工矿用地	2635	1.82
林地	104031	72.02	其他用地	18179	12.59
园地	10199	7.06	合计	144450	100.00

德化县坡耕地水土流失综合治理试点工程建设内容包括石坎梯田 62.73hm^2，土坎梯田 137.26hm^2，生产道路 22.01km，排灌沟渠 15.68km，蓄水池 32 口。

7.1.22.2 项目抽查图斑确定

2019 年 11 月 13 日，使用大疆精灵 4Pro 无人机基于航线规划完成了德化县 2018 年度国家水土保持重点建设工程项目区的无人机正射影像原始素材拍摄收集。无人机飞行高度 450m，飞行当天天气状况良好，区域内无云雾遮挡。本项目累积飞行 2 架次，收集无人机正射照片 167 张，累积飞行 42min，无人机正射影像面积为 582.72hm^2，影像分辨率为 0.11m。

根据抽查措施图斑选取标准及原则，共抽查石坎梯田措施图斑 1 个，设计措施数量为 20.4hm^2，抽查比例为 32.52%；土坎梯田措施图斑 5 个，设计措施数量为 44.80hm^2，抽查比例为 32.64%；总的面状措施抽查率 32.58%。为生产道路措施图斑 6 个，设计措施数量合计为 8.12km，抽查比例为 36.89%；排灌沟渠措施图斑 6 个，设计措施数量 5.07km，抽查比例为 32.33%；总的线状措施抽查率 34.61%为；蓄水池措施数量为 23 口，抽查比例为 37.10%；总的点状措施抽查率为 37.10%。

7.1.22.3 各类型水土保持措施完成率

基于项目区外业无人机正射影像，对抽取的各类措施图斑进行人工解译，解译面状措施（石坎梯田）图斑 1 个，总面积为 20.05hm^2，措施完成率为 98.28%；解译面状措施（土坎梯田）图斑 5 个，总面积为 44.57hm^2，措施完成率为 99.49%。总的面状措施完成率为 99.26%。解译线状措施（生产道路）图斑 6 个，总长度为 8.00km，措施完成率为 98.52%；解译线状措施（排灌沟渠）图斑 6 个，总长度为 4.98km，措施完成率平均值为 98.22%；总的线状措施完成率为 98.61。解译点状措施（蓄水池）图斑 23 个，措施完成率为 100%；总的点状措施完成率为 100.00%。总体措施完成率为 98.89%。

7.1.23 傍洋、下洋仔、茗溪小流域水土流失综合治理项目

7.1.23.1 项目基本情况

寿宁县水土流失综合治理项目是 2018 年度国家水土保持重点建设工程之一，本项目

位于傍洋、下洋仔、茗溪小流域。寿宁县位于福建省东北部，闽东大山深处，北邻浙江省景宁县，地理坐标为北纬 27°，东经 119°，东北紧靠浙江省泰顺县，东南毗邻福安市，西北界浙江省庆元县，西连政和县，西南同周宁县接壤，素有“两省瓯脱，五界门户”之称。寿宁县总面积 1425km²。全县辖 7 镇 7 乡、205 个行政村（社区），土地面积 1424km²，总人口 28 万。项目区各小流域水土流失现状数据见表 7-12。

表 7-12　　项目区各小流域水土流失现状数据

小流域名称	土地总面积/km²	水土流失面积/km²	水土流失面积占比/%
傍洋	102.99	12.16	11.81
下洋仔	16.03	5.59	11.52
茗溪	38.43	5.00	13.01

傍洋、下洋仔、茗溪小流域水土流失综合治理项目建设内容包括封禁治理 939.98hm²，水保林 260.02hm²，沟（河）道整治 2.60km，苗圃 2 个。

7.1.23.2　项目抽查图斑确定

2019 年 11 月 8 日，使用大疆精灵 4Pro 无人机基于航线规划完成了寿宁县 2018 年傍洋、下洋仔、茗溪小流域水土流失综合治理项目区的无人机正射影像原始素材拍摄收集。无人机飞行高度 450m，飞行当天天气状况良好，区域内无云雾遮挡。本项目累积飞行 3 架次，收集无人机正射照片 230 张，共飞行 70min，无人机正射影像面积为 655.36hm²。影像分辨率为 0.16m。

根据抽查措施图斑选取标准及原则，共抽查封禁治理措施图斑 2 个，设计措施数量为 35.04hm²，抽查比例为 3.73%；水保林措施图斑 4 个，设计措施数量为 56.98hm²，抽查比例为 21.91%；总的面状措施抽查率为 12.82%。沟（河）道整治措施图斑 1 个，设计措施数量 1.85km，抽查比例为 71.15%；苗圃措施图斑数量 2 个，抽查比例为 100.00%。

7.1.23.3　各类型水土保持措施完成率

基于项目区外业无人机正射影像，对抽取的各类措施图斑进行人工解译。解译面状措施（封禁治理）图斑 2 个，总面积为 34.42hm²，措施完成率为 98.23%；解译面状措施（水保林）图斑 4 个，总面积为 56.26hm²，措施完成率为 98.74%；总的面状措施完成率为 98.62%。解译线状措施［沟（河）道整治］图斑 1 个，总长度为 1.84km，措施完成率为 99.46%；总的线状措施完成率为 99.46%。解译点状措施（苗圃）图斑 2 个，措施完成率为 100%；总的点状措施完成率为 100.00%。总体完成率为 98.90%。

7.1.24　蕉城区洋中镇坡耕地水土流失综合治理工程

7.1.24.1　项目基本情况

宁德市蕉城区地处福建东北的鹫峰山南麓、三都澳之滨，东与霞浦县隔海相望，东北与福安市相连，北接周宁县，西倚屏南县、古田县，南邻罗源县。国土总面积 1505km²，海岸线 211km，海域面积 280km²。洋中镇地处西北部山区，省道宁古公路贯穿全境，距离城区距离约 20km，是蕉城区西部中心集镇，全镇辖 33 个行政村，283 个自然村，总人口3.45万人，土地面积161.91km²。本项目选取洋中片区（涉及洋中村、凤田村、井坪村）、章际片区（涉及章后村、际头洋村）及嵋屿片区（涉及嵋屿村）共3个片区进行坡耕地水土流失综合治理。

蕉城区洋中镇坡耕地水土流失综合治理工程建设内容包括修建土坎梯田119.60hm²（4个图斑），石坎梯田0.4hm²（1个图斑）。配套修建排水沟11.94km（28个图斑），蓄水池29口（29个图斑），田间便道生产道路11.94km（28个图斑）。

7.1.24.2 项目抽查图斑确定

2019年11月7日，使用大疆御2无人机基于航线规划完成了蕉城区2018年洋中镇坡耕地水土流失综合治理工程项目区的无人机正射影像原始素材拍摄收集。无人机飞行高度450m，飞行当天天气状况良好，区域内无云雾遮挡。本项目累积飞行1架次，收集无人机正射照片120张，共飞行25min，无人机正射影像面积为231.90hm²，影像分辨率为0.16m。

根据抽查措施图斑选取标准及原则，共抽查土坎梯田措施图斑1个，设计措施数量为37.60hm²，抽查比例为31.43%；总的面状措施抽查率为31.43%。生产道路措施图斑4个，设计措施数量合计为1.94km，抽查比例为16.25%；排灌沟渠措施图斑4个，设计措施数量合计为1.99km，抽查比例为16.67%；总的线状措施的抽查率为16.68%。蓄水池措施图斑抽查数量7个，抽查比例为24.14%。

7.1.24.3 各类型水土保持措施完成率

基于项目区外业无人机正射影像，对抽取的各类措施图斑进行人工解译，解译面状措施（土坎梯田）图斑1个，总面积为35.58hm²，措施完成率为99.95%；总的面状措施完成率为99.95%。解译线状措施（生产道路）图斑4个，总长度为1.92km，措施完成率平均值为98.97%。解译线状措施（排灌沟渠）图斑4个，总长度为1.96km，措施完成率平均值为98.49%；总的线状措施完成率为98.53%。解译点状措施（蓄水池）图斑7个，措施完成率为100.00%；总的点状措施完成率为100.00%。总体措施完成率为98.82%。

7.1.25 福鼎市管阳镇、白琳镇坡耕地水土流失综合治理工程

7.1.25.1 项目基本情况

福鼎市坡耕地治理工程涉及管阳镇、白琳镇。管阳镇位于福鼎市西南部，地处闽浙边界3市（福鼎、柘荣、泰顺）交汇点。土地面积约197.00km²，境内地势处在高山地带，有大小山峰144座，其中千米山峰有王府山，梨头峙，东山，牛舍尖等4座，以王府山最高，海拔1113.6m，大部分行政村处在海拔600m左右。全镇下辖27个行政村211个自然村，总人口4.63万。白琳镇位于市境中部，距市府16.5km。面积127.38km²，人口4.00万，平均海拔428m。省道沙吕段过境。辖岭头坪、高山、棠园、翠郊、东洋、大赖、翁江、康山、旺兴头、藤屿、白岩、沿州、梗树岔、坑里洋、秀洋、外宅、郭阳、牛埕下、玉琳、下卢等20个村委会和白琳居委会。项目区水土流失总面积1566.18hm²，占土地总面积的4.83%。其中轻度侵蚀面积830.80hm²，占流失总面积53.05%；中度侵蚀

面积 697.25hm^2，占流失总面积 44.52%；强烈侵蚀面积 36.35hm^2，占流失总面积 2.32%；极强烈侵蚀面积 1.78hm^2，占流失总面积 0.11%。项目区总人口 86366 人，农业人口 71044 人，人口密度 266 人/km^2，总劳力 45917 人。项目区土地利用现状数据见表 7-13。

表 7-13　　项目区土地利用现状数据

土地类型	面积/hm^2	占比/%	土地类型	面积/hm^2	占比/%
耕地	6330.66	19.52	水域及水利设施用地	652.65	2.01
林地	19729.14	60.84	城镇村及工矿用地	619.59	1.91
园地	3249.17	10.02	其他用地	133.36	0.41
草地	1560.37	4.81	合计	32427.99	100.00
交通运输用地	153.05	0.47			

福鼎市管阳镇、白琳镇坡耕地水土流失综合治理工程治理面积 200hm^2，建设内容包括修建土坎梯田 174.10hm^2，石埂梯田 6.10hm^2。配套修建生产道路 15.21km，蓄水池 48 口。

7.1.25.2　项目抽查图斑确定

2019 年 11 月 7 日，使用大疆精灵 4Pro 无人机基于航线规划完成了福鼎市坡耕地水土流失综合治理工程项目区的无人机正射影像原始素材拍摄收集。无人机飞行高度 400m，飞行当天天气状况良好，区域内无云雾遮挡。本项目累积飞行 2 架次，收集无人机正射照片 105 张，累积飞行 46min，无人机正射影像面积为 348.8hm^2，影像分辨率为 0.16m。

根据抽查措施图斑选取标准及原则，共抽查土坎梯田措施图斑 1 个，设计措施数量合计为 95.75hm^2，抽查比例为 55.00%；石坎梯田措施图斑 1 个，设计措施面积为 1.52hm^2，抽查比例为 24.92%；总的面状措施的抽查率为 39.96%。生产道路措施图斑 6 个，设计措施数量合计为 6km，抽查比例为 39.45%；总的线状措施抽查率为 39.45%。蓄水池措施图斑 17 个，抽查比例为 35.42%；总的点状措施抽查率为 35.42%。

7.1.25.3　各类型水土保持措施完成率

基于项目区外业无人机正射影像，对抽取的各类措施图斑进行人工解译，解译土坎梯田措施图斑 1 个，总面积为 95.35hm^2，措施完成率为 95.90%；解译石坎梯田措施图斑 1 个，总面积为 1.52hm^2，措施完成率为 100.00%；总的面状措施完成率为 99.79%。解译线状措施图斑（生产道路）6 个，总长度为 5.95km，措施完成率平均值为 99.37%；总的线状措施完成率为 99.37%。解译点状措施图斑（蓄水池）17 个，措施完成率为 100%。总的点状措施完成率为 100%。项目区总体完成率为 99.53%

7.1.26　九仙、东宫小流域水土流失综合治理项目

7.1.26.1　项目基本情况

该项目地处仙游县城东北方向，地势西北高东南低，西北多低山，主要水系有仙水溪

及其支流。由于农业较为发达，农林活动频繁，水土流失已在局部地区造成环境恶化、土壤地力衰退、生态平衡失调等一系列问题。围绕九仙小流域和东宫小流域水土流失特点，项目通过综合治理，以榜头镇仙水溪支流星潭溪的生态修复治理为重点，结合福建省水利厅实施的"万里安全生态水系建设"，开展安全生态水系建设，同时对部分果园进行改造，开展具有水土保持特色的社会主义新农村建设。项目区人口 52326 人，人口密度 922 人/km^2，劳动力 17189 人，耕地面积 988.22hm^2，人均土地面积 1.63 亩，人均耕地面积 0.28 亩，粮食总产量 26933t，农民年均纯收入 7571 元。项目区水土流失总面积 1346.26hm^2，占土地总面积的 23.72%。其中轻度侵蚀面积 472.52hm^2，占水土流失总面积的 35.1%；中度侵蚀面积 367.23hm^2，占水土流失总面积的 27.28%；强烈侵蚀面积失 343.17hm^2，占水土流失总面积的 25.49%；极强烈侵蚀面积 122.79hm^2，占水土流失总面积的 9.12%；剧烈侵蚀面积 40.56hm^2，占水土流失总面积的 3.01%。项目区土壤侵蚀以水力侵蚀为主，流失类型主要为面蚀，平均土壤侵蚀模数 1755t/(km^2 · a)。项目区土地利用现状数据见表 7 - 14。

表 7 - 14　　项目区土地利用现状数据

土地类型	面积/hm^2	占比/%	土地类型	面积/hm^2	占比/%
耕地	988.22	17.41	水域及水利设施用地	343.04	6.05
林地	2862.99	50.45	城镇村及工矿用地	398.42	7.02
园地	470.65	8.29	其他用地	142.32	2.51
草地	177.62	3.13	合计	5674.6	
交通运输用地	291.34	5.13			

九仙、东宫小流域水土流失综合治理项目建设内容包括封禁治理 1215.00hm^2，坡改梯 7.35hm^2，坡改梯配套机耕道路 0.14km，排管沟渠 0.14km，蓄水池 2 口，安全生态水系 2.08km。

7.1.26.2　项目抽查图斑确定

2019 年 11 月 8 日，使用大疆精灵 4Pro 无人机基于航线规划完成了仙游县 2018 年度国家水土保持重点建设工程项目区的无人机正射影像原始素材拍摄收集。无人机飞行高度 400m，飞行当天天气状况良好，区域内无云雾遮挡。本项目累积飞行 3 架次，收集无人机正射照片 102 张，累积飞行 69min，无人机正射影像面积为 253.03hm^2，影像分辨率为 0.09m。

根据抽查措施图斑选取标准及原则，共抽查封禁治理措施图斑 2 个，设计措施数量为 56.00hm^2，抽查比例为 4.50%；土坎梯田措施图斑 1 个，设计措施数量为 7.35hm^2，抽查比例为 100.00%，总的面状措施抽查比例为 52.25%；生产道路措施图斑 1 个，设计措施数量为 0.14km，抽查比例为 100.00%；排管沟渠措施图斑 1 个，设计措施数量合计为 0.14km，抽查比例为 100.00%；沟（河）道整治措施图斑 1 个，设计措施数量 2.08km，抽查比例为 100.00%，总的线状措施抽查比例为 100.00%。蓄水池措施图斑 2 口，设计措施数量 2 口，抽查比例为 100.00%。

7.1.26.3 各类型水土保持措施完成率

基于项目区外业无人机正射影像，对抽取的各类措施图斑进行人工解译，解译面状措施（封禁治理）图斑 2 个，总面积为 55.31hm²，措施完成率为 98.77%；解译面状措施（土坎梯田）图斑 1 个，总面积为 7.24hm²，措施完成率为 98.50%，总的面状措施完成率为 98.64%。解译线状措施（生产道路）图斑 1 个，总长度为 0.14km，措施完成率为 100%；解译线状措施［沟（河）道整治］图斑 1 个，总长度为 2.05km，措施完成率为 98.56%；解译线状措施（排管沟渠）图斑 1 个，总长度为 0.14km，措施完成率 100.00%，总的线状措施完成率为 99.52%。

7.2 在建水土保持重点治理工程核查

7.2.2 磨玉小流域坡耕地治理工程

7.2.2.1 工程项目介绍

磨玉小流域坡耕地水土流失综合治理工程位于云南省建水县官厅镇，涉及他嘎村、福寿街、东升村 3 个自然村，2018 年 1 月开工建设。磨玉小流域隶属珠江流域红河水系。东侧以官厅至磨玉乡村道路为界，西侧以他嘎村村内道路及莫沙地山脊为界，南侧以机耕道路及老塘子林地边界为界，北侧以老母猪山山脊为界。磨玉小流域土地总面积为 343.50hm²，水土流失面积为 245.82hm²。本工程规划水土流失治理面积 241.82hm²，水土流失治理程度 98.4%，坡耕地治理程度 98.4%。

7.2.2.2 项目区现状无人机正射影像收集

2018 年 6 月 6 日，使用大疆精灵 4Pro 无人机基于航线规划完成了磨玉小流域无人机正射影像原始素材拍摄收集。无人机飞行高度 200m，飞行当天天气状况良好，除个别区域有少量薄雾外，其余区域无云雾遮挡。图 7-1 为磨玉小流域无人机正射影像，影像分辨率为 0.12m。

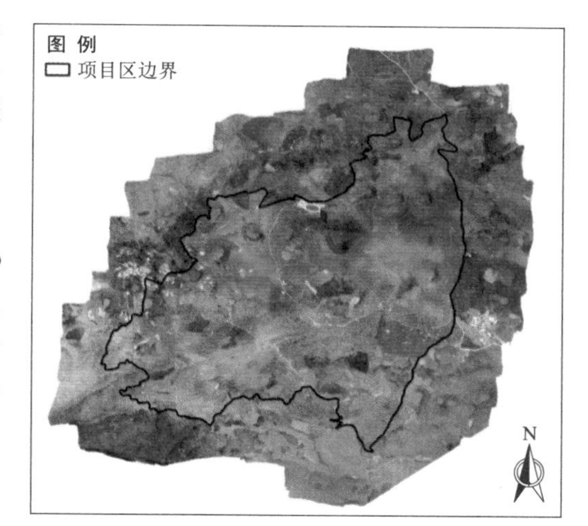

图 7-1 磨玉小流域项目区无人机正射影像（2018 年 6 月）

7.2.2.3 项目设计措施图斑

本项目土坎梯田设计措施图斑 29 个，总面积为 241.82hm²。新建或修缮机耕道路及排水沟等设计措施图斑 13 个，总长度为 11.45km。蓄水池 27 个，其中 200 方蓄水池 25 个，1000 方蓄水池 2 个。磨玉小流域项目区水土保持设计图斑平面布局如图 7-2 所示。

7.2.2.4 解译措施图斑及其与设计措施图斑对比

基于 2018 年 6 月磨玉小流域项目区无人机正射影像，对各类水土保持措施进行人工解译，结果如图 7-3 所示。共解译土坎梯田措施图斑 29 个，解译图斑总面积 235.08hm²，措施完成率平均值为 97.21%；解译机耕道路及排水沟措施图斑 13 个，总长度 12.13km，措施完成率平均值为 105.95%；解译蓄水池 27 个，措施完成率为 100%。

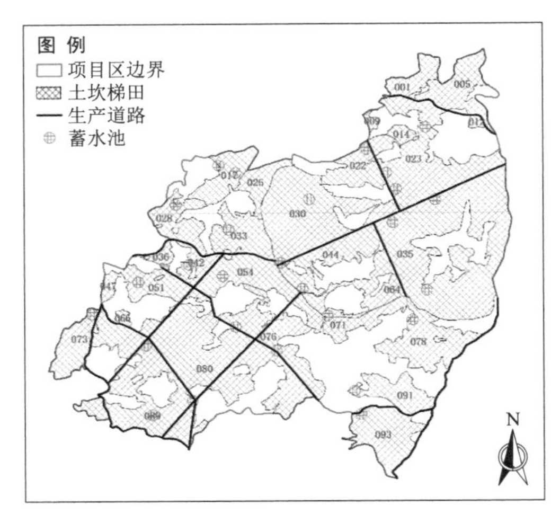

图 7-2　磨玉小流域项目区水土保持设计图斑平面布局图

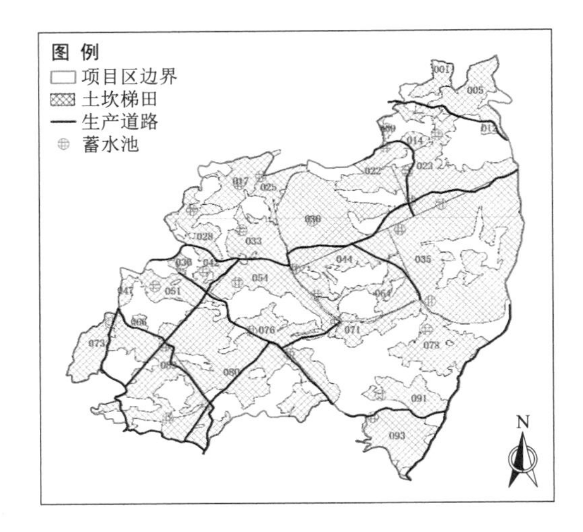

图 7-3　磨玉小流域项目区解译措施图斑布局图

土坎梯田解译措施图斑措施完成率超过 90% 的有 26 个，占图斑总数的 89.66%；有 2 个措施图斑完成率低于 80%。土坎梯田各措施图斑完成率见表 7-15。

表 7-15　　磨玉小流域项目区土坎梯田措施图斑完成率统计表

图斑编码	措施名称	措施代码	设计数量/hm²	完成数量/hm²	完成率/%
001	土坎梯田	tktt3	3.54	2.54	71.63
005	土坎梯田	tktt3	7.23	6.91	95.64
009	土坎梯田	tktt3	0.55	0.51	92.99
012	土坎梯田	tktt3	0.56	0.58	104.10
014	土坎梯田	tktt3	1.15	1.10	95.36
017	土坎梯田	tktt3	5.48	6.26	114.19
022	土坎梯田	tktt3	6.47	6.46	99.84
023	土坎梯田	tktt3	16.62	16.43	98.86
025	土坎梯田	tktt3	3.56	3.36	94.35
028	土坎梯田	tktt3	5.62	5.67	100.96
030	土坎梯田	tktt3	20.79	20.68	99.45
033	土坎梯田	tktt3	6.81	6.83	100.23

续表

图斑编码	措施名称	措施代码	设计数量/hm²	完成数量/hm²	完成率/%
035	土坎梯田	tktt3	36.39	36.57	100.50
036	土坎梯田	tktt3	1.17	0.69	58.62
042	土坎梯田	tktt3	2.82	2.96	104.89
044	土坎梯田	tktt3	7.94	8.27	104.19
047	土坎梯田	tktt3	1.08	1.03	95.69
051	土坎梯田	tktt3	5.62	5.33	94.89
054	土坎梯田	tktt3	9.57	9.34	97.56
064	土坎梯田	tktt3	6.67	6.66	99.82
066	土坎梯田	tktt3	0.54	0.53	97.36
071	土坎梯田	tktt3	3.94	4.02	102.06
073	土坎梯田	tktt3	9.87	9.81	99.40
076	土坎梯田	tktt3	9.79	8.52	87.06
078	土坎梯田	tktt3	10.40	10.00	96.18
080	土坎梯田	tktt3	25.81	24.24	93.90
089	土坎梯田	tktt3	16.50	14.70	89.07
091	土坎梯田	tktt3	5.65	5.71	101.09
093	土坎梯田	tktt3	9.68	9.38	96.90
合　计			241.82	235.09	96.10

生产道路（机耕道、排水沟）解译措施图斑措施完成率均大于85%，各措施图斑完成率见表7-16。

表7-16　磨玉小流域项目区生产道路措施图斑完成率统计表

图斑编码	措施名称	措施代码	设计数量/km	完成数量/km	完成率/%
11	生产道路	scdl3	1.12	1.19	105.56
2	生产道路	scdl3	0.45	0.73	161.77
4	生产道路	scdl3	0.47	0.52	112.37
6	生产道路	scdl3	0.98	0.99	101.26
10	生产道路	scdl3	0.49	0.48	97.98
3	生产道路	scdl3	1.35	1.52	112.96
7	生产道路	scdl3	1.18	1.19	101.23
9	生产道路	scdl3	1.08	1.16	108.20
1	生产道路	scdl3	0.66	0.75	113.27

续表

图斑编码	措施名称	措施代码	设计数量/km	完成数量/km	完成率/%
12	生产道路	scdl3	0.70	0.60	85.05
13	生产道路	scdl3	1.27	1.26	99.32
5	生产道路	scdl3	0.84	0.84	99.97
8	生产道路	scdl3	0.86	0.89	103.20
合　计			11.45	12.12	107.86

共解译蓄水池 27 个。其中蓄水池解译位置与设计位置偏差小于 20m 的有 13 个，其余 14 个位置偏差均大于 20m。蓄水池各措施图斑完成率见表 7-17。

表 7-17　　　　磨玉小流域项目区蓄水池措施图斑完成率统计表

图斑编码	措施名称	措施代码	设计数量/个	备注	位置偏差/m
1	蓄水池	xsc3	1	200 方	117.3
10	蓄水池	xsc3	1	200 方	0.0
11	蓄水池	xsc3	1	200 方	32.2
12	蓄水池	xsc3	1	1000 方	10.0
13	蓄水池	xsc3	1	200 方	12.0
14	蓄水池	xsc3	1	200 方	10.0
15	蓄水池	xsc3	1	1000 方	2.70
16	蓄水池	xsc3	1	200 方	15.400
17	蓄水池	xsc3	1	200 方	2.200
18	蓄水池	xsc3	1	200 方	16.500
19	蓄水池	xsc3	1	200 方	13.300
2	蓄水池	xsc3	1	200 方	53.700
20	蓄水池	xsc3	1	200 方	7.400
21	蓄水池	xsc3	1	200 方	24.000
22	蓄水池	xsc3	1	200 方	23.700
23	蓄水池	xsc3	1	200 方	32.000
24	蓄水池	xsc3	1	200 方	0.000
25	蓄水池	xsc3	1	200 方	38.500
26	蓄水池	xsc3	1	200 方	61.000
27	蓄水池	xsc3	1	200 方	15.900
3	蓄水池	xsc3	1	200 方	15.000
4	蓄水池	xsc3	1	200 方	53.200

续表

图斑编码	措施名称	措施代码	设计数量/个	备注	位置偏差/m
5	蓄水池	xsc3	1	200方	40.300
6	蓄水池	xsc3	1	200方	38.900
7	蓄水池	xsc3	1	200方	38.600
8	蓄水池	xsc3	1	200方	53.100
9	蓄水池	xsc3	1	200方	82.800

7.2.2.5 现场核查资料及结果

根据《国家水土保持重点工程信息化监管技术规定》(试行)(办水保〔2018〕07号)要求，点线面各类措施核查数量要占到各类措施数量的30%以上。本项目拟核查图斑见表7-18。

表7-18　磨玉小流域项目区拟核查图斑信息表

措施图斑类型	设计规模	拟核查图斑信息		拟核查图斑编号
		规模	占设计规模比例/%	
土坎梯田	241.82hm^2	73.09hm^2	30.22	23、30、73、80
生产道路	11.45km	3.57km	31.18	7、11、13
蓄水池	27座	9座	33.33	9个措施图斑

磨玉小流域坡耕地水土流失综合治理工程各类措施图斑现场核查结果见表7-19。

表7-19　磨玉小流域项目区国家水土保持重点工程项目现场抽查信息表

项目省：云南省　项目县：建水县　实施年度：2018年

项目区：磨玉小流域

抽查时间：2018年6月6日

图斑编码	措施名称	措施类型	是否按照设计措施执行	施工措施名称	质量是否合格	设计措施数量	完成措施数量	完成率/%
10	蓄水池	点状措施	☑是□否	蓄水池	☑是□否	1	1	100.0
12	蓄水池	点状措施	☑是□否	蓄水池	☑是□否	1	1	100.0
13	蓄水池	点状措施	☑是□否	蓄水池	☑是□否	1	1	100.0
14	蓄水池	点状措施	☑是□否	蓄水池	☑是□否	1	1	100.0
15	蓄水池	点状措施	☑是□否	蓄水池	☑是□否	1	1	100.0
17	蓄水池	点状措施	☑是□否	蓄水池	☑是□否	1	1	100.0
19	蓄水池	点状措施	☑是□否	蓄水池	☑是□否	1	1	100.0
20	蓄水池	点状措施	☑是□否	蓄水池	☑是□否	1	1	100.0
24	蓄水池	点状措施	☑是□否	蓄水池	☑是□否	1	1	100.0

续表

图斑编码	措施名称	措施类型	是否按照设计措施执行	施工措施名称	质量是否合格	设计措施数量	完成措施数量	完成率/%
7	生产道路	线状措施	☑是□否	生产道路	☑是□否	1.18	1.19	101.2
11	生产道路	线状措施	☑是□否	生产道路	☑是□否	1.12	1.19	105.6
13	生产道路	线状措施	☑是□否	生产道路	☑是□否	1.27	1.26	99.3
23	土坎梯田	面状措施	☑是□否	土坎梯田	☑是□否	16.62	16.43	98.9
30	土坎梯田	面状措施	☑是□否	土坎梯田	☑是□否	20.79	20.68	99.5
73	土坎梯田	面状措施	☑是□否	土坎梯田	☑是□否	9.87	9.81	99.4
80	土坎梯田	面状措施	☑是□否	土坎梯田	☑是□否	25.81	24.24	93.9
措施符合率/%		100	措施质量合格率/%		100	措施完成率/%		99.86
抽查意见	无							

7.2.3　云南省个旧市朱箐坡小流域治理工程

7.2.3.1　工程项目介绍

朱箐坡小流域项目区位于红河州个旧市贾沙乡贾沙村委会，项目区涉及 4 个村小组。流域土地总面积为 19.61km²，水土流失面积为 18.49km²，治理面积为 17.21km²，规划期末治理程度达到 93.08%以上。

7.2.3.2　项目区现状无人机正射影像收集

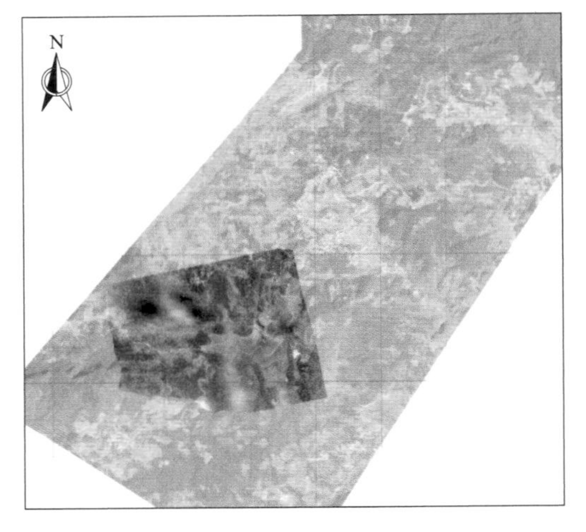

图 7-4　朱箐坡小流域项目区无人机正射影像（2018 年 6 月）

由于朱箐坡小流域措施面积较大，本次收集了项目区中南部土坎梯田集中分布区无人机正射影像。2018 年 6 月 7 日，使用大疆精灵 4Pro 无人机基于航线规划完成了朱箐坡小流域无人机正射影像原始素材拍摄收集。无人机飞行高度 400m，飞行当天天气状况良好，除个别区域有少量薄雾外，其余区域无云雾遮挡。图 7-4 为朱箐坡小流域部分项目区无人机正射影像，影像分辨率为 0.13m。

7.2.3.3　项目设计措施图斑

本项目经果林设计措施图斑 20 个，总面积为 87.534hm²；封禁治理设计措施图斑 63 个，总面积为 946.32hm²；保土耕作设计措施图斑 82 个，总面积为 647.46hm²；土坎梯田设计措施图斑 11 个，总面积为 39.25hm²。生产道路设计措施图斑 12 个，总长度 2.783km；蓄水池设计措施图斑 12 个。朱箐坡小流域项目区水土保持设计措施图斑布局如图 7-5 所示。

7.2.3.4 解译措施图斑及其与设计措施图斑对比

基于2018年6月朱箐坡小流域部分项目区无人机正射影像，对各类工程措施进行人工解译，结果如图7-6所示。共解译经果林措施图斑20个，总面积为85.99hm^2，措施完成率平均值为98.24%；解译封禁治理措施图斑63个，总面积为1137.64hm^2，措施完成率平均值为100%；解译保土耕作措施图斑总面积680.64hm^2，措施完成率平均值为100%；解译土坎梯田措施图斑11个，总面积为42.71hm^2，措施完成率平均值为100%。未解译出蓄水池措施图斑；解译生产道路措施图斑1条，措施数量为0.53km，措施完成率为100%。

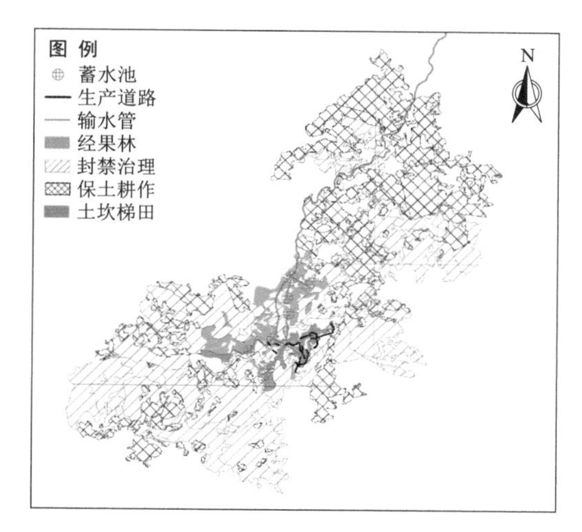

图7-5 朱箐坡小流域项目区设计措施图斑布局图

图7-6 朱箐坡小流域项目区解译措施图斑布局图

经果林解译措施图斑措施完成率超过90%的有13个，占措施图斑总数的65%；有6个措施图斑完成率低于80%，占措施图斑总数的30%。经果林各措施图斑完成率见表7-20。

表7-20 朱箐坡小流域项目区经果林措施图斑完成率统计表

图斑编码	措施名称	措施代码	设计数量/hm^2	完成数量/hm^2	完成率/%
089	经果林	jgl3	13.96	9.35	67.0
110	经果林	jgl3	0.26	0.29	111.3
111	经果林	jgl3	5.05	3.53	69.9
115	经果林	jgl3	19.56	24.18	123.6
125	经果林	jgl3	0.63	0.51	80.8
126	经果林	jgl3	1.28	1.24	96.8
137	经果林	jgl3	3.45	4.25	123.3
139	经果林	jgl3	4.50	5.41	120.2
143	经果林	jgl3	0.39	0.55	141.5

续表

图斑编码	措施名称	措施代码	设计数量/hm²	完成数量/hm²	完成率/%
144	经果林	jgl3	0.50	0.46	91.3
156	经果林	jgl3	9.06	6.10	67.3
160	经果林	jgl3	0.64	0.34	52.4
161	经果林	jgl3	14.03	16.33	116.4
164	经果林	jgl3	1.39	1.33	96.0
166	经果林	jgl3	0.92	0.70	75.6
168	经果林	jgl3	2.07	1.22	58.7
181	经果林	jgl3	5.84	5.84	100.0
187	经果林	jgl3	0.93	0.82	88.1
204	经果林	jgl3	0.69	1.17	169.4
205	经果林	jgl3	2.39	2.39	100.0
合　计			87.53	85.99	98.2

封禁治理解译措施图斑措施完成率超过 90% 的有 54 个，占措施图斑总数的 85.7%；有 8 个措施图斑完成率低于 80%，占措施图斑总数的 12.7%。封禁治理各措施图斑完成率见表 7-21。

表 7-21　　朱箐坡小流域项目区封禁治理措施图斑完成率统计表

图斑编码	措施名称	措施代码	设计数量/hm²	完成数量/hm²	完成率/%
238	封禁治理	fjzl3	36.47	45.35	124.3
249	封禁治理	fjzl3	90.00	106.76	118.6
228	封禁治理	fjzl3	0.94	1.19	126.6
219	封禁治理	fjzl3	12.74	16.09	126.3
062	封禁治理	fjzl3	92.83	135.76	146.2
047	封禁治理	fjzl3	0.16	0.30	186.6
049	封禁治理	fjzl3	0.22	0.34	153.7
050	封禁治理	fjzl3	0.45	0.42	94.4
121	封禁治理	fjzl3	3.28	4.45	135.6
001	封禁治理	fjzl3	16.42	19.75	120.3
012	封禁治理	fjzl3	13.57	16.07	118.4
040	封禁治理	fjzl3	1.68	1.81	107.7
052	封禁治理	fjzl3	1.03	1.41	136.4
042	封禁治理	fjzl3	0.45	0.46	102.0
041	封禁治理	fjzl3	0.71	0.69	97.8
034	封禁治理	fjzl3	0.42	0.52	123.5
025	封禁治理	fjzl3	0.78	0.98	125.6

续表

图斑编码	措施名称	措施代码	设计数量/hm^2	完成数量/hm^2	完成率/%
080	封禁治理	fjzl3	0.87	0.66	75.7
075	封禁治理	fjzl3	4.39	4.26	96.9
147	封禁治理	fjzl3	2.25	3.03	134.6
140	封禁治理	fjzl3	5.33	7.07	132.6
257	封禁治理	fjzl3	36.30	44.09	121.5
085	封禁治理	fjzl3	0.20	0.10	48.1
083	封禁治理	fjzl3	0.30	0.17	55.5
159	封禁治理	fjzl3	3.72	1.78	47.9
005	封禁治理	fjzl3	4.64	6.38	137.5
020	封禁治理	fjzl3	2.01	2.85	141.8
056	封禁治理	fjzl3	0.36	0.45	125.7
036	封禁治理	fjzl3	0.53	0.84	157.9
027	封禁治理	fjzl3	1.28	1.69	131.7
035	封禁治理	fjzl3	0.67	0.97	144.8
048	封禁治理	fjzl3	0.26	0.14	54.9
078	封禁治理	fjzl3	0.63	0.31	49.2
077	封禁治理	fjzl3	0.97	0.38	38.9
076	封禁治理	fjzl3	1.35	1.74	128.6
106	封禁治理	fjzl3	51.34	61.64	120.1
256	封禁治理	fjzl3	46.82	61.44	131.2
211	封禁治理	fjzl3	12.93	16.88	130.6
175	封禁治理	fjzl3	10.56	12.39	117.4
148	封禁治理	fjzl3	0.25	0.29	115.7
152	封禁治理	fjzl3	0.47	0.44	92.7
200	封禁治理	fjzl3	0.25	0.25	100.2
201	封禁治理	fjzl3	0.53	0.36	68.4
163	封禁治理	fjzl3	4.69	5.15	109.8
186	封禁治理	fjzl3	2.12	2.45	115.4
162	封禁治理	fjzl3	0.38	0.37	97.2
122	封禁治理	fjzl3	11.19	14.12	126.2
217	封禁治理	fjzl3	12.60	19.01	150.9
133	封禁治理	fjzl3	59.13	68.75	116.3
155	封禁治理	fjzl3	9.15	14.30	156.2
229	封禁治理	fjzl3	15.69	13.36	85.2
235	封禁治理	fjzl3	29.88	41.21	137.9

续表

图斑编码	措施名称	措施代码	设计数量/hm²	完成数量/hm²	完成率/%
237	封禁治理	fjzl3	67.08	69.53	103.6
245	封禁治理	fjzl3	6.71	7.97	118.7
259	封禁治理	fjzl3	34.29	40.12	117.0
239	封禁治理	fjzl3	2.61	3.31	127.0
248	封禁治理	fjzl3	31.06	36.72	118.2
265	封禁治理	fjzl3	53.04	58.36	110.0
269	封禁治理	fjzl3	76.67	91.13	118.9
196	封禁治理	fjzl3	24.51	23.69	96.7
011	封禁治理	fjzl3	12.88	15.17	117.8
031	封禁治理	fjzl3	0.19	0.28	147.0
065	封禁治理	fjzl3	31.09	29.73	95.6
合　计			946.32	1137.64	120.2

保土耕作解译措施图斑措施完成率超过 90%的有 38 个，占措施图斑总数的 46.3%；有 35 个措施图斑完成率低于 80%，占措施图斑总数的 42.7%。保土耕作各措施图斑完成率见表 7-22。

表 7-22　　朱箐坡小流域项目区封禁治理措施图斑完成率统计表

图斑编码	措施名称	措施代码	设计数量/hm²	完成数量/hm²	完成率/%
002	保土耕作	btgz3	0.14	0.06	41.7
003	保土耕作	btgz3	0.42	0.36	86.2
007	保土耕作	btgz3	8.20	62.69	764.5
009	保土耕作	btgz3	1.51	1.03	68.4
010	保土耕作	btgz3	0.74	0.56	75.5
013	保土耕作	btgz3	0.08	0.09	117.3
033	保土耕作	btgz3	22.35	20.92	93.6
037	保土耕作	btgz3	0.22	0.06	29.4
039	保土耕作	btgz3	15.98	14.03	87.8
044	保土耕作	btgz3	43.88	48.76	111.1
053	保土耕作	btgz3	0.28	0.03	9.6
057	保土耕作	btgz3	6.32	7.24	114.5
058	保土耕作	btgz3	2.30	1.92	83.5
061	保土耕作	btgz3	0.82	0.91	111.5
063	保土耕作	btgz3	1.46	0.95	64.8
064	保土耕作	btgz3	1.03	0.91	88.8

续表

图斑编码	措施名称	措施代码	设计数量/hm²	完成数量/hm²	完成率/%
065	保土耕作	btgz3	10.67	0.95	8.9
067	保土耕作	btgz3	5.54	7.18	129.6
068	保土耕作	btgz3	33.79	31.38	92.9
071	保土耕作	btgz3	0.53	0.75	141.5
074	保土耕作	btgz3	5.28	5.55	105.2
079	保土耕作	btgz3	6.71	7.30	108.7
084	保土耕作	btgz3	50.24	67.23	133.8
096	保土耕作	btgz3	1.19	0.99	82.9
097	保土耕作	btgz3	0.25	0.21	85.7
098	保土耕作	btgz3	0.17	0.21	126.3
099	保土耕作	btgz3	0.25	0.16	63.6
101	保土耕作	btgz3	0.15	0.11	73.4
102	保土耕作	btgz3	0.21	0.14	65.5
103	保土耕作	btgz3	0.82	0.18	21.7
104	保土耕作	btgz3	0.08	0.05	60.7
105	保土耕作	btgz3	0.36	0.27	74.1
117	保土耕作	btgz3	0.19	0.12	62.7
127	保土耕作	btgz3	1.11	0.43	38.3
128	保土耕作	btgz3	0.30	0.07	24.4
129	保土耕作	btgz3	0.10	0.05	45.7
130	保土耕作	btgz3	4.88	4.75	97.3
148	保土耕作	btgz3	5.30	5.29	99.9
154	保土耕作	btgz3	1.86	1.68	90.3
181	保土耕作	btgz3	5.85	5.29	90.4
183	保土耕作	btgz3	1.26	1.66	132.1
184	保土耕作	btgz3	10.11	10.15	100.4
209	保土耕作	btgz3	0.16	0.22	135.3
212	保土耕作	btgz3	0.16	0.15	92.9
213	保土耕作	btgz3	30.29	33.85	111.7
214	保土耕作	btgz3	8.79	11.48	130.6
215	保土耕作	btgz3	12.84	8.19	63.8
216	保土耕作	btgz3	8.93	22.79	255.2
218	保土耕作	btgz3	5.83	0.53	9.1

续表

图斑编码	措施名称	措施代码	设计数量/hm²	完成数量/hm²	完成率/%
220	保土耕作	btgz3	5.50	2.81	51.1
221	保土耕作	btgz3	0.22	0.17	77.5
222	保土耕作	btgz3	0.99	0.37	37.4
223	保土耕作	btgz3	0.59	0.17	28.3
225	保土耕作	btgz3	12.98	1.07	8.3
232	保土耕作	btgz3	3.64	5.27	144.7
233	保土耕作	btgz3	6.39	1.91	29.8
234	保土耕作	btgz3	3.81	0.28	7.2
236	保土耕作	btgz3	0.52	0.15	29.0
242	保土耕作	btgz3	1.64	0.83	50.8
243	保土耕作	btgz3	0.47	1.09	232.7
244	保土耕作	btgz3	0.61	0.37	61.0
246	保土耕作	btgz3	1.92	0.29	15.0
247	保土耕作	btgz3	14.74	13.23	89.8
250	保土耕作	btgz3	2.39	1.41	59.0
251	保土耕作	btgz3	0.30	0.07	21.8
252	保土耕作	btgz3	0.56	0.64	113.4
253	保土耕作	btgz3	0.93	0.53	57.3
254	保土耕作	btgz3	0.90	0.92	102.4
255	保土耕作	btgz3	1.87	1.17	62.6
260	保土耕作	btgz3	14.12	16.97	120.1
261	保土耕作	btgz3	1.59	2.03	127.6
262	保土耕作	btgz3	0.60	1.17	194.6
263	保土耕作	btgz3	8.69	8.97	103.2
264	保土耕作	btgz3	0.47	0.62	131.6
266	保土耕作	btgz3	2.39	2.69	112.5
267	保土耕作	btgz3	3.79	4.64	122.4
268	保土耕作	btgz3	15.22	16.06	105.5
270	保土耕作	btgz3	5.13	5.52	107.7
272	保土耕作	btgz3	5.10	4.32	84.7
273	保土耕作	btgz3	68.18	58.82	86.3
274	保土耕作	btgz3	54.26	28.20	52.0
275	保土耕作	btgz3	87.02	108.03	124.1
合　计			647.46	680.64	105.1

土坎梯田解译措施图斑措施完成率超过90%的有8个，占措施图斑总数的72.7%；有2个措施图斑完成率低于80%，占措施图斑总数的18.2%。土坎梯田各措施图斑完成率见表7-23。

表7-23　　朱箐坡小流域项目区土坎梯田措施图斑完成率统计表

图斑编码	措施名称	措施代码	设计数量/hm^2	完成数量/hm^2	完成率/%
170	土坎梯田	tktt3	8.51	7.75	91.1
174	土坎梯田	tktt3	7.30	8.56	117.2
179	土坎梯田	tktt3	6.07	8.21	135.3
190	土坎梯田	tktt3	0.24	0.25	105.2
192	土坎梯田	tktt3	0.40	0.15	37.6
193	土坎梯田	tktt3	2.16	1.68	77.7
195	土坎梯田	tktt3	4.49	5.86	130.5
197	土坎梯田	tktt3	1.05	1.13	107.6
199	土坎梯田	tktt3	4.39	4.46	101.5
205	土坎梯田	tktt3	2.94	3.26	110.9
207	土坎梯田	tktt3	1.70	1.40	82.4
合　计			39.25	42.71	108.8

本项目核查时间为2018年6月7日，项目区正集中开展土坎梯田等面状措施施工，生产道路、蓄水池等措施大部分未开展，蓄水池、生产道路等点线状措施图斑尚未大规模开展。基于此影像未解译出蓄水池措施图斑，仅解译出生产道路措施图斑1条，措施完成率为100%。

7.2.3.5　现场核查资料及结果

根据《国家水土保持重点工程信息化监管技术规定》（试行）（办水保〔2018〕07号）要求，点线面各类措施核查数量要占到各类措施数量的30%以上。本项目拟核查图斑见表7-24。

表7-24　　朱箐坡小流域项目区拟核查图斑信息表

措施图斑类型	设计规模/hm^2	拟核查图斑信息		拟核查图斑编号
		规模/hm^2	占设计规模比例/%	
土坎梯田	39.25	13.14	33.48	170、190、199
保土耕作	647.46	196.14	29.08	14个措施图斑
封禁治理	946.32	300.67	31.77	18个措施图斑
经果林	87.54	27.25	31.13	9个措施图斑

个旧市朱箐坡小流域治理工程各类措施图斑现场核查结果见表7-25。

表 7-25　朱箐坡小流域项目区国家水土保持重点工程项目现场抽查信息表

项目省：　云南省　　项目县：　个旧市　　实施年度：2018 年

项目区：　朱箐坡小流域丰岩项目区

抽查时间：　2018 年 6 月 7 日

图斑编码	措施名称	措施类型	是否按照设计措施执行	施工措施名称	质量是否合格	设计措施数量	完成措施数量	完成率/%
170	土坎梯田	面状措施	☑是□否	土坎梯田	☑是□否	8.51	7.75	91.1
190	土坎梯田	面状措施	☑是□否	土坎梯田	☑是□否	0.24	0.25	105.2
199	土坎梯田	面状措施	☑是□否	土坎梯田	☑是□否	4.39	4.46	101.5
9	保土耕作	面状措施	☑是□否	保土耕作	☑是□否	1.51	1.03	68.4
33	保土耕作	面状措施	☑是□否	保土耕作	☑是□否	22.35	20.92	93.6
39	保土耕作	面状措施	☑是□否	保土耕作	☑是□否	15.98	14.03	87.8
58	保土耕作	面状措施	☑是□否	保土耕作	☑是□否	2.3	1.92	83.5
63	保土耕作	面状措施	☑是□否	保土耕作	☑是□否	1.46	0.95	64.8
68	保土耕作	面状措施	☑是□否	保土耕作	☑是□否	33.79	31.38	92.9
130	保土耕作	面状措施	☑是□否	保土耕作	☑是□否	4.88	4.75	97.3
148	保土耕作	面状措施	☑是□否	保土耕作	☑是□否	5.3	5.29	99.9
154	保土耕作	面状措施	☑是□否	保土耕作	☑是□否	1.86	1.68	90.3
181	保土耕作	面状措施	☑是□否	保土耕作	☑是□否	5.85	5.29	90.4
215	保土耕作	面状措施	☑是□否	保土耕作	☑是□否	12.84	8.19	63.8
247	保土耕作	面状措施	☑是□否	保土耕作	☑是□否	14.74	13.23	89.8
272	保土耕作	面状措施	☑是□否	保土耕作	☑是□否	5.1	4.32	84.7
273	保土耕作	面状措施	☑是□否	保土耕作	☑是□否	68.18	58.82	86.3
40	封禁治理	面状措施	☑是□否	封禁治理	☑是□否	1.68	1.81	107.7
41	封禁治理	面状措施	☑是□否	封禁治理	☑是□否	0.71	0.69	97.8
42	封禁治理	面状措施	☑是□否	封禁治理	☑是□否	0.45	0.46	102.0
50	封禁治理	面状措施	☑是□否	封禁治理	☑是□否	0.45	0.42	94.4
65	封禁治理	面状措施	☑是□否	封禁治理	☑是□否	31.09	29.73	95.6
75	封禁治理	面状措施	☑是□否	封禁治理	☑是□否	4.39	4.26	96.9
133	封禁治理	面状措施	☑是□否	封禁治理	☑是□否	59.13	68.75	116.3
148	封禁治理	面状措施	☑是□否	封禁治理	☑是□否	0.25	0.29	115.7
152	封禁治理	面状措施	☑是□否	封禁治理	☑是□否	0.47	0.44	92.7
162	封禁治理	面状措施	☑是□否	封禁治理	☑是□否	0.38	0.37	97.2
163	封禁治理	面状措施	☑是□否	封禁治理	☑是□否	4.69	5.15	109.8
186	封禁治理	面状措施	☑是□否	封禁治理	☑是□否	2.12	2.45	115.4
196	封禁治理	面状措施	☑是□否	封禁治理	☑是□否	24.51	23.69	96.7
200	封禁治理	面状措施	☑是□否	封禁治理	☑是□否	0.25	0.25	100.2

续表

图斑编码	措施名称	措施类型	是否按照设计措施执行	施工措施名称	质量是否合格	设计措施数量	完成措施数量	完成率/%
229	封禁治理	面状措施	☑是□否	封禁治理	☑是□否	15.69	13.36	85.2
237	封禁治理	面状措施	☑是□否	封禁治理	☑是□否	67.08	69.53	103.6
259	封禁治理	面状措施	☑是□否	封禁治理	☑是□否	34.29	40.12	117.0
265	封禁治理	面状措施	☑是□否	封禁治理	☑是□否	53.04	58.36	110.0
110	经果林	面状措施	☑是□否	经果林	☑是□否	0.26	0.29	111.3
125	经果林	面状措施	☑是□否	经果林	☑是□否	0.63	0.51	80.8
126	经果林	面状措施	☑是□否	经果林	☑是□否	1.28	1.24	96.8
144	经果林	面状措施	☑是□否	经果林	☑是□否	0.5	0.46	91.3
161	经果林	面状措施	☑是□否	经果林	☑是□否	14.03	16.33	116.4
164	经果林	面状措施	☑是□否	经果林	☑是□否	1.39	1.33	96.0
181	经果林	面状措施	☑是□否	经果林	☑是□否	5.84	5.84	100.0
187	经果林	面状措施	☑是□否	经果林	☑是□否	0.93	0.82	88.1
205	经果林	面状措施	☑是□否	经果林	☑是□否	2.39	2.39	100.0
措施符合率/%		100	措施质量合格率/%		100	措施完成率/%		96.05
抽查意见	无							

7.2.4 贵州省兴仁县坡耕地治理工程

7.2.4.1 工程项目介绍

贵州省兴仁县2018年度坡耕地水土流失综合治理工程位于兴仁县城北街道办事处丰岩村，涉及丰岩一组、丰岩二组、田湾、伍箐、环路、对门寨、石门坎（黄土佬村）等七个村民组。项目区至兴仁县城直线距离约7.50km。兴仁县2018年度坡耕地水土流失综合治理工程区面积418.38m^2（其中<15°坡耕地面积254.61hm^2，15°～25°坡耕地面积29.41hm^2），共治理坡耕地242.02hm^2（其中治理<15°坡耕地220.61hm^2，15°～25°坡耕地21.41hm^2），全部为石坎坡改梯。

7.2.4.2 项目区现状无人机正射影像收集

2018年8月21日，使用大疆精灵4Pro无人机基于航线规划完成了兴仁县坡耕地治理工程项目区无人机正射影像原始素材拍摄收集。无人机飞行高度400m，飞行当天天气状况良好，除个别区域有少量薄雾外，其余区域无云雾遮挡。图7-7为项目区无人机正射影像，影像分辨率为0.08m。

图7-7 兴仁县坡耕地治理工程项目区无人机正射影像（2018年8月）

7.2.4.3　项目设计措施图斑

本项目石坎梯田设计措施图斑14个，总面积为242.02hm^2。新建机耕道5条，总长度为4.34km，其中3.5m宽4条，总长度为3.12km，4.5m宽1条，总长度1.22km。硬化机耕道3条，总长度2.252km，其中3.5m宽2条，总长度1.852km，4.5m宽1条，总长度0.4km。新建作业便道9条（2m宽），总长度5.106km。新建蓄水池10座，规格均为40m^{3}半埋式矩形浆砌石蓄水池，分布在1、2、3、13和14号面状图斑内。兴仁县坡耕地治理工程项目区水土保持措施总体布局如图7－8所示。

7.2.4.4　解译措施图斑及其与设计措施图斑对比

基于2018年8月兴仁县坡耕地治理工程项目区无人机正射影像，对各类工程措施进行人工解译，结果如图7－9所示。解译石坎梯田措施图斑14个，总面积242.70hm^2，措施完成率平均值为100.28％；解译生产道路（新建机耕道、硬化机耕道、作业便道）措施图斑17个，总长度11.5km，措施完成率平均值为95.28％；解译蓄水池8个，措施完成率平均值为80％。

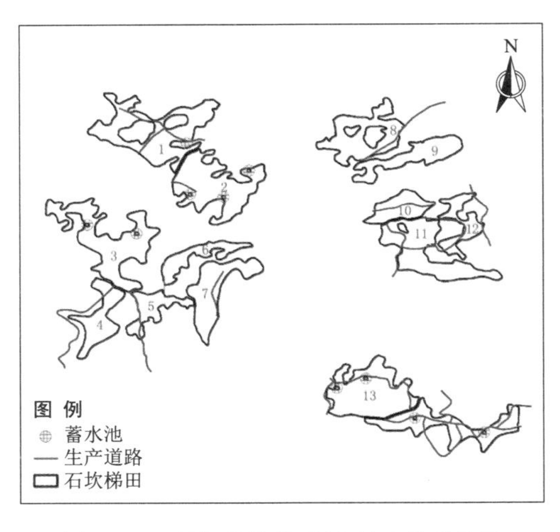

图7－8　兴仁县坡耕地治理工程项目区设计措施图斑布局图

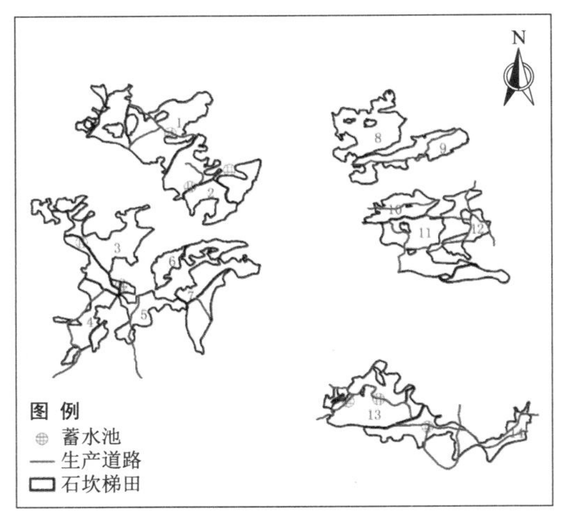

图7－9　兴仁县坡耕地治理工程项目区解译措施图斑布局图

石坎梯田解译措施图斑措施完成率均90％，各措施图斑完成率见表7－26。

表7－26　　兴仁县坡耕地项目区石坎梯田措施图斑完成率统计表

图斑编码	措施名称	措施代码	设计数量/hm^2	完成数量/hm^2	完成率/％
1	石坎梯田	tktt3	27.29	31.16	114.16
2	石坎梯田	tktt3	26.11	25.56	97.89
3	石坎梯田	tktt3	26.72	25.71	96.22
4	石坎梯田	tktt3	11.69	11.91	101.86
5	石坎梯田	tktt3	8.71	8.82	101.25

续表

图斑编码	措施名称	措施代码	设计数量/hm²	完成数量/hm²	完成率/%
6	石坎梯田	tktt3	8.41	9.20	109.39
7	石坎梯田	tktt3	16.46	17.03	103.48
8	石坎梯田	tktt3	18.09	17.61	97.35
9	石坎梯田	tktt3	13.07	14.03	107.36
10	石坎梯田	tktt3	9.72	8.96	92.15
11	石坎梯田	tktt3	22.11	21.59	97.67
12	石坎梯田	tktt3	8.58	9.03	105.21
13	石坎梯田	tktt3	25.98	23.60	90.85
14	石坎梯田	tktt3	19.08	18.49	96.89
合　　计			242.02	242.70	100.28

生产道路解译措施图斑措施完成率超过90%的有13个，占措施图斑总数的76.47%；有2个措施图斑完成率低于80%。

新建机耕道解译措施图斑总长度4.07km，措施完成率平均值为93.77%，有1个措施图斑措施完成率仅为47.56%；硬化机耕道解译图斑总长度为1.983km，措施完成率平均值为88.06%；新建作业便道解译图斑总长度为5.093km，措施完成率平均值为98.69%，其中有1个措施图斑完成率仅为56.34%。新建机耕道等各措施图斑完成率见表7-27。

表7-27　　兴仁县坡耕地项目区生产道路措施图斑完成率统计表

图斑编码	措施名称	措施代码	设计数量/km	备注	解译数量/km	完成率/%
1	生产道路	scdl3	1.020	新建机耕道，宽3.5m	1.057	103.59
2	生产道路	scdl3	0.655	新建机耕道，宽3.5m	0.695	106.14
3	生产道路	scdl3	0.995	新建机耕道，宽3.5m	0.964	96.91
4	生产道路	scdl3	0.450	新建机耕道，宽3.5m	0.214	47.56
5	生产道路	scdl3	0.938	新建机耕道，宽4.5m	1.140	93.43
6	生产道路	scdl3	1.242	硬化机耕道，宽3.5m	1.017	81.90
7	生产道路	scdl3	0.610	硬化机耕道，宽3.5m	0.587	96.15
8	生产道路	scdl3	0.400	硬化机耕道，宽4m	0.379	94.78
9	生产道路	scdl3	0.790	作业便道，宽2m	0.639	80.83
10	生产道路	scdl3	0.320	作业便道，宽2m	0.327	102.20
11	生产道路	scdl3	0.230	作业便道，宽2m	0.273	118.49
12	生产道路	scdl3	0.775	作业便道，宽2m	0.768	99.04
13	生产道路	scdl3	0.435	作业便道，宽2m	0.245	56.34

续表

图斑编码	措施名称	措施代码	设计数量/km	备注	解译数量/km	完成率/%
14	生产道路	scdl3	0.910	作业便道，宽 2m	1.003	110.27
15	生产道路	scdl3	0.526	作业便道，宽 2m	0.587	111.57
16	生产道路	scdl3	0.340	作业便道，宽 2m	0.404	118.96
17	生产道路	scdl3	0.780	作业便道，宽 2m	0.848	108.68
合　计			11.416		11.146	97.64

共解译蓄水池 8 个，措施完成率平均值为 80%，蓄水池各措施图斑措施完成率见表 7-28。

表 7-28　　兴仁县坡耕地项目区蓄水池措施图斑完成率统计表

图斑编码	措施名称	措施代码	设计数量	备注	位置偏差/m
1	蓄水池	xsc3	1		76.3
2	蓄水池	xsc3	1		113.7
3	蓄水池	xsc3	1	解译未发现	0.0
4	蓄水池	xsc3	1		73.8
5	蓄水池	xsc3	1		174.5
6	蓄水池	xsc3	1		447.7
7	蓄水池	xsc3	1		110.9
8	蓄水池	xsc3	1		157.3
9	蓄水池	xsc3	1		75.5
10	蓄水池	xsc3	1	解译未发现	0.0

7.2.4.5　现场核查资料及结果

根据《国家水土保持重点工程信息化监管技术规定》（试行）（办水保〔2018〕07 号）要求，点线面各类措施核查数量要占到各类措施数量的 30%以上。本项目拟核查图斑见表 7-29。

表 7-29　　兴仁县坡耕地项目区拟核查图斑信息表

措施图斑类型	设计规模	拟核查图斑信息		拟核查图斑编号
		规模	占设计规模比例/%	
石坎梯田	242.02hm²	81.82hm²	33.81	1、3、8、10
新建机耕道	4.058km	2.015km	49.66	1、3
硬化机耕路	2.252km	1.01km	44.85	2、3
新建作业便道	5.106km	2.005km	39.27	2、4、6
蓄水池	10 处	3 处	30	1、4、9

兴仁县坡耕地治理工程各类措施图斑现场核查结果见表7-30。

表7-30 兴仁县坡耕地项目区国家水土保持重点工程项目现场抽查信息表

项目省：	贵州省	项目县：	兴仁县	实施年度：2018年				
项目区：	丰岩项目区							
抽查时间：	2018年8月21日							
图斑编码	措施名称	措施类型	是否按照设计措施执行	施工措施名称	质量是否合格	设计措施数量	完成措施数量	完成率/%
1	石坎梯田	面状措施	☑是□否	石坎梯田	☑是□否	27.29	31.16	114.16
3	石坎梯田	面状措施	☑是□否	石坎梯田	☑是□否	26.72	25.71	96.22
8	石坎梯田	面状措施	☑是□否	石坎梯田	☑是□否	18.09	17.61	97.35
10	石坎梯田	面状措施	☑是□否	石坎梯田	☑是□否	9.72	8.96	92.15
1	新建机耕道	线状图斑	☑是□否	新建机耕道	☑是□否	1.020	1.057	103.59
3	新建机耕道	线状图斑	☑是□否	新建机耕道	☑是□否	0.995	0.964	96.91
2	硬化机耕道	线状图斑	☑是□否	硬化机耕道	☑是□否	0.400	0.379	94.78
3	硬化机耕道	线状图斑	☑是□否	硬化机耕道	☑是□否	0.610	0.587	96.15
2	新建作业便道	线状图斑	☑是□否	新建作业便道	☑是□否	0.320	0.327	102.20
4	新建作业便道	线状图斑	☑是□否	新建作业便道	☑是□否	0.775	0.768	99.04
6	新建作业便道	线状图斑	☑是□否	新建作业便道	☑是□否	0.910	1.003	110.27
1	蓄水池	点状图斑	☑是□否	蓄水池	☑是□否	1	1	100
4	蓄水池	点状图斑	☑是□否	蓄水池	☑是□否	1	1	100
9	蓄水池	点状图斑	☑是□否	蓄水池	☑是□否	1	1	100
措施符合率/%		100	措施质量合格率/%		100	措施完成率/%		100
抽查意见	无							

7.2.5 贵州省榕江县瑞里河流域综合治理项目

7.2.5.1 工程项目介绍

本项目涉及乐里镇大瑞村、高岗村、本里村及平阳乡俾友村等2个乡镇、4个行政村，除本里村外其余均为贫困村，其中乐里镇大瑞村为深度贫困村。乐里镇距榕江县73km，平阳乡距榕江县92km。贵州省榕江县瑞里河流域综合治理项目区总面积4742.97hm^2，综合治理水土流失面积2066.79hm^2。

7.2.5.2 项目区现状无人机正射影像收集

瑞里河流域综合治理项目区面积较大（约47.42km^2），仅收集了平阳乡俾友村经果林集中区无人机正射影像（见图7-10），其余区域使用同时像国产高分1号卫星遥感影像。2018年10月12日，使用大疆精灵4Pro无人机基于航线规划完成了瑞里河流域平阳乡俾友村项目区无人机正射影像原始素材拍摄收集。无人机飞行高度 450m，飞行当天天气状况良好，除个别区域有少量薄雾外，其余区域无云雾遮挡。图 7-10 为项目区无人机正射影像，影像分辨率为 0.09m。图 7-11 为瑞里河流域项目区国产高分 1 号卫星遥感影像，影像分辨率为 2m。

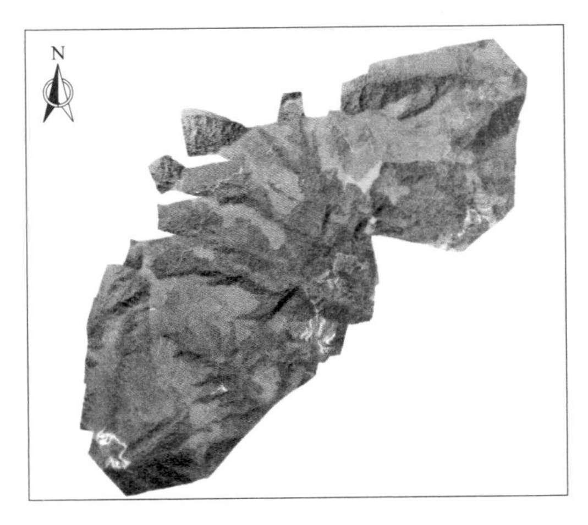

图 7-10 瑞里河流域平阳乡俾友村项目片区无人机正射影像（2018 年 10 月）

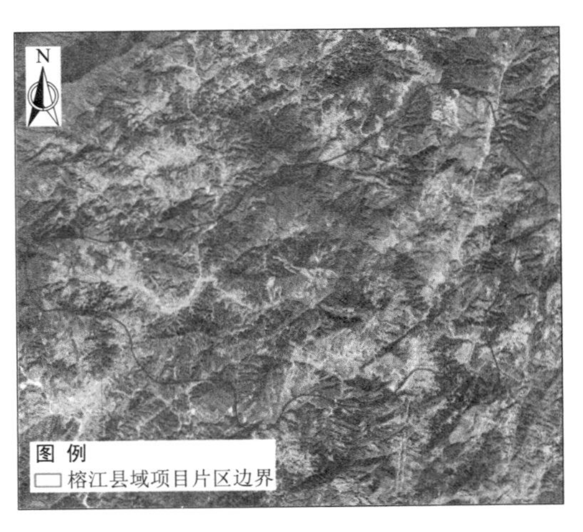

图 7-11 瑞里河流域榕江县城项目片区高分 1 号卫星遥感影像

7.2.5.3 项目设计措施图斑

经果林设计措施图斑 31 个，集中分布在平阳乡俾友村项目片区，总面积为 185.57hm²；封禁治理设计措施图斑 176 个，总面积为 176hm²。乐理镇瑞里防洪堤 2 条，长度分别为 0.25km 和 0.23km；归落寨防洪沟 1 条，设计措施数量 0.81km。项目区设计措施图斑如图 7-12～图 7-14 所示。

图 7-12 瑞里河流域项目区设计措施图斑布局图（榕江县城项目片区）

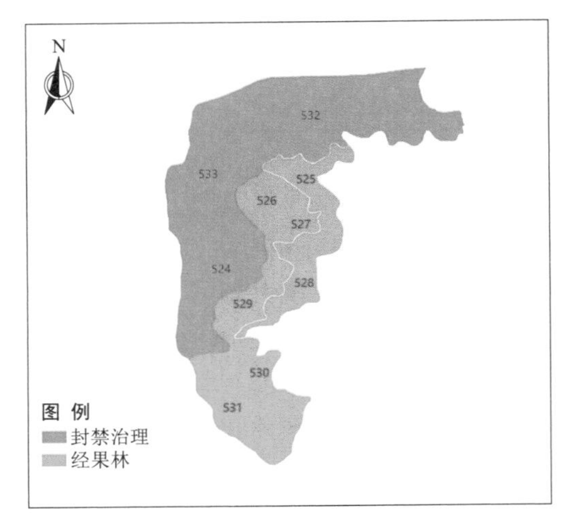

图 7-13 瑞里河流域项目区设计措施图斑布局图（乐理镇本里村项目片区）

7.2.5.4 解译措施图斑及其与设计措施图斑对比

基于 2018 年 10 月瑞里河流域平阳乡俾友村项目片区无人机正射影像和高分 1 号卫星遥感影像，对各类工程措施进行人工解译，结果如图 7-15～图 7-17 所示。解译面状措施图斑 1984.16hm²，措施完成率为 96.0%。解译经果林措施图斑 31 个，总面积为 165.59hm²，措施完成率为 88.7%；解译封禁治理措施图斑 176 个，总面积为 1819.57hm²，措施完成率为 96.7%。解译乐理镇瑞里防洪沟 2 条，长度分别为 0.23km 和 0.20km，措施完成率分别为 93% 和 89%；解译归落寨防洪沟 1 条，措施长度为 0.77km，措施完成率为 95%。

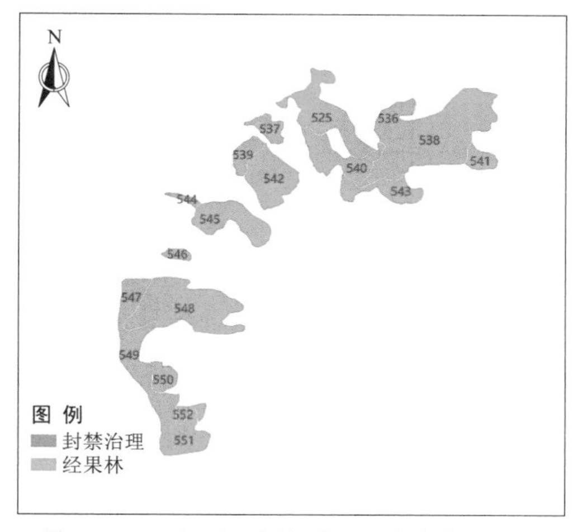

图 7-14 瑞里河流域项目区设计措施图斑布局图（平阳乡俾友村项目片区）

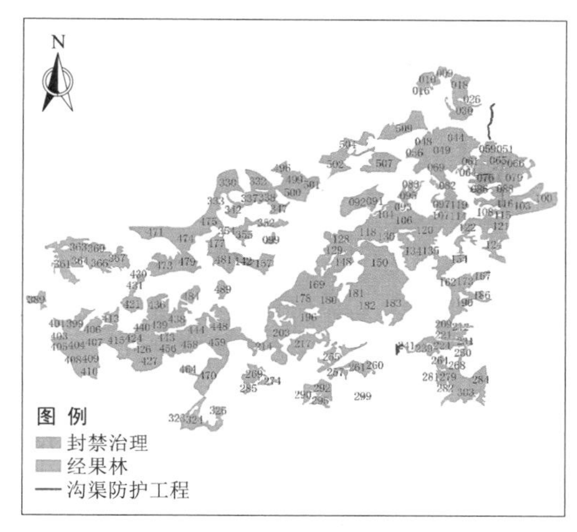

图 7-15 瑞里河流域项目区解译措施图斑布局图（榕江县项目区）

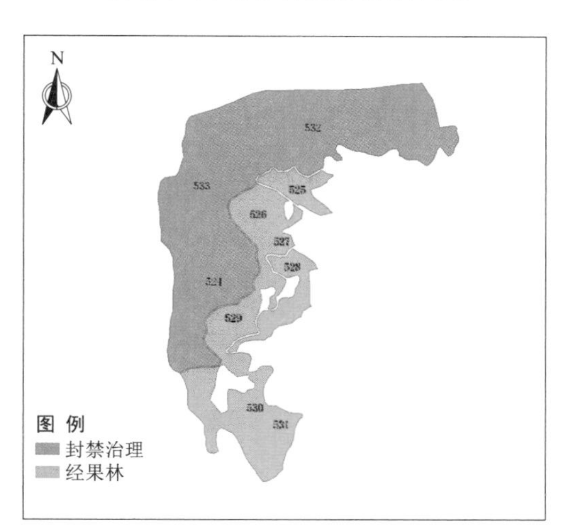

图 7-16 瑞里河流域项目区解译措施图斑布局图（乐理镇本里村项目片区）

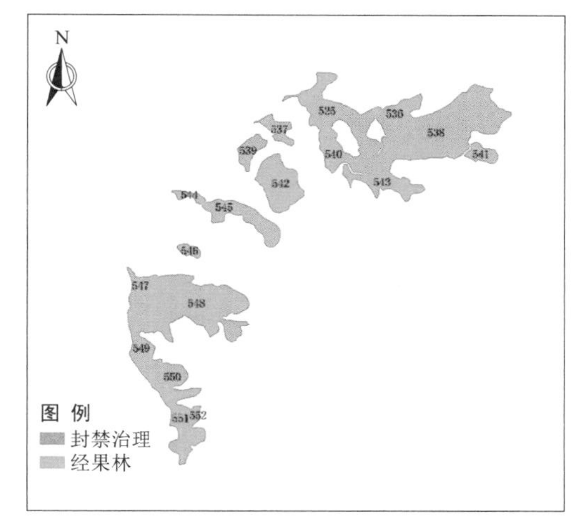

图 7-17 瑞里河流域项目区解译措施图斑布局图（平阳乡俾友村项目片区）

经果林解译措施图斑措施完成率超过 90%的有 15 个，占措施图斑总数的 48.4%；有 5 个措施图斑完成率低于 80%。经果林措施图斑完成率见表 7-31。

表7-31 瑞里河流域项目区经果林措施图斑完成率统计表

图斑编码	措施名称	措施代码	设计数量/hm²	完成数量/hm²	完成率/%
074	经果林	jgl3	2.79	2.79	100.0
076	经果林	jgl3	10.66	10.67	100.1
086	经果林	jgl3	19.52	15.92	81.6
099	经果林	jgl3	7.47	2.80	37.5
127	经果林	jgl3	2.80	2.80	100.1
142	经果林	jgl3	5.46	5.47	100.2
525	经果林	jgl3	4.56	2.33	51.0
525	经果林	jgl3	9.93	9.30	93.7
526	经果林	jgl3	3.40	3.27	96.2
527	经果林	jgl3	1.74	1.16	66.5
528	经果林	jgl3	3.81	3.43	89.9
529	经果林	jgl3	4.25	4.03	94.9
530	经果林	jgl3	2.46	2.23	90.7
531	经果林	jgl3	8.87	7.24	81.6
536	经果林	jgl3	3.17	3.40	107.4
537	经果林	jgl3	2.35	2.08	88.7
538	经果林	jgl3	22.58	21.12	93.5
539	经果林	jgl3	2.46	2.19	88.9
540	经果林	jgl3	6.74	5.62	83.4
541	经果林	jgl3	2.06	1.75	84.8
542	经果林	jgl3	7.89	6.93	87.8
543	经果林	jgl3	4.85	5.07	104.5
544	经果林	jgl3	0.76	0.92	121.5
545	经果林	jgl3	7.44	5.35	71.9
546	经果林	jgl3	1.04	0.90	86.3
547	经果林	jgl3	3.40	2.88	84.6
548	经果林	jgl3	16.08	17.38	108.1
549	经果林	jgl3	5.43	5.65	104.0
550	经果林	jgl3	2.27	2.64	116.4
551	经果林	jgl3	8.04	6.73	83.6
552	经果林	jgl3	1.29	0.54	42.2
合　计			185.57	164.59	88.7

封禁治理解译措施图斑措施完成率超过90%的有144个，占措施图斑的81.8%；有16个措施图斑措施完成率低于80%。封禁治理措施图斑完成率见表7-32。

表 7-32　　瑞里河流域项目区封禁治理措施图斑完成率统计表

图斑编码	措施名称	措施代码	设计数量/hm^2	完成数量/hm^2	完成率/%
009	封禁治理	fjzl3	3.48	2.64	75.7
010	封禁治理	fjzl3	9.02	8.79	97.4
016	封禁治理	fjzl3	2.81	1.19	42.2
018	封禁治理	fjzl3	22.22	16.43	73.9
026	封禁治理	fjzl3	1.46	1.46	100.0
030	封禁治理	fjzl3	15.78	13.24	83.9
044	封禁治理	fjzl3	30.41	30.03	98.7
048	封禁治理	fjzl3	6.24	5.95	95.4
049	封禁治理	fjzl3	26.72	26.74	100.1
051	封禁治理	fjzl3	4.02	4.03	100.3
056	封禁治理	fjzl3	1.76	1.77	100.3
057	封禁治理	fjzl3	1.63	1.63	100.1
059	封禁治理	fjzl3	5.02	4.85	96.5
061	封禁治理	fjzl3	5.10	4.07	79.9
064	封禁治理	fjzl3	3.88	3.76	96.9
065	封禁治理	fjzl3	10.52	11.03	104.9
066	封禁治理	fjzl3	12.57	9.88	78.6
069	封禁治理	fjzl3	22.88	20.38	89.1
073	封禁治理	fjzl3	4.18	3.12	74.7
078	封禁治理	fjzl3	1.80	1.72	95.3
079	封禁治理	fjzl3	9.29	9.30	100.2
082	封禁治理	fjzl3	6.58	5.90	89.7
083	封禁治理	fjzl3	3.28	2.02	61.7
088	封禁治理	fjzl3	6.30	6.30	100.0
091	封禁治理	fjzl3	5.21	5.00	96.0
092	封禁治理	fjzl3	20.45	20.47	100.1
093	封禁治理	fjzl3	1.92	1.96	101.8
094	封禁治理	fjzl3	3.00	1.15	38.4
095	封禁治理	fjzl3	9.26	7.99	86.3
097	封禁治理	fjzl3	9.33	8.82	94.6
100	封禁治理	fjzl3	19.73	19.63	99.5
101	封禁治理	fjzl3	2.29	2.21	96.6
103	封禁治理	fjzl3	14.43	14.44	100.1
104	封禁治理	fjzl3	10.49	9.69	92.4
106	封禁治理	fjzl3	25.64	24.69	96.3

续表

图斑编码	措施名称	措施代码	设计数量/hm^2	完成数量/hm^2	完成率/%
107	封禁治理	fjzl3	10.29	10.30	100.1
108	封禁治理	fjzl3	1.93	1.93	100.2
110	封禁治理	fjzl3	0.54	0.54	100.3
111	封禁治理	fjzl3	0.21	0.16	77.4
114	封禁治理	fjzl3	11.21	11.22	100.1
115	封禁治理	fjzl3	3.64	3.35	92.0
116	封禁治理	fjzl3	2.77	2.77	100.0
118	封禁治理	fjzl3	24.82	24.92	100.4
119	封禁治理	fjzl3	6.53	6.54	100.1
120	封禁治理	fjzl3	13.49	13.49	100.0
121	封禁治理	fjzl3	7.06	7.07	100.1
122	封禁治理	fjzl3	20.76	20.79	100.1
124	封禁治理	fjzl3	14.51	15.17	104.5
128	封禁治理	fjzl3	4.62	4.50	97.5
129	封禁治理	fjzl3	15.80	15.81	100.1
130	封禁治理	fjzl3	6.64	6.21	93.5
134	封禁治理	fjzl3	25.87	23.06	89.2
135	封禁治理	fjzl3	12.32	11.44	92.8
148	封禁治理	fjzl3	15.14	15.22	100.5
150	封禁治理	fjzl3	44.20	44.26	100.1
154	封禁治理	fjzl3	2.87	2.80	97.6
157	封禁治理	fjzl3	10.98	10.99	100.1
162	封禁治理	fjzl3	21.81	21.83	100.1
167	封禁治理	fjzl3	6.40	4.62	72.2
169	封禁治理	fjzl3	15.50	15.53	100.2
173	封禁治理	fjzl3	8.09	8.10	100.2
178	封禁治理	fjzl3	28.39	28.43	100.1
180	封禁治理	fjzl3	30.23	30.27	100.1
181	封禁治理	fjzl3	18.78	18.80	100.1
182	封禁治理	fjzl3	30.67	30.71	100.1
183	封禁治理	fjzl3	41.92	41.97	100.1
186	封禁治理	fjzl3	4.59	4.59	100.0
190	封禁治理	fjzl3	11.18	11.20	100.2
196	封禁治理	fjzl3	32.44	32.23	99.4
203	封禁治理	fjzl3	24.39	23.60	96.7

续表

图斑编码	措施名称	措施代码	设计数量/hm²	完成数量/hm²	完成率/%
206	封禁治理	fjzl3	1.12	1.12	100.4
208	封禁治理	fjzl3	0.88	0.88	99.9
209	封禁治理	fjzl3	1.58	1.59	100.3
212	封禁治理	fjzl3	5.13	5.14	100.2
214	封禁治理	fjzl3	22.72	18.70	82.3
217	封禁治理	fjzl3	27.90	23.83	85.4
220	封禁治理	fjzl3	0.07	0.07	100.4
221	封禁治理	fjzl3	2.19	2.20	100.3
224	封禁治理	fjzl3	8.16	8.18	100.2
225	封禁治理	fjzl3	1.70	1.54	90.7
226	封禁治理	fjzl3	1.58	1.52	96.0
231	封禁治理	fjzl3	3.62	3.62	100.1
239	封禁治理	fjzl3	7.23	7.24	100.2
240	封禁治理	fjzl3	0.22	0.17	76.6
241	封禁治理	fjzl3	2.67	2.55	95.7
250	封禁治理	fjzl3	7.66	7.65	99.9
255	封禁治理	fjzl3	14.72	14.34	97.4
257	封禁治理	fjzl3	4.50	4.29	95.3
260	封禁治理	fjzl3	7.00	3.58	51.1
261	封禁治理	fjzl3	6.49	6.49	100.1
264	封禁治理	fjzl3	2.34	2.03	86.7
268	封禁治理	fjzl3	0.78	0.79	100.8
269	封禁治理	fjzl3	13.35	11.64	87.2
274	封禁治理	fjzl3	1.70	1.17	69.0
279	封禁治理	fjzl3	13.63	13.76	100.9
281	封禁治理	fjzl3	0.49	0.49	100.2
282	封禁治理	fjzl3	1.01	1.01	100.3
284	封禁治理	fjzl3	8.00	8.02	100.2
285	封禁治理	fjzl3	2.71	2.33	85.9
290	封禁治理	fjzl3	3.61	3.62	100.2
292	封禁治理	fjzl3	11.49	10.94	95.3
295	封禁治理	fjzl3	5.39	5.22	96.8
299	封禁治理	fjzl3	0.58	0.58	100.5
303	封禁治理	fjzl3	20.71	21.69	104.8
323	封禁治理	fjzl3	4.58	3.73	81.5

续表

图斑编码	措施名称	措施代码	设计数量/hm²	完成数量/hm²	完成率/%
324	封禁治理	fjzl3	10.71	10.53	98.3
326	封禁治理	fjzl3	8.98	8.99	100.1
330	封禁治理	fjzl3	17.63	17.65	100.1
332	封禁治理	fjzl3	13.40	12.54	93.6
333	封禁治理	fjzl3	3.64	3.64	100.0
335	封禁治理	fjzl3	1.01	1.01	99.6
337	封禁治理	fjzl3	5.21	5.22	100.2
338	封禁治理	fjzl3	11.53	11.54	100.1
342	封禁治理	fjzl3	5.47	5.48	100.2
347	封禁治理	fjzl3	3.82	3.83	100.2
352	封禁治理	fjzl3	8.53	8.54	100.1
354	封禁治理	fjzl3	3.76	3.32	88.4
355	封禁治理	fjzl3	5.98	5.99	100.2
361	封禁治理	fjzl3	14.56	15.48	106.3
363	封禁治理	fjzl3	15.54	15.46	99.5
364	封禁治理	fjzl3	6.46	6.28	97.3
366	封禁治理	fjzl3	15.93	13.64	85.6
367	封禁治理	fjzl3	13.26	12.83	96.7
369	封禁治理	fjzl3	6.59	6.24	94.7
389	封禁治理	fjzl3	10.23	7.54	73.7
399	封禁治理	fjzl3	10.53	12.27	116.5
401	封禁治理	fjzl3	4.37	4.24	97.0
403	封禁治理	fjzl3	4.24	4.25	100.2
404	封禁治理	fjzl3	7.66	7.67	100.1
405	封禁治理	fjzl3	6.96	6.97	100.1
406	封禁治理	fjzl3	13.34	14.13	106.0
407	封禁治理	fjzl3	7.73	7.74	100.1
408	封禁治理	fjzl3	5.75	5.76	100.1
409	封禁治理	fjzl3	11.61	11.62	100.1
410	封禁治理	fjzl3	7.54	7.32	97.1
413	封禁治理	fjzl3	11.04	11.06	100.1
415	封禁治理	fjzl3	16.78	16.80	100.1
421	封禁治理	fjzl3	11.25	10.33	91.8
424	封禁治理	fjzl3	10.03	9.96	99.3
426	封禁治理	fjzl3	13.43	13.44	100.1

续表

图斑编码	措施名称	措施代码	设计数量/hm²	完成数量/hm²	完成率/%
427	封禁治理	fjzl3	15.64	15.66	100.1
430	封禁治理	fjzl3	0.88	0.88	99.9
431	封禁治理	fjzl3	5.62	4.61	82.1
436	封禁治理	fjzl3	17.07	16.30	95.5
438	封禁治理	fjzl3	17.16	15.30	89.2
439	封禁治理	fjzl3	8.86	8.87	100.1
440	封禁治理	fjzl3	6.18	6.18	100.1
441	封禁治理	fjzl3	6.08	5.71	93.9
443	封禁治理	fjzl3	6.29	6.12	97.3
444	封禁治理	fjzl3	19.25	18.87	98.1
448	封禁治理	fjzl3	19.02	19.04	100.1
456	封禁治理	fjzl3	8.38	8.39	100.1
458	封禁治理	fjzl3	12.51	12.24	97.9
459	封禁治理	fjzl3	25.48	25.51	100.1
464	封禁治理	fjzl3	3.95	3.38	85.5
470	封禁治理	fjzl3	20.63	20.66	100.2
471	封禁治理	fjzl3	18.39	18.41	100.1
473	封禁治理	fjzl3	21.47	19.01	88.5
474	封禁治理	fjzl3	15.69	15.70	100.1
475	封禁治理	fjzl3	19.69	19.71	100.1
477	封禁治理	fjzl3	9.15	9.16	100.1
479	封禁治理	fjzl3	12.91	12.92	100.1
481	封禁治理	fjzl3	15.45	15.47	100.1
484	封禁治理	fjzl3	10.31	7.52	72.9
489	封禁治理	fjzl3	5.89	5.48	93.1
496	封禁治理	fjzl3	5.76	5.76	100.1
499	封禁治理	fjzl3	10.15	10.16	100.1
500	封禁治理	fjzl3	11.62	11.63	100.1
501	封禁治理	fjzl3	8.55	8.56	100.1
502	封禁治理	fjzl3	11.64	12.74	109.4
504	封禁治理	fjzl3	15.36	15.30	99.6
507	封禁治理	fjzl3	21.20	21.23	100.1
509	封禁治理	fjzl3	23.78	23.81	100.1
524	封禁治理	fjzl3	12.40	12.56	101.3
532	封禁治理	fjzl3	21.29	22.67	106.5
533	封禁治理	fjzl3	6.22	6.30	101.2
合　　计			1881.22	1819.57	96.7

解译乐理镇瑞里防洪沟 2 条，长度分别为 0.23km 和 0.20km，措施完成率分别为 93%和 89%；解译归落寨防洪沟 1 条，长度为 0.77km，措施完成率为 95%。沟渠防护工程措施图斑完成率见表 7-33。

表 7-33　　瑞里河流域项目区沟渠防护工程措施图斑完成率统计表

图斑编码	措施名称	措施代码	设计数量/km	备注	完成数量/km	完成率/%
1	沟渠防护工程	gqfh3	0.25	乐里镇瑞里防洪堤	0.23	93.0
2	沟渠防护工程	gqfh3	0.23	乐里镇瑞里防洪堤	0.20	88.9
3	沟渠防护工程	gqfh3	0.81	归落寨防洪沟	0.77	95.5
合　计			1.29		1.20	92.5

7.2.5.5　现场核查资料及结果

根据《国家水土保持重点工程信息化监管技术规定》(试行)(办水保〔2018〕07 号)要求，点线面各类措施核查数量要占到各类措施数量的 30%以上。本项目拟核查图斑见表 7-34。

表 7-34　　瑞里河流域项目区拟核查图斑信息表

措施图斑类型	设计规模	拟核查图斑信息		拟核查图斑编号
		规模	占设计规模比例/%	
经果林	185.57hm^2	58.66hm^2	31.61	8 个措施图斑
封禁治理	1881.22hm^2	567.19hm^2	30.15	46 个措施图斑
沟渠防护工程	1.282km	0.805km	62.79	1 个措施图斑

榕江县瑞里河流域综合治理项目各类措施图斑现场核查结果见表 7-35。

表 7-35　　瑞里河流域项目区国家水土保持重点工程项目现场抽查信息表

项目省：	贵州省　　项目县：　榕江县　　实施年度：2018 年							
项目区：	丰岩项目区							
抽查时间：	2018 年 10 月 12 日							
图斑编码	措施名称	措施类型	是否按照设计措施执行	施工措施名称	质量是否合格	设计措施数量	完成措施数量	完成率/%
525	经果林	面状图斑	☑是□否	经果林	☑是□否	9.93	9.30	93.69
536	经果林	面状图斑	☑是□否	经果林	☑是□否	3.17	3.40	107.38
537	经果林	面状图斑	☑是□否	经果林	☑是□否	2.35	2.08	88.67
538	经果林	面状图斑	☑是□否	经果林	☑是□否	22.58	21.12	93.52
539	经果林	面状图斑	☑是□否	经果林	☑是□否	2.46	2.19	88.90
542	经果林	面状图斑	☑是□否	经果林	☑是□否	7.89	6.93	87.80
543	经果林	面状图斑	☑是□否	经果林	☑是□否	4.85	5.07	104.53
549	经果林	面状图斑	☑是□否	经果林	☑是□否	5.43	5.65	104.03
010	封禁治理	面状图斑	☑是□否	封禁治理	☑是□否	9.02	8.79	97.45

续表

图斑编码	措施名称	措施类型	是否按照设计措施执行	施工措施名称	质量是否合格	设计措施数量	完成措施数量	完成率/%
044	封禁治理	面状图斑	☑是□否	封禁治理	☑是□否	30.41	30.03	98.74
048	封禁治理	面状图斑	☑是□否	封禁治理	☑是□否	6.24	5.95	95.39
059	封禁治理	面状图斑	☑是□否	封禁治理	☑是□否	5.02	4.85	96.51
064	封禁治理	面状图斑	☑是□否	封禁治理	☑是□否	3.88	3.76	96.89
069	封禁治理	面状图斑	☑是□否	封禁治理	☑是□否	22.88	20.38	89.08
082	封禁治理	面状图斑	☑是□否	封禁治理	☑是□否	6.58	5.90	89.66
091	封禁治理	面状图斑	☑是□否	封禁治理	☑是□否	5.21	5.00	96.02
095	封禁治理	面状图斑	☑是□否	封禁治理	☑是□否	9.26	7.99	86.26
097	封禁治理	面状图斑	☑是□否	封禁治理	☑是□否	9.33	8.82	94.57
100	封禁治理	面状图斑	☑是□否	封禁治理	☑是□否	19.73	19.63	99.49
104	封禁治理	面状图斑	☑是□否	封禁治理	☑是□否	10.49	9.69	92.39
106	封禁治理	面状图斑	☑是□否	封禁治理	☑是□否	25.64	24.69	96.28
128	封禁治理	面状图斑	☑是□否	封禁治理	☑是□否	4.62	4.50	97.49
130	封禁治理	面状图斑	☑是□否	封禁治理	☑是□否	6.64	6.21	93.51
134	封禁治理	面状图斑	☑是□否	封禁治理	☑是□否	25.87	23.06	89.15
135	封禁治理	面状图斑	☑是□否	封禁治理	☑是□否	12.32	11.44	92.82
196	封禁治理	面状图斑	☑是□否	封禁治理	☑是□否	32.44	32.23	99.36
203	封禁治理	面状图斑	☑是□否	封禁治理	☑是□否	24.39	23.60	96.74
250	封禁治理	面状图斑	☑是□否	封禁治理	☑是□否	7.66	7.65	99.89
255	封禁治理	面状图斑	☑是□否	封禁治理	☑是□否	14.72	14.34	97.44
257	封禁治理	面状图斑	☑是□否	封禁治理	☑是□否	4.50	4.29	95.28
269	封禁治理	面状图斑	☑是□否	封禁治理	☑是□否	13.35	11.64	87.23
292	封禁治理	面状图斑	☑是□否	封禁治理	☑是□否	11.49	10.94	95.25
295	封禁治理	面状图斑	☑是□否	封禁治理	☑是□否	5.39	5.22	96.84
324	封禁治理	面状图斑	☑是□否	封禁治理	☑是□否	10.71	10.53	98.32
332	封禁治理	面状图斑	☑是□否	封禁治理	☑是□否	13.40	12.54	93.57
363	封禁治理	面状图斑	☑是□否	封禁治理	☑是□否	15.54	15.46	99.47
364	封禁治理	面状图斑	☑是□否	封禁治理	☑是□否	6.46	6.28	97.27
366	封禁治理	面状图斑	☑是□否	封禁治理	☑是□否	15.93	13.64	85.63
367	封禁治理	面状图斑	☑是□否	封禁治理	☑是□否	13.26	12.83	96.75
369	封禁治理	面状图斑	☑是□否	封禁治理	☑是□否	6.59	6.24	94.70
401	封禁治理	面状图斑	☑是□否	封禁治理	☑是□否	4.37	4.24	96.99
410	封禁治理	面状图斑	☑是□否	封禁治理	☑是□否	7.54	7.32	97.05
421	封禁治理	面状图斑	☑是□否	封禁治理	☑是□否	11.25	10.33	91.80

续表

图斑编码	措施名称	措施类型	是否按照设计措施执行	施工措施名称	质量是否合格	设计措施数量	完成措施数量	完成率/%
424	封禁治理	面状图斑	☑是□否	封禁治理	☑是□否	10.03	9.96	99.26
436	封禁治理	面状图斑	☑是□否	封禁治理	☑是□否	17.07	16.30	95.48
438	封禁治理	面状图斑	☑是□否	封禁治理	☑是□否	17.16	15.30	89.18
441	封禁治理	面状图斑	☑是□否	封禁治理	☑是□否	6.08	5.71	93.88
443	封禁治理	面状图斑	☑是□否	封禁治理	☑是□否	6.29	6.12	97.34
444	封禁治理	面状图斑	☑是□否	封禁治理	☑是□否	19.25	18.87	98.05
458	封禁治理	面状图斑	☑是□否	封禁治理	☑是□否	12.51	12.24	97.86
464	封禁治理	面状图斑	☑是□否	封禁治理	☑是□否	3.95	3.38	85.49
473	封禁治理	面状图斑	☑是□否	封禁治理	☑是□否	21.47	19.01	88.55
489	封禁治理	面状图斑	☑是□否	封禁治理	☑是□否	5.89	5.48	93.10
504	封禁治理	面状图斑	☑是□否	封禁治理	☑是□否	15.36	15.30	99.63
3	沟渠防护工程	线状图斑	☑是□否	沟渠防护工程	☑是□否	0.81	0.77	95.48
措施符合率/%		100	措施质量合格率/%		100	措施完成率/%		94.97
抽查意见	无							

7.2.6 广西田阳县坡耕地治理工程

7.2.6.1 工程项目介绍

田阳县2018年度坡耕地水土流失综合治理工程位于田阳县西南部巴别乡弄朗村和花参村。土地总面积1980hm^2，其中坡耕地面积647.1hm^2。弄朗项目片区位于田阳县西南部的巴别乡弄朗村，距县城约77km。花参工程区位于田阳县西南部的巴别乡花参村，距县城约70km。工程施工期拟定为8个月，2018年8月初开始动工建设至2019年3月底全面完成项目建设任务。

7.2.6.2 项目区现状无人机正射影像收集

2018年11月22日，使用大疆精灵4Pro无人机基于航线规划完成了项目区无人机正射影像原始素材拍摄收集。无人机飞行高度450m，飞行当天天气状况良好，除个别区域有少量薄雾外，其余区域无云雾遮挡。图7-18为项目区无人机正射影像，影像分辨率为0.10m。

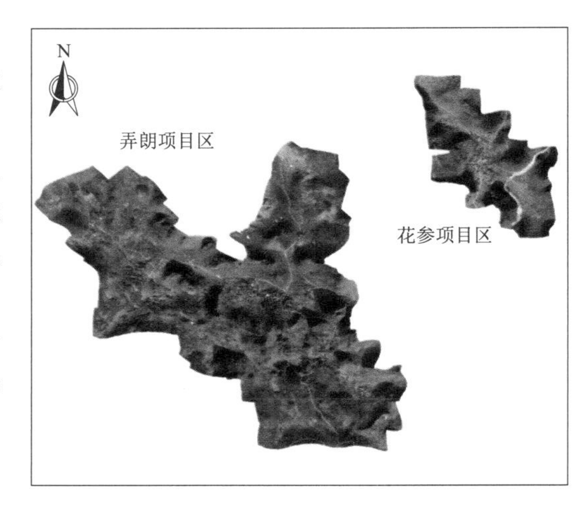

图7-18 田阳县弄朗花参项目区无人机正射影像（2018年11月）

7.2.6.3 项目设计措施图斑

土坎梯田设计措施图斑34个，面积为303.30hm^2，其中弄郎项目片区措施图

斑 26 个，总面积为 262.79hm²；花参项目片区措施图斑 8 个，总面积为 40.51hm²。项目区设计措施图斑布局如图 7-19 所示。

线状设计措施图斑（包含排灌沟渠、坡面截留工程、生产道路 3 类）23 个，总长度为 14.25km。排灌沟渠设计措施图斑 8 个，总长度为 3.15km，其中花参项目片区设计措施图斑 2 个、弄朗项目片区设计措施图斑 6 个，总长度分别为 0.45km 和 2.70km；坡面截流工程设计措施图斑 6 个，总长度 4.35km，其中花参项目设计措施图斑 1 个、弄朗项目片区设计措施图斑 5 个，总长度分别为 0.5km 和 3.85km；生产道路设计措施图斑 9 个，总长度为 6.75km，其中花参项目片区设计措施图斑 3 个、弄朗项目片区设计措施图斑 6 个，总长度分别为 1.50km 和 5.25km。花参项目片区沉砂池 1 个、弄朗项目片区沉砂池 10 个；花参项目片区 100m³ 蓄水池 3 个、弄朗项目片区 100m³ 蓄水池 10 个。

7.2.6.4 解译措施图斑及其与设计措施图斑对比

基于 2018 年 11 月 23 日项目区无人机正射影像，对各类工程措施进行人工解译，结果如图 7-20 所示。解译土坎梯田措施图斑 34 个，总面积为 142.18hm²，措施完成率平均值为 46.88%；解译线状措施图斑（生产道路、坡面截流工程）4 个，总长度为 2.69km，措施完成率平均值为 18.87%。解译弄朗项目片区生产道路 2 条，措施完成率分别为 81.71%和 57.54%；解译花参项目片区生产道路 1 条，措施完成率为 59.43%；解译弄朗项目片区坡面节流工程 1 条，措施完成率 100%。解译弄朗项目片区蓄水池 3 座。

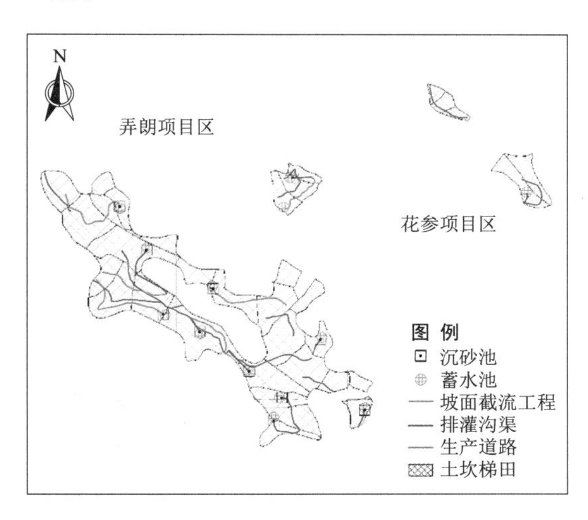

图 7-19 田阳县弄朗花参项目区设计措施图斑布局图

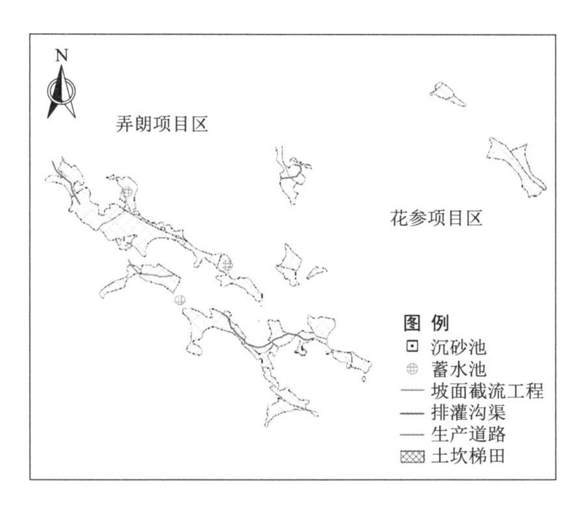

图 7-20 田阳县弄朗花参项目区解译措施图斑布局图

土坎梯田解译措施图斑措施完成率超过 90%的有 2 个，占措施图斑总数的 5.88%；有 30 个措施图斑完成率低于 80%，占土坎梯田措施图斑数的 88.24%。土坎梯田措施图斑完成率见表 7-36。

解译线状措施图斑（生产道路、坡面截流工程）4 个，总长度为 2.69km，措施完成率平均值为 18.87%。解译弄朗项目片区生产道路 2 条，措施完成率分别为 81.71%和

57.54%；解译花参项目片区生产道路 1 条，措施完成率为 59.43%；解译弄朗项目片区坡面节流工程 1 条，措施完成率 100%。项目区线状措施图斑完成率见表 7-37。

表 7-36 弄朗花参项目区经果林措施图斑完成率统计表

图斑编码	措施名称	措施代码	设计数量/hm^2	完成数量/hm^2	完成率/%
花-1	土坎梯田	tktt3	2.33	0.36	15.32
花-2	土坎梯田	tktt3	3.31	2.30	69.43
花-3	土坎梯田	tktt3	2.19	0.98	44.84
花-4	土坎梯田	tktt3	8.51	8.98	105.51
花-5	土坎梯田	tktt3	7.80	3.90	49.97
花-6	土坎梯田	tktt3	3.61	0.52	14.54
花-7	土坎梯田	tktt3	6.22	3.14	50.48
花-8	土坎梯田	tktt3	6.54	5.15	78.67
弄-1	土坎梯田	tktt3	6.44	4.56	70.88
弄-10	土坎梯田	tktt3	16.11	4.67	28.97
弄-11	土坎梯田	tktt3	5.20	1.03	19.82
弄-12	土坎梯田	tktt3	12.53	2.44	19.48
弄-13	土坎梯田	tktt3	5.01	3.48	69.37
弄-14	土坎梯田	tktt3	11.08	6.94	62.66
弄-15	土坎梯田	tktt3	24.68	13.11	53.12
弄-16	土坎梯田	tktt3	6.07	3.59	59.09
弄-17	土坎梯田	tktt3	14.21	7.24	50.94
弄-18	土坎梯田	tktt3	5.03	2.11	41.89
弄-19	土坎梯田	tktt3	16.19	3.87	23.93
弄-2	土坎梯田	tktt3	10.39	3.87	37.25
弄-20	土坎梯田	tktt3	7.89	0.80	10.15
弄-21	土坎梯田	tktt3	18.26	16.51	90.43
弄-22	土坎梯田	tktt3	5.68	4.65	81.85
弄-23	土坎梯田	tktt3	8.62	1.39	16.12
弄-24	土坎梯田	tktt3	15.79	11.75	74.43
弄-25	土坎梯田	tktt3	4.18	0.22	5.16
弄-26	土坎梯田	tktt3	11.49	6.34	55.21
弄-3	土坎梯田	tktt3	6.20	0.14	2.18
弄-4	土坎梯田	tktt3	3.08	2.66	86.34
弄-5	土坎梯田	tktt3	7.10	2.26	31.78
弄-6	土坎梯田	tktt3	8.89	1.54	17.27
弄-7	土坎梯田	tktt3	13.74	3.32	24.20
弄-8	土坎梯田	tktt3	12.75	3.53	27.66
弄-9	土坎梯田	tktt3	6.18	4.84	78.36
合计			303.30	142.18	46.88

表 7－37 弄朗花参项目区线状措施图斑完成率统计表

图斑编码	措施名称	措施代码	设计数量/km	完成数量/km	完成率/%
弄－6	生产道路	scdl3	0.70	0.57	81.71
弄－2	生产道路	scdl3	2.10	1.21	57.54
花－1	生产道路	scdl3	0.60	0.36	59.43
弄－4	坡面截流工程	pmjl3	0.50	0.56	111.36
合　计			3.90	2.69	69.07

解译得到弄朗项目片区蓄水池 3 座，蓄水池点状措施图斑措施完成率平均值为 23.08%。

7.2.6.5 现场核查资料及结果

根据《国家水土保持重点工程信息化监管技术规定》（试行）（办水保〔2018〕07 号）要求，点线面各类措施核查数量要占到各类措施数量的 30%以上。本项目拟核查图斑见表 7－38。

表 7－38 弄朗花参项目区拟核查图斑信息表

措施图斑类型	设计规模	拟核查图斑信息		拟核查图斑编号
		规模	占设计规模比例/%	
经果林	185.57hm²	58.66hm²	31.61	8 个措施图斑
封禁治理	1881.22hm²	567.19hm²	30.15	46 个措施图斑
沟渠防护工程	1.282km	0.805km	62.79	1 个措施图斑

田阳县坡耕地治理工程各类措施图斑现场核查结果见表 7－39。

表 7－39 弄朗花参项目区国家水土保持重点工程项目现场抽查信息表

项目省：贵州省　项目县：榕江县　实施年度：2018 年

项目区：丰岩项目区

抽查时间：2018 年 11 月 22 日

图斑编码	措施名称	措施类型	是否按照设计措施执行	施工措施名称	质量是否合格	设计措施数量	完成措施数量	完成率/%
花－5	土坎梯田	面状措施	☑是□否	土坎梯田	☑是□否	7.80	3.90	49.97
花－7	土坎梯田	面状措施	☑是□否	土坎梯田	☑是□否	6.22	3.14	50.48
弄－14	土坎梯田	面状措施	☑是□否	土坎梯田	☑是□否	11.08	6.94	62.66
弄－13	土坎梯田	面状措施	☑是□否	土坎梯田	☑是□否	5.01	3.48	69.37
弄－24	土坎梯田	面状措施	☑是□否	土坎梯田	☑是□否	15.79	11.75	74.43
弄－9	土坎梯田	面状措施	☑是□否	土坎梯田	☑是□否	6.18	4.84	78.36
花－8	土坎梯田	面状措施	☑是□否	土坎梯田	☑是□否	6.54	5.15	78.67
弄－22	土坎梯田	面状措施	☑是□否	土坎梯田	☑是□否	5.68	4.65	81.85
弄－21	土坎梯田	面状措施	☑是□否	土坎梯田	☑是□否	18.26	16.51	90.43

续表

图斑编码	措施名称	措施类型	是否按照设计措施执行	施工措施名称	质量是否合格	设计措施数量	完成措施数量	完成率/%
花-4	土坎梯田	面状措施	☑是□否	土坎梯田	☑是□否	8.51	8.98	105.51
弄-6	生产道路	线状措施	☑是□否	生产道路	☑是□否	0.70	0.57	81.71
弄-2	生产道路	线状措施	☑是□否	生产道路	☑是□否	2.10	1.21	57.54
花-1	生产道路	线状措施	☑是□否	生产道路	☑是□否	0.60	0.36	59.43
弄-4	坡面截流工程	线状措施	☑是□否	坡面截流工程	☑是□否	0.50	0.56	100
弄-1	蓄水池	点状措施	☑是□否	蓄水池	☑是□否	1.00	0.00	100
弄-3	蓄水池	点状措施	☑是□否	蓄水池	☑是□否	1.00	0.00	100
弄-4	蓄水池	点状措施	☑是□否	蓄水池	☑是□否	1.00	0.00	100
措施符合率/%		100	措施质量合格率/%		100	措施完成率/%		79.52
抽查意见	无							

7.2.7　广西龙胜各族自治县国家水土保持重点建设工程

7.2.7.1　工程项目介绍

广西龙胜各族自治县龙脊镇金坑片小流域国家水土保持重点建设工程项目区总土地面积 63.97km²，其中水土流失面积 38.95km²，占总土地面积的 60.89%，年水土流失量达到 56485t，土壤侵蚀模数为 1450t/(km²·a)。本工程计划于 2018 年 5 月开始动工，通过 6 个月时间的建设要完成该小流域的治理任务。

7.2.7.2　项目区现状无人机正射影像收集

金坑片项目区覆盖面积较大（约 80km²）。因此，无人机正射影像仅收集工程措施较为集中中禄、新寨、小寨等区域。2018 年 10 月 17 日，使用大疆精灵 4Pro 无人机基于航线规划完成了上述区域无人机正射影像原始素材拍摄收集。无人机飞行高度 450m，飞行当天天气状况良好，除个别区域有少量薄雾外，其余区域无云雾遮挡。图 7-21 为项目区无人机正射影像，影像分辨率为 0.07m。

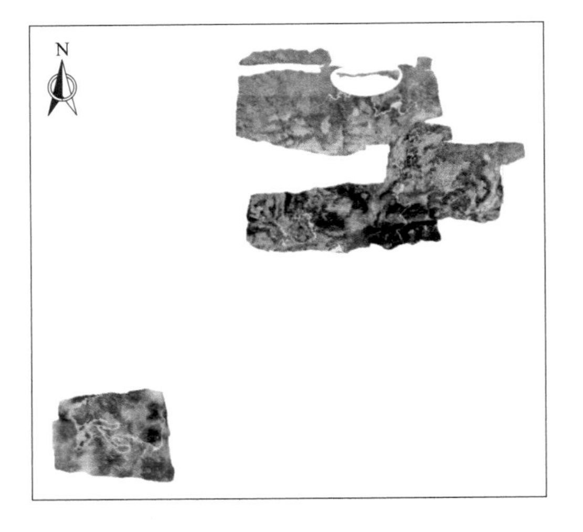

图 7-21　龙脊金坑片项目区无人机正射影像（2018 年 11 月）

7.2.7.3　项目设计措施图斑

面状设计措施图斑 77 个，总面积为 2916.33hm²；其中封禁治理设计措施图斑 75 个，总面积为 2876.33hm²，经果林设计措施图斑 2 个，总面积为 40.0hm²。排灌沟渠设计措施图斑 6 条，总长度为 3.96km；生产道路设计措施图斑 6 条，总长度为 6.61km。山塘坝堰设计措施图斑 24

个。项目区设计措施图斑布局见图 7-22。

7.2.7.4 解译措施图斑及其与设计措施图斑对比

基于 2018 年 10 月 17 日项目区无人机正射影像，对各类工程措施进行人工解译，结果如图 7-23 所示。共解译面状措施图斑 77 个，总面积为 2639.8hm²，措施完成率平均值为 90.5%；其中解译封禁治理措施图斑 75 个，总面积为 2603.37hm²，措施完成率平均值为 90.5%；解译经果林措施图斑 2 个，总面积为 36.43hm²，措施完成率平均值为 91.1%。未解译发现点状、线状措施图斑。

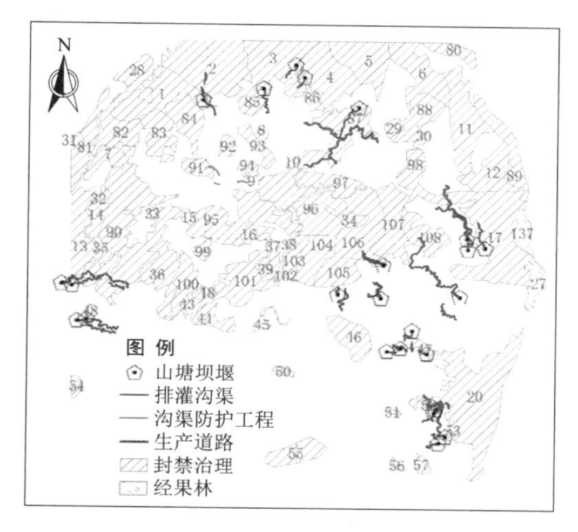

图 7-22 龙脊金坑片项目区设计措施图斑布局图

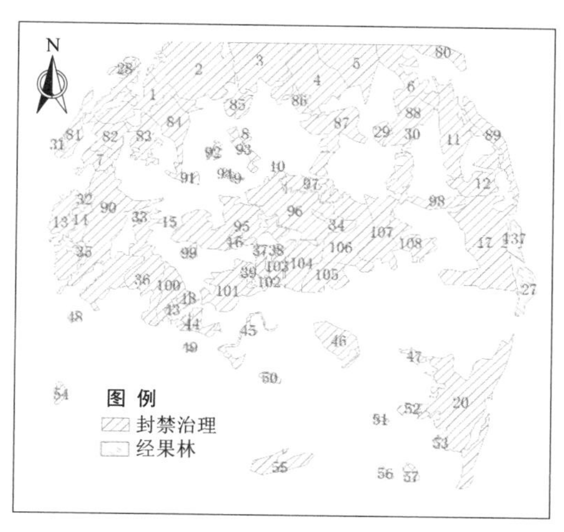

图 7-23 龙脊金坑片项目区解译措施图斑布局图

封禁治理解译措施图斑措施完成率超过 90%的有 37 个，占措施图斑总数的 49.3%；有 22 个措施图斑完成率低于 80%，占措施图斑总数的 29.3%。封禁治理措施图斑完成率见表 7-40。

表 7-40　　龙脊金坑片项目区封禁治理措施图斑完成率统计表

图斑编码	措施名称	措施代码	设计数量/hm²	完成数量/hm²	完成率/%
1	封禁治理	fjzl3	76.41	55.23	83.7
10	封禁治理	fjzl3	2.96	0.86	97.7
100	封禁治理	fjzl3	34.92	34.04	103.3
101	封禁治理	fjzl3	60.05	53.41	56.4
102	封禁治理	fjzl3	9.19	9.45	105.0
103	封禁治理	fjzl3	21.70	21.20	113.2
104	封禁治理	fjzl3	45.01	45.29	105.0
105	封禁治理	fjzl3	36.47	36.73	86.6
106	封禁治理	fjzl3	85.04	84.54	105.0
107	封禁治理	fjzl3	61.20	59.26	90.0
108	封禁治理	fjzl3	39.34	33.66	80.6
11	封禁治理	fjzl3	85.21	76.73	83.6

续表

图斑编码	措施名称	措施代码	设计数量/hm²	完成数量/hm²	完成率/%
12	封禁治理	fjzl3	51.29	42.90	105.0
13	封禁治理	fjzl3	57.13	56.98	87.9
14	封禁治理	fjzl3	19.05	18.96	10.5
15	封禁治理	fjzl3	6.13	3.19	85.2
16	封禁治理	fjzl3	11.19	11.39	95.6
17	封禁治理	fjzl3	160.64	153.64	85.6
18	封禁治理	fjzl3	6.31	5.93	96.8
2	封禁治理	fjzl3	128.43	132.66	105.0
20	封禁治理	fjzl3	191.95	189.37	99.4
28	封禁治理	fjzl3	18.13	10.22	100.7
29	封禁治理	fjzl3	97.03	10.22	100.6
3	封禁治理	fjzl3	83.76	87.95	99.5
30	封禁治理	fjzl3	5.43	4.78	97.7
31	封禁治理	fjzl3	5.22	3.35	82.9
32	封禁治理	fjzl3	2.32	2.25	88.1
33	封禁治理	fjzl3	3.14	2.13	102.9
34	封禁治理	fjzl3	13.92	14.62	94.5
35	封禁治理	fjzl3	4.71	4.57	49.1
36	封禁治理	fjzl3	52.74	55.39	41.3
37	封禁治理	fjzl3	4.18	3.30	70.5
38	封禁治理	fjzl3	2.72	1.61	51.2
39	封禁治理	fjzl3	8.42	6.30	105.0
4	封禁治理	fjzl3	81.89	92.68	62.0
43	封禁治理	fjzl3	7.22	7.69	72.3
44	封禁治理	fjzl3	22.01	18.60	81.9
45	封禁治理	fjzl3	15.67	16.46	82.2
46	封禁治理	fjzl3	41.09	38.00	64.3
47	封禁治理	fjzl3	9.07	6.84	80.2
48	封禁治理	fjzl3	2.63	1.57	62.0
49	封禁治理	fjzl3	1.97	1.18	98.7
5	封禁治理	fjzl3	68.48	71.90	75.4
50	封禁治理	fjzl3	5.31	5.57	87.8
51	封禁治理	fjzl3	1.92	1.99	102.3
52	封禁治理	fjzl3	8.68	7.62	82.8
53	封禁治理	fjzl3	5.84	5.38	103.9
54	封禁治理	fjzl3	6.31	5.29	92.5
55	封禁治理	fjzl3	35.96	28.40	79.0
56	封禁治理	fjzl3	3.96	4.05	105.1
57	封禁治理	fjzl3	7.90	6.54	84.5

续表

图斑编码	措施名称	措施代码	设计数量/hm²	完成数量/hm²	完成率/%
6	封禁治理	fjzl3	65.53	56.75	59.7
7	封禁治理	fjzl3	25.26	20.26	88.9
8	封禁治理	fjzl3	5.02	2.47	92.1
80	封禁治理	fjzl3	20.27	21.28	105.0
81	封禁治理	fjzl3	37.72	23.37	83.8
82	封禁治理	fjzl3	68.69	56.43	59.8
83	封禁治理	fjzl3	42.00	34.41	94.0
84	封禁治理	fjzl3	44.01	46.21	106.5
85	封禁治理	fjzl3	18.74	17.70	97.5
86	封禁治理	fjzl3	13.21	13.59	105.0
87	封禁治理	fjzl3	75.02	66.10	68.0
88	封禁治理	fjzl3	42.12	44.22	74.9
89	封禁治理	fjzl3	46.45	37.45	102.8
9	封禁治理	fjzl3	2.95	1.51	78.9
90	封禁治理	fjzl3	199.66	189.58	59.0
91	封禁治理	fjzl3	15.88	9.84	101.8
92	封禁治理	fjzl3	10.34	4.28	105.1
93	封禁治理	fjzl3	17.64	12.43	52.0
94	封禁治理	fjzl3	5.94	2.35	68.0
95	封禁治理	fjzl3	103.21	108.50	99.5
96	封禁治理	fjzl3	106.15	105.62	97.1
97	封禁治理	fjzl3	34.02	28.21	95.0
98	封禁治理	fjzl3	50.42	42.96	97.0
99	封禁治理	fjzl3	8.83	6.00	99.7
合　　计			2876.33	2603.39	86.31

经果林解译措施图斑2个，各措施图斑完成率见表7-41。

表7-41　　龙脊金坑片项目区经果林措施图斑完成率统计表

图斑编码	措施名称	措施代码	设计数量/hm²	完成数量/hm²	完成率/%
27	经果林	jgl3	20.99	20.51	97.7
137	经果林	jgl3	19.01	15.92	83.7
合　　计			40.00	36.43	90.70

7.2.7.5　现场核查资料及结果

根据《国家水土保持重点工程信息化监管技术规定》（试行）（办水保〔2018〕07号）要求，点线面各类措施核查数量要占到各类措施数量的30以上。本项目拟核查图斑见表7-42。

表 7-42　　龙脊金坑片项目区拟核查图斑信息表

措施图斑类型	设计规模/hm^2	拟核查图斑信息		拟核查图斑编号
		规模/hm^2	占设计规模比例/%	
封禁治理	2876.33	903.67	31.4	7 个措施图斑
经果林	40.00	40.00	100	27、137 号

龙胜各族自治县国家水土保持重点建设工程各类措施图斑现场核查结果见表 7-43。

表 7-43　　龙脊金坑片项目区国家水土保持重点工程项目现场抽查信息表

项目省：	广西	项目县：	龙胜各族自治县	实施年度：2018 年				
项目区：	金坑片小流域							
抽查时间：	2018 年 10 月 17 日							
图斑编码	措施名称	措施类型	是否按照设计措施执行	施工措施名称	质量是否合格	设计措施数量	完成措施数量	完成率/%
137	经果林	面状措施	☑是□否	经果林	☑是□否	19.01	15.92	83.7
27	经果林	面状措施	☑是□否	经果林	☑是□否	20.99	20.51	97.7
87	封禁治理	面状措施	☑是□否	封禁治理	☑是□否	75.02	66.10	88.1
106	封禁治理	面状措施	☑是□否	封禁治理	☑是□否	85.04	84.54	99.4
11	封禁治理	面状措施	☑是□否	封禁治理	☑是□否	85.21	76.73	90.0
96	封禁治理	面状措施	☑是□否	封禁治理	☑是□否	106.15	105.62	99.5
17	封禁治理	面状措施	☑是□否	封禁治理	☑是□否	160.64	153.64	95.6
20	封禁治理	面状措施	☑是□否	封禁治理	☑是□否	191.95	189.37	98.7
90	封禁治理	面状措施	☑是□否	封禁治理	☑是□否	199.66	189.58	95.0
措施符合率/%		100	措施质量合格率/%		100	措施完成率/%		94.19
抽查意见	无							

7.2.8　海南省东方市红草小流域综合治理工程

7.2.8.1　工程项目介绍

红草小流域位于东方市大田镇，东部临近 G225 国道，同时海南环线高速 G98 穿过项目区北侧，南部濒临探贡水库，流域面积 3805.08hm^2，水土流失面积为 1610.21hm^2，治理面积 1500.00hm^2，距离市区 25km。项目区总体地势低平，高程为 50～74m，属海南岛南部山地丘陵区。

7.2.8.2　项目区现状无人机正射影像收集

红草小流域项目区面积较大，2018 年 9 月 12 日使用大疆精灵 4Pro 无人机基于航线规划仅收集了红草小流域部分区域无人机正射影像。无人机飞行高度 400m，飞行当天天气状况良好，除个别区域有少量薄雾外，其余区域无云雾遮挡。红草小流域项目区无人机正射影像如图 7-24 所示，影像分辨率 0.14m。

7.2.8.3 项目设计措施图斑

红草小流域项目区计措施图斑布局如图 7-25 所示。保土耕作设计措施图斑 75 个，总面积 1631.75hm²；封禁治理设计措施图斑 70 个，总面积 489.49hm²。排灌沟渠设计措施图斑 29 个，总长度 8.560km；生产道路设计措施图斑 10 个，总长度 6.738km。沉砂池 10 座，谷坊 8 处。

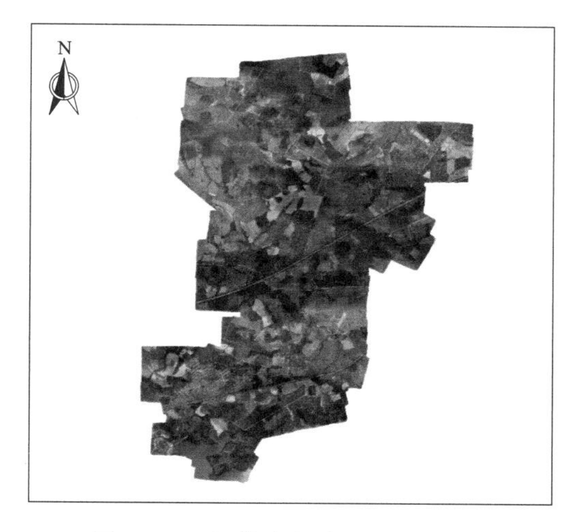

图 7-24 红草小流域项目区无人机正射影像（2018 年 9 月）

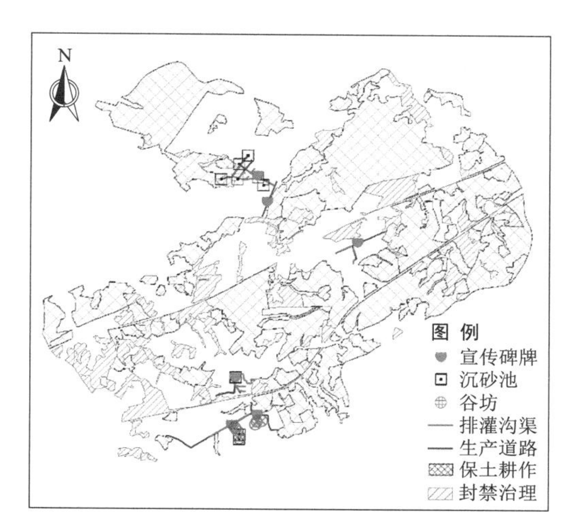

图 7-25 红草小流域项目区设计措施图斑布局图

7.2.8.4 解译措施图斑及其与设计措施图斑对比

基于无人机正射影像对红草小流域治理工程实际措施图斑进行人工解译工作，解译后措施图斑布局见图 7-26。

解译封禁治理措施图斑 70 个，总面积为 499.8hm²，措施完成率平均值为 100%。解译保土耕作措施图斑 75 个，总面积为 1458.67hm²，措施完成率平均值为 89.39%。解译排灌沟渠措施图斑 29 个，总长度为 7.74km，措施完成率平均值为 91.02%。解译生产道路措施图斑 10 个，总长度为 6.89km，措施完成率平均值为 100%。解译沉砂池 8 座，措施完成率为 80%；解译谷坊 8 处，措施完成率为 100%。

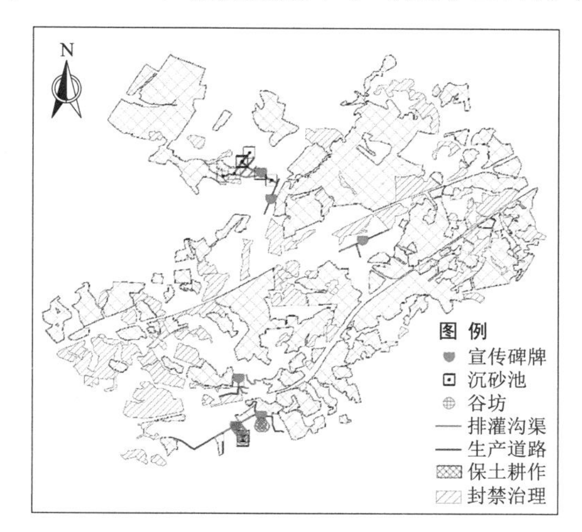

图 7-26 红草小流域项目区解译措施图斑布局图

封禁治理解译措施图斑措施完成率超过 90% 有 47 个，占措施图斑总数的 67.14%；措施完成率小于 80% 的有 13 个，占措施图斑总数的 24.29%。封禁治理措施图斑完成率见表 7-44。

表 7-44 红草小流域项目区封禁治理措施图斑完成率统计表

图斑编码	措施名称	措施代码	设计数量/hm²	完成数量/hm²	完成率/%
1	封禁治理	fjzl3	18.82	26.43	140.5
2	封禁治理	fjzl3	20.56	16.13	78.4
3	封禁治理	fjzl3	2.93	2.89	98.5
4	封禁治理	fjzl3	1.91	3.28	172.0
5	封禁治理	fjzl3	13.23	18.66	141.1
6	封禁治理	fjzl3	4.05	4.74	117.1
7	封禁治理	fjzl3	3.13	3.30	105.5
8	封禁治理	fjzl3	6.40	5.80	90.6
9	封禁治理	fjzl3	6.41	11.76	183.4
10	封禁治理	fjzl3	11.21	11.87	105.9
11	封禁治理	fjzl3	16.10	19.66	122.1
12	封禁治理	fjzl3	1.69	1.53	90.3
13	封禁治理	fjzl3	4.52	8.26	182.7
14	封禁治理	fjzl3	3.73	3.41	91.4
15	封禁治理	fjzl3	1.89	1.76	93.2
17	封禁治理	fjzl3	4.36	4.78	109.7
18	封禁治理	fjzl3	10.53	7.93	75.3
19	封禁治理	fjzl3	2.00	2.51	125.5
20	封禁治理	fjzl3	4.07	3.74	91.8
21	封禁治理	fjzl3	5.14	5.15	100.2
22	封禁治理	fjzl3	1.84	1.84	99.9
23	封禁治理	fjzl3	29.02	30.46	105.0
24	封禁治理	fjzl3	1.82	1.82	100.2
25	封禁治理	fjzl3	4.45	3.92	88.0
27	封禁治理	fjzl3	2.42	3.37	139.3
28	封禁治理	fjzl3	2.11	1.77	84.0
29	封禁治理	fjzl3	10.51	7.77	74.0
30	封禁治理	fjzl3	5.76	4.44	77.0
31	封禁治理	fjzl3	6.45	11.67	181.0
32	封禁治理	fjzl3	3.39	5.51	162.6
33	封禁治理	fjzl3	4.85	3.44	70.9
34	封禁治理	fjzl3	9.12	5.54	60.7
35	封禁治理	fjzl3	1.90	2.82	148.5
36	封禁治理	fjzl3	3.94	3.64	92.3
37	封禁治理	fjzl3	4.09	3.80	92.8

续表

图斑编码	措施名称	措施代码	设计数量/hm^2	完成数量/hm^2	完成率/%
38	封禁治理	fjzl3	3.70	2.45	66.2
39	封禁治理	fjzl3	8.43	6.07	72.0
47	封禁治理	fjzl3	3.44	3.00	87.1
101	封禁治理	fjzl3	2.29	4.60	200.7
102	封禁治理	fjzl3	43.80	20.80	47.5
103	封禁治理	fjzl3	3.93	3.36	85.4
104	封禁治理	fjzl3	4.55	8.45	185.6
105	封禁治理	fjzl3	7.62	8.07	105.9
106	封禁治理	fjzl3	1.62	1.62	99.8
107	封禁治理	fjzl3	1.61	2.17	134.7
108	封禁治理	fjzl3	18.34	12.40	67.6
109	封禁治理	fjzl3	2.07	5.15	248.7
110	封禁治理	fjzl3	14.06	12.40	88.2
111	封禁治理	fjzl3	2.08	3.14	150.9
112	封禁治理	fjzl3	15.88	15.17	95.5
113	封禁治理	fjzl3	1.93	3.69	191.4
114	封禁治理	fjzl3	6.04	6.40	106.0
115	封禁治理	fjzl3	6.05	5.16	85.3
116	封禁治理	fjzl3	2.10	2.08	99.0
117	封禁治理	fjzl3	2.53	2.88	113.9
118	封禁治理	fjzl3	2.50	3.89	155.5
119	封禁治理	fjzl3	7.33	5.43	74.1
120	封禁治理	fjzl3	1.60	1.58	98.8
121	封禁治理	fjzl3	4.05	4.07	100.4
122	封禁治理	fjzl3	5.82	6.08	104.5
123	封禁治理	fjzl3	11.63	10.70	92.0
124	封禁治理	fjzl3	3.39	3.85	113.7
125	封禁治理	fjzl3	7.48	7.66	102.4
126	封禁治理	fjzl3	3.47	2.58	74.4
127	封禁治理	fjzl3	8.34	15.98	191.5
128	封禁治理	fjzl3	3.37	3.27	97.1
129	封禁治理	fjzl3	34.05	40.86	120.0
130	封禁治理	fjzl3	2.47	1.94	78.5
131	封禁治理	fjzl3	3.86	2.12	54.9
132	封禁治理	fjzl3	3.71	5.37	144.8
合　计			489.49	499.84	111.79

保土耕作解译措施图斑措施完成率超过90%的有50个，占措施图斑总数的66.67%；完成率小于80%的措施图斑有14个，占措施图斑总数的18.67%。保土耕作措施图斑完成率见表7-45。

表7-45　　红草小流域项目区保土耕作措施图斑完成率统计表

图斑编码	措施名称	措施代码	设计数量/hm^2	完成数量/hm^2	完成率/%
40	保土耕作	btgz3	9.44	8.74	92.6
44	保土耕作	btgz3	8.89	7.79	87.7
45	保土耕作	btgz3	10.38	10.13	97.6
46	保土耕作	btgz3	2.68	3.00	112.0
48	保土耕作	btgz3	1.54	3.62	234.8
49	保土耕作	btgz3	2.81	1.67	59.3
50	保土耕作	btgz3	1.67	1.66	99.5
51	保土耕作	btgz3	7.72	6.71	86.9
56	保土耕作	btgz3	6.18	5.89	95.3
57	保土耕作	btgz3	29.65	19.80	66.8
59	保土耕作	btgz3	10.07	8.62	85.6
61	保土耕作	btgz3	5.06	4.41	87.2
62	保土耕作	btgz3	7.22	6.94	96.1
63	保土耕作	btgz3	307.75	250.13	81.3
64	保土耕作	btgz3	11.66	14.79	126.8
65	保土耕作	btgz3	29.88	35.99	120.4
66	保土耕作	btgz3	3.45	4.50	130.3
67	保土耕作	btgz3	15.57	14.43	92.7
68	保土耕作	btgz3	198.24	179.32	90.5
69	保土耕作	btgz3	3.18	3.19	100.4
70	保土耕作	btgz3	3.63	4.16	114.7
71	保土耕作	btgz3	1.52	1.46	95.8
72	保土耕作	btgz3	3.70	3.91	105.6
73	保土耕作	btgz3	6.68	6.04	90.3
74	保土耕作	btgz3	5.27	4.72	89.5
75	保土耕作	btgz3	1.79	2.19	122.3
76	保土耕作	btgz3	3.00	2.69	89.5
77	保土耕作	btgz3	2.22	3.14	141.3
78	保土耕作	btgz3	6.49	8.05	124.0
80	保土耕作	btgz3	9.49	12.15	128.1
81	保土耕作	btgz3	41.11	32.62	79.3

续表

图斑编码	措施名称	措施代码	设计数量/hm^2	完成数量/hm^2	完成率/%
82	保土耕作	btgz3	7.68	5.46	71.1
84	保土耕作	btgz3	19.94	20.82	104.4
86	保土耕作	btgz3	1.52	1.94	127.6
88	保土耕作	btgz3	3.93	5.70	145.1
89	保土耕作	btgz3	3.54	9.27	261.9
90	保土耕作	btgz3	6.83	4.26	62.4
91	保土耕作	btgz3	2.26	4.82	213.1
92	保土耕作	btgz3	26.81	21.25	79.3
93	保土耕作	btgz3	7.88	7.88	100.0
96	保土耕作	btgz3	20.46	20.34	99.4
97	保土耕作	btgz3	44.21	45.69	103.3
98	保土耕作	btgz3	5.21	6.26	120.1
99	保土耕作	btgz3	3.85	2.86	74.2
100	保土耕作	btgz3	29.44	25.66	87.2
169	保土耕作	btgz3	1.58	1.80	114.2
170	保土耕作	btgz3	4.36	3.64	83.6
171	保土耕作	btgz3	4.83	5.54	114.7
172	保土耕作	btgz3	9.13	6.17	67.5
173	保土耕作	btgz3	4.93	5.03	102.0
174	保土耕作	btgz3	62.03	30.63	49.4
175	保土耕作	btgz3	82.52	73.35	88.9
176	保土耕作	btgz3	75.13	69.70	92.8
177	保土耕作	btgz3	32.72	36.17	110.5
178	保土耕作	btgz3	3.51	3.13	89.1
179	保土耕作	btgz3	2.41	1.80	74.8
183	保土耕作	btgz3	12.54	13.47	107.4
184	保土耕作	btgz3	21.04	17.81	84.7
185	保土耕作	btgz3	1.62	1.57	97.2
186	保土耕作	btgz3	62.03	60.05	96.8
187	保土耕作	btgz3	103.60	85.59	82.6
188	保土耕作	btgz3	127.90	113.87	89.0
189	保土耕作	btgz3	3.74	6.68	178.6
190	保土耕作	btgz3	1.73	1.89	109.3
191	保土耕作	btgz3	10.76	11.20	104.1
192	保土耕作	btgz3	3.52	3.47	98.7

续表

图斑编码	措施名称	措施代码	设计数量/hm²	完成数量/hm²	完成率/%
193	保土耕作	btgz3	17.06	10.76	63.1
194	保土耕作	btgz3	14.36	15.04	104.8
195	保土耕作	btgz3	1.87	3.38	180.9
196	保土耕作	btgz3	6.74	6.16	91.4
197	保土耕作	btgz3	1.87	1.17	62.5
198	保土耕作	btgz3	4.91	2.56	52.2
199	保土耕作	btgz3	7.28	7.28	100.1
209	保土耕作	btgz3	2.11	1.90	89.9
249	保土耕作	btgz3	2.42	3.21	132.8
合　计			1631.75	1458.69	103.83

排灌沟渠措施解译措施图斑措施完成率超过 90%的有 21 个，占措施图斑总数的 72.41%；措施完成率小于 80%的措施图斑有 6 个，占措施图斑总数 20.68%。生产道路措施图斑措施完成率均超过 90%。排灌沟渠与生产道路措施图斑完成率见表 7-46。

表 7-46　红草小流域项目区线状措施图斑完成率统计表

图斑编码	措施名称	措施代码	设计数量/km	备　注	完成数量/km	完成率/%
1	排灌沟渠	pggq3	0.68	混凝土排水沟	0.66	97.3
2	排灌沟渠	pggq3	0.21	混凝土排水沟	0.20	94.9
3	排灌沟渠	pggq3	0.14	混凝土排水沟	0.11	80.8
4	排灌沟渠	pggq3	0.11	混凝土排水沟	0.11	99.4
5	排灌沟渠	pggq3	0.25	混凝土排水沟	0.25	100.9
6	排灌沟渠	pggq3	0.06	混凝土排水沟	0.07	112.4
7	排灌沟渠	pggq3	0.17	混凝土排水沟	0.16	95.9
12	排灌沟渠	pggq3	0.10	混凝土排水沟	0.10	100.6
11	排灌沟渠	pggq3	0.53	混凝土排水沟	0.53	99.1
10	排灌沟渠	pggq3	0.51	混凝土排水沟	0.52	100.7
8	排灌沟渠	pggq3	0.11	混凝土排水沟	0.06	53.2
9	排灌沟渠	pggq3	0.44	混凝土排水沟	0.44	99.9
14	排灌沟渠	pggq3	0.12	混凝土排水沟	0.05	43.1
15	排灌沟渠	pggq3	0.29	混凝土排水沟	0.29	100.2
16	排灌沟渠	pggq3	0.33	混凝土排水沟	0.22	66.9
1	排灌沟渠	pggq3	0.39	混凝土排水沟	0.45	117.0
18	排灌沟渠	pggq3	0.17	混凝土排水沟	0.16	96.2
2	排灌沟渠	pggq3	0.42	砖砌排水沟	0.43	101.1
3	排灌沟渠	pggq3	0.43	砖砌排水沟	0.42	97.6

续表

图斑编码	措施名称	措施代码	设计数量/km	备　注	完成数量/km	完成率/%
5	排灌沟渠	pggq3	0.26	砖砌排水沟	0.25	96.0
4	排灌沟渠	pggq3	0.14	砖砌排水沟	0.18	133.4
1	排灌沟渠	pggq3	0.32	植生毯沟	0.29	90.4
2	排灌沟渠	pggq3	0.28	植生毯沟	0.24	88.9
1	排灌沟渠	pggq3	0.76	植草沟	0.46	61.5
2	排灌沟渠	pggq3	0.51	植草沟	0.31	61.5
1	排灌沟渠	pggq3	0.42	植草砖沟	0.41	97.9
17	排灌沟渠	pggq3	0.10	混凝土排水沟	0.10	96.7
13	排灌沟渠	pggq3	0.01	混凝土排水沟	0.01	77.0
2	排灌沟渠	pggq3	0.28	植草砖沟	0.28	97.9
10	生产道路	scdl3	0.67	机耕路	0.66	98.9
8	生产道路	scdl3	0.70	机耕路	0.70	100.0
9	生产道路	scdl3	0.40	机耕路	0.40	100.1
7	生产道路	scdl3	0.62	机耕路	0.67	108.0
5	生产道路	scdl3	0.90	机耕路	0.90	100.3
6	生产道路	scdl3	0.26	机耕路	0.24	92.1
3	生产道路	scdl3	0.12	机耕路	0.12	103.5
4	生产道路	scdl3	0.44	机耕路	0.43	97.9
1	生产道路	scdl3	1.69	机耕路	1.66	98.5
2	生产道路	scdl3	0.95	机耕路	1.09	115.3
合　计			15.24		14.62	95.9

解译沉砂池8座，措施完成率为80%；解译谷坊8处，措施完成率为100%。

7.2.8.5 现场核查资料及结果

根据《国家水土保持重点工程信息化监管技术规定》（试行）（办水保〔2018〕07号）要求，点线面各类措施核查数量要占到各类措施数量的30%以上。本项目拟核查图斑见表7-47。

表7-47　　红草小流域项目区拟核查图斑信息表

措施图斑类型	设计规模	拟核查图斑信息		拟核查图斑编号
		规模	占设计规模比例/%	
封禁治理	489.49hm^2	148.11hm^2	30.26	25个措施图斑
保土耕作	1631.75hm^2	489.57hm^2	30.0	16个措施图斑
生产道路	6.74km	2.36km	35.01	1号、10号
排灌沟渠	8.51km	2.63km	30.90	9个措施图斑
沉砂池	10座	3座	30.0	2号、8号、9号
谷坊	8处	3处	37.5	4号、5号、6号

东方市红草小流域综合治理工程各类措施图斑现场核查结果见表7-48。

表7-48　红草小流域项目区国家水土保持重点工程项目现场抽查信息表

项目省：	海南省	项目县：	东方市	实施年度：2018年				
项目区：	红草小流域							
抽查时间：	2018年9月12日							
图斑编码	措施名称	措施类型	是否按照设计措施执行	施工措施名称	质量是否合格	设计措施数量	完成措施数量	完成率/%
8	沉砂池	点状图斑	☑是□否	沉砂池	☑是□否	1.00	1.00	100.0
9	沉砂池	点状图斑	☑是□否	沉砂池	☑是□否	1.00	0.00	0.0
2	沉砂池	点状图斑	☑是□否	沉砂池	☑是□否	1.00	1.00	100.0
4	谷坊	点状图斑	☑是□否	谷坊	☑是□否	1.00	1.00	100.0
5	谷坊	点状图斑	☑是□否	谷坊	☑是□否	1.00	1.00	100.0
6	谷坊	点状图斑	☑是□否	谷坊	☑是□否	1.00	1.00	100.0
1	排灌沟渠	线状图斑	☑是□否	排灌沟渠	☑是□否	0.32	0.29	90.4
2	排灌沟渠	线状图斑	☑是□否	排灌沟渠	☑是□否	0.21	0.20	94.9
7	排灌沟渠	线状图斑	☑是□否	排灌沟渠	☑是□否	0.17	0.16	95.9
5	排灌沟渠	线状图斑	☑是□否	排灌沟渠	☑是□否	0.26	0.25	96.0
18	排灌沟渠	线状图斑	☑是□否	排灌沟渠	☑是□否	0.17	0.16	96.2
17	排灌沟渠	线状图斑	☑是□否	排灌沟渠	☑是□否	0.10	0.10	96.7
3	排灌沟渠	线状图斑	☑是□否	排灌沟渠	☑是□否	0.43	0.42	97.6
11	排灌沟渠	线状图斑	☑是□否	排灌沟渠	☑是□否	0.53	0.53	99.1
9	排灌沟渠	线状图斑	☑是□否	排灌沟渠	☑是□否	0.44	0.44	99.9
10	生产道路	线状图斑	☑是□否	生产道路	☑是□否	0.67	0.66	98.9
1	生产道路	线状图斑	☑是□否	生产道路	☑是□否	1.69	1.66	98.5
12	封禁治理	面状图斑	☑是□否	封禁治理	☑是□否	1.69	1.53	90.3
8	封禁治理	面状图斑	☑是□否	封禁治理	☑是□否	6.40	5.80	90.6
14	封禁治理	面状图斑	☑是□否	封禁治理	☑是□否	3.73	3.41	91.4
20	封禁治理	面状图斑	☑是□否	封禁治理	☑是□否	4.07	3.74	91.8
123	封禁治理	面状图斑	☑是□否	封禁治理	☑是□否	11.63	10.70	92.0
36	封禁治理	面状图斑	☑是□否	封禁治理	☑是□否	3.94	3.64	92.3
37	封禁治理	面状图斑	☑是□否	封禁治理	☑是□否	4.09	3.80	92.8
15	封禁治理	面状图斑	☑是□否	封禁治理	☑是□否	1.89	1.76	93.2
112	封禁治理	面状图斑	☑是□否	封禁治理	☑是□否	15.88	15.17	95.5
128	封禁治理	面状图斑	☑是□否	封禁治理	☑是□否	3.37	3.27	97.1
3	封禁治理	面状图斑	☑是□否	封禁治理	☑是□否	2.93	2.89	98.5
120	封禁治理	面状图斑	☑是□否	封禁治理	☑是□否	1.60	1.58	98.8
116	封禁治理	面状图斑	☑是□否	封禁治理	☑是□否	2.10	2.08	99.0

续表

图斑编码	措施名称	措施类型	是否按照设计措施执行	施工措施名称	质量是否合格	设计措施数量	完成措施数量	完成率/%
106	封禁治理	面状图斑	☑是□否	封禁治理	☑是□否	1.62	1.62	99.8
22	封禁治理	面状图斑	☑是□否	封禁治理	☑是□否	1.84	1.84	99.9
21	封禁治理	面状图斑	☑是□否	封禁治理	☑是□否	5.14	5.15	100.2
24	封禁治理	面状图斑	☑是□否	封禁治理	☑是□否	1.82	1.82	100.2
121	封禁治理	面状图斑	☑是□否	封禁治理	☑是□否	4.05	4.07	100.4
125	封禁治理	面状图斑	☑是□否	封禁治理	☑是□否	7.48	7.66	102.4
122	封禁治理	面状图斑	☑是□否	封禁治理	☑是□否	5.82	6.08	104.5
23	封禁治理	面状图斑	☑是□否	封禁治理	☑是□否	29.02	30.46	105.0
7	封禁治理	面状图斑	☑是□否	封禁治理	☑是□否	3.13	3.30	105.5
10	封禁治理	面状图斑	☑是□否	封禁治理	☑是□否	11.21	11.87	105.9
105	封禁治理	面状图斑	☑是□否	封禁治理	☑是□否	7.62	8.07	105.9
114	封禁治理	面状图斑	☑是□否	封禁治理	☑是□否	6.04	6.40	106.0
73	保土耕作	面状图斑	☑是□否	保土耕作	☑是□否	6.68	6.04	90.3
68	保土耕作	面状图斑	☑是□否	保土耕作	☑是□否	198.24	179.32	90.5
40	保土耕作	面状图斑	☑是□否	保土耕作	☑是□否	9.44	8.74	92.6
67	保土耕作	面状图斑	☑是□否	保土耕作	☑是□否	15.57	14.43	92.7
176	保土耕作	面状图斑	☑是□否	保土耕作	☑是□否	75.13	69.70	92.8
56	保土耕作	面状图斑	☑是□否	保土耕作	☑是□否	6.18	5.89	95.3
62	保土耕作	面状图斑	☑是□否	保土耕作	☑是□否	7.22	6.94	96.1
186	保土耕作	面状图斑	☑是□否	保土耕作	☑是□否	62.03	60.05	96.8
45	保土耕作	面状图斑	☑是□否	保土耕作	☑是□否	10.38	10.13	97.6
96	保土耕作	面状图斑	☑是□否	保土耕作	☑是□否	20.46	20.34	99.4
93	保土耕作	面状图斑	☑是□否	保土耕作	☑是□否	7.88	7.88	100.0
199	保土耕作	面状图斑	☑是□否	保土耕作	☑是□否	7.28	7.28	100.1
69	保土耕作	面状图斑	☑是□否	保土耕作	☑是□否	3.18	3.19	100.4
173	保土耕作	面状图斑	☑是□否	保土耕作	☑是□否	4.93	5.03	102.0
97	保土耕作	面状图斑	☑是□否	保土耕作	☑是□否	44.21	45.69	103.3
措施符合率/%		100	措施质量合格率/%		100	措施完成率/%		96.2
抽查意见	无							

7.2.9 广东省罗定市新榕河小流域综合治理工程

7.2.9.1 工程项目介绍

新榕河小流域综合治理工程位于罗镜镇新榕圩附近，位于罗定市西南部。工程建设工期为1年，计划2018年10月全面开始实施，2019年9月结束。主体工程施工期由2018年11月1日至2019年9月15日，共10.5个月；工程完建期共0.5个月，为2019年9月16日至2019年9月30日。

7.2.9.2 项目区现状无人机正射影像收集

2018年11月27日，使用大疆精灵4Pro无人机基于航线规划完成了新榕河小流域工程措施集中区无人机正射影像原始素材拍摄收集。无人机飞行高度450m，飞行当天天气状况良好，除个别区域有少量薄雾外，其余区域无云雾遮挡。图7-27为项目区无人机正射影像，影像分辨率为0.10m。

图7-27 新榕河小流域项目区无人机正射影像（2018年11月）

7.2.9.3 项目设计措施图斑

封禁治理设计措施图斑2个，总面积为3591.0hm^2。排灌沟渠设计措施图斑10个，总长度为7.2km；坡面截流工程设计措施图斑1个，长度为7.1km；封禁治理护栏设计措施图斑1个，长度为5km。垃圾处置设施（2m×3m）设计措施图斑5个；谷坊设计措施图斑30个；中小型坝设计措施图斑6个；沉砂池设计措施图斑11个；大型崩岗设计措施图斑25个；中小型崩岗设计措施图斑1个。项目区设计措施图斑布局如图7-28和图7-29所示。

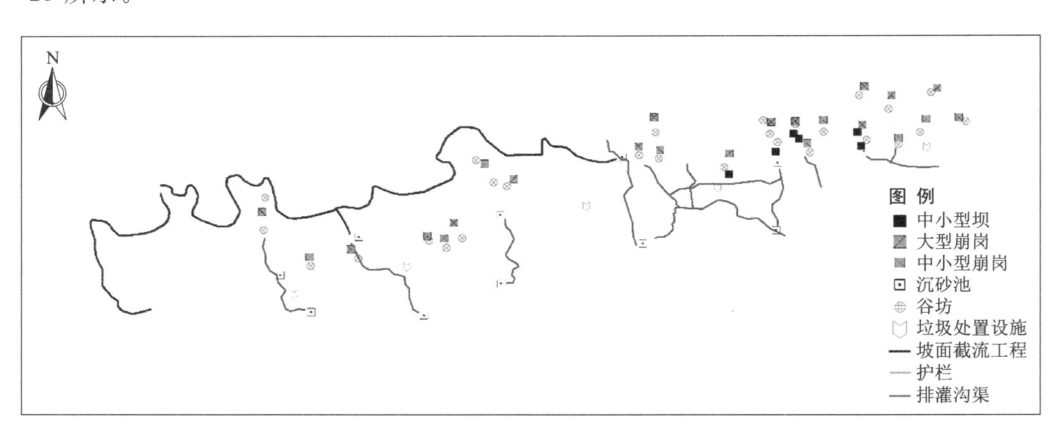

图7-28 新榕河小流域项目区点线状设计措施图斑布局图

7.2.9.4 解译措施图斑及其与设计措施图斑对比

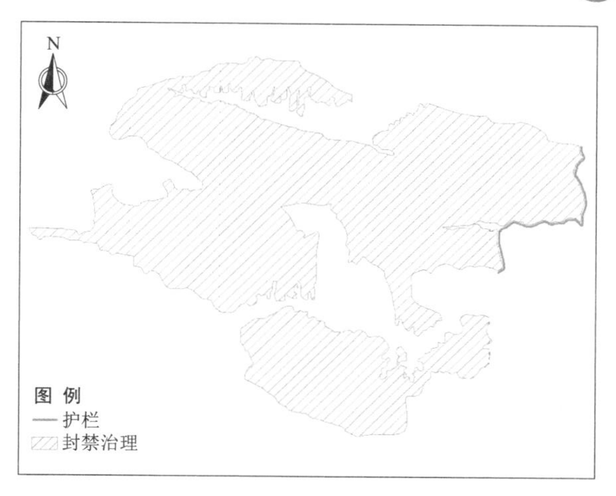

图 7-29 新榕河小流域项目区面状设计措施图斑布局图

基于 2018 年 11 月 22 号项目区无人机正射影像，对各类工程措施进行人工解译，解译结果如图 7-30 和图 7-31 所示。共解译封禁治理措施图斑 2 个，解译措施图斑总面积为 $3846.44hm^2$，措施完成率为 100%；解译排灌沟渠措施图斑 10 个，解译措施总长度为 5.84km，措施完成率平均值为 81.17%；解译垃圾处置设施措施图斑 2 个，措施完成率为 40.00%；解译谷坊 17 座，措施完成率为 56.67%；解译中小型坝措施图斑 1 处，措施完成率为 16.67%；解译大型崩岗 15 座，措施完成率为 60.00%。

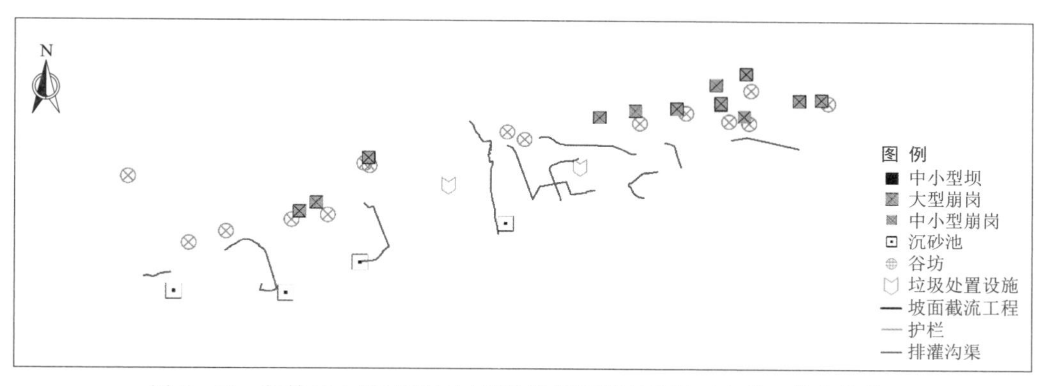

图 7-30 新榕河小流域项目区解译措施图斑布局图（点状、线状措施）

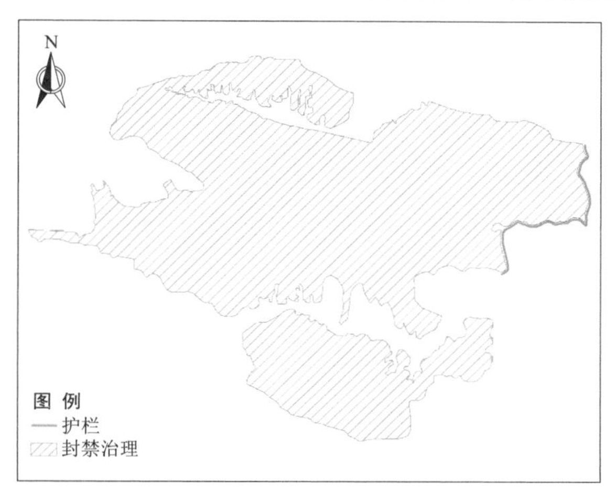

图 7-31 新榕河小流域项目区解译措施图斑布局图（面状措施）

解译封禁治理措施图斑 2 个，各措施图斑完成率见表 7-49。

排灌沟渠解译措施图斑 10 个，其中有 3 个措施完成率超过 90%，占措施图斑总数的 30%；有 5 个措施完成率低于 80%，占措施图斑总数的 50%。其余线状措施图斑解译未发现。排灌沟渠解译措施图斑完成率见表 7-50。

项目区点状措施图斑措施完成率为 50%。解译垃圾处置设施 2 处，该措施完成率为 40%；解译谷坊 17 处，该措施完成率为 56.67%；解译中小型坝点状措施 1 处，措施完成率为 16.67%；解译沉砂池 4 个，措施完成率为 36.36%；解译大型崩岗 15 处，措施完成率为 60.00%。项目区点状措施图斑完成率见表 7-51。

表 7-49　　新榕河小流域项目区封禁治理措施图斑完成率统计表

图斑编码	措施名称	措施代码	设计数量/hm^2	完成数量/hm^2	完成率/%
1	封禁治理	fjzl3	2888.89	3135.10	1.09
2	封禁治理	fjzl3	702.11	711.34	1.01
合　计			3591.00	3846.44	1.07

表 7-50　　新榕河小流域项目区线状措施图斑完成率统计表

图斑编码	措施名称	措施代码	设计数量/km	完成数量/km	完成率/%
1	排灌沟渠	pggq3	0.76	0.47	61.44
2	排灌沟渠	pggq3	0.30	0.24	79.18
3	排灌沟渠	pggq3	0.64	0.38	60.11
5	排灌沟渠	pggq3	0.40	1.00	250.02
4	排灌沟渠	pggq3	1.09	0.46	42.63
10	排灌沟渠	pggq3	0.80	0.68	85.60
6	排灌沟渠	pggq3	0.86	1.00	116.81
7	排灌沟渠	pggq3	0.70	0.63	90.21
8	排灌沟渠	pggq3	0.88	0.78	88.70
9	排灌沟渠	pggq3	0.77	0.19	24.57
合　计			7.20	5.84	81.17

表 7-51　　新榕河小流域项目区点状措施图斑完成率统计表

措施名称	设计数量/(个/处)	完成数量/(个/处)	完成率/%	措施名称	设计数量/(个/处)	完成数量/(个/处)	完成率/%
垃圾处置设施	2	5	40.00	大型崩岗	15	25	60.00
谷坊	17	30	56.67	中小型崩岗	0	1	0.00
中小型坝	1	6	16.67	合　计	39	78	50.00
沉砂池	4	11	36.36				

7.2.9.5　现场核查资料及结果

根据《国家水土保持重点工程信息化监管技术规定》(试行)(办水保〔2018〕07 号)要求，点线面各类措施核查数量要占到各类措施数量的 30%以上。本项目拟核查图斑见表 7-52。

表 7-52　　新榕河小流域项目区拟核查图斑信息表

措施图斑类型	设计规模	拟核查图斑信息		拟核查图斑编号
		规模	占设计规模比例/%	
封禁治理	3591.0hm^2	2888.89hm^2	80.45	1 号
排灌沟渠	7.20km	2.43 km	33.75	2 号、3 号、4 号、5 号
垃圾处置设施	5 处	2 处	40	3 号、4 号

续表

措施图斑类型	设计规模	拟核查图斑信息		拟核查图斑编号
		规模	占设计规模比例/%	
谷坊	30 处	9 处	30	9 个措施图斑
中小型坝	6 处	2 处	33.33	1 号、2 号
沉砂池	11 座	4 座	36.36	4 号、7 号、8 号、10 号
大型崩岗	25 座	8 座	32	8 个措施图斑

新榕河小流域综合治理工程各类措施图斑现场核查结果见表 7-53。

表 7-53　新榕河小流域项目区国家水土保持重点工程项目现场抽查信息表

项目省：广东省　项目县：罗定市　实施年度：2018 年

项目区：新榕河小流域

抽查时间：2018 年 11 月 27 日

图斑编码	措施名称	措施类型	是否按照设计措施执行	施工措施名称	质量是否合格	设计措施数量	完成措施数量	完成率/%
1	封禁治理	面状措施	☑是□否	封禁治理	☑是□否	2888.89	3135.10	109
2	排灌沟渠	线状措施	☑是□否	线状措施	☑是□否	0.30	0.24	79.18
3	排灌沟渠	线状措施	☑是□否	线状措施	☑是□否	0.64	0.38	60.11
4	排灌沟渠	线状措施	☑是□否	线状措施	☑是□否	0.40	1.00	250.02
5	排灌沟渠	线状措施	☑是□否	线状措施	☑是□否	1.09	0.46	42.63
3	垃圾处置设施	点状措施	☑是□否	垃圾处置设施	☑是□否	1	1	100
4	垃圾处置设施	点状措施	☑是□否	垃圾处置设施	☑是□否	1	1	100
1	谷坊	点状措施	☑是□否	谷坊	☑是□否	1	1	100
4	谷坊	点状措施	☑是□否	谷坊	☑是□否	1	1	100
5	谷坊	点状措施	☑是□否	谷坊	☑是□否	1	1	100
7	谷坊	点状措施	☑是□否	谷坊	☑是□否	1	1	100
8	谷坊	点状措施	☑是□否	谷坊	☑是□否	1	1	100
11	谷坊	点状措施	☑是□否	谷坊	☑是□否	1	1	100
15	谷坊	点状措施	☑是□否	谷坊	☑是□否	1	1	100
17	谷坊	点状措施	☑是□否	谷坊	☑是□否	1	1	100
18	谷坊	点状措施	☑是□否	谷坊	☑是□否	1	1	100
1	中小型坝	点状措施	☑是□否	中小型坝	☑是□否	1	0	0
2	中小型坝	点状措施	☑是□否	中小型坝	☑是□否	1	1	100
4	沉砂池	点状措施	☑是□否	沉砂池	☑是□否	1	1	100
7	沉砂池	点状措施	☑是□否	沉砂池	☑是□否	1	1	100

续表

图斑编码	措施名称	措施类型	是否按照设计措施执行	施工措施名称	质量是否合格	设计措施数量	完成措施数量	完成率/%
8	沉砂池	点状措施	☑是□否	沉砂池	☑是□否	1	1	100
10	沉砂池	点状措施	☑是□否	沉砂池	☑是□否	1	1	100
1	大型崩岗	点状措施	☑是□否	大型崩岗	☑是□否	1	1	100
3	大型崩岗	点状措施	☑是□否	大型崩岗	☑是□否	1	1	100
4	大型崩岗	点状措施	☑是□否	大型崩岗	☑是□否	1	1	100
5	大型崩岗	点状措施	☑是□否	大型崩岗	☑是□否	1	1	100
6	大型崩岗	点状措施	☑是□否	大型崩岗	☑是□否	1	1	100
7	大型崩岗	点状措施	☑是□否	大型崩岗	☑是□否	1	1	100
8	大型崩岗	点状措施	☑是□否	大型崩岗	☑是□否	1	1	100
11	大型崩岗	点状措施	☑是□否	大型崩岗	☑是□否	1	1	100
措施符合率/%		100	措施质量合格率/%		100	措施完成率/%		98.03
抽查意见	无							

7.3　水土保持治理工程实施成效评价

7.3.1　贵州盘县大槽子小流域水土流失综合治理工程

7.3.1.1　项目基本情况

项目区位于六盘水市盘县珠东乡大槽子小流域，距县城城 75km。工程仅涉及珠东乡的大槽子村，流域面积 1616.88hm²。流域以山地主，属低中山地貌。最低海拔 1732.4m，位于项目区中部的洼地底部，最高海拔 1984.8m，位于项目区北部大山营，相对高差 252.4m。

项目行政区划属盘县珠东乡管辖，主要涉及珠东乡的大槽子村。共涉及 594 户，总人口 2496 人，其中农业人口 2471 人，非农业人口 25 人，贫困人口 1073 人，居住的少数民族有彝族、苗族、回族、布依族等。人口密度 154 人/km²，土地总面积 1616.88hm²，农业人均耕地面积 2.64hm²/人，农业人均基本农田 0.39 亩。人口自然增长率为 7.3‰，流域内有农业劳动力 1136 人，外出务工人员 147 人，农闲时可提供 2.73 万个工日。

根据 1∶10000 地形图，结合遥感影像勾绘和实地核对，大槽子小流域土地总面积 1616.88hm²，其中梯坪地 49.51hm²，占土地总面积 3.06%；旱坪地 14.17hm²，占土地总面积 0.88%；坡耕地 376.37hm²，占土地总面积 23.28%；乔木林 43.37hm²，占土地总面积 2.68%；灌木林 687.80hm²，占土地总面积 42.54%；疏幼林 112.47hm²，占土地总面积 6.69%；天然草地 196.99hm²，占土地总面积 12.18%；荒地 73.36hm²，占土地总面积 4.54%；难利用地 6.92hm²，占土地总面积 0.43%；交通运输用地 20.63hm²，占土地总面积 1.28%；城镇村及工矿用地 35.29hm²，占土地总面积 2.18%，详见表 7-54。

表 7-54　　大槽子小流域土地利用现状

现　状			土地面积/hm²	占比/%
耕地	小计		440.05	27.22
	梯坪地		49.51	3.06
	旱坪地		14.17	0.88
	坡耕地	小计	376.37	23.28
		5°～8°	47.55	2.94
		8°～15°	165.27	10.22
		15°～25°	163.55	10.12
园地	经济林		0.00	0.00
	果木林		0.00	0.00
林地	小计		843.64	52.18
	乔木林		43.37	2.68
	灌木林		687.80	42.54
	其他林地	小计	112.47	6.96
		疏林地	112.47	6.96
		幼林地	0.00	0.00
荒地			73.36	4.54
天然草地			196.99	12.18
人工草地			0.00	0.00
难利用地			6.92	0.43
交通用地			20.63	1.28
城镇及工矿用地			35.29	2.18
合　计			1616.88	100.00

项目区位于扬子准地台，上扬子台褶带黔西南迭陷褶断束Ⅲ级大地构造单元，该区出露地层主要为二叠系、三叠系和第四系地层，区域地层从老到新顺序依次为二叠系下统茅口组（P2m，浅灰色、深灰色中厚层状至厚层状灰岩，含动物化石）、二叠系上统峨眉山玄武岩组（P3β，灰绿色玄武岩、拉斑玄武岩、暗灰色火山角砾岩及凝灰岩，厚度>230m）、三叠系下统飞仙关组（Tiff，岩性为灰绿色、灰色、紫灰色、灰紫色粉砂岩、泥质粉砂岩、粉砂质泥岩、灰岩等，厚度约600m）、第四系（Q，坡积物、冲积物，岩石风化形成的砂壤，结构较密实，厚度在0～6m之间变化，一般厚1～3m）。

项目区无地震活动资料记录。据区域资料，本区近期以来无活动断层发育，查国家质量技术监督局2001年颁布的《中国地震动参数区划图》（GB 18306—2001），测区地震峰值加速度为小于0.05g，地震动反映谱特征周期为0.35s，相应的地震基本烈度小于Ⅵ度，区域构造稳定性较好。

项目区地处云贵高原过渡的中部斜坡地带，地势西北高，东部和南部低。受地层岩性、构造、气候、水文等因素的综合影响，大槽子小流域内喀斯特岩溶地貌发育，表现为以流水作用为主导的剥蚀-侵蚀地貌系列和以岩溶作用为主导的溶蚀地貌系列，属山地中山槽谷-峰丛洼地地貌类型，流域内沟道形状呈不对称树状。

大槽子小流域面积 1616.88hm^2。小于 5°土地面积为 124.39hm^2，占总面积的 7.69%；5°～8°土地面积为 50.61hm^2，占总面积的 3.13%；8°～15°土地面积为 630.13hm^2，占总面积的 38.97%；15°～25°土地面积为 608.87hm^2，占总面积的 37.66%；25°～35°土地面积为 103.08hm^2，占总面积的 6.38%；大于 35°土地面积为 99.80hm^2，占总面积的 6.17%，详见表 7-55。

表 7-55　大槽子小流域地面坡度组成表

<5°	面积/hm^2	124.4	15°～25°	面积/hm^2	608.87
	比例/%	7.69		比例/%	37.66
5°～8°	面积/hm^2	50.61	25°～35°	面积/hm^2	103.08
	比例/%	3.13		比例/%	6.38
8°～15°	面积/hm^2	630.13	>35°	面积/hm^2	99.8
	比例/%	38.97		比例/%	6.17

流域内土壤主要有黄壤、黄棕壤、石灰土，均为易蚀性土壤。黄壤成土母岩以石灰岩、砂页岩、玄武岩及第四纪黏土为主，有机质含量较低，Fe、Si 质多，酸性重，缺 P，土层深厚，质地黏重，透性较差。黄棕壤的矿物风化作用、淋溶作用和脱硅富铝化作用均较弱，土层浅薄、疏松，有机质含量较高，呈酸性反应，养分含量较丰富。石灰土一般分布在石灰岩坡度较大地方，受母岩影响，土壤富含 Ca 质，呈中性及微碱性，表土地层有机质含量高，质地中黏，结构良好，宜种性较广。

项目区坡耕地土壤有机质含量偏低，不利于农事生产活动，需作相应利用方式调整，利于园地建设；部分坡耕地生产能力濒临退化，需及时进行防护治理，预防跑水、跑土、跑肥，利于梯田工程建设；部分荒山荒坡地上土壤厚度在 0.3m 以上，适宜于植被生长，利于植树造林工程建设。

项目区植被属亚热带常绿阔叶林带，境内的天然植被大体分为乔木群落、灌木群落、草本群落三大类，林草覆盖率 69.33%。林木树种繁多，但目前多数原生植被已遭到破坏，次生植被中的用材林树种主要有滇柏、杉木、马尾松、白花泡桐、红花泡桐、梓树、红椿、白杨、苦楝等。经济果木林树种主要有核桃、板栗、柿子、油茶、漆树、李树、杜仲、桑树、梨树、枇杷、杏树、桃树、石榴、柑橘等。灌木林类主要有杨梅、化香、马桑、木姜子、黑樟、老虎刺、岩桑、野樱桃、刺梨、火棘、小果蔷薇、悬钩子、白花刺等。区内牧草种类繁多，通过调查，有发展前途的野生牧草有禾本科的香草、马唐、莠草、狗尾草、野古草、披碱草、刚秀竹、画眉草、早熟禾、看麦娘；豆科中有白三叶、白脉根、山蚂蟥、野豌豆、苜蓿等；菊科牛膝菊。

项目区内气候温和，属亚热带湿润季风气候区，具有高原季风气候特点，冬季较寒冷、夏季较温凉、雨热同期、冬春干旱、夏季潮湿。据盘县气象局 1980—2010 年气象资料统计，境内年平均气温为 13.5℃，历年极端最高气温为 31.2℃，极端最低气温为 11.2℃。最热月 7 月均温为 20.2℃，最冷月 1 月均温为−5.1℃，最热月与最冷月温差

25℃。珠东乡全年总积温为4939℃，稳定通过10℃的初日为3月29日，终日为11月2日，持续天数为218天，＞10℃的活动积温为3853.4℃。珠东乡年平均降雨量为1390.8mm，年际降雨随季节的变化而分布不均，以季节作物生长期（4—9月）为最多，达1094.4mm，占全年降雨量的80%以上。10年一遇最大一小时降雨量为68.38mm，20年一遇最大1h降雨量为75.68mm，1h平均点雨量为36mm。光照、太阳辐射：珠东乡由于地势较为开阔，年日照时数可达1716小时，4—9月秋季作物生长期内的日照时数可达850h以上，对作物的开花授粉十分有利。年平均太阳总辐射量113.68kcal/cm^2，有效辐射57.96kcal/cm^2。珠东乡的初霜日11月11日，终霜目3月8日，无霜期247天，但个别年份10月可出现初霜，终霜日期可持续到3月底，给秋季作物的生长带来一定的影响。珠东乡的灾害性气候有冰雹、洪涝及春旱。春旱属气候性干旱，多发生在3月。

项目区属珠江流域南北盘江水系，北盘江的二级支流。流域内无常年性河流、溪沟和大型水体。由于大槽子小流域属典型的岩溶洼地，季节性降水均由流域内海拔1732.4m的3处落水洞经地下暗河流出，丰水季节洼地涝灾频繁，枯水季节旱灾严重。

在土地利用结构方面，坡耕地面积占流域总面积的23.28%，水土流失严重；林地面积占流域总面积的51.91%，郁闭度低，蓄水保土能力差；荒山荒坡占流域总面积的16.72%，宜林宜草面积未得到有效利用，林草覆盖度低，蓄水保土能力差。在土地利用方面，一方面有机肥、农家肥使用量少，土壤贫瘠，作物易遭病虫害，另一方面化学肥料使用增多，化学肥料随土壤进入河流，产生面源污染，减少水生物，污染河流。在农业生产方面，主要是传统农业，农业耕作方式以传统的耕作方式为主，人力耕作占绝大比重，农作物种植结构单一，经济作物较少；农田布局紊乱，种植难度大，单产低。在生活方面，村民时常进入林地内砍伐林木当燃料，随意至荒坡上放牧、割草，降低林草覆盖率，甚至扰动、破坏地表成，破坏植被生长，造成新的水土流失，导致植被恢复缓慢，甚至部分区域出现石漠化现象。工副业经济所占比例较小，需结合项目区的自然资源优势，大力发展农村经济。

通过实地调查，项目区水土流失类型以水力侵蚀为主，人为活动造成的侵蚀次之。水力侵蚀又以面蚀为主，沟蚀次之。通过1：10000地形图现场勾绘，结合《土壤侵蚀分类标准》判别统计，该项目区有水土流失面积1469.14hm^2，占该项目区土地总面积的90.86%，土壤平均侵蚀模数为3716t/(km^2·a)；年均土壤侵蚀量为6.01万t；按流失程度划分为：轻度流失面积243.77hm^2，占流失面积的16.59%；中度流失面积886.82hm^2，占流失面积的60.36%；强烈流失面积338.55hm^2，占流失面积的23.04%，详见表7-56。

表7-56　大槽子小流域水土流失现状

水土流失情况								年土壤侵蚀量/万t	土壤侵蚀模数/[t/(km^2·a)]
合计		轻度		中度		强烈			
面积/hm^2	占土地面积/%	面积/hm^2	占土地面积/%	面积/hm^2	占土地面积/%	面积/hm^2	占土地面积/%		
1469.14	90.86	243.77	16.59	886.82	60.36	338.55	23.04	6.01	3716

7.3.1.2　实施成效评价基础数据

基础数据包含小流域高分辨率卫星遥感影像、30m 数字高程模型（治理实施前）和无人机影像以及数字高程模型（治理实施后）。大槽子小流域采用的是 2013 年 1 月高分一号卫星遥感影像，影像分辨率 2m，如图 7－32 所示。无人机影像采用的是 2017 年 1 月大疆精灵 4PRO 拍摄的无人机遥感影像，影像分辨率 0.21m。

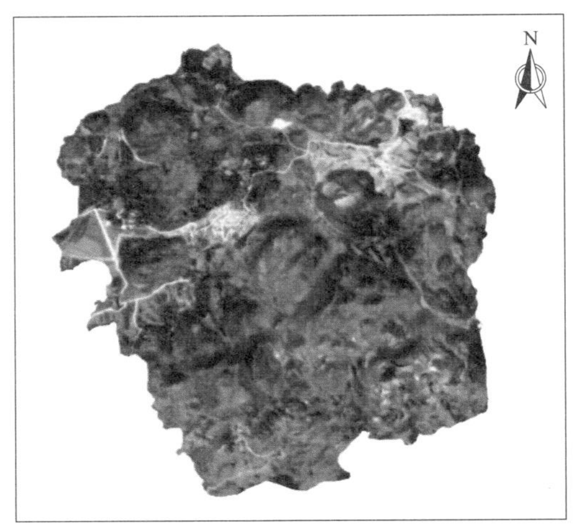

（a）2013年1月高分一号影像

（b）2013年1月DEM

（c）2017年1月无人机影像

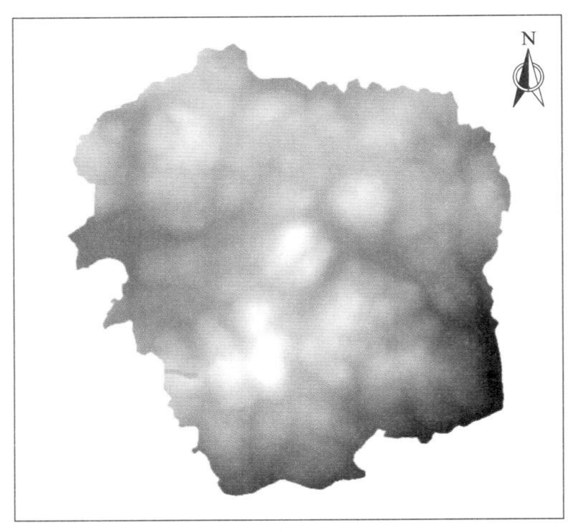

（d）2017年1月DEM

图 7－32　大槽子小流域治理前后影像与 DEM 分布图

7.3.1.3　评价关键因子计算

（1）降雨侵蚀力因子 R。降雨是导致土壤侵蚀的主要源动力，降雨侵蚀力因子 R 反映了降雨气候因素对土壤侵蚀的潜在作用，是影响土壤侵蚀计算结果的重要因子之一。大槽子小流域治理前降雨侵蚀力因子在 5384.88～5415.67（MJ·mm)/(hm^2·h·a)之间，治理后在 5383.24～5414.52（MJ·mm)/(hm^2·h·a)之间，如图 7－33 所示。因治理成效评价周期相对较短，且未出现极端降雨天气，故降雨侵蚀力未发生较大波动。

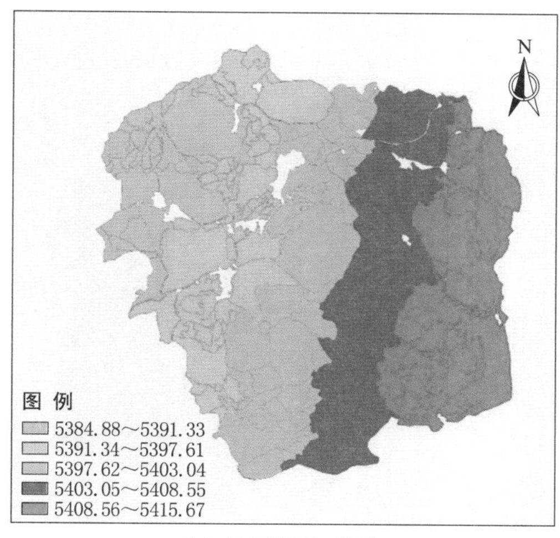

（a）2013年1月R因子

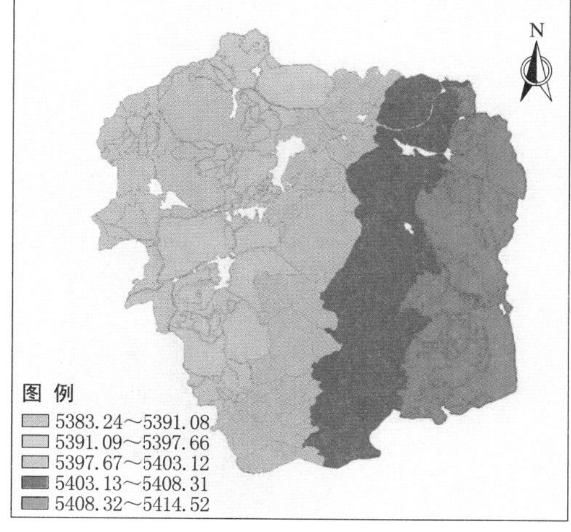

（b）2017年1月R因子

图 7-33 大槽子小流域治理前后降雨侵蚀力因子分布图

（2）土壤侵蚀力因子 K。一般认为土壤可蚀性是土壤对侵蚀的敏感程度，指土壤受到外界营力作用被分散和搬运的难易程度。大槽子小流域水土保持工程开展前土壤侵蚀力因子平均值为 0.005616±0.000731t/(hm^2·a)，开展后为 0.005612±0.000703t/(hm^2·a)。

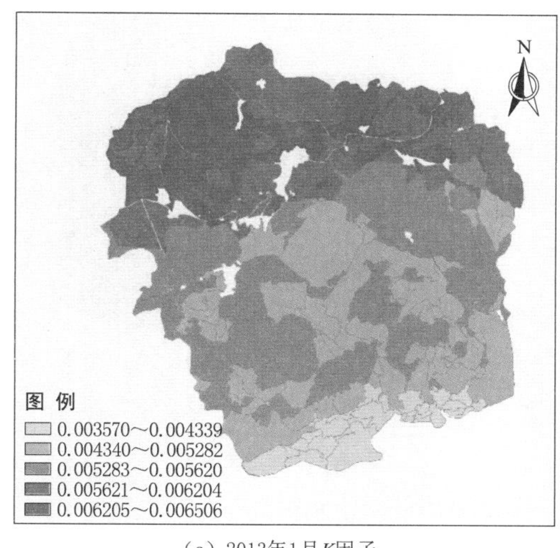

（a）2013年1月K因子

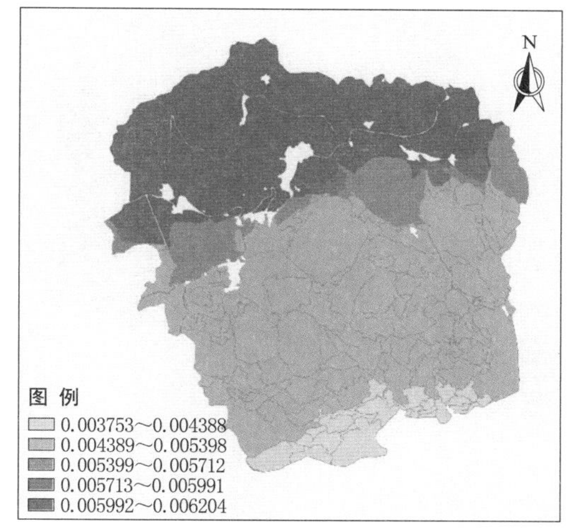

（b）2017年1月K因子

图 7-34 大槽子小流域治理前后土壤侵蚀力因子分布图

（3）地形因子 LS。坡长是反映区域地形、地貌条件的重要指标，与产流和侵蚀过程间关系复杂。相关研究表明，随坡长增加，坡面径流深逐渐变大，土壤侵蚀状况逐渐加剧。坡度因子是影响土壤侵蚀量关键因子。坡度较小时土壤侵蚀量随坡度增加逐渐增大；当坡度增加到一定值后，侵蚀量随坡度增加呈降低趋势。大槽子小流域治理工程实施前后各图斑坡度因子平均值分别为 5.800963±2.529498 和 3.977988±2.199573，治理工程实施前后坡长因子平均值分别为 0.734784±0.625394 和 0.442541±0.45915，坡度、坡长因子呈略微降低趋势，如图7-35和图7-36所示。

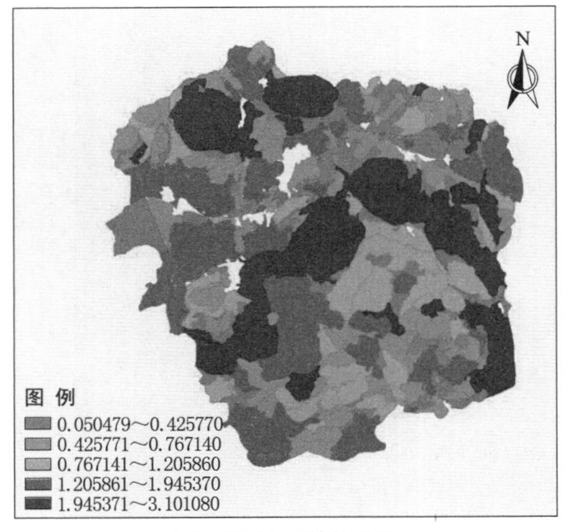

（a）2013年1月坡长因子

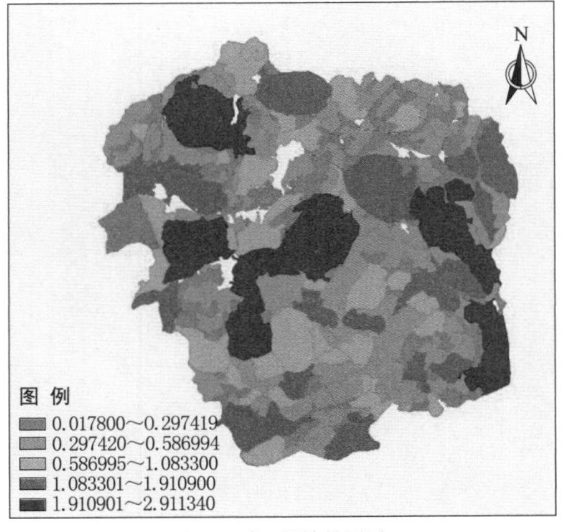

（b）2017年1月坡长因子

图7-35　大栗树小流域治理前后坡长因子分布图

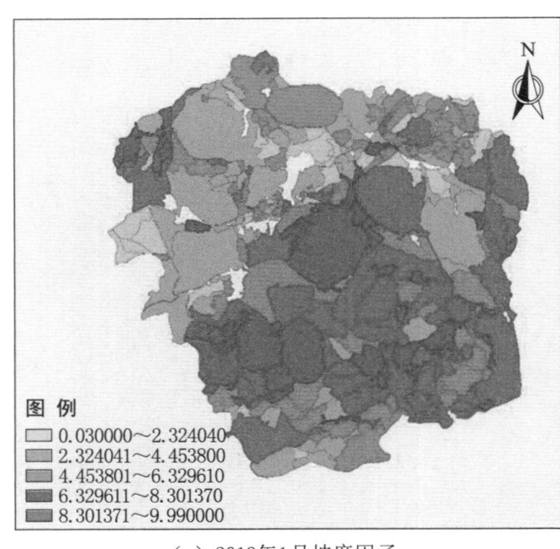

（a）2013年1月坡度因子

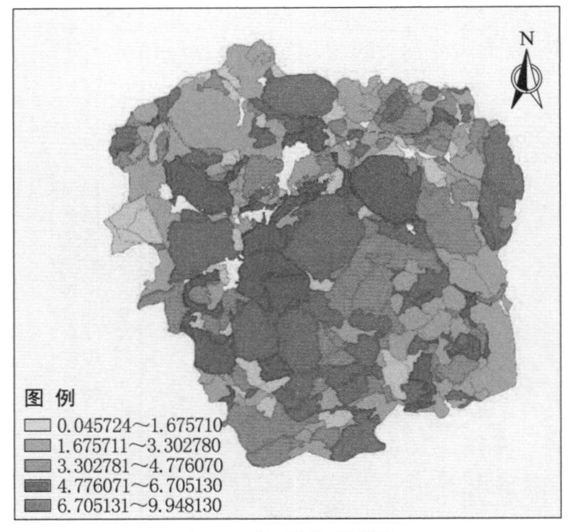

（b）2017年1月坡度因子

图7-36　大槽子小流域治理前后坡度因子分布图

（4）植被覆盖因子B。植被覆盖因子指一定条件下有植被覆盖或实施田间管理的土地土壤流失总量与同等条件下实施清耕休闲地的土壤流失总量的比值。B值与土地利用方式关系密切，合理的土地利用方式可显著降低B值而减少土壤侵蚀量。大槽子小流域治理前后B因子的平均值分别为0.660027±0.208681和0.572558±0.223841，如图7-37所示，治理后植被覆盖因子有一定幅度下降。

（5）水土保持措施因子E。水土保持工程措施基于改变小地形对坡面产汇流形成有利影响作用，降低坡面水流流速和夹沙携沙能力，减小或预防坡面水土流失量，改善农业生产条件。水土保持措施因子E是指在相同情况下，有工程措施土壤侵蚀量与无工程措施

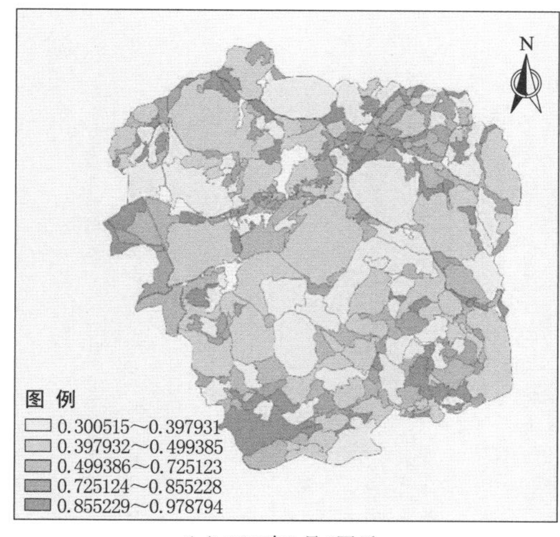

(a) 2013年1月B因子

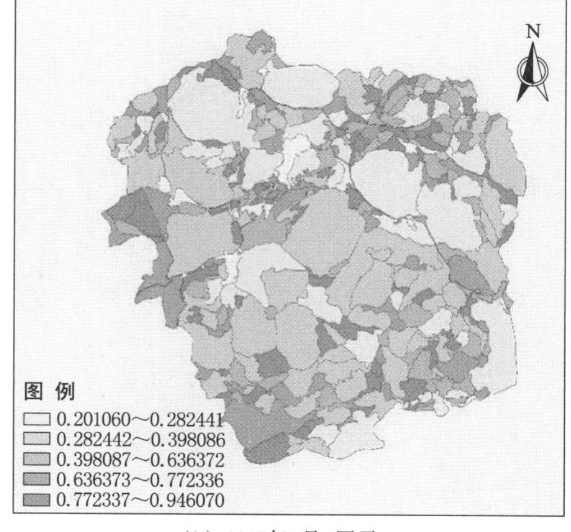

(b) 2017年1月B因子

图 7-37 大栗树小流域治理前后植被覆盖因子分布图

的土壤侵蚀量比值。大槽子小流域属于西南岩溶地区，治理前后部分措施图斑没有水土保持措施，故 E 因子赋值为 1；有水土保持措施的地块主要为起垄和水平梯田措施，故 E 因子为 0.1666、0.0769。大槽子小流域水土保持措施 E 因子分布如图 7-38 所示。

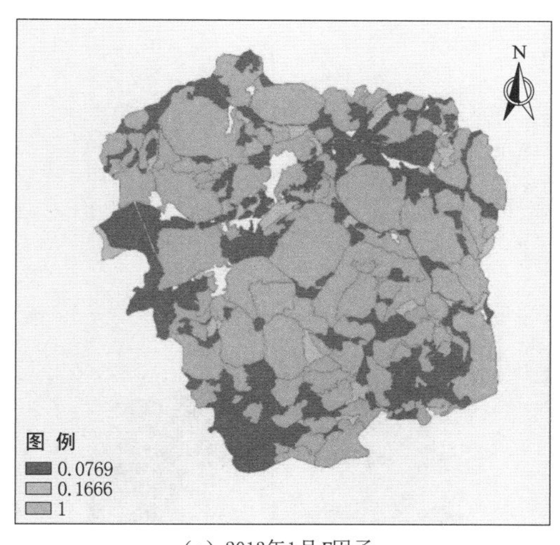

(a) 2013年1月E因子

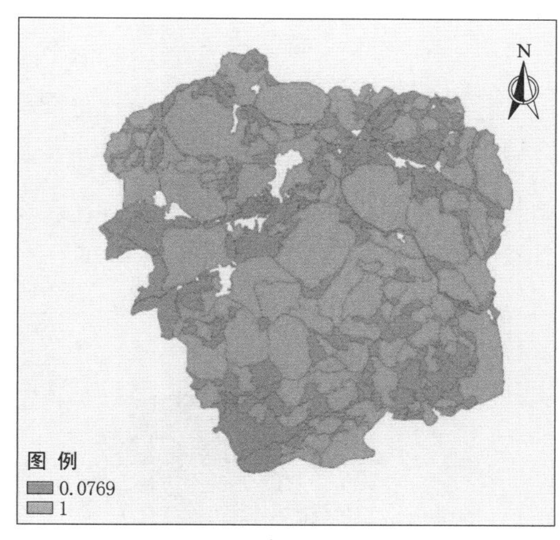

(b) 2017年1月E因子

图 7-38 大槽子小流域治理前后水土保持措施因子分布图

(6) 耕作措施因子 T。耕作措施是通过农事耕作改变地表微地形、增加地表覆盖、提升土壤入渗性能等增强土壤抗蚀性，达到保持水土、防治土壤侵蚀的目的。耕作措施因子 T 是指保护性耕作方式下土壤流失量与传统耕作方式下单位面积土壤流失量比值，其取值范围为 $0 \leqslant T \leqslant 1$，$T$ 值越小表示该保护性耕作措施水土保持效益越好。大槽子小流域治理前后的耕作措施主要为免耕、等高耕作等。大槽子小流域治理前后耕作措施因子分布如图 7-39 所示。

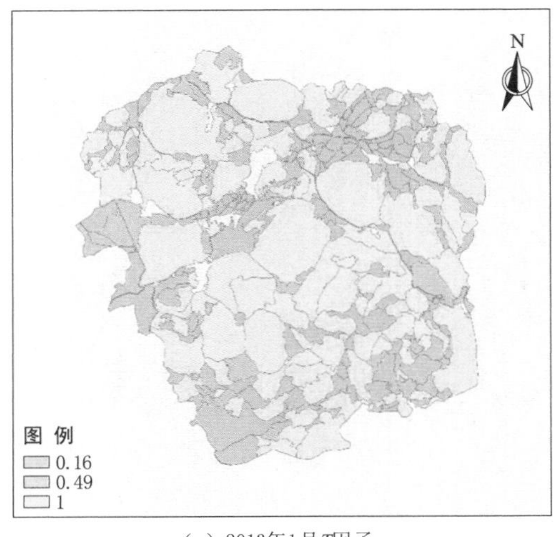

(a) 2013年1月T因子

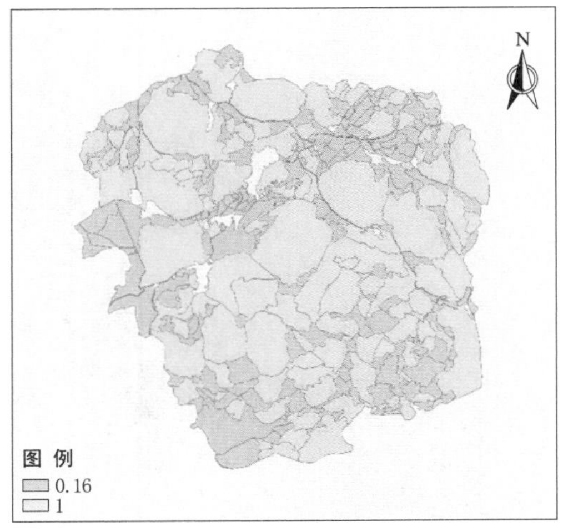

(b) 2017年1月T因子

图7-39 大槽子小流域治理前后耕作措施因子分布图

7.3.1.4 实施效果评价结果

1. 潜在土壤侵蚀变化量

对于治理工程编号为 i 的措施图斑而言，基于中国土壤流失方程（CSLE），其治理工程实施前、后潜在土壤侵蚀量 $SE_{治理前i}$、$SE_{治理后i}$ 分别为

$$SE_{治理前i}=R_{治理前i}\times K_{治理前i}\times L_{治理前i}\times S_{治理前i}\times B_{治理前i}\times E_{治理前i}\times T_{治理前i}$$

$$SE_{治理后i}=R_{治理后i}\times K_{治理后i}\times L_{治理后i}\times S_{治理后i}\times B_{治理后i}\times E_{治理后i}\times T_{治理后i}$$

基于大槽子小流域治理工程开展前后各图斑 R、K、L、S、B、E、T 因子值，计算各图斑七因子乘积值，如图7-40所示。

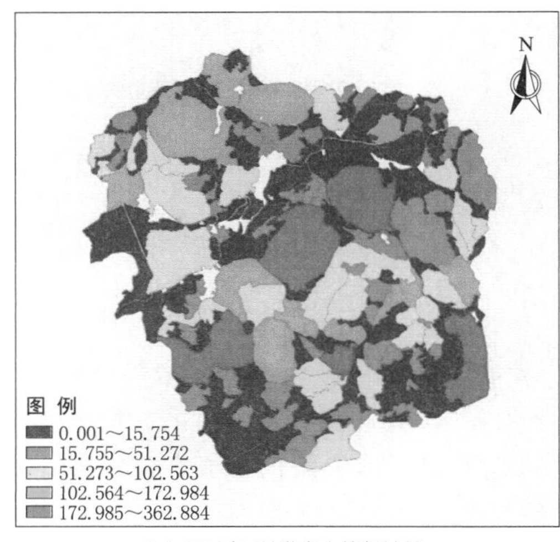

(a) 2013年1月潜在土壤侵蚀量

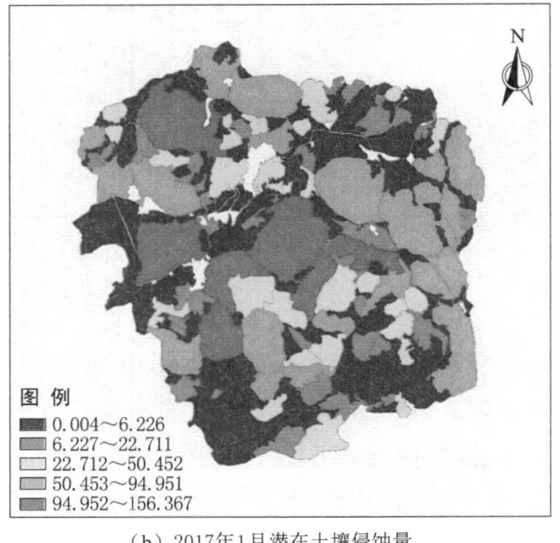

(b) 2017年1月潜在土壤侵蚀量

图7-40 大槽子小流域治理前后潜土壤侵蚀量分布图

结果表明治理工程实施前各图斑七因子乘积值平均为 22.056±47.34，实施后为 11.69±25.49，呈现一定降低趋势，表明水土保持治理工程的开展发挥了一定程度的保持水土效果。

在此基础上分别计算单个措施图斑潜在土壤侵蚀变化量为

$$PSEC_i = 1 - SE_{治理后i} / SE_{治理前i}$$

本项目区有评价措施图斑 $n=337$ 个，那么项目治理工程实施后潜在土壤侵蚀变化量可由如下公式计算：

$$PSEC = (PSEC_1 \times S_1 + PSEC_2 \times S_2 + \cdots + PSEC_i \times S_i + \cdots + PSEC_{337} \times S_{337}) / (S_1 + S_2 + \cdots + S_i + \cdots + S_{337})$$

式中：$PSEC_i$ 为第 i 个评价措施图斑的潜在土壤侵蚀变化量值；S_i 为第 i 个评价措施图斑的面积。若 $PSEC \leqslant S$，则表示治理前后土壤侵蚀量未发生变化或增加；若 $PSEC > 0$，则表示治理后土壤侵蚀量降低。大槽子小流域治理实施后土壤侵蚀量变化分布如图 7－41 所示。

2. 治理达标率

本项目各措施图斑潜在土壤侵蚀变化量 $PSEC_i \geqslant 60\%$ 为治理达标（治理达标值应根据项目所在区域、治理工程项目类型等现有技术规范确定），统计得到治理达标措施图斑个数为 m，则该项目措施图斑治理达标率由如下公式计算：

$$CR = m/n \times 100\%$$

式中：n 为项目区措施图斑总个数。

大槽子小流域措施图斑总数为 337 个，其中治理达标措施图斑个数为 248 个，达标率为 73.59%，如图 7－42 所示。

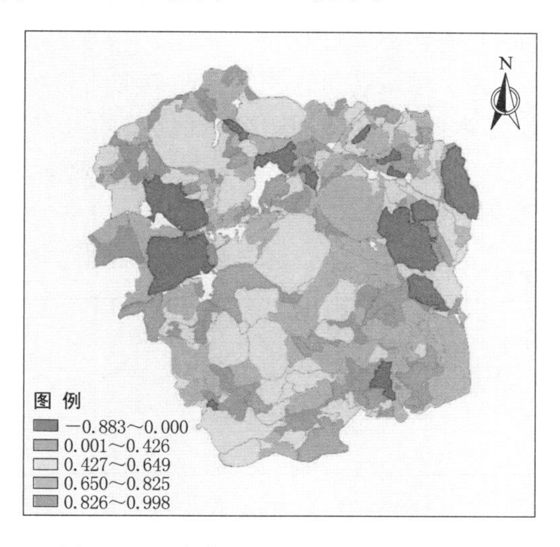

图 7－41 大槽子小流域治理实施后土壤侵蚀量变化分布图

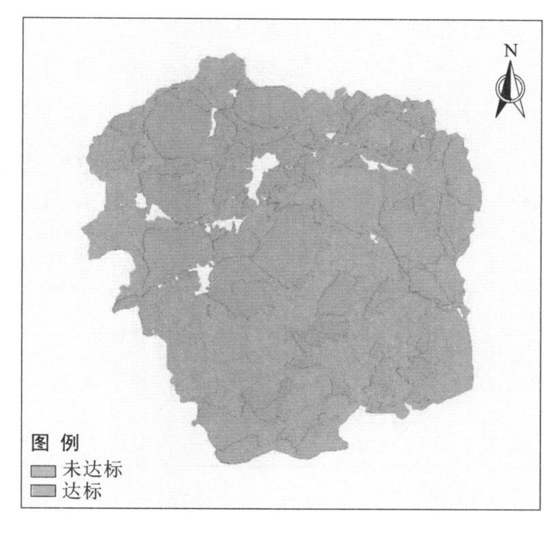

图 7－42 大槽子小流域治理达标情况分布图

7.3.2 云南陆良大栗树小流域坡改梯治理工程

7.3.2.1 项目基本情况

云南省曲靖市陆良县大栗树小流域坡耕地水土流失综合治理工程位于陆良县城南部

25km 处的松林桥村境内，行政隶属陆良县召夸镇大栗树村委会管辖。小流域北至松林桥与他官营边界，南以大麦沟为界，西至汪家河，东与师宗县雨竹村交界。流域土地总面积 255.36hm^2，其中坡耕地面积 239.94hm^2。项目区距离召夸镇政府约 9km，距离陆良县城 25km，距离昆明市 130km，S204（陆泸线）省道公路由北至南从小流域东部穿过，连接大栗树村至召夸镇，经曲陆高速公路连通至陆良县，交通条件十分便利。

大栗树小流域属半山区丘陵地貌，山脉走向为北南，山岭相对高度一般小于 100m。小流域总体地势东高西低，最高点位于流域东部的东边口子，海拔为 2043m，最低点位于项目西南角，海拔为 1946m，相对高差 97m。流域内沟谷较发育，多为东西走向，沟道出口进入下游汪家河。小流域内坡耕地大面积集中分布，总体地势较平缓，坡度为 6°～18°，海拔 1946～2043m。

据《陆良土壤》，全县境内有 7 个土类，15 个亚类，32 个土属，66 个土种。7 个土类分别为红壤、棕壤、紫色土、石灰（岩）土、草甸土、沼泽土、水稻土。红壤在全县分布最广，面积 130362hm^2，占总面积的 80.45%，广泛分布于县内坝区周围和半山区、山区海拔在 1900～2300m 的地区；其次是水稻土，面积 3933hm^2，分布于龙海山和竹子山海拔 2300m 以上的中山顶部；草甸土和沼泽土 2233hm^2，零星分布于海拔 1840m 以下的河谷及平坝地区；紫色土和石灰土 1214hm^2，零星分布于板桥、芳华、大莫古和召夸等地区。

小流域内的土壤分布受地质、地形、气候和人为活动的影响，流域内海拔在 1946～2043m 之间，红壤是流域内的主要土壤类型。受区域气候、植被因素影响，红壤主要分布于流域内的坝区和浅丘缓坡地上，成土母质以红色风化壳、泥质岩类为主，pH 值 5～7，质地较黏重，多为重壤至轻黏土，保水保肥能力较强，适种作物广，主产玉米、麦、烤烟、豆类、萝卜、马铃薯等。流域旱地红壤特点为：旱地在耕作中，由于施肥土壤 pH 值接近中性，有的呈微酸性；有机质和全氮含量与熟化度有关，熟化程度越高的含量越高；全磷含量一般在 2% 以上，速效磷一般在 8～22ppm；全钾含量一般在 0.416%～1.757%之间，速效钾一般达 150～300ppm。土壤理化性状见表 7－57。

表 7－57　　项目区域内土壤理化性状表

土壤类型	平均土层厚度 /m	土壤容重 /(t/m^3)	土壤养分含量							pH 值
			有机质 /%	全氮 /%	速效氮 /ppm	全钾 /%	速效钾 /ppm	全磷 /%	速效磷 /ppm	
红壤	1.1	1.39	1.85	0.144	126	1.71	153	2.12	8.5	5.9

流域所在的陆良县为云贵高原北亚热带植被区，森林类型为半湿润常绿阔叶林，现有森林类型多为次生森林，主要树种为云南松、栎类等耐旱树种。全县有木本植物 84 科 425 种，森林覆盖率为 34%，有林地覆盖率为 19%。根据现场调查，流域内植被覆盖度较低，且以人工植被为主，主要为桉树、杉树，分布于山顶、山坡处。经果林主要为梨。流域内农作物主要有玉米、马铃薯、麦、豆类和烤烟等。

小流域所在地属北亚热带高原季风气候类型，冬干夏湿气候区，年平均气温 14.8℃，≥10℃的年活动积温 4458℃；多年降水量为 850～1200mm，年平均降水量 941.9mm，降

水特点为雨季降水集中且强度大；年平均蒸发量为2244.3mm；太阳辐射年总量为125.2kJ/cm²，日照时数2049.7h；相对湿度为74%；无霜期为246天。流域所在地10年一遇1h、6h、24h暴雨均值分别为40.9mm、68.8mm、80.3mm，20年一遇1h、6h、24h暴雨均值分别为46.8mm、77.3mm、96.4mm。

小流域所在的陆良县属珠江流域西江水系的南盘江及其支流，县境内大小河流24条，全长345km，多年平均地表径流总量8.54亿m³，南盘江经响水坝流入县境的过境水量约8.6亿m³。境内全县水资源总量17.29亿m³，人均占有资源量1832.6m³，每平方公里平均产水量42.3万m³。小流域所在区域现状地表水系主要为小撒卜龙水库和汪家河。

大栗树村委会辖区面积31.93km²，辖5个自然村，17个村民小组。小流域涉及1个自然村（松林桥），6个村民小组（1组至6组）。松林桥村6个小组共483户，共有人口1913人，农业人口1913人，农业劳动力1250人。流域内交通非常便利，人口流出量比较大，常年外出务工人数300人，主要以青壮年劳力外出务工为主。小流域范围内共涉及人口1530人，农业人口1530人，农业劳动力949人，农业人口密度588人/km²。

大栗树小流域土地总面积255.36hm²，其中坡耕地面积为239.94hm²，占流域总面积的94.0%，受流域内沟道分割，坡耕地主要分布在山梁、边坡处，面积大且集中连片。除坡耕地外，流域内还分布有梯坪地、有林地、灌木林地、草地、疏林、荒山荒坡和非生产用地。流域内土地利用情况见表7-58。

表7-58　流域内土地利用情况表

总面积/hm²	坡耕地		梯坪地		有林地		灌木林地		经果林地	
	面积/hm²	比例/%	面积/hm²	比例/%	面积/hm²	比例/%	面积/hm²	比例/%	面积/hm²	比例/%
255.36	239.94	93.96	6.61	2.59	1.46	0.57	1.25	0.49	1.05	0.41
	草地		水域		疏林地		荒山荒坡		非生产用地	
	面积/hm²	比例/%	面积/hm²	比例/%	面积/hm²	比例/%	面积/hm²	比例/%	面积/hm²	比例/%
	0.21	0.08	0.00	0.00	0.41	0.16	0.79	0.31	3.64	1.43

大栗树小流域土地总面积255.36hm²，其中坡耕地面积较多，面积为239.94hm²，占流域总面积的94.0%；区域内坡耕地面积大，相对集中连片，地面坡度集中在8°～15°，地块间几乎没有其他非流失地类分割，没有地埂或地埂过于低矮，截排水设施不到位，耕作习惯不利于减缓水土流失等因素的存在，流域内水土流失主要发生在坡耕地上，水土流失面积241.14hm²，水土流失面积占流域总面积的94.4%，全部为坡耕地水土流失，流失类型以水力侵蚀为主，表现形式主要为面蚀和局部细沟侵蚀，流失强度以中度、轻度为主，流域内现状年侵蚀量为0.89万t，现状侵蚀模数为3485t/(km²·a)。

7.3.2.2 实施成效评价基础数据

基础数据包含小流域高分辨率卫星遥感影像、30m数字高程模型（治理实施前）、无人机影像以及数字高程模型（治理实施后）、气象降雨数据、项目区土壤资料。大栗树小流域采用的是2015年3月高分一号卫星遥感影像，影像分辨率2m，如图7-43所示。无人机影像采用的是2018年6月大疆精灵4PRO拍摄的无人机遥感影像，影像分辨率0.21m。

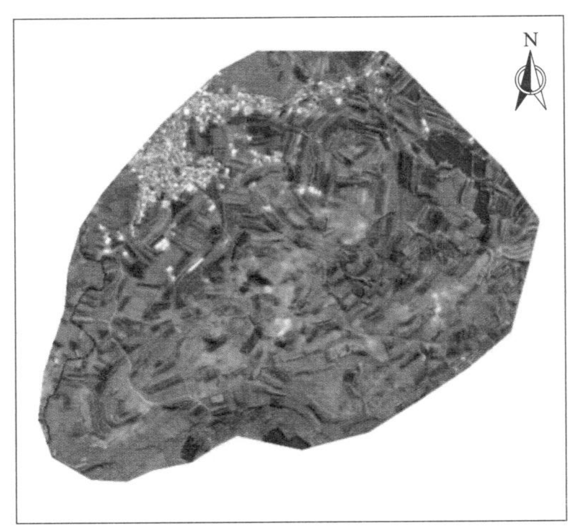

（a）2015年3月高分一号影像

（b）2015年3月DEM

（c）2018年6月无人机影像

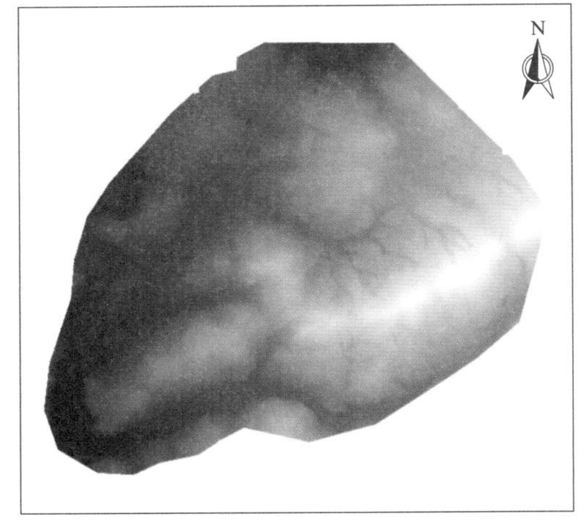

（d）2018年6月DEM

图7-43　大栗树小流域治理前后影像与DEM分布图

7.3.2.3　评价关键因子计算

（1）降雨侵蚀力因子 R。降雨是导致土壤侵蚀的主要源动力，降雨侵蚀力因子 R 反映了降雨气候因素对土壤侵蚀的潜在作用，是影响土壤侵蚀计算结果的重要因子之一。大栗树小流域治理前降雨侵蚀力因子在3098.3～3146.2(MJ·mm)/(hm^2·h·a)之间，治理后在3098.5～3146.3(MJ·mm)/(hm^2·h·a)之间，如图7-44所示。因治理成效评价周期相对较短，且未出现极端降雨天气，故降雨侵蚀力未发生较大波动。

（2）土壤侵蚀力因子 K。一般认为土壤可蚀性是土壤对侵蚀的敏感程度，指土壤受到外界营力作用被分散和搬运的难易程度。大栗树小流域治理前土壤侵蚀力因子在

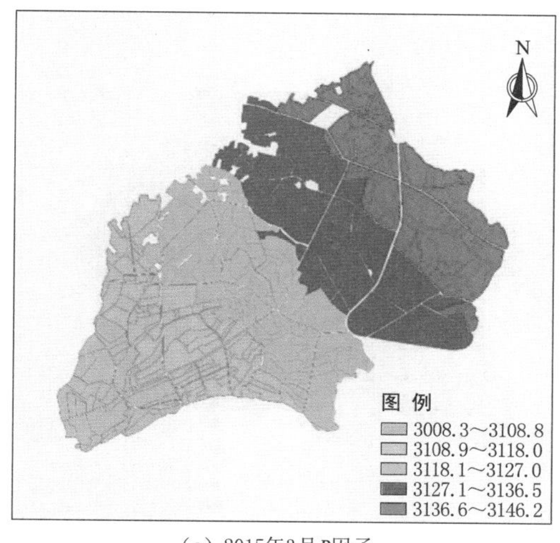

（a）2015年3月R因子

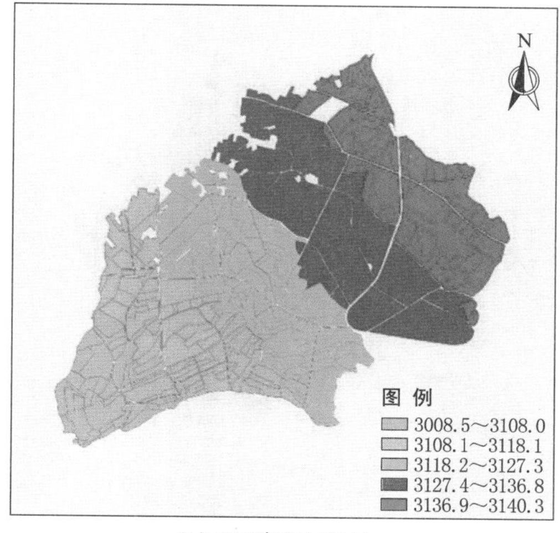

（b）2018年6月R因子

图 7-44 大栗树小流域治理前后降雨侵蚀力因子分布图

0.005125～0.006314t/(hm^2·a）之间，治理后在 0.00539～0.006024t/(hm^2·a）之间，如图 7-45 所示。

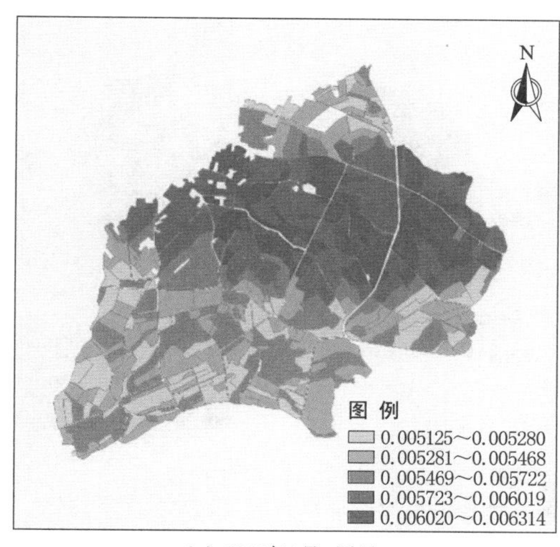

（a）2015年3月K因子

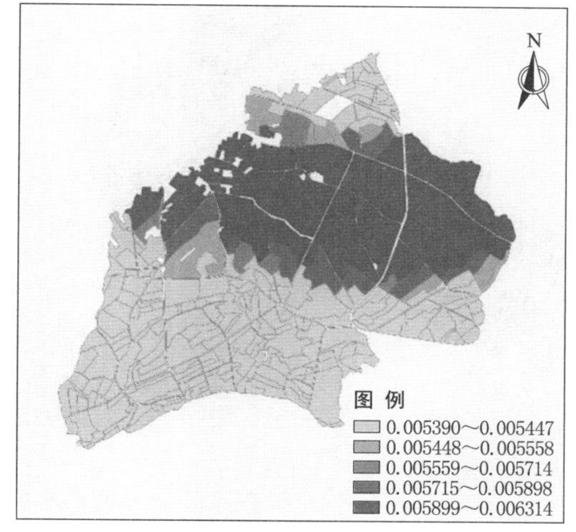

（b）2018年6月K因子

图 7-45 大栗树小流域治理前后土壤侵蚀力因子分布图

（3）地形因子 LS。坡长是反映区域地形、地貌条件的重要指标，与产流和侵蚀过程间关系复杂。相关研究表明，随坡长增加，坡面径流深逐渐变大，土壤侵蚀状况逐渐加剧。坡度因子是影响土壤侵蚀量关键因子。坡度较小时土壤侵蚀量随坡度增加逐渐增大；当坡度增加到一定值后，侵蚀量随坡度增加呈降低趋势。大栗树小流域治理工程实施前后流域内坡度变化较小，治理工程实施前后各图斑坡度因子平均值分别为 1.059011 和 1.008582，治理工程实施前后坡长因子平均值分别为 2.979902 和 2.353253，坡度、坡长因子呈略微降低趋势，如图 7-46 和图 7-47 所示。

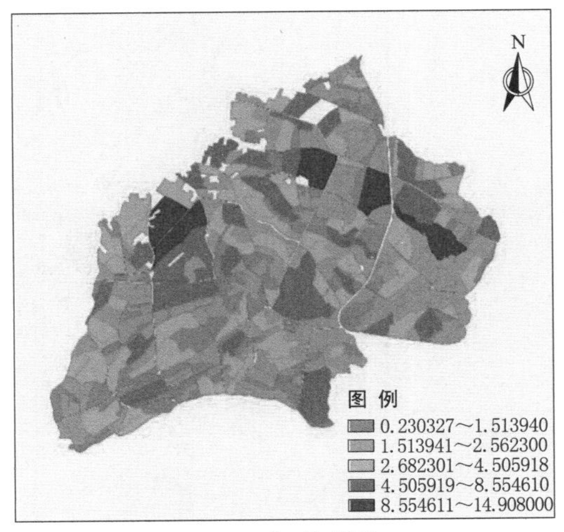

（a）2015年3月L因子

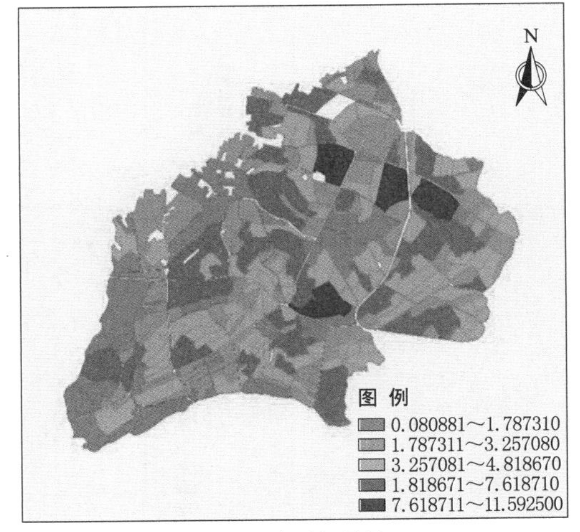

（b）2018年6月L因子

图7-46 大栗树小流域治理前后坡长因子分布图

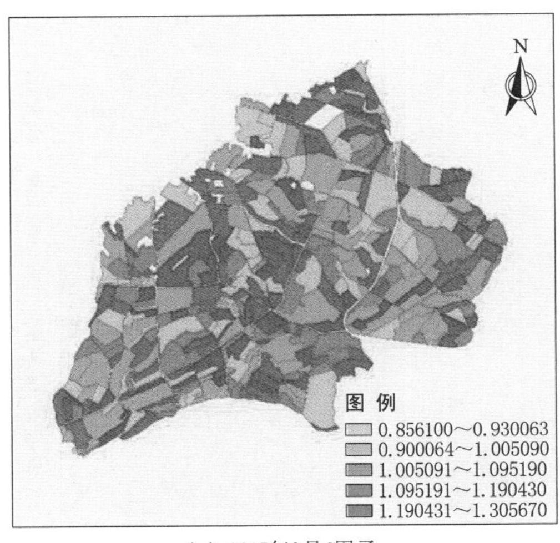

（a）2015年3月S因子

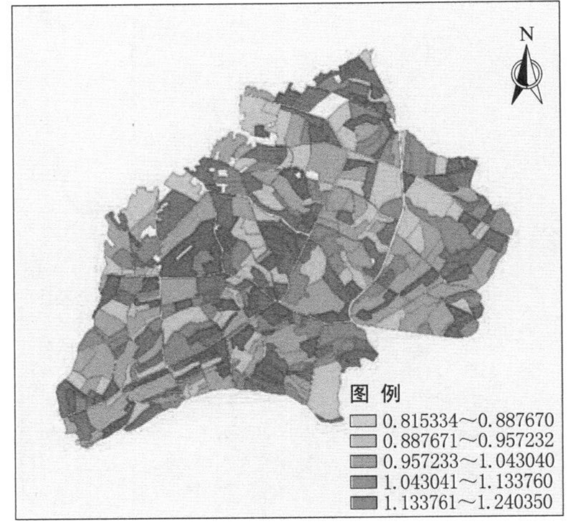

（b）2018年6月S因子

图7-47 大栗树小流域治理前后坡度因子分布图

（4）植被覆盖因子B。植被覆盖因子指一定条件下有植被覆盖或实施田间管理的土地土壤流失总量与同等条件下实施清耕休闲地的土壤流失总量的比值。B值与土地利用方式关系密切，合理的土地利用方式可显著降低B值而减少土壤侵蚀量。大栗树小流域治理前后B因子的平均值分别为0.9011和0.8386，如图7-48所示。治理后植被覆盖因子有一定幅度下降。

（5）水土保持措施因子E。水土保持工程措施基于改变小地形对坡面产汇流形成有利影响作用，降低坡面水流流速和夹沙携沙能力，减小或预防坡面水土流失量，改善农业生产条件。E是指在相同情况下，有水土保持措施土壤侵蚀量与无水土保持措施的土壤侵蚀量比值。大栗树小流域属于西南岩溶地区，治理前没有水土保持措施，故E因子赋值

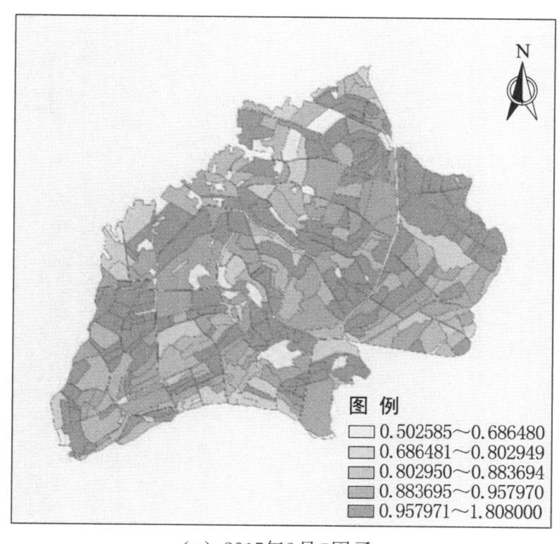

（a）2015年3月B因子

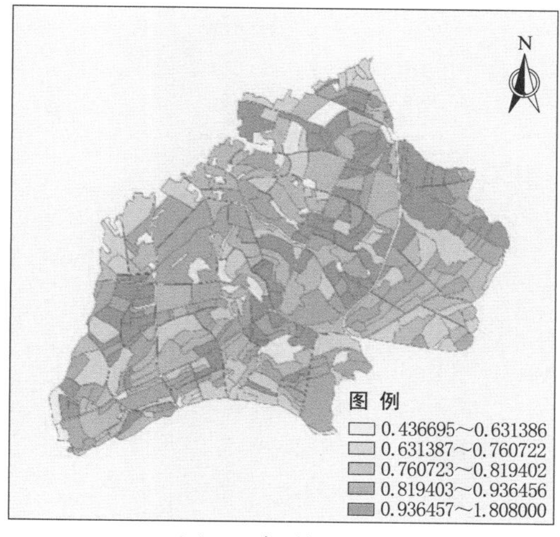

（b）2018年6月B因子

图 7－48　大栗树小流域治理前后植被覆盖因子分布图

为 1；治理后有水土保持措施的地块主要为起垄和水平长条梯形措施，故 E 因子为 0.1666、0.2013 和 1。大栗树小流域水土保持措施 E 因子分布如图 7－49 所示。

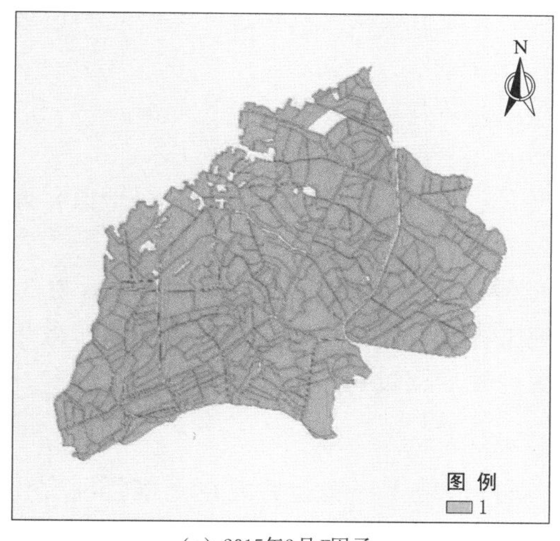

（a）2015年3月E因子

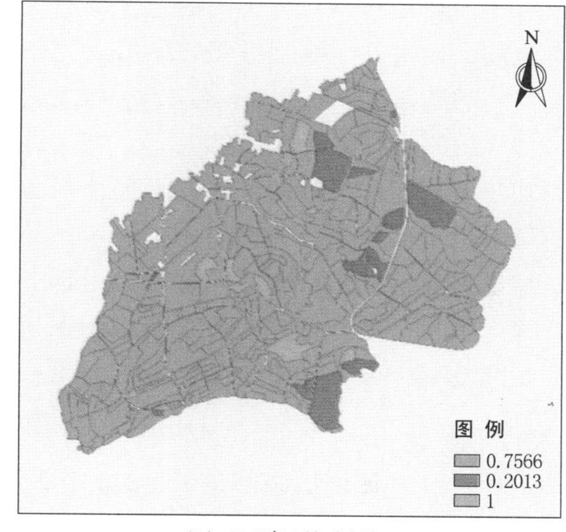

（b）2018年6月E因子

图 7－49　大栗树小流域治理前后水土保持措施因子分布图

（6）耕作措施因子 T。耕作措施是通过农事耕作改变地表微地形、增加地表覆盖、提升土壤入渗性能等增强土壤抗蚀性，达到保持水土、防治土壤侵蚀的目的。耕作措施因子 T 是指保护性耕作方式下土壤流失量与传统耕作方式下单位面积土壤流失量比值，其取值范围为 $0 \leqslant T \leqslant 1$，$T$ 值越小表示该保护性耕作措施水土保持效益越好。大栗树小流域治理前后的耕作措施主要为聚土免耕、等高沟垄种植、人工锄耕等，耕作措施因子分布如图7-50所示。

(a) 2015年3月T因子

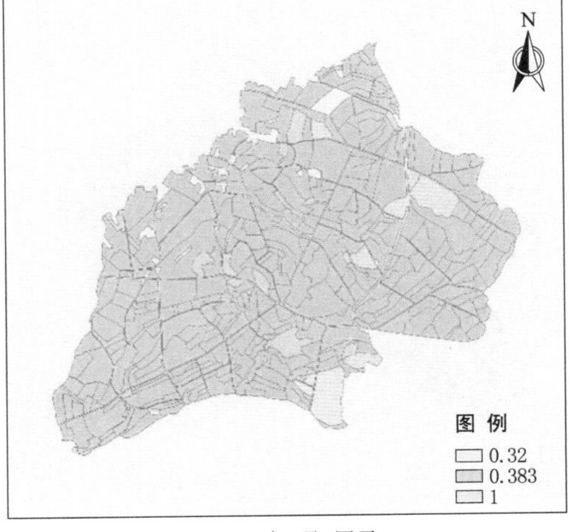

(b) 2018年6月T因子

图7-50 大栗树小流域治理前后耕作措施因子分布图

7.3.2.4 实施效果评价

1. 潜在土壤侵蚀变化量

对于治理工程编号为 i 的措施图斑而言，基于中国土壤流失方程（CSLE），其治理工程实施前、后潜在土壤侵蚀量 $SE_{治理前i}$、$SE_{治理后i}$ 分别为

$$SE_{治理前i}=R_{治理前i}\times K_{治理前i}\times L_{治理前i}\times S_{治理前i}\times B_{治理前i}\times E_{治理前i}\times T_{治理前i}$$

$$SE_{治理后i}=R_{治理后i}\times K_{治理后i}\times L_{治理后i}\times S_{治理后i}\times B_{治理后i}\times E_{治理后i}\times T_{治理后i}$$

基于大栗树小流域治理工程开展前后各图斑 R、K、L、S、B、E、T 因子值，计算各图斑七因子乘积值，如图7-51所示。

结果表明治理工程实施前各图斑七因子乘积值平均为19.01±17.34，实施后为3.70±3.44，呈现一定降低趋势，表明水土保持治理工程开展发挥了一定程度保持水土效果。

在此基础上分别计算单个措施图斑潜在土壤侵蚀变化量为

$$PSEC_i=1-SE_{治理后i}/SE_{治理前i}$$

本项目区有评价措施图斑 $n=373$ 个，那么项目治理工程实施后潜在土壤侵蚀变化量可由如下公式计算：

$$PSEC=(PSEC_1\times S_1+PSEC_2\times S_2+\cdots+PSEC_i\times S_i+\cdots+PSEC_{373}\times S_{373})/(S_1+S_2+\cdots+S_i+\cdots+S_{373})$$

式中：$PSEC_i$ 为第 i 个评价措施图斑的潜在土壤侵蚀变化量值；S_i 为第 i 个评价措施图斑的面积。若 $PSEC\leqslant 0$，则表示治理前后土壤侵蚀量未发生变化或增加；若 $PSEC>0$，则表示治理后土壤侵蚀量降低。大栗树小流域治理前后土壤侵蚀量分布如图7-52所示。

2. 治理达标率

本项目各措施图斑潜在土壤侵蚀变化量 $PSEC_i\geqslant 75\%$ 为治理达标（治理达标值应根

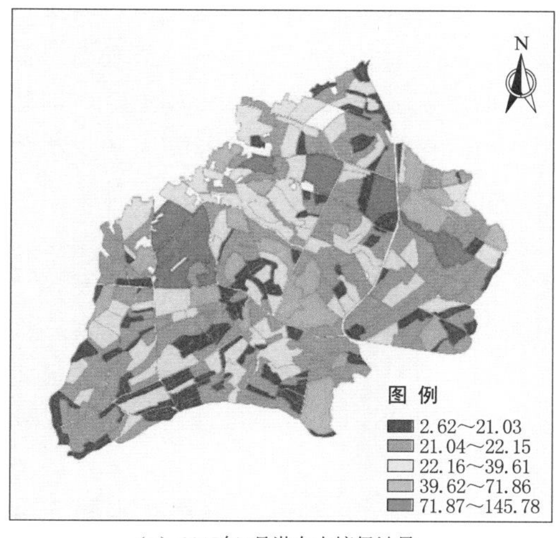

(a) 2015年3月潜在土壤侵蚀量

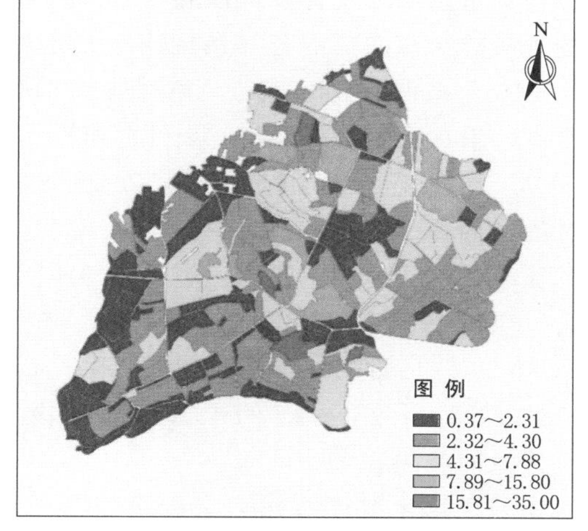

(b) 2018年6月潜在土壤侵蚀量

图 7-51 大栗树小流域治理前后潜土壤侵蚀量分布图

据项目所在区域、治理工程项目类型等现有技术规范确定），统计得到治理达标措施图斑个数为 m，则该项目措施图斑治理达标率由如下公式计算：

$$CR = m/n \times 100\%$$

式中：n 为项目区措施图斑总个数。

大栗树小流域措施图斑总数为 373 个，其中治理达标措施图斑个数为 319 个，达标率为 85.52%，如图 7-53 所示。

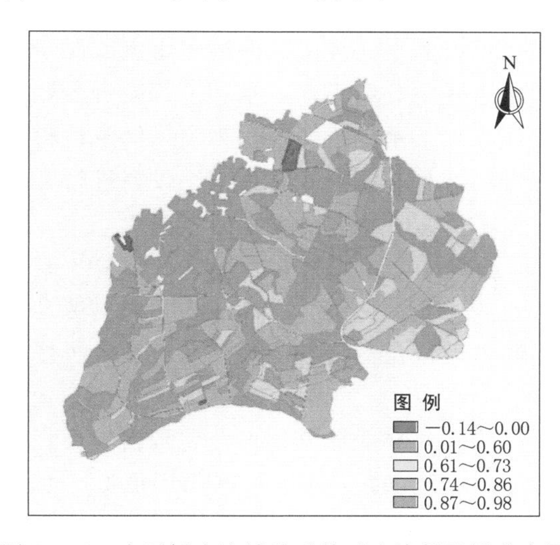

图 7-52 大栗树小流域治理前后土壤侵蚀量分布图

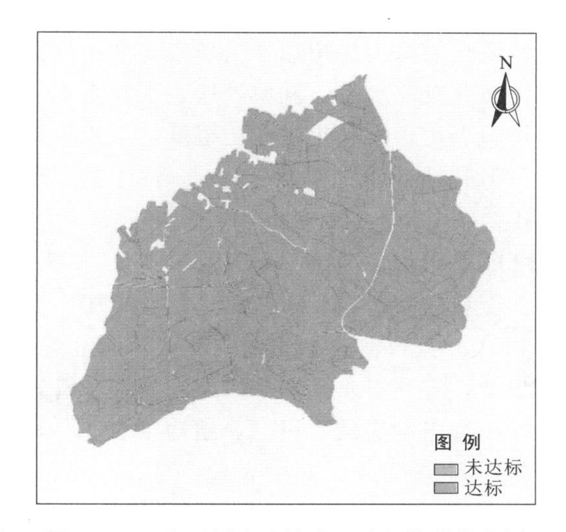

图 7-53 大栗树小流域治理达标情况分布图

7.3.3 贵州关岭县蚂蝗田小流域水土流失综合治理工程

7.3.3.1 项目基本情况

蚂蝗田小流域属于关岭县高原面上典型的水力侵蚀区，各种土壤侵蚀强度在流域内明显分布，水土流失发育过程在流域内得到明显体现，能基本代表关岭县水土流失特征。流域地处关岭县东南部的花江镇境内，其东西宽 6.63km，南北长 5.78km，流域内最高海拔 1764m，最低海拔 1133m，相对高差 631m，流域上游有小（2）型水库一座，即蚂蟥田水库，设计库容 84 万 m^3，设计灌溉面积 3500 亩，兼顾花江镇城镇居民用水及板贵乡 4890 人 574 头畜的饮水问题，并有两座山塘，即大碑塘、白岩山塘，设计容量 4 万 m^3，设计灌溉面积 1000 余亩。

流域内出露地层主要属三叠系，地下溶洞发育较为丰富，出露岩石主要有石灰岩、砂页岩。土地总面积 16.25km^2，其中，坡度≤5°的土地面积 548.0hm^2，占土地总面积 33.7%；5°～15°的 246.3hm^2，占土地总面积的 15.2%；15°～25°的 281.6hm^2，占土地总面积的 17.3%；25°～35°的 455.5hm^2，占土地总面积的 28.0%；坡度≥35°的 93.2hm^2，占土地总面积的 5.7%。

流域土壤主要以石灰岩、砂页岩为成土母质成土的石灰土为主，兼有水稻土和黄壤，土层厚薄不均，质地结构较好，土壤养分含量高，呈中性至微碱性，pH 值 6.9～7.5。蚂蟥田小流域原生植被遭受破坏较为严重，目前保存较为完善的乔木林有 40.7hm^2，多分布在较陡的山坡上和土层较厚的山头及村寨周围，森林覆盖率为 16.4%，现有植被多为次生乔木林、疏幼林，乔木品种主要有杉木、柳杉、马尾松、楸树、桦木、滇柏等。

蚂蟥田小流域属亚热带季风气候区，具有夏季炎热多雨、冬季寒冷多雾的特点。年均降雨量 1236mm，其中汛期（5—9 月）占 75.9%，年最大降雨 1465mm，年最小降雨 827mm，年平均径流深 451mm。流域内年均气温 19.2℃，大于等于 10℃ 的积温 4675.2℃，无霜期 298 天，早霜起于 11 月底，晚霜终于 1 月初。水热同季，冬季有雾的气候特征为水土保持综合治理生物措施施实提供了可行的空间环境。蚂蟥田小流域属于珠江流域北盘江水系，流域内地表水较为丰富，但由于时空分布不均，水利工程投资少，水利设施老化，水利化程度还很低，工程性缺水严重。地下水以喀斯特水为主，储量比较丰富，但其补给和储存条件复杂，由于县级财政困难，缺少国家投入，基本上没有进行开发利用。

蚂蟥田小流域位于花江镇内，涉及花江镇的享乐村、养元村、永睦村 1063 户 4784 人。流域内有苗族、布依族、黎族聚居。农业人口 4746 人，劳动力 3032 人，农村劳动力 3032 人，人口密度 294 人/km^2，人口出生率 13‰，人口自然增长率 6.2‰，人口居住相对集中，有利于水土保持措施的实施和管理。

蚂蟥田小流域农村产业结构以农业、牧业生产为主，林业和其他产业化程度较低，年产值 1089.8 万元，其中农业产值 526.87 万元，占总产值的 48.3%，林业产值 23.56 万元，占总产值的 2.2%，牧业产值 531.14 万元，总产值的 48.7%，副业产值 8.23 万元，占总产值的 0.8%，人均纯收入 1822 元。

（1）农业生产。农业生产以粮食生产为主，人均粮食 479kg，农业人均耕地面积 0.1hm^2。本书的人均耕地面积是以流域内的土地面积为基础计算的，所以人均耕地面积偏低。

（2）林业生产。蚂蟥田小流域内现有林地 471.1hm^2，其中乔木林 40.7hm^2，灌木林

107.7 hm^2，疏幼林 322.7hm^2，水保林则主要是用材林，由农户自种自管。

（3）牧业生产。牧业生产主要属家庭畜牧业，主要品种是当地的牛、马、猪、鸡、鸭、鹅等，随着市场价格的增长，家庭式畜牧业发展得到一定的提高，但较为分散，没有进行规模化经营，市场化水平较低。

（4）其他。在流域内的享乐村已初步形成集市，其他产业逐步从家庭手工业转向副业经济发展。

按照 1/10000 的地形图和卫星遥感影像图的解译成果进行实地对照分析，流域内的土地利用现状如下：

（1）耕地。总面积为 651.0hm^2，占流域总面积的 40.1%，其中，水田 289.6hm^2，占耕地总面积的 44.5%，梯地面积 166.1 hm^2，占耕地总面积的 25.5%，坡耕地面积 195.3hm^2，占耕地总面积的 30.0%。

（2）林地。总面积 471.1hm^2，占流域总面积的 29.0%。其中，有乔木林地 40.7hm^2，占林地总面积的 8.6%；有灌木林地 107.7hm^2，占林地总面积的 22.9%；疏幼林地 322.7hm^2，占林地总面积的 68.5%。

（3）荒山荒坡。总面积 410.2hm^2，占流域总面积的 25.2%。

（4）非生产用地。总面积 92.3hm^2，占流域面积的 5.7%。

蚂蟥田小流域属斜坡切割面上水力侵蚀类型区，水土流失以面蚀为主，兼有沟蚀。经调查统计，流域内水土流失面积 10.00km^2，占土地总面积的 61.5%，如图 7-54 所示。水土流失面积中轻度流失面积 3.29km^2，占流域面积的 20.3%；中度流失面积 5.06km^2，占流域面积的 31.1%；强度流失面积 1.65km^2，占流域面积的 10.1%；年均土壤侵蚀模数 2270t/(km^2·a)。

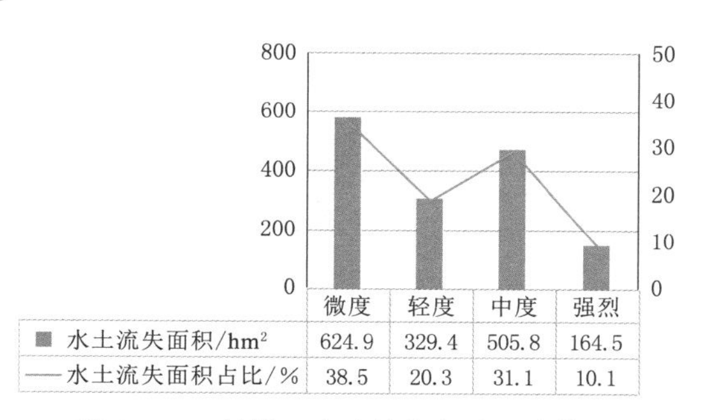

图 7-54 蚂蟥田小流域各侵蚀强度等级水土流失面积分布

7.3.3.2 评价实施成效评价基础数据

基础数据包含小流域高分辨率卫星遥感影像、30m 数字高程模型（治理实施前）、无人机影像以及数字高程模型（治理实施后）。蚂蟥田小流域采用的是 2017 年 12 月高分二号卫星遥感影像，影像分辨率 2m，如图 7-55 所示。无人机影像采用的是 2019 年 6 月大疆精灵 4PRO 拍摄的无人机遥感影像，影像分辨率 0.21m。

7.3.3.3 关键因子计算

（1）降雨侵蚀力因子 R。降雨是导致土壤侵蚀的主要源动力，降雨侵蚀力因子 R 反映了降雨气候因素对土壤侵蚀的潜在作用，是影响土壤侵蚀计算结果的重要因子之一。蚂蟥田小流域治理前降雨侵蚀力因子在 4918.82～4954.02（MJ·mm)/(hm^2·h·a）之间，治理后在 4913.02～4950.12（MJ·mm)/(hm^2·h·a）之间，如图 7-56 所示。因治理成效评价周期相对较短，且未出现极端降雨天气，故降雨侵蚀力因子未发生较大波动。

（a）2017年12月高分影像

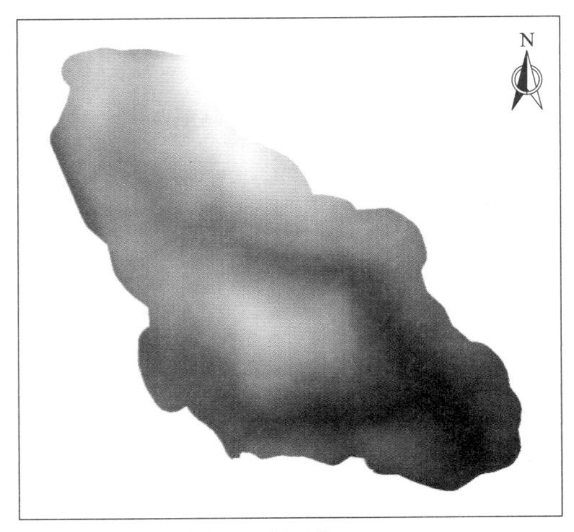

（b）2017年12月DEM

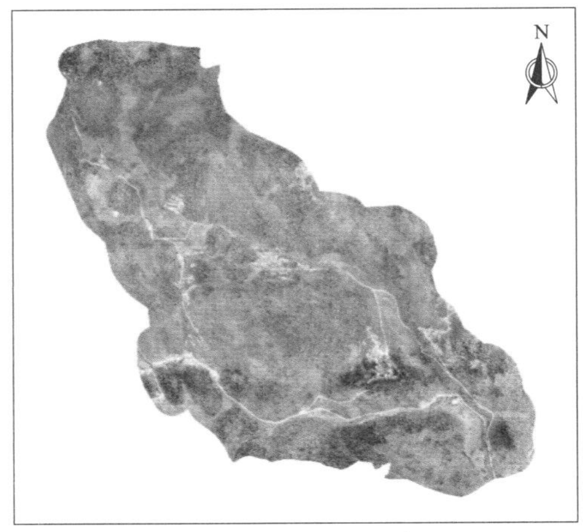

（c）2019年6月无人机影像

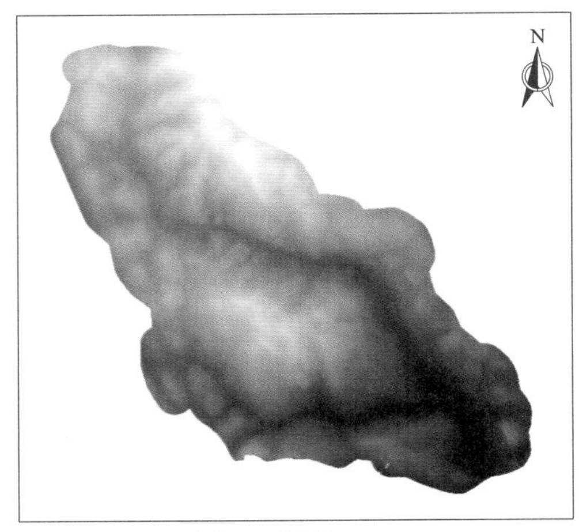

（d）2019年6月DEM

图7-55　蚂蟥田小流域治理前后影像与DEM分布图

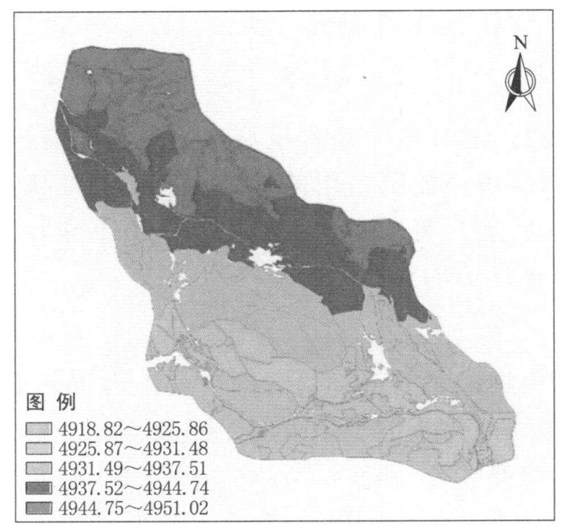

（a）2017年12月*R*因子

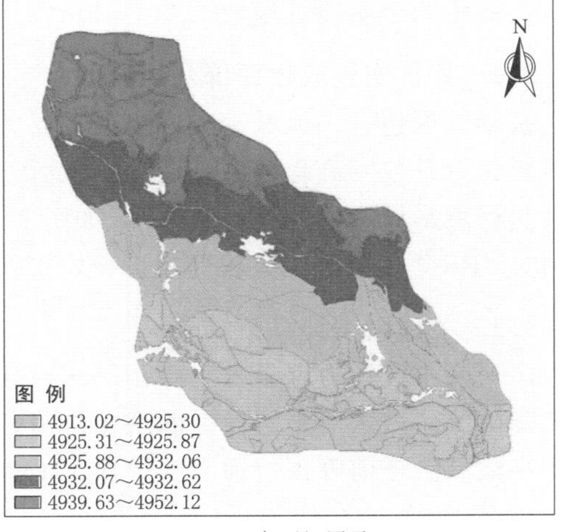

（b）2019年6月*R*因子

图7-56　蚂蟥田小流域治理前后降雨侵蚀力因子分布图

(2) 土壤侵蚀力因子 K。一般认为土壤可蚀性是土壤对侵蚀的敏感程度，指土壤受到外界营力作用被分散和搬运的难易程度。蚂蟥田小流域治理前土壤侵蚀力因子平均值为 0.00641±0.000692t/(hm^2·a)，治理后在 0.006379±0.000674t/(hm^2·a)，如图 7-57 所示。

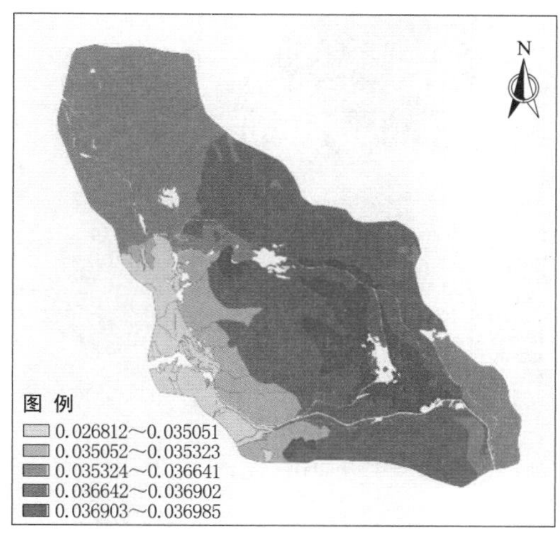

(a) 2017年12月K因子

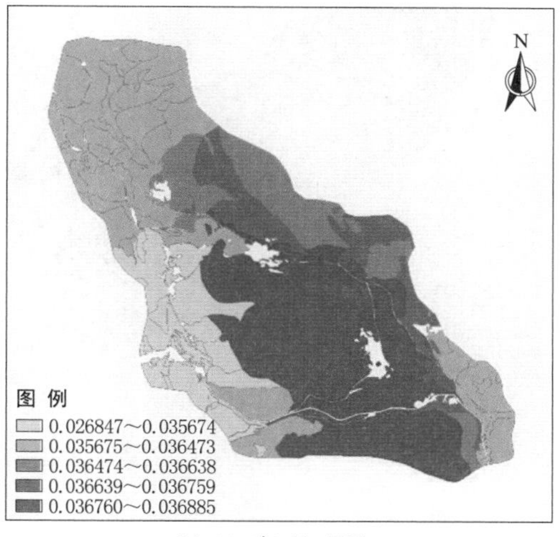

(b) 2019年6月K因子

图 7-57　蚂蟥田小流域治理前后土壤侵蚀力因子分布图

(3) 地形因子 LS。坡长是反映区域地形、地貌条件的重要指标，与产流和侵蚀过程间关系复杂。相关研究表明，随坡长增加，坡面径流深逐渐变大，土壤侵蚀状况逐渐加剧。坡度因子是影响土壤侵蚀量关键因子。坡度较小时土壤侵蚀量随坡度增加逐渐增大；当坡度增加到一定值后，侵蚀量随坡度增加呈降低趋势。蚂蟥田小流域治理工程实施前后各图斑坡度因子平均值分别为 4.76919±2.599523 和 3.230577±1.874161，治理工程实施前后坡长因子平均值分别为 1.486647±0.789347 和 1.046949±0.514045，坡度、坡长因子呈略微降低趋势，如图 7-58 和图 7-59 所示。

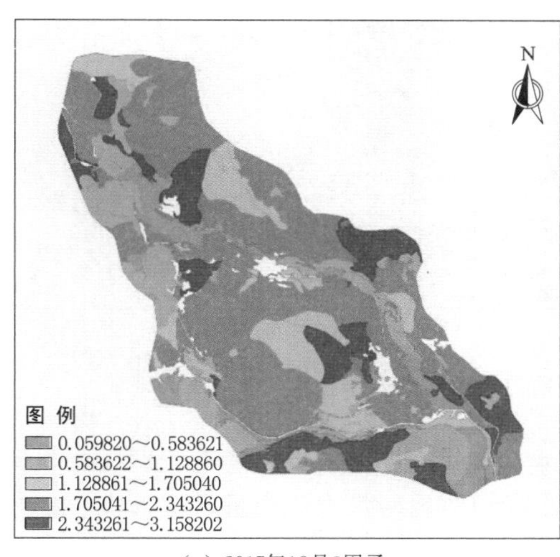

(a) 2017年12月L因子

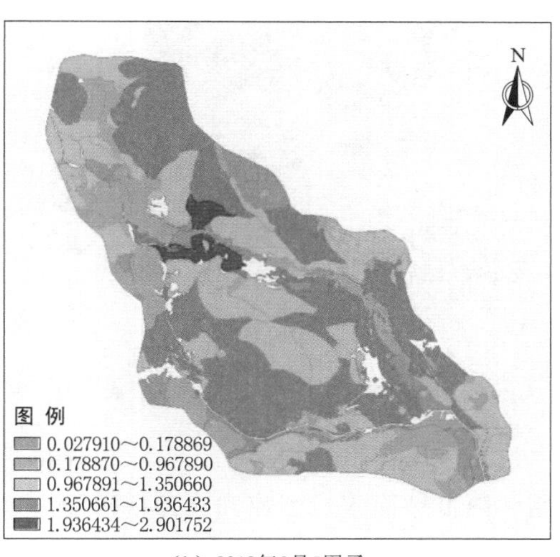

(b) 2019年6月L因子

图 7-58　蚂蟥田小流域治理前后坡长因子分布图

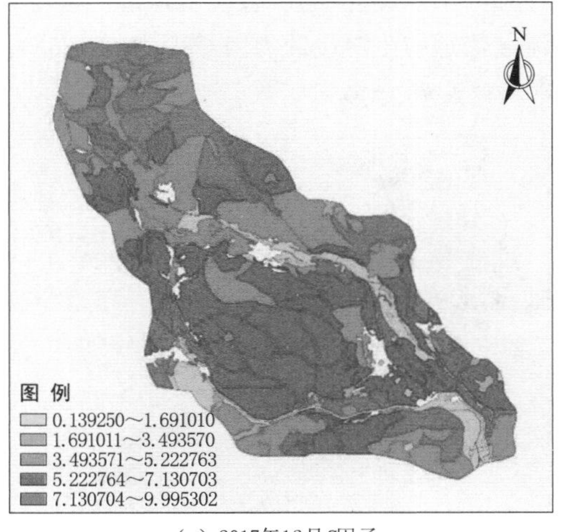

（a）2017年12月S因子

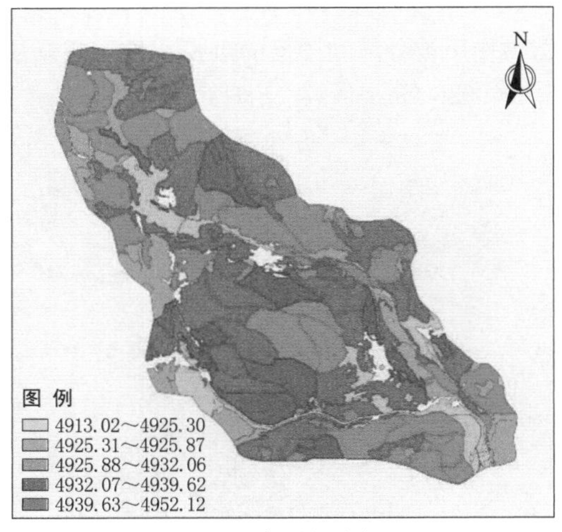

（b）2019年6月S因子

图7-59　蚂蟥田小流域治理前后坡度因子分布图

（4）植被覆盖因子 B。植被覆盖因子指一定条件下有植被覆盖或实施田间管理的土地土壤流失总量与同等条件下实施清耕休闲地的土壤流失总量的比值。B 值与土地利用方式关系密切，合理的土地利用方式可显著降低 B 值而减少土壤侵蚀量。蚂蟥田小流域治理前后 B 因子的平均值分别为 0.498305 ± 0.317022 和 0.465524 ± 0.325874，治理后植被覆盖因子有一定幅度下降，如图7-60所示。

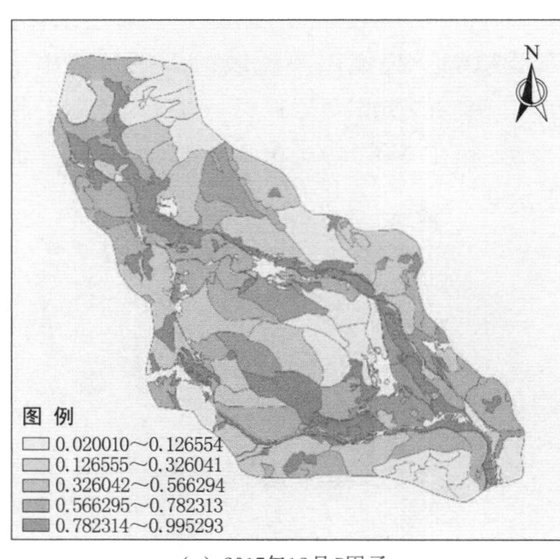

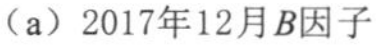
（a）2017年12月B因子

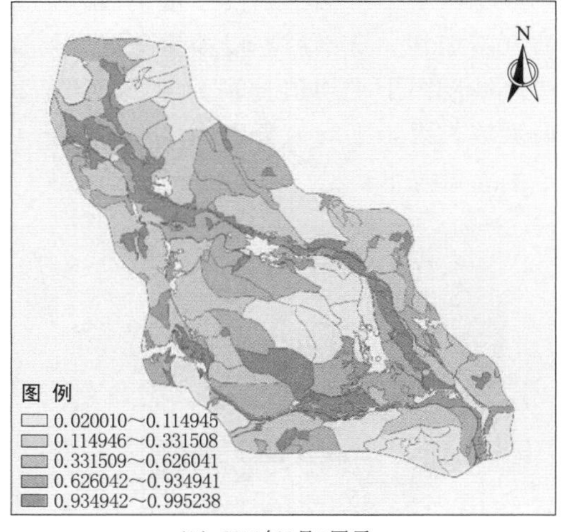

（b）2019年6月B因子

图7-60　蚂蟥田小流域治理前后植被覆盖因子分布图

（5）水土保持措施因子 E。水土保持措施基于改变小地形对坡面产汇流形成有利影响作用，降低坡面水流流速和夹沙携沙能力，减小或预防坡面水土流失量，改善农业生产条件。E 因子是指在相同情况下，有水土保持措施土壤侵蚀量与无水土保持措施的土壤侵蚀量比值。蚂蟥田小流域属于西南岩溶地区，治理前后部分措施图斑没有水土保持措施，

故 E 因子赋值为 1；有水土保持措施的地块主要为坡式梯田、梯田和水平梯田措施，E 因子分别为 0.3636、0.0769 和 0.5699。蚂蟥田小流域水土保持措施 E 因子分布如图 7-61 所示。

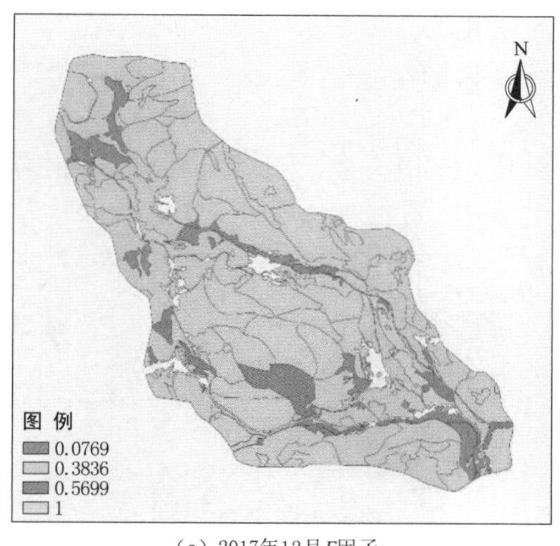

（a）2017年12月E因子

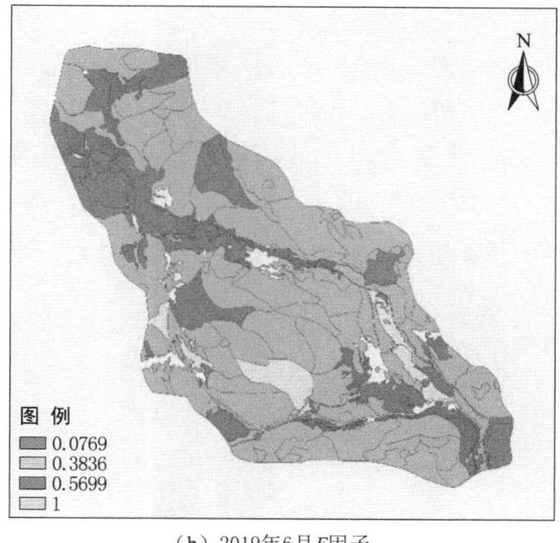

（b）2019年6月E因子

图 7-61　蚂蟥田小流域治理前后水土保持措施因子分布图

（6）耕作措施因子 T。耕作措施是通过农事耕作改变地表微地形、增加地表覆盖、提升土壤入渗性能等增强土壤抗蚀性，达到保持水土、防治土壤侵蚀的目的。耕作措施因子 T 是指保护性耕作方式下土壤流失量与传统耕作方式下单位面积土壤流失量比值，其取值范围为 $0 \leqslant T \leqslant 1$，$T$ 值越小表示该保护性耕作措施水土保持效益越好。蚂蟥田小流域治理前后的耕作措施主要为免耕、横坡耕作等。蚂蟥田小流域治理前后耕作措施因子分布如图 7-62 所示。

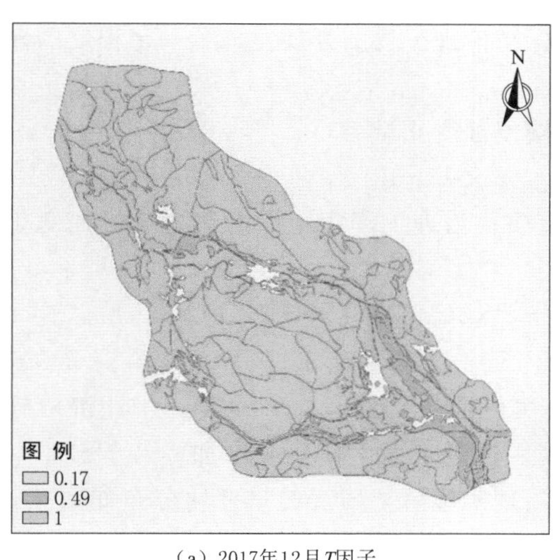

（a）2017年12月T因子

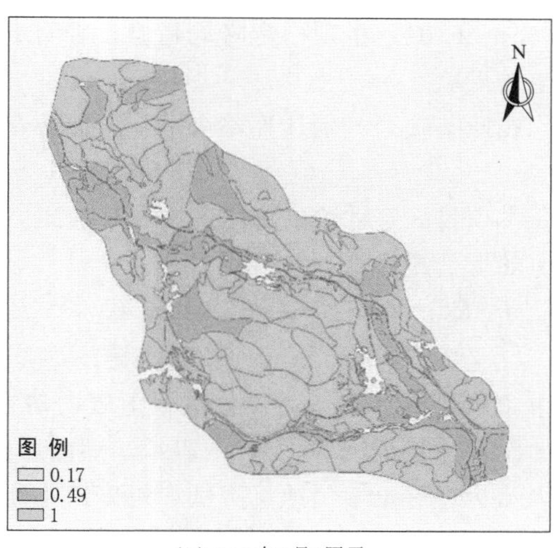

（b）2019年6月T因子

图 7-62　蚂蟥田小流域治理前后耕作措施因子分布图

7.3.3.4 实施效果评价结果

1. 潜在土壤侵蚀变化量

对于治理工程编号为 i 的措施图斑而言，基于中国土壤流失方程（CSLE），其治理工程实施前、后潜在土壤侵蚀量 $SE_{治理前i}$、$SE_{治理后i}$ 分别为

$$SE_{治理前i}=R_{治理前i}\times K_{治理前i}\times L_{治理前i}\times S_{治理前i}\times B_{治理前i}\times E_{治理前i}\times T_{治理前i}$$

$$SE_{治理后i}=R_{治理后i}\times K_{治理后i}\times L_{治理后i}\times S_{治理后i}\times B_{治理后i}\times E_{治理后i}\times T_{治理后i}$$

基于大栗树小流域治理工程开展前后各图斑 R、K、L、S、B、E、T 因子值，计算各图斑七因子乘积值，如图 7-63 所示。

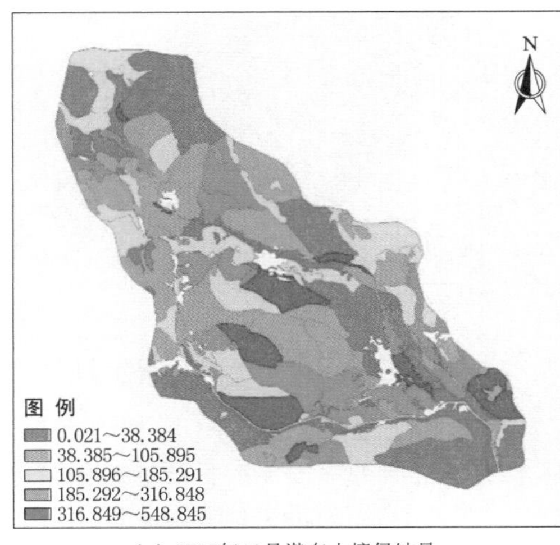

（a）2017年12月潜在土壤侵蚀量

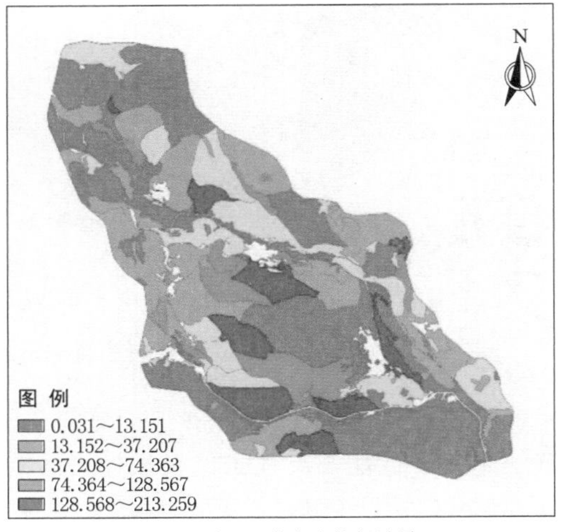

（b）2019年6月潜在土壤侵蚀量

图 7-63 蚂蟥田小流域治理前后潜土壤侵蚀量分布图

结果表明治理工程实施前各图斑七因子乘积值平均为 89.69±104.80，实施后为 33.45±46.04，呈现一定降低趋势，表明水土保持治理工程的开展发挥了一定程度的保持水土效果。

在此基础上分别计算单个措施图斑潜在土壤侵蚀变化量为

$$PSEC_i=1-SE_{治理后i}/SE_{治理前i}$$

本项目区有评价措施图斑 $n=213$ 个，那么项目治理工程实施后潜在土壤侵蚀变化量可由如下公式计算：

$$PSEC=(PSEC_1\times S_1+PSEC_2\times S_2+\cdots+PSEC_i\times S_i+\cdots+PSEC_{213}\times S_{213})/(S_1+S_2+\cdots+S_i+\cdots+S_{213})$$

式中：$PSEC_i$ 为第 i 个评价措施图斑的潜在土壤侵蚀变化量值；S_i 为第 i 个评价措施图斑的面积。若 $PSEC\leqslant 0$，则表示治理前后土壤侵蚀量未发生变化或增加；若 $PSEC>0$，则表示治理后土壤侵蚀量降低。蚂蟥田小流域治理实施后土壤侵蚀量变化分布如图 7-64 所示。

2. 治理达标率

本项目各措施图斑潜在土壤侵蚀变化量 $PSEC_i\geqslant 65\%$ 为治理达标（治理达标值应根

据项目所在区域、治理工程项目类型等现有技术规范确定)，统计得到治理达标措施图斑个数为 m，则该项目措施图斑治理达标率由如下公式计算：

$$CR=m/n\times100\%$$

式中：n 为项目区措施图斑总个数。

蚂蟥田小流域措施图斑总数为 213 个，其中治理达标措施图斑个数为 123 个，达标率为 57.75%。蚂蟥田小流域治理实施后土壤侵蚀量变化分布如图 7-65 所示。

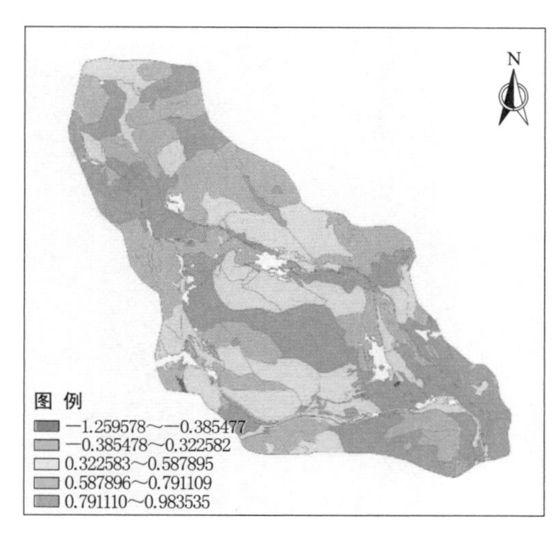

图 7-64　蚂蟥田小流域治理实施后土壤侵蚀量变化分布图

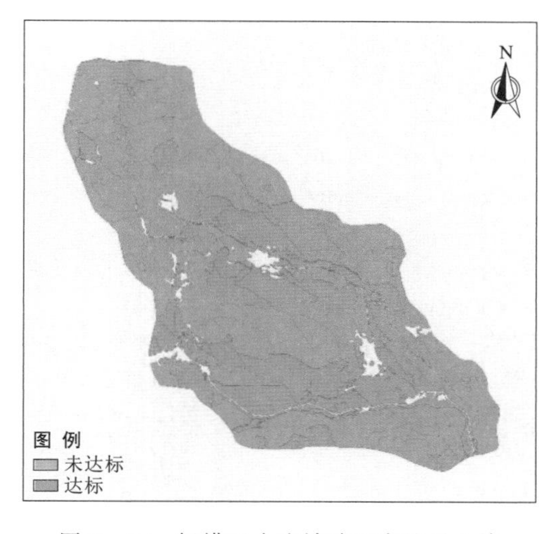

图 7-65　蚂蟥田小流域治理实施后土壤侵蚀量变化分布图

附件 1　遥感影像地物信息非监督自动分类

```
# -*- coding: utf-8 -*-
"""Created on Wed Jan  6 15:30:49 2021
@author: John_Huang"""
import os
import numpy
from osgeo import gdal,gdal_array
from sklearn import cluster

def unsupervised_classify(need_to_class_raster,classified_raster,
classify_number=2):
    '''第一个参数是需要分类的 raster 完整路径
    第二个参数是分类后的 raster 完整路径
    第三个参数是分几类,如果分为 2 类,classify_number=2 '''
    # Read in raster image
    input_data=need_to_class_raster
    img_ds=gdal.Open(input_data,gdal.GA_ReadOnly)
    img=numpy.zeros((img_ds.RasterYSize,img_ds.RasterXSize,img_ds.RasterCount),

gdal_array.GDALTypeCodeToNumericTypeCode(img_ds.GetRasterBand(1).DataType))
    for _b in range(img.shape[2]):
        img[:,:,_b]=img_ds.GetRasterBand(_b+1).ReadAsArray()
    new_shape=(img.shape[0] * img.shape[1],img.shape[2])
    _x=img[:,:,:7].reshape(new_shape)
    k_means=cluster.KMeans(n_clusters=classify_number)
    k_means.fit(_x)
    x_cluster=k_means.labels_
    x_cluster=x_cluster.reshape(img[:,:,0].shape)
    outFile=classified_raster
    output=gdal_array.SaveArray(x_cluster,outFile,format="GTiff",
prototype=input_data)
    output=None
    print('________ Unsupervised classification completed ________')
```

附件 2　基于可见光波段遥感影像植被指数计算

```
# -*- coding: utf-8 -*-
"""Created on Mon May 10 22:53:40 2021
@author: John_Huang
"""
import os
import sys
import time
import colorsys
import numpy
import math
from osgeo import gdal,gdal_array
def vegetation_index_calculation(in_raster,out_raster_path,method='RGRI'):
    '''可见光植被指数计算,总共有 18 种
    in_raster 为需要计算植被指数的栅格数据的绝对路径,
    out_raster 为植被指数计算结果栅格数据存储的绝对路径
    RGRI=R/G                    GBRI=B/G
    VEG=g*r**(-0.667)*b**(-0.333)
    VDVI=(2G-R-B)/(2G+R+B)
    NGRDI=(G-R)/(G+R)           NGBDI=(G-B)/(G+B)
    EGRBDI=(4G*G-R*B)/(4G*G+R*B)
    NHLVI=(H-L)/(H+L)
    MGRVI=(G*G-R*R)/(G*G+R*R)
    RGBVI=(G*G-R*B)/(G*G+R*B)
    ExR=1.4r-g                  ExG=2g-r-b                  ExB=1.4b-g
    ExGR=g-2.4r-b
    CIVE=0.441r-0.881g+0.385b+18.78745
    V-MSAVI=((2G+1)-((2G+1)**2-8*(2G-R-B))**0.5)/2
    RGBGDSI=(G-R)/(G+R)+(G-B)/(G+B)
    RGBGDDI=(G-R)/(G+R)-(G-B)/(G+B)'''
    vegetation_index_list=['RGRI','GBRI','VEG','VDVI','NGRDI','NGBDI','EGRBDI','NHLVI',
                           'MGRVI','RGBVI','ExR','ExG','ExB','ExGR','CIVE','V-MSAVI',
                           'RGBGDSI','RGBGDDI']

    if method not in vegetation_index_list:
        print('________提供的植被指数计算公式不在本程序计算方法内!')
        sys.exit(1)

    FileName=os.path.basename(in_raster).split('.')[0]
```

```
output_raster=os.path.join(out_raster_path,('VI_'+FileName+'_'+method+'.tif'))

t0=time.time()

ds=gdal.Open(in_raster)
if ds.RasterCount < 3:
    print('该栅格数据波段小于 3,无法使用本程序方法计算植被指数！')
    sys.exit(1)

band1_info=ds.GetRasterBand(1)
band2_info=ds.GetRasterBand(2)
band3_info=ds.GetRasterBand(3)
xsize,ysize=band1_info.XSize,band1_info.YSize
#确定栅格数据分块读取的块大小
block_size=min(int(max(xsize,ysize)*0.20),5000)
total_blocks=math.ceil(xsize/block_size)*math.ceil(ysize/block_size)

drive=ds.GetDriver()
output_raster=drive.Create(output_raster,xsize,ysize,1,gdal.GDT_Float32)
output_band=output_raster.GetRasterBand(1)

block_num=0
for x in range(0,xsize,block_size):
    if x+block_size < xsize:
        cols=block_size
    else:
        cols=xsize-x
    for y in range(0,ysize,block_size):
        if y+block_size < ysize:
            rows=block_size
        else:
            rows=ysize-y
        block_num+=1

        block_band1=band1_info.ReadAsArray(x,y,cols,rows).astype(numpy.float16)
        block_band2=band2_info.ReadAsArray(x,y,cols,rows).astype(numpy.float16)
        block_band3=band3_info.ReadAsArray(x,y,cols,rows).astype(numpy.float16)

        gdal_array.numpy.seterr(all='ignore')

        if method=='RGRI':
            tem=block_band1/block_band2
            tem=gdal_array.numpy.nan_to_num(tem)
            output_band.WriteArray(tem,x,y)
```

```
            elif method=='GBRI':
                tem=block_band3/block_band2
                tem=gdal_array.numpy.nan_to_num(tem)
                output_band.WriteArray(tem,x,y)
            elif method=='VEG':
                tem=
block_band2*block_band1**(-0.667)*block_band3**(-0.333)
                tem=gdal_array.numpy.nan_to_num(tem)
                output_band.WriteArray(tem,x,y)
            elif method=='VDVI':
                tem=(2*block_band2-block_band1-
block_band3)/(2*block_band2+block_band1
                                                                  +
block_band3)
                tem=gdal_array.numpy.nan_to_num(tem)
                output_band.WriteArray(tem,x,y)
            elif method=='NGRDI':
                tem=(block_band2-block_band1)/(block_band2+block_band1)
                tem=gdal_array.numpy.nan_to_num(tem)
                output_band.WriteArray(tem,x,y)
            elif method=='NGBDI':
                tem=(block_band2-block_band3)/(block_band2+block_band3)
                tem=gdal_array.numpy.nan_to_num(tem)
                output_band.WriteArray(tem,x,y)
            elif method=='EGRBDI':
                tem=(4*block_band2**2-block_band1*block_band3)/(4*block_band2**2+
                                                    block_band1*block_band3)
                tem=gdal_array.numpy.nan_to_num(tem)
                output_band.WriteArray(tem,x,y)
            elif method=='MGRVI':
                tem=(block_band2**2-block_band1**2)/(block_band2**2+block_band3**2)
                tem=gdal_array.numpy.nan_to_num(tem)
                output_band.WriteArray(tem,x,y)
            elif method=='RGBVI':
                tem=(block_band2**2-block_band1*block_band3)/(block_band2**2+
                                                    block_band1*block_band3)
                tem=gdal_array.numpy.nan_to_num(tem)
                output_band.WriteArray(tem,x,y)
            elif method=='ExR':
                tem=1.4*block_band1-block_band2
                tem=gdal_array.numpy.nan_to_num(tem)
                output_band.WriteArray(tem,x,y)
            elif method=='ExG':
                tem=2*block_band2-block_band1-block_band3
```

```
            tem=gdal_array.numpy.nan_to_num(tem)
            output_band.WriteArray(tem,x,y)
        elif method=='ExB':
            tem=1.4*block_band3-block_band2
            tem=gdal_array.numpy.nan_to_num(tem)
            output_band.WriteArray(tem,x,y)
        elif method=='ExGR':
            tem=block_band2-2.4*block_band1-block_band3
            tem=gdal_array.numpy.nan_to_num(tem)
            output_band.WriteArray(tem,x,y)
        elif method=='CIVE':
            tem=0.441*block_band1-0.881*block_band2+0.385*block_band3+18.78745
            tem=gdal_array.numpy.nan_to_num(tem)
            output_band.WriteArray(tem,x,y)
        elif method=='V-MSAVI':
            tem=((2*block_band2+1)-((2*block_band2+1)**2 -
                                    8*(2*block_band2-block_band1-block_band3))**0.5)/2
            tem=gdal_array.numpy.nan_to_num(tem)
            output_band.WriteArray(tem,x,y)
        elif method=='RGBGDSI':
            tem=(block_band2-block_band1)/(block_band2+block_band1)+
                (block_band2-block_band3)/(block_band2+block_band3)
            tem=gdal_array.numpy.nan_to_num(tem)
            output_band.WriteArray(tem,x,y)
        elif method=='RGBGDDI':
            tem=(block_band2-block_band1)/(block_band2+block_band1)-
                (block_band2-block_band3)/(block_band2+block_band3)
            tem=gdal_array.numpy.nan_to_num(tem)
            output_band.WriteArray(tem,x,y)
        elif method=='NHLVI':
            block_band1_flat=block_band1.flatten()
            block_band2_flat=block_band2.flatten()
            block_band3_flat=block_band3.flatten()

            hls=map(colorsys.rgb_to_hls,block_band1_flat,block_band2_flat,block_band3_flat)
            hls=numpy.array(list(hls))

            h,l,s=hls[:,0],hls[:,1],hls[:,2]
            h,l,s=h.reshape(rows,cols),l.reshape(rows,cols),s.reshape(rows,cols)

            tem=(h-l)/(h+l+0.001)
            cost_time=round(time.time()-t0,2)
            ratio=round(100*block_num/total_blocks,2)
            sys.stdout.write('\r___运行到第{}个块,总共有{}个块,完成率为{}%,累积耗时{}s.'.
```

```
                        format(block_num,total_blocks,ratio,cost_time))
            sys.stdout.flush()
            tem=gdal_array.numpy.nan_to_num(tem)
            output_band.WriteArray(tem,x,y)

    print('')
    output_band.FlushCache()
    output_band.GetStatistics(0,1)

    output_raster.SetGeoTransform(ds.GetGeoTransform())
    output_raster.SetProjection(ds.GetProjection())
    print('______植被指数{}计算完成,耗时为{}s.'.format(method,round(time.time()-t0,2)))


if __name__=='__main__':
    input_image=r'E:\Book_Write\2020_Book\Example_Charpet_5\Data\Clip_Image.tif'
    outputPath=r'E:\Book_Write\2020_Book\Example_Charpet_5\植被指数(计算结果)'
    vegetation_index_list=['RGRI','GBRI','VEG','VDVI','NGRDI','NGBDI','EGRBDI','NHLVI',
                           'MGRVI','RGBVI','ExR','ExG','ExB','ExGR','CIVE','V-MSAVI',
                           'RGBGDSI','RGBGDDI']
    for vegetation_index in vegetation_index_list:
        vegetation_index_calculation(input_image,outputPath,method=vegetation_index)
```

附件3　水土保持工程治理成效评价软件

1. 主程序

```
# -*- coding: utf-8 -*-
"""Created on Thu Apr 22 08:50:15 2021
@author: John_Huang
@version:python 2.7"""
import arcpy
from arcpy import env
from arcpy.sa import *
import os
import pandas as pd
from IPython.display import display
import tkinter
from tkinter import filedialog
from tkinter import simpledialog
from PIL import Image,ImageTk
import slope_length_gradient
import vegetation_coverage
import engineering_measure
import tillage_measure
import time

global root_path
root_path=r'E:\Python_Program\Book_Writing_IEESSGP'

#主窗体定义
main_root_window=tkinter.Tk()
main_root_window.geometry('500x400')
main_root_window.resizable(0,0)
main_root_window.iconbitmap(os.path.join(root_path,'icopicture.ico'))
main_root_window.title('欢迎使用...')

def top_window(wh='80x100',title_content='Top 窗口测试',label_content='Top 窗口测试',resize_flag=False,label_wraplength=50,label_justify='left'):
    top_window_set=tkinter.Tk()
    top_window_set.geometry(wh)
    top_window_set.resizable(resize_flag,resize_flag)
    top_window_set.title(title_content)
    top_window_set.iconbitmap(os.path.join(root_path,'icopicture.ico'))
```

```
    label=tkinter.Label(top_window_set,width=wh.split('x')[0],height=wh.split('x')[1],text=label_content,
foreground='blue',wraplength=label_wraplength,justify=label_justify)
    label.pack()

def rainfll_erosivity_calculate_trigger():
    t0=time.time()
    rainfll_erosivity_data=simpledialog.askfloat('研究区降雨侵蚀力因子值','请输入(单位:MJ.mm/ha/h/a):',initial-
value=100)
    evaluation_patch_filePath=filedialog.askopenfilename(title="选择<评价图斑矢量>数据",filetypes=(("Shape
files","*.shp"),("All files","*.*")))
    rainfll_erosivity_fieldName=simpledialog.askstring('矢量文件属性表中降雨侵蚀力因子字段名字','请输入:',initial-
value='R_0')
    if rainfll_erosivity_fieldName not in ['R_0','R_1']:
        tkinter.messagebox.showerror('字段名错误','如果是治理工程开展前字段名字应为 R_0,如果是开展后字字段
名字应为 R_1,请重新输入字段名...')
        rainfll_erosivity_fieldName=simpledialog.askstring('矢量文件属性表中降雨侵蚀力因子字段名字','请输入:',
initialvalue='R_0')

    #给矢量数据添加 R 因子字段
    field_name_list=[]
    field_list=arcpy.ListFields(evaluation_patch_filePath)
    for field in field_list:
        field_name_list.append(field.name)

    if rainfll_erosivity_fieldName not in field_name_list:
        print(rainfll_erosivity_fieldName+' is not in the field_name_list.')
        arcpy.management.AddField(evaluation_patch_filePath,rainfll_erosivity_fieldName,"FLOAT")

    rows=arcpy.UpdateCursor(evaluation_patch_filePath)
    i=0
    for row in rows:
        row.setValue(rainfll_erosivity_fieldName,float(rainfll_erosivity_data))
        rows.updateRow(row)
        i+= 1

    time_cost=round(time.time()-t0,3)
    print(">>>>>>>>>Rainfll erosivity factor calculation completion,time cost is {}s.".format(time_cost))

def soil_erosivity_calculate_trigger():
    t0=time.time()
    soil_erosivity_data=simpledialog.askfloat('研究区土壤可蚀性因子值','请输入(单位:t.hm2.h/MJ/mm/hm2):',ini-
tialvalue=0.314)
    evaluation_patch_filePath=filedialog.askopenfilename(title="选择<评价图斑矢量>数据",filetypes=(("Shape
files","*.shp"),("All files","*.*")))
```

```
    soil_erosivity_fieldName=simpledialog.askstring('矢量文件属性表中字段名字','请输入:',initialvalue='K_0')
    if soil_erosivity_fieldName not in ['K_0','K_1']:
        tkinter.messagebox.showerror('字段名错误','如果是治理工程开展前字段名字应为K_0,如果是开展后字字段名字应为K_1,请重新输入字段名...')
        soil_erosivity_fieldName=simpledialog.askstring('矢量文件属性表中字段名字','请输入:',initialvalue='K_0')

    #给矢量数据添加K因子字段
    field_name_list=[]
    field_list=arcpy.ListFields(evaluation_patch_filePath)
    for field in field_list:
        field_name_list.append(field.name)

    if soil_erosivity_fieldName not in field_name_list:
        print(soil_erosivity_fieldName+' is not in the field_name_list.')
        arcpy.management.AddField(evaluation_patch_filePath,soil_erosivity_fieldName,"FLOAT")

    rows=arcpy.UpdateCursor(evaluation_patch_filePath)
    i=0
    for row in rows:
        row.setValue(soil_erosivity_fieldName,float(soil_erosivity_data))
        rows.updateRow(row)
        i+= 1

    time_cost=round(time.time()-t0,3)
    print(">>>>>>>>>Soil erosivity factor calculation completion,time cost is {}s.".format(time_cost))

def vegetation_coverage_calculate_trigger():
    t0=time.time()
    uav_raster_filePath=filedialog.askopenfilename(title="选择<遥感或无人机影像>数据",filetypes=(("Raster files","*.tif;*.tiff"),("All files","*.*")))
    evaluation_patch_filePath=filedialog.askopenfilename(title="选择<评价图斑矢量>数据",filetypes=(("Shape files","*.shp"),("All files","*.*")))
    vege_cover_fieldName=simpledialog.askstring('矢量文件属性表中植被覆盖度字段名字','请输入:',initialvalue='VC_0')
    if vege_cover_fieldName not in ['VC_0','VC_1']:
        tkinter.messagebox.showerror('字段名错误','如果是治理工程开展前字段名字应为VC_0,如果是开展后字字段名字应为VC_1,请重新输入字段名...')
        vege_cover_fieldName=simpledialog.askstring('矢量文件属性表中植被覆盖度字段名字','请输入:',initialvalue='VC_0')

    C_Factor_fieldName=simpledialog.askstring('矢量文件属性表中植被覆因子字段名字','请输入:',initialvalue='C_0')
    if C_Factor_fieldName not in ['C_0','C_1']:
        tkinter.messagebox.showerror('字段名错误','如果是治理工程开展前字段名字应为C_0,如果是开展后字字段名字应为C_1,请重新输入字段名...')
```

```
        C_Factor_fieldName=simpledialog.askstring('矢量文件属性表中植被覆因子字段名字','请输入:',initialvalue='C_0')
    vegetation_coverage.vegetation_coverage(uav_raster_filePath,evaluation_patch_filePath,FieldName_1=vege_cover_fieldName,FieldName_2=C_Factor_fieldName,vege_cal_method='VDVI',method=1)
    time_cost=round(time.time()-t0,3)
    print(">>>>>>>>>Vegetation coverage factor calculation completion,time cost is {}s.".format(time_cost))

def slope_length_gradient_calculate_trigger():
    t0=time.time()
    dem_raster_filePath=filedialog.askopenfilename(title="选择<数值高程DEM>数据",filetypes=(("Raster files","*.tif;*.tiff"),("All files","*.*")))
    evaluation_patch_filePath=filedialog.askopenfilename(title="选择<评价图斑矢量>数据",filetypes=(("Shape files","*.shp"),("All files","*.*")))
    Length_FieldName=simpledialog.askstring('矢量文件属性表中坡长字段名字','请输入:',initialvalue='length_0')
    if Length_FieldName not in ['length_0','length_1']:
        tkinter.messagebox.showerror('字段名错误','如果是治理工程开展前字段名字应为length_0,如果是开展后字字段名字应为length_1,请重新输入字段名...')
        Length_FieldName=simpledialog.askstring('矢量文件属性表中坡长字段名字','请输入:',initialvalue='length_0')

    L_factor_FieldName=simpledialog.askstring('矢量文件属性表中坡长因子字段名字','请输入:',initialvalue='L_0')
    if L_factor_FieldName not in ['L_0','L_1']:
        tkinter.messagebox.showerror('字段名错误','如果是治理工程开展前字段名字应为L_0,如果是开展后字字段名字应为L_1,请重新输入字段名...')
        L_factor_FieldName=simpledialog.askstring('矢量文件属性表中坡长因子字段名字','请输入:',initialvalue='L_0')

    Gradient_FieldName=simpledialog.askstring('矢量文件属性表中坡度字段名字','请输入:',initialvalue='Slope_0')
    if Gradient_FieldName not in ['Slope_0','Slope_1']:
        tkinter.messagebox.showerror('字段名错误','如果是治理工程开展前字段名字应为Slope_0,如果是开展后字字段名字应为Slope_1,请重新输入字段名...')
        Gradient_FieldName=simpledialog.askstring('矢量文件属性表中坡度字段名字','请输入:',initialvalue='Slope_0')

    S_factor_FieldName=simpledialog.askstring('矢量文件属性表中坡度因子字段名字','请输入:',initialvalue='S_0')
    if S_factor_FieldName not in ['S_0','S_1']:
        tkinter.messagebox.showerror('字段名错误','如果是治理工程开展前字段名字应为S_0,如果是开展后字字段名字应为S_1,请重新输入字段名...')
        S_factor_FieldName=simpledialog.askstring('矢量文件属性表中坡度因子字段名字','请输入:',initialvalue='S_0')

    slope_length_gradient.slope_length_gradient(dem_raster_filePath,evaluation_patch_filePath,FieldName_1=Length_FieldName,FieldName_2=L_factor_FieldName,FieldName_3=Gradient_FieldName,FieldName_4=S_factor_FieldName)
    time_cost=round(time.time()-t0,3)
    print(">>>>>>>>>Slope length gradient factor calculation completion,time cost is {}s.".format(time_cost))

def engineering_measure_calculate_trigger():
```

```
    t0=time.time()
    evaluation_patch_filePath=filedialog.askopenfilename(title="选择<评价图斑矢量>数据",filetypes=(("Shape files","*.shp"),("All files","*.*")))
    E_factor_FieldName=simpledialog.askstring('矢量文件属性表中工程措施因子字段名字','请输入:',initialvalue='E_0')
    if E_factor_FieldName not in ['E_0','E_1']:
        tkinter.messagebox.showerror('字段名错误','如果是治理工程开展前字段名字应为 E_0,如果是开展后字字段名字应为 E_1,请重新输入字段名...')
        E_factor_FieldName=simpledialog.askstring('矢量文件属性表中工程措施因子字段名字','请输入:',initialvalue='E_0')
    engineering_measure.engineering_measure(evaluation_patch_filePath,regionalField='分区',measureField='工程措施',E_FieldName=E_factor_FieldName)
    time_cost=round(time.time()-t0,3)
    print(">>>>>>>>>Engineering measure factor calculation completion,time cost is {}s.".format(time_cost))

def tillage_measure_calculate_trigger():
    t0=time.time()
    evaluation_patch_filePath=filedialog.askopenfilename(title="选择<评价图斑矢量>数据",filetypes=(("Shape files","*.shp"),("All files","*.*")))
    T_factor_FieldName=simpledialog.askstring('矢量文件属性表中耕作措施因子字段名字','请输入:',initialvalue='T_0')
    if T_factor_FieldName not in ['T_0','T_1']:
        tkinter.messagebox.showerror('字段名错误','如果是治理工程开展前字段名字应为 T_0,如果是开展后字字段名字应为 T_1,请重新输入字段名...')
        T_factor_FieldName=simpledialog.askstring('矢量文件属性表中耕作措施因子字段名字','请输入:',initialvalue='T_0')
    tillage_measure.tillage_measure(evaluation_patch_filePath,regionalField='分区',measureField='耕作措施',T_FieldName=T_factor_FieldName)
    time_cost=round(time.time()-t0,3)
    print(">>>>>>>>>Tillage measure factor calculation completion,time cost is {}s.".format(time_cost))

def potential_soil_erosion_calculation_trigger():
    t0=time.time()
    evaluation_patch_filePath=filedialog.askopenfilename(title="选择<评价图斑矢量>数据",filetypes=(("Shape files","*.shp"),("All files","*.*")))
    PSEC_FieldName=simpledialog.askstring('矢量文件属性表中潜在土壤侵蚀量字段名字','请输入:',initialvalue='PSEC_0')
    if PSEC_FieldName not in ['PSEC_0','PSEC_1']:
        tkinter.messagebox.showerror('字段名错误','如果是治理工程开展前字段名字应为 PSEC_0,如果是开展后字段名字应为 PSEC_1,请重新输入字段名...')
        PSEC_FieldName=simpledialog.askstring('矢量文件属性表中潜在土壤侵蚀量字段名字','请输入:',initialvalue='PSEC_0')

    #给矢量数据添加 PSEC 因子字段
    field_name_list=[]
    field_list=arcpy.ListFields(evaluation_patch_filePath)
```

```
    for field in field_list:
        field_name_list.append(field.name)

    if PSEC_FieldName not in field_name_list:
        print(PSEC_FieldName+' is not in the field_name_list.')
        arcpy.management.AddField(evaluation_patch_filePath,PSEC_FieldName,"FLOAT")

    if PSEC_FieldName=='PSEC_0':
        R_value_FieldName,K_value_FieldName,C_value_FieldName  ='R_0','K_0','C_0'
        L_value_FieldName,S_value_FieldName,E_value_FieldName,T_value_FieldName  ='L_0','S_0','E_0','T_0'
    elif PSEC_FieldName=='PSEC_1':
        R_value_FieldName,K_value_FieldName,C_value_FieldName  ='R_1','K_1','C_1'
        L_value_FieldName,S_value_FieldName,E_value_FieldName,T_value_FieldName  ='L_1','S_1','E_1','T_1'

    rows=arcpy.UpdateCursor(evaluation_patch_filePath)
    for row in rows:
        R_value=row.getValue(R_value_FieldName)
        K_value=row.getValue(K_value_FieldName)
        C_value=row.getValue(C_value_FieldName)
        L_value=row.getValue(L_value_FieldName)
        S_value=row.getValue(S_value_FieldName)
        E_value=row.getValue(E_value_FieldName)
        T_value=row.getValue(T_value_FieldName)
        PSEC_value=R_value * K_value * C_value * L_value * S_value * E_value * T_value
        row.setValue(PSEC_FieldName,float(PSEC_value))
        rows.updateRow(row)

    time_cost=round(time.time()-t0,3)
    print(">>>>>>>>>Potential soil erosion calculation completion,time cost is {}s.".format(time_cost))

def governance_compliance_rate_calculate_and_potential_soil_erosion_change_calculation_trigger():
    t0=time.time()
    evaluation_patch_filePath=filedialog.askopenfilename(title="选择<评价图斑矢量>数据",filetypes=(("Shape
files","*.shp"),("All files","*.*")))

    PSEC_C_FieldName='PSEC_C'
    #给矢量数据添加'潜在土壤侵蚀变化量--PSEC_C'字段
    field_name_list=[]
    field_list=arcpy.ListFields(evaluation_patch_filePath)
    for field in field_list:
        field_name_list.append(field.name)

    if PSEC_C_FieldName not in field_name_list:
        print(PSEC_C_FieldName+' is not in the field_name_list.')
```

```
    arcpy.management.AddField(evaluation_patch_filePath,PSEC_C_FieldName,"FLOAT")

area_FieldName='Area'
#给矢量数据添加'面积——Area'字段
field_name_list=[]
field_list=arcpy.ListFields(evaluation_patch_filePath)
for field in field_list:
    field_name_list.append(field.name)

if area_FieldName not in field_name_list:
    print(area_FieldName+' is not in the field_name_list.')
    arcpy.management.AddField(evaluation_patch_filePath,area_FieldName,"FLOAT")
arcpy.CalculateField_management(evaluation_patch_filePath,area_FieldName,"!shape.area!","PYTHON_9.3")

PSEC_C_area_FieldName='PSEC_CA'
#给矢量数据添加'潜在土壤侵蚀变化量与面乘积积——PSEC_CA'字段
field_name_list=[]
field_list=arcpy.ListFields(evaluation_patch_filePath)
for field in field_list:
    field_name_list.append(field.name)

if PSEC_C_area_FieldName not in field_name_list:
    print(PSEC_C_area_FieldName+' is not in the field_name_list.')
    arcpy.management.AddField(evaluation_patch_filePath,PSEC_C_area_FieldName,"FLOAT")

rows_1=arcpy.UpdateCursor(evaluation_patch_filePath)
for row_1 in rows_1:
    PSEC_0=row_1.getValue('PSEC_0')
    PSEC_1=row_1.getValue('PSEC_1')
    area_ds=row_1.getValue(area_FieldName)
    if PSEC_0!=0:
        tem_calculation_value=1-PSEC_1/PSEC_0
    else:
        if PSEC_1==0:
            tem_calculation_value=1
        else:
            tem_calculation_value=-0.5
    row_1.setValue(PSEC_C_FieldName,tem_calculation_value)
    row_1.setValue(PSEC_C_area_FieldName,tem_calculation_value*area_ds)
    rows_1.updateRow(row_1)

compliance_rate_object_value=simpledialog.askfloat('治理达标率目标值','请输入(单位:%):',initialvalue=60)

rate_FieldName='Ratio'
```

```
    #给矢量数据添加'治理达标率——Ratio'字段
    field_name_list=[]
    field_list=arcpy.ListFields(evaluation_patch_filePath)
    for field in field_list:
        field_name_list.append(field.name)

    if rate_FieldName not in field_name_list:
        print(rate_FieldName+' is not in the field_name_list.')
        arcpy.management.AddField(evaluation_patch_filePath,rate_FieldName,"TEXT")

    rows_2=arcpy.UpdateCursor(evaluation_patch_filePath)
    total_patch_num=0
    compliance_patch_num=0
    for row_2 in rows_2:
        ratio_value=row_2.getValue('PSEC_C')
        if ratio_value >= compliance_rate_object_value/100:
            row_2.setValue(rate_FieldName,'√达标')
            compliance_patch_num+= 1
        else:
            row_2.setValue(rate_FieldName,'×未达标')
        rows_2.updateRow(row_2)
        total_patch_num+= 1

    time_cost=round(time.time()-t0,3)
    print(">>>>>>>>>Governance compliance rate and potential soil erosion change calculation completion,time cost is {}s.".format(time_cost))

def effectiveness_evaluation_comprehensive_value_calculation():
    t0=time.time()
    evaluation_patch_filePath=filedialog.askopenfilename(title="选择<评价图斑矢量>数据",filetypes=(("Shape files","*.shp"),("All files","*.*")))

    field_name_list=[]
    field_list=arcpy.ListFields(evaluation_patch_filePath)
    for field in field_list:
        field_name_list.append(field.name)

    if ('Area' in field_name_list) and ('PSEC_CA' in field_name_list) and ('Ratio' in field_name_list):
        rows=arcpy.UpdateCursor(evaluation_patch_filePath)
        total_patch_num=0
        compliance_patch_num=0

        total_area=0
        total_PSEC_area=0
```

```
        for row in rows:
            total_area+= row.getValue('Area')
            total_PSEC_area+= row.getValue('PSEC_CA')
            if row.getValue('Ratio')=='√达标':
                compliance_patch_num+= 1
            total_patch_num+= 1

        compliance_rate_comprehensive_value=round(compliance_patch_num*100/total_patch_num,2)
        potential_soil_erosion_change_value=round(total_PSEC_area*100/total_area,2)

        result_strings='本项目治理达标率均值为:'
+str(compliance_rate_comprehensive_value)+'%;'+chr(13)+'本项目潜在土壤侵蚀变化量为:'+str(potential_soil_erosion_change_value)+'%。'
        tkinter.messagebox.showinfo('成效评价计算结果反馈... ',result_strings)
    else:
        tkinter.messagebox.showwarning("错误信息... ","尚未完成(1)各评价措施图斑治理达标率和(2)潜在土壤侵蚀变化量计算,请先完成这些内容计算!")

    time_cost=round(time.time()-t0,3)
    print(">>>>>>>>>Effectiveness evaluation comprehensive value calculation completion,time cost is {}s."
.format(time_cost))

def description():
    message_content='    本软件用于水土保持治理工程治理成效评价结果计算。'
    message_content=message_content+'包括降雨侵蚀力因子、土壤可蚀性因子、植被覆盖措'
    message_content=message_content+'施因子、坡长坡度因子、工程措施因子、耕作措施因'
    message_content=message_content+'子获取,在获取上述因子基础上计算潜在土壤侵蚀量'
    message_content=message_content+'和治理达标率两个指标,最后获取治理工程治理成效'
    message_content=message_content+'评价综合值。'
    top_window(wh='500x100',title_content='软件说明',label_content=message_content,resize_flag=False,label_wraplength=450,label_justify='left')

def about_inform():
    message_content='软件名称:水土保持治理工程治理成效评价系统'+chr(13)
    message_content=message_content+'版  本 号:v1.0.0            开发及运行平台:Python 3.6.9/ArcGISPro2.5'
    message_content=message_content+chr(13)
    message_content=message_content+'作者:黄俊   作者邮箱:hjnwsuaf@qq.com'
    message_content=message_content+chr(13)+'权属单位:珠江水利委员会珠江流域水土保持监测中心站'
    message_content=message_content+chr(13)+'珠江水利委员会珠江水利科学研究院'
    top_window(wh='500x100',title_content='关于',label_content=message_content,resize_flag=False,label_wraplength=450,label_justify='left')

def soil_erosivity_factor_refenence_table():
    excelFile=r'E:\Python_Program\Book_Writing_IEESSGP\Assignment_Table_E_T_K.xls'
```

```
    df=pd.read_excel(excelFile,sheet_name='K_value')
    top_window(wh='500x700',title_content='土壤可蚀性因子参考表(t.hm².h/MJ/mm/hm²)',label_content=df,
resize_flag=False,label_wraplength=800,label_justify='left')

# ____________________________________________________________窗体设计——开始
________________________________________

# create a top menu bar 设置以及菜单栏
menubar=tkinter.Menu(main_root_window)

#创建'关键因子计算'菜单栏
model_menu=tkinter.Menu(menubar,tearoff=0)
model_menu.add_command(label="降雨侵蚀力因子",command=rainfll_erosivity_calculate_trigger)
model_menu.add_separator()
model_menu.add_command(label="土壤可蚀性因子",command=soil_erosivity_calculate_trigger)
model_menu.add_separator()
model_menu.add_command(label="坡长/坡度因子",command=slope_length_gradient_calculate_trigger)
model_menu.add_separator()
model_menu.add_command(label="植被覆盖措施因子",command=vegetation_coverage_calculate_trigger)
model_menu.add_separator()
model_menu.add_command(label="工程措施因子",command=engineering_measure_calculate_trigger)
model_menu.add_separator()
model_menu.add_command(label="耕作措施因子",command=tillage_measure_calculate_trigger)
model_menu.add_separator()
model_menu.add_command(label="离开",command=main_root_window.destroy,accelerator='Ctrl+Alt')
menubar.add_cascade(label="关键因子计算",menu=model_menu)

#创建'成效评价结果计算'菜单栏
model_menu=tkinter.Menu(menubar,tearoff=0)
model_menu.add_command(label="评价措施图斑潜在土壤侵蚀量计算",command=potential_soil_erosion_calculation_
trigger)
model_menu.add_separator()
model_menu.add_command(label="评价措施图斑潜在土壤侵蚀变化量、治理达标率计算",command=governance_
compliance_rate_calculate_and_potential_soil_erosion_change_calculation_trigger)
model_menu.add_separator()
model_menu.add_command(label="项目区成效评价综合值计算",command=effectiveness_evaluation_comprehensive_
value_calculation)
menubar.add_cascade(label="成效评价综合值计算",menu=model_menu)

# create help menu bar 创建软件说明菜单栏
help_menu=tkinter.Menu(menubar,tearoff=0)
help_menu.add_command(label='程序说明',command=description)
help_menu.add_separator()
help_menu.add_command(label='关于',command=about_inform)
help_menu.add_separator()
```

```
help_menu. add_command(label='土壤可蚀性因子参考表',command=soil_erosivity_factor_refenerce_table)
menubar. add_cascade(label="帮助",menu=help_menu)

#创建一个画布,用于展示软件界面
canvas=tkinter. Canvas(main_root_window,bg='#fffff0',height=480,width=500)
image=Image. open(os. path. join(root_path,'背景图片(福建省宁化县 2020 项目). jpg'))
#  print(image. size)
image=image. resize((500,300),Image. ANTIALIAS)
img_file=ImageTk. PhotoImage(image)
canvas. create_image(250,170,anchor='center',image=img_file)
canvas. pack()
canvas. create_text(250,40,text='水土保持工程治理成效评价软件',fill='white',font=('微软雅黑',13,'bold'))
canvas. create_text(250,340,text='珠江水利委员会珠江流域水土保持监测中心站',fill='grey',font=('微软雅黑',11,'
bold'))
canvas. create_text(250,360,text='珠江水利委员会珠江水利科学研究院',fill='grey',font=('微软雅黑',11,'bold'))

#添加鼠标右键
rightmenubar=tkinter. Menu(main_root_window)
righttoolmenu=tkinter. Menu(rightmenubar,tearoff=0)
righttoolmenu. add_command(label="降雨侵蚀力因子",command=rainfll_erosivity_calculate_trigger)
righttoolmenu. add_separator()
righttoolmenu. add_command(label="土壤可蚀性因子",command=soil_erosivity_calculate_trigger)
righttoolmenu. add_separator()
righttoolmenu. add_command(label="坡长/坡度因子",command=slope_length_gradient_calculate_trigger)
righttoolmenu. add_separator()
righttoolmenu. add_command(label="植被覆盖措施因子",command=vegetation_coverage_calculate_trigger)
righttoolmenu. add_separator()
righttoolmenu. add_command(label="工程措施因子",command=engineering_measure_calculate_trigger)
righttoolmenu. add_separator()
righttoolmenu. add_command(label="耕作措施因子",command=tillage_measure_calculate_trigger)
righttoolmenu. add_separator()
righttoolmenu. add_command(label="评价措施图斑潜在土壤侵蚀量计算",command=potential_soil_erosion_calcula-
tion_trigger)
righttoolmenu. add_separator()
righttoolmenu. add_command(label="评价措施图斑潜在土壤侵蚀变化量、治理达标率计算",command=governance_
compliance_rate_calculate_and_potential_soil_erosion_change_calculation_trigger)
righttoolmenu. add_separator()
righttoolmenu. add_command(label="项目区成效评价综合值计算",command=effectiveness_evaluation_comprehensive
_value_calculation)
righttoolmenu. add_separator()
righttoolmenu. add_command(label='土壤可蚀性因子参考表',command=soil_erosivity_factor_refenerce_table)
righttoolmenu. add_separator()
righttoolmenu. add_command(label='离开',command=main_root_window. destroy)
rightmenubar. add_cascade(label='右键快捷菜单',menu=righttoolmenu)
```

```
def showRightMenu(right_click):
    rightmenubar.post(right_click.x_root,right_click.y_root)

main_root_window.bind("<Button-3>",showRightMenu)

# ________________________________________________窗体设计——开始
________________________________ main_root_window.config(menu=menubar)
main_root_window.mainloop()
```

2. 坡长坡度因子计算

```
# -*- coding:utf-8 -*-
"""Created on Wed May 12 14:21:19 2021
@author: John_Huang
@version:python 2.7"""
import arcpy
from arcpy import env
from arcpy.sa import *
import os,sys
import shutil
import time
import math

def slope_length_gradient(input_dem,input_shp,FieldName_1="length_0",FieldName_2='L_0',FieldName_3='gradient_0',FieldName_4='S_0'):
    '''非累积坡长及坡长因子计算
    input_dem 输入栅格数据 dem 绝对路径,输入的栅格数据需要投影坐标系,这样程序可以自动获得影像分辨率大小
    input_shp 输入评价措施图斑矢量文件绝对路径
    FieldName_1 计算得到的坡长值(单位 m)写入到矢量文件中的字段名称
例如:治理前的为 length_0,治理后的为 length_1
    FieldName_2 计算得到的坡长因子值写入到矢量文件中的字段名称
    FieldName_3 计算得到的平均坡度值写入到矢量文件中的字段名称
    FieldName_4 计算得到的坡度因子值写入到矢量文件中的字段名称'''
    field_name_list=[]
    field_list=arcpy.ListFields(input_shp)
    for field in field_list:
        field_name_list.append(field.name)

    add_field_list=[FieldName_1,FieldName_2,FieldName_3,FieldName_4]

    if "BID" not in field_name_list:
        print('BID is not in the field_name_list.')
        arcpy.management.AddField(input_shp,'BID',"LONG")
    arcpy.CalculateField_management(input_shp,"BID",'!FID! +1',"PYTHON_9.3")
```

```
for FieldName in add_field_list:
    if FieldName not in field_name_list:
        print(FieldName+' is not in the field_name_list. ')
        arcpy. management. AddField(input_shp,FieldName,"FLOAT")

temporary_path=os. path. dirname(os. path. dirname(input_dem))
if os. path. exists(os. path. join(temporary_path,'temporary_GDB. gdb')):
    arcpy. Delete_management(os. path. join(temporary_path,'temporary_GDB. gdb'))
arcpy. CreateFileGDB_management(temporary_path,'temporary_GDB. gdb')

cursor=arcpy. SearchCursor(input_shp)
tem_list=[]
for row in cursor:
    tem_list. append(row. getValue("BID"))
row_num=len(tem_list)
print('The input_shp data attribute table has {} rows. '. format(row_num))

# check the band number
band_number=arcpy. GetRasterProperties_management(input_dem,'BANDCOUNT'). getOutput(0)
# print("The band number of this raster data is {}. ". format(band_number))

if int(band_number) ! =1:
    print("The band number is more than 1,this is not a DEM raster data... ")
    sys. exit(-1)
else:
    print("This DEM raster data is valid and available. ")

# calculate the slope value of dem raster data
out_gradient_dem=os. path. join(temporary_path,'temporary_GDB. gdb','out_gradient_dem')
arcpy. CheckOutExtension("Spatial")
arcpy. Slope_3d(input_dem,out_gradient_dem,"DEGREE",1)

# dem elevation data filling
out_filled_dem=os. path. join(temporary_path,'temporary_GDB. gdb',"out_filled_dem")
Fill(input_dem). save(out_filled_dem)

max_flow_list=[]
mean_gradient_list=[]
i=1
while i <= row_num:
    # export every one feature
    out_shp_temPath=os. path. join(temporary_path,'temporary_GDB. gdb',("shp_output_"+str(i)))
    where_clause="BID="+str(i)
```

```
        arcpy. Select_analysis(input_shp,out_shp_temPath,where_clause)
        # clip the dem raster
        out_tif_temPath=os. path. join(temporary_path,' temporary_GDB. gdb',("dem_filled_output_"+str(i)))
        ExtractByMask(out_filled_dem,out_shp_temPath). save(out_tif_temPath)
        # calculate the direction of water flow
        out_dir_temPath=os. path. join(temporary_path,' temporary_GDB. gdb',("flowDir_output_"+str(i)))
        FlowDirection(out_tif_temPath,' NORMAL'). save(out_dir_temPath)
        # calculate the cumulative flow
        out_acc_temPath=os. path. join(temporary_path,' temporary_GDB. gdb',("flowACC_output_"+str(i)))
        FlowAccumulation(out_dir_temPath). save(out_acc_temPath)
        # get the maximum cumulative flow
        max_flow=arcpy. GetRasterProperties_management(out_acc_temPath,' MAXIMUM')
        max_flow=int(max_flow. getOutput(0))
        max_flow_list. append(max_flow)
        # clip the gradient raster data
        out_mean_gradient_temPath=os. path. join(temporary_path,' temporary_GDB. gdb',("meanGradient_output_"+
str(i)))
        ExtractByMask(out_gradient_dem,out_shp_temPath). save(out_mean_gradient_temPath)
        # get the mean gradien value
          mean_gradient = arcpy. GetRasterProperties_management(out_mean_gradient_temPath,' MEAN')
. getOutput(0)
        mean_gradient_list. append(mean_gradient)
        i+= 1

    # Obtain image resolution
    x_piexl=arcpy. GetRasterProperties_management(input_dem,' CELLSIZEX'). getOutput(0)
    y_piexl=arcpy. GetRasterProperties_management(input_dem,' CELLSIZEY'). getOutput(0)
    xy_piexl=(float(x_piexl)+float(y_piexl))/2

    # Write the non-cumulative slope length value into the input_shp file,units is meters
    cursor=arcpy. UpdateCursor(input_shp)
    i=0
    for row in cursor:
        # write the slope length,units is meters
        length__value=xy_piexl * float(max_flow_list[i])
        row. setValue(FieldName_1,length__value)

        # calculate the slope length factor and write them into input_shp file
        sin_angle=math. sin(float(mean_gradient) * math. pi/180)
        beta=(sin_angle/0. 0896)/(3. 0 * sin_angle * * 0. 8+0. 56)
        m_value=beta/(1+beta)
        lf_value=(length__value/22. 13) * * m_value
        row. setValue(FieldName_2,lf_value)
```

```
        # write the slope gradient,units is degree
        row.setValue(FieldName_3,mean_gradient_list[i])

        # calculate the slope gradient factor and write them into input_shp file
        if float(mean_gradient_list[i]) <= 5:
            sf_value=10.8 * sin_angle+0.03
        elif  float(mean_gradient_list[i])>10:
            sf_value=21.91 * sin_angle-0.96
        else:
            sf_value=16.8 * sin_angle-0.5
        row.setValue(FieldName_4,sf_value)
        cursor.updateRow(row)
        i=i+1

    print("Slope length and gradient calculation completion!")


if __name__=='__main__':
    t0=time.time()
    input_dem=r'E:\Python_Program\Book_Writing_IEESSGP\0_data\test__DEM.tif'
    input_shp=r'E:\Python_Program\Book_Writing_IEESSGP\0_data\test__patchs_shapfile.shp'
    slope_length_gradient(input_dem,input_shp,FieldName_1="length_0",FieldName_2='L_0',FieldName_3='gradient_0',FieldName_4='S_0')
    print('Time cost is {}s.'.format(round(time.time()-t0,2)))
```

3. 耕作措施因子计算

```
# -*- coding: utf-8 -*-
"""Created on Sat May 15 09:33:22 2021
@author: John_Huang"""
import sys
import xlrd
import arcpy
import pandas as pd

def  T_factor_cal(regional_mark='西北黄土高原区',t_measure='等高耕作'):
    '''每一个措施图斑耕作措施因子计算'''
    excelFile=r'E:\Python_Program\Book_Writing_IEESSGP\Assignment_Table_E_T_K.xls'
    df=pd.read_excel(excelFile,sheet_name='T_value')

    non_national=df[df['地区'] != '全国']
    non_national_tValue=non_national['T_value']
    t_default_value=non_national_tValue.mean()

    if t_measure=='无':
```

```
        tValue=1
    else:
        condition1=df['地区']==regional_mark
        condition2=df['耕作措施']==t_measure
        tValue=df.loc[condition1 & condition2]['T_value'].values
        if len(tValue)>0:
            tValue=tValue[0]
        else:
            condition1=df['地区']=='全国'
            tValue=df.loc[condition1 & condition2]['T_value'].values
            if len(tValue)>0:
                tValue=tValue[0]
            else:
                tValue=t_default_value
    return tValue

def tillage_measure(input_shp,regionalField='分区',measureField='耕作措施',T_FieldName='T_0'):
    #给矢量数据添加 T 因子字段
    field_name_list=[]
    field_list=arcpy.ListFields(input_shp)
    for field in field_list:
        field_name_list.append(field.name)

    if T_FieldName not in field_name_list:
        print(T_FieldName+' is not in the field_name_list.')
        arcpy.management.AddField(input_shp,T_FieldName,"FLOAT")

    rows=arcpy.UpdateCursor(input_shp)
    i=0
    for row in rows:
        regional_da=row.getValue(regionalField)
        measure_da=row.getValue(measureField)
        e_cal_value=T_factor_cal(regional_da,measure_da)
        row.setValue(T_FieldName,float(e_cal_value))
        rows.updateRow(row)
        i+= 1

    print("Tillage measures calculation completion!")

if __name__=='__main__':
##      result=T_factor_cal(regional_mark='西北黄土高原区',t_measure='顺坡耕作+植物篱')
##      print(result)
    input_shp=r'E:\Python_Program\Book_Writing_IEESSGP\0_data\test__patchs_shapfile.shp'
    tillage_measure(input_shp,regionalField='分区',measureField='耕作措施',T_FieldName='T_0')
```

4. 工程措施因子计算

```
# -*- coding: utf-8 -*-
"""Created on Sat May 15 09:33:22 2021
@author: John_Huang"""
import sys
import xlrd
import arcpy
import pandas as pd

def  E_factor_cal(regional_mark='北方土石山区',e_measure='水平梯田'):
    '''每一个措施图斑水土保持措施因子计算'''
    excelFile=
r'E:\Python_Program\Book_Writing_IEESSGP\Assignment_Table_E_T_K.xls'
    df=pd.read_excel(excelFile,sheet_name='E_value')

    non_national=df[df['地区'] != '全国']
    non_national_tValue=non_national['E_value']
    e_default_value=non_national_tValue.mean()

    if e_measure=='无':
        eValue=1
    else:
        condition1=df['地区']==regional_mark
        condition2=df['工程措施']==e_measure
        eValue=df.loc[condition1 & condition2]['E_value'].values
        if len(eValue)>0:
            eValue=eValue[0]
        else:
            condition1=df['地区']=='全国'
            eValue=df.loc[condition1 & condition2]['E_value'].values
            if len(eValue)>0:
                eValue=eValue[0]
            else:
                eValue=e_default_value
    return eValue

def engineering_measure(input_shp,regionalField='分区',measureField='水保措施',E_FieldName='E_0'):
    #给矢量数据添加E因子字段
    field_name_list=[]
    field_list=arcpy.ListFields(input_shp)
    for field in field_list:
        field_name_list.append(field.name)

    if E_FieldName not in field_name_list:
```

```
            print(E_FieldName+' is not in the field_name_list. ')
            arcpy.management.AddField(input_shp,E_FieldName,"FLOAT")

    rows=arcpy.UpdateCursor(input_shp)
    i=0
    for row in rows:
        regional_da=row.getValue(regionalField)
        measure_da=row.getValue(measureField)
        e_cal_value=E_factor_cal(regional_da,measure_da)
        row.setValue(E_FieldName,float(e_cal_value))
        rows.updateRow(row)
        i+= 1

    print("Engineering measures calculation completion!")

if__name__=='__main__':
##      result=E_factor_cal(regional_mark='东北黑土区',e_measure='起垄')
##      print(result)
    input_shp=r'E:\Python_Program\Book_Writing_IEESSGP\0_data\patchs_shapfile.shp'
    engineering_measure(input_shp,regionalField='分区',measureField='工程措施',E_FieldName='E_0')
```

5. 植被覆盖措施因子计算

```
# -*- coding: utf-8 -*-
"""Created on Thu May 13 10:23:32 2021
@author: John_Huang
@version:python 2.7"""
import arcpy
from arcpy import env
from arcpy.sa import *
import os,sys
import shutil
import time
import numpy
import math
import tkinter

def raster_data_to_numpy_array(raster_data,block_size=2048):
    '''单波段栅格数据转为 numpy 数组
    由于 arcpy 库函数 RasterToNumPyArray 不能一次性转换
    这个函数分块读取栅格数据并合并为一个完整数组
    raster_data 输入栅格数据的绝对路径
    block_size 分块读取的块大小'''
    blocksize=block_size
    in_Raster=arcpy.Raster(raster_data)
```

```
    vi_value_array=numpy.zeros([in_Raster.height,in_Raster.width])
    for x in range(0,in_Raster.width,blocksize):
        for y in range(0,in_Raster.height,blocksize):
            mx=in_Raster.extent.XMin+x * in_Raster.meanCellWidth
            my=in_Raster.extent.YMin+y * in_Raster.meanCellHeight
            lx=min([x+blocksize,in_Raster.width])
            ly=min([y+blocksize,in_Raster.height])
            myData=arcpy.RasterToNumPyArray(in_Raster,arcpy.Point(mx,my),lx-x,ly-y,nodata_to_value=
0)
            vi_value_array[y:ly,x:lx]=myData
    return vi_value_array

def get_segement_threshold(_input_raster):
    '''输入的为栅格数据'''
    band_vege_arr=raster_data_to_numpy_array(_input_raster)
    # Iterative method to calculate the threshold
    initial_T=band_vege_arr.mean()
    initial_T_updata=256
    while initial_T != initial_T_updata:
        fore_gournd=band_vege_arr[band_vege_arr >= initial_T].mean()
        back_ground=band_vege_arr[band_vege_arr < initial_T].mean()
        initial_T_updata=0.5 * (fore_gournd+back_ground)
        initial_T=initial_T_updata
    # OTSU method to calculate the threshold
    n_piexl=band_vege_arr.size
    sigma=-1
    for m in range(0,256):
        fore_gournd=band_vege_arr[band_vege_arr>m]
        back_ground=band_vege_arr[band_vege_arr <= m]
        p1=float(fore_gournd.shape[0])/n_piexl
        p0=float(back_ground.shape[0])/n_piexl
        if back_ground.shape[0]==0:
            m1=0
        else:
            m1=float(back_ground.mean())
        if fore_gournd.shape[0]==0:
            m0=0
        else:
            m0=float(fore_gournd.mean())
        sigma_updata=p1 * p0 * (m0-m1) ** 2
        if sigma_updata>sigma:
            sigma=sigma_updata
            _T=m
    segmentation_T=round(0.5 * (float(initial_T)+float(_T)),3) * 1.67
```

```
    print("The image segementation threshold is {}. ".format(segmentation_T))
    return segmentation_T

def vegetation_coverage(input_image,input_shp,FieldName_1='VC_0',FieldName_2='C_0',vege_cal_method='VDVI',
method=1):
    '''植被覆盖度及覆盖因子计算
    method 是选择计算植被覆盖因子的方法
    input_image 输入无人机遥感影像栅格数据的绝对路径
    input_shp 输入评价措施图斑矢量文件绝对路径
    FieldName_1 计算得到的平均植被覆盖度值写入到矢量文件中的字段名称
        例如:治理前的为 VC_0,治理后的为 VC_1
    FieldName_2 计算得到的植被覆盖措施因子值写入到矢量文件中的字段名称'''
    field_name_list=[]
    field_list=arcpy.ListFields(input_shp)
    for field in field_list:
        field_name_list.append(field.name)

    add_field_list=[FieldName_1,FieldName_2]

    if "BID" not in field_name_list:
        print('BID is not in the field_name_list. ')
        arcpy.management.AddField(input_shp,'BID',"LONG")
    arcpy.CalculateField_management(input_shp,"BID",'!FID! +1',"PYTHON_9.3")

    for FieldName in add_field_list:
        if FieldName not in field_name_list:
            print(FieldName+' is not in the field_name_list. ')
            arcpy.management.AddField(input_shp,FieldName,"FLOAT")

    temporary_path=os.path.dirname(os.path.dirname(input_image))
    if os.path.exists(os.path.join(temporary_path,'temporary_GDB.gdb')):
        arcpy.Delete_management(os.path.join(temporary_path,'temporary_GDB.gdb'))
    arcpy.CreateFileGDB_management(temporary_path,'temporary_GDB.gdb')

    cursor=arcpy.SearchCursor(input_shp)
    tem_list=[]
    for row in cursor:
        tem_list.append(row.getValue("BID"))
    row_num=len(tem_list)
    print('The shapefile data attribute table has {} rows. '.format(row_num))

    arcpy.CheckOutExtension("spatial")
    arcpy.env.overwriteOutput=True
    band1,band2,band3=(input_image+"\Band_1"),(input_image+"\Band_2"),(input_image+"\Band_3")
```

```
band1_value,band2_value,band3_value=arcpy.sa.Float(Raster(band1)),arcpy.sa.Float(Raster(band2)),arcpy.sa.Float(Raster(band3))

if vege_cal_method=="VDVI":
    vi_value=(2*band2_value-band1_value-band3_value)/(2*band2_value+band1_value+band3_value)

    vi_value_array=raster_data_to_numpy_array(vi_value,2048)
    max_value,min_value,delt_value=vi_value_array.max(),vi_value_array.min(),(vi_value_array.max()-vi_value_array.min())
    vi_normalized_value=256*(vi_value-float(min_value))/float(delt_value)

    vegetation_normalized_index_abspath=os.path.join(temporary_path,'temporary_GDB.gdb','vegetation_normalized_index_VDVI')
    vi_normalized_value.save(vegetation_normalized_index_abspath)
elif vege_cal_method=="RGBGDSI":
    vi_value=(band2_value-band1_value)/(band2_value+band1_value)+(band2_value-band3_value)/(band2_value+band3_value)

    vi_value_array=raster_data_to_numpy_array(vi_value,2048)
    max_value,min_value,delt_value=vi_value_array.max(),vi_value_array.min(),(vi_value_array.max()-vi_value_array.min())
    vi_normalized_value=256*(vi_value-float(min_value))/float(delt_value)

    vegetation_normalized_index_abspath=os.path.join(temporary_path,'temporary_GDB.gdb','vegetation_normalized_index_RGBGDSI')
    vi_normalized_value.save(vegetation_normalized_index_abspath)
else:
    print('The vegetation index calculation formular parameter is error,and the specified vegetation index calculation method has not been provide...')
    sys.exit()

average_threshold=
get_segement_threshold(vegetation_normalized_index_abspath)

out_vegetation_cover_binary_path=os.path.join(os.path.join(temporary_path,'temporary_GDB.gdb'),("vegetation_index_binary"))
Con(Raster(vegetation_normalized_index_abspath) >= average_threshold,1,0).save(out_vegetation_cover_binary_path)

# Raster data partition statistics
zone_tablePath=os.path.join(temporary_path,'temporary_GDB.gdb',"zone_table_vegetation_cover")
ZonalStatisticsAsTable(input_shp,"FID",out_vegetation_cover_binary_path,zone_tablePath,"DATA","Mean")

# get the mean vegetation coverage and write them into the input_shp file
rows_1=arcpy.SearchCursor(zone_tablePath)
```

```
    rows_2=arcpy.UpdateCursor(input_shp)
    for row_1,row_2 in zip(rows_1,rows_2):
        vegetation_cover_value=row_1.getValue("MEAN")
        row_2.setValue(FieldName_1,float(vegetation_cover_value))
        rows_2.updateRow(row_2)

    if method==1:
        rows_3=arcpy.UpdateCursor(input_shp)
        i=0
        for row_3 in rows_3:
            vegetation_cover_value=float(row_3.getValue(FieldName_1))
            if vegetation_cover_value==0:
                row_3.setValue(FieldName_2,1)
            elif vegetation_cover_value>0.783:
                row_3.setValue(FieldName_2,0)
            else:
                tem_middle_cal_value=0.6508-0.3436*math.log(vegetation_cover_value,10)
                row_3.setValue(FieldName_2,tem_middle_cal_value)
            rows_3.updateRow(row_3)
            i+= 1
    elif method==2:
        rows_4=arcpy.UpdateCursor(input_shp)
        i=0
        for row_4 in rows_4:
            vegetation_cover_value=float(row_4.getValue(FieldName_1))
            if vegetation_cover_value>0.6259:
                row_4.setValue(FieldName_2,0)
            else:
                tem_middle_cal_value=-0.0076+0.6157*math.exp(-4.35*vegetation_cover_value)+0.6906*
math.exp(-39.87*vegetation_cover_value)
                row_4.setValue(FieldName_2,tem_middle_cal_value)
    print("Vegetation coverage calculation completion!")

if __name__=='__main__':
    t0=time.time()
    input_image=
r'E:\Python_Program\Book_Writing_IEESSGP\0_data\test__Image.tif'
    input_image=r'E:\Python_Program\Book_Writing_IEESSGP\0_data\Image.tif'
    input_shp=r'E:\Python_Program\Book_Writing_IEESSGP\0_data\test__patchs_shapfile.shp'
    input_shp=
r'E:\Python_Program\Book_Writing_IEESSGP\0_data\patchs_shapfile.shp'
    vegetation_coverage(input_image,input_shp,FieldName_1='VC_0',
FieldName_2='C_0',vege_cal_method='VDVI',method=1)
    print('Time cost is {}s.'.format(round(time.time()-t0,2)))
```

附件4　径流量监测数据成果

径流小区基本情况（农地）

小区号	坡度/(°)	坡长/m	坡宽/m	面积/m^2	坡向/(°)	坡位	土壤类型	土层厚度/cm	水保措施	整地方法	作物	播种方法	施肥纯量/(kg/hm^2)	垄距/cm	株×行距/cm	密度/(株/hm^2)	播种日期	中耕日期	收割日期	产量/(kg/hm^2)	
																				粮食	秸秆
4	15	20	5	100	270	坡中	红壤	50	种植农作物	整地起垄	地瓜	扦插	3800	25	25×100	38000	5月8日	6月13日	10月13日	1600	2050

径流小区基本情况（灌草地）

小区号	坡度/(°)	坡长/m	坡宽/m	面积/m^2	坡向/(°)	坡位	土壤类型	土层厚度/cm	灌草种类	播种日期	播种方法	收割时间	生物量/(kg/hm^2)	牧草产量/(kg/hm^2)	盖度/%	平均高度/cm
3	15	20	5	100	270	坡中	红壤	50	百喜草	38749	全坡面整地、撒播	无	0	0	98	61
7	15	20	5	100	270	坡中	红壤	50	宽叶雀稗和胡枝子	38749	穴状整地、撒播	无	0	0	97	752

径流小区基本情况（林地）

小区号	坡度/(°)	坡长/m	坡宽/m	面积/m^2	坡向/(°)	坡位	土壤类型	土层厚度/cm	水保措施	树种	造林方法	株×行距/cm	林龄/a	平均树高/m	平均胸径/cm	平均树冠直径/m	郁闭度	林下植被类型	林下植被主要种类	盖度/%	林下植被平均高度/cm
1	15	20	5	100	270	坡中	红壤	50	无	无	未利用林地	无	0	0	0	0	0	草本	杂草	4	25
2	15	20	5	100	270	坡中	红壤	50	无	无	未利用林地	无	0	0	0	0	0	草本	杂草	6	30

续表

小区号	坡度/(°)	坡长/m	坡宽/m	面积/m^2	坡向/(°)	坡位	土壤类型	土层厚度/cm	水保措施	树种	造林方法	株×行距/cm	林龄/a	平均树高/m	平均胸径/cm	平均树冠直径/m	郁闭度	林下植被类型	林下植被主要种类	盖度/%	林下植被平均高度/cm
5	15	20	5	100	270	坡中	红壤	50	果园	杨梅	1m×1m的小平台	株距250cm	17	3.7	9	2.9	0.5	草本	芒萁、狗牙根等	85	26
6	15	20	5	100	270	坡中	红壤	50	封禁	马尾松		移植30%马尾松	18	6.7	8.5	3.1	0.6	草本	芒萁、五节芒等	95	15
8	15	20	5	100	270	坡中	红壤	50	乔灌混交造林	枫香、木荷、胡枝子	穴规格50cm×40cm×30cm	枫香，木荷株距2m，胡枝子株距1.5m	16	6.7	6.3	3.3	0.7	灌木和草本	胡枝子、五节芒等	93	15
9	15	20	5	100	270	坡中	红壤	50	无	马尾松		上半坡补植5～6株马尾松	17	7.5	5.9	3.9	0.7	灌木和草本	小杂灌和宽叶雀稗等	15	4.5
10	15	20	5	100	270	坡中	红壤	50	乔灌草混交造林	香根草、宽叶雀稗、马尾松	条沟和穴状整地，沟长2m、沟规格50cm×30cm×30cm，穴状整地50cm×40cm×30cm	沟间距2m，补植马尾松，株距2m	17	7.8	11.9	5	0.6	灌木和草本	胡枝子、宽叶雀稗等	95	26.3
11	15	20	5	100	270	坡中	红壤	50	乔灌草混交造林	枫香、木荷、胡枝子、宽叶雀稗	条沟整地，沟长2m、沟规格50cm×30cm×30cm	沟间距2m	17	7.6	10.8	3.7	0.7	灌木和草本	胡枝子、宽叶雀稗等	98	29.5
12	15	20	5	100	270	坡中	红壤	50	造林	马尾松	补植马尾松	株距1.5m	16	6.6	8.8	3.3	0.5	灌木和草本	胡枝子、五节芒等	97	38

径流小区逐日降水量

日	1月	2月	3月	4月	5月	6月	7月	8月	9月	10月	11月	12月	日
1	0.2	0.2	0.4	40.8	0.2	52.2		1.8					1
2		9.8	1	27.2		8.2							2
3		19.4	12.2	12.2		1.8	7						3
4	0.2	1.8	8.8	7		5.2	27.6		3.8	2.4			4
5			0.2	4.8	30.8	26		5.8			0.2		5
6		11.8	1.4	1.8	1	2.4							6
7	0.2		3.4			3.6			18.2				7
8	0.2			0.2		1.2			1.6				8
9			30.8			40.8	13.4		0.2	0.2			9
10		0.2	0.2	1.2		9.4			10.2		0.2		10
11	0.2	8.8	20.8	10.8	0.6			12.2	63.6				11
12		13.2	49.2					0.2			0.2		12
13		23.6	9.8						1.2			8.2	13
14		49.6	0.2	7.6		0.6			3.2		0.2	5.8	14
15		16.8			5.2	2.4		20.6				1.4	15
16	1.6		0.2					3.2				0.8	16
17			30.4		74							0.8	17
18	2.4		16.2		2.8			28.6	7				18
19			1.4					13.4					19
20				10	28.4			3.4					20
21				13	14.2			37	17.2				21
22				8.2	3.2				80.6	0.2		1	22
23			9.6	3.2					15.6			0.4	23
24	0.2		1.2						2.6				24
25	16.4				1.6	11.2		29.6	2.8				25
26	8		0.2		21.2		9.8	5.2	11.2				26
27			15					0.4	5.2				27
28		0.2											28
29		9.6	8.4		0.2		0.4	0.8	9.8	0.4			29
30			6.2		1		5.4		8.6	0.2			30
31			1.8		11.8			22					31
降水量	29.6	165	229	148	196.2	165	63.6	184.2	262.6	3.4	0.8	18.4	降水量
降水日数	10	13	24	14	15	13	6	15	18	5	4	7	降水日数
最大日量	16.4	49.6	49.2	40.8	74	52.2	27.6	37	80.6	2.4	0.2	8.2	最大日量
年统计	降水量	1465.8	日数	144	最大日降水量	80.6	日期	9月22日	最大月降水量		262.6	月份	9月
	最大次雨量	97.6	历时	1870	最大 I_{30}	21.8	日期	9月22日	最大降雨侵蚀力		1221.3	日期	9月22日
	初雪日期		终雪日期										
备注	降水量：mm；历时：min；I_{30}：mm/h；最大降雨侵蚀力：(MJ · mm)/(hm^2 · h)。												

径流小区降水过程摘录（小流域控制站降水过程摘录与此表相同）

降水次序	月	日	时	分	累积雨量/mm	累积历时/min	时段降雨			I_{30}/(mm/h)	降雨侵蚀力/[(MJ·mm)/(hm²·h)]
							雨量/mm	历时/min	雨强/(mm/h)		
1	1	25	19	20	0	0	0	0	0	8.8	28.5
1	1	25	19	30	0.2	10	0.2	10	1.2		
1	1	25	19	40	0.2	20	0	10	0		
1	1	25	19	50	0.4	30	0.2	10	1.2		
1	1	25	20	50	0.4	90	0	60	0		
1	1	25	21	00	0.6	100	0.2	10	1.2		
1	1	25	21	40	0.6	140	0	40	0		
1	1	25	21	50	0.8	150	0.2	10	1.2		
1	1	26	1	20	0.8	360	0	210	0		
1	1	26	1	30	1.8	370	1	10	6		
1	1	26	1	40	3.8	380	2	10	12		
1	1	26	1	50	5.2	390	1.4	10	8.4		
1	1	26	2	00	5.6	400	0.4	10	2.4		
1	1	26	2	10	6	410	0.4	10	2.4		
1	1	26	2	20	6.2	420	0.2	10	1.2		
1	1	26	2	30	6.6	430	0.4	10	2.4		
1	1	26	2	40	7	440	0.4	10	2.4		
1	1	26	2	50	7.2	450	0.2	10	1.2		
1	1	26	3	00	7.6	460	0.4	10	2.4		
1	1	26	3	10	7.8	470	0.2	10	1.2		
1	1	26	3	20	8	480	0.2	10	1.2		
1	1	26	3	30	8.2	490	0.2	10	1.2		
1	1	26	3	40	8.4	500	0.2	10	1.2		
1	1	26	3	50	9.2	510	0.8	10	4.8		
1	1	26	4	00	9.6	520	0.4	10	2.4		
1	1	26	4	10	9.6	530	0	10	0		
1	1	26	4	20	9.8	540	0.2	10	1.2		
1	1	26	4	30	9.8	550	0	10	0		
1	1	26	4	40	10	560	0.2	10	1.2		
1	1	26	4	50	10.2	570	0.2	10	1.2		
1	1	26	5	00	10.4	580	0.2	10	1.2		
1	1	26	5	10	10.6	590	0.2	10	1.2		
1	1	26	5	20	10.8	600	0.2	10	1.2		
1	1	26	5	30	11.2	610	0.4	10	2.4		
1	1	26	5	40	11.4	620	0.2	10	1.2		

续表

降水次序	月	日	时	分	累积雨量/mm	累积历时/min	时段降雨			I_{30}/(mm/h)	降雨侵蚀力/[(MJ·mm)/(hm^2·h)]
							雨量/mm	历时/min	雨强/(mm/h)		
1	1	26	5	50	11.6	630	0.2	10	1.2		
1	1	26	6	00	11.8	640	0.2	10	1.2		
1	1	26	6	10	12	650	0.2	10	1.2		
1	1	26	6	20	12.4	660	0.4	10	2.4		
1	1	26	6	30	13	670	0.6	10	3.6		
1	1	26	6	40	13.4	680	0.4	10	2.4		
1	1	26	6	50	14	690	0.6	10	3.6		
1	1	26	7	00	14.4	700	0.4	10	2.4		
1	1	26	7	10	15	710	0.6	10	3.6		
1	1	26	7	20	15.4	720	0.4	10	2.4		
1	1	26	7	30	15.8	730	0.4	10	2.4		
1	1	26	7	40	16.2	740	0.4	10	2.4		
1	1	26	7	50	16.4	750	0.2	10	1.2		
1	1	26	8	00	16.4	760	0	10	0		
1	1	26	8	10	16.8	770	0.4	10	2.4		
1	1	26	8	20	16.8	780	0	10	0		
1	1	26	8	30	17	790	0.2	10	1.2		
1	1	26	9	10	17	830	0	40	0		
1	1	26	9	20	17.2	840	0.2	10	1.2		
1	1	26	9	30	17.4	850	0.2	10	1.2		
1	1	26	9	40	17.6	860	0.2	10	1.2		
1	1	26	9	50	17.8	870	0.2	10	1.2		
1	1	26	10	00	18	880	0.2	10	1.2		
1	1	26	10	10	18.2	890	0.2	10	1.2		
1	1	26	10	20	18.6	900	0.4	10	2.4		
1	1	26	10	30	18.8	910	0.2	10	1.2		
1	1	26	10	40	19.2	920	0.4	10	2.4		
1	1	26	10	50	20	930	0.8	10	4.8		
1	1	26	11	00	20.2	940	0.2	10	1.2		
1	1	26	11	10	20.4	950	0.2	10	1.2		
1	1	26	11	20	20.8	960	0.4	10	2.4		
1	1	26	11	30	21.2	970	0.4	10	2.4		
1	1	26	11	40	21.4	980	0.2	10	1.2		
1	1	26	11	50	21.6	990	0.2	10	1.2		
1	1	26	12	00	21.8	1000	0.2	10	1.2		

续表

降水次序	月	日	时	分	累积雨量/mm	累积历时/min	时段降雨			I_{30}/(mm/h)	降雨侵蚀力/[(MJ·mm)/(hm^2·h)]
							雨量/mm	历时/min	雨强/(mm/h)		
1	1	26	12	10	22	1010	0.2	10	1.2		
1	1	26	12	30	22	1030	0	20	0		
1	1	26	12	40	22.2	1040	0.2	10	1.2		
1	1	26	12	50	22.4	1050	0.2	10	1.2		
1	1	26	13	00	22.8	1060	0.4	10	2.4		
1	1	26	13	10	23.2	1070	0.4	10	2.4		
1	1	26	13	20	23.2	1080	0	10	0		
1	1	26	13	30	23.4	1090	0.2	10	1.2		
1	1	26	13	40	23.6	1100	0.2	10	1.2		
1	1	26	13	50	23.8	1110	0.2	10	1.2		
1	1	26	14	00	24	1120	0.2	10	1.2		
1	1	26	14	10	24.2	1130	0.2	10	1.2		
1	1	26	14	20	24.4	1140	0.2	10	1.2		
2	2	2	22	00	0	0	0	0	0	3.4	12.5
2	2	2	22	10	0.4	10	0.4	10	2.4		
2	2	3	0	00	0.4	120	0	110	0		
2	2	3	0	10	0.6	130	0.2	10	1.2		
2	2	3	0	20	0.6	140	0	10	0		
2	2	3	0	30	0.8	150	0.2	10	1.2		
2	2	3	0	40	1	160	0.2	10	1.2		
2	2	3	0	50	1.2	170	0.2	10	1.2		
2	2	3	1	00	1.2	180	0	10	0		
2	2	3	1	10	1.4	190	0.2	10	1.2		
2	2	3	1	20	1.4	200	0	10	0		
2	2	3	1	30	1.8	210	0.4	10	2.4		
2	2	3	1	50	1.8	230	0	20	0		
2	2	3	2	00	2	240	0.2	10	1.2		
2	2	3	2	10	2.2	250	0.2	10	1.2		
2	2	3	2	20	2.2	260	0	10	0		
2	2	3	2	30	2.4	270	0.2	10	1.2		
2	2	3	4	20	2.4	380	0	110	0		
2	2	3	4	30	2.6	390	0.2	10	1.2		
2	2	3	4	40	2.6	400	0	10	0		
2	2	3	4	50	2.8	410	0.2	10	1.2		
2	2	3	5	30	2.8	450	0	40	0		

续表

降水次序	月	日	时	分	累积雨量/mm	累积历时/min	时段降雨			I_{30}/(mm/h)	降雨侵蚀力/[(MJ·mm)/(hm²·h)]
							雨量/mm	历时/min	雨强/(mm/h)		
2	2	3	5	40	3	460	0.2	10	1.2		
2	2	3	5	50	3	470	0	10	0		
2	2	3	6	00	3.2	480	0.2	10	1.2		
2	2	3	6	10	3.4	490	0.2	10	1.2		
2	2	3	6	20	3.6	500	0.2	10	1.2		
2	2	3	6	30	3.8	510	0.2	10	1.2		
2	2	3	6	40	4.2	520	0.4	10	2.4		
2	2	3	6	50	4.6	530	0.4	10	2.4		
2	2	3	7	00	5	540	0.4	10	2.4		
2	2	3	7	10	5.6	550	0.6	10	3.6		
2	2	3	7	20	6.2	560	0.6	10	3.6		
2	2	3	7	30	6.8	570	0.6	10	3.6		
2	2	3	7	40	7.4	580	0.6	10	3.6		
2	2	3	7	50	7.6	590	0.2	10	1.2		
2	2	3	8	00	7.8	600	0.2	10	1.2		
2	2	3	8	10	8.4	610	0.6	10	3.6		
2	2	3	8	20	8.6	620	0.2	10	1.2		
2	2	3	8	30	9.4	630	0.8	10	4.8		
2	2	3	8	40	9.8	640	0.4	10	2.4		
2	2	3	8	50	10	650	0.2	10	1.2		
2	2	3	9	00	10.2	660	0.2	10	1.2		
2	2	3	9	10	10.2	670	0	10	0		
2	2	3	9	20	10.4	680	0.2	10	1.2		
2	2	3	9	30	11	690	0.6	10	3.6		
2	2	3	9	40	11.4	700	0.4	10	2.4		
2	2	3	9	50	11.6	710	0.2	10	1.2		
2	2	3	10	00	12.2	720	0.6	10	3.6		
2	2	3	10	10	13	730	0.8	10	4.8		
2	2	3	10	20	13.4	740	0.4	10	2.4		
2	2	3	10	30	13.6	750	0.2	10	1.2		
2	2	3	10	40	13.6	760	0	10	0		
2	2	3	10	50	14	770	0.4	10	2.4		
2	2	3	11	00	14.4	780	0.4	10	2.4		
2	2	3	11	10	15.2	790	0.8	10	4.8		
2	2	3	11	20	15.4	800	0.2	10	1.2		

续表

降水次序	月	日	时	分	累积雨量/mm	累积历时/min	时段降雨			I_{30}/(mm/h)	降雨侵蚀力/[(MJ·mm)/(hm²·h)]
							雨量/mm	历时/min	雨强/(mm/h)		
2	2	3	11	30	15.8	810	0.4	10	2.4		
2	2	3	11	40	16	820	0.2	10	1.2		
2	2	3	11	50	16.2	830	0.2	10	1.2		
2	2	3	12	00	16.2	840	0	10	0		
2	2	3	12	10	16.4	850	0.2	10	1.2		
2	2	3	12	20	16.6	860	0.2	10	1.2		
2	2	3	15	40	16.6	1060	0	200	0		
2	2	3	15	50	16.8	1070	0.2	10	1.2		
2	2	3	16	00	17	1080	0.2	10	1.2		
2	2	3	16	10	17.6	1090	0.6	10	3.6		
2	2	3	16	20	18	1100	0.4	10	2.4		
2	2	3	16	30	18.8	1110	0.8	10	4.8		
2	2	3	16	40	19.4	1120	0.6	10	3.6		
2	2	3	16	50	19.8	1130	0.4	10	2.4		
2	2	3	17	00	20	1140	0.2	10	1.2		
2	2	3	17	10	20.2	1150	0.2	10	1.2		
2	2	3	17	30	20.2	1170	0	20	0		
2	2	3	17	40	20.4	1180	0.2	10	1.2		
2	2	3	18	00	20.4	1200	0	20	0		
2	2	3	18	10	20.6	1210	0.2	10	1.2		
2	2	3	18	20	20.6	1220	0	10	0		
2	2	3	18	30	20.8	1230	0.2	10	1.2		
2	2	3	18	40	20.8	1240	0	10	0		
2	2	3	18	50	21	1250	0.2	10	1.2		
2	2	3	19	40	21	1300	0	50	0		
2	2	3	19	50	21.2	1310	0.2	10	1.2		
2	2	3	20	30	21.2	1350	0	40	0		
2	2	3	20	40	21.4	1360	0.2	10	1.2		
2	2	3	20	50	21.4	1370	0	10	0		
2	2	3	21	00	21.6	1380	0.2	10	1.2		
2	2	3	21	20	21.6	1400	0	20	0		
2	2	3	21	30	21.8	1410	0.2	10	1.2		
2	2	3	23	50	21.8	1550	0	140	0		
2	2	4	0	00	22	1560	0.2	10	1.2		
2	2	4	0	20	22	1580	0	20	0		

续表

降水次序	月	日	时	分	累积雨量/mm	累积历时/min	时段降雨			I_{30}/(mm/h)	降雨侵蚀力/[(MJ·mm)/(hm²·h)]
							雨量/mm	历时/min	雨强/(mm/h)		
2	2	4	0	30	22.2	1590	0.2	10	1.2		
2	2	4	0	40	22.2	1600	0	10	0		
2	2	4	0	50	22.4	1610	0.2	10	1.2		
2	2	4	1	00	22.8	1620	0.4	10	2.4		
2	2	4	1	10	23	1630	0.2	10	1.2		
2	2	4	1	20	23	1640	0	10	0		
2	2	4	1	30	23.2	1650	0.2	10	1.2		
2	2	4	1	40	23.2	1660	0	10	0		
2	2	4	1	50	23.4	1670	0.2	10	1.2		
2	2	4	2	00	23.4	1680	0	10	0		
2	2	4	2	10	23.6	1690	0.2	10	1.2		
2	2	4	2	30	23.6	1710	0	20	0		
2	2	4	2	40	23.8	1720	0.2	10	1.2		
2	2	4	2	50	24	1730	0.2	10	1.2		
2	2	4	3	00	24.2	1740	0.2	10	1.2		
2	2	4	3	10	24.4	1750	0.2	10	1.2		
2	2	4	3	20	24.6	1760	0.2	10	1.2		
2	2	4	3	30	24.8	1770	0.2	10	1.2		
2	2	4	3	40	25	1780	0.2	10	1.2		
2	2	4	4	10	25	1810	0	30	0		
2	2	4	4	20	25.2	1820	0.2	10	1.2		
2	2	4	4	30	25.2	1830	0	10	0		
2	2	4	4	40	25.4	1840	0.2	10	1.2		
2	2	4	5	00	25.4	1860	0	20	0		
2	2	4	5	10	25.6	1870	0.2	10	1.2		
2	2	4	5	20	25.6	1880	0	10	0		
2	2	4	5	30	25.8	1890	0.2	10	1.2		
2	2	4	5	50	25.8	1910	0	20	0		
2	2	4	6	00	26.2	1920	0.4	10	2.4		
2	2	4	6	10	26.6	1930	0.4	10	2.4		
2	2	4	6	20	26.6	1940	0	10	0		
2	2	4	6	30	26.8	1950	0.2	10	1.2		
2	2	4	7	20	26.8	2000	0	50	0		
2	2	4	7	30	27	2010	0.2	10	1.2		
2	2	4	7	50	27	2030	0	20	0		

续表

降水次序	月	日	时	分	累积雨量/mm	累积历时/min	时段降雨			I_{30}/(mm/h)	降雨侵蚀力/[(MJ·mm)/(hm²·h)]
							雨量/mm	历时/min	雨强/(mm/h)		
2	2	4	8	00	27.2	2040	0.2	10	1.2		
2	2	4	8	10	27.4	2050	0.2	10	1.2		
2	2	4	8	20	27.6	2060	0.2	10	1.2		
2	2	4	8	30	27.8	2070	0.2	10	1.2		
2	2	4	8	40	28	2080	0.2	10	1.2		
2	2	4	8	50	28	2090	0	10	0		
2	2	4	9	00	28.2	2100	0.2	10	1.2		
2	2	4	9	30	28.2	2130	0	30	0		
2	2	4	9	40	28.6	2140	0.4	10	2.4		
2	2	4	9	50	28.6	2150	0	10	0		
2	2	4	10	00	28.8	2160	0.2	10	1.2		
2	2	4	11	40	28.8	2260	0	100	0		
2	2	4	11	50	29	2270	0.2	10	1.2		
3	2	6	11	10	0	0	0	0	0	1.4	5.2
3	2	6	11	20	0.2	10	0.2	10	1.2		
3	2	6	11	30	0.8	20	0.6	10	3.6		
3	2	6	12	10	0.8	60	0	40	0		
3	2	6	12	20	1	70	0.2	10	1.2		
3	2	6	13	10	1	120	0	50	0		
3	2	6	13	20	1.2	130	0.2	10	1.2		
3	2	6	13	30	1.4	140	0.2	10	1.2		
3	2	6	14	10	1.4	180	0	40	0		
3	2	6	14	20	1.6	190	0.2	10	1.2		
3	2	6	15	30	1.6	260	0	70	0		
3	2	6	15	40	1.8	270	0.2	10	1.2		
3	2	6	16	00	1.8	290	0	20	0		
3	2	6	16	10	2	300	0.2	10	1.2		
3	2	6	16	30	2	320	0	20	0		
3	2	6	16	40	2.2	330	0.2	10	1.2		
3	2	6	16	50	2.2	340	0	10	0		
3	2	6	17	00	2.4	350	0.2	10	1.2		
3	2	6	17	10	2.6	360	0.2	10	1.2		
3	2	6	17	20	2.8	370	0.2	10	1.2		
3	2	6	17	30	2.8	380	0	10	0		
3	2	6	17	40	3	390	0.2	10	1.2		

续表

降水次序	月	日	时	分	累积雨量/mm	累积历时/min	时段降雨			I_{30}/(mm/h)	降雨侵蚀力/[(MJ·mm)/(hm²·h)]
							雨量/mm	历时/min	雨强/(mm/h)		
3	2	6	17	50	3.2	400	0.2	10	1.2		
3	2	6	18	00	3.4	410	0.2	10	1.2		
3	2	6	18	20	3.4	430	0	20	0		
3	2	6	18	30	3.6	440	0.2	10	1.2		
3	2	6	18	40	3.8	450	0.2	10	1.2		
3	2	6	18	50	4	460	0.2	10	1.2		
3	2	6	19	00	4.2	470	0.2	10	1.2		
3	2	6	19	10	4.2	480	0	10	0		
3	2	6	19	20	4.6	490	0.4	10	2.4		
3	2	6	19	30	5	500	0.4	10	2.4		
3	2	6	21	20	5	610	0	110	0		
3	2	6	21	30	5.4	620	0.4	10	2.4		
3	2	6	21	40	6	630	0.6	10	3.6		
3	2	6	21	50	6.6	640	0.6	10	3.6		
3	2	6	22	00	7	650	0.4	10	2.4		
3	2	6	22	10	7.2	660	0.2	10	1.2		
3	2	6	22	20	8.2	670	1	10	6		
3	2	6	22	30	8.8	680	0.6	10	3.6		
3	2	6	22	40	8.8	690	0	10	0		
3	2	6	22	50	9.2	700	0.4	10	2.4		
3	2	6	23	00	9.6	710	0.4	10	2.4		
3	2	6	23	10	10	720	0.4	10	2.4		
3	2	6	23	20	10.4	730	0.4	10	2.4		
3	2	6	23	30	10.6	740	0.2	10	1.2		
3	2	6	23	40	10.8	750	0.2	10	1.2		
3	2	6	23	50	10.8	760	0	10	0		
3	2	7	0	00	11	770	0.2	10	1.2		
3	2	7	0	10	11	780	0	10	0		
3	2	7	0	20	11.2	790	0.2	10	1.2		
3	2	7	0	30	11.2	800	0	10	0		
3	2	7	0	40	11.4	810	0.2	10	1.2		
3	2	7	1	00	11.4	830	0	20	0		
3	2	7	1	10	11.6	840	0.2	10	1.2		
3	2	7	1	40	11.6	870	0	30	0		
3	2	7	1	50	11.8	880	0.2	10	1.2		

续表

降水次序	月	日	时	分	累积雨量 /mm	累积历时 /min	时段降雨			I_{30} /(mm/h)	降雨侵蚀力 /[(MJ·mm)/(hm²·h)]
							雨量 /mm	历时 /min	雨强 /(mm/h)		
4	2	11	17	30	0	0	0	0	0	1.4	11
4	2	11	17	40	0.2	10	0.2	10	1.2		
4	2	11	17	50	0.2	20	0	10	0		
4	2	11	18	00	0.4	30	0.2	10	1.2		
4	2	11	19	10	0.4	100	0	70	0		
4	2	11	19	20	0.8	110	0.4	10	2.4		
4	2	11	23	40	0.8	370	0	260	0		
4	2	11	23	50	1	380	0.2	10	1.2		
4	2	12	0	00	1	390	0	10	0		
4	2	12	0	10	1.2	400	0.2	10	1.2		
4	2	12	0	30	1.2	420	0	20	0		
4	2	12	0	40	2.6	430	1.4	10	8.4		
4	2	12	0	50	2.6	440	0	10	0		
4	2	12	1	00	3	450	0.4	10	2.4		
4	2	12	1	10	3.2	460	0.2	10	1.2		
4	2	12	1	20	3.2	470	0	10	0		
4	2	12	1	30	3.6	480	0.4	10	2.4		
4	2	12	1	50	3.6	500	0	20	0		
4	2	12	2	00	3.8	510	0.2	10	1.2		
4	2	12	3	50	3.8	620	0	110	0		
4	2	12	4	00	4	630	0.2	10	1.2		
4	2	12	4	40	4	670	0	40	0		
4	2	12	4	50	5.6	680	1.6	10	9.6		
4	2	12	5	00	5.8	690	0.2	10	1.2		
4	2	12	5	10	7.8	700	2	10	12		
4	2	12	5	20	7.8	710	0	10	0		
4	2	12	5	30	8	720	0.2	10	1.2		
4	2	12	5	40	8	730	0	10	0		
4	2	12	5	50	8.2	740	0.2	10	1.2		
4	2	12	6	00	8.2	750	0	10	0		
4	2	12	6	10	8.4	760	0.2	10	1.2		
4	2	12	6	20	8.4	770	0	10	0		
4	2	12	6	30	8.6	780	0.2	10	1.2		
4	2	12	6	40	8.6	790	0	10	0		
4	2	12	6	50	8.8	800	0.2	10	1.2		

续表

降水次序	月	日	时	分	累积雨量 /mm	累积历时 /min	时段降雨			I_{30} /(mm/h)	降雨侵蚀力 /[(MJ·mm)/(hm²·h)]
							雨量 /mm	历时 /min	雨强 /(mm/h)		
5	2	12	14	10	0	0	0	0	0	2.9	57.5
5	2	12	14	20	3.6	10	3.6	10	21.6		
5	2	12	14	30	6.6	20	3	10	18		
5	2	12	14	40	9.6	30	3	10	18		
5	2	12	14	50	9.6	40	0	10	0		
5	2	12	15	00	10	50	0.4	10	2.4		
5	2	12	15	10	11.6	60	1.6	10	9.6		
5	2	12	15	20	12.2	70	0.6	10	3.6		
5	2	12	15	30	12.6	80	0.4	10	2.4		
5	2	12	15	40	12.6	90	0	10	0		
5	2	12	15	50	13	100	0.4	10	2.4		
6	2	13	4	30	0	0	0	0	0	5.8	189.1
6	2	13	4	40	0.2	10	0.2	10	1.2		
6	2	13	8	30	0.2	240	0	230	0		
6	2	13	8	40	1.6	250	1.4	10	8.4		
6	2	13	8	50	2.6	260	1	10	6		
6	2	13	11	10	2.6	400	0	140	0		
6	2	13	11	20	9.2	410	6.6	10	39.6		
6	2	13	11	30	14.4	420	5.2	10	31.2		
6	2	13	11	40	18.6	430	4.2	10	25.2		
6	2	13	11	50	21.2	440	2.6	10	15.6		
6	2	13	12	00	22.6	450	1.4	10	8.4		
6	2	13	12	20	22.6	470	0	20	0		
6	2	13	12	30	22.8	480	0.2	10	1.2		
6	2	13	12	40	22.8	490	0	10	0		
6	2	13	12	50	23	500	0.2	10	1.2		
7	2	14	6	50	0	0	0	0	0	10.9	177.2
7	2	14	7	00	0.2	10	0.2	10	1.2		
7	2	14	7	10	0.4	20	0.2	10	1.2		
7	2	14	7	20	0.6	30	0.2	10	1.2		
7	2	14	8	00	0.6	70	0	40	0		
7	2	14	8	10	0.8	80	0.2	10	1.2		
7	2	14	8	20	1.4	90	0.6	10	3.6		
7	2	14	8	30	3.4	100	2	10	12		
7	2	14	8	40	7.4	110	4	10	24		

续表

降水次序	月	日	时	分	累积雨量/mm	累积历时/min	时段降雨			I_{30}/(mm/h)	降雨侵蚀力/[(MJ·mm)/(hm^2·h)]
							雨量/mm	历时/min	雨强/(mm/h)		
7	2	14	8	50	9.4	120	2	10	12		
7	2	14	9	00	9.8	130	0.4	10	2.4		
7	2	14	9	10	10	140	0.2	10	1.2		
7	2	14	9	30	10	160	0	20	0		
7	2	14	9	40	10.8	170	0.8	10	4.8		
7	2	14	9	50	11.4	180	0.6	10	3.6		
7	2	14	10	00	12.4	190	1	10	6		
7	2	14	10	10	12.4	200	0	10	0		
7	2	14	10	20	13.8	210	1.4	10	8.4		
7	2	14	10	30	16.6	220	2.8	10	16.8		
7	2	14	10	40	18.4	230	1.8	10	10.8		
7	2	14	10	50	18.8	240	0.4	10	2.4		
7	2	14	11	00	20.2	250	1.4	10	8.4		
7	2	14	11	10	20.4	260	0.2	10	1.2		
7	2	14	11	20	20.8	270	0.4	10	2.4		
7	2	14	11	30	21.4	280	0.6	10	3.6		
7	2	14	11	40	22.2	290	0.8	10	4.8		
7	2	14	11	50	23	300	0.8	10	4.8		
7	2	14	12	00	23.6	310	0.6	10	3.6		
7	2	14	12	10	23.8	320	0.2	10	1.2		
7	2	14	12	20	24	330	0.2	10	1.2		
7	2	14	12	30	24.2	340	0.2	10	1.2		
7	2	14	12	40	24.4	350	0.2	10	1.2		
7	2	14	12	50	24.6	360	0.2	10	1.2		
7	2	14	13	00	25	370	0.4	10	2.4		
7	2	14	13	10	25.4	380	0.4	10	2.4		
7	2	14	13	20	25.8	390	0.4	10	2.4		
7	2	14	13	30	26	400	0.2	10	1.2		
7	2	14	13	50	26	420	0	20	0		
7	2	14	14	00	26.2	430	0.2	10	1.2		
7	2	14	14	10	26.4	440	0.2	10	1.2		
7	2	14	14	20	26.8	450	0.4	10	2.4		
7	2	14	14	30	27	460	0.2	10	1.2		
7	2	14	14	40	28	470	1	10	6		
7	2	14	14	50	28.8	480	0.8	10	4.8		

续表

降水次序	月	日	时	分	累积雨量/mm	累积历时/min	时段降雨			I_{30}/(mm/h)	降雨侵蚀力/[(MJ·mm)/(hm^2·h)]
							雨量/mm	历时/min	雨强/(mm/h)		
7	2	14	15	00	29.6	490	0.8	10	4.8		
7	2	14	15	10	30.6	500	1	10	6		
7	2	14	15	20	31.4	510	0.8	10	4.8		
7	2	14	15	30	31.6	520	0.2	10	1.2		
7	2	14	15	40	32.6	530	1	10	6		
7	2	14	15	50	33.4	540	0.8	10	4.8		
7	2	14	16	00	33.8	550	0.4	10	2.4		
7	2	14	16	10	34.2	560	0.4	10	2.4		
7	2	14	16	20	35.4	570	1.2	10	7.2		
7	2	14	16	30	36.2	580	0.8	10	4.8		
7	2	14	16	40	36.6	590	0.4	10	2.4		
7	2	14	16	50	37	600	0.4	10	2.4		
7	2	14	17	00	37.4	610	0.4	10	2.4		
7	2	14	17	10	38.2	620	0.8	10	4.8		
7	2	14	17	20	38.4	630	0.2	10	1.2		
7	2	14	17	30	38.6	640	0.2	10	1.2		
7	2	14	18	20	38.6	690	0	50	0		
7	2	14	18	30	38.8	700	0.2	10	1.2		
7	2	14	22	00	38.8	910	0	210	0		
7	2	14	22	10	39.2	920	0.4	10	2.4		
7	2	14	22	20	39.6	930	0.4	10	2.4		
7	2	14	22	30	39.8	940	0.2	10	1.2		
7	2	14	22	50	39.8	960	0	20	0		
7	2	14	23	00	40	970	0.2	10	1.2		
7	2	14	23	10	40	980	0	10	0		
7	2	14	23	20	40.2	990	0.2	10	1.2		
7	2	14	23	30	40.4	1000	0.2	10	1.2		
7	2	14	23	40	40.8	1010	0.4	10	2.4		
7	2	15	2	10	40.8	1160	0	150	0		
7	2	15	2	20	42.2	1170	1.4	10	8.4		
7	2	15	2	30	43.2	1180	1	10	6		
7	2	15	2	40	44.4	1190	1.2	10	7.2		
7	2	15	2	50	45.2	1200	0.8	10	4.8		
7	2	15	3	00	45.8	1210	0.6	10	3.6		
7	2	15	6	30	45.8	1420	0	210	0		

续表

降水次序	月	日	时	分	累积雨量/mm	累积历时/min	时段降雨			I_{30}/(mm/h)	降雨侵蚀力/[(MJ·mm)/(hm²·h)]
							雨量/mm	历时/min	雨强/(mm/h)		
7	2	15	6	40	46	1430	0.2	10	1.2		
7	2	15	6	50	47.6	1440	1.6	10	9.6		
7	2	15	7	00	48.2	1450	0.6	10	3.6		
7	2	15	7	10	48.4	1460	0.2	10	1.2		
7	2	15	7	20	48.8	1470	0.4	10	2.4		
7	2	15	7	30	49.2	1480	0.4	10	2.4		
7	2	15	7	40	49.6	1490	0.4	10	2.4		
7	2	15	7	50	50	1500	0.4	10	2.4		
7	2	15	8	00	50.2	1510	0.2	10	1.2		
7	2	15	8	10	50.2	1520	0	10	0		
7	2	15	8	20	50.4	1530	0.2	10	1.2		
7	2	15	8	30	50.8	1540	0.4	10	2.4		
7	2	15	11	00	50.8	1690	0	150	0		
7	2	15	11	10	51	1700	0.2	10	1.2		
7	2	15	11	30	51	1720	0	20	0		
7	2	15	11	40	51.2	1730	0.2	10	1.2		
7	2	15	11	50	51.4	1740	0.2	10	1.2		
7	2	15	12	10	51.4	1760	0	20	0		
7	2	15	12	20	51.6	1770	0.2	10	1.2		
7	2	15	12	30	51.8	1780	0.2	10	1.2		
7	2	15	12	40	52	1790	0.2	10	1.2		
7	2	15	12	50	52.2	1800	0.2	10	1.2		
7	2	15	13	10	52.2	1820	0	20	0		
7	2	15	13	20	52.4	1830	0.2	10	1.2		
7	2	15	13	30	52.6	1840	0.2	10	1.2		
7	2	15	13	40	52.8	1850	0.2	10	1.2		
7	2	15	13	50	53	1860	0.2	10	1.2		
7	2	15	14	00	53	1870	0	10	0		
7	2	15	14	10	53.4	1880	0.4	10	2.4		
7	2	15	14	20	53.8	1890	0.4	10	2.4		
7	2	15	14	30	54.2	1900	0.4	10	2.4		
7	2	15	14	40	54.6	1910	0.4	10	2.4		
7	2	15	14	50	54.8	1920	0.2	10	1.2		
7	2	15	15	00	55	1930	0.2	10	1.2		
7	2	15	15	10	55.2	1940	0.2	10	1.2		

续表

降水次序	月	日	时	分	累积雨量/mm	累积历时/min	时段降雨			I_{30}/(mm/h)	降雨侵蚀力/[(MJ·mm)/(hm^2·h)]
							雨量/mm	历时/min	雨强/(mm/h)		
7	2	15	15	20	55.4	1950	0.2	10	1.2		
7	2	15	15	30	55.6	1960	0.2	10	1.2		
7	2	15	15	40	55.6	1970	0	10	0		
7	2	15	15	50	56	1980	0.4	10	2.4		
7	2	15	16	00	56.2	1990	0.2	10	1.2		
7	2	15	16	10	56.6	2000	0.4	10	2.4		
7	2	15	16	20	57.8	2010	1.2	10	7.2		
7	2	15	16	30	61.2	2020	3.4	10	20.4		
7	2	15	16	40	62.2	2030	1	10	6		
7	2	15	16	50	62.4	2040	0.2	10	1.2		
7	2	15	17	00	62.8	2050	0.4	10	2.4		
7	2	15	18	10	62.8	2120	0	70	0		
7	2	15	18	20	63.4	2130	0.6	10	3.6		
7	2	15	18	30	64	2140	0.6	10	3.6		
7	2	15	18	40	64	2150	0	10	0		
7	2	15	18	50	64.2	2160	0.2	10	1.2		
7	2	15	19	00	64.2	2170	0	10	0		
7	2	15	19	10	64.6	2180	0.4	10	2.4		
7	2	15	19	20	64.8	2190	0.2	10	1.2		
7	2	15	19	30	65	2200	0.2	10	1.2		
7	2	15	19	50	65	2220	0	20	0		
7	2	15	20	00	65.4	2230	0.4	10	2.4		
7	2	15	20	10	66	2240	0.6	10	3.6		
7	2	15	20	20	66.2	2250	0.2	10	1.2		
8	3	1	5	10	0	0	0	0	0	1.7	15.6
8	3	1	5	20	1.2	10	1.2	10	7.2		
8	3	1	5	30	1.8	20	0.6	10	3.6		
8	3	1	5	40	1.8	30	0	10	0		
8	3	1	5	50	2	40	0.2	10	1.2		
8	3	1	6	00	2.4	50	0.4	10	2.4		
8	3	1	6	10	2.6	60	0.2	10	1.2		
8	3	1	6	40	2.6	90	0	30	0		
8	3	1	6	50	3.2	100	0.6	10	3.6		
8	3	1	7	00	3.6	110	0.4	10	2.4		
8	3	1	7	10	3.6	120	0	10	0		

续表

降水次序	月	日	时	分	累积雨量/mm	累积历时/min	时段降雨			I_{30}/(mm/h)	降雨侵蚀力/[(MJ·mm)/(hm²·h)]
							雨量/mm	历时/min	雨强/(mm/h)		
8	3	1	7	20	5.6	130	2	10	12		
8	3	1	7	30	7	140	1.4	10	8.4		
8	3	1	7	40	8.2	150	1.2	10	7.2		
8	3	1	7	50	9.2	160	1	10	6		
8	3	1	8	00	9.6	170	0.4	10	2.4		
8	3	1	8	10	9.6	180	0	10	0		
8	3	1	8	20	9.8	190	0.2	10	1.2		
8	3	1	8	30	9.8	200	0	10	0		
8	3	1	8	40	10	210	0.2	10	1.2		
9	3	3	4	10	0	0	0	0	0	1.5	5.6
9	3	3	4	20	0.2	10	0.2	10	1.2		
9	3	3	4	30	0.2	20	0	10	0		
9	3	3	4	40	0.4	30	0.2	10	1.2		
9	3	3	5	20	0.4	70	0	40	0		
9	3	3	5	30	0.6	80	0.2	10	1.2		
9	3	3	5	50	0.6	100	0	20	0		
9	3	3	6	00	0.8	110	0.2	10	1.2		
9	3	3	7	10	0.8	180	0	70	0		
9	3	3	7	20	1	190	0.2	10	1.2		
9	3	3	10	20	1	370	0	180	0		
9	3	3	10	30	1.2	380	0.2	10	1.2		
9	3	3	14	40	1.2	630	0	250	0		
9	3	3	14	50	1.8	640	0.6	10	3.6		
9	3	3	15	00	2.4	650	0.6	10	3.6		
9	3	3	15	10	3	660	0.6	10	3.6		
9	3	3	15	20	3.2	670	0.2	10	1.2		
9	3	3	15	30	3.4	680	0.2	10	1.2		
9	3	3	15	40	3.8	690	0.4	10	2.4		
9	3	3	15	50	4	700	0.2	10	1.2		
9	3	3	16	00	4.2	710	0.2	10	1.2		
9	3	3	16	10	4.6	720	0.4	10	2.4		
9	3	3	16	20	5	730	0.4	10	2.4		
9	3	3	16	30	5.2	740	0.2	10	1.2		
9	3	3	16	40	5.2	750	0	10	0		
9	3	3	16	50	5.4	760	0.2	10	1.2		

续表

降水次序	月	日	时	分	累积雨量/mm	累积历时/min	时段降雨			I_{30}/(mm/h)	降雨侵蚀力/[(MJ·mm)/(hm²·h)]
							雨量/mm	历时/min	雨强/(mm/h)		
9	3	3	17	00	5.6	770	0.2	10	1.2		
9	3	3	17	10	6.2	780	0.6	10	3.6		
9	3	3	17	20	6.2	790	0	10	0		
9	3	3	17	30	6.6	800	0.4	10	2.4		
9	3	3	17	40	6.8	810	0.2	10	1.2		
9	3	3	17	50	7.2	820	0.4	10	2.4		
9	3	3	18	00	7.4	830	0.2	10	1.2		
9	3	3	18	40	7.4	870	0	40	0		
9	3	3	18	50	7.6	880	0.2	10	1.2		
9	3	3	20	10	7.6	960	0	80	0		
9	3	3	20	20	7.8	970	0.2	10	1.2		
9	3	3	20	30	7.8	980	0	10	0		
9	3	3	20	40	8	990	0.2	10	1.2		
9	3	3	20	50	8	1000	0	10	0		
9	3	3	21	00	8.2	1010	0.2	10	1.2		
9	3	3	21	30	8.2	1040	0	30	0		
9	3	3	21	40	8.8	1050	0.6	10	3.6		
9	3	3	21	50	8.8	1060	0	10	0		
9	3	3	22	00	9	1070	0.2	10	1.2		
9	3	4	0	10	9	1200	0	130	0		
9	3	4	0	20	9.2	1210	0.2	10	1.2		
9	3	4	0	30	9.2	1220	0	10	0		
9	3	4	0	40	9.4	1230	0.2	10	1.2		
9	3	4	1	50	9.4	1300	0	70	0		
9	3	4	2	00	9.6	1310	0.2	10	1.2		
9	3	4	2	20	9.6	1330	0	20	0		
9	3	4	2	30	9.8	1340	0.2	10	1.2		
9	3	4	3	00	9.8	1370	0	30	0		
9	3	4	3	10	10	1380	0.2	10	1.2		
9	3	4	4	40	10	1470	0	90	0		
9	3	4	4	50	10.2	1480	0.2	10	1.2		
9	3	4	5	00	10.4	1490	0.2	10	1.2		
9	3	4	5	10	10.6	1500	0.2	10	1.2		
9	3	4	5	50	10.6	1540	0	40	0		
9	3	4	6	00	10.8	1550	0.2	10	1.2		

续表

降水次序	月	日	时	分	累积雨量/mm	累积历时/min	时段降雨			I_{30}/(mm/h)	降雨侵蚀力/[(MJ·mm)/(hm²·h)]
							雨量/mm	历时/min	雨强/(mm/h)		
9	3	4	6	10	11	1560	0.2	10	1.2		
9	3	4	6	20	11.2	1570	0.2	10	1.2		
9	3	4	6	30	11.4	1580	0.2	10	1.2		
9	3	4	6	50	11.4	1600	0	20	0		
9	3	4	7	00	11.8	1610	0.4	10	2.4		
9	3	4	7	10	12	1620	0.2	10	1.2		
9	3	4	7	20	12.4	1630	0.4	10	2.4		
9	3	4	7	30	12.6	1640	0.2	10	1.2		
9	3	4	7	40	12.8	1650	0.2	10	1.2		
9	3	4	7	50	13	1660	0.2	10	1.2		
9	3	4	8	00	13.2	1670	0.2	10	1.2		
9	3	4	8	10	13.4	1680	0.2	10	1.2		
9	3	4	8	20	13.4	1690	0	10	0		
9	3	4	8	30	13.6	1700	0.2	10	1.2		
10	3	4	14	40	0	0	0	0	0	0.9	3.1
10	3	4	14	50	0.2	10	0.2	10	1.2		
10	3	4	15	10	0.2	30	0	20	0		
10	3	4	15	20	0.4	40	0.2	10	1.2		
10	3	4	15	30	0.6	50	0.2	10	1.2		
10	3	4	15	40	0.6	60	0	10	0		
10	3	4	15	50	0.8	70	0.2	10	1.2		
10	3	4	16	00	0.8	80	0	10	0		
10	3	4	16	10	1	90	0.2	10	1.2		
10	3	4	16	20	1.2	100	0.2	10	1.2		
10	3	4	16	30	1.4	110	0.2	10	1.2		
10	3	4	16	40	1.8	120	0.4	10	2.4		
10	3	4	16	50	2.4	130	0.6	10	3.6		
10	3	4	17	00	2.8	140	0.4	10	2.4		
10	3	4	17	10	3.4	150	0.6	10	3.6		
10	3	4	17	20	3.8	160	0.4	10	2.4		
10	3	4	17	30	4.2	170	0.4	10	2.4		
10	3	4	17	40	4.6	180	0.4	10	2.4		
10	3	4	17	50	4.8	190	0.2	10	1.2		
10	3	4	18	00	5	200	0.2	10	1.2		
10	3	4	18	10	5.4	210	0.4	10	2.4		

续表

降水次序	月	日	时	分	累积雨量/mm	累积历时/min	时段降雨			I_{30}/(mm/h)	降雨侵蚀力/[(MJ·mm)/(hm²·h)]
							雨量/mm	历时/min	雨强/(mm/h)		
10	3	4	18	20	5.6	220	0.2	10	1.2		
10	3	4	18	30	5.8	230	0.2	10	1.2		
10	3	4	18	40	6	240	0.2	10	1.2		
10	3	4	18	50	6.2	250	0.2	10	1.2		
10	3	4	19	00	6.2	260	0	10	0		
10	3	4	19	10	6.4	270	0.2	10	1.2		
10	3	4	19	20	6.6	280	0.2	10	1.2		
10	3	4	19	40	6.6	300	0	20	0		
10	3	4	19	50	6.8	310	0.2	10	1.2		
10	3	4	20	00	7	320	0.2	10	1.2		
10	3	4	20	20	7	340	0	20	0		
10	3	4	20	30	7.2	350	0.2	10	1.2		
10	3	4	20	40	7.4	360	0.2	10	1.2		
10	3	4	20	50	7.6	370	0.2	10	1.2		
10	3	4	21	10	7.6	390	0	20	0		
10	3	4	21	20	7.8	400	0.2	10	1.2		
10	3	4	22	20	7.8	460	0	60	0		
10	3	4	22	30	8	470	0.2	10	1.2		
10	3	4	23	10	8	510	0	40	0		
10	3	4	23	20	8.2	520	0.2	10	1.2		
10	3	5	0	00	8.2	560	0	40	0		
10	3	5	0	10	8.4	570	0.2	10	1.2		
11	3	9	15	00	0	0	0	0	0	5.7	113.5
11	3	9	15	10	4	10	4	10	24		
11	3	9	15	20	8.6	20	4.6	10	27.6		
11	3	9	15	30	9.8	30	1.2	10	7.2		
11	3	9	15	40	11.4	40	1.6	10	9.6		
11	3	9	15	50	12.8	50	1.4	10	8.4		
11	3	9	16	00	14.2	60	1.4	10	8.4		
11	3	9	16	10	16	70	1.8	10	10.8		
11	3	9	16	20	17.4	80	1.4	10	8.4		
11	3	9	16	30	17.6	90	0.2	10	1.2		
11	3	9	16	40	17.8	100	0.2	10	1.2		
11	3	9	16	50	18	110	0.2	10	1.2		
11	3	9	17	00	19.6	120	1.6	10	9.6		

续表

降水次序	月	日	时	分	累积雨量/mm	累积历时/min	时段降雨			I_{30}/(mm/h)	降雨侵蚀力/[(MJ·mm)/(hm²·h)]
							雨量/mm	历时/min	雨强/(mm/h)		
11	3	9	17	10	20.2	130	0.6	10	3.6		
11	3	9	17	20	21	140	0.8	10	4.8		
11	3	9	17	30	21.4	150	0.4	10	2.4		
11	3	9	17	40	22	160	0.6	10	3.6		
11	3	9	17	50	22.2	170	0.2	10	1.2		
11	3	9	18	00	22.4	180	0.2	10	1.2		
11	3	9	18	10	22.8	190	0.4	10	2.4		
11	3	9	18	20	23.2	200	0.4	10	2.4		
11	3	9	18	30	23.4	210	0.2	10	1.2		
11	3	9	18	40	23.6	220	0.2	10	1.2		
11	3	9	18	50	24	230	0.4	10	2.4		
11	3	9	19	00	24.8	240	0.8	10	4.8		
11	3	9	19	10	25.4	250	0.6	10	3.6		
11	3	9	19	20	25.6	260	0.2	10	1.2		
11	3	9	19	30	25.8	270	0.2	10	1.2		
11	3	9	19	40	25.8	280	0	10	0		
11	3	9	19	50	26	290	0.2	10	1.2		
11	3	9	20	20	26	320	0	30	0		
11	3	9	20	30	26.2	330	0.2	10	1.2		
11	3	9	21	00	26.2	360	0	30	0		
11	3	9	21	10	26.4	370	0.2	10	1.2		
11	3	9	21	20	26.8	380	0.4	10	2.4		
11	3	9	21	30	27	390	0.2	10	1.2		
11	3	9	22	00	27	420	0	30	0		
11	3	9	22	10	27.4	430	0.4	10	2.4		
11	3	9	22	20	27.4	440	0	10	0		
11	3	9	22	30	27.6	450	0.2	10	1.2		
11	3	9	22	40	27.8	460	0.2	10	1.2		
11	3	9	23	10	27.8	490	0	30	0		
11	3	9	23	20	28	500	0.2	10	1.2		
11	3	9	23	30	28.2	510	0.2	10	1.2		
11	3	9	23	40	28.2	520	0	10	0		
11	3	9	23	50	28.4	530	0.2	10	1.2		
11	3	10	0	00	28.6	540	0.2	10	1.2		
11	3	10	0	10	28.8	550	0.2	10	1.2		

续表

降水次序	月	日	时	分	累积雨量/mm	累积历时/min	时段降雨			I_{30}/(mm/h)	降雨侵蚀力/[(MJ·mm)/(hm²·h)]
							雨量/mm	历时/min	雨强/(mm/h)		
11	3	10	0	20	29	560	0.2	10	1.2		
11	3	10	0	30	29.2	570	0.2	10	1.2		
11	3	10	0	40	29.6	580	0.4	10	2.4		
11	3	10	0	50	30	590	0.4	10	2.4		
11	3	10	1	00	30.2	600	0.2	10	1.2		
11	3	10	1	10	30.4	610	0.2	10	1.2		
11	3	10	1	20	30.6	620	0.2	10	1.2		
12	3	11	17	50	0	0	0	0	0	13.2	225.8
12	3	11	18	00	0.2	10	0.2	10	1.2		
12	3	11	19	00	0.2	70	0	60	0		
12	3	11	19	10	0.4	80	0.2	10	1.2		
12	3	11	19	20	0.4	90	0	10	0		
12	3	11	19	30	2.4	100	2	10	12		
12	3	11	19	40	2.8	110	0.4	10	2.4		
12	3	11	19	50	2.8	120	0	10	0		
12	3	11	20	00	3.2	130	0.4	10	2.4		
12	3	11	20	10	4	140	0.8	10	4.8		
12	3	11	20	20	4.2	150	0.2	10	1.2		
12	3	11	20	30	4.4	160	0.2	10	1.2		
12	3	11	20	40	4.8	170	0.4	10	2.4		
12	3	11	20	50	5.4	180	0.6	10	3.6		
12	3	11	21	00	6.4	190	1	10	6		
12	3	11	21	10	6.6	200	0.2	10	1.2		
12	3	11	21	20	7	210	0.4	10	2.4		
12	3	11	21	30	8	220	1	10	6		
12	3	11	21	40	8.4	230	0.4	10	2.4		
12	3	11	21	50	8.4	240	0	10	0		
12	3	11	22	00	9	250	0.6	10	3.6		
12	3	11	22	10	9.4	260	0.4	10	2.4		
12	3	11	22	20	10.2	270	0.8	10	4.8		
12	3	11	22	30	10.8	280	0.6	10	3.6		
12	3	11	22	40	11.6	290	0.8	10	4.8		
12	3	11	22	50	12	300	0.4	10	2.4		
12	3	12	0	30	12	400	0	100	0		
12	3	12	0	40	12.2	410	0.2	10	1.2		

续表

降水次序	月	日	时	分	累积雨量/mm	累积历时/min	时段降雨			I_{30}/(mm/h)	降雨侵蚀力/[(MJ·mm)/(hm²·h)]
							雨量/mm	历时/min	雨强/(mm/h)		
12	3	12	0	50	12.2	420	0	10	0		
12	3	12	1	00	12.4	430	0.2	10	1.2		
12	3	12	1	20	12.4	450	0	20	0		
12	3	12	1	30	12.6	460	0.2	10	1.2		
12	3	12	1	40	13	470	0.4	10	2.4		
12	3	12	2	10	13	500	0	30	0		
12	3	12	2	20	13.6	510	0.6	10	3.6		
12	3	12	2	30	13.6	520	0	10	0		
12	3	12	2	40	15.6	530	2	10	12		
12	3	12	2	50	15.6	540	0	10	0		
12	3	12	3	00	16.2	550	0.6	10	3.6		
12	3	12	3	10	16.2	560	0	10	0		
12	3	12	3	20	16.4	570	0.2	10	1.2		
12	3	12	3	30	17	580	0.6	10	3.6		
12	3	12	4	10	17	620	0	40	0		
12	3	12	4	20	17.4	630	0.4	10	2.4		
12	3	12	4	30	17.6	640	0.2	10	1.2		
12	3	12	5	10	17.6	680	0	40	0		
12	3	12	5	20	18	690	0.4	10	2.4		
12	3	12	6	00	18	730	0	40	0		
12	3	12	6	10	18.2	740	0.2	10	1.2		
12	3	12	6	20	18.2	750	0	10	0		
12	3	12	6	30	19	760	0.8	10	4.8		
12	3	12	6	40	19.2	770	0.2	10	1.2		
12	3	12	7	20	19.2	810	0	40	0		
12	3	12	7	30	20	820	0.8	10	4.8		
12	3	12	7	40	20	830	0	10	0		
12	3	12	7	50	20.2	840	0.2	10	1.2		
12	3	12	8	00	20.8	850	0.6	10	3.6		
12	3	12	8	10	21.2	860	0.4	10	2.4		
12	3	12	8	20	21.8	870	0.6	10	3.6		
12	3	12	8	30	21.8	880	0	10	0		
12	3	12	8	40	22	890	0.2	10	1.2		
12	3	12	8	50	22.8	900	0.8	10	4.8		
12	3	12	9	00	23.4	910	0.6	10	3.6		

续表

降水次序	月	日	时	分	累积雨量/mm	累积历时/min	时段降雨			I_{30}/(mm/h)	降雨侵蚀力/[(MJ·mm)/(hm²·h)]
							雨量/mm	历时/min	雨强/(mm/h)		
12	3	12	9	10	23.4	920	0	10	0		
12	3	12	9	20	23.8	930	0.4	10	2.4		
12	3	12	9	30	25.6	940	1.8	10	10.8		
12	3	12	9	40	25.8	950	0.2	10	1.2		
12	3	12	9	50	26.2	960	0.4	10	2.4		
12	3	12	10	00	26.2	970	0	10	0		
12	3	12	10	10	26.6	980	0.4	10	2.4		
12	3	12	10	20	27	990	0.4	10	2.4		
12	3	12	10	30	27.8	1000	0.8	10	4.8		
12	3	12	10	40	28	1010	0.2	10	1.2		
12	3	12	10	50	28.2	1020	0.2	10	1.2		
12	3	12	11	00	28.2	1030	0	10	0		
12	3	12	11	10	29.2	1040	1	10	6		
12	3	12	11	20	30	1050	0.8	10	4.8		
12	3	12	11	30	31.2	1060	1.2	10	7.2		
12	3	12	11	40	31.8	1070	0.6	10	3.6		
12	3	12	11	50	31.8	1080	0	10	0		
12	3	12	12	00	32	1090	0.2	10	1.2		
12	3	12	12	30	32	1120	0	30	0		
12	3	12	12	40	32.2	1130	0.2	10	1.2		
12	3	12	12	50	32.4	1140	0.2	10	1.2		
12	3	12	13	00	32.6	1150	0.2	10	1.2		
12	3	12	13	10	32.8	1160	0.2	10	1.2		
12	3	12	13	40	32.8	1190	0	30	0		
12	3	12	13	50	33	1200	0.2	10	1.2		
12	3	12	14	00	33	1210	0	10	0		
12	3	12	14	10	33.2	1220	0.2	10	1.2		
12	3	12	14	20	34.8	1230	1.6	10	9.6		
12	3	12	14	30	35	1240	0.2	10	1.2		
12	3	12	14	40	35.8	1250	0.8	10	4.8		
12	3	12	14	50	37	1260	1.2	10	7.2		
12	3	12	15	00	37.4	1270	0.4	10	2.4		
12	3	12	15	10	37.8	1280	0.4	10	2.4		
12	3	12	15	20	38	1290	0.2	10	1.2		
12	3	12	15	30	38.8	1300	0.8	10	4.8		

续表

降水次序	月	日	时	分	累积雨量/mm	累积历时/min	时段降雨			I_{30}/(mm/h)	降雨侵蚀力/[(MJ·mm)/(hm^2·h)]
							雨量/mm	历时/min	雨强/(mm/h)		
12	3	12	15	40	39	1310	0.2	10	1.2		
12	3	12	15	50	39	1320	0	10	0		
12	3	12	16	00	39.4	1330	0.4	10	2.4		
12	3	12	16	10	39.8	1340	0.4	10	2.4		
12	3	12	16	20	39.8	1350	0	10	0		
12	3	12	16	30	40	1360	0.2	10	1.2		
12	3	12	17	20	40	1410	0	50	0		
12	3	12	17	30	40.2	1420	0.2	10	1.2		
12	3	12	17	40	40.4	1430	0.2	10	1.2		
12	3	12	17	50	40.6	1440	0.2	10	1.2		
12	3	12	18	00	41.6	1450	1	10	6		
12	3	12	18	10	41.8	1460	0.2	10	1.2		
12	3	12	18	20	42.2	1470	0.4	10	2.4		
12	3	12	18	30	42.6	1480	0.4	10	2.4		
12	3	12	23	10	42.6	1760	0	280	0		
12	3	12	23	20	43	1770	0.4	10	2.4		
12	3	12	23	30	43.8	1780	0.8	10	4.8		
12	3	12	23	40	44.8	1790	1	10	6		
12	3	13	0	50	44.8	1860	0	70	0		
12	3	13	1	00	45.2	1870	0.4	10	2.4		
12	3	13	1	10	46.8	1880	1.6	10	9.6		
12	3	13	1	20	47.4	1890	0.6	10	3.6		
12	3	13	1	30	48.6	1900	1.2	10	7.2		
12	3	13	1	40	49	1910	0.4	10	2.4		
12	3	13	1	50	51.4	1920	2.4	10	14.4		
12	3	13	2	00	52.6	1930	1.2	10	7.2		
12	3	13	2	10	54	1940	1.4	10	8.4		
12	3	13	2	20	54.6	1950	0.6	10	3.6		
12	3	13	2	30	56.6	1960	2	10	12		
12	3	13	2	40	60.8	1970	4.2	10	25.2		
12	3	13	2	50	63	1980	2.2	10	13.2		
12	3	13	3	00	63.6	1990	0.6	10	3.6		
12	3	13	3	10	65.6	2000	2	10	12		
12	3	13	3	20	65.8	2010	0.2	10	1.2		
12	3	13	4	20	65.8	2070	0	60	0		

续表

降水次序	月	日	时	分	累积雨量/mm	累积历时/min	时段降雨			I_{30}/(mm/h)	降雨侵蚀力/[(MJ·mm)/(hm²·h)]
							雨量/mm	历时/min	雨强/(mm/h)		
12	3	13	4	30	66	2080	0.2	10	1.2		
12	3	13	4	40	67.8	2090	1.8	10	10.8		
12	3	13	4	50	68.6	2100	0.8	10	4.8		
12	3	13	5	10	68.6	2120	0	20	0		
12	3	13	5	20	68.8	2130	0.2	10	1.2		
12	3	13	5	30	68.8	2140	0	10	0		
12	3	13	5	40	69.2	2150	0.4	10	2.4		
12	3	13	5	50	69.8	2160	0.6	10	3.6		
12	3	13	6	00	70	2170	0.2	10	1.2		
12	3	13	10	20	70	2430	0	260	0		
12	3	13	10	30	70.2	2440	0.2	10	1.2		
12	3	13	11	10	70.2	2480	0	40	0		
12	3	13	11	20	71.8	2490	1.6	10	9.6		
12	3	13	11	30	72.4	2500	0.6	10	3.6		
12	3	13	11	40	72.6	2510	0.2	10	1.2		
12	3	13	11	50	73.2	2520	0.6	10	3.6		
12	3	13	12	10	73.2	2540	0	20	0		
12	3	13	12	20	73.4	2550	0.2	10	1.2		
12	3	13	12	30	74.2	2560	0.8	10	4.8		
12	3	13	12	40	74.2	2570	0	10	0		
12	3	13	12	50	74.4	2580	0.2	10	1.2		
12	3	13	13	10	74.4	2600	0	20	0		
12	3	13	13	20	75.6	2610	1.2	10	7.2		
12	3	13	13	30	76.4	2620	0.8	10	4.8		
12	3	13	13	50	76.4	2640	0	20	0		
12	3	13	14	00	78	2650	1.6	10	9.6		
12	3	13	14	10	78.2	2660	0.2	10	1.2		
12	3	13	14	20	78.4	2670	0.2	10	1.2		
12	3	13	14	30	78.6	2680	0.2	10	1.2		
12	3	13	16	30	78.6	2800	0	120	0		
12	3	13	16	40	79	2810	0.4	10	2.4		
12	3	13	17	40	79	2870	0	60	0		
12	3	13	17	50	79.2	2880	0.2	10	1.2		
12	3	13	18	00	79.2	2890	0	10	0		
12	3	13	18	10	79.4	2900	0.2	10	1.2		

续表

降水次序	月	日	时	分	累积雨量/mm	累积历时/min	时段降雨			I_{30}/(mm/h)	降雨侵蚀力/[(MJ·mm)/(hm²·h)]
							雨量/mm	历时/min	雨强/(mm/h)		
12	3	13	18	20	79.6	2910	0.2	10	1.2		
13	3	17	5	50	0	0	0	0	0	6.7	66
13	3	17	6	00	0.2	10	0.2	10	1.2		
13	3	17	8	00	0.2	130	0	120	0		
13	3	17	8	10	0.4	140	0.2	10	1.2		
13	3	17	8	20	1.8	150	1.4	10	8.4		
13	3	17	8	30	2	160	0.2	10	1.2		
13	3	17	8	40	2.8	170	0.8	10	4.8		
13	3	17	8	50	3.4	180	0.6	10	3.6		
13	3	17	9	00	3.8	190	0.4	10	2.4		
13	3	17	9	10	4.8	200	1	10	6		
13	3	17	9	20	6.4	210	1.6	10	9.6		
13	3	17	9	30	7.4	220	1	10	6		
13	3	17	9	40	9.6	230	2.2	10	13.2		
13	3	17	9	50	10.2	240	0.6	10	3.6		
13	3	17	10	00	10.6	250	0.4	10	2.4		
13	3	17	10	10	11.2	260	0.6	10	3.6		
13	3	17	10	20	12	270	0.8	10	4.8		
13	3	17	10	30	12.4	280	0.4	10	2.4		
13	3	17	10	40	12.6	290	0.2	10	1.2		
13	3	17	10	50	13	300	0.4	10	2.4		
13	3	17	11	00	13.4	310	0.4	10	2.4		
13	3	17	11	10	14	320	0.6	10	3.6		
13	3	17	11	20	14	330	0	10	0		
13	3	17	11	30	14.2	340	0.2	10	1.2		
13	3	17	11	40	14.2	350	0	10	0		
13	3	17	11	50	14.4	360	0.2	10	1.2		
13	3	17	12	00	14.6	370	0.2	10	1.2		
13	3	17	12	10	14.6	380	0	10	0		
13	3	17	12	20	14.8	390	0.2	10	1.2		
13	3	17	12	50	14.8	420	0	30	0		
13	3	17	13	00	15	430	0.2	10	1.2		
13	3	17	13	50	15	480	0	50	0		
13	3	17	14	00	15.6	490	0.6	10	3.6		
13	3	17	14	10	15.8	500	0.2	10	1.2		

续表

降水次序	月	日	时	分	累积雨量/mm	累积历时/min	时段降雨			I_{30}/(mm/h)	降雨侵蚀力/[(MJ·mm)/(hm²·h)]
							雨量/mm	历时/min	雨强/(mm/h)		
13	3	17	14	20	17.2	510	1.4	10	8.4		
13	3	17	14	30	18.4	520	1.2	10	7.2		
13	3	17	14	40	20.2	530	1.8	10	10.8		
13	3	17	14	50	21	540	0.8	10	4.8		
13	3	17	15	00	21.8	550	0.8	10	4.8		
13	3	17	15	10	22.8	560	1	10	6		
13	3	17	15	20	23.2	570	0.4	10	2.4		
13	3	17	15	30	23.6	580	0.4	10	2.4		
13	3	17	15	40	24	590	0.4	10	2.4		
13	3	17	15	50	24.2	600	0.2	10	1.2		
13	3	17	16	00	24.6	610	0.4	10	2.4		
13	3	17	16	10	24.6	620	0	10	0		
13	3	17	16	20	24.8	630	0.2	10	1.2		
13	3	17	16	30	25	640	0.2	10	1.2		
13	3	17	16	40	25	650	0	10	0		
13	3	17	16	50	25.2	660	0.2	10	1.2		
13	3	17	17	40	25.2	710	0	50	0		
13	3	17	17	50	25.6	720	0.4	10	2.4		
13	3	17	18	00	25.8	730	0.2	10	1.2		
13	3	17	18	20	25.8	750	0	20	0		
13	3	17	18	30	26	760	0.2	10	1.2		
13	3	17	18	40	26.2	770	0.2	10	1.2		
13	3	17	18	50	26.4	780	0.2	10	1.2		
13	3	17	19	00	26.4	790	0	10	0		
13	3	17	19	10	26.6	800	0.2	10	1.2		
13	3	17	21	40	26.6	950	0	150	0		
13	3	17	21	50	26.8	960	0.2	10	1.2		
13	3	17	22	00	27.8	970	1	10	6		
13	3	17	22	10	28.6	980	0.8	10	4.8		
13	3	17	22	20	28.8	990	0.2	10	1.2		
13	3	17	22	30	29.2	1000	0.4	10	2.4		
13	3	17	22	40	29.4	1010	0.2	10	1.2		
13	3	17	22	50	29.6	1020	0.2	10	1.2		
13	3	17	23	00	29.8	1030	0.2	10	1.2		
13	3	18	3	00	29.8	1270	0	240	0		

续表

降水次序	月	日	时	分	累积雨量/mm	累积历时/min	时段降雨			I_{30}/(mm/h)	降雨侵蚀力/[(MJ·mm)/(hm²·h)]
							雨量/mm	历时/min	雨强/(mm/h)		
13	3	18	3	10	30	1280	0.2	10	1.2		
13	3	18	3	50	30	1320	0	40	0		
13	3	18	4	00	30.2	1330	0.2	10	1.2		
13	3	18	4	10	30.2	1340	0	10	0		
13	3	18	4	20	30.4	1350	0.2	10	1.2		
13	3	18	4	30	30.4	1360	0	10	0		
13	3	18	4	40	30.6	1370	0.2	10	1.2		
13	3	18	10	00	30.6	1690	0	320	0		
13	3	18	10	10	30.8	1700	0.2	10	1.2		
13	3	18	14	00	30.8	1930	0	230	0		
13	3	18	14	10	31	1940	0.2	10	1.2		
13	3	18	18	30	31	2200	0	260	0		
13	3	18	18	40	31.4	2210	0.4	10	2.4		
13	3	18	18	50	31.8	2220	0.4	10	2.4		
13	3	18	19	00	32.4	2230	0.6	10	3.6		
13	3	18	19	10	32.8	2240	0.4	10	2.4		
13	3	18	19	20	33.2	2250	0.4	10	2.4		
13	3	18	19	30	33.6	2260	0.4	10	2.4		
13	3	18	19	40	33.8	2270	0.2	10	1.2		
13	3	18	19	50	34	2280	0.2	10	1.2		
13	3	18	20	20	34	2310	0	30	0		
13	3	18	20	30	34.2	2320	0.2	10	1.2		
13	3	18	20	40	34.4	2330	0.2	10	1.2		
13	3	18	20	50	34.8	2340	0.4	10	2.4		
13	3	18	21	00	35	2350	0.2	10	1.2		
13	3	18	21	10	35.2	2360	0.2	10	1.2		
13	3	18	21	20	35.6	2370	0.4	10	2.4		
13	3	18	21	30	36.2	2380	0.6	10	3.6		
13	3	18	21	40	36.8	2390	0.6	10	3.6		
13	3	18	21	50	37.2	2400	0.4	10	2.4		
13	3	18	22	00	37.6	2410	0.4	10	2.4		
13	3	18	22	10	38	2420	0.4	10	2.4		
13	3	18	22	20	38.4	2430	0.4	10	2.4		
13	3	18	22	30	38.8	2440	0.4	10	2.4		
13	3	18	22	40	39.2	2450	0.4	10	2.4		

续表

降水次序	月	日	时	分	累积雨量 /mm	累积历时 /min	时段降雨			I_{30} /(mm/h)	降雨侵蚀力 /[(MJ·mm)/(hm²·h)]
							雨量 /mm	历时 /min	雨强 /(mm/h)		
13	3	18	22	50	39.4	2460	0.2	10	1.2		
13	3	18	23	00	39.6	2470	0.2	10	1.2		
13	3	18	23	20	39.6	2490	0	20	0		
13	3	18	23	30	39.8	2500	0.2	10	1.2		
13	3	19	0	00	39.8	2530	0	30	0		
13	3	19	0	10	40	2540	0.2	10	1.2		
13	3	19	0	20	40	2550	0	10	0		
13	3	19	0	30	40.2	2560	0.2	10	1.2		
13	3	19	0	40	40.6	2570	0.4	10	2.4		
13	3	19	1	40	40.6	2630	0	60	0		
13	3	19	1	50	40.8	2640	0.2	10	1.2		
13	3	19	2	00	40.8	2650	0	10	0		
13	3	19	2	10	41	2660	0.2	10	1.2		
13	3	19	2	20	41.2	2670	0.2	10	1.2		
13	3	19	2	30	41.8	2680	0.6	10	3.6		
13	3	19	2	40	42.2	2690	0.4	10	2.4		
13	3	19	2	50	42.4	2700	0.2	10	1.2		
13	3	19	3	00	42.6	2710	0.2	10	1.2		
13	3	19	3	10	42.8	2720	0.2	10	1.2		
13	3	19	3	20	43	2730	0.2	10	1.2		
13	3	19	3	30	43.2	2740	0.2	10	1.2		
13	3	19	3	40	43.4	2750	0.2	10	1.2		
13	3	19	3	50	43.8	2760	0.4	10	2.4		
13	3	19	4	00	44.4	2770	0.6	10	3.6		
13	3	19	4	10	45	2780	0.6	10	3.6		
13	3	19	4	20	45.8	2790	0.8	10	4.8		
13	3	19	6	10	45.8	2900	0	110	0		
13	3	19	6	20	46	2910	0.2	10	1.2		
13	3	19	6	30	46	2920	0	10	0		
13	3	19	6	40	46.2	2930	0.2	10	1.2		
13	3	19	6	50	46.4	2940	0.2	10	1.2		
13	3	19	7	00	46.6	2950	0.2	10	1.2		
13	3	19	7	10	46.8	2960	0.2	10	1.2		
13	3	19	8	20	46.8	3030	0	70	0		
13	3	19	8	30	47	3040	0.2	10	1.2		

续表

降水次序	月	日	时	分	累积雨量 /mm	累积历时 /min	时段降雨			I_{30} /(mm/h)	降雨侵蚀力 /[(MJ·mm)/(hm²·h)]
							雨量 /mm	历时 /min	雨强 /(mm/h)		
13	3	19	8	40	47.2	3050	0.2	10	1.2		
13	3	19	8	50	47.4	3060	0.2	10	1.2		
13	3	19	9	10	47.4	3080	0	20	0		
13	3	19	9	20	47.6	3090	0.2	10	1.2		
13	3	19	10	00	47.6	3130	0	40	0		
13	3	19	10	10	47.8	3140	0.2	10	1.2		
13	3	19	10	20	47.8	3150	0	10	0		
13	3	19	10	30	48	3160	0.2	10	1.2		
13	3	19	10	40	48.2	3170	0.2	10	1.2		
14	3	23	12	50	0	0	0	0	0	2.2	37.5
14	3	23	13	00	0.8	10	0.8	10	4.8		
14	3	23	13	10	6.6	20	5.8	10	34.8		
14	3	23	13	20	7.6	30	1	10	6		
14	3	23	13	30	9	40	1.4	10	8.4		
14	3	23	13	40	9.4	50	0.4	10	2.4		
14	3	23	14	40	9.4	110	0	60	0		
14	3	23	14	50	9.6	120	0.2	10	1.2		
15	3	29	13	30	0	0	0	0	0	1.8	5.2
15	3	29	13	40	0.2	10	0.2	10	1.2		
15	3	29	14	30	0.2	60	0	50	0		
15	3	29	14	40	0.4	70	0.2	10	1.2		
15	3	29	15	00	0.4	90	0	20	0		
15	3	29	15	10	0.6	100	0.2	10	1.2		
15	3	29	15	40	0.6	130	0	30	0		
15	3	29	15	50	0.8	140	0.2	10	1.2		
15	3	29	16	10	0.8	160	0	20	0		
15	3	29	16	20	1	170	0.2	10	1.2		
15	3	29	16	30	1	180	0	10	0		
15	3	29	16	40	1.2	190	0.2	10	1.2		
15	3	29	16	50	1.4	200	0.2	10	1.2		
15	3	29	17	00	1.4	210	0	10	0		
15	3	29	17	10	1.6	220	0.2	10	1.2		
15	3	29	17	20	1.6	230	0	10	0		
15	3	29	17	30	1.8	240	0.2	10	1.2		
15	3	29	17	40	1.8	250	0	10	0		

续表

降水次序	月	日	时	分	累积雨量/mm	累积历时/min	时段降雨			I_{30}/(mm/h)	降雨侵蚀力/[(MJ·mm)/(hm²·h)]
							雨量/mm	历时/min	雨强/(mm/h)		
15	3	29	17	50	2	260	0.2	10	1.2		
15	3	29	18	10	2	280	0	20	0		
15	3	29	18	20	2.2	290	0.2	10	1.2		
15	3	29	18	30	2.2	300	0	10	0		
15	3	29	18	40	2.4	310	0.2	10	1.2		
15	3	29	19	20	2.4	350	0	40	0		
15	3	29	19	30	2.6	360	0.2	10	1.2		
15	3	29	19	50	2.6	380	0	20	0		
15	3	29	20	00	2.8	390	0.2	10	1.2		
15	3	29	20	20	2.8	410	0	20	0		
15	3	29	20	30	3	420	0.2	10	1.2		
15	3	29	20	40	3.2	430	0.2	10	1.2		
15	3	29	20	50	3.2	440	0	10	0		
15	3	29	21	00	3.4	450	0.2	10	1.2		
15	3	29	21	10	3.4	460	0	10	0		
15	3	29	21	20	3.6	470	0.2	10	1.2		
15	3	29	21	40	3.6	490	0	20	0		
15	3	29	21	50	3.8	500	0.2	10	1.2		
15	3	29	22	10	3.8	520	0	20	0		
15	3	29	22	20	4	530	0.2	10	1.2		
15	3	29	22	40	4	550	0	20	0		
15	3	29	22	50	4.2	560	0.2	10	1.2		
15	3	29	23	00	4.4	570	0.2	10	1.2		
15	3	29	23	10	4.4	580	0	10	0		
15	3	29	23	20	4.6	590	0.2	10	1.2		
15	3	29	23	30	4.8	600	0.2	10	1.2		
15	3	29	23	40	5	610	0.2	10	1.2		
15	3	30	0	00	5	630	0	20	0		
15	3	30	0	10	5.2	640	0.2	10	1.2		
15	3	30	0	20	5.2	650	0	10	0		
15	3	30	0	30	5.4	660	0.2	10	1.2		
15	3	30	0	40	5.6	670	0.2	10	1.2		
15	3	30	0	50	5.6	680	0	10	0		
15	3	30	1	00	5.8	690	0.2	10	1.2		
15	3	30	1	10	6	700	0.2	10	1.2		

续表

降水次序	月	日	时	分	累积雨量/mm	累积历时/min	时段降雨			I_{30}/(mm/h)	降雨侵蚀力/[(MJ·mm)/(hm^2·h)]
							雨量/mm	历时/min	雨强/(mm/h)		
15	3	30	1	30	6	720	0	20	0		
15	3	30	1	40	6.2	730	0.2	10	1.2		
15	3	30	1	50	6.2	740	0	10	0		
15	3	30	2	00	6.4	750	0.2	10	1.2		
15	3	30	2	10	6.6	760	0.2	10	1.2		
15	3	30	2	40	6.6	790	0	30	0		
15	3	30	2	50	6.8	800	0.2	10	1.2		
15	3	30	6	10	6.8	1000	0	200	0		
15	3	30	6	20	7.2	1010	0.4	10	2.4		
15	3	30	6	50	7.2	1040	0	30	0		
15	3	30	7	00	8	1050	0.8	10	4.8		
15	3	30	7	10	8.2	1060	0.2	10	1.2		
15	3	30	7	50	8.2	1100	0	40	0		
15	3	30	8	00	8.4	1110	0.2	10	1.2		
15	3	30	8	40	8.4	1150	0	40	0		
15	3	30	8	50	8.6	1160	0.2	10	1.2		
15	3	30	9	10	8.6	1180	0	20	0		
15	3	30	9	20	8.8	1190	0.2	10	1.2		
15	3	30	10	30	8.8	1260	0	70	0		
15	3	30	10	40	9	1270	0.2	10	1.2		
15	3	30	11	50	9	1340	0	70	0		
15	3	30	12	00	9.2	1350	0.2	10	1.2		
15	3	30	12	50	9.2	1400	0	50	0		
15	3	30	13	00	9.4	1410	0.2	10	1.2		
15	3	30	13	10	9.4	1420	0	10	0		
15	3	30	13	20	9.6	1430	0.2	10	1.2		
15	3	30	13	30	10	1440	0.4	10	2.4		
15	3	30	13	40	10.2	1450	0.2	10	1.2		
15	3	30	13	50	10.4	1460	0.2	10	1.2		
15	3	30	15	40	10.4	1570	0	110	0		
15	3	30	15	50	10.6	1580	0.2	10	1.2		
15	3	30	17	00	10.6	1650	0	70	0		
15	3	30	17	10	10.8	1660	0.2	10	1.2		
15	3	30	17	30	10.8	1680	0	20	0		
15	3	30	17	40	11	1690	0.2	10	1.2		

续表

降水次序	月	日	时	分	累积雨量/mm	累积历时/min	时段降雨			I_{30}/(mm/h)	降雨侵蚀力/[(MJ·mm)/(hm^2·h)]
							雨量/mm	历时/min	雨强/(mm/h)		
15	3	30	17	50	11.2	1700	0.2	10	1.2		
15	3	30	18	40	11.2	1750	0	50	0		
15	3	30	18	50	11.4	1760	0.2	10	1.2		
15	3	30	21	40	11.4	1930	0	170	0		
15	3	30	21	50	11.6	1940	0.2	10	1.2		
15	3	30	23	20	11.6	2030	0	90	0		
15	3	30	23	30	11.8	2040	0.2	10	1.2		
15	3	31	0	30	11.8	2100	0	60	0		
15	3	31	0	40	12	2110	0.2	10	1.2		
15	3	31	0	50	12	2120	0	10	0		
15	3	31	1	00	13	2130	1	10	6		
15	3	31	1	10	13.4	2140	0.4	10	2.4		
15	3	31	3	40	13.4	2290	0	150	0		
15	3	31	3	50	13.6	2300	0.2	10	1.2		
15	3	31	6	30	13.6	2460	0	160	0		
15	3	31	6	40	14.4	2470	0.8	10	4.8		
15	3	31	6	50	14.6	2480	0.2	10	1.2		
15	3	31	8	50	14.6	2600	0	120	0		
15	3	31	9	00	14.8	2610	0.2	10	1.2		
15	3	31	13	20	14.8	2870	0	260	0		
15	3	31	13	30	15	2880	0.2	10	1.2		
15	3	31	14	20	15	2930	0	50	0		
15	3	31	14	30	15.2	2940	0.2	10	1.2		
15	3	31	15	30	15.2	3000	0	60	0		
15	3	31	15	40	15.4	3010	0.2	10	1.2		
15	3	31	16	00	15.4	3030	0	20	0		
15	3	31	16	10	15.6	3040	0.2	10	1.2		
15	3	31	16	40	15.6	3070	0	30	0		
15	3	31	16	50	15.8	3080	0.2	10	1.2		
15	3	31	17	50	15.8	3140	0	60	0		
15	3	31	18	00	16	3150	0.2	10	1.2		
15	3	31	19	30	16	3240	0	90	0		
15	3	31	19	40	16.2	3250	0.2	10	1.2		
15	3	31	20	20	16.2	3290	0	40	0		
15	3	31	20	30	16.4	3300	0.2	10	1.2		

续表

降水次序	月	日	时	分	累积雨量/mm	累积历时/min	时段降雨			I_{30}/(mm/h)	降雨侵蚀力/[(MJ·mm)/(hm²·h)]
							雨量/mm	历时/min	雨强/(mm/h)		
16	4	1	22	00	0	0	0	0	0	14.7	617.4
16	4	1	22	10	1	10	1	10	6		
16	4	1	22	20	2	20	1	10	6		
16	4	1	22	30	3.2	30	1.2	10	7.2		
16	4	1	22	40	3.4	40	0.2	10	1.2		
16	4	1	22	50	3.6	50	0.2	10	1.2		
16	4	1	23	00	4.6	60	1	10	6		
16	4	1	23	10	15.2	70	10.6	10	63.6		
16	4	1	23	20	23.2	80	8	10	48		
16	4	1	23	30	25.2	90	2	10	12		
16	4	1	23	50	25.2	110	0	20	0		
16	4	2	0	00	25.6	120	0.4	10	2.4		
16	4	2	0	10	26.6	130	1	10	6		
16	4	2	0	20	26.8	140	0.2	10	1.2		
16	4	2	0	40	26.8	160	0	20	0		
16	4	2	0	50	27.2	170	0.4	10	2.4		
16	4	2	1	00	27.4	180	0.2	10	1.2		
16	4	2	1	10	29	190	1.6	10	9.6		
16	4	2	1	20	29.8	200	0.8	10	4.8		
16	4	2	1	30	30.2	210	0.4	10	2.4		
16	4	2	1	40	31.2	220	1	10	6		
16	4	2	1	50	32.4	230	1.2	10	7.2		
16	4	2	2	00	33.2	240	0.8	10	4.8		
16	4	2	2	10	33.8	250	0.6	10	3.6		
16	4	2	2	30	33.8	270	0	20	0		
16	4	2	2	40	34	280	0.2	10	1.2		
16	4	2	2	50	34.2	290	0.2	10	1.2		
16	4	2	3	00	34.4	300	0.2	10	1.2		
16	4	2	3	10	34.6	310	0.2	10	1.2		
16	4	2	3	20	35.2	320	0.6	10	3.6		
16	4	2	3	30	35.8	330	0.6	10	3.6		
16	4	2	3	40	35.8	340	0	10	0		
16	4	2	3	50	36	350	0.2	10	1.2		
16	4	2	4	10	36	370	0	20	0		
16	4	2	4	20	36.4	380	0.4	10	2.4		

续表

降水次序	月	日	时	分	累积雨量/mm	累积历时/min	时段降雨			I_{30}/(mm/h)	降雨侵蚀力/[(MJ·mm)/(hm²·h)]
							雨量/mm	历时/min	雨强/(mm/h)		
16	4	2	4	30	36.4	390	0	10	0		
16	4	2	4	40	36.8	400	0.4	10	2.4		
16	4	2	4	50	37	410	0.2	10	1.2		
16	4	2	5	00	37	420	0	10	0		
16	4	2	5	10	37.2	430	0.2	10	1.2		
16	4	2	5	20	37.2	440	0	10	0		
16	4	2	5	30	37.4	450	0.2	10	1.2		
16	4	2	5	40	37.6	460	0.2	10	1.2		
16	4	2	5	50	37.8	470	0.2	10	1.2		
16	4	2	6	00	38.2	480	0.4	10	2.4		
16	4	2	6	20	38.2	500	0	20	0		
16	4	2	6	30	38.4	510	0.2	10	1.2		
16	4	2	6	40	39	520	0.6	10	3.6		
16	4	2	6	50	39.4	530	0.4	10	2.4		
16	4	2	7	00	39.6	540	0.2	10	1.2		
16	4	2	7	30	39.6	570	0	30	0		
16	4	2	7	40	39.8	580	0.2	10	1.2		
16	4	2	7	50	40.2	590	0.4	10	2.4		
16	4	2	8	00	40.8	600	0.6	10	3.6		
16	4	2	8	10	41	610	0.2	10	1.2		
16	4	2	12	10	41	850	0	240	0		
16	4	2	12	20	41.4	860	0.4	10	2.4		
16	4	2	12	30	41.6	870	0.2	10	1.2		
16	4	2	12	40	44.8	880	3.2	10	19.2		
16	4	2	12	50	50	890	5.2	10	31.2		
16	4	2	13	00	50.6	900	0.6	10	3.6		
16	4	2	13	10	50.8	910	0.2	10	1.2		
16	4	2	13	20	51	920	0.2	10	1.2		
16	4	2	13	30	51.6	930	0.6	10	3.6		
16	4	2	13	40	51.8	940	0.2	10	1.2		
16	4	2	13	50	52	950	0.2	10	1.2		
16	4	2	14	00	52.8	960	0.8	10	4.8		
16	4	2	14	10	53.6	970	0.8	10	4.8		
16	4	2	14	20	54	980	0.4	10	2.4		
16	4	2	14	30	54.2	990	0.2	10	1.2		

续表

降水次序	月	日	时	分	累积雨量/mm	累积历时/min	时段降雨			I_{30}/(mm/h)	降雨侵蚀力/[(MJ·mm)/(hm²·h)]
							雨量/mm	历时/min	雨强/(mm/h)		
16	4	2	15	00	54.2	1020	0	30	0		
16	4	2	15	10	54.4	1030	0.2	10	1.2		
16	4	2	15	20	54.4	1040	0	10	0		
16	4	2	15	30	54.6	1050	0.2	10	1.2		
16	4	2	15	40	54.8	1060	0.2	10	1.2		
16	4	2	16	20	54.8	1100	0	40	0		
16	4	2	16	30	55	1110	0.2	10	1.2		
16	4	2	17	00	55	1140	0	30	0		
16	4	2	17	10	55.2	1150	0.2	10	1.2		
16	4	2	17	20	55.2	1160	0	10	0		
16	4	2	17	30	55.4	1170	0.2	10	1.2		
16	4	2	18	10	55.4	1210	0	40	0		
16	4	2	18	20	55.6	1220	0.2	10	1.2		
16	4	2	18	30	55.6	1230	0	10	0		
16	4	2	18	40	55.8	1240	0.2	10	1.2		
16	4	2	19	00	55.8	1260	0	20	0		
16	4	2	19	10	56.8	1270	1	10	6		
16	4	2	19	20	57.4	1280	0.6	10	3.6		
16	4	2	19	30	57.8	1290	0.4	10	2.4		
16	4	2	19	40	58	1300	0.2	10	1.2		
16	4	2	21	00	58	1380	0	80	0		
16	4	2	21	10	58.2	1390	0.2	10	1.2		
16	4	2	22	10	58.2	1450	0	60	0		
16	4	2	22	20	58.4	1460	0.2	10	1.2		
16	4	2	22	30	58.6	1470	0.2	10	1.2		
16	4	2	22	40	58.6	1480	0	10	0		
16	4	2	22	50	59	1490	0.4	10	2.4		
16	4	2	23	00	59.6	1500	0.6	10	3.6		
16	4	2	23	10	60	1510	0.4	10	2.4		
16	4	2	23	20	60	1520	0	10	0		
16	4	2	23	30	60.2	1530	0.2	10	1.2		
16	4	2	23	40	60.4	1540	0.2	10	1.2		
16	4	2	23	50	60.8	1550	0.4	10	2.4		
16	4	3	0	00	61	1560	0.2	10	1.2		
16	4	3	0	10	61.2	1570	0.2	10	1.2		

续表

降水次序	月	日	时	分	累积雨量/mm	累积历时/min	时段降雨			I_{30}/(mm/h)	降雨侵蚀力/[(MJ·mm)/(hm^2·h)]
							雨量/mm	历时/min	雨强/(mm/h)		
16	4	3	0	20	61.4	1580	0.2	10	1.2		
16	4	3	0	30	61.6	1590	0.2	10	1.2		
16	4	3	0	40	61.8	1600	0.2	10	1.2		
16	4	3	0	50	62	1610	0.2	10	1.2		
16	4	3	1	00	62.2	1620	0.2	10	1.2		
16	4	3	1	10	62.4	1630	0.2	10	1.2		
16	4	3	1	20	62.4	1640	0	10	0		
16	4	3	1	30	62.6	1650	0.2	10	1.2		
16	4	3	1	40	62.6	1660	0	10	0		
16	4	3	1	50	62.8	1670	0.2	10	1.2		
16	4	3	2	00	63	1680	0.2	10	1.2		
16	4	3	2	10	63.2	1690	0.2	10	1.2		
16	4	3	2	20	63.4	1700	0.2	10	1.2		
16	4	3	2	30	63.6	1710	0.2	10	1.2		
16	4	3	2	40	63.8	1720	0.2	10	1.2		
16	4	3	2	50	64	1730	0.2	10	1.2		
16	4	3	3	00	64.4	1740	0.4	10	2.4		
16	4	3	3	10	65	1750	0.6	10	3.6		
16	4	3	3	20	65.2	1760	0.2	10	1.2		
16	4	3	3	30	65.4	1770	0.2	10	1.2		
16	4	3	5	30	65.4	1890	0	120	0		
16	4	3	5	40	65.6	1900	0.2	10	1.2		
16	4	3	6	00	65.6	1920	0	20	0		
16	4	3	6	10	65.8	1930	0.2	10	1.2		
16	4	3	6	20	66.2	1940	0.4	10	2.4		
16	4	3	6	30	66.4	1950	0.2	10	1.2		
16	4	3	6	50	66.4	1970	0	20	0		
16	4	3	7	00	66.8	1980	0.4	10	2.4		
16	4	3	7	10	67	1990	0.2	10	1.2		
16	4	3	7	30	67	2010	0	20	0		
16	4	3	7	40	67.4	2020	0.4	10	2.4		
16	4	3	7	50	68	2030	0.6	10	3.6		
16	4	3	8	00	68	2040	0	10	0		
16	4	3	8	10	69	2050	1	10	6		
16	4	3	8	20	70	2060	1	10	6		

续表

降水次序	月	日	时	分	累积雨量/mm	累积历时/min	时段降雨			I_{30}/(mm/h)	降雨侵蚀力/[(MJ·mm)/(hm^2·h)]
							雨量/mm	历时/min	雨强/(mm/h)		
16	4	3	8	30	70.2	2070	0.2	10	1.2		
16	4	3	8	40	70.4	2080	0.2	10	1.2		
16	4	3	8	50	70.8	2090	0.4	10	2.4		
16	4	3	9	00	71	2100	0.2	10	1.2		
16	4	3	9	20	71	2120	0	20	0		
16	4	3	9	30	71.2	2130	0.2	10	1.2		
16	4	3	9	40	72.4	2140	1.2	10	7.2		
16	4	3	9	50	72.6	2150	0.2	10	1.2		
16	4	3	10	00	73.2	2160	0.6	10	3.6		
16	4	3	10	10	73.2	2170	0	10	0		
16	4	3	10	20	73.4	2180	0.2	10	1.2		
16	4	3	10	30	73.6	2190	0.2	10	1.2		
16	4	3	10	40	73.6	2200	0	10	0		
16	4	3	10	50	74.4	2210	0.8	10	4.8		
16	4	3	11	00	75	2220	0.6	10	3.6		
16	4	3	11	10	75.2	2230	0.2	10	1.2		
16	4	3	11	20	75.4	2240	0.2	10	1.2		
16	4	3	11	30	75.4	2250	0	10	0		
16	4	3	11	40	76	2260	0.6	10	3.6		
16	4	3	11	50	76.2	2270	0.2	10	1.2		
16	4	3	12	00	76.4	2280	0.2	10	1.2		
16	4	3	12	10	76.4	2290	0	10	0		
16	4	3	12	20	76.6	2300	0.2	10	1.2		
16	4	3	12	30	76.6	2310	0	10	0		
16	4	3	12	40	76.8	2320	0.2	10	1.2		
16	4	3	13	30	76.8	2370	0	50	0		
16	4	3	13	40	77	2380	0.2	10	1.2		
16	4	3	13	50	77.2	2390	0.2	10	1.2		
16	4	3	14	00	77.2	2400	0	10	0		
16	4	3	14	10	77.4	2410	0.2	10	1.2		
16	4	3	14	30	77.4	2430	0	20	0		
16	4	3	14	40	77.6	2440	0.2	10	1.2		
16	4	3	15	20	77.6	2480	0	40	0		
16	4	3	15	30	77.8	2490	0.2	10	1.2		
16	4	3	15	40	77.8	2500	0	10	0		

续表

降水次序	月	日	时	分	累积雨量/mm	累积历时/min	时段降雨			I_{30}/(mm/h)	降雨侵蚀力/[(MJ·mm)/(hm^2·h)]
							雨量/mm	历时/min	雨强/(mm/h)		
16	4	3	15	50	78	2510	0.2	10	1.2		
16	4	3	16	00	78.2	2520	0.2	10	1.2		
16	4	3	16	10	78.4	2530	0.2	10	1.2		
16	4	3	16	20	78.6	2540	0.2	10	1.2		
16	4	3	16	30	78.8	2550	0.2	10	1.2		
16	4	3	16	40	79	2560	0.2	10	1.2		
17	4	5	3	10	0	0	0	0	0	0.9	2.3
17	4	5	3	20	0.2	10	0.2	10	1.2		
17	4	5	3	30	0.4	20	0.2	10	1.2		
17	4	5	3	40	1	30	0.6	10	3.6		
17	4	5	3	50	1.4	40	0.4	10	2.4		
17	4	5	4	00	1.6	50	0.2	10	1.2		
17	4	5	4	10	1.6	60	0	10	0		
17	4	5	4	20	1.8	70	0.2	10	1.2		
17	4	5	5	20	1.8	130	0	60	0		
17	4	5	5	30	2	140	0.2	10	1.2		
17	4	5	5	50	2	160	0	20	0		
17	4	5	6	00	2.2	170	0.2	10	1.2		
17	4	5	6	10	2.6	180	0.4	10	2.4		
17	4	5	6	20	3	190	0.4	10	2.4		
17	4	5	6	30	3.2	200	0.2	10	1.2		
17	4	5	6	40	3.4	210	0.2	10	1.2		
17	4	5	6	50	3.6	220	0.2	10	1.2		
17	4	5	7	00	3.8	230	0.2	10	1.2		
17	4	5	7	10	4	240	0.2	10	1.2		
17	4	5	7	20	4.2	250	0.2	10	1.2		
17	4	5	7	30	4.2	260	0	10	0		
17	4	5	7	40	4.6	270	0.4	10	2.4		
17	4	5	7	50	5	280	0.4	10	2.4		
17	4	5	8	00	5.2	290	0.2	10	1.2		
17	4	5	8	10	5.6	300	0.4	10	2.4		
17	4	5	8	20	5.8	310	0.2	10	1.2		
17	4	5	8	30	6.2	320	0.4	10	2.4		
17	4	5	8	40	6.2	330	0	10	0		
17	4	5	8	50	6.4	340	0.2	10	1.2		

续表

降水次序	月	日	时	分	累积雨量/mm	累积历时/min	时段降雨			I_{30}/(mm/h)	降雨侵蚀力/[(MJ·mm)/(hm²·h)]
							雨量/mm	历时/min	雨强/(mm/h)		
17	4	5	9	10	6.4	360	0	20	0		
17	4	5	9	20	6.6	370	0.2	10	1.2		
17	4	5	13	20	6.6	610	0	240	0		
17	4	5	13	30	6.8	620	0.2	10	1.2		
17	4	5	14	00	6.8	650	0	30	0		
17	4	5	14	10	7	660	0.2	10	1.2		
17	4	5	15	10	7	720	0	60	0		
17	4	5	15	20	7.2	730	0.2	10	1.2		
17	4	5	15	30	7.2	740	0	10	0		
17	4	5	15	40	7.4	750	0.2	10	1.2		
17	4	5	16	50	7.4	820	0	70	0		
17	4	5	17	00	7.6	830	0.2	10	1.2		
17	4	5	17	10	7.8	840	0.2	10	1.2		
17	4	5	17	20	8	850	0.2	10	1.2		
17	4	5	17	30	8.2	860	0.2	10	1.2		
17	4	5	17	50	8.2	880	0	20	0		
17	4	5	18	00	8.4	890	0.2	10	1.2		
17	4	5	18	50	8.4	940	0	50	0		
17	4	5	19	00	8.6	950	0.2	10	1.2		
18	4	11	4	30	0	0	0	0	0	1.9	15.6
18	4	11	4	40	0.2	10	0.2	10	1.2		
18	4	11	5	00	0.2	30	0	20	0		
18	4	11	5	10	0.4	40	0.2	10	1.2		
18	4	11	5	20	0.6	50	0.2	10	1.2		
18	4	11	5	30	0.8	60	0.2	10	1.2		
18	4	11	5	50	0.8	80	0	20	0		
18	4	11	6	00	1	90	0.2	10	1.2		
18	4	11	6	10	1	100	0	10	0		
18	4	11	6	20	1.2	110	0.2	10	1.2		
18	4	11	8	10	1.2	220	0	110	0		
18	4	11	8	20	3.8	230	2.6	10	15.6		
18	4	11	8	30	4.6	240	0.8	10	4.8		
18	4	11	8	40	5.2	250	0.6	10	3.6		
18	4	11	8	50	5.6	260	0.4	10	2.4		
18	4	11	9	00	5.8	270	0.2	10	1.2		

续表

降水次序	月	日	时	分	累积雨量/mm	累积历时/min	时段降雨			I_{30}/(mm/h)	降雨侵蚀力/[(MJ·mm)/(hm^2·h)]
							雨量/mm	历时/min	雨强/(mm/h)		
18	4	11	9	10	6	280	0.2	10	1.2		
18	4	11	9	20	6.2	290	0.2	10	1.2		
18	4	11	9	40	6.2	310	0	20	0		
18	4	11	9	50	6.6	320	0.4	10	2.4		
18	4	11	10	00	7	330	0.4	10	2.4		
18	4	11	10	10	8.8	340	1.8	10	10.8		
18	4	11	10	20	9.4	350	0.6	10	3.6		
18	4	11	10	30	9.8	360	0.4	10	2.4		
18	4	11	10	40	10.4	370	0.6	10	3.6		
18	4	11	10	50	11.2	380	0.8	10	4.8		
18	4	11	11	00	11.6	390	0.4	10	2.4		
18	4	11	11	20	11.6	410	0	20	0		
18	4	11	11	30	11.8	420	0.2	10	1.2		
19	4	20	18	30	0	0	0	0	0	4.1	46.5
19	4	20	18	40	0.8	10	0.8	10	4.8		
19	4	20	18	50	1	20	0.2	10	1.2		
19	4	20	21	10	1	160	0	140	0		
19	4	20	21	20	1.2	170	0.2	10	1.2		
19	4	21	3	10	1.2	520	0	350	0		
19	4	21	3	20	1.6	530	0.4	10	2.4		
19	4	21	3	30	2.4	540	0.8	10	4.8		
19	4	21	3	40	2.8	550	0.4	10	2.4		
19	4	21	3	50	3	560	0.2	10	1.2		
19	4	21	4	00	3.8	570	0.8	10	4.8		
19	4	21	4	10	7.4	580	3.6	10	21.6		
19	4	21	4	20	8.6	590	1.2	10	7.2		
19	4	21	6	50	8.6	740	0	150	0		
19	4	21	7	00	8.8	750	0.2	10	1.2		
19	4	21	7	10	9	760	0.2	10	1.2		
19	4	21	7	20	9.2	770	0.2	10	1.2		
19	4	21	7	30	9.4	780	0.2	10	1.2		
19	4	21	7	40	9.6	790	0.2	10	1.2		
19	4	21	7	50	9.8	800	0.2	10	1.2		
19	4	21	8	00	10	810	0.2	10	1.2		
19	4	21	8	10	10.2	820	0.2	10	1.2		

续表

降水次序	月	日	时	分	累积雨量/mm	累积历时/min	时段降雨			I_{30}/(mm/h)	降雨侵蚀力/[(MJ·mm)/(hm²·h)]
							雨量/mm	历时/min	雨强/(mm/h)		
19	4	21	8	20	10.6	830	0.4	10	2.4		
19	4	21	8	30	11	840	0.4	10	2.4		
19	4	21	8	40	11.4	850	0.4	10	2.4		
19	4	21	8	50	12.2	860	0.8	10	4.8		
19	4	21	9	00	12.8	870	0.6	10	3.6		
19	4	21	9	10	13.2	880	0.4	10	2.4		
19	4	21	9	20	13.2	890	0	10	0		
19	4	21	9	30	14.4	900	1.2	10	7.2		
19	4	21	9	40	16.8	910	2.4	10	14.4		
19	4	21	9	50	17.2	920	0.4	10	2.4		
19	4	21	10	50	17.2	980	0	60	0		
19	4	21	11	00	17.4	990	0.2	10	1.2		
19	4	21	11	10	18.6	1000	1.2	10	7.2		
19	4	21	11	20	18.8	1010	0.2	10	1.2		
19	4	21	11	50	18.8	1040	0	30	0		
19	4	21	12	00	19	1050	0.2	10	1.2		
19	4	21	14	30	19	1200	0	150	0		
19	4	21	14	40	19.2	1210	0.2	10	1.2		
19	4	21	15	20	19.2	1250	0	40	0		
19	4	21	15	30	19.4	1260	0.2	10	1.2		
19	4	21	19	30	19.4	1500	0	240	0		
19	4	21	19	40	19.6	1510	0.2	10	1.2		
19	4	21	21	10	19.6	1600	0	90	0		
19	4	21	21	20	22.4	1610	2.8	10	16.8		
19	4	21	21	30	22.8	1620	0.4	10	2.4		
20	4	22	13	40	0	0	0	0	0	1.2	4
20	4	22	13	50	0.8	10	0.8	10	4.8		
20	4	22	14	00	1.2	20	0.4	10	2.4		
20	4	22	14	10	1.6	30	0.4	10	2.4		
20	4	22	14	20	2	40	0.4	10	2.4		
20	4	22	14	30	2.4	50	0.4	10	2.4		
20	4	22	14	40	2.8	60	0.4	10	2.4		
20	4	22	14	50	3	70	0.2	10	1.2		
20	4	22	15	00	3.2	80	0.2	10	1.2		
20	4	22	15	10	3.6	90	0.4	10	2.4		

续表

降水次序	月	日	时	分	累积雨量/mm	累积历时/min	时段降雨			I_{30}/(mm/h)	降雨侵蚀力/[(MJ·mm)/(hm²·h)]
							雨量/mm	历时/min	雨强/(mm/h)		
20	4	22	15	20	4	100	0.4	10	2.4		
20	4	22	15	30	4.2	110	0.2	10	1.2		
20	4	22	15	40	4.4	120	0.2	10	1.2		
20	4	22	15	50	4.6	130	0.2	10	1.2		
20	4	22	17	20	4.6	220	0	90	0		
20	4	22	17	30	4.8	230	0.2	10	1.2		
20	4	22	17	40	5	240	0.2	10	1.2		
20	4	22	17	50	5.2	250	0.2	10	1.2		
20	4	22	18	00	5.4	260	0.2	10	1.2		
20	4	22	18	40	5.4	300	0	40	0		
20	4	22	18	50	5.6	310	0.2	10	1.2		
20	4	22	19	00	5.8	320	0.2	10	1.2		
20	4	22	19	40	5.8	360	0	40	0		
20	4	22	19	50	6	370	0.2	10	1.2		
20	4	22	20	00	6	380	0	10	0		
20	4	22	20	10	6.4	390	0.4	10	2.4		
20	4	22	20	20	6.6	400	0.2	10	1.2		
20	4	22	20	30	6.8	410	0.2	10	1.2		
20	4	22	20	40	6.8	420	0	10	0		
20	4	22	20	50	7	430	0.2	10	1.2		
20	4	22	22	10	7	510	0	80	0		
20	4	22	22	20	7.2	520	0.2	10	1.2		
20	4	23	1	40	7.2	720	0	200	0		
20	4	23	1	50	7.4	730	0.2	10	1.2		
20	4	23	2	20	7.4	760	0	30	0		
20	4	23	2	30	7.6	770	0.2	10	1.2		
20	4	23	2	50	7.6	790	0	20	0		
20	4	23	3	00	7.8	800	0.2	10	1.2		
20	4	23	3	20	7.8	820	0	20	0		
20	4	23	3	30	8	830	0.2	10	1.2		
20	4	23	4	40	8	900	0	70	0		
20	4	23	4	50	8.2	910	0.2	10	1.2		
20	4	23	10	00	8.2	1220	0	310	0		
20	4	23	10	10	8.4	1230	0.2	10	1.2		
20	4	23	10	20	8.6	1240	0.2	10	1.2		

续表

降水次序	月	日	时	分	累积雨量/mm	累积历时/min	时段降雨			I_{30}/(mm/h)	降雨侵蚀力/[(MJ·mm)/(hm²·h)]
							雨量/mm	历时/min	雨强/(mm/h)		
20	4	23	10	30	8.8	1250	0.2	10	1.2		
20	4	23	12	10	8.8	1350	0	100	0		
20	4	23	12	20	9	1360	0.2	10	1.2		
20	4	23	12	30	9	1370	0	10	0		
20	4	23	12	40	9.2	1380	0.2	10	1.2		
20	4	23	14	40	9.2	1500	0	120	0		
20	4	23	14	50	9.4	1510	0.2	10	1.2		
20	4	23	15	30	9.4	1550	0	40	0		
20	4	23	15	40	9.6	1560	0.2	10	1.2		
20	4	23	16	20	9.6	1600	0	40	0		
20	4	23	16	30	9.8	1610	0.2	10	1.2		
20	4	23	17	20	9.8	1660	0	50	0		
20	4	23	17	30	10	1670	0.2	10	1.2		
20	4	23	17	40	10	1680	0	10	0		
20	4	23	17	50	10.2	1690	0.2	10	1.2		
20	4	23	18	00	10.4	1700	0.2	10	1.2		
20	4	23	18	10	10.4	1710	0	10	0		
20	4	23	18	20	10.6	1720	0.2	10	1.2		
20	4	23	21	10	10.6	1890	0	170	0		
20	4	23	21	20	10.8	1900	0.2	10	1.2		
20	4	23	21	30	10.8	1910	0	10	0		
20	4	23	21	40	11	1920	0.2	10	1.2		
20	4	23	22	20	11	1960	0	40	0		
20	4	23	22	30	11.2	1970	0.2	10	1.2		
21	5	5	17	40	0	0	0	0	0	8.8	537.9
21	5	5	17	50	0.4	10	0.4	10	2.4		
21	5	5	18	00	0.4	20	0	10	0		
21	5	5	18	10	0.6	30	0.2	10	1.2		
21	5	5	19	40	0.6	120	0	90	0		
21	5	5	19	50	10	130	9.4	10	56.4		
21	5	5	20	00	24.6	140	14.6	10	87.6		
21	5	5	20	10	30.6	150	6	10	36		
21	5	5	22	30	30.6	290	0	140	0		
21	5	5	22	40	30.8	300	0.2	10	1.2		
22	5	17	14	10	0	0	0	0	0	3.3	82.3

续表

降水次序	月	日	时	分	累积雨量/mm	累积历时/min	时段降雨			I_{30}/(mm/h)	降雨侵蚀力/[(MJ·mm)/(hm²·h)]
							雨量/mm	历时/min	雨强/(mm/h)		
22	5	17	14	20	2.8	10	2.8	10	16.8		
22	5	17	14	30	11.6	20	8.8	10	52.8		
22	5	17	14	40	12.2	30	0.6	10	3.6		
23	5	18	0	20	0	0	0	0	0	16.9	932.1
23	5	18	0	30	0.6	10	0.6	10	3.6		
23	5	18	0	40	0.8	20	0.2	10	1.2		
23	5	18	1	30	0.8	70	0	50	0		
23	5	18	1	40	3.2	80	2.4	10	14.4		
23	5	18	1	50	7.6	90	4.4	10	26.4		
23	5	18	2	00	12.2	100	4.6	10	27.6		
23	5	18	2	10	17.2	110	5	10	30		
23	5	18	2	20	21.2	120	4	10	24		
23	5	18	2	30	21.2	130	0	10	0		
23	5	18	2	40	21.4	140	0.2	10	1.2		
23	5	18	2	50	21.4	150	0	10	0		
23	5	18	3	00	35.2	160	13.8	10	82.8		
23	5	18	3	10	41.2	170	6	10	36		
23	5	18	3	20	48.4	180	7.2	10	43.2		
23	5	18	3	30	52.8	190	4.4	10	26.4		
23	5	18	3	40	57.2	200	4.4	10	26.4		
23	5	18	3	50	58.4	210	1.2	10	7.2		
23	5	18	4	00	59.2	220	0.8	10	4.8		
23	5	18	4	10	60.2	230	1	10	6		
23	5	18	4	20	60.8	240	0.6	10	3.6		
23	5	18	4	30	61	250	0.2	10	1.2		
23	5	18	4	40	61	260	0	10	0		
23	5	18	4	50	61.2	270	0.2	10	1.2		
23	5	18	5	00	61.4	280	0.2	10	1.2		
23	5	18	5	10	61.4	290	0	10	0		
23	5	18	5	20	61.6	300	0.2	10	1.2		
23	5	18	7	40	61.6	440	0	140	0		
23	5	18	7	50	61.8	450	0.2	10	1.2		
23	5	18	9	00	61.8	520	0	70	0		
23	5	18	9	10	64	530	2.2	10	13.2		
23	5	18	9	20	64.4	540	0.4	10	2.4		

续表

降水次序	月	日	时	分	累积雨量/mm	累积历时/min	时段降雨			I_{30}/(mm/h)	降雨侵蚀力/[(MJ·mm)/(hm^2·h)]
							雨量/mm	历时/min	雨强/(mm/h)		
23	5	18	11	00	64.4	640	0	100	0		
23	5	18	11	10	64.6	650	0.2	10	1.2		
24	5	20	23	40	0	0	0	0	0	7.8	120.4
24	5	20	23	50	0.2	10	0.2	10	1.2		
24	5	21	0	20	0.2	40	0	30	0		
24	5	21	0	30	0.4	50	0.2	10	1.2		
24	5	21	0	40	0.4	60	0	10	0		
24	5	21	0	50	0.6	70	0.2	10	1.2		
24	5	21	1	00	0.8	80	0.2	10	1.2		
24	5	21	1	20	0.8	100	0	20	0		
24	5	21	1	30	1	110	0.2	10	1.2		
24	5	21	1	40	1	120	0	10	0		
24	5	21	1	50	1.2	130	0.2	10	1.2		
24	5	21	2	00	1.6	140	0.4	10	2.4		
24	5	21	2	10	2	150	0.4	10	2.4		
24	5	21	2	20	2.6	160	0.6	10	3.6		
24	5	21	2	30	3.2	170	0.6	10	3.6		
24	5	21	2	40	3.6	180	0.4	10	2.4		
24	5	21	2	50	3.8	190	0.2	10	1.2		
24	5	21	3	00	4	200	0.2	10	1.2		
24	5	21	3	10	4.2	210	0.2	10	1.2		
24	5	21	3	20	4.4	220	0.2	10	1.2		
24	5	21	3	50	4.4	250	0	30	0		
24	5	21	4	00	4.6	260	0.2	10	1.2		
24	5	21	5	00	4.6	320	0	60	0		
24	5	21	5	10	5	330	0.4	10	2.4		
24	5	21	5	20	5.4	340	0.4	10	2.4		
24	5	21	5	30	6	350	0.6	10	3.6		
24	5	21	5	40	7.4	360	1.4	10	8.4		
24	5	21	5	50	9.8	370	2.4	10	14.4		
24	5	21	6	00	12.2	380	2.4	10	14.4		
24	5	21	6	10	14.8	390	2.6	10	15.6		
24	5	21	6	20	16.2	400	1.4	10	8.4		
24	5	21	6	30	17.8	410	1.6	10	9.6		
24	5	21	6	40	21.2	420	3.4	10	20.4		

续表

降水次序	月	日	时	分	累积雨量/mm	累积历时/min	时段降雨			I_{30}/(mm/h)	降雨侵蚀力/[(MJ·mm)/(hm²·h)]
							雨量/mm	历时/min	雨强/(mm/h)		
24	5	21	6	50	23.8	430	2.6	10	15.6		
24	5	21	7	00	24.6	440	0.8	10	4.8		
24	5	21	7	10	26	450	1.4	10	8.4		
24	5	21	7	20	28.2	460	2.2	10	13.2		
24	5	21	7	30	28.4	470	0.2	10	1.2		
24	5	21	11	50	28.4	730	0	260	0		
24	5	21	12	00	28.6	740	0.2	10	1.2		
24	5	21	12	10	28.8	750	0.2	10	1.2		
24	5	21	12	20	29	760	0.2	10	1.2		
24	5	21	16	40	29	1020	0	260	0		
24	5	21	16	50	29.2	1030	0.2	10	1.2		
24	5	21	17	30	29.2	1070	0	40	0		
24	5	21	17	40	29.4	1080	0.2	10	1.2		
24	5	21	17	50	29.6	1090	0.2	10	1.2		
24	5	21	18	00	29.6	1100	0	10	0		
24	5	21	18	10	29.8	1110	0.2	10	1.2		
24	5	21	18	40	29.8	1140	0	30	0		
24	5	21	18	50	30	1150	0.2	10	1.2		
24	5	21	19	00	30	1160	0	10	0		
24	5	21	19	10	30.4	1170	0.4	10	2.4		
24	5	21	19	20	30.8	1180	0.4	10	2.4		
24	5	21	19	30	31.4	1190	0.6	10	3.6		
24	5	21	19	40	32.2	1200	0.8	10	4.8		
24	5	21	19	50	33.6	1210	1.4	10	8.4		
24	5	21	20	00	34.8	1220	1.2	10	7.2		
24	5	21	20	10	35.4	1230	0.6	10	3.6		
24	5	21	20	20	35.6	1240	0.2	10	1.2		
24	5	21	21	10	35.6	1290	0	50	0		
24	5	21	21	20	35.8	1300	0.2	10	1.2		
24	5	21	21	40	35.8	1320	0	20	0		
24	5	21	21	50	36	1330	0.2	10	1.2		
24	5	21	23	00	36	1400	0	70	0		
24	5	21	23	10	36.2	1410	0.2	10	1.2		
24	5	21	23	20	36.2	1420	0	10	0		
24	5	21	23	30	36.4	1430	0.2	10	1.2		

续表

降水次序	月	日	时	分	累积雨量/mm	累积历时/min	时段降雨			I_{30}/(mm/h)	降雨侵蚀力/[(MJ·mm)/(hm^2·h)]
							雨量/mm	历时/min	雨强/(mm/h)		
24	5	22	0	20	36.4	1480	0	50	0		
24	5	22	0	30	36.6	1490	0.2	10	1.2		
24	5	22	0	40	36.6	1500	0	10	0		
24	5	22	0	50	36.8	1510	0.2	10	1.2		
24	5	22	1	00	36.8	1520	0	10	0		
24	5	22	1	10	37	1530	0.2	10	1.2		
24	5	22	1	20	37.2	1540	0.2	10	1.2		
24	5	22	1	30	37.4	1550	0.2	10	1.2		
24	5	22	1	40	37.8	1560	0.4	10	2.4		
24	5	22	1	50	38.2	1570	0.4	10	2.4		
24	5	22	2	00	38.4	1580	0.2	10	1.2		
24	5	22	2	10	38.4	1590	0	10	0		
24	5	22	2	20	38.8	1600	0.4	10	2.4		
24	5	22	2	30	39	1610	0.2	10	1.2		
24	5	22	2	40	39.2	1620	0.2	10	1.2		
24	5	22	2	50	39.4	1630	0.2	10	1.2		
24	5	22	3	20	39.4	1660	0	30	0		
24	5	22	3	30	39.6	1670	0.2	10	1.2		
24	5	22	3	50	39.6	1690	0	20	0		
24	5	22	4	00	39.8	1700	0.2	10	1.2		
24	5	22	4	10	39.8	1710	0	10	0		
24	5	22	4	20	40	1720	0.2	10	1.2		
24	5	22	4	30	40	1730	0	10	0		
24	5	22	4	40	40.2	1740	0.2	10	1.2		
24	5	22	5	00	40.2	1760	0	20	0		
24	5	22	5	10	40.6	1770	0.4	10	2.4		
24	5	22	5	20	40.8	1780	0.2	10	1.2		
24	5	22	5	30	41	1790	0.2	10	1.2		
24	5	22	5	40	41.2	1800	0.2	10	1.2		
24	5	22	7	00	41.2	1880	0	80	0		
24	5	22	7	10	41.6	1890	0.4	10	2.4		
24	5	22	7	20	42	1900	0.4	10	2.4		
24	5	22	7	30	42.2	1910	0.2	10	1.2		
24	5	22	7	40	42.4	1920	0.2	10	1.2		
24	5	22	7	50	42.4	1930	0	10	0		

续表

降水次序	月	日	时	分	累积雨量/mm	累积历时/min	时段降雨			I_{30}/(mm/h)	降雨侵蚀力/[(MJ·mm)/(hm²·h)]
							雨量/mm	历时/min	雨强/(mm/h)		
24	5	22	8	00	42.6	1940	0.2	10	1.2		
24	5	22	8	10	42.8	1950	0.2	10	1.2		
24	5	22	8	20	42.8	1960	0	10	0		
24	5	22	8	30	43.4	1970	0.6	10	3.6		
24	5	22	8	40	43.6	1980	0.2	10	1.2		
24	5	22	8	50	44	1990	0.4	10	2.4		
24	5	22	9	00	44.2	2000	0.2	10	1.2		
24	5	22	10	20	44.2	2080	0	80	0		
24	5	22	10	30	44.4	2090	0.2	10	1.2		
24	5	22	10	40	44.4	2100	0	10	0		
24	5	22	10	50	44.6	2110	0.2	10	1.2		
24	5	22	11	20	44.6	2140	0	30	0		
24	5	22	11	30	44.8	2150	0.2	10	1.2		
24	5	22	11	40	44.8	2160	0	10	0		
24	5	22	11	50	45	2170	0.2	10	1.2		
24	5	22	12	00	45.2	2180	0.2	10	1.2		
24	5	22	12	10	45.6	2190	0.4	10	2.4		
24	5	22	12	50	45.6	2230	0	40	0		
24	5	22	13	00	45.8	2240	0.2	10	1.2		
25	5	26	6	40	0	0	0	0	0	5.5	167.4
25	5	26	6	50	0.2	10	0.2	10	1.2		
25	5	26	7	00	0.6	20	0.4	10	2.4		
25	5	26	7	10	0.6	30	0	10	0		
25	5	26	7	20	0.8	40	0.2	10	1.2		
25	5	26	7	30	1	50	0.2	10	1.2		
25	5	26	7	40	1.2	60	0.2	10	1.2		
25	5	26	7	50	1.4	70	0.2	10	1.2		
25	5	26	8	00	1.4	80	0	10	0		
25	5	26	8	10	1.6	90	0.2	10	1.2		
25	5	26	9	20	1.6	160	0	70	0		
25	5	26	9	30	2.6	170	1	10	6		
25	5	26	9	40	2.8	180	0.2	10	1.2		
25	5	26	9	50	4.2	190	1.4	10	8.4		
25	5	26	10	00	7.2	200	3	10	18		
25	5	26	10	10	10	210	2.8	10	16.8		

续表

降水次序	月	日	时	分	累积雨量/mm	累积历时/min	时段降雨			I_{30}/(mm/h)	降雨侵蚀力/[(MJ·mm)/(hm²·h)]
							雨量/mm	历时/min	雨强/(mm/h)		
25	5	26	10	20	18	220	8	10	48		
25	5	26	10	30	22.2	230	4.2	10	25.2		
25	5	26	10	40	22.4	240	0.2	10	1.2		
26	5	31	13	10	0	0	0	0	0	2.2	33.8
26	5	31	13	20	0.2	10	0.2	10	1.2		
26	5	31	13	40	0.2	30	0	20	0		
26	5	31	13	50	0.4	40	0.2	10	1.2		
26	5	31	14	00	0.6	50	0.2	10	1.2		
26	5	31	14	40	0.6	90	0	40	0		
26	5	31	14	50	1	100	0.4	10	2.4		
26	5	31	15	00	3.6	110	2.6	10	15.6		
26	5	31	15	10	6.4	120	2.8	10	16.8		
26	5	31	15	20	8.4	130	2	10	12		
26	5	31	15	30	9.6	140	1.2	10	7.2		
26	5	31	15	40	10	150	0.4	10	2.4		
26	5	31	15	50	10.2	160	0.2	10	1.2		
26	5	31	16	00	10.4	170	0.2	10	1.2		
26	5	31	17	00	10.4	230	0	60	0		
26	5	31	17	10	10.6	240	0.2	10	1.2		
26	5	31	17	20	10.6	250	0	10	0		
26	5	31	17	30	10.8	260	0.2	10	1.2		
26	5	31	18	30	10.8	320	0	60	0		
26	5	31	18	40	11	330	0.2	10	1.2		
26	5	31	19	40	11	390	0	60	0		
26	5	31	19	50	11.2	400	0.2	10	1.2		
26	5	31	23	30	11.2	620	0	220	0		
26	5	31	23	40	11.4	630	0.2	10	1.2		
26	5	31	23	50	11.6	640	0.2	10	1.2		
27	6	1	16	00	0	0	0	0	0	7	339.9
27	6	1	16	10	11.2	10	11.2	10	67.2		
27	6	1	16	20	21.4	20	10.2	10	61.2		
27	6	1	16	30	23.8	30	2.4	10	14.4		
27	6	1	16	40	24.6	40	0.8	10	4.8		
27	6	1	16	50	24.8	50	0.2	10	1.2		
27	6	1	17	00	25.2	60	0.4	10	2.4		

续表

降水次序	月	日	时	分	累积雨量/mm	累积历时/min	时段降雨			I_{30}/(mm/h)	降雨侵蚀力/[(MJ·mm)/(hm²·h)]
							雨量/mm	历时/min	雨强/(mm/h)		
27	6	1	17	10	25.4	70	0.2	10	1.2		
28	6	2	13	20	0	0	0	0	0	2.1	29.9
28	6	2	13	30	0.4	10	0.4	10	2.4		
28	6	2	13	40	1	20	0.6	10	3.6		
28	6	2	14	50	1	90	0	70	0		
28	6	2	15	00	7.8	100	6.8	10	40.8		
28	6	2	15	10	8	110	0.2	10	1.2		
29	6	4	15	20	0	0	0	0	0	1.3	13.4
29	6	4	15	30	4.6	10	4.6	10	27.6		
29	6	4	15	40	5	20	0.4	10	2.4		
29	6	4	15	50	5	30	0	10	0		
29	6	4	16	00	5.2	40	0.2	10	1.2		
30	6	5	14	00	0	0	0	0	0	4.1	86.5
30	6	5	14	10	4.4	10	4.4	10	26.4		
30	6	5	14	40	4.4	40	0	30	0		
30	6	5	14	50	13.4	50	9	10	54		
30	6	5	15	00	14.8	60	1.4	10	8.4		
30	6	5	15	20	14.8	80	0	20	0		
30	6	5	15	30	15	90	0.2	10	1.2		
31	6	5	21	40	0	0	0	0	0	2.6	50.9
31	6	5	21	50	0.2	10	0.2	10	1.2		
31	6	5	22	00	5.2	20	5	10	30		
31	6	5	22	10	8.6	30	3.4	10	20.4		
31	6	5	22	20	9.8	40	1.2	10	7.2		
31	6	5	22	30	10.2	50	0.4	10	2.4		
31	6	5	22	40	10.2	60	0	10	0		
31	6	5	22	50	10.4	70	0.2	10	1.2		
31	6	5	23	00	10.6	80	0.2	10	1.2		
31	6	5	23	50	10.6	130	0	50	0		
31	6	6	0	00	10.8	140	0.2	10	1.2		
31	6	6	0	40	10.8	180	0	40	0		
31	6	6	0	50	11	190	0.2	10	1.2		
32	6	9	8	10	0	0	0	0	0	9.3	220.9
32	6	9	8	20	1.2	10	1.2	10	7.2		
32	6	9	8	30	5	20	3.8	10	22.8		

续表

降水次序	月	日	时	分	累积雨量/mm	累积历时/min	时段降雨			I_{30}/(mm/h)	降雨侵蚀力/[(MJ·mm)/(hm²·h)]
							雨量/mm	历时/min	雨强/(mm/h)		
32	6	9	8	40	8.4	30	3.4	10	20.4		
32	6	9	8	50	11	40	2.6	10	15.6		
32	6	9	9	00	13.4	50	2.4	10	14.4		
32	6	9	9	10	16	60	2.6	10	15.6		
32	6	9	9	20	19.4	70	3.4	10	20.4		
32	6	9	9	30	24	80	4.6	10	27.6		
32	6	9	9	40	27.6	90	3.6	10	21.6		
32	6	9	9	50	30.6	100	3	10	18		
32	6	9	10	00	32.6	110	2	10	12		
32	6	9	10	10	34.6	120	2	10	12		
32	6	9	10	20	36.4	130	1.8	10	10.8		
32	6	9	10	30	37.4	140	1	10	6		
32	6	9	10	40	37.6	150	0.2	10	1.2		
32	6	9	10	50	38	160	0.4	10	2.4		
32	6	9	11	10	38	180	0	20	0		
32	6	9	11	20	38.2	190	0.2	10	1.2		
32	6	9	11	40	38.2	210	0	20	0		
32	6	9	11	50	38.4	220	0.2	10	1.2		
32	6	9	12	50	38.4	280	0	60	0		
32	6	9	13	00	38.8	290	0.4	10	2.4		
32	6	9	13	10	39	300	0.2	10	1.2		
32	6	9	13	20	39.6	310	0.6	10	3.6		
32	6	9	13	30	40	320	0.4	10	2.4		
32	6	9	13	40	40.2	330	0.2	10	1.2		
32	6	9	14	30	40.2	380	0	50	0		
32	6	9	14	40	40.4	390	0.2	10	1.2		
33	6	10	12	20	0	0	0	0	0	1.9	26.5
33	6	10	12	30	0.2	10	0.2	10	1.2		
33	6	10	12	50	0.2	30	0	20	0		
33	6	10	13	00	0.4	40	0.2	10	1.2		
33	6	10	13	50	0.4	90	0	50	0		
33	6	10	14	00	1.8	100	1.4	10	8.4		
33	6	10	14	10	3.4	110	1.6	10	9.6		
33	6	10	14	20	7.4	120	4	10	24		
33	6	10	14	30	7.6	130	0.2	10	1.2		

续表

降水次序	月	日	时	分	累积雨量/mm	累积历时/min	时段降雨			I_{30}/(mm/h)	降雨侵蚀力/[(MJ·mm)/(hm^2·h)]
							雨量/mm	历时/min	雨强/(mm/h)		
33	6	10	14	40	7.8	140	0.2	10	1.2		
33	6	10	14	50	8	150	0.2	10	1.2		
33	6	10	15	00	8.2	160	0.2	10	1.2		
33	6	10	15	10	8.4	170	0.2	10	1.2		
33	6	10	15	20	8.6	180	0.2	10	1.2		
33	6	10	15	30	8.8	190	0.2	10	1.2		
33	6	10	15	40	9	200	0.2	10	1.2		
33	6	10	15	50	9.2	210	0.2	10	1.2		
34	6	25	17	30	0	0	0	0	0	1.3	9.2
34	6	25	17	40	0.2	10	0.2	10	1.2		
34	6	25	17	50	0.8	20	0.6	10	3.6		
34	6	25	18	00	0.8	30	0	10	0		
34	6	25	18	10	1	40	0.2	10	1.2		
34	6	25	18	30	1	60	0	20	0		
34	6	25	18	40	1.2	70	0.2	10	1.2		
34	6	25	19	10	1.2	100	0	30	0		
34	6	25	19	20	1.4	110	0.2	10	1.2		
34	6	25	19	30	1.4	120	0	10	0		
34	6	25	19	40	1.6	130	0.2	10	1.2		
34	6	25	19	50	1.6	140	0	10	0		
34	6	25	20	00	1.8	150	0.2	10	1.2		
34	6	25	20	10	2	160	0.2	10	1.2		
34	6	25	20	20	2.2	170	0.2	10	1.2		
34	6	25	20	30	2.2	180	0	10	0		
34	6	25	20	40	2.4	190	0.2	10	1.2		
34	6	25	20	50	2.4	200	0	10	0		
34	6	25	21	00	2.6	210	0.2	10	1.2		
34	6	25	21	10	2.6	220	0	10	0		
34	6	25	21	20	2.8	230	0.2	10	1.2		
34	6	25	21	40	2.8	250	0	20	0		
34	6	25	21	50	3.8	260	1	10	6		
34	6	25	22	00	6.2	270	2.4	10	14.4		
34	6	25	22	10	6.4	280	0.2	10	1.2		
34	6	25	22	20	6.4	290	0	10	0		
34	6	25	22	30	6.6	300	0.2	10	1.2		

续表

降水次序	月	日	时	分	累积雨量/mm	累积历时/min	时段降雨			I_{30}/(mm/h)	降雨侵蚀力/[(MJ·mm)/(hm²·h)]
							雨量/mm	历时/min	雨强/(mm/h)		
34	6	25	22	40	6.8	310	0.2	10	1.2		
34	6	25	22	50	6.8	320	0	10	0		
34	6	25	23	00	7.2	330	0.4	10	2.4		
34	6	25	23	10	7.6	340	0.4	10	2.4		
34	6	25	23	20	7.6	350	0	10	0		
34	6	25	23	30	7.8	360	0.2	10	1.2		
34	6	25	23	50	7.8	380	0	20	0		
34	6	26	0	00	8	390	0.2	10	1.2		
34	6	26	1	10	8	460	0	70	0		
34	6	26	1	20	8.2	470	0.2	10	1.2		
34	6	26	1	40	8.2	490	0	20	0		
34	6	26	1	50	8.4	500	0.2	10	1.2		
35	7	3	16	10	0	0	0	0	0	1.9	26.4
35	7	3	16	20	6.6	10	6.6	10	39.6		
35	7	3	16	30	6.6	20	0	10	0		
35	7	3	16	40	6.8	30	0.2	10	1.2		
36	7	4	14	30	0	0	0	0	0	7.1	308.4
36	7	4	14	40	6.2	10	6.2	10	37.2		
36	7	4	14	50	17.8	20	11.6	10	69.6		
36	7	4	15	00	21.4	30	3.6	10	21.6		
36	7	4	15	10	23.6	40	2.2	10	13.2		
36	7	4	15	20	24.4	50	0.8	10	4.8		
36	7	4	15	30	25	60	0.6	10	3.6		
36	7	4	15	40	25.6	70	0.6	10	3.6		
36	7	4	15	50	25.8	80	0.2	10	1.2		
36	7	4	16	00	26.2	90	0.4	10	2.4		
36	7	4	16	10	26.6	100	0.4	10	2.4		
36	7	4	16	20	26.8	110	0.2	10	1.2		
36	7	4	16	30	27	120	0.2	10	1.2		
36	7	4	16	40	27.2	130	0.2	10	1.2		
36	7	4	16	50	27.6	140	0.4	10	2.4		
37	7	9	11	40	0	0	0	0	0	1.6	7.8
37	7	9	11	50	0.2	10	0.2	10	1.2		
37	7	9	12	20	0.2	40	0	30	0		
37	7	9	12	30	0.4	50	0.2	10	1.2		

续表

降水次序	月	日	时	分	累积雨量/mm	累积历时/min	时段降雨			I_{30}/(mm/h)	降雨侵蚀力/[(MJ·mm)/(hm^2·h)]
							雨量/mm	历时/min	雨强/(mm/h)		
37	7	9	12	50	0.4	70	0	20	0		
37	7	9	13	00	0.6	80	0.2	10	1.2		
37	7	9	13	10	0.6	90	0	10	0		
37	7	9	13	20	0.8	100	0.2	10	1.2		
37	7	9	13	30	0.8	110	0	10	0		
37	7	9	13	40	1	120	0.2	10	1.2		
37	7	9	13	50	1.2	130	0.2	10	1.2		
37	7	9	14	00	1.4	140	0.2	10	1.2		
37	7	9	14	10	1.8	150	0.4	10	2.4		
37	7	9	14	20	2.2	160	0.4	10	2.4		
37	7	9	14	30	2.6	170	0.4	10	2.4		
37	7	9	14	40	2.8	180	0.2	10	1.2		
37	7	9	14	50	3	190	0.2	10	1.2		
37	7	9	15	00	3.2	200	0.2	10	1.2		
37	7	9	15	10	3.4	210	0.2	10	1.2		
37	7	9	15	20	3.4	220	0	10	0		
37	7	9	15	30	3.6	230	0.2	10	1.2		
37	7	9	15	40	3.8	240	0.2	10	1.2		
37	7	9	15	50	4	250	0.2	10	1.2		
37	7	9	16	00	4.2	260	0.2	10	1.2		
37	7	9	16	10	4.2	270	0	10	0		
37	7	9	16	20	4.4	280	0.2	10	1.2		
37	7	9	17	00	4.4	320	0	40	0		
37	7	9	17	10	4.6	330	0.2	10	1.2		
37	7	9	17	20	4.6	340	0	10	0		
37	7	9	17	30	4.8	350	0.2	10	1.2		
37	7	9	17	40	4.8	360	0	10	0		
37	7	9	17	50	5	370	0.2	10	1.2		
37	7	9	18	00	5.2	380	0.2	10	1.2		
37	7	9	18	10	5.4	390	0.2	10	1.2		
37	7	9	18	20	5.6	400	0.2	10	1.2		
37	7	9	18	30	5.8	410	0.2	10	1.2		
37	7	9	18	40	5.8	420	0	10	0		
37	7	9	18	50	6	430	0.2	10	1.2		
37	7	9	19	20	6	460	0	30	0		

续表

降水次序	月	日	时	分	累积雨量/mm	累积历时/min	时段降雨			I_{30} /(mm/h)	降雨侵蚀力/[(MJ·mm)/(hm^2·h)]
							雨量/mm	历时/min	雨强/(mm/h)		
37	7	9	19	30	6.2	470	0.2	10	1.2		
37	7	9	19	40	6.4	480	0.2	10	1.2		
37	7	9	19	50	6.6	490	0.2	10	1.2		
37	7	9	20	00	6.8	500	0.2	10	1.2		
37	7	9	20	10	7	510	0.2	10	1.2		
37	7	9	20	20	7.2	520	0.2	10	1.2		
37	7	9	20	30	7.2	530	0	10	0		
37	7	9	20	40	7.4	540	0.2	10	1.2		
37	7	9	20	50	7.8	550	0.4	10	2.4		
37	7	9	21	00	8.2	560	0.4	10	2.4		
37	7	9	21	10	8.8	570	0.6	10	3.6		
37	7	9	21	20	9.4	580	0.6	10	3.6		
37	7	9	21	30	10.4	590	1	10	6		
37	7	9	21	40	11.2	600	0.8	10	4.8		
37	7	9	21	50	11.8	610	0.6	10	3.6		
37	7	9	22	00	12.4	620	0.6	10	3.6		
37	7	9	22	10	12.6	630	0.2	10	1.2		
37	7	9	22	20	12.6	640	0	10	0		
37	7	9	22	30	12.8	650	0.2	10	1.2		
37	7	9	22	40	13	660	0.2	10	1.2		
37	7	9	22	50	13.2	670	0.2	10	1.2		
37	7	9	23	30	13.2	710	0	40	0		
37	7	9	23	40	13.4	720	0.2	10	1.2		
38	7	26	13	00	0	0	0	0	0	2.2	35.8
38	7	26	13	10	0.2	10	0.2	10	1.2		
38	7	26	13	20	6.6	20	6.4	10	38.4		
38	7	26	13	30	7.6	30	1	10	6		
38	7	26	13	40	8	40	0.4	10	2.4		
38	7	26	13	50	8.4	50	0.4	10	2.4		
38	7	26	14	00	8.6	60	0.2	10	1.2		
38	7	26	14	10	9.2	70	0.6	10	3.6		
38	7	26	14	20	9.6	80	0.4	10	2.4		
39	8	11	9	00	0	0	0	0	0	2.6	46.7
39	8	11	9	10	0.2	10	0.2	10	1.2		
39	8	11	9	20	2.6	20	2.4	10	14.4		

续表

降水次序	月	日	时	分	累积雨量/mm	累积历时/min	时段降雨			I_{30}/(mm/h)	降雨侵蚀力/[(MJ·mm)/(hm²·h)]
							雨量/mm	历时/min	雨强/(mm/h)		
39	8	11	9	30	6.2	30	3.6	10	21.6		
39	8	11	9	40	9	40	2.8	10	16.8		
39	8	11	9	50	10	50	1	10	6		
39	8	11	10	00	10.4	60	0.4	10	2.4		
39	8	11	10	10	10.4	70	0	10	0		
39	8	11	10	20	10.6	80	0.2	10	1.2		
39	8	11	14	00	10.6	300	0	220	0		
39	8	11	14	10	10.8	310	0.2	10	1.2		
39	8	11	14	20	10.8	320	0	10	0		
39	8	11	14	30	11.6	330	0.8	10	4.8		
39	8	11	14	40	11.8	340	0.2	10	1.2		
39	8	11	19	40	11.8	640	0	300	0		
39	8	11	19	50	12	650	0.2	10	1.2		
39	8	11	21	40	12	760	0	110	0		
39	8	11	21	50	12.2	770	0.2	10	1.2		
40	8	15	16	00	0	0	0	0	0	5.3	190.4
40	8	15	16	10	1.2	10	1.2	10	7.2		
40	8	15	16	20	12.2	20	11	10	66		
40	8	15	16	30	16.8	30	4.6	10	27.6		
40	8	15	16	40	18.8	40	2	10	12		
40	8	15	16	50	19	50	0.2	10	1.2		
40	8	15	17	00	19.4	60	0.4	10	2.4		
40	8	15	17	10	19.8	70	0.4	10	2.4		
40	8	15	17	20	20.2	80	0.4	10	2.4		
40	8	15	18	40	20.2	160	0	80	0		
40	8	15	18	50	20.4	170	0.2	10	1.2		
40	8	15	19	00	20.6	180	0.2	10	1.2		
41	8	18	18	20	0	0	0	0	0	8	446.2
41	8	18	18	30	11.4	10	11.4	10	68.4		
41	8	18	18	40	25.8	20	14.4	10	86.4		
41	8	18	18	50	27.4	30	1.6	10	9.6		
41	8	18	19	00	27.6	40	0.2	10	1.2		
41	8	18	19	30	27.6	70	0	30	0		
41	8	18	19	40	27.8	80	0.2	10	1.2		
41	8	18	20	40	27.8	140	0	60	0		

续表

降水次序	月	日	时	分	累积雨量/mm	累积历时/min	时段降雨			I_{30}/(mm/h)	降雨侵蚀力/[(MJ·mm)/(hm²·h)]
							雨量/mm	历时/min	雨强/(mm/h)		
41	8	18	20	50	28	150	0.2	10	1.2		
41	8	18	21	00	28.2	160	0.2	10	1.2		
41	8	18	21	10	28.2	170	0	10	0		
41	8	18	21	20	28.4	180	0.2	10	1.2		
41	8	18	21	30	28.4	190	0	10	0		
41	8	18	21	40	28.6	200	0.2	10	1.2		
42	8	19	14	30	0	0	0	0	0	3.7	98.4
42	8	19	14	40	7.6	10	7.6	10	45.6		
42	8	19	14	50	13	20	5.4	10	32.4		
42	8	19	15	00	13	30	0	10	0		
42	8	19	15	10	13.2	40	0.2	10	1.2		
43	8	21	21	30	0	0	0	0	0	10.5	689.9
43	8	21	21	40	0.4	10	0.4	10	2.4		
43	8	21	21	50	10.4	20	10	10	60		
43	8	21	22	00	21.4	30	11	10	66		
43	8	21	22	10	32.6	40	11.2	10	67.2		
43	8	21	22	20	36.4	50	3.8	10	22.8		
43	8	21	22	30	36.8	60	0.4	10	2.4		
43	8	22	1	40	36.8	250	0	190	0		
43	8	22	1	50	37	260	0.2	10	1.2		
44	8	25	19	30	0	0	0	0	0	8.2	443.4
44	8	25	19	40	1.6	10	1.6	10	9.6		
44	8	25	19	50	1.8	20	0.2	10	1.2		
44	8	25	20	50	1.8	80	0	60	0		
44	8	25	21	00	13.4	90	11.6	10	69.6		
44	8	25	21	10	22.6	100	9.2	10	55.2		
44	8	25	21	20	28.4	110	5.8	10	34.8		
44	8	25	21	30	29	120	0.6	10	3.6		
44	8	25	21	40	29.2	130	0.2	10	1.2		
44	8	25	22	10	29.2	160	0	30	0		
44	8	25	22	20	29.4	170	0.2	10	1.2		
44	8	26	1	20	29.4	350	0	180	0		
44	8	26	1	30	29.6	360	0.2	10	1.2		
45	8	31	13	40	0	0	0	0	0	5.9	241.6
45	8	31	13	50	0.4	10	0.4	10	2.4		

续表

降水次序	月	日	时	分	累积雨量/mm	累积历时/min	时段降雨			I_{30}/(mm/h)	降雨侵蚀力/[(MJ·mm)/(hm²·h)]
							雨量/mm	历时/min	雨强/(mm/h)		
45	8	31	14	00	1.2	20	0.8	10	4.8		
45	8	31	15	10	1.2	90	0	70	0		
45	8	31	15	20	1.6	100	0.4	10	2.4		
45	8	31	15	30	7.2	110	5.6	10	33.6		
45	8	31	15	40	21	120	13.8	10	82.8		
45	8	31	15	50	21.6	130	0.6	10	3.6		
45	8	31	16	50	21.6	190	0	60	0		
45	8	31	17	00	21.8	200	0.2	10	1.2		
46	9	7	20	30	0	0	0	0	0	3	26.6
46	9	7	20	40	0.4	10	0.4	10	2.4		
46	9	7	20	50	2	20	1.6	10	9.6		
46	9	7	21	00	4.4	30	2.4	10	14.4		
46	9	7	21	10	4.8	40	0.4	10	2.4		
46	9	7	21	20	5.4	50	0.6	10	3.6		
46	9	7	21	30	6.8	60	1.4	10	8.4		
46	9	7	21	40	8.2	70	1.4	10	8.4		
46	9	7	21	50	9.2	80	1	10	6		
46	9	7	22	00	10	90	0.8	10	4.8		
46	9	7	22	10	10.4	100	0.4	10	2.4		
46	9	7	22	20	11.2	110	0.8	10	4.8		
46	9	7	22	30	11.6	120	0.4	10	2.4		
46	9	7	22	40	12.2	130	0.6	10	3.6		
46	9	7	22	50	13.2	140	1	10	6		
46	9	7	23	00	13.8	150	0.6	10	3.6		
46	9	7	23	10	14	160	0.2	10	1.2		
46	9	7	23	20	14	170	0	10	0		
46	9	7	23	30	14.2	180	0.2	10	1.2		
46	9	7	23	40	14.2	190	0	10	0		
46	9	7	23	50	14.4	200	0.2	10	1.2		
46	9	8	0	00	14.8	210	0.4	10	2.4		
46	9	8	0	10	15.2	220	0.4	10	2.4		
46	9	8	0	20	15.6	230	0.4	10	2.4		
46	9	8	0	30	16.4	240	0.8	10	4.8		
46	9	8	0	40	17.2	250	0.8	10	4.8		
46	9	8	0	50	17.8	260	0.6	10	3.6		

续表

降水次序	月	日	时	分	累积雨量/mm	累积历时/min	时段降雨			I_{30}/(mm/h)	降雨侵蚀力/[(MJ·mm)/(hm²·h)]
							雨量/mm	历时/min	雨强/(mm/h)		
46	9	8	1	00	18	270	0.2	10	1.2		
46	9	8	2	30	18	360	0	90	0		
46	9	8	2	40	18.2	370	0.2	10	1.2		
47	9	10	13	30	0	0	0	0	0	2.2	31.1
47	9	10	13	40	2.4	10	2.4	10	14.4		
47	9	10	13	50	2.6	20	0.2	10	1.2		
47	9	10	14	00	2.8	30	0.2	10	1.2		
47	9	10	14	50	2.8	80	0	50	0		
47	9	10	15	00	3.2	90	0.4	10	2.4		
47	9	10	15	10	7.4	100	4.2	10	25.2		
47	9	10	15	20	9.6	110	2.2	10	13.2		
48	9	11	12	00	0	0	0	0	0	16.1	808.7
48	9	11	12	10	1.2	10	1.2	10	7.2		
48	9	11	12	20	2.4	20	1.2	10	7.2		
48	9	11	12	30	2.8	30	0.4	10	2.4		
48	9	11	13	20	2.8	80	0	50	0		
48	9	11	13	30	3	90	0.2	10	1.2		
48	9	11	13	40	3.2	100	0.2	10	1.2		
48	9	11	13	50	9.6	110	6.4	10	38.4		
48	9	11	14	00	21.6	120	12	10	72		
48	9	11	14	10	27.8	130	6.2	10	37.2		
48	9	11	14	20	31	140	3.2	10	19.2		
48	9	11	14	30	37.4	150	6.4	10	38.4		
48	9	11	14	40	43.6	160	6.2	10	37.2		
48	9	11	14	50	47.8	170	4.2	10	25.2		
48	9	11	15	00	48.2	180	0.4	10	2.4		
48	9	11	16	10	48.2	250	0	70	0		
48	9	11	16	20	48.6	260	0.4	10	2.4		
48	9	11	16	30	49.6	270	1	10	6		
48	9	11	16	40	50	280	0.4	10	2.4		
48	9	11	16	50	50.2	290	0.2	10	1.2		
48	9	11	17	00	50.6	300	0.4	10	2.4		
48	9	11	17	10	50.8	310	0.2	10	1.2		
48	9	11	17	20	51	320	0.2	10	1.2		
48	9	11	17	30	51.4	330	0.4	10	2.4		

续表

降水次序	月	日	时	分	累积雨量/mm	累积历时/min	时段降雨			I_{30}/(mm/h)	降雨侵蚀力/[(MJ·mm)/(hm²·h)]
							雨量/mm	历时/min	雨强/(mm/h)		
48	9	11	17	40	51.6	340	0.2	10	1.2		
48	9	11	17	50	52.8	350	1.2	10	7.2		
48	9	11	18	00	56.8	360	4	10	24		
48	9	11	18	10	58.8	370	2	10	12		
48	9	11	18	20	61.2	380	2.4	10	14.4		
48	9	11	18	30	61.4	390	0.2	10	1.2		
48	9	11	18	50	61.4	410	0	20	0		
48	9	11	19	00	61.6	420	0.2	10	1.2		
48	9	11	19	10	62	430	0.4	10	2.4		
48	9	11	19	20	62.8	440	0.8	10	4.8		
48	9	11	19	30	63.4	450	0.6	10	3.6		
48	9	11	23	00	63.4	660	0	210	0		
48	9	11	23	10	63.6	670	0.2	10	1.2		
49	9	18	13	00	0	0	0	0	0	1	6.2
49	9	18	13	10	0.2	10	0.2	10	1.2		
49	9	18	15	10	0.2	130	0	120	0		
49	9	18	15	20	0.8	140	0.6	10	3.6		
49	9	18	15	30	2.6	150	1.8	10	10.8		
49	9	18	15	40	3.2	160	0.6	10	3.6		
49	9	18	15	50	3.6	170	0.4	10	2.4		
49	9	18	16	30	3.6	210	0	40	0		
49	9	18	16	40	4	220	0.4	10	2.4		
49	9	18	16	50	4.4	230	0.4	10	2.4		
49	9	18	17	00	4.6	240	0.2	10	1.2		
49	9	18	19	00	4.6	360	0	120	0		
49	9	18	19	10	4.8	370	0.2	10	1.2		
49	9	18	20	00	4.8	420	0	50	0		
49	9	18	20	10	5.6	430	0.8	10	4.8		
49	9	18	20	20	6	440	0.4	10	2.4		
49	9	18	20	30	6.2	450	0.2	10	1.2		
49	9	18	21	10	6.2	490	0	40	0		
49	9	18	21	20	6.4	500	0.2	10	1.2		
49	9	18	21	30	6.6	510	0.2	10	1.2		
49	9	18	23	20	6.6	620	0	110	0		
49	9	18	23	30	6.8	630	0.2	10	1.2		

续表

降水次序	月	日	时	分	累积雨量/mm	累积历时/min	时段降雨			I_{30}/(mm/h)	降雨侵蚀力/[(MJ·mm)/(hm²·h)]
							雨量/mm	历时/min	雨强/(mm/h)		
49	9	19	2	00	6.8	780	0	150	0		
49	9	19	2	10	7	790	0.2	10	1.2		
50	9	21	15	30	0	0	0	0	0	4	95.4
50	9	21	15	40	4.4	10	4.4	10	26.4		
50	9	21	15	50	9.2	20	4.8	10	28.8		
50	9	21	16	00	11.8	30	2.6	10	15.6		
50	9	21	16	10	15.2	40	3.4	10	20.4		
51	9	22	7	00	0	0	0	0	0	21.8	1221.3
51	9	22	7	10	0.4	10	0.4	10	2.4		
51	9	22	7	20	1.2	20	0.8	10	4.8		
51	9	22	7	30	1.6	30	0.4	10	2.4		
51	9	22	7	40	1.6	40	0	10	0		
51	9	22	7	50	1.8	50	0.2	10	1.2		
51	9	22	11	50	1.8	290	0	240	0		
51	9	22	12	00	2	300	0.2	10	1.2		
51	9	22	12	10	2.4	310	0.4	10	2.4		
51	9	22	12	20	2.6	320	0.2	10	1.2		
51	9	22	12	30	2.8	330	0.2	10	1.2		
51	9	22	16	30	2.8	570	0	240	0		
51	9	22	16	40	3.6	580	0.8	10	4.8		
51	9	22	16	50	4.6	590	1	10	6		
51	9	22	17	00	4.8	600	0.2	10	1.2		
51	9	22	17	10	6.4	610	1.6	10	9.6		
51	9	22	17	20	14.4	620	8	10	48		
51	9	22	17	30	15.4	630	1	10	6		
51	9	22	17	40	17.4	640	2	10	12		
51	9	22	17	50	18.8	650	1.4	10	8.4		
51	9	22	18	00	20.2	660	1.4	10	8.4		
51	9	22	18	10	20.6	670	0.4	10	2.4		
51	9	22	18	20	21	680	0.4	10	2.4		
51	9	22	18	30	21.6	690	0.6	10	3.6		
51	9	22	18	40	22	700	0.4	10	2.4		
51	9	22	18	50	22	710	0	10	0		
51	9	22	19	00	22.4	720	0.4	10	2.4		
51	9	22	19	10	23	730	0.6	10	3.6		

续表

降水次序	月	日	时	分	累积雨量/mm	累积历时/min	时段降雨			I_{30}/(mm/h)	降雨侵蚀力/[(MJ·mm)/(hm²·h)]
							雨量/mm	历时/min	雨强/(mm/h)		
51	9	22	19	20	23.2	740	0.2	10	1.2		
51	9	22	19	30	23.4	750	0.2	10	1.2		
51	9	22	19	40	23.6	760	0.2	10	1.2		
51	9	22	19	50	23.8	770	0.2	10	1.2		
51	9	22	20	00	24	780	0.2	10	1.2		
51	9	22	20	10	24	790	0	10	0		
51	9	22	20	20	24.4	800	0.4	10	2.4		
51	9	22	20	30	25.2	810	0.8	10	4.8		
51	9	22	20	40	25.8	820	0.6	10	3.6		
51	9	22	20	50	26.4	830	0.6	10	3.6		
51	9	22	21	00	26.8	840	0.4	10	2.4		
51	9	22	21	10	27	850	0.2	10	1.2		
51	9	22	21	20	27.2	860	0.2	10	1.2		
51	9	22	21	30	27.4	870	0.2	10	1.2		
51	9	23	1	40	27.4	1120	0	250	0		
51	9	23	1	50	29.4	1130	2	10	12		
51	9	23	2	00	30	1140	0.6	10	3.6		
51	9	23	2	10	30.6	1150	0.6	10	3.6		
51	9	23	5	20	30.6	1340	0	190	0		
51	9	23	5	30	30.8	1350	0.2	10	1.2		
51	9	23	5	40	32	1360	1.2	10	7.2		
51	9	23	5	50	33.2	1370	1.2	10	7.2		
51	9	23	6	00	35.6	1380	2.4	10	14.4		
51	9	23	6	10	40.8	1390	5.2	10	31.2		
51	9	23	6	20	45.4	1400	4.6	10	27.6		
51	9	23	6	30	55.8	1410	10.4	10	62.4		
51	9	23	6	40	63.2	1420	7.4	10	44.4		
51	9	23	6	50	72.8	1430	9.6	10	57.6		
51	9	23	7	00	75.8	1440	3	10	18		
51	9	23	7	10	76.8	1450	1	10	6		
51	9	23	7	20	78	1460	1.2	10	7.2		
51	9	23	7	30	78.4	1470	0.4	10	2.4		
51	9	23	7	40	79	1480	0.6	10	3.6		
51	9	23	7	50	82	1490	3	10	18		
51	9	23	8	00	82.4	1500	0.4	10	2.4		

续表

降水次序	月	日	时	分	累积雨量/mm	累积历时/min	时段降雨			I_{30}/(mm/h)	降雨侵蚀力/[(MJ·mm)/(hm²·h)]
							雨量/mm	历时/min	雨强/(mm/h)		
51	9	23	8	10	82.8	1510	0.4	10	2.4		
51	9	23	8	20	82.8	1520	0	10	0		
51	9	23	8	30	83.4	1530	0.6	10	3.6		
51	9	23	8	40	85.8	1540	2.4	10	14.4		
51	9	23	8	50	87.4	1550	1.6	10	9.6		
51	9	23	9	00	87.8	1560	0.4	10	2.4		
51	9	23	9	10	88.4	1570	0.6	10	3.6		
51	9	23	9	20	89.2	1580	0.8	10	4.8		
51	9	23	9	30	89.8	1590	0.6	10	3.6		
51	9	23	9	40	90.4	1600	0.6	10	3.6		
51	9	23	9	50	91	1610	0.6	10	3.6		
51	9	23	10	00	91.6	1620	0.6	10	3.6		
51	9	23	10	10	92	1630	0.4	10	2.4		
51	9	23	10	20	92.6	1640	0.6	10	3.6		
51	9	23	10	30	93.4	1650	0.8	10	4.8		
51	9	23	10	40	93.6	1660	0.2	10	1.2		
51	9	23	10	50	93.6	1670	0	10	0		
51	9	23	11	00	93.8	1680	0.2	10	1.2		
51	9	23	11	20	93.8	1700	0	20	0		
51	9	23	11	30	94	1710	0.2	10	1.2		
51	9	23	12	00	94	1740	0	30	0		
51	9	23	12	10	94.2	1750	0.2	10	1.2		
51	9	23	12	20	94.6	1760	0.4	10	2.4		
51	9	23	12	30	95.4	1770	0.8	10	4.8		
51	9	23	12	40	96	1780	0.6	10	3.6		
51	9	23	12	50	96.4	1790	0.4	10	2.4		
51	9	23	13	00	96.6	1800	0.2	10	1.2		
51	9	23	13	10	96.8	1810	0.2	10	1.2		
51	9	23	13	20	97	1820	0.2	10	1.2		
51	9	23	13	30	97	1830	0	10	0		
51	9	23	13	40	97.2	1840	0.2	10	1.2		
51	9	23	13	50	97.4	1850	0.2	10	1.2		
51	9	23	14	00	97.4	1860	0	10	0		
51	9	23	14	10	97.6	1870	0.2	10	1.2		
52	9	26	2	50	0	0	0	0	0	2	4.1

续表

降水次序	月	日	时	分	累积雨量/mm	累积历时/min	时段降雨			I_{30}/(mm/h)	降雨侵蚀力/[(MJ·mm)/(hm^2·h)]
							雨量/mm	历时/min	雨强/(mm/h)		
52	9	26	3	00	0.2	10	0.2	10	1.2		
52	9	26	3	30	0.2	40	0	30	0		
52	9	26	3	40	0.4	50	0.2	10	1.2		
52	9	26	3	50	0.6	60	0.2	10	1.2		
52	9	26	4	10	0.6	80	0	20	0		
52	9	26	4	20	0.8	90	0.2	10	1.2		
52	9	26	4	40	0.8	110	0	20	0		
52	9	26	4	50	1	120	0.2	10	1.2		
52	9	26	5	00	1.2	130	0.2	10	1.2		
52	9	26	5	10	1.4	140	0.2	10	1.2		
52	9	26	5	20	1.6	150	0.2	10	1.2		
52	9	26	5	30	1.8	160	0.2	10	1.2		
52	9	26	6	00	1.8	190	0	30	0		
52	9	26	6	10	2	200	0.2	10	1.2		
52	9	26	6	20	2.2	210	0.2	10	1.2		
52	9	26	6	30	2.4	220	0.2	10	1.2		
52	9	26	6	50	2.4	240	0	20	0		
52	9	26	7	00	2.6	250	0.2	10	1.2		
52	9	26	7	20	2.6	270	0	20	0		
52	9	26	7	30	2.8	280	0.2	10	1.2		
52	9	26	8	40	2.8	350	0	70	0		
52	9	26	8	50	3	360	0.2	10	1.2		
52	9	26	9	40	3	410	0	50	0		
52	9	26	9	50	3.2	420	0.2	10	1.2		
52	9	26	13	40	3.2	650	0	230	0		
52	9	26	13	50	3.4	660	0.2	10	1.2		
52	9	26	15	00	3.4	730	0	70	0		
52	9	26	15	10	3.6	740	0.2	10	1.2		
52	9	26	15	20	4	750	0.4	10	2.4		
52	9	26	15	30	4.2	760	0.2	10	1.2		
52	9	26	15	40	4.4	770	0.2	10	1.2		
52	9	26	16	20	4.4	810	0	40	0		
52	9	26	16	30	4.8	820	0.4	10	2.4		
52	9	26	17	20	4.8	870	0	50	0		
52	9	26	17	30	5	880	0.2	10	1.2		

续表

降水次序	月	日	时	分	累积雨量/mm	累积历时/min	时段降雨			I_{30}/(mm/h)	降雨侵蚀力/[(MJ·mm)/(hm^2·h)]
							雨量/mm	历时/min	雨强/(mm/h)		
52	9	26	17	40	5	890	0	10	0		
52	9	26	17	50	5.2	900	0.2	10	1.2		
52	9	26	18	00	5.2	910	0	10	0		
52	9	26	18	10	5.6	920	0.4	10	2.4		
52	9	26	18	20	5.8	930	0.2	10	1.2		
52	9	26	18	30	6	940	0.2	10	1.2		
52	9	26	18	40	6.2	950	0.2	10	1.2		
52	9	26	18	50	6.4	960	0.2	10	1.2		
52	9	26	19	00	6.6	970	0.2	10	1.2		
52	9	26	19	10	6.6	980	0	10	0		
52	9	26	19	20	7	990	0.4	10	2.4		
52	9	26	19	30	7	1000	0	10	0		
52	9	26	19	40	7.2	1010	0.2	10	1.2		
52	9	26	20	20	7.2	1050	0	40	0		
52	9	26	20	30	7.4	1060	0.2	10	1.2		
52	9	26	20	40	7.6	1070	0.2	10	1.2		
52	9	26	20	50	7.8	1080	0.2	10	1.2		
52	9	26	21	00	8.2	1090	0.4	10	2.4		
52	9	26	21	10	8.2	1100	0	10	0		
52	9	26	21	20	8.4	1110	0.2	10	1.2		
52	9	26	21	30	8.6	1120	0.2	10	1.2		
52	9	26	21	40	8.6	1130	0	10	0		
52	9	26	21	50	8.8	1140	0.2	10	1.2		
52	9	26	22	00	8.8	1150	0	10	0		
52	9	26	22	10	9	1160	0.2	10	1.2		
52	9	26	22	20	9	1170	0	10	0		
52	9	26	22	30	9.2	1180	0.2	10	1.2		
52	9	26	22	40	9.2	1190	0	10	0		
52	9	26	22	50	9.4	1200	0.2	10	1.2		
52	9	26	23	00	9.4	1210	0	10	0		
52	9	26	23	10	9.6	1220	0.2	10	1.2		
52	9	26	23	20	9.8	1230	0.2	10	1.2		
52	9	26	23	30	10	1240	0.2	10	1.2		
52	9	26	23	40	10.4	1250	0.4	10	2.4		
52	9	26	23	50	10.6	1260	0.2	10	1.2		

续表

降水次序	月	日	时	分	累积雨量/mm	累积历时/min	时段降雨			I_{30}/(mm/h)	降雨侵蚀力/[(MJ·mm)/(hm²·h)]
							雨量/mm	历时/min	雨强/(mm/h)		
52	9	27	0	00	10.6	1270	0	10	0		
52	9	27	0	10	10.8	1280	0.2	10	1.2		
52	9	27	0	20	11	1290	0.2	10	1.2		
52	9	27	0	30	11	1300	0	10	0		
52	9	27	0	40	11.2	1310	0.2	10	1.2		
52	9	27	0	50	11.2	1320	0	10	0		
52	9	27	1	00	11.4	1330	0.2	10	1.2		
52	9	27	1	10	11.6	1340	0.2	10	1.2		
52	9	27	1	20	11.6	1350	0	10	0		
52	9	27	1	30	11.8	1360	0.2	10	1.2		
52	9	27	1	40	11.8	1370	0	10	0		
52	9	27	1	50	12	1380	0.2	10	1.2		
52	9	27	2	00	12	1390	0	10	0		
52	9	27	2	10	12.2	1400	0.2	10	1.2		
52	9	27	2	20	12.2	1410	0	10	0		
52	9	27	2	30	12.4	1420	0.2	10	1.2		
52	9	27	2	50	12.4	1440	0	20	0		
52	9	27	3	00	12.6	1450	0.2	10	1.2		
52	9	27	3	10	12.6	1460	0	10	0		
52	9	27	3	20	12.8	1470	0.2	10	1.2		
52	9	27	3	30	12.8	1480	0	10	0		
52	9	27	3	40	13	1490	0.2	10	1.2		
52	9	27	3	50	13	1500	0	10	0		
52	9	27	4	00	13.2	1510	0.2	10	1.2		
52	9	27	4	20	13.2	1530	0	20	0		
52	9	27	4	30	13.4	1540	0.2	10	1.2		
52	9	27	5	10	13.4	1580	0	40	0		
52	9	27	5	20	13.6	1590	0.2	10	1.2		
52	9	27	6	20	13.6	1650	0	60	0		
52	9	27	6	30	13.8	1660	0.2	10	1.2		
52	9	27	7	00	13.8	1690	0	30	0		
52	9	27	7	10	14	1700	0.2	10	1.2		
52	9	27	8	10	14	1760	0	60	0		
52	9	27	8	20	14.2	1770	0.2	10	1.2		
52	9	27	9	20	14.2	1830	0	60	0		

续表

降水次序	月	日	时	分	累积雨量/mm	累积历时/min	时段降雨			I_{30}/(mm/h)	降雨侵蚀力/[(MJ・mm)/(hm²・h)]
							雨量/mm	历时/min	雨强/(mm/h)		
52	9	27	9	30	14.4	1840	0.2	10	1.2		
52	9	27	9	40	14.6	1850	0.2	10	1.2		
52	9	27	9	50	15.2	1860	0.6	10	3.6		
52	9	27	10	00	15.4	1870	0.2	10	1.2		
52	9	27	10	10	15.4	1880	0	10	0		
52	9	27	10	20	15.6	1890	0.2	10	1.2		
52	9	27	11	10	15.6	1940	0	50	0		
52	9	27	11	20	16	1950	0.4	10	2.4		
52	9	27	11	30	16.2	1960	0.2	10	1.2		
52	9	27	11	40	16.6	1970	0.4	10	2.4		
52	9	27	12	10	16.6	2000	0	30	0		
52	9	27	12	20	16.8	2010	0.2	10	1.2		
52	9	27	13	10	16.8	2060	0	50	0		
52	9	27	13	20	17	2070	0.2	10	1.2		
52	9	27	13	30	17	2080	0	10	0		
52	9	27	13	40	17.2	2090	0.2	10	1.2		
52	9	27	13	50	17.4	2100	0.2	10	1.2		
52	9	27	14	00	17.6	2110	0.2	10	1.2		
52	9	27	14	10	17.8	2120	0.2	10	1.2		
52	9	27	14	30	17.8	2140	0	20	0		
52	9	27	14	40	18	2150	0.2	10	1.2		
52	9	27	16	00	18	2230	0	80	0		
52	9	27	16	10	18.2	2240	0.2	10	1.2		
52	9	27	16	20	18.2	2250	0	10	0		
52	9	27	16	30	18.4	2260	0.2	10	1.2		
52	9	27	17	30	18.4	2320	0	60	0		
52	9	27	17	40	18.6	2330	0.2	10	1.2		
52	9	27	18	10	18.6	2360	0	30	0		
52	9	27	18	20	18.8	2370	0.2	10	1.2		
52	9	27	18	40	18.8	2390	0	20	0		
52	9	27	18	50	19	2400	0.2	10	1.2		
53	9	30	0	20	0	0	0	0	0	3.2	49.9
53	9	30	0	30	0.2	10	0.2	10	1.2		
53	9	30	2	00	0.2	100	0	90	0		
53	9	30	2	10	0.4	110	0.2	10	1.2		

续表

降水次序	月	日	时	分	累积雨量/mm	累积历时/min	时段降雨			I_{30}/(mm/h)	降雨侵蚀力/[(MJ·mm)/(hm²·h)]
							雨量/mm	历时/min	雨强/(mm/h)		
53	9	30	3	20	0.4	180	0	70	0		
53	9	30	3	30	1.4	190	1	10	6		
53	9	30	3	40	2.2	200	0.8	10	4.8		
53	9	30	3	50	3	210	0.8	10	4.8		
53	9	30	4	00	3.6	220	0.6	10	3.6		
53	9	30	4	10	4	230	0.4	10	2.4		
53	9	30	4	50	4	270	0	40	0		
53	9	30	5	00	4.8	280	0.8	10	4.8		
53	9	30	5	10	5.2	290	0.4	10	2.4		
53	9	30	5	20	6	300	0.8	10	4.8		
53	9	30	5	30	6.6	310	0.6	10	3.6		
53	9	30	5	40	7.6	320	1	10	6		
53	9	30	5	50	8.2	330	0.6	10	3.6		
53	9	30	6	00	8.4	340	0.2	10	1.2		
53	9	30	6	10	8.6	350	0.2	10	1.2		
53	9	30	6	20	8.8	360	0.2	10	1.2		
53	9	30	6	30	9.2	370	0.4	10	2.4		
53	9	30	6	40	9.2	380	0	10	0		
53	9	30	6	50	9.4	390	0.2	10	1.2		
53	9	30	7	00	9.4	400	0	10	0		
53	9	30	7	10	9.6	410	0.2	10	1.2		
53	9	30	7	20	9.8	420	0.2	10	1.2		
53	9	30	8	00	9.8	460	0	40	0		
53	9	30	8	10	10	470	0.2	10	1.2		
53	9	30	8	20	12.6	480	2.6	10	15.6		
53	9	30	8	30	16.2	490	3.6	10	21.6		
53	9	30	8	40	17.6	500	1.4	10	8.4		
53	9	30	8	50	17.6	510	0	10	0		
53	9	30	9	00	17.8	520	0.2	10	1.2		
53	9	30	9	10	17.8	530	0	10	0		
53	9	30	9	20	18	540	0.2	10	1.2		
54	12	13	9	40	0	0	0	0	0	0.9	1.7
54	12	13	9	50	0.2	10	0.2	10	1.2		
54	12	13	10	00	0.2	20	0	10	0		
54	12	13	10	10	0.4	30	0.2	10	1.2		

续表

降水次序	月	日	时	分	累积雨量/mm	累积历时/min	时段降雨			I_{30}/(mm/h)	降雨侵蚀力/[(MJ·mm)/(hm²·h)]
							雨量/mm	历时/min	雨强/(mm/h)		
54	12	13	10	30	0.4	50	0	20	0		
54	12	13	10	40	0.6	60	0.2	10	1.2		
54	12	13	10	50	0.6	70	0	10	0		
54	12	13	11	00	0.8	80	0.2	10	1.2		
54	12	13	11	30	0.8	110	0	30	0		
54	12	13	11	40	1	120	0.2	10	1.2		
54	12	13	12	10	1.2	150	0.2	30	0.4		
54	12	13	12	20	1.4	160	0.2	10	1.2		
54	12	13	12	40	1.4	180	0	20	0		
54	12	13	12	50	1.6	190	0.2	10	1.2		
54	12	13	13	20	1.8	220	0.2	30	0.4		
54	12	13	13	30	2	230	0.2	10	1.2		
54	12	13	14	00	2	260	0	30	0		
54	12	13	14	10	2.2	270	0.2	10	1.2		
54	12	13	14	30	2.2	290	0	20	0		
54	12	13	14	40	2.4	300	0.2	10	1.2		
54	12	13	15	20	2.6	340	0.2	40	0.3		
54	12	13	15	30	2.8	350	0.2	10	1.2		
54	12	13	15	40	2.8	360	0	10	0		
54	12	13	15	50	3.2	370	0.4	10	2.4		
54	12	13	16	00	3.8	380	0.6	10	3.6		
54	12	13	16	10	3.8	390	0	10	0		
54	12	13	16	20	4	400	0.2	10	1.2		
54	12	13	17	10	4.2	450	0.2	50	0.2		
54	12	13	17	20	4.4	460	0.2	10	1.2		
54	12	13	17	30	4.8	470	0.4	10	2.4		
54	12	13	17	40	5	480	0.2	10	1.2		
54	12	13	17	50	5.2	490	0.2	10	1.2		
54	12	13	18	00	5.4	500	0.2	10	1.2		
54	12	13	18	20	5.4	520	0	20	0		
54	12	13	18	30	5.6	530	0.2	10	1.2		
54	12	13	19	30	5.6	590	0	60	0		
54	12	13	19	40	5.8	600	0.2	10	1.2		
54	12	13	19	50	6	610	0.2	10	1.2		
54	12	13	20	00	6.2	620	0.2	10	1.2		

续表

降水次序	月	日	时	分	累积雨量/mm	累积历时/min	时段降雨			I_{30}/(mm/h)	降雨侵蚀力/[(MJ·mm)/(hm²·h)]
							雨量/mm	历时/min	雨强/(mm/h)		
54	12	13	20	10	6.4	630	0.2	10	1.2		
54	12	13	20	30	6.6	650	0.2	20	0.6		
54	12	13	20	40	6.8	660	0.2	10	1.2		
54	12	13	21	10	7	690	0.2	30	0.4		
54	12	13	21	20	7.2	700	0.2	10	1.2		
54	12	13	21	40	7.4	720	0.2	20	0.6		
54	12	13	21	50	7.6	730	0.2	10	1.2		
54	12	13	22	40	7.8	780	0.2	50	0.2		
54	12	13	22	50	8	790	0.2	10	1.2		
54	12	13	23	20	8	820	0	30	0		
54	12	13	23	30	8.2	830	0.2	10	1.2		

径流小区田间管理

小区号	日期	田间操作	工具	土壤耕作深度/cm	备注	小区号	日期	田间操作	工具	土壤耕作深度/cm	备注
1	3月16日	清杂、除草	锄头	10		9	7月1日	清杂、除草	锄头	5	
2	3月16日	清杂、除草、松土	锄头	20		1	7月1日	清杂、除草	锄头	5	
9	3月16日	清杂、除草	锄头	10		2	7月1日	清杂、除草	锄头	5	
4	5月18日	种植地瓜	锄头	8		4	10月13日	收地瓜	锄头	20	
4	6月13日	除草、施肥	锄头	8							

径流小区逐次径流泥沙

小区号	降雨起			降雨止		历时/min	雨量/mm	平均雨强/(mm/h)	I_{30}/(mm/h)	降雨侵蚀力/[(MJ·mm)/(hm²·h)]	径流深/mm	径流系数	含沙量/(g/L)	土壤流失量/(t/hm²)	雨前土壤含水量/%	雨后土壤含水量/%	植被盖度/%	平均高度/m	备注
	月	日	时:分	日	时:分														
1	1	25	19:20	26	14:20	1140	24.4	1.3	8.99	30.14	0.5	0.02	3.86	0.019	9.0		4	0.25	
2	1	25	19:20	26	14:20	1140	24.4	1.3	8.99	30.14					7.3		6	0.3	
3	1	25	19:20	26	14:20	1140	24.4	1.3	8.99	30.14					11.6		92	0.47	
4	1	25	19:20	26	14:20	1140	24.4	1.3	8.99	30.14					12.4		35	0.35	
5	1	25	19:20	26	14:20	1140	24.4	1.3	8.99	30.14					12.8		78	3.92	
6	1	25	19:20	26	14:20	1140	24.4	1.3	8.99	30.14					12.8		87	7.12	
7	1	25	19:20	26	14:20	1140	24.4	1.3	8.99	30.14					13.6		92	7.52	
8	1	25	19:20	26	14:20	1140	24.4	1.3	8.99	30.14	0	0	0	0	13.0		88	7.25	
9	1	25	19:20	26	14:20	1140	24.4	1.3	8.99	30.14					11.9		13	7.72	
10	1	25	19:20	26	14:20	1140	24.4	1.3	8.99	30.14					13.9		85	8.3	

续表

小区号	降雨起			降雨止		历时/min	雨量/mm	平均雨强/(mm/h)	I_{30}/(mm/h)	降雨侵蚀力/[(MJ·mm)/(hm^2·h)]	径流深/mm	径流系数	含沙量/(g/L)	土壤流失量/(t/hm^2)	雨前土壤含水量/%	雨后土壤含水量/%	植被盖度/%	平均高度/m	备注
	月	日	时:分	日	时:分														
11	1	25	19:20	26	14:20	1140	24.4	1.3	8.99	30.14					14.1		95	8.1	
12	1	25	19:20	26	14:20	1140	24.4	1.3	8.99	30.14					14.0		92	7.0	
1	2	2	22	4	11:50	2270	29	0.8	3.68	13.27	1.1	0.04	5.07	0.058		10.3	4	0.25	
2	2	2	22	4	11:50	2270	29	0.8	3.68	13.27	0.5	0.02	19.08	0.092		10.5	6	0.3	
3	2	2	22	4	11:50	2270	29	0.8	3.68	13.27						14.2	92	0.47	
4	2	2	22	4	11:50	2270	29	0.8	3.68	13.27						15.8	35	0.35	
5	2	2	22	4	11:50	2270	29	0.8	3.68	13.27						16.3	78	3.92	
6	2	2	22	4	11:50	2270	29	0.8	3.68	13.27						16.7	87	7.12	
7	2	2	22	4	11:50	2270	29	0.8	3.68	13.27						17.5	92	7.52	
8	2	2	22	4	11:50	2270	29	0.8	3.68	13.27	0	0	0	0		15.9	88	7.25	
9	2	2	22	4	11:50	2270	29	0.8	3.68	13.27						13.4	13	7.72	
10	2	2	22	4	11:50	2270	29	0.8	3.68	13.27						17.8	85	8.3	
11	2	2	22	4	11:50	2270	29	0.8	3.68	13.27						18.6	95	8.1	
12	2	2	22	4	11:50	2270	29	0.8	3.68	13.27						18.5	92	7.0	
1	2	6	11:10	7	1:50	880	11.8	0.8	3.68	5.45	0.9	0.08	5.09	0.046					
2	2	6	11:10	7	1:50	880	11.8	0.8	3.68	5.45	0.4	0.04	19.51	0.082					
3	2	6	11:10	7	1:50	880	11.8	0.8	3.68	5.45									
4	2	6	11:10	7	1:50	880	11.8	0.8	3.68	5.45									
5	2	6	11:10	7	1:50	880	11.8	0.8	3.68	5.45									
6	2	6	11:10	7	1:50	880	11.8	0.8	3.68	5.45									
7	2	6	11:10	7	1:50	880	11.8	0.8	3.68	5.45									
8	2	6	11:10	7	1:50	880	11.8	0.8	3.68	5.45	0	0	0	0					
9	2	6	11:10	7	1:50	880	11.8	0.8	3.68	5.45									
10	2	6	11:10	7	1:50	880	11.8	0.8	3.68	5.45									
11	2	6	11:10	7	1:50	880	11.8	0.8	3.68	5.45									
12	2	6	11:10	7	1:50	880	11.8	0.8	3.68	5.45									
1	2	11	17:30	12	6:50	800	8.8	0.7	7.77	11.6	1	0.11	5.3	0.053					
2	2	11	17:30	12	6:50	800	8.8	0.7	7.77	11.6	0.5	0.05	22	0.101					
3	2	11	17:30	12	6:50	800	8.8	0.7	7.77	11.6									
4	2	11	17:30	12	6:50	800	8.8	0.7	7.77	11.6									
5	2	11	17:30	12	6:50	800	8.8	0.7	7.77	11.6									
6	2	11	17:30	12	6:50	800	8.8	0.7	7.77	11.6									
7	2	11	17:30	12	6:50	800	8.8	0.7	7.77	11.6									
8	2	11	17:30	12	6:50	800	8.8	0.7	7.77	11.6	0	0	0	0					
9	2	11	17:30	12	6:50	800	8.8	0.7	7.77	11.6									

续表

小区号	降雨起			降雨止		历时/min	雨量/mm	平均雨强/(mm/h)	I_{30}/(mm/h)	降雨侵蚀力/[(MJ·mm)/(hm²·h)]	径流深/mm	径流系数	含沙量/(g/L)	土壤流失量/(t/hm²)	雨前土壤含水量/%	雨后土壤含水量/%	植被盖度/%	平均高度/m	备注
	月	日	时:分	日	时:分														
10	2	11	17:30	12	6:50	800	8.8	0.7	7.77	11.6									
11	2	11	17:30	12	6:50	800	8.8	0.7	7.77	11.6									
12	2	11	17:30	12	6:50	800	8.8	0.7	7.77	11.6									
1	2	12	14:10	12	15:50	100	13	7.8	19.62	60.81	6	0.46	3.27	0.198					
2	2	12	14:10	12	15:50	100	13	7.8	19.62	60.81	2.1	0.16	15.15	0.318					
3	2	12	14:10	12	15:50	100	13	7.8	19.62	60.81									
4	2	12	14:10	12	15:50	100	13	7.8	19.62	60.81									
5	2	12	14:10	12	15:50	100	13	7.8	19.62	60.81									
6	2	12	14:10	12	15:50	100	13	7.8	19.62	60.81									
7	2	12	14:10	12	15:50	100	13	7.8	19.62	60.81									
8	2	12	14:10	12	15:50	100	13	7.8	19.62	60.81	0	0	0	0					
9	2	12	14:10	12	15:50	100	13	7.8	19.62	60.81									
10	2	12	14:10	12	15:50	100	13	7.8	19.62	60.81									
11	2	12	14:10	12	15:50	100	13	7.8	19.62	60.81									
12	2	12	14:10	12	15:50	100	13	7.8	19.62	60.81									
1	2	13	4:30	13	12:50	500	23	2.8	32.7	200.1	13.2	0.57	1.19	0.157					
2	2	13	4:30	13	12:50	500	23	2.8	32.7	200.1	4.1	0.18	13.95	0.566					
3	2	13	4:30	13	12:50	500	23	2.8	32.7	200.1	1.1	0.05	1.1	0.012					
4	2	13	4:30	13	12:50	500	23	2.8	32.7	200.1	1	0.04	2.41	0.024					
5	2	13	4:30	13	12:50	500	23	2.8	32.7	200.1									
6	2	13	4:30	13	12:50	500	23	2.8	32.7	200.1									
7	2	13	4:30	13	12:50	500	23	2.8	32.7	200.1									
8	2	13	4:30	13	12:50	500	23	2.8	32.7	200.1	0	0	0	0					
9	2	13	4:30	13	12:50	500	23	2.8	32.7	200.1	0.8	0.04	2.87	0.024					
10	2	13	4:30	13	12:50	500	23	2.8	32.7	200.1									
11	2	13	4:30	13	12:50	500	23	2.8	32.7	200.1									
12	2	13	4:30	13	12:50	500	23	2.8	32.7	200.1									
1	2	14	6:50	15	20:20	2250	66.2	1.8	16.35	187.5	42.9	0.65	1.84	0.788		15.2	4	0.25	
2	2	14	6:50	15	20:20	2250	66.2	1.8	16.35	187.5	12.9	0.2	10.56	1.366		17.5	6	0.3	
3	2	14	6:50	15	20:20	2250	66.2	1.8	16.35	187.5	2.8	0.04	0.85	0.024		22.6	92	0.47	
4	2	14	6:50	15	20:20	2250	66.2	1.8	16.35	187.5	2.6	0.04	1.98	0.051		23.8	35	0.35	
5	2	14	6:50	15	20:20	2250	66.2	1.8	16.35	187.5	0.5	0.01	1.45	0.007		25.9	78	3.92	
6	2	14	6:50	15	20:20	2250	66.2	1.8	16.35	187.5	0.8	0.01	1.21	0.01		26.3	87	7.12	
7	2	14	6:50	15	20:20	2250	66.2	1.8	16.35	187.5	1	0.02	0.7	0.007		26.9	92	7.52	
8	2	14	6:50	15	20:20	2250	66.2	1.8	16.35	187.5	0	0	0	0		27.1	88	7.25	

续表

小区号	降雨起			降雨止		历时/min	雨量/mm	平均雨强/(mm/h)	I_{30}/(mm/h)	降雨侵蚀力/[(MJ·mm)/(hm²·h)]	径流深/mm	径流系数	含沙量/(g/L)	土壤流失量/(t/hm²)	雨前土壤含水量/%	雨后土壤含水量/%	植被盖度/%	平均高度/m	备注
	月	日	时:分	日	时:分														
9	2	14	6:50	15	20:20	2250	66.2	1.8	16.35	187.5	2.3	0.03	2.45	0.055		25.8	13	7.72	
10	2	14	6:50	15	20:20	2250	66.2	1.8	16.35	187.5	0.3	0	2.41	0.007		28.3	85	8.3	
11	2	14	6:50	15	20:20	2250	66.2	1.8	16.35	187.5	0.9	0.01	0.268	0.002		28.7	95	8.1	
12	2	14	6:50	15	20:20	2250	66.2	1.8	16.35	187.5	0.9	0.01	0.268	0.002		29.5	92	7.0	
1	3	1	5:10	1	8:40	210	10	2.9	9.4	16.53	1.6	0.16	5.44	0.089		15.3	4	0.25	
2	3	1	5:10	1	8:40	210	10	2.9	9.4	16.53	1	0.1	5.33	0.055		17.9	6	0.3	
3	3	1	5:10	1	8:40	210	10	2.9	9.4	16.53						23.4	92	0.47	
4	3	1	5:10	1	8:40	210	10	2.9	9.4	16.53						24.3	35	0.35	
5	3	1	5:10	1	8:40	210	10	2.9	9.4	16.53						26.7	78	3.92	
6	3	1	5:10	1	8:40	210	10	2.9	9.4	16.53						26.8	87	7.12	
7	3	1	5:10	1	8:40	210	10	2.9	9.4	16.53						27.5	92	7.52	
8	3	1	5:10	1	8:40	210	10	2.9	9.4	16.53	0	0	0	0		27.9	88	7.25	
9	3	1	5:10	1	8:40	210	10	2.9	9.4	16.53						26.3	13	7.72	
10	3	1	5:10	1	8:40	210	10	2.9	9.4	16.53						29.1	85	8.3	
11	3	1	5:10	1	8:40	210	10	2.9	9.4	16.53						29.3	95	8.1	
12	3	1	5:10	1	8:40	210	10	2.9	9.4	16.53						30.2	92	7.0	
1	3	3	4:10	4	8:30	1700	13.6	0.5	3.68	5.97	1.1	0.08	3.72	0.041					
2	3	3	4:10	4	8:30	1700	13.6	0.5	3.68	5.97	0.5	0.04	7.42	0.039					
3	3	3	4:10	4	8:30	1700	13.6	0.5	3.68	5.97									
4	3	3	4:10	4	8:30	1700	13.6	0.5	3.68	5.97									
5	3	3	4:10	4	8:30	1700	13.6	0.5	3.68	5.97									
6	3	3	4:10	4	8:30	1700	13.6	0.5	3.68	5.97									
7	3	3	4:10	4	8:30	1700	13.6	0.5	3.68	5.97									
8	3	3	4:10	4	8:30	1700	13.6	0.5	3.68	5.97	0	0	0	0					
9	3	3	4:10	4	8:30	1700	13.6	0.5	3.68	5.97									
10	3	3	4:10	4	8:30	1700	13.6	0.5	3.68	5.97									
11	3	3	4:10	4	8:30	1700	13.6	0.5	3.68	5.97									
12	3	3	4:10	4	8:30	1700	13.6	0.5	3.68	5.97									
1	3	4	14:40	5	0:10	570	8.4	0.9	3.27	3.24	1.1	0.14	4.23	0.048					
2	3	4	14:40	5	0:10	570	8.4	0.9	3.27	3.24	0.5	0.06	5.56	0.029					
3	3	4	14:40	5	0:10	570	8.4	0.9	3.27	3.24									
4	3	4	14:40	5	0:10	570	8.4	0.9	3.27	3.24									
5	3	4	14:40	5	0:10	570	8.4	0.9	3.27	3.24									
6	3	4	14:40	5	0:10	570	8.4	0.9	3.27	3.24									
7	3	4	14:40	5	0:10	570	8.4	0.9	3.27	3.24									

续表

小区号	降雨起			降雨止		历时/min	雨量/mm	平均雨强/(mm/h)	I_{30}/(mm/h)	降雨侵蚀力/[(MJ·mm)/(hm²·h)]	径流深/mm	径流系数	含沙量/(g/L)	土壤流失量/(t/hm²)	雨前土壤含水量/%	雨后土壤含水量/%	植被盖度/%	平均高度/m	备注
	月	日	时:分	日	时:分														
8	3	4	14:40	5	0:10	570	8.4	0.9	3.27	3.24	0	0	0	0					
9	3	4	14:40	5	0:10	570	8.4	0.9	3.27	3.24									
10	3	4	14:40	5	0:10	570	8.4	0.9	3.27	3.24									
11	3	4	14:40	5	0:10	570	8.4	0.9	3.27	3.24									
12	3	4	14:40	5	0:10	570	8.4	0.9	3.27	3.24									
1	3	9	15	10	1:20	620	30.6	3	20.03	120.1	15.2	0.5	2	0.304					
2	3	9	15	10	1:20	620	30.6	3	20.03	120.1	3.7	0.12	13.8	0.513					
3	3	9	15	10	1:20	620	30.6	3	20.03	120.1	1.1	0.04	0.88	0.01					
4	3	9	15	10	1:20	620	30.6	3	20.03	120.1	1.3	0.04	2.22	0.029					
5	3	9	15	10	1:20	620	30.6	3	20.03	120.1									
6	3	9	15	10	1:20	620	30.6	3	20.03	120.1	0.4	0.01	1.21	0.005					
7	3	9	15	10	1:20	620	30.6	3	20.03	120.1	0.3	0.01	0.93	0.002					
8	3	9	15	10	1:20	620	30.6	3	20.03	120.1	0	0	0	0					
9	3	9	15	10	1:20	620	30.6	3	20.03	120.1	0.9	0.03	2.68	0.024					
10	3	9	15	10	1:20	620	30.6	3	20.03	120.1									
11	3	9	15	10	1:20	620	30.6	3	20.03	120.1									
12	3	9	15	10	1:20	620	30.6	3	20.03	120.1									
1	3	11	17:50	13	18:20	2910	79.6	1.6	17.17	239	60.1	0.75	1.38	0.831					
2	3	11	17:50	13	18:20	2910	79.6	1.6	17.17	239	13.4	0.17	17.11	2.297					
3	3	11	17:50	13	18:20	2910	79.6	1.6	17.17	239	3.7	0.05	0.46	0.017					
4	3	11	17:50	13	18:20	2910	79.6	1.6	17.17	239	3.7	0.05	1.63	0.06					
5	3	11	17:50	13	18:20	2910	79.6	1.6	17.17	239	0.5	0.01	0.96	0.005					
6	3	11	17:50	13	18:20	2910	79.6	1.6	17.17	239	0.5	0.01	1.45	0.007					
7	3	11	17:50	13	18:20	2910	79.6	1.6	17.17	239	0.8	0.01	1.15	0.01					
8	3	11	17:50	13	18:20	2910	79.6	1.6	17.17	239	0	0	0	0					
9	3	11	17:50	13	18:20	2910	79.6	1.6	17.17	239	2.7	0.03	2.02	0.055					
10	3	11	17:50	13	18:20	2910	79.6	1.6	17.17	239	0.7	0.01	1.721	0.012					
11	3	11	17:50	13	18:20	2910	79.6	1.6	17.17	239	0.9	0.01	0.536	0.005					
12	3	11	17:50	13	18:20	2910	79.6	1.6	17.17	239	1	0.01	0.482	0.005					
1	3	17	5:50	19	19:40	3170	48.2	0.9	9.81	69.84	14.1	0.29	2.54	0.357	26.7		0	0	
2	3	17	5:50	19	19:40	3170	48.2	0.9	9.81	69.84	4.8	0.1	19.5	0.94	28.9		0	0	
3	3	17	5:50	19	19:40	3170	48.2	0.9	9.81	69.84	1.2	0.03	0.78	0.01	32.5		95	0.48	
4	3	17	5:50	19	19:40	3170	48.2	0.9	9.81	69.84	4.3	0.09	4.26	0.183	31.6		38	0.36	
5	3	17	5:50	19	19:40	3170	48.2	0.9	9.81	69.84	0.1	0	12.05	0.012	33.3		80	3.92	
6	3	17	5:50	19	19:40	3170	48.2	0.9	9.81	69.84					33.9		90	7.12	

续表

小区号	降雨起			降雨止		历时/min	雨量/mm	平均雨强/(mm/h)	I_{30}/(mm/h)	降雨侵蚀力/[(MJ·mm)/(hm²·h)]	径流深/mm	径流系数	含沙量/(g/L)	土壤流失量/(t/hm²)	雨前土壤含水量/%	雨后土壤含水量/%	植被盖度/%	平均高度/m	备注
	月	日	时:分	日	时:分														
7	3	17	5:50	19	19:40	3170	48.2	0.9	9.81	69.84	0.7	0.01	1.03	0.007	32.8		95	7.52	
8	3	17	5:50	19	19:40	3170	48.2	0.9	9.81	69.84	0	0	0	0	33.5		90	7.25	
9	3	17	5:50	19	19:40	3170	48.2	0.9	9.81	69.84	1.2	0.03	5.44	0.067	31.6		0	7.72	
10	3	17	5:50	19	19:40	3170	48.2	0.9	9.81	69.84	0.5	0.01	0.964	0.005	34.5		87	8.3	
11	3	17	5:50	19	19:40	3170	48.2	0.9	9.81	69.84	0.8	0.02	1.808	0.014	33.8		98	8.1	
12	3	17	5:50	19	19:40	3170	48.2	0.9	9.81	69.84	0.8	0.02	1.586	0.012	34.2		95	7.0	
1	3	23	12:50	23	14:50	120	9.6	4.8	16.76	39.71	4.1	0.43	4.02	0.164					
2	3	23	12:50	23	14:50	120	9.6	4.8	16.76	39.71	1.4	0.14	17.01	0.231					
3	3	23	12:50	23	14:50	120	9.6	4.8	16.76	39.71	0.1	0.01	7.23	0.007					
4	3	23	12:50	23	14:50	120	9.6	4.8	16.76	39.71	0.3	0.03	12.85	0.039					
5	3	23	12:50	23	14:50	120	9.6	4.8	16.76	39.71									
6	3	23	12:50	23	14:50	120	9.6	4.8	16.76	39.71									
7	3	23	12:50	23	14:50	120	9.6	4.8	16.76	39.71									
8	3	23	12:50	23	14:50	120	9.6	4.8	16.76	39.71	0	0	0	0					
9	3	23	12:50	23	14:50	120	9.6	4.8	16.76	39.71	0.2	0.02	4.82	0.01					
10	3	23	12:50	23	14:50	120	9.6	4.8	16.76	39.71									
11	3	23	12:50	23	14:50	120	9.6	4.8	16.76	39.71									
12	3	23	12:50	23	14:50	120	9.6	4.8	16.76	39.71									
1	3	29	13:30	31	20:30	3300	16.4	0.3	2.86	5.54	5.4	0.33	5.49	0.299					
2	3	29	13:30	31	20:30	3300	16.4	0.3	2.86	5.54	1.8	0.11	7.94	0.14					
3	3	29	13:30	31	20:30	3300	16.4	0.3	2.86	5.54									
4	3	29	13:30	31	20:30	3300	16.4	0.3	2.86	5.54									
5	3	29	13:30	31	20:30	3300	16.4	0.3	2.86	5.54									
6	3	29	13:30	31	20:30	3300	16.4	0.3	2.86	5.54									
7	3	29	13:30	31	20:30	3300	16.4	0.3	2.86	5.54									
8	3	29	13:30	31	20:30	3300	16.4	0.3	2.86	5.54	0	0	0	0					
9	3	29	13:30	31	20:30	3300	16.4	0.3	2.86	5.54									
10	3	29	13:30	31	20:30	3300	16.4	0.3	2.86	5.54									
11	3	29	13:30	31	20:30	3300	16.4	0.3	2.86	5.54									
12	3	29	13:30	31	20:30	3300	16.4	0.3	2.86	5.54									
1	4	1	22	3	16:40	2560	79	1.9	42.11	653.5	14.9	0.19	3.64	0.542		27.8	0	0	
2	4	1	22	3	16:40	2560	79	1.9	42.11	653.5	5.6	0.07	18.83	1.058		29.2	0	0	
3	4	1	22	3	16:40	2560	79	1.9	42.11	653.5	3.7	0.05	0.46	0.017		33.7	95	0.50	
4	4	1	22	3	16:40	2560	79	1.9	42.11	653.5	4.9	0.06	6.1	0.296		33.9	40	0.38	
5	4	1	22	3	16:40	2560	79	1.9	42.11	653.5	0.9	0.01	1.28	0.012		34.2	82	3.92	

续表

小区号	降雨起			降雨止		历时/min	雨量/mm	平均雨强/(mm/h)	I_{30}/(mm/h)	降雨侵蚀力/[(MJ·mm)/(hm^2·h)]	径流深/mm	径流系数	含沙量/(g/L)	土壤流失量/(t/hm^2)	雨前土壤含水量/%	雨后土壤含水量/%	植被盖度/%	平均高度/m	备注
	月	日	时:分	日	时:分														
6	4	1	22	3	16:40	2560	79	1.9	42.11	653.5	1.8	0.02	0.94	0.017		34.6	90	7.12	
7	4	1	22	3	16:40	2560	79	1.9	42.11	653.5						33.9	95	7.52	
8	4	1	22	3	16:40	2560	79	1.9	42.11	653.5	0	0	0	0		34.8	90	7.25	
9	4	1	22	3	16:40	2560	79	1.9	42.11	653.5	6.2	0.08	11.24	0.701		32.3	0	7.72	
10	4	1	22	3	16:40	2560	79	1.9	42.11	653.5	0.7	0.01	1.377	0.01		34.9	87	8.3	
11	4	1	22	3	16:40	2560	79	1.9	42.11	653.5	0.9	0.01	1.607	0.014		34.1	98	8.1	
12	4	1	22	3	16:40	2560	79	1.9	42.11	653.5	0.8	0.01	1.435	0.012		35.2	95	7.0	
1	4	5	3:10	5	19:00	950	8.6	0.5	2.45	2.45	3.6	0.42	4.37	0.159					
2	4	5	3:10	5	19:00	950	8.6	0.5	2.45	2.45	1.6	0.19	12.05	0.193					
3	4	5	3:10	5	19:00	950	8.6	0.5	2.45	2.45									
4	4	5	3:10	5	19:00	950	8.6	0.5	2.45	2.45									
5	4	5	3:10	5	19:00	950	8.6	0.5	2.45	2.45									
6	4	5	3:10	5	19:00	950	8.6	0.5	2.45	2.45									
7	4	5	3:10	5	19:00	950	8.6	0.5	2.45	2.45									
8	4	5	3:10	5	19:00	950	8.6	0.5	2.45	2.45	0	0	0	0					
9	4	5	3:10	5	19:00	950	8.6	0.5	2.45	2.45									
10	4	5	3:10	5	19:00	950	8.6	0.5	2.45	2.45									
11	4	5	3:10	5	19:00	950	8.6	0.5	2.45	2.45									
12	4	5	3:10	5	19:00	950	8.6	0.5	2.45	2.45									
1	4	11	4:30	11	11:30	420	11.8	1.7	8.18	16.48	3.8	0.32	3.49	0.133					
2	4	11	4:30	11	11:30	420	11.8	1.7	8.18	16.48	1.6	0.14	5.14	0.084					
3	4	11	4:30	11	11:30	420	11.8	1.7	8.18	16.48	0.3	0.03	1.61	0.005					
4	4	11	4:30	11	11:30	420	11.8	1.7	8.18	16.48	0.2	0.02	6.03	0.012					
5	4	11	4:30	11	11:30	420	11.8	1.7	8.18	16.48									
6	4	11	4:30	11	11:30	420	11.8	1.7	8.18	16.48									
7	4	11	4:30	11	11:30	420	11.8	1.7	8.18	16.48									
8	4	11	4:30	11	11:30	420	11.8	1.7	8.18	16.48	0	0	0	0					
9	4	11	4:30	11	11:30	420	11.8	1.7	8.18	16.48	0.3	0.03	4.02	0.012					
10	4	11	4:30	11	11:30	420	11.8	1.7	8.18	16.48									
11	4	11	4:30	11	11:30	420	11.8	1.7	8.18	16.48									
12	4	11	4:30	11	11:30	420	11.8	1.7	8.18	16.48									
1	4	20	18:30	21	21:30	1620	22.8	0.8	11.45	49.22	5.6	0.25	6.28	0.354		27.7	2	0.08	
2	4	20	18:30	21	21:30	1620	22.8	0.8	11.45	49.22	2	0.09	6.89	0.135		27.5	2	0.12	
3	4	20	18:30	21	21:30	1620	22.8	0.8	11.45	49.22	0.2	0.01	3.01	0.007		33.5	95	0.50	
4	4	20	18:30	21	21:30	1620	22.8	0.8	11.45	49.22	0.2	0.01	7.23	0.014		32.7	40	0.38	

续表

小区号	降雨起			降雨止		历时/min	雨量/mm	平均雨强/(mm/h)	I_{30}/(mm/h)	降雨侵蚀力/[(MJ·mm)/(hm²·h)]	径流深/mm	径流系数	含沙量/(g/L)	土壤流失量/(t/hm²)	雨前土壤含水量/%	雨后土壤含水量/%	植被盖度/%	平均高度/m	备注
	月	日	时:分	日	时:分														
5	4	20	18:30	21	21:30	1620	22.8	0.8	11.45	49.22						34.2	82	3.92	
6	4	20	18:30	21	21:30	1620	22.8	0.8	11.45	49.22						33.8	90	7.12	
7	4	20	18:30	21	21:30	1620	22.8	0.8	11.45	49.22						33.8	95	7.52	
8	4	20	18:30	21	21:30	1620	22.8	0.8	11.45	49.22	0	0	0	0		34.6	90	7.25	
9	4	20	18:30	21	21:30	1620	22.8	0.8	11.45	49.22	0.2	0.01	7.67	0.017		31.0	3	7.72	
10	4	20	18:30	21	21:30	1620	22.8	0.8	11.45	49.22						34.3	87	8.3	
11	4	20	18:30	21	21:30	1620	22.8	0.8	11.45	49.22						34.1	98	8.1	
12	4	20	18:30	21	21:30	1620	22.8	0.8	11.45	49.22						34.6	95	7.0	
1	4	22	13:40	23	22:30	1970	11.2	0.3	3.27	4.27	2.3	0.21	5.24	0.121					
2	4	22	13:40	23	22:30	1970	11.2	0.3	3.27	4.27	1.2	0.1	5.61	0.065					
3	4	22	13:40	23	22:30	1970	11.2	0.3	3.27	4.27									
4	4	22	13:40	23	22:30	1970	11.2	0.3	3.27	4.27									
5	4	22	13:40	23	22:30	1970	11.2	0.3	3.27	4.27									
6	4	22	13:40	23	22:30	1970	11.2	0.3	3.27	4.27									
7	4	22	13:40	23	22:30	1970	11.2	0.3	3.27	4.27									
8	4	22	13:40	23	22:30	1970	11.2	0.3	3.27	4.27	0	0	0	0					
9	4	22	13:40	23	22:30	1970	11.2	0.3	3.27	4.27	0.1	0.01	6.03	0.007					
10	4	22	13:40	23	22:30	1970	11.2	0.3	3.27	4.27									
11	4	22	13:40	23	22:30	1970	11.2	0.3	3.27	4.27									
12	4	22	13:40	23	22:30	1970	11.2	0.3	3.27	4.27									
1	5	5	17:40	5	22:40	300	30.8	6.2	61.32	569.3	19.1	0.62	9.93	1.892		29.1	3	0.12	
2	5	5	17:40	5	22:40	300	30.8	6.2	61.32	569.3	6.5	0.21	62.17	4.054		30.6	2	0.15	
3	5	5	17:40	5	22:40	300	30.8	6.2	61.32	569.3	7	0.23	4.89	0.342		34.6	98	0.55	
4	5	5	17:40	5	22:40	300	30.8	6.2	61.32	569.3	2.9	0.09	4.82	0.14		33.5	42	0.46	
5	5	5	17:40	5	22:40	300	30.8	6.2	61.32	569.3	0.6	0.02	1.51	0.01		34.3	83	3.92	
6	5	5	17:40	5	22:40	300	30.8	6.2	61.32	569.3	1.6	0.05	0.59	0.01		34.6	93	7.12	
7	5	5	17:40	5	22:40	300	30.8	6.2	61.32	569.3	0.2	0.01	3.62	0.007		34.5	97	7.52	
8	5	5	17:40	5	22:40	300	30.8	6.2	61.32	569.3	0	0	0	0		35.1	92	7.25	
9	5	5	17:40	5	22:40	300	30.8	6.2	61.32	569.3	2.1	0.07	4.06	0.084		32.9	5	7.72	
10	5	5	17:40	5	22:40	300	30.8	6.2	61.32	569.3	1.4	0.05	1.721	0.024		35.9	91	8.3	
11	5	5	17:40	5	22:40	300	30.8	6.2	61.32	569.3	0.6	0.02	1.607	0.01		35.7	98	8.1	
12	5	5	17:40	5	22:40	300	30.8	6.2	61.32	569.3	0.6	0.02	1.13	0.007		35.2	97	7.0	
1	5	17	14:10	17	14:40	30	12.2	24.4	24.94	87.09	4.1	0.33	8.96	0.364					
2	5	17	14:10	17	14:40	30	12.2	24.4	24.94	87.09	1	0.09	96.17	1					
3	5	17	14:10	17	14:40	30	12.2	24.4	24.94	87.09	8.6	0.7	11.26	0.964					

续表

小区号	降雨起			降雨止		历时/min	雨量/mm	平均雨强/(mm/h)	I_{30}/(mm/h)	降雨侵蚀力/[(MJ·mm)/(hm²·h)]	径流深/mm	径流系数	含沙量/(g/L)	土壤流失量/(t/hm²)	雨前土壤含水量/%	雨后土壤含水量/%	植被盖度/%	平均高度/m	备注
	月	日	时:分	日	时:分														
4	5	17	14:10	17	14:40	30	12.2	24.4	24.94	87.09	0.2	0.02	4.38	0.01					
5	5	17	14:10	17	14:40	30	12.2	24.4	24.94	87.09									
6	5	17	14:10	17	14:40	30	12.2	24.4	24.94	87.09	0.3	0.02	0.93	0.002					
7	5	17	14:10	17	14:40	30	12.2	24.4	24.94	87.09									
8	5	17	14:10	17	14:40	30	12.2	24.4	24.94	87.09	0	0	0	0					
9	5	17	14:10	17	14:40	30	12.2	24.4	24.94	87.09									
10	5	17	14:10	17	14:40	30	12.2	24.4	24.94	87.09									
11	5	17	14:10	17	14:40	30	12.2	24.4	24.94	87.09									
12	5	17	14:10	17	14:40	30	12.2	24.4	24.94	87.09									
1	5	18	0:20	18	11:10	650	64.6	6	55.19	986.5	16	0.25	7.58	1.21		31.3	5	0.20	
																	32.8	5	0.20
2	5	18	0:20	18	11:10	650	64.6	6	55.19	986.5	4.8	0.07	110.42	5.256		35.5	98	0.55	
3	5	18	0:20	18	11:10	650	64.6	6	55.19	986.5	2.1	0.03	11.49	0.246		35.1	52	0.50	
4	5	18	0:20	18	11:10	650	64.6	6	55.19	986.5	4.7	0.07	7.15	0.337		35.9	83	3.92	
5	5	18	0:20	18	11:10	650	64.6	6	55.19	986.5									
6	5	18	0:20	18	11:10	650	64.6	6	55.19	986.5	2	0.03	0.47	0.01		35.8	93	7.12	
7	5	18	0:20	18	11:10	650	64.6	6	55.19	986.5	0.2	0	3.01	0.007		35.3	97	7.52	
8	5	18	0:20	18	11:10	650	64.6	6	55.19	986.5	0	0	0	0		36.2	92	7.25	
9	5	18	0:20	18	11:10	650	64.6	6	55.19	986.5	6.3	0.1	4.32	0.272		33.3	8	7.72	
10	5	18	0:20	18	11:10	650	64.6	6	55.19	986.5	2.1	0.03	0.918	0.019		36.7	91	8.3	
11	5	18	0:20	18	11:10	650	64.6	6	55.19	986.5	1.3	0.02	0.556	0.007		36.5	98	8.1	
12	5	18	0:20	18	11:10	650	64.6	6	55.19	986.5	0.8	0.01	0.603	0.005		36.9	97	7.0	
1	5	20	23:40	22	13:00	2240	45.8	1.2	15.53	127.4	11.8	0.26	4.37	0.516					
2	5	20	23:40	22	13:00	2240	45.8	1.2	15.53	127.4	5.3	0.12	17.08	0.909					
3	5	20	23:40	22	13:00	2240	45.8	1.2	15.53	127.4	4.2	0.09	8.61	0.362					
4	5	20	23:40	22	13:00	2240	45.8	1.2	15.53	127.4	3.4	0.07	7.12	0.243					
5	5	20	23:40	22	13:00	2240	45.8	1.2	15.53	127.4	0.3	0.01	1.61	0.005					
6	5	20	23:40	22	13:00	2240	45.8	1.2	15.53	127.4	0.9	0.02	0.56	0.005					
7	5	20	23:40	22	13:00	2240	45.8	1.2	15.53	127.4	0.2	0	2.68	0.005					
8	5	20	23:40	22	13:00	2240	45.8	1.2	15.53	127.4	0	0	0	0					
9	5	20	23:40	22	13:00	2240	45.8	1.2	15.53	127.4	3.4	0.07	6.24	0.21					
10	5	20	23:40	22	13:00	2240	45.8	1.2	15.53	127.4	1.7	0.04	0.871	0.014					
11	5	20	23:40	22	13:00	2240	45.8	1.2	15.53	127.4	0.5	0.01	0.964	0.005					
12	5	20	23:40	22	13:00	2240	45.8	1.2	15.53	127.4	0.5	0.01	0.964	0.005					
1	5	26	6:40	26	10:40	240	22.4	5.6	30.66	177.2	7	0.31	4.97	0.347					
2	5	26	6:40	26	10:40	240	22.4	5.6	30.66	177.2	3.7	0.17	24.94	0.928					

续表

小区号	降雨起			降雨止		历时/min	雨量/mm	平均雨强/(mm/h)	I_{30}/(mm/h)	降雨侵蚀力/[(MJ·mm)/(hm²·h)]	径流深/mm	径流系数	含沙量/(g/L)	土壤流失量/(t/hm²)	雨前土壤含水量/%	雨后土壤含水量/%	植被盖度/%	平均高度/m	备注
	月	日	时:分	日	时:分														
3	5	26	6:40	26	10:40	240	22.4	5.6	30.66	177.2	0.8	0.04	6.33	0.051					
4	5	26	6:40	26	10:40	240	22.4	5.6	30.66	177.2	0.4	0.02	12.72	0.046					
5	5	26	6:40	26	10:40	240	22.4	5.6	30.66	177.2	0.2	0.01	1.21	0.002					
6	5	26	6:40	26	10:40	240	22.4	5.6	30.66	177.2									
7	5	26	6:40	26	10:40	240	22.4	5.6	30.66	177.2									
8	5	26	6:40	26	10:40	240	22.4	5.6	30.66	177.2	0	0	0	0					
9	5	26	6:40	26	10:40	240	22.4	5.6	30.66	177.2	2.4	0.11	8.4	0.205					
10	5	26	6:40	26	10:40	240	22.4	5.6	30.66	177.2	0.5	0.02	1.004	0.005					
11	5	26	6:40	26	10:40	240	22.4	5.6	30.66	177.2	0.2	0.01	2.41	0.005					
12	5	26	6:40	26	10:40	240	22.4	5.6	30.66	177.2									
1	5	31	13:10	31	23:50	640	11.6	1.1	15.13	35.78	4	0.35	4.98	0.2					
2	5	31	13:10	31	23:50	640	11.6	1.1	15.13	35.78									
3	5	31	13:10	31	23:50	640	11.6	1.1	15.13	35.78									
4	5	31	13:10	31	23:50	640	11.6	1.1	15.13	35.78									
5	5	31	13:10	31	23:50	640	11.6	1.1	15.13	35.78									
6	5	31	13:10	31	23:50	640	11.6	1.1	15.13	35.78									
7	5	31	13:10	31	23:50	640	11.6	1.1	15.13	35.78									
8	5	31	13:10	31	23:50	640	11.6	1.1	15.13	35.78	0	0	0	0					
9	5	31	13:10	31	23:50	640	11.6	1.1	15.13	35.78									
10	5	31	13:10	31	23:50	640	11.6	1.1	15.13	35.78									
11	5	31	13:10	31	23:50	640	11.6	1.1	15.13	35.78									
12	5	31	13:10	31	23:50	640	11.6	1.1	15.13	35.78									
1	6	1	16	1	17:10	70	25.4	21.8	48.65	359.8	8.2	0.32	6.8	0.559		33.6	7	0.25	
2	6	1	16	1	17:10	70	25.4	21.8	48.65	359.8	6.6	0.26	42.91	2.815		35.8	6	0.23	
3	6	1	16	1	17:10	70	25.4	21.8	48.65	359.8	2.8	0.11	23.14	0.639		37.9	98	0.55	
4	6	1	16	1	17:10	70	25.4	21.8	48.65	359.8	0.6	0.02	5.44	0.034		36.8	60	0.50	
5	6	1	16	1	17:10	70	25.4	21.8	48.65	359.8	0.2	0.01	2.01	0.005		37.5	83	3.92	
6	6	1	16	1	17:10	70	25.4	21.8	48.65	359.8	0.5	0.02	0.52	0.002		37.8	93	7.12	
7	6	1	16	1	17:10	70	25.4	21.8	48.65	359.8						38.4	97	7.52	
8	6	1	16	1	17:10	70	25.4	21.8	48.65	359.8	0	0	0	0		38.5	92	7.25	
9	6	1	16	1	17:10	70	25.4	21.8	48.65	359.8	1.8	0.07	6.03	0.108		34.9	10	7.72	
10	6	1	16	1	17:10	70	25.4	21.8	48.65	359.8	1.5	0.06	1.125	0.017		39.3	91	8.3	
11	6	1	16	1	17:10	70	25.4	21.8	48.65	359.8	0.4	0.02	1.205	0.005		38.9	98	8.1	
12	6	1	16	1	17:10	70	25.4	21.8	48.65	359.8	0.2	0.01	1.205	0.002		39.6	97	7.0	
1	6	2	13:20	2	15:10	110	8	4.4	14.31	31.61	3	0.38	3.33	0.101					

续表

小区号	降雨起			降雨止		历时/min	雨量/mm	平均雨强/(mm/h)	I_{30}/(mm/h)	降雨侵蚀力/[(MJ·mm)/(hm^2·h)]	径流深/mm	径流系数	含沙量/(g/L)	土壤流失量/(t/hm^2)	雨前土壤含水量/%	雨后土壤含水量/%	植被盖度/%	平均高度/m	备注
	月	日	时:分	日	时:分														
2	6	2	13:20	2	15:10	110	8	4.4	14.31	31.61									
3	6	2	13:20	2	15:10	110	8	4.4	14.31	31.61									
4	6	2	13:20	2	15:10	110	8	4.4	14.31	31.61	1.4	0.17	5.24	0.072					
5	6	2	13:20	2	15:10	110	8	4.4	14.31	31.61									
6	6	2	13:20	2	15:10	110	8	4.4	14.31	31.61									
7	6	2	13:20	2	15:10	110	8	4.4	14.31	31.61									
8	6	2	13:20	2	15:10	110	8	4.4	14.31	31.61	0	0	0	0					
9	6	2	13:20	2	15:10	110	8	4.4	14.31	31.61									
10	6	2	13:20	2	15:10	110	8	4.4	14.31	31.61									
11	6	2	13:20	2	15:10	110	8	4.4	14.31	31.61									
12	6	2	13:20	2	15:10	110	8	4.4	14.31	31.61									
1	6	4	15:20	4	16:00	40	5.2	7.8	10.22	14.19	0.2	0.05	8.03	0.019					
2	6	4	15:20	4	16:00	40	5.2	7.8	10.22	14.19									
3	6	4	15:20	4	16:00	40	5.2	7.8	10.22	14.19									
4	6	4	15:20	4	16:00	40	5.2	7.8	10.22	14.19									
5	6	4	15:20	4	16:00	40	5.2	7.8	10.22	14.19									
6	6	4	15:20	4	16:00	40	5.2	7.8	10.22	14.19									
7	6	4	15:20	4	16:00	40	5.2	7.8	10.22	14.19									
8	6	4	15:20	4	16:00	40	5.2	7.8	10.22	14.19	0	0	0	0					
9	6	4	15:20	4	16:00	40	5.2	7.8	10.22	14.19									
10	6	4	15:20	4	16:00	40	5.2	7.8	10.22	14.19									
11	6	4	15:20	4	16:00	40	5.2	7.8	10.22	14.19									
12	6	4	15:20	4	16:00	40	5.2	7.8	10.22	14.19									
1	6	5	14	5	15:30	90	15	10	21.26	91.57	2.8	0.19	5.38	0.152					
2	6	5	21:40	6	0:50	190	11	3.5	19.62	53.82	0.8	0.08	5.45	0.046					
3	6	5	14	5	15:30	90	15	10	21.26	91.57									
4	6	5	21:40	6	0:50	190	11	3.5	19.62	53.82									
5	6	5	14	5	15:30	90	15	10	21.26	91.57									
6	6	5	21:40	6	0:50	190	11	3.5	19.62	53.82									
7	6	5	14	5	15:30	90	15	10	21.26	91.57									
8	6	5	21:40	6	0:50	190	11	3.5	19.62	53.82									
9	6	5	14	5	15:30	90	15	10	21.26	91.57									
10	6	5	21:40	6	0:50	190	11	3.5	19.62	53.82									
11	6	5	14	5	15:30	90	15	10	21.26	91.57									
12	6	5	21:40	6	0:50	190	11	3.5	19.62	53.82									

续表

小区号	降雨起			降雨止		历时/min	雨量/mm	平均雨强/(mm/h)	I_{30}/(mm/h)	降雨侵蚀力/[(MJ·mm)/(hm²·h)]	径流深/mm	径流系数	含沙量/(g/L)	土壤流失量/(t/hm²)	雨前土壤含水量/%	雨后土壤含水量/%	植被盖度/%	平均高度/m	备注
	月	日	时:分	日	时:分														
1	6	5	14	5	15:30	90	15	10	21.26	91.57									
2	6	5	21:40	6	0:50	190	11	3.5	19.62	53.82									
3	6	5	14	5	15:30	90	15	10	21.26	91.57	0	0	0	0					
4	6	5	21:40	6	0:50	190	11	3.5	19.62	53.82	0	0	0	0					
5	6	5	14	5	15:30	90	15	10	21.26	91.57									
6	6	5	21:40	6	0:50	190	11	3.5	19.62	53.82									
7	6	5	14	5	15:30	90	15	10	21.26	91.57									
8	6	5	21:40	6	0:50	190	11	3.5	19.62	53.82									
9	6	5	14	5	15:30	90	15	10	21.26	91.57									
10	6	5	21:40	6	0:50	190	11	3.5	19.62	53.82									
11	6	5	14	5	15:30	90	15	10	21.26	91.57									
12	6	5	21:40	6	0:50	190	11	3.5	19.62	53.82									
1	6	9	8:10	9	14:40	390	40.4	6.2	23.71	233.8	21.7	0.54	2.75	0.598					
2	6	9	8:10	9	14:40	390	40.4	6.2	23.71	233.8	9.3	0.23	7.39	0.684					
3	6	9	8:10	9	14:40	390	40.4	6.2	23.71	233.8	2.9	0.07	21.13	0.617					
4	6	9	8:10	9	14:40	390	40.4	6.2	23.71	233.8	5	0.12	1.69	0.084					
5	6	9	8:10	9	14:40	390	40.4	6.2	23.71	233.8	0.6	0.01	0.86	0.005					
6	6	9	8:10	9	14:40	390	40.4	6.2	23.71	233.8	0.8	0.02	0.6	0.005					
7	6	9	8:10	9	14:40	390	40.4	6.2	23.71	233.8	0.3	0.01	3.44	0.01					
8	6	9	8:10	9	14:40	390	40.4	6.2	23.71	233.8	0	0	0	0					
9	6	9	8:10	9	14:40	390	40.4	6.2	23.71	233.8	3.7	0.09	2.61	0.096					
10	6	9	8:10	9	14:40	390	40.4	6.2	23.71	233.8	3.1	0.08	0.7	0.022					
11	6	9	8:10	9	14:40	390	40.4	6.2	23.71	233.8	0.7	0.02	0.689	0.005					
12	6	9	8:10	9	14:40	390	40.4	6.2	23.71	233.8	0.4	0.01	0.669	0.002					
1	6	10	12:20	10	15:50	210	9.2	2.6	14.31	28.03	3.7	0.4	4.06	0.149					
2	6	10	12:20	10	15:50	210	9.2	2.6	14.31	28.03									
3	6	10	12:20	10	15:50	210	9.2	2.6	14.31	28.03	0.7	0.08	20.84	0.154					
4	6	10	12:20	10	15:50	210	9.2	2.6	14.31	28.03									
5	6	10	12:20	10	15:50	210	9.2	2.6	14.31	28.03									
6	6	10	12:20	10	15:50	210	9.2	2.6	14.31	28.03									
7	6	10	12:20	10	15:50	210	9.2	2.6	14.31	28.03									
8	6	10	12:20	10	15:50	210	9.2	2.6	14.31	28.03	0	0	0	0					
9	6	10	12:20	10	15:50	210	9.2	2.6	14.31	28.03									
10	6	10	12:20	10	15:50	210	9.2	2.6	14.31	28.03									
11	6	10	12:20	10	15:50	210	9.2	2.6	14.31	28.03									

续表

小区号	降雨起			降雨止		历时/min	雨量/mm	平均雨强/(mm/h)	I_{30}/(mm/h)	降雨侵蚀力/[(MJ·mm)/(hm²·h)]	径流深/mm	径流系数	含沙量/(g/L)	土壤流失量/(t/hm²)	雨前土壤含水量/%	雨后土壤含水量/%	植被盖度/%	平均高度/m	备注
	月	日	时:分	日	时:分														
12	6	10	12:20	10	15:50	210	9.2	2.6	14.31	28.03									
1	6	25	17:30	26	1:50	500	8.4	1	7.36	9.76	0.6	0.07	4.3	0.024		29.6	10	0.30	
2	6	25	17:30	26	1:50	500	8.4	1	7.36	9.76						28.8	8	0.30	
3	6	25	17:30	26	1:50	500	8.4	1	7.36	9.76						33.7	98	0.55	
4	6	25	17:30	26	1:50	500	8.4	1	7.36	9.76						32.5	63	0.50	
5	6	25	17:30	26	1:50	500	8.4	1	7.36	9.76						32.8	85	3.92	
6	6	25	17:30	26	1:50	500	8.4	1	7.36	9.76						34.9	95	7.12	
7	6	25	17:30	26	1:50	500	8.4	1	7.36	9.76						35.1	97	7.52	
8	6	25	17:30	26	1:50	500	8.4	1	7.36	9.76	0	0	0	0		35.6	93	7.25	
9	6	25	17:30	26	1:50	500	8.4	1	7.36	9.76						32.9	15	7.72	
10	6	25	17:30	26	1:50	500	8.4	1	7.36	9.76						37.5	91	8.3	
11	6	25	17:30	26	1:50	500	8.4	1	7.36	9.76						37.3	98	8.1	
12	6	25	17:30	26	1:50	500	8.4	1	7.36	9.76						37.2	97	7.0	
1	7	3	16:10	3	16:40	30	6.8	13.6	13.9	27.89	3.2	0.46	19.14	0.605		13.9	0	0	
2	7	3	16:10	3	16:40	30	6.8	13.6	13.9	27.89						17.0	0	0	
3	7	3	16:10	3	16:40	30	6.8	13.6	13.9	27.89						23.8	98	0.61	
4	7	3	16:10	3	16:40	30	6.8	13.6	13.9	27.89						23.1	63	0.50	
5	7	3	16:10	3	16:40	30	6.8	13.6	13.9	27.89						23.7	85	3.92	
6	7	3	16:10	3	16:40	30	6.8	13.6	13.9	27.89						21.8	95	7.12	
7	7	3	16:10	3	16:40	30	6.8	13.6	13.9	27.89						23.2	97	7.52	
8	7	3	16:10	3	16:40	30	6.8	13.6	13.9	27.89	0	0	0	0		23.7	92	7.25	
9	7	3	16:10	3	16:40	30	6.8	13.6	13.9	27.89						22.9	0	7.72	
10	7	3	16:10	3	16:40	30	6.8	13.6	13.9	27.89						23.6	93	8.3	
11	7	3	16:10	3	16:40	30	6.8	13.6	13.9	27.89						23.8	98	8.1	
12	7	3	16:10	3	16:40	30	6.8	13.6	13.9	27.89						23.3	97	7.0	
1	7	4	14:30	4	16:50	140	27.6	11.8	43.74	326.5	12.6	0.46	19.64	2.482					
2	7	4	14:30	4	16:50	140	27.6	11.8	43.74	326.5	3.9	0.14	100.42	3.916					
3	7	4	14:30	4	16:50	140	27.6	11.8	43.74	326.5	2.4	0.09	8.46	0.205					
4	7	4	14:30	4	16:50	140	27.6	11.8	43.74	326.5	0.9	0.03	11.25	0.101					
5	7	4	14:30	4	16:50	140	27.6	11.8	43.74	326.5									
6	7	4	14:30	4	16:50	140	27.6	11.8	43.74	326.5									
7	7	4	14:30	4	16:50	140	27.6	11.8	43.74	326.5									
8	7	4	14:30	4	16:50	140	27.6	11.8	43.74	326.5	0	0	0	0					
9	7	4	14:30	4	16:50	140	27.6	11.8	43.74	326.5	1	0.04	8.34	0.087					
10	7	4	14:30	4	16:50	140	27.6	11.8	43.74	326.5									

续表

小区号	降雨起			降雨止		历时/min	雨量/mm	平均雨强/(mm/h)	I_{30}/(mm/h)	降雨侵蚀力/[(MJ·mm)/(hm^2·h)]	径流深/mm	径流系数	含沙量/(g/L)	土壤流失量/(t/hm^2)	雨前土壤含水量/%	雨后土壤含水量/%	植被盖度/%	平均高度/m	备注
	月	日	时:分	日	时:分														
11	7	4	14:30	4	16:50	140	27.6	11.8	43.74	326.5									
12	7	4	14:30	4	16:50	140	27.6	11.8	43.74	326.5									
1	7	9	11:40	9	23:40	720	13.4	1.1	4.91	8.2	0.8	0.06	5.74	0.048					
2	7	9	11:40	9	23:40	720	13.4	1.1	4.91	8.2									
3	7	9	11:40	9	23:40	720	13.4	1.1	4.91	8.2									
4	7	9	11:40	9	23:40	720	13.4	1.1	4.91	8.2									
5	7	9	11:40	9	23:40	720	13.4	1.1	4.91	8.2									
6	7	9	11:40	9	23:40	720	13.4	1.1	4.91	8.2									
7	7	9	11:40	9	23:40	720	13.4	1.1	4.91	8.2									
8	7	9	11:40	9	23:40	720	13.4	1.1	4.91	8.2	0	0	0	0					
9	7	9	11:40	9	23:40	720	13.4	1.1	4.91	8.2									
10	7	9	11:40	9	23:40	720	13.4	1.1	4.91	8.2									
11	7	9	11:40	9	23:40	720	13.4	1.1	4.91	8.2									
12	7	9	11:40	9	23:40	720	13.4	1.1	4.91	8.2									
1	7	26	13	26	14:20	80	9.6	7.2	15.94	37.84	1.1	0.11	8.33	0.092	14.2		0	0	
2	7	26	13	26	14:20	80	9.6	7.2	15.94	37.84					16.7		0	0	
3	7	26	13	26	14:20	80	9.6	7.2	15.94	37.84					23.8		98	0.61	
4	7	26	13	26	14:20	80	9.6	7.2	15.94	37.84					22.4		63	0.50	
5	7	26	13	26	14:20	80	9.6	7.2	15.94	37.84					23.9		85	3.92	
6	7	26	13	26	14:20	80	9.6	7.2	15.94	37.84					22.5		95	7.12	
7	7	26	13	26	14:20	80	9.6	7.2	15.94	37.84					23.6		97	7.52	
8	7	26	13	26	14:20	80	9.6	7.2	15.94	37.84	0	0	0	0	23.7		92	7.25	
9	7	26	13	26	14:20	80	9.6	7.2	15.94	37.84					23.1		0	7.72	
10	7	26	13	26	14:20	80	9.6	7.2	15.94	37.84					23.8		93	8.3	
11	7	26	13	26	14:20	80	9.6	7.2	15.94	37.84					23.7		98	8.1	
12	7	26	13	26	14:20	80	9.6	7.2	15.94	37.84					23.7		97	7.0	
1	8	11	9	11	21:50	770	12.2	1	17.99	49.38	1.5	0.12	4.02	0.06	13.1		0	0	
2	8	11	9	11	21:50	770	12.2	1	17.99	49.38					15.3		0	0	
3	8	11	9	11	21:50	770	12.2	1	17.99	49.38					23.5		98	0.61	
4	8	11	9	11	21:50	770	12.2	1	17.99	49.38					22.3		64	0.50	
5	8	11	9	11	21:50	770	12.2	1	17.99	49.38					23.5		85	3.92	
6	8	11	9	11	21:50	770	12.2	1	17.99	49.38					22.3		95	7.12	
7	8	11	9	11	21:50	770	12.2	1	17.99	49.38					23.2		97	7.52	
8	8	11	9	11	21:50	770	12.2	1	17.99	49.38	0	0	0	0	23.6		93	7.25	
9	8	11	9	11	21:50	770	12.2	1	17.99	49.38					22.4		0	7.72	

续表

小区号	降雨起			降雨止		历时/min	雨量/mm	平均雨强/(mm/h)	I_{30}/(mm/h)	降雨侵蚀力/[(MJ·mm)/(hm²·h)]	径流深/mm	径流系数	含沙量/(g/L)	土壤流失量/(t/hm²)	雨前土壤含水量/%	雨后土壤含水量/%	植被盖度/%	平均高度/m	备注
	月	日	时:分	日	时:分														
10	8	11	9	11	21:50	770	12.2	1	17.99	49.38					23.1		95	8.3	
11	8	11	9	11	21:50	770	12.2	1	17.99	49.38					23.2		98	8.1	
12	8	11	9	11	21:50	770	12.2	1	17.99	49.38					23.4		97	7.0	
1	8	15	16	15	19:00	180	20.6	6.9	35.97	201.5	14.2	0.69	19.35	2.747					
2	8	15	16	15	19:00	180	20.6	6.9	35.97	201.5	5	0.24	23.19	1.169					
3	8	15	16	15	19:00	180	20.6	6.9	35.97	201.5									
4	8	15	16	15	19:00	180	20.6	6.9	35.97	201.5	1.7	0.08	10.63	0.181					
5	8	15	16	15	19:00	180	20.6	6.9	35.97	201.5	0.1	0	2.41	0.002					
6	8	15	16	15	19:00	180	20.6	6.9	35.97	201.5	0.1	0	2.41	0.002					
7	8	15	16	15	19:00	180	20.6	6.9	35.97	201.5									
8	8	15	16	15	19:00	180	20.6	6.9	35.97	201.5	0	0	0	0					
9	8	15	16	15	19:00	180	20.6	6.9	35.97	201.5	1.6	0.08	3.31	0.053					
10	8	15	16	15	19:00	180	20.6	6.9	35.97	201.5	1.3	0.06	0.927	0.012					
11	8	15	16	15	19:00	180	20.6	6.9	35.97	201.5	0.3	0.01	0.803	0.002					
12	8	15	16	15	19:00	180	20.6	6.9	35.97	201.5	0.2	0.01	1.205	0.002					
1	8	18	18:20	18	21:40	200	28.6	8.6	56.01	472.3	20.3	0.71	17.32	3.519		13.3	0	0	
2	8	18	18:20	18	21:40	200	28.6	8.6	56.01	472.3	6.7	0.23	28.24	1.892		15.8	0	0	
3	8	18	18:20	18	21:40	200	28.6	8.6	56.01	472.3	3.4	0.12	3.73	0.125		23.6	98	0.61	
4	8	18	18:20	18	21:40	200	28.6	8.6	56.01	472.3	4	0.14	5.96	0.236		22.7	64	0.50	
5	8	18	18:20	18	21:40	200	28.6	8.6	56.01	472.3	0.1	0	0	0		23.8	85	3.92	
6	8	18	18:20	18	21:40	200	28.6	8.6	56.01	472.3	0.4	0.01	0.6	0.002		23.1	95	7.12	
7	8	18	18:20	18	21:40	200	28.6	8.6	56.01	472.3						23.7	97	7.52	
8	8	18	18:20	18	21:40	200	28.6	8.6	56.01	472.3	0	0	0	0		24.2	93	7.25	
9	8	18	18:20	18	21:40	200	28.6	8.6	56.01	472.3	3.3	0.12	1.75	0.058		23.6	0	7.72	
10	8	18	18:20	18	21:40	200	28.6	8.6	56.01	472.3	2.7	0.09	1.25	0.034		24.1	95	8.3	
11	8	18	18:20	18	21:40	200	28.6	8.6	56.01	472.3	0.5	0.02	0.964	0.005		24.3	98	8.1	
12	8	18	18:20	18	21:40	200	28.6	8.6	56.01	472.3	0.4	0.01	0.603	0.002		23.9	97	7.0	
1	8	19	14:30	19	15:10	40	13.2	19.8	26.57	104.1	9.4	0.71	17.31	1.627					
2	8	19	14:30	19	15:10	40	13.2	19.8	26.57	104.1									
3	8	19	14:30	19	15:10	40	13.2	19.8	26.57	104.1									
4	8	19	14:30	19	15:10	40	13.2	19.8	26.57	104.1	1.9	0.14	5.9	0.111					
5	8	19	14:30	19	15:10	40	13.2	19.8	26.57	104.1	0.1	0.01	3.44	0.005					
6	8	19	14:30	19	15:10	40	13.2	19.8	26.57	104.1									
7	8	19	14:30	19	15:10	40	13.2	19.8	26.57	104.1									
8	8	19	14:30	19	15:10	40	13.2	19.8	26.57	104.1	0	0	0	0					

续表

小区号	降雨起			降雨止		历时/min	雨量/mm	平均雨强/(mm/h)	I_{30}/(mm/h)	降雨侵蚀力/[(MJ·mm)/(hm^2·h)]	径流深/mm	径流系数	含沙量/(g/L)	土壤流失量/(t/hm^2)	雨前土壤含水量/%	雨后土壤含水量/%	植被盖度/%	平均高度/m	备注
	月	日	时:分	日	时:分														
9	8	19	14:30	19	15:10	40	13.2	19.8	26.57	104.1	1.7	0.13	1.89	0.031					
10	8	19	14:30	19	15:10	40	13.2	19.8	26.57	104.1	1.8	0.14	1.703	0.031					
11	8	19	14:30	19	15:10	40	13.2	19.8	26.57	104.1									
12	8	19	14:30	19	15:10	40	13.2	19.8	26.57	104.1									
1	8	21	21:30	22	1:50	260	37	8.5	65.82	730.2	26.3	0.71	17.32	4.555					
2	8	21	21:30	22	1:50	260	37	8.5	65.82	730.2	9	0.24	13.68	1.236					
3	8	21	21:30	22	1:50	260	37	8.5	65.82	730.2	4.6	0.12	5.37	0.248					
4	8	21	21:30	22	1:50	260	37	8.5	65.82	730.2	5.2	0.14	5.91	0.306					
5	8	21	21:30	22	1:50	260	37	8.5	65.82	730.2	0.3	0.01	1.61	0.005					
6	8	21	21:30	22	1:50	260	37	8.5	65.82	730.2	0.6	0.02	0.8	0.005					
7	8	21	21:30	22	1:50	260	37	8.5	65.82	730.2	0.1	0	2.41	0.002					
8	8	21	21:30	22	1:50	260	37	8.5	65.82	730.2	0	0	0	0					
9	8	21	21:30	22	1:50	260	37	8.5	65.82	730.2	5.5	0.15	1.58	0.087					
10	8	21	21:30	22	1:50	260	37	8.5	65.82	730.2	4.5	0.12	0.811	0.036					
11	8	21	21:30	22	1:50	260	37	8.5	65.82	730.2	1.5	0.04	0.161	0.002					
12	8	21	21:30	22	1:50	260	37	8.5	65.82	730.2	0.5	0.01	0.482	0.002					
1	8	25	19:30	26	1:30	360	29.6	4.9	54.37	469.2	27	0.91	16.08	4.343					
2	8	25	19:30	26	1:30	360	29.6	4.9	54.37	469.2	9.3	0.31	86.81	8.074					
3	8	25	19:30	26	1:30	360	29.6	4.9	54.37	469.2	3	0.1	7.77	0.236					
4	8	25	19:30	26	1:30	360	29.6	4.9	54.37	469.2	6.5	0.22	4.45	0.289					
5	8	25	19:30	26	1:30	360	29.6	4.9	54.37	469.2									
6	8	25	19:30	26	1:30	360	29.6	4.9	54.37	469.2	0.4	0.01	1.1	0.005					
7	8	25	19:30	26	1:30	360	29.6	4.9	54.37	469.2	0.1	0	2.41	0.002					
8	8	25	19:30	26	1:30	360	29.6	4.9	54.37	469.2	0	0	0	0					
9	8	25	19:30	26	1:30	360	29.6	4.9	54.37	469.2	4.6	0.15	1.59	0.072					
10	8	25	19:30	26	1:30	360	29.6	4.9	54.37	469.2	3.5	0.12	0.689	0.024					
11	8	25	19:30	26	1:30	360	29.6	4.9	54.37	469.2	1.2	0.04	0.201	0.002					
12	8	25	19:30	26	1:30	360	29.6	4.9	54.37	469.2	0.4	0.01	0.548	0.002					
1	8	31	13:40	31	17:00	200	21.8	6.5	40.88	255.8	12	0.55	30.93	3.711		15.6		0	0
2	8	31	13:40	31	17:00	200	21.8	6.5	40.88	255.8	5.3	0.24	92.13	4.883		23.4		0	0
3	8	31	13:40	31	17:00	200	21.8	6.5	40.88	255.8	2.5	0.12	5.55	0.14		30.3		98	0.61
4	8	31	13:40	31	17:00	200	21.8	6.5	40.88	255.8	2.8	0.13	9.17	0.253		28.7		64	0.50
5	8	31	13:40	31	17:00	200	21.8	6.5	40.88	255.8						31.6		85	3.92
6	8	31	13:40	31	17:00	200	21.8	6.5	40.88	255.8						32.6		95	7.12
7	8	31	13:40	31	17:00	200	21.8	6.5	40.88	255.8						32.7		97	7.52

续表

小区号	降雨起			降雨止		历时/min	雨量/mm	平均雨强/(mm/h)	I_{30}/(mm/h)	降雨侵蚀力/[(MJ·mm)/(hm²·h)]	径流深/mm	径流系数	含沙量/(g/L)	土壤流失量/(t/hm²)	雨前土壤含水量/%	雨后土壤含水量/%	植被盖度/%	平均高度/m	备注
	月	日	时:分	日	时:分														
8	8	31	13:40	31	17:00	200	21.8	6.5	40.88	255.8	0	0	0	0		33.8		93	7.25
9	8	31	13:40	31	17:00	200	21.8	6.5	40.88	255.8	1.4	0.06	3.72	0.051		32.3		2	7.72
10	8	31	13:40	31	17:00	200	21.8	6.5	40.88	255.8	1.3	0.06	1.483	0.019		33.7		95	8.3
11	8	31	13:40	31	17:00	200	21.8	6.5	40.88	255.8						34.1		98	8.1
12	8	31	13:40	31	17:00	200	21.8	6.5	40.88	255.8						33.2		97	7.0
1	9	7	20:30	8	2:40	370	18.2	3	8.99	28.12	2.1	0.12	4.48	0.094					
2	9	7	20:30	8	2:40	370	18.2	3	8.99	28.12									
3	9	7	20:30	8	2:40	370	18.2	3	8.99	28.12									
4	9	7	20:30	8	2:40	370	18.2	3	8.99	28.12	2.9	0.16	4.82	0.14					
5	9	7	20:30	8	2:40	370	18.2	3	8.99	28.12									
6	9	7	20:30	8	2:40	370	18.2	3	8.99	28.12									
7	9	7	20:30	8	2:40	370	18.2	3	8.99	28.12									
8	9	7	20:30	8	2:40	370	18.2	3	8.99	28.12	0	0	0	0					
9	9	7	20:30	8	2:40	370	18.2	3	8.99	28.12									
10	9	7	20:30	8	2:40	370	18.2	3	8.99	28.12									
11	9	7	20:30	8	2:40	370	18.2	3	8.99	28.12									
12	9	7	20:30	8	2:40	370	18.2	3	8.99	28.12									
1	9	10	13:30	10	15:20	110	9.6	5.2	13.9	32.91	1.3	0.14	2.78	0.036					
2	9	10	13:30	10	15:20	110	9.6	5.2	13.9	32.91									
3	9	10	13:30	10	15:20	110	9.6	5.2	13.9	32.91									
4	9	10	13:30	10	15:20	110	9.6	5.2	13.9	32.91	1.6	0.17	3.38	0.055					
5	9	10	13:30	10	15:20	110	9.6	5.2	13.9	32.91									
6	9	10	13:30	10	15:20	110	9.6	5.2	13.9	32.91									
7	9	10	13:30	10	15:20	110	9.6	5.2	13.9	32.91									
8	9	10	13:30	10	15:20	110	9.6	5.2	13.9	32.91	0	0	0	0					
9	9	10	13:30	10	15:20	110	9.6	5.2	13.9	32.91									
10	9	10	13:30	10	15:20	110	9.6	5.2	13.9	32.91									
11	9	10	13:30	10	15:20	110	9.6	5.2	13.9	32.91									
12	9	10	13:30	10	15:20	110	9.6	5.2	13.9	32.91									
1	9	11	12	11	23:10	670	63.6	5.7	50.28	855.9	59	0.93	14.46	8.531					
2	9	11	12	11	23:10	670	63.6	5.7	50.28	855.9	17	0.27	78.85	13.436					
3	9	11	12	11	23:10	670	63.6	5.7	50.28	855.9	15.7	0.25	3.61	0.566					
4	9	11	12	11	23:10	670	63.6	5.7	50.28	855.9	10.8	0.17	4.07	0.439					
5	9	11	12	11	23:10	670	63.6	5.7	50.28	855.9	0.6	0.01	0.38	0.002					
6	9	11	12	11	23:10	670	63.6	5.7	50.28	855.9	0.9	0.01	0.51	0.005					

续表

小区号	降雨起			降雨止		历时/min	雨量/mm	平均雨强/(mm/h)	I_{30}/(mm/h)	降雨侵蚀力/[(MJ·mm)/(hm²·h)]	径流深/mm	径流系数	含沙量/(g/L)	土壤流失量/(t/hm²)	雨前土壤含水量/%	雨后土壤含水量/%	植被盖度/%	平均高度/m	备注
	月	日	时:分	日	时:分														
7	9	11	12	11	23:10	670	63.6	5.7	50.28	855.9									
8	9	11	12	11	23:10	670	63.6	5.7	50.28	855.9	0	0	0	0					
9	9	11	12	11	23:10	670	63.6	5.7	50.28	855.9	7.1	0.11	1.53	0.108					
10	9	11	12	11	23:10	670	63.6	5.7	50.28	855.9	3.8	0.06	0.951	0.036					
11	9	11	12	11	23:10	670	63.6	5.7	50.28	855.9	2.1	0.03	0.23	0.005					
12	9	11	12	11	23:10	670	63.6	5.7	50.28	855.9	0.8	0.01	0.301	0.002					
1	9	18	13	19	2:10	790	7	0.5	6.13	6.53	1	0.15	3.71	0.039		15.5		1	1
2	9	18	13	19	2:10	790	7	0.5	6.13	6.53						23.1		1	1
3	9	18	13	19	2:10	790	7	0.5	6.13	6.53						30.6		98	0.61
4	9	18	13	19	2:10	790	7	0.5	6.13	6.53						29.3		64	0.50
5	9	18	13	19	2:10	790	7	0.5	6.13	6.53						31.8		85	3.92
6	9	18	13	19	2:10	790	7	0.5	6.13	6.53						32.5		95	7.12
7	9	18	13	19	2:10	790	7	0.5	6.13	6.53						33.2		97	7.52
8	9	18	13	19	2:10	790	7	0.5	6.13	6.53	0	0	0	0		33.9		93	7.25
9	9	18	13	19	2:10	790	7	0.5	6.13	6.53						32.2		2	7.72
10	9	18	13	19	2:10	790	7	0.5	6.13	6.53						33.9		95	8.3
11	9	18	13	19	2:10	790	7	0.5	6.13	6.53						34.3		98	8.1
12	9	18	13	19	2:10	790	7	0.5	6.13	6.53						32.9		97	7.0
1	9	21	15:30	21	16:10	40	15.2	22.8	24.12	101	6.8	0.45	5.49	0.374					
2	9	21	15:30	21	16:10	40	15.2	22.8	24.12	101									
3	9	21	15:30	21	16:10	40	15.2	22.8	24.12	101									
4	9	21	15:30	21	16:10	40	15.2	22.8	24.12	101	2.6	0.17	3.13	0.082					
5	9	21	15:30	21	16:10	40	15.2	22.8	24.12	101									
6	9	21	15:30	21	16:10	40	15.2	22.8	24.12	101									
7	9	21	15:30	21	16:10	40	15.2	22.8	24.12	101									
8	9	21	15:30	21	16:10	40	15.2	22.8	24.12	101	0	0	0	0					
9	9	21	15:30	21	16:10	40	15.2	22.8	24.12	101	1.1	0.07	5.7	0.063					
10	9	21	15:30	21	16:10	40	15.2	22.8	24.12	101									
11	9	21	15:30	21	16:10	40	15.2	22.8	24.12	101									
12	9	21	15:30	21	16:10	40	15.2	22.8	24.12	101									
1	9	22	7	23	14:10	1870	97.6	3.1	56.01	1293	77.9	0.8	7.99	6.23					
2	9	22	7	23	14:10	1870	97.6	3.1	56.01	1293	32.3	0.33	28.92	9.353					
3	9	22	7	23	14:10	1870	97.6	3.1	56.01	1293	13.2	0.13	5.59	0.735					
4	9	22	7	23	14:10	1870	97.6	3.1	56.01	1293	16.1	0.17	3.09	0.499					
5	9	22	7	23	14:10	1870	97.6	3.1	56.01	1293	1	0.01	0.7	0.007					

续表

小区号	降雨起			降雨止		历时/min	雨量/mm	平均雨强/(mm/h)	I_{30}/(mm/h)	降雨侵蚀力/[(MJ·mm)/(hm^2·h)]	径流深/mm	径流系数	含沙量/(g/L)	土壤流失量/(t/hm^2)	雨前土壤含水量/%	雨后土壤含水量/%	植被盖度/%	平均高度/m	备注
	月	日	时:分	日	时:分														
6	9	22	7	23	14:10	1870	97.6	3.1	56.01	1293	1.1	0.01	0.44	0.005					
7	9	22	7	23	14:10	1870	97.6	3.1	56.01	1293									
8	9	22	7	23	14:10	1870	97.6	3.1	56.01	1293	0	0	0	0					
9	9	22	7	23	14:10	1870	97.6	3.1	56.01	1293	8.2	0.08	1.32	0.108					
10	9	22	7	23	14:10	1870	97.6	3.1	56.01	1293	4	0.04	0.964	0.039					
11	9	22	7	23	14:10	1870	97.6	3.1	56.01	1293	3.8	0.04	0.19	0.007					
12	9	22	7	23	14:10	1870	97.6	3.1	56.01	1293	1.4	0.01	0.354	0.005					
1	9	26	2:50	27	18:50	2400	19	0.5	2.04	4.34	2.2	0.11	4.69	0.101					
2	9	26	2:50	27	18:50	2400	19	0.5	2.04	4.34									
3	9	26	2:50	27	18:50	2400	19	0.5	2.04	4.34									
4	9	26	2:50	27	18:50	2400	19	0.5	2.04	4.34	3.1	0.16	3.07	0.094					
5	9	26	2:50	27	18:50	2400	19	0.5	2.04	4.34									
6	9	26	2:50	27	18:50	2400	19	0.5	2.04	4.34									
7	9	26	2:50	27	18:50	2400	19	0.5	2.04	4.34									
8	9	26	2:50	27	18:50	2400	19	0.5	2.04	4.34	0	0	0	0					
9	9	26	2:50	27	18:50	2400	19	0.5	2.04	4.34	1	0.05	4.63	0.048					
10	9	26	2:50	27	18:50	2400	19	0.5	2.04	4.34									
11	9	26	2:50	27	18:50	2400	19	0.5	2.04	4.34									
12	9	26	2:50	27	18:50	2400	19	0.5	2.04	4.34									
1	9	30	0:20	30	9:20	540	18	2	15.53	52.81	7.3	0.41	1.91	0.14					
2	9	30	0:20	30	9:20	540	18	2	15.53	52.81									
3	9	30	0:20	30	9:20	540	18	2	15.53	52.81									
4	9	30	0:20	30	9:20	540	18	2	15.53	52.81	1.3	0.07	2.6	0.034					
5	9	30	0:20	30	9:20	540	18	2	15.53	52.81									
6	9	30	0:20	30	9:20	540	18	2	15.53	52.81									
7	9	30	0:20	30	9:20	540	18	2	15.53	52.81									
8	9	30	0:20	30	9:20	540	18	2	15.53	52.81	0	0	0	0					
9	9	30	0:20	30	9:20	540	18	2	15.53	52.81	0.7	0.04	3.44	0.024					
10	9	30	0:20	30	9:20	540	18	2	15.53	52.81									
11	9	30	0:20	30	9:20	540	18	2	15.53	52.81									
12	9	30	0:20	30	9:20	540	18	2	15.53	52.81									

径流小区逐年径流泥沙

小区号	坡度/(°)	坡长/m	坡宽/m	土地利用	水土保持措施	降水量/mm	降雨侵蚀力/[(MJ·mm)/(hm^2·h)]	径流深/mm	径流系数	土壤流失量/(t/hm^2)	备注
1	15	20	5	裸地	无	1465.8	9069.8	587.5	0.40	50.272	
2	15	20	5	裸地	无	1465.8	9069.8	185.3	0.13	67.909	
3	15	20	5	草地	播草	1465.8	9069.8	88.1	0.06	5.739	
4	15	20	5	农地	种植农作物	1465.8	9069.8	98.5	0.07	4.494	
5	15	20	5	果园	种果	1465.8	9069.8	6.1	0.00	0.084	
6	15	20	5	林地	封禁	1465.8	9069.8	13.1	0.01	0.097	
7	15	20	5	林地	灌+草	1465.8	9069.8	3.9	0.00	0.059	
8	15	20	5	林地	人工乔灌草混交	1465.8	9069.8	0.0	0.00	0.000	
9	15	20	5	林地	马尾松	1465.8	9069.8	71.8	0.05	2.737	
10	15	20	5	林地	人工乔灌草混交	1465.8	9069.8	35.4	0.02	0.366	
11	15	20	5	林地	人工乔灌草混交	1465.8	9069.8	16.6	0.01	0.095	
12	15	20	5	林地	马尾松纯林	1465.8	9069.8	9.7	0.01	0.067	

径流小区土壤含水量和植被盖度

小区号	测次	年	月	日	土壤深度/cm	土壤含水量/%	两测次间降水/mm	植被盖度/%	植被平均高度/m	备注
1	1	2020	1	3	8	8.9	0.2	4	0.3	
2	1	2020	1	3	8	7.5	0.2	6	0.3	
3	1	2020	1	3	8	11.6	0.2	92	0.5	
4	1	2020	1	3	8	12.2	0.2	35	0.4	
5	1	2020	1	3	8	12.8	0.2	78	3.9	
6	1	2020	1	3	8	12.6	0.2	87	7.1	
7	1	2020	1	3	8	13.3	0.2	92	7.5	
8	1	2020	1	3	8	12.9	0.2	88	7.3	
9	1	2020	1	3	8	12.1	0.2	13	7.7	
10	1	2020	1	3	8	13.8	0.2	85	8.3	
11	1	2020	1	3	8	14.1	0.2	95	8.1	
12	1	2020	1	3	8	13.8	0.2	92	7	
1	2	2020	1	15	8	9	0.8	4	0.3	
2	2	2020	1	15	8	7.3	0.8	6	0.3	
3	2	2020	1	15	8	11.6	0.8	92	0.5	
4	2	2020	1	15	8	12.4	0.8	35	0.4	
5	2	2020	1	15	8	12.8	0.8	78	3.9	
6	2	2020	1	15	8	12.8	0.8	87	7.1	
7	2	2020	1	15	8	13.6	0.8	92	7.5	
8	2	2020	1	15	8	13	0.8	88	7.3	

续表

小区号	测次	年	月	日	土壤深度/cm	土壤含水量/%	两测次间降水/mm	植被盖度/%	植被平均高度/m	备注
9	2	2020	1	15	8	11.9	0.8	13	7.7	
10	2	2020	1	15	8	13.9	0.8	85	8.3	
11	2	2020	1	15	8	14.1	0.8	95	8.1	
12	2	2020	1	15	8	14	0.8	92	7	
1	3	2020	2	3	8	10.3	58	4	0.3	
2	3	2020	2	3	8	10.5	58	6	0.3	
3	3	2020	2	3	8	14.2	58	92	0.5	
4	3	2020	2	3	8	15.8	58	35	0.4	
5	3	2020	2	3	8	16.3	58	78	3.9	
6	3	2020	2	3	8	16.7	58	87	7.1	
7	3	2020	2	3	8	17.5	58	92	7.5	
8	3	2020	2	3	8	15.9	58	88	7.3	
9	3	2020	2	3	8	13.4	58	13	7.7	
10	3	2020	2	3	8	17.8	58	85	8.3	
11	3	2020	2	3	8	18.6	58	95	8.1	
12	3	2020	2	3	8	18.5	58	92	7	
1	4	2020	2	17	8	15.2	125.8	4	0.3	
2	4	2020	2	17	8	17.5	125.8	6	0.3	
3	4	2020	2	17	8	22.6	125.8	92	0.5	
4	4	2020	2	17	8	23.8	125.8	35	0.4	
5	4	2020	2	17	8	25.9	125.8	78	3.9	
6	4	2020	2	17	8	26.3	125.8	87	7.1	
7	4	2020	2	17	8	26.9	125.8	92	7.5	
8	4	2020	2	17	8	27.1	125.8	88	7.3	
9	4	2020	2	17	8	25.8	125.8	13	7.7	
10	4	2020	2	17	8	28.3	125.8	85	8.3	
11	4	2020	2	17	8	28.7	125.8	95	8.1	
12	4	2020	2	17	8	29.5	125.8	92	7	
1	5	2020	3	2	8	15.3	11.2	4	0.3	
2	5	2020	3	2	8	17.9	11.2	6	0.3	
3	5	2020	3	2	8	23.4	11.2	92	0.5	
4	5	2020	3	2	8	24.3	11.2	35	0.4	
5	5	2020	3	2	8	26.7	11.2	78	3.9	
6	5	2020	3	2	8	26.8	11.2	87	7.1	
7	5	2020	3	2	8	27.5	11.2	92	7.5	

续表

小区号	测次	年	月	日	土壤深度/cm	土壤含水量/%	两测次间降水/mm	植被盖度/%	植被平均高度/m	备注
8	5	2020	3	2	8	27.9	11.2	88	7.3	
9	5	2020	3	2	8	26.3	11.2	13	7.7	
10	5	2020	3	2	8	29.1	11.2	85	8.3	
11	5	2020	3	2	8	29.3	11.2	95	8.1	
12	5	2020	3	2	8	30.2	11.2	92	7	
1	6	2020	3	16	8	26.7	137.2	0	0	
2	6	2020	3	16	8	28.9	137.2	0	0	
3	6	2020	3	16	8	32.5	137.2	95	0.5	
4	6	2020	3	16	8	31.6	137.2	38	0.4	
5	6	2020	3	16	8	33.3	137.2	80	3.9	
6	6	2020	3	16	8	33.9	137.2	90	7.1	
7	6	2020	3	16	8	32.8	137.2	95	7.5	
8	6	2020	3	16	8	33.5	137.2	90	7.3	
9	6	2020	3	16	8	31.6	137.2	0	7.7	
10	6	2020	3	16	8	34.5	137.2	87	8.3	
11	6	2020	3	16	8	33.8	137.2	98	8.1	
12	6	2020	3	16	8	34.2	137.2	95	7	
1	7	2020	4	1	8	27.8	131.4	0	0	
2	7	2020	4	1	8	29.2	131.4	0	0	
3	7	2020	4	1	8	33.7	131.4	95	0.5	
4	7	2020	4	1	8	33.9	131.4	40	0.4	
5	7	2020	4	1	8	34.2	131.4	82	3.9	
6	7	2020	4	1	8	34.6	131.4	90	7.1	
7	7	2020	4	1	8	33.9	131.4	95	7.5	
8	7	2020	4	1	8	34.8	131.4	90	7.3	
9	7	2020	4	1	8	32.3	131.4	0	7.7	
10	7	2020	4	1	8	34.9	131.4	87	8.3	
11	7	2020	4	1	8	34.1	131.4	98	8.1	
12	7	2020	4	1	8	35.2	131.4	95	7	
1	8	2020	4	15	8	27.7	72.8	2	0.1	
2	8	2020	4	15	8	27.5	72.8	2	0.1	
3	8	2020	4	15	8	33.5	72.8	95	0.5	
4	8	2020	4	15	8	32.7	72.8	40	0.4	
5	8	2020	4	15	8	34.2	72.8	82	3.9	
6	8	2020	4	15	8	33.8	72.8	90	7.1	

续表

小区号	测次	年	月	日	土壤深度/cm	土壤含水量/%	两测次间降水/mm	植被盖度/%	植被平均高度/m	备注
7	8	2020	4	15	8	33.8	72.8	95	7.5	
8	8	2020	4	15	8	34.6	72.8	90	7.3	
9	8	2020	4	15	8	31	72.8	3	7.7	
10	8	2020	4	15	8	34.3	72.8	87	8.3	
11	8	2020	4	15	8	34.1	72.8	98	8.1	
12	8	2020	4	15	8	34.6	72.8	95	7	
1	9	2020	5	6	8	29.1	66.4	3	0.1	
2	9	2020	5	6	8	30.6	66.4	2	0.2	
3	9	2020	5	6	8	34.6	66.4	98	0.6	
4	9	2020	5	6	8	33.5	66.4	42	0.5	
5	9	2020	5	6	8	34.3	66.4	83	3.9	
6	9	2020	5	6	8	34.6	66.4	93	7.1	
7	9	2020	5	6	8	34.5	66.4	97	7.5	
8	9	2020	5	6	8	35.1	66.4	92	7.3	
9	9	2020	5	6	8	32.9	66.4	5	7.7	
10	9	2020	5	6	8	35.9	66.4	91	8.3	
11	9	2020	5	6	8	35.7	66.4	98	8.1	
12	9	2020	5	6	8	35.2	66.4	97	7	
1	10	2020	5	18	8	31.3	82.6	5	0.2	
2	10	2020	5	18	8	32.8	82.6	5	0.2	
3	10	2020	5	18	8	35.5	82.6	98	0.6	
4	10	2020	5	18	8	35.1	82.6	52	0.5	
5	10	2020	5	18	8	35.9	82.6	83	3.9	
6	10	2020	5	18	8	35.8	82.6	93	7.1	
7	10	2020	5	18	8	35.3	82.6	97	7.5	
8	10	2020	5	18	8	36.2	82.6	92	7.3	
9	10	2020	5	18	8	33.3	82.6	8	7.7	
10	10	2020	5	18	8	36.7	82.6	91	8.3	
11	10	2020	5	18	8	36.5	82.6	98	8.1	
12	10	2020	5	18	8	36.9	82.6	97	7	
1	11	2020	6	1	8	33.6	133.8	7	0.3	
2	11	2020	6	1	8	35.8	133.8	6	0.2	
3	11	2020	6	1	8	37.9	133.8	98	0.6	
4	11	2020	6	1	8	36.8	133.8	60	0.5	
5	11	2020	6	1	8	37.5	133.8	83	3.9	

续表

小区号	测次	年	月	日	土壤深度/cm	土壤含水量/%	两测次间降水/mm	植被盖度/%	植被平均高度/m	备注
6	11	2020	6	1	8	37.8	133.8	93	7.1	
7	11	2020	6	1	8	38.4	133.8	97	7.5	
8	11	2020	6	1	8	38.5	133.8	92	7.3	
9	11	2020	6	1	8	34.9	133.8	10	7.7	
10	11	2020	6	1	8	39.3	133.8	91	8.3	
11	11	2020	6	1	8	38.9	133.8	98	8.1	
12	11	2020	6	1	8	39.6	133.8	97	7	
1	12	2020	6	16	8	29.6	101.6	10	0.3	
2	12	2020	6	16	8	28.8	101.6	8	0.3	
3	12	2020	6	16	8	33.7	101.6	98	0.6	
4	12	2020	6	16	8	32.5	101.6	63	0.5	
5	12	2020	6	16	8	32.8	101.6	85	3.9	
6	12	2020	6	16	8	34.9	101.6	95	7.1	
7	12	2020	6	16	8	35.1	101.6	97	7.5	
8	12	2020	6	16	8	35.6	101.6	93	7.3	
9	12	2020	6	16	8	32.9	101.6	15	7.7	
10	12	2020	6	16	8	37.5	101.6	91	8.3	
11	12	2020	6	16	8	37.3	101.6	98	8.1	
12	12	2020	6	16	8	37.2	101.6	97	7	
1	13	2020	7	3	8	13.9	18.2	0	0	
2	13	2020	7	3	8	17	18.2	0	0	
3	13	2020	7	3	8	23.8	18.2	98	0.6	
4	13	2020	7	3	8	23.1	18.2	63	0.5	
5	13	2020	7	3	8	23.7	18.2	85	3.9	
6	13	2020	7	3	8	21.8	18.2	95	7.1	
7	13	2020	7	3	8	23.2	18.2	97	7.5	
8	13	2020	7	3	8	23.7	18.2	92	7.3	
9	13	2020	7	3	8	22.9	18.2	0	7.7	
10	13	2020	7	3	8	23.6	18.2	93	8.3	
11	13	2020	7	3	8	23.8	18.2	98	8.1	
12	13	2020	7	3	8	23.3	18.2	97	7	
1	14	2020	7	16	8	14.2	41	0	0	
2	14	2020	7	16	8	16.7	41	0	0	
3	14	2020	7	16	8	23.8	41	98	0.6	
4	14	2020	7	16	8	22.4	41	63	0.5	

续表

小区号	测次	年	月	日	土壤深度/cm	土壤含水量/%	两测次间降水/mm	植被盖度/%	植被平均高度/m	备注
5	14	2020	7	16	8	23.9	41	85	3.9	
6	14	2020	7	16	8	22.5	41	95	7.1	
7	14	2020	7	16	8	23.6	41	97	7.5	
8	14	2020	7	16	8	23.7	41	92	7.3	
9	14	2020	7	16	8	23.1	41	0	7.7	
10	14	2020	7	16	8	23.8	41	93	8.3	
11	14	2020	7	16	8	23.7	41	98	8.1	
12	14	2020	7	16	8	23.7	41	97	7	
1	15	2020	8	3	8	13.1	17.4	0	0	
2	15	2020	8	3	8	15.3	17.4	0	0	
3	15	2020	8	3	8	23.5	17.4	98	0.6	
4	15	2020	8	3	8	22.3	17.4	64	0.5	
5	15	2020	8	3	8	23.5	17.4	85	3.9	
6	15	2020	8	3	8	22.3	17.4	95	7.1	
7	15	2020	8	3	8	23.2	17.4	97	7.5	
8	15	2020	8	3	8	23.6	17.4	93	7.3	
9	15	2020	8	3	8	22.4	17.4	0	7.7	
10	15	2020	8	3	8	23.1	17.4	95	8.3	
11	15	2020	8	3	8	23.2	17.4	98	8.1	
12	15	2020	8	3	8	23.4	17.4	97	7	
1	16	2020	8	17	8	13.3	42	0	0	
2	16	2020	8	17	8	15.8	42	0	0	
3	16	2020	8	17	8	23.6	42	98	0.6	
4	16	2020	8	17	8	22.7	42	64	0.5	
5	16	2020	8	17	8	23.8	42	85	3.9	
6	16	2020	8	17	8	23.1	42	95	7.1	
7	16	2020	8	17	8	23.7	42	97	7.5	
8	16	2020	8	17	8	24.2	42	93	7.3	
9	16	2020	8	17	8	23.6	42	0	7.7	
10	16	2020	8	17	8	24.1	42	95	8.3	
11	16	2020	8	17	8	24.3	42	98	8.1	
12	16	2020	8	17	8	23.9	42	97	7	
1	17	2020	9	1	8	15.6	140.4	0	0	
2	17	2020	9	1	8	23.4	140.4	0	0	
3	17	2020	9	1	8	30.3	140.4	98	0.6	

续表

小区号	测次	年	月	日	土壤深度/cm	土壤含水量/%	两测次间降水/mm	植被盖度/%	植被平均高度/m	备注
4	17	2020	9	1	8	28.7	140.4	64	0.5	
5	17	2020	9	1	8	31.6	140.4	85	3.9	
6	17	2020	9	1	8	32.6	140.4	95	7.1	
7	17	2020	9	1	8	32.7	140.4	97	7.5	
8	17	2020	9	1	8	33.8	140.4	93	7.3	
9	17	2020	9	1	8	32.3	140.4	2	7.7	
10	17	2020	9	1	8	33.7	140.4	95	8.3	
11	17	2020	9	1	8	34.1	140.4	98	8.1	
12	17	2020	9	1	8	33.2	140.4	97	7	
1	18	2020	9	16	8	15.5	102	1	1	
2	18	2020	9	16	8	23.1	102	1	1	
3	18	2020	9	16	8	30.6	102	98	0.6	
4	18	2020	9	16	8	29.3	102	64	0.5	
5	18	2020	9	16	8	31.8	102	85	3.9	
6	18	2020	9	16	8	32.5	102	95	7.1	
7	18	2020	9	16	8	33.2	102	97	7.5	
8	18	2020	9	16	8	33.9	102	93	7.3	
9	18	2020	9	16	8	32.2	102	2	7.7	
10	18	2020	9	16	8	33.9	102	95	8.3	
11	18	2020	9	16	8	34.3	102	98	8.1	
12	18	2020	9	16	8	32.9	102	97	7	
1	19	2020	10	9	8	14.8	163.2	1	1	
2	19	2020	10	9	8	23.3	163.2	1	1	
3	19	2020	10	9	8	30.1	163.2	98	0.6	
4	19	2020	10	9	8	29.4	163.2	64	0.5	
5	19	2020	10	9	8	31.5	163.2	85	3.9	
6	19	2020	10	9	8	32.1	163.2	95	7.1	
7	19	2020	10	9	8	33.3	163.2	97	7.5	
8	19	2020	10	9	8	33.7	163.2	93	7.3	
9	19	2020	10	9	8	32	163.2	2	7.7	
10	19	2020	10	9	8	33.8	163.2	95	8.3	
11	19	2020	10	9	8	34.2	163.2	98	8.1	
12	19	2020	10	9	8	33.1	163.2	97	7	
1	20	2020	10	16	8	12.3	0	1	1	
2	20	2020	10	16	8	14.4	0	1	1	

续表

小区号	测次	年	月	日	土壤深度/cm	土壤含水量/%	两测次间降水/mm	植被盖度/%	植被平均高度/m	备注
3	20	2020	10	16	8	23.6	0	98	0.6	
4	20	2020	10	16	8	22.1	0	10	0.2	
5	20	2020	10	16	8	27.6	0	85	3.9	
6	20	2020	10	16	8	26.5	0	95	7.1	
7	20	2020	10	16	8	25.8	0	97	7.5	
8	20	2020	10	16	8	25.9	0	93	7.3	
9	20	2020	10	16	8	23.1	0	2	7.7	
10	20	2020	10	16	8	27.8	0	95	8.3	
11	20	2020	10	16	8	27.9	0	98	8.1	
12	20	2020	10	16	8	26.7	0	97	7	
1	21	2020	11	2	8	10.6	0.8	1	1	
2	21	2020	11	2	8	9.5	0.8	1	1	
3	21	2020	11	2	8	18.6	0.8	98	0.6	
4	21	2020	11	2	8	14.7	0.8	10	0.2	
5	21	2020	11	2	8	20.3	0.8	85	3.9	
6	21	2020	11	2	8	21.4	0.8	95	7.1	
7	21	2020	11	2	8	21.8	0.8	97	7.5	
8	21	2020	11	2	8	22.5	0.8	93	7.3	
9	21	2020	11	2	8	20.3	0.8	5	7.7	
10	21	2020	11	2	8	22.1	0.8	95	8.3	
11	21	2020	11	2	8	21.6	0.8	98	8.1	
12	21	2020	11	2	8	21.3	0.8	97	7	
1	22	2020	11	16	8	10.6	0.8	1	1	
2	22	2020	11	16	8	9.8	0.8	1	1	
3	22	2020	11	16	8	18.5	0.8	98	0.6	
4	22	2020	11	16	8	14.3	0.8	10	0.2	
5	22	2020	11	16	8	20.6	0.8	85	3.9	
6	22	2020	11	16	8	21.5	0.8	95	7.1	
7	22	2020	11	16	8	21.7	0.8	97	7.5	
8	22	2020	11	16	8	22.3	0.8	93	7.3	
9	22	2020	11	16	8	20.5	0.8	5	7.7	
10	22	2020	11	16	8	22.2	0.8	95	8.3	
11	22	2020	11	16	8	21.9	0.8	98	8.1	
12	22	2020	11	16	8	21.5	0.8	97	7	
1	23	2020	12	1	8	8.7	0	1	1	

续表

小区号	测次	年	月	日	土壤深度/cm	土壤含水量/%	两测次间降水/mm	植被盖度/%	植被平均高度/m	备注
2	23	2020	12	1	8	7.9	0	1	1	
3	23	2020	12	1	8	12.2	0	98	0.6	
4	23	2020	12	1	8	10.6	0	10	0.2	
5	23	2020	12	1	8	13.2	0	85	3.9	
6	23	2020	12	1	8	13.8	0	95	7.1	
7	23	2020	12	1	8	14.3	0	97	7.5	
8	23	2020	12	1	8	14.9	0	93	7.3	
9	23	2020	12	1	8	12.6	0	5	7.7	
10	23	2020	12	1	8	15.1	0	95	8.3	
11	23	2020	12	1	8	14.8	0	98	8.1	
12	23	2020	12	1	8	14.6	0	97	7	
1	24	2020	12	15	8	11.7	15.4	1	1	
2	24	2020	12	15	8	13.4	15.4	1	1	
3	24	2020	12	15	8	16.1	15.4	98	0.6	
4	24	2020	12	15	8	14.4	15.4	10	0.2	
5	24	2020	12	15	8	17.3	15.4	85	3.9	
6	24	2020	12	15	8	17.8	15.4	95	7.1	
7	24	2020	12	15	8	18.7	15.4	97	7.5	
8	24	2020	12	15	8	18.4	15.4	93	7.3	
9	24	2020	12	15	8	15.4	15.4	5	7.7	
10	24	2020	12	15	8	18.3	15.4	95	8.3	
11	24	2020	12	15	8	18.8	15.4	98	8.1	
12	24	2020	12	15	8	18.8	15.4	97	7	

附件 5　小流域控制站监测数据成果

小流域控制站基本信息表

地理坐标：东经 116°27′03.3″　北纬 25°40′13.7″

(1)自然情况								
气候特征	年平均温度/℃	年最高温度/℃	年最低温度/℃	≥10℃积温/℃	无霜期/d	年均降雨量/mm	年蒸发量/mm	
	18.3	39.5	−8	5872.5	262	1697	682	
流域特征	平均海拔/m	最高海拔/m	最低海拔/m	流域面积/km²	流域长度/km	沟壑密度/(km/km²)	流域形状系数	主沟道纵比降/%
	354.6	557.6	293	6.26	3.8	3.31	2.1	1.01
坡度分级	坡名	平坡	缓坡	中等坡	斜坡	陡坡	急坡	急陡坡
	坡度/(°)	≤3	3～5	5～8	8～15	15～25	25～35	>35
	坡度/%		21.6	8.1	19	30.8	17.9	2.6
土壤与土壤侵蚀状况	主要土壤类型				平均土层厚度/cm	流域平均输沙模数/[t/(km²·a)]	土壤侵蚀模数/[t/(km²·a)]	流域综合治理度/%
	酸性岩粗骨性红壤	乌泥田和黄泥沙田	酸性岩红壤	酸性岩侵蚀红壤	50	568	1960	73.8

(2)土地利用结构/hm²								
总面积	耕地	园地	林地	草地	居民点及工况交通用地	水域及水利设施	未利用地	其他用地
626.1	121.5	59.3	376.5					68.8

(3)流量堰规格参数			
流量堰类型	巴塞尔(　)矩形薄壁堰(√) 三角形薄壁堰(　)三角剖面堰(　) 其他：＿＿＿＿＿＿＿＿(　)		
巴塞尔	喉道宽度/m：		
	流量计算公式：		
三角形薄壁堰	堰顶角/(°)：		
	流量计算公式：		
矩形薄壁堰	堰宽/m：12.5		
	有无侧向收缩：有(　)/无(√)		
	进水渠宽度/m：2	收缩比：0.8	
	流量计算公式：$Q=C_D\frac{2}{3}\sqrt{2g}b_e h_e^{3/2}$　$C_D=0.596+0.045h/p$		
三角剖面堰	流量系数 C_D	影响系数 C_V	堰宽/m
	流量计算公式：		
其他			

小流域控制站逐日降水量

日	1月	2月	3月	4月	5月	6月	7月	8月	9月	10月	11月	12月	日
1			0.6	40.8		24			0.2				1
2		9.6	1	27.2	0.2	3.4							2
3		18.8	12.2	11.4		0.4	1.6						3
4		2.2	8.8	7		0.6	16.8	0.4		1.8			4
5				4	28.4	41.6		1.6					5
6	0.2	12.4	0.8	1.6	1	1.4			0.8				6
7			3.2			6.8			15.4				7
8				0.2		3.8			5.8				8
9			32.4			46.4	14.8			0.6			9
10				1.8		10.6			2.4		0.4		10
11	0.2	9.8	21.4	9.2	0.8	0.2		10.2	56.6				11
12		10.2	47.4						0.2				12
13		19.6	10.6						0.8			9	13
14		43.2		0.4		0.4			2.2		0.4	6.8	14
15		18.4		0.2	6.6	0.4		3.2				1.8	15
16	1.2		0.4					8.8	0.2			0.8	16
17			28.4		40.6			1				1	17
18	3.2		16.8	1.6	2.6			21.2	4.6				18
19			1.2					7.2					19
20				10	21.6			3.4					20
21				12.2	13.2			41.6	5.2				21
22				7.2	5.4				69.4			1.2	22
23			9.2	1.8	0.2				13.4			0.6	23
24	0.4		1.2						1.4				24
25	16.8				4	7.2		31.8	2.4				25
26	8.6		0.4		22.4		4.8	3.2	12.2				26
27			13						5.2				27
28									0.2				28
29		8	7.8				1		6.6				29
30			6.6		0.8		10		2.2				30
31			1.6		22.2			6.8					31
降水量	30.6	152.2	225	136.6	170	147.2	49	140.4	207.4	2.4	0.8	21.2	降水量
降水日数	7	10	21	16	15	14	6	13	21	2	2	7	降水日数
最大日量	16.8	43.2	47.4	40.8	40.6	46.4	16.8	41.6	69.4	1.8	0.4	9	最大日数
年统计	降水量	1282.8	日数	134	最大日降水量	69.4	日期	9月22日	最大月降水量		225	月份	3月
	最大次雨量	67.2	历时	2910	最大 I_{30}	58.4	日期	8月25日	最大降雨侵蚀力		867.9	日期	9月11日
	初雪日期		终雪日期										
备注	降水量：mm；历时：min；I_{30}：mm/h；最大降雨侵蚀力：(MJ·mm)/(hm^2·h)。												

小流域控制站逐日平均流量

日	1月	2月	3月	4月	5月	6月	7月	8月	9月	10月	11月	12月	日
1	0.037	0.035	0.031	0.059	0.039	0.294	0.014	0.034	0.075	0.023	0.005	0.006	1
2	0.034	0.037	0.034	0.968	0.041	0.242	0.02	0.038	0.079	0.02	0.004	0.004	2
3	0.036	0.293	0.081	0.494	0.046	0.08	0.023	0.029	0.077	0.015	0.006	0.006	3
4	0.031	0.495	0.099	0.226	0.038	0.065	0.132	0.027	0.071	0.018	0.008	0.008	4
5	0.037	0.073	0.03	0.173	0.032	0.304	0.078	0.029	0.081	0.015	0.012	0.012	5
6	0.039	0.128	0.021	0.075	0.026	0.364	0.03	0.034	0.064	0.013	0.006	0.006	6
7	0.041	0.133	0.02	0.074	0.024	0.261	0.02	0.03	0.068	0.012	0.008	0.008	7
8	0.046	0.052	0.024	0.067	0.029	0.217	0.021	0.026	0.271	0.012	0.007	0.007	8
9	0.035	0.041	0.135	0.069	0.023	0.714	0.04	0.027	0.096	0.012	0.005	0.005	9
10	0.039	0.038	0.128	0.068	0.023	0.454	0.102	0.029	0.08	0.009	0.006	0.006	10
11	0.046	0.047	0.096	0.144	0.017	0.258	0.037	0.088	0.671	0.011	0.016	0.016	11
12	0.042	0.23	0.698	0.079	0.017	0.157	0.03	0.04	0.731	0.01	0.017	0.017	12
13	0.054	0.287	1.56	0.09	0.012	0.116	0.029	0.038	0.116	0.01	0.012	0.036	13
14	0.049	0.8	0.203	0.085	0.014	0.098	0.024	0.032	0.069	0.012	0.008	0.032	14
15	0.039	1.48	0.073	0.08	0.016	0.086	0.023	0.046	0.051	0.011	0.012	0.019	15
16	0.034	0.459	0.062	0.089	0.012	0.047	0.017	0.075	0.045	0.009	0.007	0.007	16
17	0.028	0.113	0.188	0.078	0.023	0.033	0.022	0.054	0.036	0.012	0.006	0.006	17
18	0.034	0.079	0.384	0.07	0.415	0.032	0.018	0.138	0.04	0.008	0.008	0.008	18
19	0.084	0.07	1.08	0.07	0.134	0.03	0.02	0.18	0.049	0.008	0.005	0.005	19
20	0.061	0.056	0.141	0.059	0.074	0.03	0.027	0.065	0.056	0.012	0.009	0.009	20
21	0.049	0.046	0.068	0.342	0.451	0.025	0.02	0.127	0.063	0.008	0.012	0.012	21
22	0.038	0.052	0.048	0.293	0.894	0.014	0.019	0.948	0.193	0.006	0.011	0.011	22
23	0.041	0.042	0.055	0.192	0.362	0.012	0.017	0.125	0.997	0.008	0.009	0.009	23
24	0.039	0.045	0.039	0.093	0.106	0.018	0.015	0.061	0.19	0.007	0.012	0.012	24
25	0.035	0.046	0.034	0.081	0.065	0.02	0.016	0.166	0.065	0.004	0.011	0.011	25
26	0.27	0.051	0.029	0.066	0.224	0.046	0.027	0.451	0.078	0.004	0.005	0.005	26
27	0.082	0.045	0.024	0.062	0.103	0.024	0.031	0.082	0.174	0.003	0.006	0.006	27
28	0.054	0.039	0.073	0.055	0.059	0.017	0.024	0.073	0.098	0.003	0.012	0.012	28
29	0.049	0.033	0.057	0.042	0.063	0.012	0.028	0.075	0.037	0.005	0.005	0.005	29
30	0.042		0.098	0.037	0.056	0.009	0.076	0.078	0.04	0.003	0.006	0.006	30
31	0.037		0.171		0.184		0.046	0.086		0.005		0.008	31
平均	0.051	0.184	0.187	0.146	0.117	0.136	0.034	0.107	0.159	0.010	0.009	0.010	平均
最大	0.27	1.48	1.56	0.968	0.894	0.714	0.132	0.948	0.997	0.023	0.017	0.036	最大
最大日期	1月26日	2月15日	3月13日	4月2日	5月22日	6月9日	7月4日	8月22日	9月23日	10月1日	11月12日	12月13日	最大日期
最小	0.028	0.033	0.02	0.037	0.012	0.009	0.014	0.026	0.036	0.003	0.004	0.004	最小
最小日期	1月17日	2月29日	3月7日	4月30日	5月16日	6月30日	7月1日	8月8日	9月17日	10月30日	11月2日	12月2日	最小日期
年统计	最大流量	1.56	日期	3月13日	最小流量	0.003	日期	10月27日	平均	0.095			年统计
	径流量	0.0301×10^{8}			径流模数	15.2×10^{-3}			径流深	480.8mm			
备注	流量单位：m^3/s，径流模数单位：m^3/hm^2，径流深单位：mm。												

小流域控制站逐日平均含沙量（悬移质）

日	1 月	2 月	3 月	4 月	5 月	6 月	7 月	8 月	9 月	10 月	11 月	12 月	日
1				0.017		0.051							1
2				0.280		0.041							2
3		0.075	0.025	0.071		0.012							3
4		0.095	0.030	0.049			0.038						4
5		0.002		0.040		0.069	0.013						5
6		0.039		0.002		0.058							6
7		0.038				0.050			0.002				7
8						0.037			0.048				8
9			0.067			0.318	0.004		0.010				9
10			0.031			0.062	0.029						10
11			0.021	0.028		0.043		0.023	0.630				11
12		0.065	0.211	0.001		0.013			0.190				12
13		0.063	0.673						0.026				13
14		0.386	0.059						0.014				14
15		0.584							0.007				15
16		0.120						0.013	0.006				16
17		0.027	0.053		0.001				0.005				17
18			0.076		0.067			0.051	0.004				18
19			0.474		0.022			0.033	0.003				19
20			0.028					0.004	0.002				20
21				0.058	0.069			0.189	0.001				21
22				0.051	0.133			0.340	0.078				22
23				0.042	0.058			0.024	0.669				23
24				0.011	0.019				0.037				24
25					0.015	0.001		0.133					25
26	0.067				0.054	0.022		0.100	0.013				26
27	0.012				0.019			0.002	0.029				27
28									0.010				28
29			0.001										29
30			0.020				0.013		0.005				30
31			0.041		0.043		0.003	0.004					31
平均	0.020	0.250	0.310	0.082	0.060	0.088	0	0.131	0.270	0	0	0	平均
最大	0.067	0.584	0.673	0.280	0.133	0.318	0.038	0.340	0.669	0	0	0	最大
最大日期	1 月 26 日	2 月 15 日	3 月 13 日	4 月 2 日	5 月 22 日	6 月 9 日	7 月 4 日	8 月 22 日	9 月 23 日				最大日期
最小	0.012	0.002	0.021	0.001	0.001	0.001	0.003	0.002	0.001				最小
最小日期	1 月 27 日	2 月 5 日	3 月 11 日	4 月 12 日	5 月 17 日	6 月 25 日	7 月 31 日	8 月 27 日	9 月 21 日				最小日期
年统计	最大含沙量	0.673	日期	3 月 13 日	最小含沙量	0.001	日期	3 月 29 日	平均含沙量	0.079			年统计
备注	含沙量：g/L												

小流域控制站逐日产沙模数（悬移质）

日	1月	2月	3月	4月	5月	6月	7月	8月	9月	10月	11月	12月	日
1				0		0.003							1
2				0.037		0.001							2
3		0.003	0	0.005		0							3
4		0.006	0	0.002			0.001						4
5				0.001		0.003	0						5
6		0.001				0.003							6
7		0.001				0.002							7
8						0.001			0.002				8
9			0.001			0.031			0				9
10			0.001			0.004	0						10
11			0	0.001		0.002		0	0.058				11
12		0.002	0.02			0			0.019				12
13		0.002	0.145						0				13
14		0.043	0.002						0				14
15		0.119											15
16		0.008						0					16
17		0	0.001										17
18			0.004		0.004			0.001					18
19			0.071		0			0.001					19
20			0.001										20
21				0.003	0.004			0.003					21
22				0.002	0.016			0.044	0.002				22
23				0.001	0.003			0	0.092				23
24				0	0				0.001				24
25					0			0.003					25
26	0.002				0.002	0		0.006	0				26
27	0				0				0.001				27
28									0				28
29													29
30			0				0						30
31			0.001		0.001								31
平均	0.001	0.0185	0.0176	0.0052	0.003	0.0042	0.0003	0.0064	0.0146				平均
最大	0.002	0.119	0.145	0.037	0.016	0.031	0.001	0.044	0.092				最大
最大日期	1月26日	2月15日	3月13日	4月2日	5月22日	6月9日	7月4日	8月22日	9月23日				最大日期
年统计	最大产沙模数	0.145	日期	3月13日	最小产沙模数	0.001	日期	2月6日	平均	0.01			年统计
备注	产沙模数：t/hm^2												

径流泥沙过程（悬移质）

降水次序	径流次序	月	日	时	分	水位/cm	流量/(m^3/s)	含沙量/(g/L)	时段/min	累积径流深/mm	累积产沙/(t/hm^2)
1	1	1	26	1	30	10	0.037	0	0	0	0
1	1	1	26	1	50	13	0.057	0	20	0	0
1	1	1	26	2	00	16	0.08	0.01	10	0	0
1	1	1	26	3	00	18	0.098	0.03	60	0.1	0
1	1	1	26	6	00	23	0.151	0.04	180	0.3	0
1	1	1	26	7	00	28	0.215	0.05	60	0.5	0
1	1	1	26	8	00	31	0.267	0.06	60	0.6	0
1	1	1	26	9	00	33	0.304	0.06	60	0.8	0
1	1	1	26	10	00	36	0.362	0.07	60	1	0.001
1	1	1	26	11	00	42	0.485	0.08	60	1.3	0.001
1	1	1	26	12	00	46	0.573	0.09	60	1.6	0.001
1	1	1	26	13	00	44	0.529	0.09	60	1.9	0.001
1	1	1	26	15	00	39	0.422	0.08	120	2.4	0.002
1	1	1	26	18	00	32	0.285	0.07	180	2.9	0.002
1	1	1	26	22	00	28	0.215	0.05	240	3.4	0.002
1	1	1	27	0	00	23	0.151	0.05	120	3.6	0.002
1	1	1	27	3	00	19	0.107	0.03	180	3.7	0.002
1	1	1	27	8	00	16	0.08	0.01	300	4	0.002
1	1	1	27	10	00	15	0.072	0	120	4.1	0.002
2	2	2	3	1	30	10	0.037	0	0	0	0
2	2	2	3	3	00	13	0.057	0.01	150	0.1	0
2	2	2	3	6	00	16	0.08	0.03	180	0.2	0
2	2	2	3	9	30	22	0.14	0.04	210	0.5	0
2	2	2	3	11	00	26	0.187	0.05	90	0.7	0
2	2	2	3	13	00	33	0.304	0.06	120	1	0
2	2	2	3	15	00	36	0.362	0.07	120	1.4	0.001
2	2	2	3	17	20	42	0.485	0.08	140	2.1	0.001
2	2	2	3	20	00	46	0.573	0.09	160	3	0.002
2	2	2	4	0	00	51	0.685	0.1	120	3.7	0.003
2	2	2	4	2	00	53	0.731	0.11	120	4.6	0.004
2	2	2	4	4	30	56	0.802	0.12	150	5.7	0.005
2	2	2	4	8	00	53	0.731	0.11	210	7.2	0.007
2	2	2	4	11	00	49	0.639	0.1	180	8.3	0.008
2	2	2	4	13	00	42	0.485	0.09	120	8.9	0.008
2	2	2	4	15	00	36	0.362	0.07	120	9.3	0.008
2	2	2	4	18	00	28	0.215	0.04	180	9.7	0.009
2	2	2	5	0	00	19	0.107	0.02	240	9.9	0.009
2	2	2	5	2	00	16	0.08	0.01	120	10	0.009
2	2	2	5	4	00	15	0.072	0	120	10.1	0.009
3	3	2	6	12	30	13	0.057	0	0	0	0
3	3	2	6	13	00	16	0.08	0.01	30	0	0
3	3	2	6	14	00	21	0.129	0.04	60	0.1	0

续表

降水次序	径流次序	月	日	时	分	水位/cm	流量/(m³/s)	含沙量/(g/L)	时段/min	累积径流深/mm	累积产沙/(t/hm²)
3	3	2	6	17	00	26	0.187	0.04	180	0.4	0
3	3	2	6	19	00	28	0.215	0.05	120	0.7	0
3	3	2	6	21	00	30	0.249	0.06	120	1	0
3	3	2	6	22	00	33	0.304	0.06	60	1.1	0
3	3	2	6	23	00	31	0.267	0.06	60	1.3	0
3	3	2	7	0	00	34	0.323	0.07	60	1.5	0
3	3	2	7	2	00	32	0.285	0.06	120	1.8	0
3	3	2	7	5	00	28	0.215	0.05	180	2.2	0.001
3	3	2	7	7	00	25	0.174	0.04	120	2.4	0.001
3	3	2	7	10	00	21	0.129	0.03	180	2.6	0.001
3	3	2	7	13	00	16	0.08	0.02	180	2.7	0.001
3	3	2	7	18	00	13	0.057	0	300	2.9	0.001
4	4	2	12	0	00	12	0.05	0	0	0	0
4	4	2	12	4	00	15	0.072	0.03	240	0.2	0
4	4	2	12	8	00	21	0.129	0.04	240	0.5	0
4	4	2	12	14	00	23	0.151	0.05	360	1	0
5	4	2	12	14	30	27	0.201	0.06	30	1	0
5	4	2	12	14	40	32	0.285	0.06	10	1.1	0
5	4	2	12	14	50	36	0.362	0.06	10	1.1	0.001
5	4	2	12	15	00	42	0.485	0.07	10	1.1	0.001
5	4	2	12	15	30	45	0.551	0.09	30	1.3	0.001
5	4	2	12	17	00	43	0.507	0.08	90	1.7	0.001
5	4	2	12	20	00	38	0.402	0.07	180	2.4	0.002
5	4	2	13	0	00	32	0.285	0.06	240	3.1	0.002
6	4	2	13	8	00	27	0.201	0.04	480	4	0.002
6	4	2	13	9	00	30	0.249	0.05	60	4.2	0.002
6	4	2	13	11	20	27	0.201	0.05	140	4.4	0.003
6	4	2	13	11	30	32	0.285	0.06	10	4.5	0.003
6	4	2	13	11	40	38	0.402	0.07	10	4.5	0.003
6	4	2	13	11	50	43	0.507	0.08	10	4.5	0.003
6	4	2	13	12	00	48	0.617	0.09	10	4.6	0.003
6	4	2	13	12	30	48	0.617	0.09	30	4.8	0.003
6	4	2	13	13	00	45	0.551	0.09	30	4.9	0.003
6	4	2	13	15	00	38	0.402	0.08	120	5.4	0.003
6	4	2	13	18	00	32	0.285	0.06	180	5.9	0.004
6	4	2	13	21	00	28	0.215	0.05	180	6.3	0.004
6	4	2	14	0	00	26	0.187	0.05	180	6.6	0.004
6	4	2	14	6	00	22	0.14	0.04	360	7.1	0.004
7	4	2	14	8	00	22	0.14	0.04	120	7.2	0.004
7	4	2	14	8	30	24	0.162	0.05	30	7.3	0.004
7	4	2	14	9	00	28	0.215	0.06	30	7.3	0.004
7	4	2	14	9	30	36	0.362	0.07	30	7.4	0.004

续表

降水次序	径流次序	月	日	时	分	水位/cm	流量/(m^3/s)	含沙量/(g/L)	时段/min	累积径流深/mm	累积产沙/(t/hm^2)
7	4	2	14	10	00	42	0.485	0.08	30	7.6	0.004
7	4	2	14	11	00	51	0.685	0.1	60	8	0.005
7	4	2	14	12	00	58	0.849	0.12	60	8.5	0.005
7	4	2	14	13	00	62	0.943	0.19	60	9	0.006
7	4	2	14	14	00	66	1.04	0.26	60	9.6	0.008
7	4	2	14	15	00	72	1.18	0.32	60	10.3	0.01
7	4	2	14	16	00	76	1.28	0.4	60	11	0.013
7	4	2	14	17	00	81	1.4	0.48	60	11.8	0.017
7	4	2	14	18	00	86	1.52	0.56	60	12.7	0.022
7	4	2	14	20	00	88	1.57	0.61	120	14.5	0.033
7	4	2	14	22	00	86	1.52	0.48	120	16.3	0.041
7	4	2	15	0	00	78	1.33	0.35	120	17.8	0.047
7	4	2	15	6	00	73	1.21	0.29	360	22	0.059
7	4	2	15	8	00	81	1.4	0.47	120	23.6	0.066
7	4	2	15	9	00	86	1.52	0.56	60	24.4	0.071
7	4	2	15	12	00	83	1.45	0.48	180	26.9	0.083
7	4	2	15	14	00	86	1.52	0.63	120	28.7	0.094
7	4	2	15	16	00	91	1.65	0.78	120	30.6	0.109
7	4	2	15	17	00	96	1.77	0.84	60	31.6	0.118
7	4	2	15	18	00	101	1.9	0.89	60	32.7	0.127
7	4	2	15	19	00	100	1.87	0.87	60	33.8	0.137
7	4	2	15	20	00	96	1.77	0.84	60	34.8	0.145
7	4	2	15	22	00	88	1.57	0.78	120	36.6	0.159
7	4	2	15	23	00	78	1.33	0.51	60	37.4	0.163
7	4	2	16	0	00	69	1.11	0.23	60	38	0.165
7	4	2	16	2	00	56	0.802	0.19	120	38.9	0.166
7	4	2	16	8	00	43	0.507	0.08	360	40.7	0.168
7	4	2	16	12	00	38	0.402	0.07	240	41.6	0.168
7	4	2	16	17	00	32	0.285	0.06	300	42.4	0.169
7	4	2	17	0	00	26	0.187	0.05	420	43.2	0.169
7	4	2	17	5	00	22	0.14	0.04	300	43.6	0.169
7	4	2	17	8	00	19	0.107	0.03	180	43.8	0.17
7	4	2	17	15	00	18	0.098	0.02	420	44.2	0.17
7	4	2	18	0	00	16	0.08	0	540	44.6	0.17
8	5	3	1	6	00	8	0.023	0	0	0	0
8	5	3	1	8	00	10	0.033		120	0	0
8	5	3	1	17	00	13	0.053		540	0.3	0
8	5	3	1	20	00	12	0.046	0	180	0.4	0
9	6	3	3	15	00	11	0.043	0	0	0	0
9	6	3	3	17	30	18	0.098	0.03	150	0.1	0
9	6	3	3	18	00	23	0.151	0.03	30	0.2	0
9	6	3	3	19	00	26	0.187	0.04	60	0.3	0

续表

降水次序	径流次序	月	日	时	分	水位/cm	流量/(m^3/s)	含沙量/(g/L)	时段/min	累积径流深/mm	累积产沙/(t/hm^2)
9	6	3	3	19	30	31	0.267	0.05	30	0.4	0
9	6	3	3	20	00	33	0.304	0.06	30	0.5	0
9	6	3	3	20	40	33	0.304	0.06	40	0.6	0
9	6	3	3	21	00	29	0.232	0.05	20	0.6	0
9	6	3	3	21	20	26	0.187	0.05	20	0.7	0
9	6	3	3	22	00	22	0.14	0.04	40	0.7	0
9	6	3	4	0	00	19	0.107	0.04	120	0.8	0
9	6	3	4	8	00	17	0.089	0.03	480	1.2	0
10	6	3	4	15	20	17	0.089	0.03	450	1.6	0.001
10	6	3	4	18	00	19	0.107	0.03	160	1.8	0.001
10	6	3	4	22	30	21	0.129	0.04	270	2.1	0.001
10	6	3	4	23	00	23	0.151	0.03	30	2.2	0.001
10	6	3	4	23	10	19	0.107	0.02	10	2.2	0.001
10	6	3	4	23	20	15	0.072	0.02	10	2.2	0.001
10	6	3	4	23	30	12	0.05	0.01	10	2.2	0.001
10	6	3	5	0	00	9	0.033	0	30	2.2	0.001
11	7	3	9	15	30	7	0.021	0	0	0	0
11	7	3	9	16	00	13	0.057	0.02	30	0	0
11	7	3	9	16	50	20	0.118	0.03	50	0.1	0
11	7	3	9	17	00	23	0.151	0.04	10	0.1	0
11	7	3	9	17	10	28	0.215	0.05	10	0.1	0
11	7	3	9	17	30	32	0.285	0.05	20	0.2	0
11	7	3	9	17	50	36	0.362	0.06	20	0.2	0
11	7	3	9	18	00	39	0.422	0.06	10	0.3	0
11	7	3	9	18	30	44	0.529	0.07	30	0.4	0
11	7	3	9	19	00	48	0.617	0.09	30	0.6	0
11	7	3	9	19	40	48	0.617	0.08	40	0.8	0
11	7	3	9	20	30	45	0.551	0.08	50	1.1	0.001
11	7	3	9	21	00	40	0.443	0.08	30	1.2	0.001
11	7	3	9	21	30	36	0.362	0.07	30	1.3	0.001
11	7	3	9	22	30	32	0.285	0.06	60	1.5	0.001
11	7	3	9	23	00	30	0.249	0.05	30	1.6	0.001
11	7	3	10	0	00	27	0.201	0.05	60	1.7	0.001
11	7	3	10	2	00	26	0.187	0.05	120	1.9	0.001
11	7	3	10	8	00	23	0.151	0.04	480	2.6	0.002
11	7	3	10	16	00	18	0.098	0.03	480	3	0.002
11	7	3	10	20	00	16	0.08	0.02	240	3.2	0.002
11	7	3	11	0	00	16	0.08	0.02	240	3.4	0.002
12	7	3	11	19	30	15	0.072	0.01	1170	4.2	0.002
12	7	3	11	20	00	18	0.098	0.02	30	4.2	0.002
12	7	3	11	21	00	23	0.151	0.03	60	4.3	0.002
12	7	3	11	22	00	26	0.187	0.04	60	4.4	0.002

续表

降水次序	径流次序	月	日	时	分	水位/cm	流量/(m^3/s)	含沙量/(g/L)	时段/min	累积径流深/mm	累积产沙/(t/hm^2)
12	7	3	11	23	00	30	0.249	0.05	60	4.6	0.002
12	7	3	12	0	00	33	0.304	0.05	60	4.8	0.002
12	7	3	12	4	00	36	0.362	0.07	240	5.6	0.003
12	7	3	12	8	00	42	0.485	0.08	240	6.7	0.003
12	7	3	12	12	00	45	0.551	0.11	240	8	0.005
12	7	3	12	15	30	53	0.731	0.14	210	9.4	0.007
12	7	3	12	18	00	66	1.04	0.16	150	10.9	0.009
12	7	3	12	20	00	71	1.16	0.28	120	12.3	0.013
12	7	3	12	23	00	76	1.28	0.45	180	14.5	0.023
12	7	3	13	0	00	80	1.37	0.51	60	15.3	0.027
12	7	3	13	2	00	86	1.52	0.58	120	17	0.037
12	7	3	13	5	00	91	1.65	0.68	180	19.9	0.057
12	7	3	13	8	00	96	1.77	0.78	180	22.9	0.08
12	7	3	13	12	00	102	1.92	0.92	240	27.3	0.121
12	7	3	13	14	00	108	2.07	0.98	120	29.7	0.144
12	7	3	13	15	10	106	2.02	0.83	70	31.1	0.156
12	7	3	13	15	30	95	1.75	0.79	20	31.4	0.158
12	7	3	13	16	50	86	1.52	0.61	80	32.6	0.165
12	7	3	13	18	30	84	1.47	0.39	100	34	0.171
12	7	3	13	19	00	76	1.28	0.32	30	34.4	0.172
12	7	3	13	21	00	63	0.967	0.22	120	35.5	0.175
12	7	3	13	23	00	58	0.849	0.12	120	36.4	0.176
12	7	3	14	0	00	53	0.731	0.11	60	36.9	0.176
12	7	3	14	2	00	45	0.551	0.09	120	37.5	0.177
12	7	3	14	5	00	36	0.362	0.06	180	38.1	0.177
12	7	3	14	8	00	21	0.129	0.03	180	38.3	0.177
12	7	3	14	13	00	18	0.098	0.01	300	38.6	0.177
12	7	3	14	16	00	16	0.08	0	180	38.8	0.177
13	8	3	17	8	30	12	0.05	0	0	0	0
13	8	3	17	9	00	15	0.072	0	30	0	0
13	8	3	17	12	00	18	0.098	0.03	180	0.2	0
13	8	3	17	14	00	20	0.118	0.04	120	0.3	0
13	8	3	17	14	30	23	0.151	0.04	30	0.4	0
13	8	3	17	14	50	29	0.232	0.05	20	0.4	0
13	8	3	17	15	00	33	0.304	0.06	10	0.4	0
13	8	3	17	15	30	40	0.443	0.07	30	0.6	0
13	8	3	17	16	00	44	0.529	0.08	30	0.7	0
13	8	3	17	16	30	43	0.507	0.08	30	0.9	0
13	8	3	17	17	00	41	0.464	0.07	30	1	0.001
13	8	3	17	18	00	37	0.382	0.06	60	1.2	0.001
13	8	3	17	20	00	33	0.304	0.05	120	1.6	0.001
13	8	3	17	23	00	36	0.362	0.07	180	2.2	0.001

续表

降水次序	径流次序	月	日	时	分	水位/cm	流量/(m³/s)	含沙量/(g/L)	时段/min	累积径流深/mm	累积产沙/(t/hm²)
13	8	3	18	0	00	38	0.402	0.07	60	2.4	0.001
13	8	3	18	2	00	40	0.443	0.08	120	2.9	0.002
13	8	3	18	8	00	35	0.342	0.06	360	4.1	0.003
13	8	3	18	15	00	32	0.285	0.05	420	5.3	0.003
13	8	3	18	18	30	29	0.232	0.04	210	5.7	0.003
13	8	3	18	19	00	32	0.285	0.05	30	5.8	0.003
13	8	3	18	20	20	39	0.422	0.06	80	6.1	0.004
13	8	3	18	21	30	43	0.507	0.08	70	6.5	0.004
13	8	3	18	22	00	47	0.595	0.08	30	6.6	0.004
13	8	3	18	23	00	52	0.708	0.1	60	7.1	0.004
13	8	3	19	0	00	63	0.967	0.23	60	7.6	0.006
13	8	3	19	1	00	78	1.33	0.36	60	8.4	0.008
13	8	3	19	2	00	85	1.5	0.57	120	10.1	0.018
13	8	3	19	3	00	91	1.65	0.67	60	11	0.025
13	8	3	19	4	10	95	1.75	0.79	70	12.2	0.034
13	8	3	19	8	00	95	1.75	0.62	230	16.1	0.058
13	8	3	19	9	30	86	1.52	0.55	90	17.4	0.065
13	8	3	19	11	00	79	1.35	0.43	90	18.6	0.07
13	8	3	19	14	00	63	0.967	0.19	180	20.2	0.073
13	8	3	19	17	00	49	0.639	0.14	180	21.3	0.075
13	8	3	19	20	00	36	0.362	0.09	180	22	0.075
13	8	3	19	22	00	32	0.285	0.06	120	22.3	0.075
13	8	3	20	0	00	28	0.215	0.05	120	22.5	0.075
13	8	3	20	8	00	24	0.162	0.03	480	23.3	0.076
13	8	3	20	12	00	22	0.14	0.03	240	23.6	0.076
13	8	3	20	16	00	20	0.118	0.02	240	23.9	0.076
13	8	3	20	18	00	18	0.098	0.02	120	24	0.076
13	8	3	21	0	00	16	0.08	0	360	24.3	0.076
14	9	3	29	18	30	12	0.05	0	0	0	0
14	9	3	29	22	00	15	0.072	0.01	210	0.1	0
14	9	3	30	0	00	15	0.072	0.01	120	0.2	0
14	9	3	30	6	00	16	0.08	0.02	360	0.5	0
14	9	3	30	15	00	18	0.098	0.03	540	1	0
14	9	3	30	20	00	20	0.118	0.03	300	1.4	0
14	9	3	31	0	00	24	0.162	0.04	240	1.7	0
14	9	3	31	6	00	27	0.201	0.05	360	2.4	0.001
14	9	3	31	10	00	31	0.267	0.05	240	3	0.001
14	9	3	31	12	00	29	0.232	0.05	120	3.3	0.001
14	9	3	31	15	00	23	0.151	0.04	180	3.6	0.001
14	9	3	31	20	00	19	0.107	0.03	300	3.9	0.001
14	9	3	31	23	00	17	0.089	0.02	180	4	0.001
14	9	4	1	0	00	14	0.064	0.02	60	4.1	0.001

续表

降水次序	径流次序	月	日	时	分	水位/cm	流量/(m³/s)	含沙量/(g/L)	时段/min	累积径流深/mm	累积产沙/(t/hm²)
14	9	4	1	8	00	13	0.057	0.02	480	4.3	0.001
14	9	4	1	17	00	11	0.043	0.01	540	4.5	0.001
15	9	4	1	22	30	11	0.043	0.01	330	4.7	0.001
15	9	4	1	23	20	15	0.072	0.02	50	4.7	0.001
15	9	4	1	23	30	19	0.107	0.02	10	4.7	0.001
15	9	4	1	23	40	26	0.187	0.04	10	4.7	0.001
15	9	4	1	23	50	40	0.443	0.07	10	4.8	0.002
15	9	4	2	0	00	53	0.731	0.09	10	4.9	0.002
15	9	4	2	0	10	64	0.991	0.102	10	4.9	0.002
15	9	4	2	0	20	79	1.35	0.312	10	5.1	0.002
15	9	4	2	0	30	88	1.57	0.521	10	5.2	0.003
15	9	4	2	0	40	92	1.67	0.608	10	5.4	0.004
15	9	4	2	1	0	93	1.7	0.781	20	5.7	0.006
15	9	4	2	1	30	90	1.62	0.672	30	6.2	0.01
15	9	4	2	2	0	86	1.52	0.562	30	6.6	0.012
15	9	4	2	3	0	83	1.45	0.429	60	7.4	0.016
15	9	4	2	4	0	75	1.25	0.296	60	8.2	0.018
15	9	4	2	5	0	65	1.01	0.216	60	8.7	0.019
15	9	4	2	6	0	58	0.849	0.136	60	9.2	0.02
15	9	4	2	8	0	52	0.708	0.12	120	10.1	0.021
15	9	4	2	13	0	48	0.617	0.079	300	11.8	0.022
15	9	4	2	13	30	56	0.802	0.099	30	12.1	0.022
15	9	4	2	13	40	62	0.943	0.105	10	12.1	0.022
15	9	4	2	13	50	68	1.09	0.112	10	12.3	0.022
15	9	4	2	14	0	73	1.21	0.223	10	12.4	0.023
15	9	4	2	14	10	76	1.28	0.334	10	12.5	0.023
15	9	4	2	14	20	80	1.37	0.43	10	12.6	0.024
15	9	4	2	14	30	85	1.5	0.525	10	12.8	0.024
15	9	4	2	15	10	83	1.45	0.422	40	13.3	0.027
15	9	4	2	15	40	76	1.28	0.345	30	13.7	0.028
15	9	4	2	16	0	72	1.18	0.294	20	13.9	0.029
15	9	4	2	18	0	65	1.01	0.228	120	15.1	0.031
15	9	4	2	20	0	56	0.802	0.162	120	16	0.033
15	9	4	2	22	0	52	0.708	0.096	120	16.8	0.034
15	9	4	3	0	0	48	0.617	0.091	120	17.5	0.034
15	9	4	3	5	0	44	0.529	0.077	300	19	0.035

续表

降水次序	径流次序	月	日	时	分	水位/cm	流量/(m^3/s)	含沙量/(g/L)	时段/min	累积径流深/mm	累积产沙/(t/hm^2)
15	9	4	3	12	0	43	0.507	0.067	420	21.1	0.037
15	9	4	3	16	0	42	0.485	0.062	240	22.2	0.037
15	9	4	3	20	0	39	0.422	0.06	240	23.2	0.038
15	9	4	4	0	0	36	0.362	0.058	240	24	0.039
15	9	4	4	5	0	33	0.304	0.056	300	24.9	0.039
15	9	4	4	10	0	29	0.232	0.05	300	25.5	0.039
15	9	4	4	15	0	25	0.174	0.044	300	26	0.04
15	9	4	4	21	0	23	0.151	0.037	360	26.6	0.04
15	9	4	5	0	0	22	0.14	0.034	180	26.8	0.04
16	9	4	5	4	30	20	0.118	0.028	270	27.1	0.04
16	9	4	5	5	30	23	0.151	0.034	60	27.2	0.04
16	9	4	5	6	0	23	0.151	0.038	30	27.2	0.04
16	9	4	5	7	0	26	0.187	0.045	60	27.4	0.04
16	9	4	5	8	0	31	0.267	0.052	60	27.5	0.04
16	9	4	5	9	0	36	0.362	0.059	60	27.7	0.04
16	9	4	5	9	30	34	0.323	0.054	30	27.8	0.04
16	9	4	5	10	0	31	0.267	0.05	30	27.9	0.04
16	9	4	5	13	0	28	0.215	0.042	180	28.3	0.04
16	9	4	5	16	0	25	0.174	0.034	180	28.6	0.041
16	9	4	5	20	0	21	0.129	0.024	240	28.9	0.041
16	9	4	5	22	0	18	0.098	0.018	120	29	0.041
16	9	4	6	0	0	17	0.089	0.009	120	29.1	0.041
16	9	4	6	2	0	15	0.072	0.007	120	29.1	0.041
16	9	4	6	8	0	15	0.072	0	360	29.4	0.041
17	10	4	11	5	30	14	0.064	0		0	0
17	10	4	11	6	0	16	0.08	0.003	30	0	0
17	10	4	11	7	0	18	0.098	0.01	60	0.1	0
17	10	4	11	8	30	19	0.107	0.019	90	0.2	0
17	10	4	11	9	0	22	0.14	0.022	30	0.2	0
17	10	4	11	10	0	25	0.174	0.03	60	0.3	0
17	10	4	11	11	0	29	0.232	0.042	60	0.4	0
17	10	4	11	12	0	34	0.323	0.053	60	0.6	0
17	10	4	11	12	20	36	0.362	0.057	20	0.7	0
17	10	4	11	13	0	33	0.304	0.053	40	0.8	0
17	10	4	11	15	0	29	0.232	0.04	120	1.1	0
17	10	4	11	16	0	25	0.174	0.036	60	1.2	0

续表

降水次序	径流次序	月	日	时	分	水位/cm	流量/(m^3/s)	含沙量/(g/L)	时段/min	累积径流深/mm	累积产沙/(t/hm^2)
17	10	4	11	18	0	23	0.151	0.027	120	1.4	0.001
17	10	4	11	20	0	21	0.129	0.019	120	1.5	0.001
17	10	4	11	23	0	19	0.107	0.013	180	1.7	0.001
17	10	4	12	0	0	19	0.107	0.011	60	1.8	0.001
17	10	4	12	3	0	17	0.089	0.004	180	1.9	0.001
17	10	4	12	5	0	15	0.072	0	120	2	0.001
18	11	4	21	3	30	14	0.064	0		0	0
18	11	4	21	3	50	17	0.089	0.011	20	0	0
18	11	4	21	4	0	20	0.118	0.016	10	0	0
18	11	4	21	4	30	22	0.14	0.019	30	0.1	0
18	11	4	21	5	0	23	0.151	0.021	30	0.1	0
18	11	4	21	7	30	25	0.174	0.037	150	0.4	0
18	11	4	21	8	30	29	0.232	0.042	60	0.5	0
18	11	4	21	9	0	32	0.285	0.046	30	0.6	0
18	11	4	21	10	0	35	0.342	0.054	60	0.8	0
18	11	4	21	11	0	37	0.382	0.055	60	1	0
18	11	4	21	12	0	39	0.422	0.056	60	1.2	0.001
18	11	4	21	15	0	41	0.464	0.06	180	2	0.001
18	11	4	21	18	0	43	0.507	0.067	180	2.9	0.002
18	11	4	21	21	0	44	0.529	0.074	180	3.8	0.002
18	11	4	21	22	0	48	0.617	0.076	60	4.2	0.003
18	11	4	21	22	30	46	0.573	0.072	30	4.3	0.003
18	11	4	22	0	0	42	0.485	0.062	90	4.8	0.003
18	11	4	22	3	0	39	0.422	0.06	180	5.5	0.003
18	11	4	22	6	0	35	0.342	0.057	180	6.1	0.004
18	11	4	22	8	0	31	0.267	0.048	120	6.4	0.004
18	11	4	22	11	0	27	0.201	0.034	180	6.7	0.004
18	11	4	22	13	0	24	0.162	0.027	120	6.9	0.004
19	11	4	22	14	0	22	0.14	0.023	60	7	0.004
19	11	4	22	14	30	24	0.162	0.027	30	7	0.004
19	11	4	22	15	30	27	0.201	0.035	60	7.2	0.004
19	11	4	22	18	0	30	0.249	0.044	150	7.5	0.004
19	11	4	22	21	0	35	0.342	0.055	180	8.1	0.005
19	11	4	22	22	0	37	0.382	0.059	60	8.3	0.005
19	11	4	22	22	30	35	0.342	0.058	30	8.4	0.005
19	11	4	23	0	0	31	0.267	0.056	90	8.7	0.005

续表

降水次序	径流次序	月	日	时	分	水位/cm	流量/(m^3/s)	含沙量/(g/L)	时段/min	累积径流深/mm	累积产沙/(t/hm^2)
19	11	4	23	8	0	29	0.232	0.042	480	9.7	0.005
19	11	4	23	11	0	26	0.187	0.038	180	10	0.005
19	11	4	23	17	0	23	0.151	0.028	360	10.6	0.006
19	11	4	24	0	0	21	0.129	0.019	420	11.1	0.006
19	11	4	24	8	0	19	0.107	0.011	480	11.6	0.006
19	11	4	24	11	0	17	0.089	0.006	180	11.7	0.006
19	11	4	24	14	0	15	0.072	0	180	11.9	0.006
20	12	5	17	17	30	8	0.027	0		0	0
20	12	5	17	19	0	10	0.037	0.002	90	0	0
20	12	5	18	0	0	13	0.057	0.009	300	0.2	0
20	12	5	18	1	0	16	0.08	0.014	60	0.2	0
20	12	5	18	2	0	19	0.107	0.018	60	0.3	0
20	12	5	18	2	30	22	0.14	0.022	30	0.3	0
20	12	5	18	3	0	23	0.151	0.027	30	0.4	0
20	12	5	18	3	20	27	0.201	0.037	20	0.4	0
20	12	5	18	3	40	31	0.267	0.048	20	0.5	0
20	12	5	18	4	0	36	0.362	0.058	20	0.5	0
20	12	5	18	5	0	41	0.464	0.069	60	0.8	0
20	12	5	18	6	0	44	0.529	0.08	60	1.1	0.001
20	12	5	18	7	0	47	0.595	0.083	60	1.5	0.001
20	12	5	18	7	30	50	0.662	0.084	30	1.6	0.001
20	12	5	18	9	0	52	0.708	0.089	90	2.3	0.002
20	12	5	18	9	30	51	0.685	0.088	30	2.5	0.002
20	12	5	18	10	0	49	0.639	0.086	30	2.6	0.002
20	12	5	18	12	0	45	0.551	0.076	120	3.3	0.002
20	12	5	18	15	0	41	0.464	0.06	180	4.1	0.003
20	12	5	18	18	0	38	0.402	0.056	180	4.8	0.003
20	12	5	18	20	0	35	0.342	0.054	120	5.2	0.003
20	12	5	19	0	0	30	0.249	0.042	240	5.7	0.004
20	12	5	19	2	0	28	0.215	0.037	120	6	0.004
20	12	5	19	4	00	26	0.187	0.03	120	6.2	0.004
20	12	5	19	8	00	23	0.151	0.03	240	6.5	0.004
20	12	5	19	14	00	20	0.118	0.02	360	7	0.004
20	12	5	19	17	00	18	0.098	0.01	180	7.1	0.004
20	12	5	19	20	00	15	0.072	0	180	7.2	0.004
21	13	5	21	1	00	16	0.08	0		0	0

续表

降水次序	径流次序	月	日	时	分	水位/cm	流量/(m^3/s)	含沙量/(g/L)	时段/min	累积径流深/mm	累积产沙/(t/hm^2)
21	13	5	21	2	00	18	0.098	0.01	60	0.1	0
21	13	5	21	3	00	21	0.129	0.02	60	0.1	0
21	13	5	21	4	00	24	0.162	0.03	60	0.2	0
21	13	5	21	5	00	26	0.187	0.04	60	0.3	0
21	13	5	21	6	00	30	0.249	0.05	60	0.5	0
21	13	5	21	6	30	35	0.342	0.05	30	0.6	0
21	13	5	21	7	00	38	0.402	0.06	30	0.7	0
21	13	5	21	7	30	42	0.485	0.06	30	0.8	0
21	13	5	21	8	00	46	0.573	0.07	30	1	0
21	13	5	21	8	30	49	0.639	0.07	30	1.2	0.001
21	13	5	21	10	00	51	0.685	0.09	90	1.8	0.001
21	13	5	21	13	00	47	0.595	0.08	180	2.8	0.002
21	13	5	21	16	00	42	0.485	0.06	180	3.6	0.002
21	13	5	21	18	00	39	0.422	0.06	120	4.1	0.003
21	13	5	21	18	30	41	0.464	0.06	30	4.2	0.003
21	13	5	21	19	00	43	0.507	0.06	30	4.4	0.003
21	13	5	21	20	00	45	0.551	0.07	60	4.7	0.003
21	13	5	21	22	00	47	0.595	0.07	120	5.4	0.004
21	13	5	21	23	00	50	0.662	0.08	60	5.8	0.004
21	13	5	22	0	00	51	0.685	0.08	60	6.2	0.004
21	13	5	22	2	00	54	0.754	0.09	120	7	0.005
21	13	5	22	3	00	57	0.825	0.1	60	7.5	0.006
21	13	5	22	4	00	60	0.896	0.11	60	8	0.006
21	13	5	22	5	00	63	0.967	0.12	60	8.6	0.007
21	13	5	22	7	00	65	1.01	0.16	120	9.7	0.009
21	13	5	22	8	00	67	1.06	0.18	60	10.4	0.01
21	13	5	22	9	00	70	1.13	0.2	60	11	0.011
21	13	5	22	9	30	72	1.18	0.21	30	11.3	0.012
21	13	5	22	10	00	70	1.13	0.19	30	11.7	0.012
21	13	5	22	13	00	66	1.04	0.15	180	13.5	0.015
21	13	5	22	15	00	62	0.943	0.13	120	14.5	0.017
21	13	5	22	18	00	59	0.872	0.1	180	16.1	0.018
21	13	5	22	20	00	54	0.754	0.09	120	16.9	0.019
21	13	5	22	22	00	49	0.639	0.09	120	17.7	0.02
21	13	5	23	0	00	45	0.551	0.08	120	18.3	0.02
21	13	5	23	6	00	41	0.464	0.06	360	19.9	0.021

续表

降水次序	径流次序	月	日	时	分	水位/cm	流量/(m^3/s)	含沙量/(g/L)	时段/min	累积径流深/mm	累积产沙/(t/hm^2)
21	13	5	23	10	00	37	0.382	0.05	240	20.8	0.021
21	13	5	23	18	00	31	0.267	0.04	480	22	0.022
21	13	5	24	0	00	26	0.187	0.03	360	22.6	0.022
21	13	5	24	4	00	23	0.151	0.03	240	23	0.022
21	13	5	24	6	00	21	0.129	0.02	120	23.1	0.022
21	13	5	24	8	00	18	0.098	0.02	120	23.3	0.022
21	13	5	24	17	00	16	0.08	0.01	540	23.7	0.022
21	13	5	25	0	00	16	0.08	0.01	420	24	0.022
21	13	5	25	8	00	15	0.072	0.01	480	24.3	0.022
21	13	5	25	17	00	13	0.057	0.01	540	24.6	0.022
21	13	5	26	0	00	12	0.05	0.01	420	24.8	0.023
22	13	5	26	7	10	14	0.064	0.02	430	25.1	0.023
22	13	5	26	8	00	17	0.089	0.02	50	25.1	0.023
22	13	5	26	9	00	19	0.107	0.02	60	25.2	0.023
22	13	5	26	10	00	26	0.187	0.03	60	25.3	0.023
22	13	5	26	10	20	31	0.267	0.04	20	25.3	0.023
22	13	5	26	10	30	34	0.323	0.05	10	25.4	0.023
22	13	5	26	10	50	39	0.422	0.06	20	25.5	0.023
22	13	5	26	11	00	42	0.485	0.06	10	25.5	0.023
22	13	5	26	11	30	45	0.551	0.07	30	25.7	0.023
22	13	5	26	12	00	48	0.617	0.08	30	25.8	0.023
22	13	5	26	12	30	46	0.573	0.08	30	26	0.023
22	13	5	26	13	00	43	0.507	0.08	30	26.1	0.023
22	13	5	26	15	00	38	0.402	0.07	120	26.6	0.024
22	13	5	26	17	00	33	0.304	0.05	120	27	0.024
22	13	5	26	20	00	29	0.232	0.05	180	27.4	0.024
22	13	5	27	0	00	24	0.162	0.04	240	27.7	0.024
22	13	5	27	8	00	21	0.129	0.02	480	28.3	0.024
22	13	5	27	12	00	18	0.098	0.01	240	28.5	0.024
22	13	5	27	16	00	16	0.08	0.01	240	28.7	0.024
22	13	5	27	20	00	13	0.057	0	240	28.9	0.024
23	14	5	31	14	20	14	0.064	0		0	0
23	14	5	31	14	50	15	0.072	0	30	0	0
23	14	5	31	15	20	16	0.08	0.01	30	0	0
23	14	5	31	15	40	19	0.107	0.02	20	0.1	0
23	14	5	31	16	00	25	0.174	0.04	20	0.1	0

续表

降水次序	径流次序	月	日	时	分	水位/cm	流量/(m^3/s)	含沙量/(g/L)	时段/min	累积径流深/mm	累积产沙/(t/hm^2)
23	14	5	31	16	30	31	0.267	0.04	30	0.2	0
23	14	5	31	17	00	36	0.362	0.05	30	0.3	0
23	14	5	31	18	00	41	0.464	0.06	60	0.5	0
23	14	5	31	19	00	44	0.529	0.07	60	0.8	0
23	14	5	31	20	00	43	0.507	0.06	60	1.1	0.001
23	14	5	31	22	00	40	0.443	0.05	120	1.7	0.001
23	14	6	1	0	00	30	0.249	0.04	120	1.9	0.001
23	14	6	1	5	00	26	0.187	0.03	300	2.5	0.001
23	14	6	1	10	00	23	0.151	0.03	300	2.9	0.001
24	14	6	1	12	50	20	0.118	0.02	170	3.1	0.001
24	14	6	1	13	00	23	0.151	0.02	10	3.1	0.001
24	14	6	1	14	00	27	0.201	0.03	60	3.2	0.001
24	14	6	1	14	30	31	0.267	0.04	30	3.3	0.001
24	14	6	1	16	00	33	0.304	0.05	90	3.6	0.002
24	14	6	1	16	30	36	0.362	0.06	30	3.7	0.002
24	14	6	1	17	00	42	0.485	0.07	30	3.8	0.002
24	14	6	1	17	20	47	0.595	0.08	20	3.9	0.002
24	14	6	1	17	40	50	0.662	0.08	20	4.1	0.002
24	14	6	1	18	30	48	0.617	0.08	50	4.4	0.002
24	14	6	1	20	00	43	0.507	0.06	90	4.8	0.002
24	14	6	2	0	00	39	0.422	0.06	240	5.8	0.003
24	14	6	2	6	00	33	0.304	0.05	360	6.8	0.003
24	14	6	2	12	00	28	0.215	0.04	360	7.5	0.004
24	14	6	2	20	00	24	0.162	0.03	480	8.3	0.004
24	14	6	3	0	00	20	0.118	0.02	240	8.6	0.004
24	14	6	3	8	00	17	0.089	0.01	480	9	0.004
24	14	6	3	16	00	13	0.057	0	480	9.2	0.004
25	15	6	5	14	20	15	0.072	0		0	0
25	15	6	5	14	30	20	0.118	0.01	10	0	0
25	15	6	5	14	40	26	0.187	0.02	10	0	0
25	15	6	5	15	00	30	0.249	0.04	20	0.1	0
25	15	6	5	15	10	42	0.485	0.05	10	0.1	0
25	15	6	5	15	20	50	0.662	0.06	10	0.2	0
25	15	6	5	15	30	56	0.802	0.07	10	0.3	0
25	15	6	5	16	00	61	0.92	0.1	30	0.5	0
25	15	6	5	16	20	60	0.896	0.1	20	0.7	0.001

续表

降水次序	径流次序	月	日	时	分	水位/cm	流量/(m³/s)	含沙量/(g/L)	时段/min	累积径流深/mm	累积产沙/(t/hm²)
25	15	6	5	17	00	58	0.849	0.09	40	1	0.001
25	15	6	5	19	00	53	0.731	0.08	120	1.9	0.002
25	15	6	5	20	00	46	0.573	0.07	60	2.2	0.002
26	15	6	5	22	00	41	0.464	0.06	120	2.7	0.002
26	15	6	5	22	30	48	0.617	0.07	30	2.9	0.002
26	15	6	5	22	50	51	0.685	0.09	30	3.1	0.002
26	15	6	5	23	00	53	0.731	0.09	10	3.2	0.002
26	15	6	5	23	30	52	0.708	0.09	30	3.4	0.003
26	15	6	6	0	00	48	0.617	0.09	30	3.6	0.003
26	15	6	6	2	00	43	0.507	0.08	120	4.1	0.003
26	15	6	6	8	00	38	0.402	0.05	360	5.5	0.004
26	15	6	6	11	00	35	0.342	0.05	180	6.1	0.004
26	15	6	6	14	00	30	0.249	0.04	180	6.5	0.004
26	15	6	6	15	50	32	0.285	0.05	110	6.8	0.005
26	15	6	6	17	00	34	0.323	0.05	70	7.1	0.005
26	15	6	6	17	40	36	0.362	0.05	40	7.2	0.005
26	15	6	6	20	00	33	0.304	0.05	140	7.6	0.005
26	15	6	6	23	00	29	0.232	0.04	180	8	0.005
26	15	6	6	23	40	28	0.215	0.04	40	8.1	0.005
26	15	6	7	0	00	28	0.215	0.04	20	8.1	0.005
26	15	6	7	2	00	27	0.201	0.04	120	8.4	0.005
26	15	6	7	5	00	26	0.187	0.03	180	8.7	0.005
26	15	6	7	8	00	25	0.174	0.03	180	9	0.005
26	15	6	7	11	00	24	0.162	0.03	180	9.3	0.006
26	15	6	7	11	20	23	0.151	0.03	20	9.3	0.006
26	15	6	7	13	30	36	0.362	0.06	130	9.7	0.006
26	15	6	7	14	00	42	0.485	0.07	30	9.9	0.006
26	15	6	7	14	20	43	0.507	0.08	20	10	0.006
26	15	6	7	17	00	37	0.382	0.06	160	10.6	0.006
26	15	6	7	20	00	31	0.267	0.04	180	11	0.007
26	15	6	7	23	00	31	0.267	0.04	180	11.5	0.007
26	15	6	8	0	00	31	0.267	0.04	60	11.6	0.007
26	15	6	8	2	00	29	0.232	0.04	120	11.9	0.007
26	15	6	8	5	00	27	0.201	0.04	180	12.3	0.007
26	15	6	8	8	00	26	0.187	0.04	180	12.6	0.007
26	15	6	8	11	00	31	0.267	0.05	180	13	0.007

续表

降水次序	径流次序	月	日	时	分	水位/cm	流量/(m^3/s)	含沙量/(g/L)	时段/min	累积径流深/mm	累积产沙/(t/hm^2)
26	15	6	8	11	30	32	0.285	0.05	30	13.1	0.007
26	15	6	8	14	00	31	0.267	0.04	150	13.5	0.008
26	15	6	8	17	00	27	0.201	0.04	180	13.9	0.008
26	15	6	8	20	00	26	0.187	0.03	180	14.2	0.008
26	15	6	8	23	00	24	0.162	0.02	180	14.5	0.008
26	15	6	8	23	30	23	0.151	0.02	30	14.5	0.008
26	15	6	9	0	00	23	0.151	0.02	30	14.5	0.008
26	15	6	9	2	00	23	0.151	0.02	120	14.7	0.008
26	15	6	9	5	00	23	0.151	0.02	180	15	0.008
26	15	6	9	7	50	21	0.129	0.01	170	15.2	0.008
26	15	6	9	8	00	21	0.129	0.01	10	15.2	0.008
27	15	6	9	9	40	38	0.402	0.05	100	15.6	0.008
27	15	6	9	10	30	89	1.6	0.48	50	16.4	0.012
27	15	6	9	11	00	97	1.8	0.69	30	16.9	0.015
27	15	6	9	11	10	98	1.82	0.76	10	17	0.017
27	15	6	9	14	00	87	1.55	0.42	170	19.6	0.027
27	15	6	9	15	30	78	1.33	0.26	90	20.7	0.03
27	15	6	9	15	50	75	1.25	0.22	20	21	0.031
27	15	6	9	16	10	72	1.18	0.18	20	21.2	0.031
27	15	6	9	16	30	69	1.11	0.16	20	21.4	0.032
27	15	6	9	16	50	66	1.04	0.13	20	21.6	0.032
27	15	6	9	17	00	65	1.01	0.12	10	21.7	0.032
27	15	6	9	17	20	61	0.92	0.1	20	21.9	0.032
27	15	6	9	20	00	51	0.685	0.08	160	22.9	0.033
27	15	6	9	23	00	45	0.551	0.06	180	23.9	0.034
27	15	6	10	0	00	44	0.529	0.06	60	24.2	0.034
27	15	6	10	2	00	42	0.485	0.06	120	24.7	0.034
27	15	6	10	5	00	39	0.422	0.06	180	25.5	0.035
27	15	6	10	8	00	37	0.382	0.05	180	26.1	0.035
28	15	6	10	11	00	36	0.362	0.05	180	26.7	0.035
28	15	6	10	13	00	34	0.323	0.05	120	27.1	0.035
28	15	6	10	14	00	34	0.323	0.05	60	27.3	0.036
28	15	6	10	15	50	50	0.662	0.07	110	28	0.036
28	15	6	10	16	40	53	0.731	0.08	50	28.3	0.036
28	15	6	10	17	00	52	0.708	0.08	20	28.5	0.036
28	15	6	10	20	00	42	0.485	0.07	180	29.3	0.037

续表

降水次序	径流次序	月	日	时	分	水位/cm	流量/(m^3/s)	含沙量/(g/L)	时段/min	累积径流深/mm	累积产沙/(t/hm^2)
28	15	6	10	23	00	37	0.382	0.06	180	30	0.037
28	15	6	11	0	00	37	0.382	0.06	60	30.2	0.038
28	15	6	11	2	00	35	0.342	0.06	120	30.6	0.038
28	15	6	11	5	00	34	0.323	0.05	180	31.1	0.038
28	15	6	11	8	00	32	0.285	0.04	180	31.6	0.038
28	15	6	11	11	00	31	0.267	0.04	180	32.1	0.038
28	15	6	11	14	00	29	0.232	0.04	180	32.5	0.039
28	15	6	11	17	00	27	0.201	0.03	180	32.8	0.039
28	15	6	11	20	00	26	0.187	0.03	180	33.2	0.039
28	15	6	11	23	00	26	0.187	0.03	180	33.5	0.039
28	15	6	12	0	00	26	0.187	0.03	60	33.6	0.039
28	15	6	12	2	00	26	0.187	0.02	120	33.8	0.039
28	15	6	12	5	00	26	0.187	0.02	180	34.1	0.039
28	15	6	12	8	00	25	0.174	0.02	180	34.4	0.039
28	15	6	12	11	00	23	0.151	0.01	180	34.7	0.039
28	15	6	12	14	00	23	0.151	0.01	180	35	0.039
28	15	6	12	17	00	22	0.14	0	180	35.2	0.039
28	15	6	12	19	00	21	0.129	0	120	35.3	0.039
29	16	6	25	20	00	8	0.027	0		0	0
29	16	6	25	23	00	10	0.037	0.01	180	0.1	0
29	16	6	26	0	00	10	0.037	0.01	60	0.1	0
29	16	6	26	2	00	13	0.057	0.02	120	0.2	0
29	16	6	26	5	00	12	0.05	0.01	180	0.2	0
29	16	6	26	8	00	11	0.043	0.01	180	0.3	0
29	16	6	26	11	00	13	0.057	0.02	180	0.4	0
29	16	6	26	11	20	14	0.064	0.02	20	0.4	0
29	16	6	26	14	00	12	0.05	0.02	160	0.5	0
29	16	6	26	17	00	11	0.043	0.01	180	0.6	0
29	16	6	26	20	00	10	0.037	0.01	180	0.6	0
29	16	6	26	22	40	9	0.033	0	160	0.7	0
30	17	7	4	14	00	10	0.037	0		0	0
30	17	7	4	17	00	29	0.232	0.04	180	0.4	0
30	17	7	4	17	10	33	0.304	0.05	10	0.4	0
30	17	7	4	17	30	37	0.382	0.05	20	0.5	0
30	17	7	4	18	10	41	0.464	0.07	40	0.7	0
30	17	7	4	20	00	37	0.382	0.05	110	1.1	0.001

续表

降水次序	径流次序	月	日	时	分	水位/cm	流量/(m^3/s)	含沙量/(g/L)	时段/min	累积径流深/mm	累积产沙/(t/hm^2)
30	17	7	4	23	00	27	0.201	0.03	180	1.4	0.001
30	17	7	5	0	00	25	0.174	0.03	60	1.5	0.001
30	17	7	5	2	00	21	0.129	0.02	120	1.7	0.001
30	17	7	5	5	00	19	0.107	0.01	180	1.9	0.001
30	17	7	5	8	00	18	0.098	0.01	180	2	0.001
30	17	7	5	9	30	16	0.08	0	90	2.1	0.001
31	18	7	9	15	00	8	0.027	0		0	0
31	18	7	9	17	00	10	0.037	0	120	0	0
31	18	7	9	18	40	11	0.043	0.01	100	0.1	0
31	18	7	9	20	00	12	0.05	0.01	80	0.1	0
31	18	7	9	23	00	18	0.098	0.02	180	0.3	0
31	18	7	9	23	20	20	0.118	0.02	20	0.3	0
31	18	7	10	0	00	26	0.187	0.03	40	0.4	0
31	18	7	10	0	30	29	0.232	0.04	30	0.5	0
31	18	7	10	1	00	32	0.285	0.05	30	0.5	0
31	18	7	10	1	30	32	0.285	0.05	30	0.6	0
31	18	7	10	2	30	29	0.232	0.04	60	0.7	0
31	18	7	10	4	00	25	0.174	0.03	90	0.9	0
31	18	7	10	5	00	23	0.151	0.03	60	1	0
31	18	7	10	7	00	20	0.118	0.02	120	1.1	0
31	18	7	10	10	00	16	0.08	0.02	180	1.3	0
31	18	7	10	14	00	14	0.064	0.01	240	1.4	0
31	18	7	10	15	00	13	0.057	0.01	60	1.4	0
31	18	7	10	21	00	11	0.043	0	360	1.6	0
32	19	7	30	15	00	11	0.043	0		0	0
32	19	7	30	15	10	16	0.08	0.01	10	0	0
32	19	7	30	15	20	20	0.118	0.02	10	0	0
32	19	7	30	15	30	26	0.187	0.02	10	0	0
32	19	7	30	16	00	29	0.232	0.04	30	0.1	0
32	19	7	30	16	30	29	0.232	0.04	30	0.2	0
32	19	7	30	17	00	27	0.201	0.03	30	0.2	0
32	19	7	30	19	00	23	0.151	0.02	120	0.4	0
32	19	7	30	21	00	18	0.098	0.02	120	0.5	0
32	19	7	31	0	00	14	0.064	0.01	180	0.6	0
32	19	7	31	8	00	12	0.05	0.01	480	0.9	0
32	19	7	31	16	00	10	0.037	0	480	1	0

续表

降水次序	径流次序	月	日	时	分	水位/cm	流量/(m^3/s)	含沙量/(g/L)	时段/min	累积径流深/mm	累积产沙/(t/hm^2)
33	20	8	11	10	00	9	0.033	0		0	0
33	20	8	11	10	10	15	0.072	0.01	10	0	0
33	20	8	11	10	20	20	0.118	0.02	10	0	0
33	20	8	11	10	30	26	0.187	0.03	10	0	0
33	20	8	11	10	50	30	0.249	0.04	20	0.1	0
33	20	8	11	11	00	31	0.267	0.04	10	0.1	0
33	20	8	11	11	30	30	0.249	0.04	30	0.2	0
33	20	8	11	13	00	27	0.201	0.03	90	0.4	0
33	20	8	11	16	00	22	0.14	0.02	180	0.6	0
33	20	8	11	18	00	18	0.098	0.01	120	0.7	0
33	20	8	11	21	00	15	0.072	0.01	180	0.8	0
33	20	8	11	23	00	12	0.05	0	120	0.9	0
34	21	8	16	14	30	12	0.05	0	0	0	0
34	21	8	16	14	40	16	0.08	0.01	10	0	0
34	21	8	16	14	50	21	0.129	0.02	10	0	0
34	21	8	16	15	00	26	0.187	0.03	10	0	0
34	21	8	16	15	30	26	0.187	0.02	30	0.1	0
34	21	8	16	16	00	23	0.151	0.02	30	0.1	0
34	21	8	16	17	00	20	0.118	0.02	60	0.2	0
34	21	8	16	19	00	17	0.089	0.01	120	0.3	0
34	21	8	16	21	00	14	0.064	0.01	120	0.4	0
34	21	8	17	0	00	12	0.05	0.01	180	0.5	0
34	21	8	17	3	00	10	0.037	0	180	0.5	0
35	22	8	18	18	50	13	0.057	0		0	0
35	22	8	18	19	00	18	0.098	0.01	10	0	0
35	22	8	18	19	10	25	0.174	0.03	10	0	0
35	22	8	18	19	20	31	0.267	0.04	10	0.1	0
35	22	8	18	19	30	36	0.362	0.05	10	0.1	0
35	22	8	18	19	50	40	0.443	0.06	20	0.2	0
35	22	8	18	20	30	43	0.507	0.07	40	0.4	0
35	22	8	18	21	00	45	0.551	0.08	30	0.5	0
35	22	8	18	22	00	44	0.529	0.08	60	0.8	0.001
35	22	8	18	23	00	39	0.422	0.07	60	1.1	0.001
35	22	8	19	0	00	34	0.323	0.06	60	1.3	0.001
35	22	8	19	3	00	30	0.249	0.04	180	1.7	0.001
35	22	8	19	6	00	27	0.201	0.03	180	2	0.001

续表

降水次序	径流次序	月	日	时	分	水位/cm	流量/(m^3/s)	含沙量/(g/L)	时段/min	累积径流深/mm	累积产沙/(t/hm^2)
35	22	8	19	10	00	23	0.151	0.02	240	2.4	0.001
36	22	8	19	15	00	19	0.107	0.01	300	2.7	0.001
36	22	8	19	15	10	25	0.174	0.03	10	2.7	0.001
36	22	8	19	15	20	30	0.249	0.04	10	2.7	0.001
36	22	8	19	15	30	32	0.285	0.04	10	2.8	0.001
36	22	8	19	16	00	31	0.267	0.04	30	2.8	0.001
36	22	8	19	17	00	28	0.215	0.03	60	3	0.001
36	22	8	19	19	00	23	0.151	0.02	120	3.1	0.001
36	22	8	19	21	00	20	0.118	0.02	120	3.3	0.001
36	22	8	20	0	00	17	0.089	0.01	180	3.4	0.001
36	22	8	20	8	00	14	0.064	0.01	480	3.7	0.001
36	22	8	20	15	00	12	0.05	0	420	3.9	0.001
37	23	8	21	21	40	13	0.057	0		0	0
37	23	8	21	21	50	16	0.08	0.01	10	0	0
37	23	8	21	22	00	22	0.14	0.02	10	0	0
37	23	8	21	22	10	27	0.201	0.03	10	0	0
37	23	8	21	22	20	32	0.285	0.04	10	0.1	0
37	23	8	21	22	30	36	0.362	0.06	10	0.1	0
37	23	8	21	22	40	43	0.507	0.08	10	0.2	0
37	23	8	21	22	50	51	0.685	0.08	10	0.2	0
37	23	8	21	23	00	57	0.825	0.09	10	0.3	0
37	23	8	21	23	10	63	0.967	0.13	10	0.4	0
37	23	8	21	23	20	70	1.13	0.17	10	0.5	0.001
37	23	8	21	23	30	77	1.3	0.71	10	0.6	0.001
37	23	8	21	23	40	82	1.42	0.53	10	0.8	0.002
37	23	8	21	23	50	90	1.62	0.63	10	0.9	0.003
37	23	8	22	0	00	92	1.67	0.74	10	1.1	0.004
37	23	8	22	1	00	91	1.65	0.71	60	2	0.011
37	23	8	22	2	00	89	1.6	0.68	60	2.9	0.017
37	23	8	22	4	00	84	1.47	0.51	120	4.6	0.026
37	23	8	22	6	00	78	1.33	0.35	120	6.2	0.031
37	23	8	22	8	00	72	1.18	0.27	120	7.5	0.035
37	23	8	22	11	00	66	1.04	0.15	180	9.3	0.038
37	23	8	22	14	00	58	0.849	0.13	180	10.8	0.039
37	23	8	22	17	00	49	0.639	0.11	180	11.9	0.041
37	23	8	22	19	00	40	0.443	0.08	120	12.4	0.041

续表

降水次序	径流次序	月	日	时	分	水位/cm	流量/(m³/s)	含沙量/(g/L)	时段/min	累积径流深/mm	累积产沙/(t/hm²)
37	23	8	22	21	00	35	0.342	0.05	120	12.8	0.041
37	23	8	23	0	00	28	0.215	0.05	180	13.2	0.041
37	23	8	23	8	00	23	0.151	0.03	480	13.8	0.042
37	23	8	23	14	00	19	0.107	0.01	360	14.2	0.042
37	23	8	23	17	00	15	0.072	0	180	14.3	0.042
38	24	8	25	21	00	15	0.072	0		0	0
38	24	8	25	21	10	16	0.08	0.01	10	0	0
38	24	8	25	21	20	19	0.107	0.01	10	0	0
38	24	8	25	21	30	30	0.249	0.04	10	0	0
38	24	8	25	21	40	39	0.422	0.07	10	0.1	0
38	24	8	25	21	50	48	0.617	0.1	10	0.1	0
38	24	8	25	22	00	56	0.802	0.12	10	0.2	0
38	24	8	25	22	30	65	1.01	0.14	30	0.5	0.001
38	24	8	25	23	00	71	1.16	0.22	30	0.8	0.001
38	24	8	25	23	30	76	1.28	0.31	30	1.2	0.002
38	24	8	26	0	00	75	1.25	0.25	30	1.6	0.003
38	24	8	26	0	30	71	1.16	0.18	30	1.9	0.004
38	24	8	26	1	00	65	1.01	0.16	30	2.2	0.004
38	24	8	26	2	00	59	0.872	0.12	60	2.7	0.005
38	24	8	26	5	00	51	0.685	0.11	180	3.9	0.006
38	24	8	26	8	00	45	0.551	0.1	180	4.8	0.007
38	24	8	26	11	00	39	0.422	0.07	180	5.6	0.008
38	24	8	26	14	00	34	0.323	0.05	180	6.1	0.008
38	24	8	26	18	00	28	0.215	0.03	240	6.6	0.008
38	24	8	26	21	00	22	0.14	0.02	180	6.8	0.008
38	24	8	27	0	00	18	0.098	0.02	180	7	0.008
38	24	8	27	8	00	16	0.08	0	480	7.4	0.008
39	25	8	31	16	40	16	0.08	0		0	0
39	25	8	31	17	00	20	0.118	0.02	20	0	0
39	25	8	31	17	10	23	0.151	0.02	10	0	0
39	25	8	31	17	30	26	0.187	0.03	20	0.1	0
39	25	8	31	18	00	24	0.162	0.02	30	0.1	0
39	25	8	31	18	30	22	0.14	0.02	30	0.2	0
39	25	8	31	20	00	18	0.098	0.01	90	0.2	0
39	25	9	1	0	00	15	0.072	0	240	0.4	0
40	26	9	7	22	00	14	0.064	0		0	0

续表

降水次序	径流次序	月	日	时	分	水位 /cm	流量 /(m^3/s)	含沙量 /(g/L)	时段 /min	累积径流深 /mm	累积产沙 /(t/hm^2)
40	26	9	7	22	30	17	0.089	0.01	30	0	0
40	26	9	7	23	00	23	0.151	0.02	30	0.1	0
40	26	9	8	0	00	30	0.249	0.04	60	0.2	0
40	26	9	8	1	00	38	0.402	0.06	60	0.4	0
40	26	9	8	2	00	41	0.464	0.07	60	0.7	0
40	26	9	8	3	00	44	0.529	0.08	60	1	0.001
40	26	9	8	4	00	42	0.485	0.07	60	1.3	0.001
40	26	9	8	8	00	36	0.362	0.05	240	2.1	0.001
40	26	9	8	10	00	32	0.285	0.04	120	2.5	0.001
40	26	9	8	13	00	27	0.201	0.02	180	2.8	0.001
40	26	9	8	16	00	23	0.151	0.02	180	3.1	0.002
40	26	9	8	20	00	19	0.107	0.02	240	3.3	0.002
40	26	9	8	21	00	23	0.151	0.02	60	3.4	0.002
40	26	9	8	22	00	26	0.187	0.03	60	3.5	0.002
40	26	9	8	23	00	25	0.174	0.02	60	3.6	0.002
40	26	9	9	0	00	22	0.14	0.02	60	3.7	0.002
40	26	9	9	8	00	19	0.107	0.01	480	4.2	0.002
40	26	9	9	12	00	16	0.08	0	240	4.4	0.002
41	27	9	11	14	00	16	0.08	0		0	0
41	27	9	11	14	10	26	0.187	0.02	10	0	0
41	27	9	11	14	20	37	0.382	0.05	10	0.1	0
41	27	9	11	14	30	45	0.551	0.07	10	0.1	0
41	27	9	11	14	40	51	0.685	0.08	10	0.2	0
41	27	9	11	14	50	56	0.802	0.09	10	0.2	0
41	27	9	11	15	00	61	0.92	0.11	10	0.3	0
41	27	9	11	15	30	66	1.04	0.14	30	0.6	0.001
41	27	9	11	16	00	70	1.13	0.24	30	1	0.001
41	27	9	11	16	30	77	1.3	0.33	30	1.3	0.003
41	27	9	11	17	00	87	1.55	0.53	30	1.8	0.005
41	27	9	11	17	30	92	1.67	0.72	30	2.3	0.009
41	27	9	11	18	00	100	1.87	0.8	30	2.8	0.013
41	27	9	11	18	30	105	2	0.89	30	3.4	0.018
41	27	9	11	19	00	106	2.02	0.97	30	4	0.024
41	27	9	11	20	00	104	1.97	0.88	60	5.1	0.034
41	27	9	11	21	00	96	1.77	0.79	60	6.1	0.042
41	27	9	11	22	00	90	1.62	0.7	60	7	0.048

续表

降水次序	径流次序	月	日	时	分	水位/cm	流量/(m³/s)	含沙量/(g/L)	时段/min	累积径流深/mm	累积产沙/(t/hm²)
41	27	9	12	0	00	78	1.33	0.57	120	8.6	0.057
41	27	9	12	5	00	67	1.06	0.15	300	11.6	0.061
41	27	9	12	9	00	58	0.849	0.11	240	13.6	0.064
41	27	9	12	13	00	51	0.685	0.09	240	15.1	0.065
41	27	9	12	16	00	43	0.507	0.08	180	16	0.066
41	27	9	12	20	00	36	0.362	0.06	240	16.9	0.066
41	27	9	13	0	00	28	0.215	0.04	240	17.3	0.066
41	27	9	13	6	00	21	0.129	0.02	360	17.8	0.066
41	27	9	13	11	00	18	0.098	0.02	300	18.1	0.066
41	27	9	13	20	00	17	0.089	0.01	540	18.5	0.067
41	27	9	14	0	00	16	0.08	0	240	18.7	0.067
42	28	9	22	17	30	13	0.057	0	0	0	0
42	28	9	22	18	30	23	0.151	0.02	60	0.1	0
42	28	9	22	18	40	33	0.304	0.05	10	0.1	0
42	28	9	22	18	50	39	0.422	0.07	10	0.2	0
42	28	9	22	19	00	45	0.551	0.09	10	0.2	0
42	28	9	22	19	50	53	0.731	0.09	50	0.6	0
42	28	9	22	20	00	55	0.778	0.11	10	0.6	0.001
42	28	9	22	21	00	55	0.778	0.11	60	1.1	0.001
42	28	9	22	22	00	50	0.662	0.1	60	1.5	0.001
42	28	9	23	0	00	45	0.551	0.09	120	2.1	0.002
42	28	9	23	2	00	39	0.422	0.07	120	2.6	0.002
42	28	9	23	4	00	31	0.267	0.04	120	2.9	0.002
43	28	9	23	6	20	25	0.174	0.03	140	3.1	0.002
43	28	9	23	7	00	34	0.323	0.05	40	3.2	0.003
43	28	9	23	7	10	40	0.443	0.08	10	3.3	0.003
43	28	9	23	7	20	53	0.731	0.1	10	3.4	0.003
43	28	9	23	7	30	76	1.28	0.33	10	3.5	0.003
43	28	9	23	7	40	89	1.6	0.7	10	3.6	0.004
43	28	9	23	7	50	101	1.9	0.97	10	3.8	0.006
43	28	9	23	8	00	112	2.17	1.09	10	4	0.008
43	28	9	23	8	10	120	2.38	1.21	10	4.3	0.011
43	28	9	23	8	30	125	2.51	1.36	20	4.7	0.017
43	28	9	23	9	00	122	2.43	1.3	30	5.4	0.027
43	28	9	23	10	00	115	2.25	1.18	60	6.7	0.042
43	28	9	23	11	00	108	2.07	1.07	60	7.9	0.055

续表

降水次序	径流次序	月	日	时	分	水位/cm	流量/(m^3/s)	含沙量/(g/L)	时段/min	累积径流深/mm	累积产沙/(t/hm^2)
43	28	9	23	12	00	98	1.82	0.95	60	9	0.065
43	28	9	23	13	00	87	1.55	0.79	60	9.9	0.072
43	28	9	23	14	00	81	1.4	0.63	60	10.7	0.077
43	28	9	23	15	00	74	1.23	0.49	60	11.4	0.08
43	28	9	23	17	00	63	0.967	0.2	120	12.5	0.082
43	28	9	23	19	00	56	0.802	0.11	120	13.4	0.083
43	28	9	23	22	00	46	0.573	0.09	180	14.4	0.084
43	28	9	24	0	00	40	0.443	0.07	120	14.9	0.085
43	28	9	24	3	00	34	0.323	0.05	180	15.5	0.085
43	28	9	24	7	00	30	0.249	0.04	240	16	0.085
43	28	9	24	10	00	24	0.162	0.03	180	16.3	0.085
43	28	9	24	20	00	18	0.098	0.01	600	16.9	0.085
43	28	9	25	0	00	15	0.072	0	240	17	0.085
44	29	9	26	9	00	13	0.057	0	0	0	0
44	29	9	26	20	00	18	0.098	0.01	660	0.6	0
44	29	9	27	0	00	23	0.151	0.03	240	1	0
44	29	9	27	11	00	23	0.151	0.03	660	1.9	0
44	29	9	27	15	00	25	0.174	0.03	240	2.3	0.001
44	29	9	27	19	00	28	0.215	0.03	240	2.8	0.001
44	29	9	27	22	00	28	0.215	0.03	180	3.2	0.001
44	29	9	28	0	00	24	0.162	0.03	120	3.4	0.001
44	29	9	28	8	00	20	0.118	0.02	480	3.9	0.001
44	29	9	28	14	00	16	0.08	0.01	360	4.2	0.001
44	29	9	28	18	00	14	0.064	0	240	4.3	0.001
45	30	9	30	6	00	9	0.033	0	0	0	0
45	30	9	30	8	00	13	0.057	0.01	120	0.1	0
45	30	9	30	10	00	15	0.072	0.01	120	0.1	0
45	30	9	30	11	00	14	0.064	0.01	60	0.2	0
45	30	9	30	14	00	12	0.05	0.01	180	0.3	0
45	30	9	30	16	00	9	0.033	0.01	120	0.3	0
45	30	10	1	0	00	8	0.027	0	480	0.4	0
46	31	12	13	10	20	08	0.027	0	0	0.0	0.000
46	31	12	13	15	0	12	0.050	0	280	0.1	0.000
46	31	12	13	18	0	15	0.072	0	180	0.3	0.000
46	31	12	13	21	0	12	0.050	0	180	0.3	0.000
46	31	12	14	0	0	09	0.033	0	180	0.4	0.000
46	31	12	14	8	0	08	0.027	0	480	0.5	0.000

小流域控制站逐次洪水径流泥沙（悬移质）

径流次序	降雨起				降雨止				历时/min	雨量/mm	平均雨强/(mm/h)	I_{30}/(mm/h)	降雨侵蚀力/[(MJ·mm)/(hm²·h)]	产流起				产流止				产流历时/min	洪峰流量/(m³/s)	径流深/mm	径流系数	含沙量/(g/L)	产沙模数/(t/hm²)	备注
	月	日	时	分	月	日	时	分						月	日	时	分	月	日	时	分							
1	1	25	19	20	1	26	14	30	1150	22.4	1.2	4.5	12.8	1	26	1	30	1	27	10	00	1950	0.569	4.1	0.18	0.05	0.002	
2	2	2	21	50	2	4	14	10	2420	28.4	0.7	3.7	12.6	2	3	1	30	2	5	4	00	2850	0.802	10.1	0.36	0.09	0.009	
3	2	6	11	00	2	7	1	50	890	11.4	0.8	3.3	4.5	2	6	12	30	2	7	18	00	1770	0.323	2.9	0.25	0.03	0.001	
4	2	11	17	10	2	12	6	50	820	7.8	0.6	3.7	4.2	2	12	0	00											
4	2	12	14	10	2	12	15	50	100	7	4.2	7.4	11.4															
4	2	13	4	30	2	13	12	50	500	18	2.2	24.5	112.9															
4	2	14	6	40	2	15	20	20	2260	50.6	1.3	10.2	78.1					2	18	0	00	8640	1.9	44.6	0.53	0.38	0.17	
5	3	1	5	10	3	1	8	50	220	7.6	2.1	6.1	7.3	3	1	6	00	3	1	20	00	840	0.058	0.4	0.05	0	0	
6	3	3	14	40	3	4	8	30	1070	12.4	0.7	3.7	5.5	3	3	15	00											
6	3	4	14	40	3	5	0	10	570	8.4	0.9	3.3	3.2					3	5	0	00	1990	0.058	2.2	0.1	0.05	0.001	
7	3	9	14	50	3	10	1	30	640	28.4	2.7	15.1	77	3	9	15	30											
7	3	11	17	50	3	13	18	20	2910	67.2	1.4	14.3	160.6					3	14	16	00	7350	2.07	38.5	0.4	0.26	0.1	
8	3	17	5	40	3	19	10	30	3170	42.8	0.8	9	53.5	3	17	8	30	3	21	0	00	5310	1.74	24	0.56	0.3	0.073	
9	3	29	13	30	3	31	19	40	3250	15	0.3	2	3.4	3	29	18	30											
9	4	1	22	20	4	3	16	40	2560	61.2	1.4	22.1	248.6															
9	4	5	3	30	4	5	19	20	950	7.8	0.5	2	1.8					4	6	8	00	10890	1.7	29.4	0.35	0.14	0.041	
10	4	11	5	00	4	11	11	30	390	11	1.7	6.1	11.1	4	11	5	30	4	12	5	00	1410	0.057	2	0.18	0.05	0.001	
11	4	21	3	00	4	21	21	50	1130	25.2	1.3	22.4	124.3	4	21	3	30											
11	4	22	13	50	4	23	23	00	1990	9	0.3	2.9	3.1					4	24	14	00	4950	0.617	11.9	0.35	0.05	0.006	
12	5	17	16	30	5	18	11	10	1120	43.2	2.3	26.6	285.7	5	17	17	30	5	19	20	00	3030	0.708	7.2	0.17	0.06	0.004	
13	5	21	0	00	5	22	12	20	2180	40.2	1.1	12.3	78.6	5	21	1	00											
13	5	26	6	40	5	26	10	50	250	26.4	6.3	20.9	136.1					5	27	20	00	9780	1.18	28.9	0.43	0.02	0.024	
14	5	31	13	30	5	31	22	50	560	22	2.4	36.8	217.8	5	31	14	20											
14	6	1	11	50	6	1	17	00	310	23.8	4.6	24.5	146.6					6	3	16	00	4420	0.662	9.2	0.2	0.04	0.004	
15	6	5	14	10	6	5	15	40	90	33.6	22.4	40.9	413.9	6	5	14	20											
15	6	5	21	50	6	6	1	00	190	8	2.5	13.5	24.2															
15	6	9	8	20	6	9	15	10	410	46	6.7	24.9	272.5															
15	6	10	10	30	6	10	15	50	320	11	2.1	13.9	30.5					6	12	19	00	10370	1.82	35.3	0.36	0.11	0.039	
16	6	25	17	20	6	26	1	50	510	7.2	0.8	5.7	6.7	6	25	20	00	6	26	22	40	1600	0.064	0.7	0.1	0	0	
合计									1135.5	703			2548.5											18.03			0.475	
平均									32930	24.241			87.879											324.7			0.0297	

小流域控制站年径流泥沙（悬移质）

全国水土保持区划一级分区	小流域名称	流域面积/km²	降雨量/mm	降雨侵蚀力/[(MJ·mm)/(hm²·h)]	径流深/mm	径流系数	产沙模数/(t/hm²)	备注
南方红壤区	福建长汀游坊小流域	6.26	1282.8	5676.1	480.8	0.37	0.799